普通高等教育“十一五”国家级规划教材

高等院校电气工程系列教材

工程电磁场

（第3版）

Engineering Electromagnetic Fields (Third Edition)

王泽忠 全玉生 编著

清华大学出版社
北京

内 容 简 介

本书第 1 版是根据北京市高等教育精品教材立项编写的电气工程专业教材，2006 年被评为北京市高等教育精品教材。第 2 版于 2008 年列入普通高等教育"十一五"国家级规划教材，并于 2011 年出版。现在出版的是第 3 版。全书体现了面向工程的电磁场内容体系。第 1 章矢量分析与场论基础是全书的数学基础，重点介绍梯度、散度和旋度的定义以及计算和运算规则。第 2 章至第 5 章分别从库仑定律、电荷守恒原理、安培定律、法拉第定律和麦克斯韦位移电流假设推导出静电场、恒定电场、恒定磁场和时变电磁场的基本方程；结合媒质的辅助方程，讨论了媒质分界面的衔接条件；最后将电磁场问题表述为位函数的边值问题。第 6 章探讨了边值问题的解析积分法、分离变量法和镜像法。第 7 章介绍了基于加权余量原理的有限元法和边界元法。第 8 章至第 10 章分别讨论了电磁场的能量和力、平面电磁波和电路参数计算原理。第 11 章介绍了电气工程中典型的电磁场问题，包括变压器的磁场、电机的磁场、绝缘子的电场、三相输电线路的工频电磁环境以及三相输电线路的电容和电感参数。

本书可供普通高等学校电气类专业本科学生作为教材或参考书使用，也可供相关专业的本科生、研究生、教师和其他科技人员参考。

图书在版编目(CIP)数据

工程电磁场/王泽忠，全玉生编著. —3 版. —北京：清华大学出版社，2021.1(2024.8重印)
高等院校电气工程系列教材
ISBN 978-7-302-57030-1

Ⅰ. ①工… Ⅱ. ①王… ②全… Ⅲ. ①电磁场－高等学校－教材 Ⅳ. ①O441.4

中国版本图书馆 CIP 数据核字(2020)第 238040 号

责任编辑：王 欣
封面设计：常雪影
责任校对：王淑云
责任印制：刘 菲

出版发行：清华大学出版社
网　址：https://www.tup.com.cn，https://www.wqxuetang.com
地　址：北京清华大学学研大厦 A 座　**邮　编**：100084
社 总 机：010-83470000　**邮　购**：010-62786544
投稿与读者服务：010-62776969，c-service@tup.tsinghua.edu.cn
质量反馈：010-62772015，zhiliang@tup.tsinghua.edu.cn
印 装 者：北京嘉实印刷有限公司
经　销：全国新华书店
开　本：185mm×260mm　**印　张**：24　**插　页**：8　**字　数**：604 千字
版　次：2004 年 9 月第 1 版　2021 年 1 月第 3 版　**印　次**：2024 年 8 月第 7 次印刷
定　价：68.00 元

产品编号：090302-01

第3版 前言

光阴似箭，转瞬十年。

本书第2版自出版以来，承蒙全国许多高校相关专业以及社会上广大读者使用，重印了十多次，同时做了少量局部修改。在教材使用过程中也不断积累了一些需要较大修改的想法。本着持续改进、止于至善的理念，第3版做出较大的修改和完善。

第3版继续保持本书面向工程的电磁场教学内容体系。注重科学实验基础，注重数学工具，突出场的基本方程微分形式，突出位函数边值问题。坚持电场、磁场和时变电磁场的基本原理落实到边值问题的表述，将边值问题解析和数值计算方法、电磁能量和力、平面电磁波、电路参数计算等内容独立成章，分专题讨论。这些专题集中展现了电和磁的相似性和本质差异，便于读者对比研究和学习。在第2版的基础上，第3版主要做了如下改进：

(1) 第1章矢量分析与场论基础将平行平面场和轴对称场从场的基本概念一节移到常用坐标系一节。将这两种退化的场纳入直角坐标系和圆柱坐标系，可以更清楚地说明平行平面场及其导出场和轴对称场及其导出场的概念。在梯度和旋度基础上，更容易理解两种途径的导出矢量场。

(2) 调整章节，第2章静电场的基本原理将电偶极子与电介质极化两节合并为一节，前移到静电场环路定理之后；将高斯通量定理与电位移矢量合并为一节，放在电介质极化之后。第4章恒定磁场的基本原理章节也进行了相应调整。这样做的目的是使内容更加紧凑，减少重复。将真空中的高斯通量定理改为电场强度表示的高斯通量定理，将真空中的安培环路定理改为磁感应强度表示的安培环路定理，概念更清晰，适用范围更宽。

(3) 统一了梯度、散度、旋度的计算模型表述方式，均采用单向增量模型，放弃散度、旋度的双向增量对称模型。旋度定义模型类比梯度定义模型，给最大环量面密度及其取得方向一个合理解释。

(4) 分界面衔接条件计算模型各向同性化，不强制某个方向的增量优先趋近于零。计算模型沿分界面切向也采用单向增量，类似散度、旋度计算模型。

(5) 新增场矢量和位函数直接积分计算的例题，场源形式包含无限长直线、无限大平面、有限厚度无限大体积，圆环、圆盘、圆柱等。使例题尽量系统化，体现场源体分布产生场矢量的连续性。

(6) 简化了数值计算方法中边界元法一节积分方程的表述，只涉及多导体系统的边界积分方程。

(7) 完善了恒定磁场边值问题中标量磁位的磁路相关部分，用变压器和电机的对称磁路模型代替原来的非对称磁路模型，更接近实际，而且美观。

(8) 将亥姆霍兹定理与电场和磁场的唯一性定理联系起来，提示唯一性定理是亥姆霍兹定理的应用和扩展。

(9) 在第10章电路参数计算中，把电磁场能量与电路参数联系起来，给出通过能量计算电位系数和互感系数的公式。并举例说明计算过程。

(10) 增加了电偶极子和磁偶极子在不均匀电场和磁场中的受力公式，可解释磁铁吸引铁屑、带电体吸引纸屑草芥的原因。

(11) 明确区分洛伦兹力和洛伦茨规范中的科学家姓名。指出洛伦兹力与安培力之间的细微差异，将库仑规范解释为洛伦茨规范的特例。

(12) 在数值计算一章中，通过在形状函数叠加形成基函数的公式不同位置设置对应条件的方式，揭示两种叠加过程不同、结果等效的关系，从而帮助理解单元系数矩阵叠加形成整体系数矩阵的过程。

(13) 在电路参数一章中，画图举例说明感应系数和部分电容的本质以及正负号规律；对互感的正负号规律进行了解释说明。

(14) 新增了部分习题，结合相关例题，在三种常用坐标系框架内，加强利用定理积分形式求解和利用解析积分法求解边值问题的系统训练。

以上改进主要是为了让读者更好地理解电磁场的基本原理和计算方法。有些例题的设置是从系统性和完整性方面考虑的，推导过程难免比较复杂，但并不要求所有读者全部掌握。电气类专业本科学生，应按照教育部有关教学指导委员会关于电磁场课程的教学基本要求和所学课程的教学大纲，确定理解掌握的程度。如哪些公式应该倒背如流，哪些公式需要通过思考和反复练习找出规律记忆，哪些公式只需作为一般了解，这些都需要读者在学习、练习和知识梳理中逐渐明确。比起记忆公式，更重要的是对电磁理论的融会贯通，理解电磁场理论的内在逻辑关系，掌握电磁场的普遍规律。

书不尽言，言不尽意。受作者水平所限，书中可能还会有这样或那样的遗漏、缺点和错误。敬请广大读者批评指正。

作　者

2020年8月28日

第2版 前言

经过两年的修订,《工程电磁场》第2版终于和读者见面了。新版《工程电磁场》基本保留了第1版的内容体系。在第1版中,我们提出了面向工程的电磁场教学内容体系,要使工程电磁场"名"副其实。在构建这一内容体系的过程中始终关注着工程教育的目标。将工程电磁场课程定位在电气工程专业的技术基础课和专业课之间,其作用除了传统的为专业课提供电磁场基础之外,还直接为电气工程专业提供电磁场解决方法。从实验事实出发,在电磁场三大实验定律基础上构建电磁场理论体系,即符合历史的规律又符合科学研究的逻辑。这样的体系与大学物理电磁学有相似之处。但大学物理电磁学以电磁场的积分形式方程为主要讨论对象,关注电磁场的整体性质;而工程电磁场以微分形式的方程为主要讨论对象,更关注电磁场的局部性质。二者不仅不重复,而且互为补充,相得益彰。要讨论微分形式的方程,矢量分析和场论就变得非常重要。因此本教材第1章专门介绍这一数学工具。从实验定律到电磁场原理,中间过程完全依靠严密的数学推导,这样就增加了知识的可信度,对学习和掌握这些知识起到催化作用。第2章至第4章分别讨论静电场、恒定电场、恒定磁场的基本原理和边值问题,这样有利于难点的分散,通过适当的重复,达到夯实基础的目的。第5章讨论时变电磁场,是对电磁场基本原理的总结和深化。第6章讨论电磁场解析方法,系统地讨论了求解一维泊松方程的解析积分法和求解拉普拉斯方程的分离变量法。将镜像法归入解析法,讨论了电场和磁场的镜像法。无论是电场还是磁场,基于唯一性定理,利用等效概念,镜像法的思路是相通的。第7章讨论电磁场数值计算方法,主要介绍有限元法和边界元法的基本原理和实施步骤。电磁场微分形式基本方程、边值问题的完整表述和数值计算方法,是电磁场课程面向工程的具体体现。第8章和第10章是两个专题,内容分别涉及第2、3、4、5章的基本原理。由于思路相同,所有能量和力的问题放在一起讨论,所有电路参数问题放在一起讨论。第9章是时变电磁场的继续,但仅限于均匀平面电磁波的基本问题。电磁波的辐射、传播和散射等复杂问题,超出了本书的范围。第11章是电气工程中的电磁场问题举例,仅供参考。读者可以在相关出版物和网络上找到更多的案例。

在第1版基础上,第2版《工程电磁场》主要在以下几个方面做了改进:

(1) 场的基本概念一节,在平行平面场和轴对称场的讨论中,提出了平行平面矢量场和轴对称矢量场的新定义。将这两种场限定在与代表面垂直的矢量场,而将与代表面平行的矢量场定义为导出矢量场。这样的区别和定义会为计算带来方便。

(2) 在电磁场源的不同形式的模型方面,明确了点、线、面、体模型的特点,指出了体模型的普遍性和代表性。为从场源体模型推导场的微分形式方程,得出场的性质提供了坚实的基础。

(3) 通过数值计算,绘出典型场源产生场的典型分布,有利于读者从中观察场分布的特点。

(4) 加强了媒质分界面衔接条件的讨论,利用仿真图形形象地显示出分界面处场分布和走向特点。

(5) 为边值问题的表述配备例题,并通过数值计算绘出场的分布。有利于加深对边界条件的理解。

(6) 将镜像法归入解析法,并适当增加了解析方法的内容。在三种常用坐标系中,系统地讨论了解析积分和分离变量法。

(7) 重写有限元法和边界元法内容。将两种方法的共同数学基础提炼出来,保留加权余量原理,新增插值方法构造近似函数。重点探讨了整域的基函数、权函数与单元插值形状函数的对应叠加关系。从而为叙述有限元和边界元的矩阵形成提供了方便。

(8) 更新了全书大部分插图,增加了部分彩色插图。这些经过精心设计的插图绝大多数是通过数值计算绘制的,准确、形象,有助于读者对电磁场分布规律的理解。

(9) 在恒定磁场一章中,适当增加了标量磁位的内容,通过举例说明标量磁位在分析变压器和电机磁场中的作用。标量磁位在建立磁路概念和磁路计算方面发挥着重要作用。

此外,其他细节方面的改进,相信读者通过学习各章内容可以体会到。

本书第1版作为北京市高等教育精品教材资助项目出版。教材出版后,于2006年被评为北京市高等教育精品教材。2008年本教材列入普通高等教育"十一五"国家级教材规划,经过两年修订,现在付诸出版。

虽经作者努力对教材进行了修改完善,限于水平,缺点和错误在所难免,望广大读者批评指正。

作　者
2010年9月于北京

第1版前言

“电磁场”是电气工程专业一门重要的技术基础课。作为技术基础课它应当起到联系大学物理电磁学与电气工程专业课之间桥梁的作用。随着计算机技术的发展,用电磁场的观点和方法直接解决工程问题的“电磁场技术”越来越多地应用于电气工程等领域。因此,近年来国内外教科书和课程有将“电磁场”改为“工程电磁场”的趋势。这不仅仅是一个书名和课程名称的改变。它的意义必然反映在教材和课程内容的改革当中。纵观近年来国内出版的“工程电磁场”教材,内容上只做一些小的补充。本书作者认为“工程电磁场”课程及其教科书的改革应当以课程内容体系的改革为主。在本书的编写过程中,就体现了作者的这种观点。

“工程电磁场”教科书,必须面向工程。那么工程中的电磁场问题是如何解决的呢?典型的工程电磁场问题解决方法可分为两类。一类是应用电磁场概念对工程问题进行简化,用解析方法对简化模型进行求解,以经验系数对结果进行修正以适用于复杂的工程问题。另一类是应用电磁场概念对工程问题进行数学建模,通过数值计算方法对模型进行求解,将求解结果应用于复杂的工程问题。前一类方法是传统方法,其特点是物理概念清晰、计算简单和便于使用。但其致命的缺点是准确度低。而后一类方法的特点是准确度高、适用于更复杂的工程问题。“工程电磁场”教科书必须为这两类方法特别是后一类方法提供基础。因此在本书的内容安排上,强调了数值计算方法的重要性。专门设置了“有限元法与边界元法”一章。工程电磁场问题的数学建模就是将其表述为“边值问题”。电磁场基本原理的直接结果之一导致边值问题的表述。因此在“静电场的基本原理”、“恒定电场的基本原理”、“恒定磁场的基本原理”和“时变电磁场的基本原理”各章中,最后一节都是讨论“边值问题”。

作为电气工程专业的技术基础课教科书,“工程电磁场”还必须起到衔接大学物理电磁学与专业课程的作用。大学物理电磁学注重电磁关系的整体特性,分析场的特性时也以场的积分形式方程为主。“工程电磁场”与大学物理电磁学在内容上有交叉但不应有较多重复。因此,本书注重电磁场的空间性质,特别强调场在空间中每一点的性质,分析时多采用场的微分形式方程。电磁场微分形式的基本方程是建立在库仑定律、安培定律、法拉第定律和麦克斯韦位移电流假设基础上的。本书利用三大实验定律建立起由场源产生场量的积分表达式。通过对场量进行散度和旋度运算得出场的基本方程微分形式,再通过散度定理和斯托克斯定理将微分形式转换为积分形式与大学物理学中讨论的电磁场方程积分形式相呼应,加深对场的性质的理解,揭示出两种形式的场方程之间的联系。这样在本书的前五章完成了从实验定律到基本方程再到边值问题的系统论述。

除系统介绍有限元法与边界元法之外,本书还将镜像法纳入到基于场的唯一性定理的等效场源法之中并将其推广到工程中应用广泛的模拟电荷法。作为专题讨论了电磁场的能量和力、平面电磁波以及电路参数的计算原理。

最后一章,作为电气工程中电磁场应用的典型问题,讨论了变压器的磁场、电机的磁场、绝缘子的电场、三相输电线路的工频电磁环境以及三相输电线路的电容和电感参数。

本书是作者多年来从事“工程电磁场”教学工作的经验总结。本书的编写工作得到北京市教育委员会的大力支持,2001年底经过专家评审并获得北京市教委批准,作为高等教育精品教材立项项目得到北京市教委的资助。

本书的体系安排和主要内容编写由王泽忠负责,全玉生和卢斌先参与了部分内容的编写工作。由于作者水平有限,书中错误在所难免,希望广大读者批评指正。

作　者

2004年1月于北京

符号说明

$\boldsymbol{A}$ 矢量磁位,矢量,电位系数矩阵
A 面积,功,$\boldsymbol{A}$ 的模
$\dot{\boldsymbol{A}}$ 矢量的相量
$\dot{\boldsymbol{A}}^*$ 矢量相量的共轭
$\boldsymbol{a}$ 矢量
a 半径,$\boldsymbol{a}$ 的模
$\boldsymbol{B}$ 磁感应强度(磁通密度),矢量,感应系数矩阵
B $\boldsymbol{B}$ 的模
$\boldsymbol{b}$ 矢量
b 宽度,$\boldsymbol{b}$ 的模
$\boldsymbol{C}$ 常矢量,矢量,部分电容矩阵
C 电容,常数
$\boldsymbol{c}$ 矢量
c 常数,真空中的光速,待定系数
$\boldsymbol{D}$ 电位移矢量
D $\boldsymbol{D}$ 的模,距离
$\boldsymbol{d}$ 距离矢量
d 距离,透入深度
$\boldsymbol{E}$ 电场强度
$\boldsymbol{E}_{\mathrm{C}}$ 库仑电场强度
$\boldsymbol{E}_{\mathrm{e}}$ 局外电场强度
$\boldsymbol{E}_{\mathrm{i}}$ 感应电场强度
$\boldsymbol{E}_{\mathrm{T}}$ 总电场强度
E $\boldsymbol{E}$ 的模
$\boldsymbol{e}$ 单位矢量
e 电动势
$\boldsymbol{F}$ 力
F $\boldsymbol{F}$ 的模
$\boldsymbol{f}$ 力
f 频率,$\boldsymbol{f}$ 的模
$\boldsymbol{G}$ 矢量
G 电导,$\boldsymbol{G}$ 的模
$\boldsymbol{g}$ 广义坐标矢量
g 广义坐标
$\boldsymbol{H}$ 磁场强度,矢量
H $\boldsymbol{H}$ 的模
$\boldsymbol{h}$ 高度,标量
I 电流
$\boldsymbol{I}_{\mathrm{M}}$ 磁化电流
$\boldsymbol{i}$ 电流(瞬时值)
$\boldsymbol{J}$ 体电流密度
$\boldsymbol{J}_{\mathrm{C}}$ 传导电流密度
$\boldsymbol{J}_{\mathrm{D}}$ 位移电流密度
$\boldsymbol{J}_{\mathrm{v}}$ 运流电流密度
$\boldsymbol{J}_{\mathrm{T}}$ 全电流密度
J $\boldsymbol{J}$ 的模
$\boldsymbol{K}$ 面电流密度
K 常数,$\boldsymbol{K}$ 的模
k 常数
L 电感,自感,距离
L 算符
$\boldsymbol{L}$ 电感矩阵
L_{i} 内自感
L_{e} 外自感
$\boldsymbol{l}$ 有向曲线
l 曲线,长度
$\boldsymbol{M}$ 磁化强度
M 互感,$\boldsymbol{M}$ 的模
M 基函数
$\boldsymbol{m}$ 磁偶极矩
m $\boldsymbol{m}$ 的模
N 整数,匝数
N 单元形状函数
$\boldsymbol{P}$ 极化强度
P 有功功率,$\boldsymbol{P}$ 的模
$\boldsymbol{p}$ 电偶极矩
p $\boldsymbol{p}$ 的模,功率密度
Q 无功功率,电荷量
q 电荷量
q_{P} 极化电荷
$\boldsymbol{R}$ 距离矢量
R 距离,半径,余量
R_{W} 反射系数

$\boldsymbol{r}$ 矢量半径
r 球坐标,圆柱坐标,半径
$\boldsymbol{S}$ 有向曲面
$\boldsymbol{S}_{\mathrm{P}}$ 坡印亭矢量
$\tilde{\boldsymbol{S}}_{\mathrm{P}}$ 复坡印亭矢量
S 面积
S 驻波比
$\boldsymbol{T}$ 力矩
T 周期,时间
T_{W} 透射系数
t 时间
U 电压
u 电压(瞬时值),标量,基函数
V 体积
$\boldsymbol{v}$ 速度矢量
v $\boldsymbol{v}$ 的模,波速,标量
W 能量,权函数
w 能量密度
w_{e} 电场能量密度
w_{m} 磁场能量密度
X 电抗
x 直角坐标
Y 导纳
y 直角坐标
Z 阻抗
Z_{C} 特性阻抗
Z_{C0} 真空的特性阻抗
z 直角坐标,圆柱坐标

α 球坐标,圆柱坐标,电位系数,角度,衰减系数,标量
β 角度,相位常数,感应系数,标量
Γ 传播常数,环量
γ 电导率,角度
ε 介电常数
ε_0 真空的介电常数
ε_{r} 相对介电常数
θ 球坐标,角度
λ 实数,波长
μ 实数,磁导率
μ_0 真空的磁导率
μ_{r} 相对磁导率
ρ 体电荷密度
ρ_{R} 电阻率
σ 面电荷密度
τ 线电荷密度,时间常数
Φ 通量,磁通(量)
φ 电位,角度
φ_{m} 标量磁位
ϕ 标量,角度
χ 极化率
χ_{m} 磁化率
Ψ 磁链
ψ 角度,初相角
ω 角频率,角速度
ξ 局部坐标
η 局部坐标

目录

第1章 矢量分析与场论基础

本章提示

矢量分析和场论是研究电磁场的重要数学工具。本章首先给出了矢量代数和矢量分析的有关公式。在矢量分析中，给出矢量函数的微分与积分的运算规则。在场论基础部分，介绍场的基本概念，导出标量场的等值面方程和矢量场的矢量线方程，介绍源点和场点的基本概念及其相互关系。通过介绍标量函数方向导数的概念，给出梯度的定义；导出直角坐标系中梯度的计算公式和梯度的运算规则。通过介绍矢量函数通量的概念，给出散度的定义；导出直角坐标系中散度的计算公式和散度的运算规则；讨论散度定理。通过介绍矢量函数环量和环量面密度的概念，给出旋度的定义；导出直角坐标系中旋度的计算公式和旋度的运算规则；讨论斯托克斯定理。此外还给出哈密顿算子的定义和运算规则，用哈密顿算子表示梯度、散度和旋度；介绍格林定理和亥姆霍兹定理。最后，给出三种常用坐标系中有关的计算公式，在此基础上特别介绍了平行平面场及其导出矢量场和轴对称场及其导出矢量场的定义和性质。坐标系是分析电磁场问题的重要思维框架，将问题放在合适的坐标系中思考，往往会有事半功倍的效果。本章重点掌握梯度、散度和旋度的定义、计算公式和运算规则；掌握散度定理、斯托克斯定理，理解亥姆霍兹定理；学会建立坐标系，为在坐标系框架下分析电磁场问题奠定基础。

1.1 矢量分析公式

1. 矢量代数公式

(1) 标量、矢量和单位矢量

标量是有大小，没有空间方向的量。例如，1，2，3，…；2.1，3.4，…；$\sqrt{2}$，π 等实数就是标量。矢量又称向量，是不仅具有大小，而且具有空间方向的量。要准确描述空间方向就得借助于坐标系。在某些特殊情况(如正弦稳态情况)下，也可以用复数来表示矢量在坐标轴的投影，构成相量形式的矢量。

矢量的大小用绝对值表示，称为矢量的模。矢量的模是大于或等于零的实数，模等于零的矢量其实没有方向或者说哪个方向都可以。

定义单位矢量为模等于1的矢量，用 $\boldsymbol{e}$ 表示。如 $\boldsymbol{e}_x$、$\boldsymbol{e}_y$、$\boldsymbol{e}_z$ 分别表示与直角坐标系中 x、y、z 三个坐标轴同方向的单位矢量。

可以用矢量的模和与矢量同方向的单位矢量来表示该矢量，写成 $\boldsymbol{A}=A\boldsymbol{e}_A$。也可以用矢量的分量之和表示该矢量,如在直角坐标系中写成 $\boldsymbol{A}=A_x\boldsymbol{e}_x+A_y\boldsymbol{e}_y+A_z\boldsymbol{e}_z$。在直角坐标系中矢量平移不改变矢量的大小和方向。严格说来,矢量的分量仍为矢量。但由于坐标轴方向已经确定,有时为了简单,也称矢量在坐标轴的投影为矢量沿坐标轴的分量,如称 A_x 为 $\boldsymbol{A}$ 的 x 分量。

(2) 矢量的加减法

设 $\boldsymbol{A}=A_x\boldsymbol{e}_x+A_y\boldsymbol{e}_y+A_z\boldsymbol{e}_z$, $\boldsymbol{B}=B_x\boldsymbol{e}_x+B_y\boldsymbol{e}_y+B_z\boldsymbol{e}_z$,则在直角坐标系中分量可以叠加,即

$$\boldsymbol{A}\pm\boldsymbol{B}=(A_x\pm B_x)\boldsymbol{e}_x+(A_y\pm B_y)\boldsymbol{e}_y+(A_z\pm B_z)\boldsymbol{e}_z$$

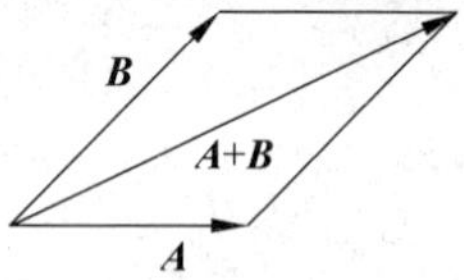

图 1-1-1 两矢量之和

矢量加法的几何关系如图 1-1-1 所示,满足平行四边形法则或三角形法则。

(3) 矢量的数乘

$$\lambda\boldsymbol{A}=\lambda A_x\boldsymbol{e}_x+\lambda A_y\boldsymbol{e}_y+\lambda A_z\boldsymbol{e}_z$$

式中,λ 为实数。

(4) 矢量的点积

$$\boldsymbol{A}\cdot\boldsymbol{B}=AB\cos\theta=A_xB_x+A_yB_y+A_zB_z$$

式中,θ 是矢量 $\boldsymbol{A}$、$\boldsymbol{B}$ 之间的夹角;$B\cos\theta$ 是矢量 $\boldsymbol{B}$ 在矢量 $\boldsymbol{A}$ 方向上的投影(见图 1-1-2);$A\cos\theta$ 是矢量 $\boldsymbol{A}$ 在矢量 $\boldsymbol{e}_B$ 方向上的投影。矢量的点积是标量,当 $\theta=0°$时,$\boldsymbol{A}\cdot\boldsymbol{B}=AB$;当 $\theta=90°$时,$\boldsymbol{A}\cdot\boldsymbol{B}=0$。点积可以用来计算力矢量在位移矢量上做的功。

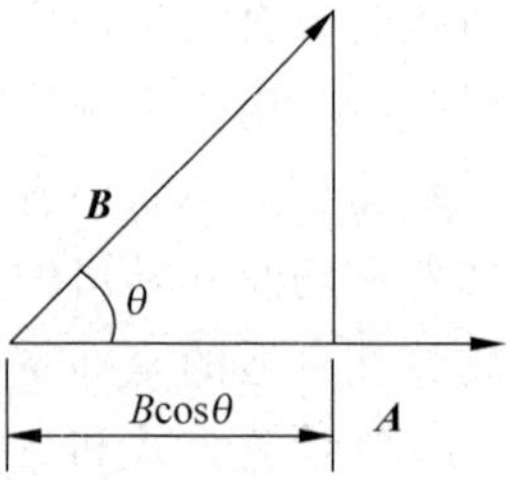

图 1-1-2 两矢量之点积

一个矢量在另一个矢量方向上的投影为零,称这两个矢量相互垂直或正交。

矢量的点积具有以下性质:

$$\boldsymbol{A}\cdot\boldsymbol{B}=\boldsymbol{B}\cdot\boldsymbol{A}$$

$$\boldsymbol{C}\cdot(\boldsymbol{A}+\boldsymbol{B})=\boldsymbol{C}\cdot\boldsymbol{A}+\boldsymbol{C}\cdot\boldsymbol{B}$$

$$(\lambda\boldsymbol{A})\cdot(\mu\boldsymbol{B})=\lambda\mu\boldsymbol{A}\cdot\boldsymbol{B}$$

$$\boldsymbol{A}\cdot\boldsymbol{A}=\boldsymbol{A}^2=AA=A^2$$

式中,λ、μ 为实数。

(5) 矢量的叉积

$$\boldsymbol{A}\times\boldsymbol{B}=AB\sin\theta\boldsymbol{e}_{\mathrm{n}}=(A_yB_z-A_zB_y)\boldsymbol{e}_x+(A_zB_x-A_xB_z)\boldsymbol{e}_y+(A_xB_y-A_yB_x)\boldsymbol{e}_z$$

$$=\begin{vmatrix}\boldsymbol{e}_x & \boldsymbol{e}_y & \boldsymbol{e}_z\\ A_x & A_y & A_z\\ B_x & B_y & B_z\end{vmatrix}$$

式中,$\boldsymbol{e}_{\mathrm{n}}$ 是与矢量 $\boldsymbol{A}$ 和 $\boldsymbol{B}$ 都垂直的单位矢量,$\boldsymbol{A}$、$\boldsymbol{B}$ 和 $\boldsymbol{e}_{\mathrm{n}}$ 构成右手螺旋关系。伸出右手,手指伸直,拇指与其他四指方向垂直,将四指指向 $\boldsymbol{A}$,然后保持拇指与四指垂直,向内(握拳方向)旋转四指,让四指指向 $\boldsymbol{B}$,则拇指所指方向为 $\boldsymbol{A}\times\boldsymbol{B}$ 方向,即 $\boldsymbol{e}_{\mathrm{n}}$ 方向。以旋转指针式钟表的指针为例,若由 $\boldsymbol{A}$ 方向旋转到 $\boldsymbol{B}$ 方向为逆时针旋转,则 $\boldsymbol{A}\times\boldsymbol{B}$ 离开钟面朝前,若由 $\boldsymbol{A}$ 方向旋转到 $\boldsymbol{B}$ 方向为顺时针旋转,则 $\boldsymbol{A}\times\boldsymbol{B}$ 进入钟面朝后;θ 为矢量 $\boldsymbol{A}$、$\boldsymbol{B}$ 之间的夹角。图 1-1-3 中灰色部分平行四边形的面积就是 $\boldsymbol{A}\times\boldsymbol{B}$ 的模。以 $\boldsymbol{A}$、$\boldsymbol{B}$ 为邻边的三角形,以 A 为底边则

$B\sin\theta$ 就是三角形的高，三角形面积为 $0.5AB\sin\theta$，平行四边形面积为 $AB\sin\theta$。

$\boldsymbol{A}\times\boldsymbol{B}$ 与 $\boldsymbol{B}\times\boldsymbol{A}$ 方向相反，说明矢量叉积运算与矢量前后顺序有关。

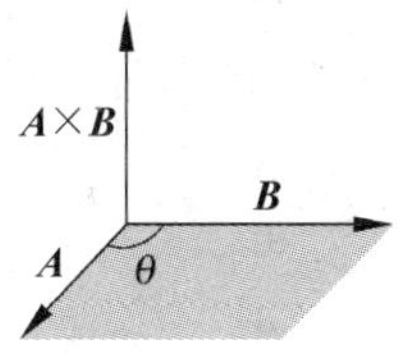

图 1-1-3 二矢量之叉积

矢量的叉积得到的仍是矢量，当 $\theta=0°$ 时，$\boldsymbol{A}\times\boldsymbol{B}=\boldsymbol{0}$；当 $\theta=90°$ 时，$\boldsymbol{A}\times\boldsymbol{B}=AB\boldsymbol{e}_{\mathrm{n}}$。

矢量的叉积具有以下性质：

$$\boldsymbol{A}\times\boldsymbol{B}=-(\boldsymbol{B}\times\boldsymbol{A})$$

$$\boldsymbol{A}\times\boldsymbol{A}=\boldsymbol{0}$$

(6) 矢量的混合积

$$\boldsymbol{A}\cdot(\boldsymbol{B}\times\boldsymbol{C})=\boldsymbol{B}\cdot(\boldsymbol{C}\times\boldsymbol{A})=\boldsymbol{C}\cdot(\boldsymbol{A}\times\boldsymbol{B})$$

以 $\boldsymbol{A}$、$\boldsymbol{B}$、$\boldsymbol{C}$ 为平行六面体的三条相邻的棱边，如果 $\boldsymbol{A}$ 与 $\boldsymbol{B}\times\boldsymbol{C}$ 方向夹角小于 90°，则 $\boldsymbol{A}\cdot(\boldsymbol{B}\times\boldsymbol{C})$、$\boldsymbol{B}\cdot(\boldsymbol{C}\times\boldsymbol{A})$ 和 $\boldsymbol{C}\cdot(\boldsymbol{A}\times\boldsymbol{B})$ 都是六面体的体积；如果 $\boldsymbol{A}$ 与 $\boldsymbol{B}\times\boldsymbol{C}$ 方向夹角大于 90°，则 $\boldsymbol{A}\cdot(\boldsymbol{B}\times\boldsymbol{C})$、$\boldsymbol{B}\cdot(\boldsymbol{C}\times\boldsymbol{A})$ 和 $\boldsymbol{C}\cdot(\boldsymbol{A}\times\boldsymbol{B})$ 都是六面体体积的负数。上式有一个特点就是循环，即 $\boldsymbol{A}$、$\boldsymbol{B}$、$\boldsymbol{C}$，$\boldsymbol{B}$、$\boldsymbol{C}$、$\boldsymbol{A}$，$\boldsymbol{C}$、$\boldsymbol{A}$、$\boldsymbol{B}$。

$$\boldsymbol{A}\times(\boldsymbol{B}\times\boldsymbol{C})=\boldsymbol{B}(\boldsymbol{A}\cdot\boldsymbol{C})-\boldsymbol{C}(\boldsymbol{A}\cdot\boldsymbol{B})$$

不妨假设 $\boldsymbol{B}$、$\boldsymbol{C}$ 均为 xy 平面中的矢量，$\boldsymbol{A}$ 任意。通过如下运算过程可得上式：

$$\begin{aligned}
\boldsymbol{A}\times(\boldsymbol{B}\times\boldsymbol{C})&=\boldsymbol{A}\times\boldsymbol{e}_z(B_xC_y-B_yC_x)\\
&=(A_y\boldsymbol{e}_x-A_x\boldsymbol{e}_y)(B_xC_y-B_yC_x)\\
&=(B_xC_y-B_yC_x)A_y\boldsymbol{e}_x-(B_xC_y-B_yC_x)A_x\boldsymbol{e}_y\\
&=B_xC_yA_y\boldsymbol{e}_x-B_yC_xA_y\boldsymbol{e}_x-B_xC_yA_x\boldsymbol{e}_y+B_yC_xA_x\boldsymbol{e}_y\\
&=C_yA_yB_x\boldsymbol{e}_x+C_xA_xB_x\boldsymbol{e}_x+C_xA_xB_y\boldsymbol{e}_y+C_yA_yB_y\boldsymbol{e}_y-\\
&\quad B_yA_yC_x\boldsymbol{e}_x-A_xB_xC_x\boldsymbol{e}_x-B_xA_xC_y\boldsymbol{e}_y-A_yB_yC_y\boldsymbol{e}_y\\
&=(C_yA_y+C_xA_x)B_x\boldsymbol{e}_x+(C_xA_x+C_yA_y)B_y\boldsymbol{e}_y-\\
&\quad(B_yA_y+B_xA_x)C_x\boldsymbol{e}_x-(A_xB_x+A_yB_y)C_y\boldsymbol{e}_y\\
&=(\boldsymbol{C}\cdot\boldsymbol{A})B_x\boldsymbol{e}_x+(\boldsymbol{C}\cdot\boldsymbol{A})B_y\boldsymbol{e}_y-(\boldsymbol{B}\cdot\boldsymbol{A})C_x\boldsymbol{e}_x-(\boldsymbol{B}\cdot\boldsymbol{A})C_y\boldsymbol{e}_y\\
&=(\boldsymbol{C}\cdot\boldsymbol{A})\boldsymbol{B}-(\boldsymbol{B}\cdot\boldsymbol{A})\boldsymbol{C}
\end{aligned}$$

上式几何意义不明显，矢量代数关系清楚。几何上至少可以说，任一矢量 $\boldsymbol{A}$ 与两矢量 $\boldsymbol{B}$、$\boldsymbol{C}$ 叉积的叉积仍在 $\boldsymbol{B}$、$\boldsymbol{C}$ 矢量的平面内。这个式子对分析电流与电流之间的磁场作用力有用。

2. 矢量函数的导数和微分公式

自变量为空间坐标的情况将在场论中讨论，此处自变量 t 为非空间坐标量，也可以简单理解为时间量。

(1) $\dfrac{\mathrm{d}\boldsymbol{A}}{\mathrm{d}t}=\dfrac{\mathrm{d}A_x}{\mathrm{d}t}\boldsymbol{e}_x+\dfrac{\mathrm{d}A_y}{\mathrm{d}t}\boldsymbol{e}_y+\dfrac{\mathrm{d}A_z}{\mathrm{d}t}\boldsymbol{e}_z$

(2) $\mathrm{d}\boldsymbol{A}=\mathrm{d}A_x\boldsymbol{e}_x+\mathrm{d}A_y\boldsymbol{e}_y+\mathrm{d}A_z\boldsymbol{e}_z$

(3) $\frac{\mathrm{d}\boldsymbol{C}}{\mathrm{d}t}=0$

式中,$\boldsymbol{C}$ 为常矢量(不随 t 变化)。

(4) $\frac{\mathrm{d}}{\mathrm{d}t}(\boldsymbol{A}+\boldsymbol{B})=\frac{\mathrm{d}\boldsymbol{A}}{\mathrm{d}t}+\frac{\mathrm{d}\boldsymbol{B}}{\mathrm{d}t}$

(5) $\frac{\mathrm{d}}{\mathrm{d}t}(k\boldsymbol{A})=k\frac{\mathrm{d}\boldsymbol{A}}{\mathrm{d}t}$

式中,k 为常数(不随 t 变化)。

(6) $\frac{\mathrm{d}}{\mathrm{d}t}(u\boldsymbol{A})=u\frac{\mathrm{d}\boldsymbol{A}}{\mathrm{d}t}+\frac{\mathrm{d}u}{\mathrm{d}t}\boldsymbol{A}$

(7) $\frac{\mathrm{d}}{\mathrm{d}t}(\boldsymbol{A}\cdot\boldsymbol{B})=\boldsymbol{A}\cdot\frac{\mathrm{d}\boldsymbol{B}}{\mathrm{d}t}+\frac{\mathrm{d}\boldsymbol{A}}{\mathrm{d}t}\cdot\boldsymbol{B}$

(8) $\frac{\mathrm{d}}{\mathrm{d}t}(\boldsymbol{A}\times\boldsymbol{B})=\boldsymbol{A}\times\frac{\mathrm{d}\boldsymbol{B}}{\mathrm{d}t}+\frac{\mathrm{d}\boldsymbol{A}}{\mathrm{d}t}\times\boldsymbol{B}$

这个公式左侧 $\boldsymbol{A}$ 和 $\boldsymbol{B}$ 顺序确定后,右侧 $\boldsymbol{A}$ 和 $\boldsymbol{B}$ 顺序不能颠倒。

(9) 设 $\boldsymbol{A}=\boldsymbol{A}(u)$,$u=u(t)$,有

$$\frac{\mathrm{d}\boldsymbol{A}}{\mathrm{d}t}=\frac{\mathrm{d}\boldsymbol{A}}{\mathrm{d}u}\frac{\mathrm{d}u}{\mathrm{d}t}$$

3. 矢量函数的积分公式

自变量为空间坐标的情况将在场论中讨论,此处自变量 t 为非空间坐标量,可以简单理解为时间量。

(1) $\int\boldsymbol{A}(t)\mathrm{d}t=\left[\int A_x(t)\mathrm{d}t\right]\boldsymbol{e}_x+\left[\int A_y(t)\mathrm{d}t\right]\boldsymbol{e}_y+\left[\int A_z(t)\mathrm{d}t\right]\boldsymbol{e}_z$

$$=B_x(t)\boldsymbol{e}_x+B_y(t)\boldsymbol{e}_y+B_z(t)\boldsymbol{e}_z+C_x\boldsymbol{e}_x+C_y\boldsymbol{e}_y+C_z\boldsymbol{e}_z$$

式中,$B_x(t)$、$B_y(t)$、$B_z(t)$分别为 $A_x(t)$、$A_y(t)$、$A_z(t)$的原函数;C_x、C_y、C_z 为任意常数(不随 t 变化)。

(2) $\int\boldsymbol{A}(t)\mathrm{d}t=\boldsymbol{B}(t)+\boldsymbol{C}$

式中,$\boldsymbol{B}(t)$是 $\boldsymbol{A}(t)$的原函数;$\boldsymbol{C}$ 为任意常矢量(不随 t 变化)。

(3) $\int[\boldsymbol{A}(t)+\boldsymbol{B}(t)]\mathrm{d}t=\int\boldsymbol{A}(t)\mathrm{d}t+\int\boldsymbol{B}(t)\mathrm{d}t$

(4) $\int k\boldsymbol{A}(t)\mathrm{d}t=k\int\boldsymbol{A}(t)\mathrm{d}t$

式中,k 为常数(不随 t 变化)。

(5) $\int\boldsymbol{C}\cdot\boldsymbol{A}(t)\mathrm{d}t=\boldsymbol{C}\cdot\int\boldsymbol{A}(t)\mathrm{d}t$

式中,$\boldsymbol{C}$ 为常矢量。

(6) $\int\boldsymbol{C}\times\boldsymbol{A}(t)\mathrm{d}t=\boldsymbol{C}\times\int\boldsymbol{A}(t)\mathrm{d}t$

式中,$\boldsymbol{C}$ 是常矢量。

1.2　场的基本概念和可视化

1. 场的基本概念

在许多学科领域中，为了考察某些物理量在时空中的分布和变化规律，需要引入场的概念。如果空间中的每一点都对应着某个物理量的一个确定的值，我们就说在这个空间里确定了该物理量的场。

场中的每一点都对应着一个物理量——场量的值。场量为标量的场称为标量场，如温度场、能量场、电位场等。场量为矢量的场称为矢量场，如速度场、力场、电场（用场矢量表示）和磁场（用场矢量表示）等。

(1) 场量所在的位置

定义了场量的空间点称为场点。在直角坐标系中，场点 M 可以由它的三个坐标 x、y、z 或位置矢量 $\boldsymbol{r}$ 确定。因此，一个标量场和一个矢量场可分别用坐标的标量函数和矢量函数表示，其表示式为

$$u(M)=u(x,y,z)=u(\boldsymbol{r}) \tag{1-2-1}$$

$$\boldsymbol{A}(M)=\boldsymbol{A}(x,y,z)=\boldsymbol{A}(\boldsymbol{r}) \tag{1-2-2}$$

(2) 场矢量的方向

矢量函数 $\boldsymbol{A}(M)$ 的坐标表示式可写成

$$\boldsymbol{A}(M)=A_x(x,y,z)\boldsymbol{e}_x+A_y(x,y,z)\boldsymbol{e}_y+A_z(x,y,z)\boldsymbol{e}_z \tag{1-2-3}$$

式中，函数 A_x、A_y、A_z 分别为矢量函数 $\boldsymbol{A}$ 在直角坐标系中三个坐标轴上的投影，为三个标量函数；$\boldsymbol{e}_x$、$\boldsymbol{e}_y$、$\boldsymbol{e}_z$ 分别为 x 轴、y 轴、z 轴正方向的单位矢量。

矢量的方向除了可以用直角坐标系三个分量表示外，还可以用矢量与三个坐标轴的夹角表示。如图 1-2-1 所示，α、β、γ 分别为矢量 $\boldsymbol{A}$ 与三个坐标轴正方向之间的夹角，称为方向角；$\cos\alpha$、$\cos\beta$、$\cos\gamma$ 称为方向余弦。根据矢量与其分量之间的关系，可写成

$$\boldsymbol{A}(M)=A\cos\alpha\boldsymbol{e}_x+A\cos\beta\boldsymbol{e}_y+A\cos\gamma\boldsymbol{e}_z \tag{1-2-4}$$

$$\cos\alpha=\frac{A_x}{A},\quad \cos\beta=\frac{A_y}{A},\quad \cos\gamma=\frac{A_z}{A} \tag{1-2-5}$$

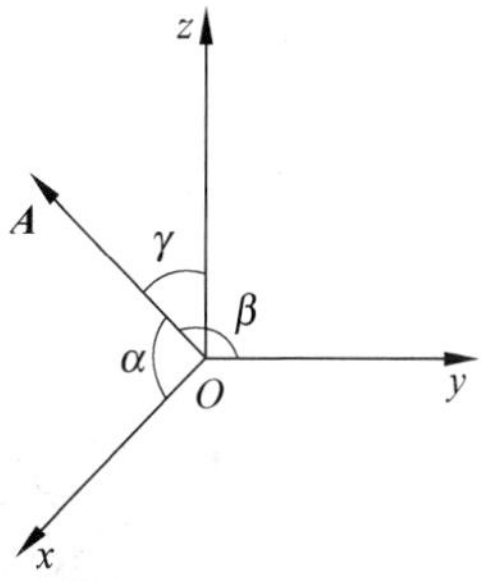

图 1-2-1　矢量的方向角

矢量的三个方向余弦就是与矢量同方向的单位矢量分别在对应的三个坐标轴上的投影。

如果场中的物理量不仅与点的空间位置有关，而且随时间变化，则称这种场为时变场；反之，若场中的物理量仅与空间位置有关，而不随时间变化，则称这种场为恒定场。

2. 源点与场点

一般来说，场是由场源产生的。场源所在的空间位置称为源点。空间位置上除了定义场量外，也可以定义场源量。因此，可以把空间的点表示为场点和源点。如图 1-2-2 所示，在直角坐标系中，源点 P' 用坐标 x'、y'、z' 表示，也可以用位置矢量 $\boldsymbol{r}'$ 表示；场点 P 用坐标 x、y、z 表示，也可以用位置矢量 $\boldsymbol{r}$ 表示。由源点到场点的距离矢量用 $\boldsymbol{R}$ 表示。根据矢量代

数关系，$\boldsymbol{R}=\boldsymbol{r}-\boldsymbol{r}'$。矢量 $\boldsymbol{R}$ 的模 $R=|\boldsymbol{r}-\boldsymbol{r}'|$，矢量 $\boldsymbol{R}$ 对应的单位矢量 $\boldsymbol{e}_R=\dfrac{\boldsymbol{r}-\boldsymbol{r}'}{|\boldsymbol{r}-\boldsymbol{r}'|}$。当场点和源点重合时，$R=0$。

在研究场的性质的过程中，$\boldsymbol{R}$ 是一个非常重要的矢量，因为它联系着源点与场点，决定着场量与场源之间的空间关系。

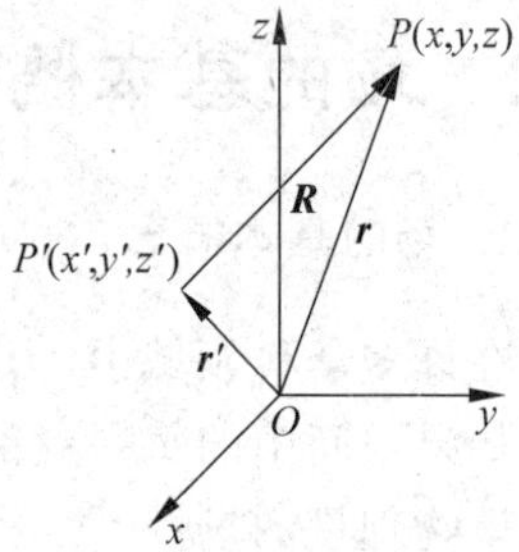

图 1-2-2 源点与场点

3. 标量场的等值面

设标量场 $u(M)$ 是空间的连续函数，那么通过所讨论空间的任何一点 M_0，可以作出这样的一个曲面 S，在它上面每一点处，函数 $u(M)$ 的值都等于 $u(M_0)$，即在曲面 S 上，函数 $u(M)$ 保持着同一数值 $u(M_0)$，这样的曲面 S 叫作标量场 u 的等值面。等值面的方程为

$$u(x,y,z)=C \tag{1-2-6}$$

式中，C 为常数(不随空间位置变化)。给定 C 的一系列不同的数值，可以得到一系列的等值面，称为等值面族。等值面族的例子见图 1-2-3。

等值面族可以充满整个标量场所在的空间。等值面互不相交，因为如果相交，则函数 $u(x,y,z)$ 在相交处就不具有唯一的值。场中的每一点只与一个等值面对应，即经过场中的一个点只能作出一个等值面。用等值面族表示标量场时，一般将每两个相邻等值面场量值之差设为相同的定值。这样可以根据等值面的稀密程度观察场量的空间分布。

彩图 1-2-3

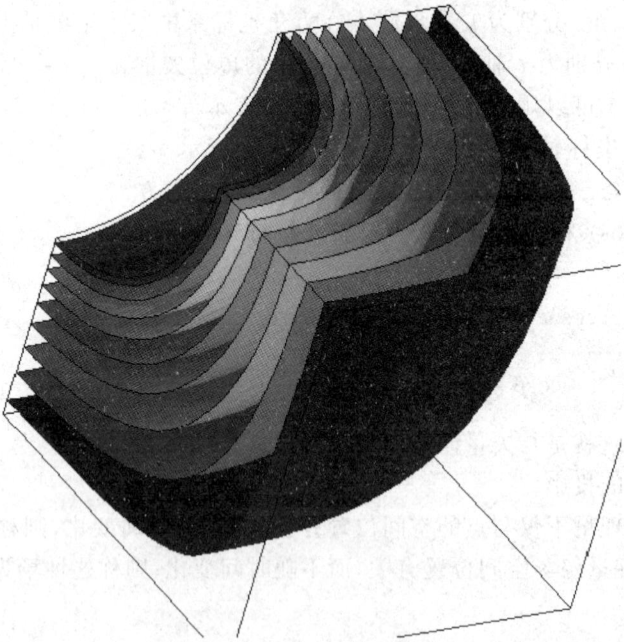
图 1-2-3 标量场的等值面族

电磁场中的电位场就是一个标量场。由电位相同的点所组成的等值面叫作等电位面。

在坐标原点放置一个点电荷 q，它所产生电场的电位表示式为

$$\varphi(r)=\frac{q}{4\pi\varepsilon_0 r} \tag{1-2-7}$$

等位面方程为

$$\varphi(r)=\frac{q}{4\pi\varepsilon_0 r}=C \tag{1-2-8}$$

解得

$$r=\frac{q}{4\pi\varepsilon_0 C} \tag{1-2-9}$$

这是以坐标原点为球心的球面的方程。按一定递增量给定 C 的不同数值 C_1、C_2、…，就得到一族如图 1-2-4 所示的同心球面。

标量场的等值面与一给定平面相交，就得到标量场在该平面上的等值线。如 $u(x,y,z)$ 在 x-y 平面上的等值线，其方程为

$$u(x,y)=C \tag{1-2-10}$$

式中，C 为常数（不随空间位置变化）。等值线的例子见图 1-2-5。

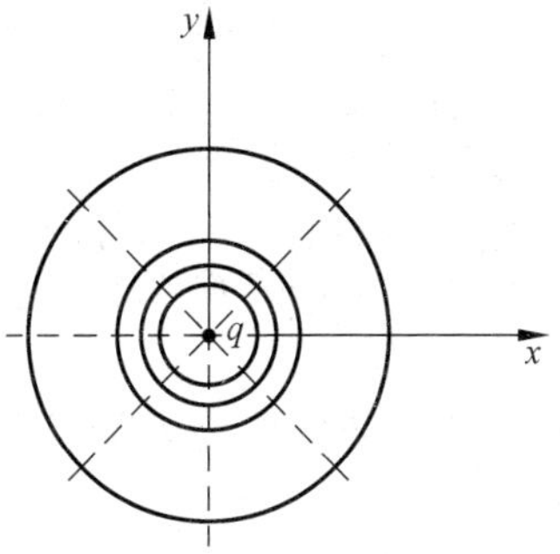

图 1-2-4　点电荷的等电位面(线)

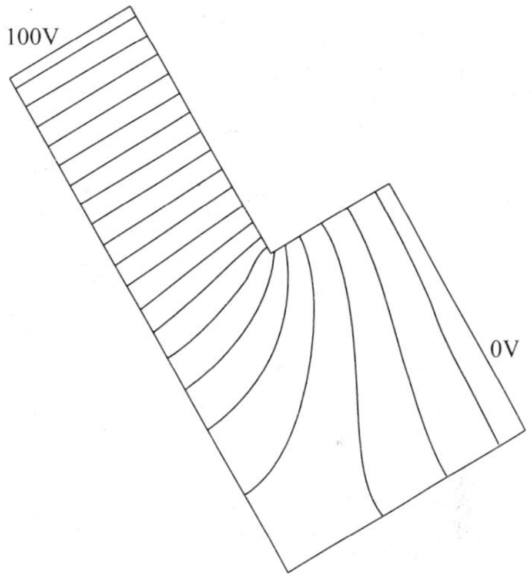

图 1-2-5　等值线

4. 矢量场的矢量线

等值面族可以形象地描述标量场。对于矢量场，有时可用矢量线来形象地表示其分布情况。所谓矢量线，是指其上面每一点处曲线的切线方向和该点的场矢量方向相同，见图 1-2-6。

可见，矢量线反映了场矢量在线上每一点的方向。

一般来说，矢量场中每一点有一条矢量线通过。所以，矢量线应是一族曲线，它可以充满整个矢量场所在的空间。

若已知场矢量 $\mathbf{A}=\mathbf{A}(x,y,z)$，则可用以下方法求矢量线的方程。

如图 1-2-7 所示，设 $M(x,y,z)$ 为矢量线 l 上的任一点，其矢径（始点位于坐标原点，终点位于 M 点的距离矢量）为 $\boldsymbol{r}=x\boldsymbol{e}_x+y\boldsymbol{e}_y+z\boldsymbol{e}_z$ 则矢量微分

$$\mathrm{d}\boldsymbol{l}=\mathrm{d}\boldsymbol{r}=\mathrm{d}x\boldsymbol{e}_x+\mathrm{d}y\boldsymbol{e}_y+\mathrm{d}z\boldsymbol{e}_z \tag{1-2-11}$$

在点 M 处与矢量线相切的矢量,按矢量线的定义,它必定在 M 点处与场矢量方向相同,场矢量为

$$\boldsymbol{A}=A_x(x,y,z)\boldsymbol{e}_x+A_y(x,y,z)\boldsymbol{e}_y+A_z(x,y,z)\boldsymbol{e}_z \tag{1-2-12}$$

因此有

$$\frac{\mathrm{d}x}{A_x}=\frac{\mathrm{d}y}{A_y}=\frac{\mathrm{d}z}{A_z} \tag{1-2-13}$$

式(1-2-13)即为矢量线所满足的微分方程,其解为矢量线族。再利用过 M 点这个条件,即可求出过 M 点的矢量线。

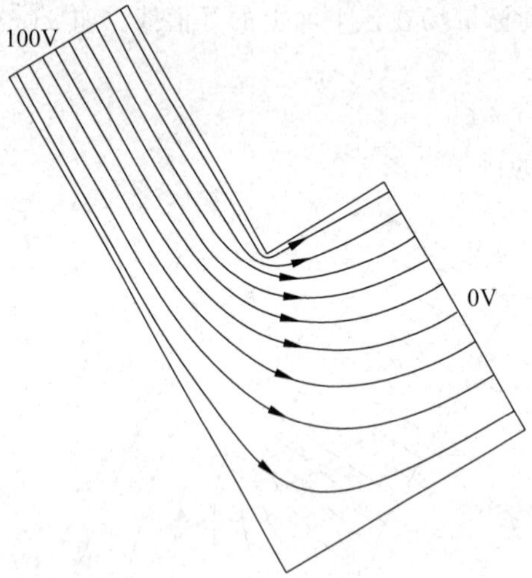

图 1-2-6 矢量线

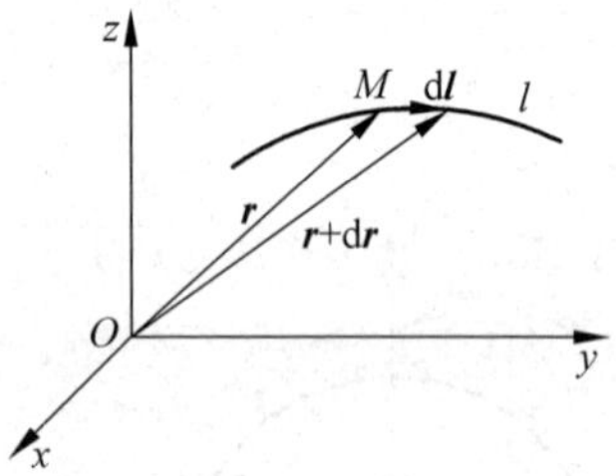

图 1-2-7 矢量线的微分特性

因矢量线的切线方向与场矢量的方向相同,所以矢量线方程又可以用矢量式表示为 $\mathrm{d}\boldsymbol{l}\times\boldsymbol{A}=\boldsymbol{0}$,将各分量代入得

$$(\mathrm{d}yA_z-A_y\mathrm{d}z)\boldsymbol{e}_x+(\mathrm{d}zA_x-A_z\mathrm{d}x)\boldsymbol{e}_y+(\mathrm{d}xA_y-A_x\mathrm{d}y)\boldsymbol{e}_z=\boldsymbol{0} \tag{1-2-14}$$

得

$$\begin{cases}\mathrm{d}yA_z-A_y\mathrm{d}z=0\\ \mathrm{d}zA_x-A_z\mathrm{d}x=0\\ \mathrm{d}xA_y-A_x\mathrm{d}y=0\end{cases} \tag{1-2-15}$$

式(1-2-15)与式(1-2-13)等价。

在电磁场中,电场强度线和磁感应强度线都是矢量线。但要注意,电场强度和磁感应强度并不是所有情况下都能画出矢量线。

5. 场的其他可视化方法

随着计算机图形技术的发展,场的可视化也有了进一步发展。除等值面外还可以用彩色云图表示标量场。彩色云图就是在场域中用相应的颜色表示场量的取值范围,本书一般用从蓝色经绿、黄到红色表示数值的从小到大。因此不同颜色之间的分界面或线就是等值

面或线。当色谱较密时形成连续过渡的彩色云图，从彩色云图上可以直接观察到场量的大小。彩色云图的例子见图 1-2-8。

在矢量场中画矢量线有时非常困难，而在场域中大量的给定点上画出矢量的大小和方向相对容易得多。因此采用立体算法将矢量用箭头表示出来，成为普遍应用的方法。从三维立体角度观察，箭头的长度表示矢量的大小，箭头所指的方向为矢量的方向。矢量图的例子见图 1-2-9。

彩图 1-2-8

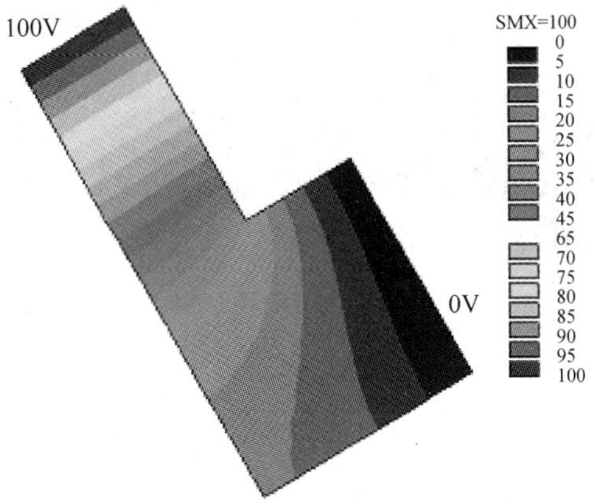

图 1-2-8 彩色云图

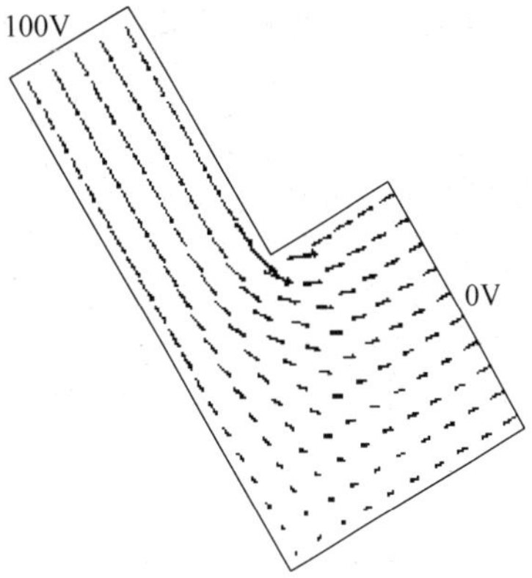

图 1-2-9 矢量图

1.3 标量场的方向导数和梯度

1. 方向导数的定义

对于定义在某空间上的标量场，我们需要研究标量函数 $u(M)$ 在其中的变化情况。根据多元函数微分学，要了解 $u(M)$ 沿着 x 轴(或 y 轴，z 轴)方向的变化，只需要求出 $u(x,y,z)$ 关于 x(或 y，z)的偏导数。在许多场合，除了沿坐标轴方向的变化外，还需要知道 $u(M)$ 沿着其他任意方向的变化情况。这就需要计算 $u(M)$ 沿着任意方向的导数。

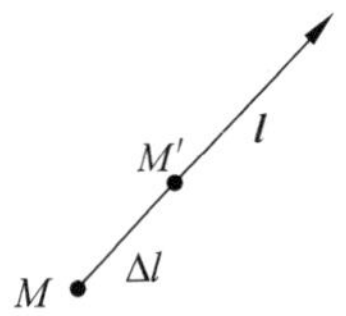

图 1-3-1 沿某方向求方向导数

如图 1-3-1 所示，从标量场中任一点 M 出发，引一条射线 $\boldsymbol{l}$，在 $\boldsymbol{l}$ 上任取一点 M'，用 Δl 表示从 M 到 M' 的距离。$\Delta u = u(M') - u(M)$。若当沿着 $\boldsymbol{l}$，$M' \to M$ 时，比式 $\dfrac{\Delta u}{\Delta l} = \dfrac{u(M') - u(M)}{\Delta l}$ 的极限存在，则称此极限值为函数 $u(M)$ 在点 M 处沿 $\boldsymbol{l}$ 方向的方向导数，记作 $\left.\dfrac{\mathrm{d}u}{\mathrm{d}l}\right|_M$。

$$\left.\frac{\mathrm{d}u}{\mathrm{d}l}\right|_M = \lim_{M' \to M} \frac{u(M') - u(M)}{\Delta l} = \lim_{M' \to M} \frac{\Delta u}{\Delta l} \tag{1-3-1}$$

由式(1-3-1)可知，方向导数是标量场函数在一点 M 处沿某一方向 $\boldsymbol{l}$ 对距离的变化率，它反映了函数 $u(M)$ 沿 $\boldsymbol{l}$ 方向增减的快慢情况。当 $\left.\dfrac{\mathrm{d}u}{\mathrm{d}l}\right|_M > 0$ 时，表示函数 $u(M)$ 在点 M 沿

l 方向是增加的，$\frac{\mathrm{d}u}{\mathrm{d}l}$越大，表示增加得越快；当$\left.\frac{\mathrm{d}u}{\mathrm{d}l}\right|_M<0$ 时，表示函数 $u(M)$ 在点 M 沿 $\boldsymbol{l}$ 方向是减小的，$\left|\frac{\mathrm{d}u}{\mathrm{d}l}\right|$越大，表示减小得越快。

2. 方向导数的计算

在直角坐标系中，如图 1-3-2 所示，设 A 点的坐标为(x,y,z)，标量函数 $u(x,y,z)$在 M 处可微，则函数 u 从 M 点到 C 点的增量为

$$\Delta u=\frac{\partial u}{\partial x}\Delta x+\frac{\partial u}{\partial y}\Delta y+\frac{\partial u}{\partial z}\Delta z \tag{1-3-2}$$

从图 1-3-2 中可知，$\Delta \boldsymbol{l}=\Delta x\boldsymbol{e}_x+\Delta y\boldsymbol{e}_y+\Delta z\boldsymbol{e}_z$。将式(1-3-2)代入式(1-3-1)，得

$$\frac{\mathrm{d}u}{\mathrm{d}l}=\frac{\partial u}{\partial x}\frac{\mathrm{d}x}{\mathrm{d}l}+\frac{\partial u}{\partial y}\frac{\mathrm{d}y}{\mathrm{d}l}+\frac{\partial u}{\partial z}\frac{\mathrm{d}z}{\mathrm{d}l} \tag{1-3-3}$$

式中，$\frac{\partial u}{\partial x}$、$\frac{\partial u}{\partial y}$、$\frac{\partial u}{\partial z}$为 u 在点 M 处沿坐标轴的偏导数，$\frac{\mathrm{d}x}{\mathrm{d}l}$、$\frac{\mathrm{d}y}{\mathrm{d}l}$、$\frac{\mathrm{d}z}{\mathrm{d}l}$是 $\boldsymbol{e}_l$ 在坐标轴的投影，也就是方向余弦。

方向导数是标量，它的大小与点 M 有关，也与方向 $\boldsymbol{l}$ 有关。

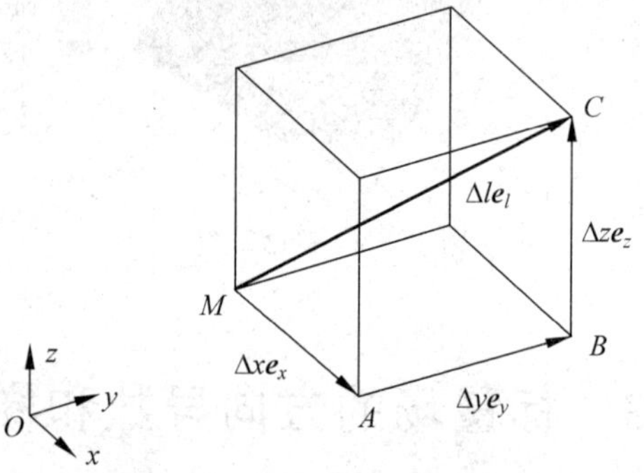

图 1-3-2 方向导数计算模型

例 1-3-1 求函数 $u=\sqrt{x^2+y^2+z^2}$ 在点 $M(1,1,0)$处沿 $\boldsymbol{l}=2\boldsymbol{e}_x+2\boldsymbol{e}_y+\boldsymbol{e}_z$ 方向的方向导数。

解

$$\left.\frac{\partial u}{\partial x}\right|_M=\left.\frac{x}{\sqrt{x^2+y^2+z^2}}\right|_M=\frac{1}{\sqrt{2}}$$

$$\left.\frac{\partial u}{\partial y}\right|_M=\left.\frac{y}{\sqrt{x^2+y^2+z^2}}\right|_M=\frac{1}{\sqrt{2}}$$

$$\left.\frac{\partial u}{\partial z}\right|_M=\left.\frac{z}{\sqrt{x^2+y^2+z^2}}\right|_M=0$$

而 $\boldsymbol{l}$ 的方向余弦为

$$\cos\alpha=\frac{2}{\sqrt{1^2+2^2+2^2}}=\frac{2}{3}$$

$$\cos\beta=\frac{2}{\sqrt{1^2+2^2+2^2}}=\frac{2}{3}$$

$$\cos\gamma=\frac{1}{\sqrt{1^2+2^2+2^2}}=\frac{1}{3}$$

则方向导数由式(1-3-3)得

$$\left.\frac{\mathrm{d}u}{\mathrm{d}l}\right|_M=\frac{1}{\sqrt{2}}\cdot\frac{2}{3}+\frac{1}{\sqrt{2}}\cdot\frac{2}{3}+0=\frac{4}{3\sqrt{2}}=\frac{2\sqrt{2}}{3}$$

3. 梯度

标量函数 u 在 M 点沿着不同方向的变化率是不同的。那么，是否存在某个方向，使得函数 u 沿着该方向的变化率最大呢？最大的变化率又是多少呢？这是电磁场理论中经常遇到的问题。从图 1-3-2 可知

$$\boldsymbol{e}_l=\frac{\mathrm{d}\boldsymbol{l}}{\mathrm{d}l}=\frac{\mathrm{d}x\boldsymbol{e}_x+\mathrm{d}y\boldsymbol{e}_y+\mathrm{d}z\boldsymbol{e}_z}{\mathrm{d}l}=\frac{\mathrm{d}x}{\mathrm{d}l}\boldsymbol{e}_x+\frac{\mathrm{d}y}{\mathrm{d}l}\boldsymbol{e}_y+\frac{\mathrm{d}z}{\mathrm{d}l}\boldsymbol{e}_z \tag{1-3-4}$$

令矢量

$$\boldsymbol{G}=\frac{\partial u}{\partial x}\boldsymbol{e}_x+\frac{\partial u}{\partial y}\boldsymbol{e}_y+\frac{\partial u}{\partial z}\boldsymbol{e}_z \tag{1-3-5}$$

根据矢量点积计算公式，将式(1-3-4) 和式(1-3-5)代入式(1-3-3)，可得

$$\frac{\mathrm{d}u}{\mathrm{d}l}=\frac{\partial u}{\partial x}\frac{\mathrm{d}x}{\mathrm{d}l}+\frac{\partial u}{\partial y}\frac{\mathrm{d}y}{\mathrm{d}l}+\frac{\partial u}{\partial z}\frac{\mathrm{d}z}{\mathrm{d}l}=\boldsymbol{G}\cdot\boldsymbol{e}_l \tag{1-3-6}$$

再令 θ 表示矢量 $\boldsymbol{G}$ 与单位矢量 $\boldsymbol{e}_l$ 之间的夹角，根据矢量点积的计算式，得

$$\frac{\mathrm{d}u}{\mathrm{d}l}=\boldsymbol{G}\cdot\boldsymbol{e}_l=G\cos\theta \tag{1-3-7}$$

当 $\boldsymbol{e}_l$ 方向固定时，空间点沿 $\boldsymbol{e}_l$ 方向变化可以看成是其 x、y、z 坐标变化的结果。沿 $\boldsymbol{e}_l$ 方向求导数，相对于 x、y、z 坐标就是求全导数，所以方向导数用$\frac{\mathrm{d}u}{\mathrm{d}l}$表示。另一方面，从 $\boldsymbol{e}_l$ 方向可变的角度考虑，$\boldsymbol{e}_l$ 方向可以任意选择，沿 $\boldsymbol{e}_l$ 方向求导数也可以理解为求偏导数，用$\frac{\partial u}{\partial l}$表示。我们熟知的沿坐标轴的偏导数$\frac{\partial u}{\partial x}$、$\frac{\partial u}{\partial y}$、$\frac{\partial u}{\partial z}$都是方向导数的特例。当 $\boldsymbol{e}_l$ 指向 x 轴正方向时，$\frac{\partial u}{\partial l}=\frac{\partial u}{\partial x}$；当 $\boldsymbol{e}_l$ 指向 y 轴正方向时，$\frac{\partial u}{\partial l}=\frac{\partial u}{\partial y}$；当 $\boldsymbol{e}_l$ 指向 z 轴正方向时，$\frac{\partial u}{\partial l}=\frac{\partial u}{\partial z}$。

对给定函数和给定点，$\boldsymbol{G}$ 是固定值，随着 $\boldsymbol{l}$ 方向的改变，θ 发生变化，方向导数值随之变化。当 $\boldsymbol{l}$ 方向与 $\boldsymbol{G}$ 方向一致时，方向导数值达到最大，最大的方向导数为 G。G 是矢量 $\boldsymbol{G}$ 的模。

在标量场中任一点 M 处，如果存在矢量 $\boldsymbol{G}$，其方向为场函数 $u(x,y,z)$在 M 点处方向导数最大的方向，其模$|\boldsymbol{G}|$是这个最大方向导数值，则称矢量 $\boldsymbol{G}$ 为标量场 $u(x,y,z)$在点 M 处的梯度。记为

$$\mathrm{grad}\ u=\boldsymbol{G} \tag{1-3-8}$$

显然，在直角坐标系中

$$\mathrm{grad}\ u=\boldsymbol{G}=\frac{\partial u}{\partial x}\boldsymbol{e}_x+\frac{\partial u}{\partial y}\boldsymbol{e}_y+\frac{\partial u}{\partial z}\boldsymbol{e}_z \tag{1-3-9}$$

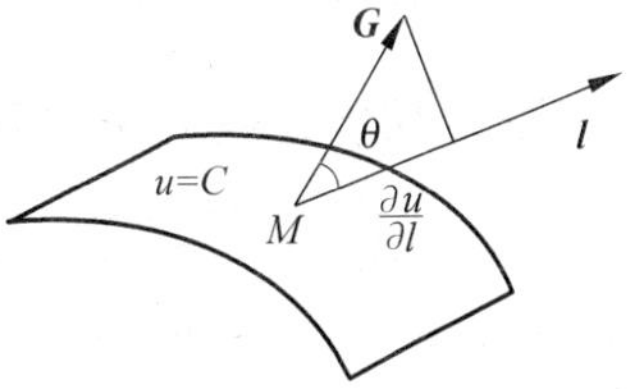

图 1-3-3　方向导数、梯度与等值面

一个标量场在给定点的梯度是对该标量场函数进行梯度运算的结果。梯度运算是分析标量场的工具。梯度是描述标量场中任一点函数值在该点附近增减性质的量，但标量场的梯度本身却是矢量，沿着梯度的方

向，函数 $u(x,y,z)$ 增加得最快。

方向导数等于梯度在该方向上的投影，表示为

$$\frac{\mathrm{d}u}{\mathrm{d}l}=\mathrm{grad}\ u\cdot\boldsymbol{e}_l=|\mathrm{grad}\ u|\cos\theta \tag{1-3-10}$$

场函数在点 M 处梯度的方向垂直于过该点的等值面，且指向 u 增大的方向，如图 1-3-3 所示。

标量场的每一点都有一个梯度，它是矢量，这便构成了标量场的梯度场。标量场的梯度场是矢量场。

4. 梯度的运算公式

设 C 为空间常数，u 和 v 分别是空间的两个标量函数，根据导数运算规则，可以导出梯度的运算公式：

(1) $\mathrm{grad}\ C=\mathbf{0}$

(2) $\mathrm{grad}\ (Cu)=C\mathrm{grad}\ u$

(3) $\mathrm{grad}\ (u\pm v)=\mathrm{grad}\ u\pm\mathrm{grad}\ v$

(4) $\mathrm{grad}\ (uv)=u\mathrm{grad}\ v+v\mathrm{grad}\ u$

(5) $\mathrm{grad}\ \left(\frac{u}{v}\right)=\frac{1}{v^2}(v\mathrm{grad}\ u-u\mathrm{grad}\ v)$

(6) $\mathrm{grad}\ f(u)=f'(u)\mathrm{grad}\ u$

以上各式证明都不难，现仅给出公式(6)的证明。由式(1-3-9)可知

$$\begin{aligned}\mathrm{grad}\ f(u)&=\frac{\partial f}{\partial x}\boldsymbol{e}_x+\frac{\partial f}{\partial y}\boldsymbol{e}_y+\frac{\partial f}{\partial z}\boldsymbol{e}_z\\&=f'(u)\frac{\partial u}{\partial x}\boldsymbol{e}_x+f'(u)\frac{\partial u}{\partial y}\boldsymbol{e}_y+f'(u)\frac{\partial u}{\partial z}\boldsymbol{e}_z\\&=f'(u)\left(\frac{\partial u}{\partial x}\boldsymbol{e}_x+\frac{\partial u}{\partial y}\boldsymbol{e}_y+\frac{\partial u}{\partial z}\boldsymbol{e}_z\right)=f'(u)\mathrm{grad}\ u\end{aligned}$$

例 1-3-2 已知标量场 $u(M)=3x^2+z^2-2yz+2zx$，试求过 $M\left(0,\frac{1}{2},1\right)$ 点的梯度和梯度的模。

解 因为

$$\frac{\partial u}{\partial x}=6x+2z,\quad \frac{\partial u}{\partial y}=-2z,\quad \frac{\partial u}{\partial z}=2x-2y+2z$$

所以

$$\mathrm{grad}\ u=(6x+2z)\boldsymbol{e}_x-2z\boldsymbol{e}_y+2(x-y+z)\boldsymbol{e}_z$$

$$\boldsymbol{G}=\mathrm{grad}\ u\ |_M=2\boldsymbol{e}_x-2\boldsymbol{e}_y+2\left(-\frac{1}{2}+1\right)\boldsymbol{e}_z=2\boldsymbol{e}_x-2\boldsymbol{e}_y+\boldsymbol{e}_z$$

$$|\boldsymbol{G}|=\sqrt{2^2+2^2+1}=3$$

1.4　矢量场的通量和散度

1. 矢量场的通量

在场域中选取一曲面 S。为区分曲面的两侧，取定其中的任一侧作为曲面的正侧。如果曲面是闭合的，习惯上取外侧为正侧。以曲面的法线方向表示曲面正侧。如图 1-4-1 所示，在曲面 S 上任取一点 M 与包含这点在内的一曲面元 $\mathrm{d}S$，过 M 点作曲面的法向单位矢量 $\boldsymbol{e}_{\mathrm{n}}$。

矢量 $\boldsymbol{A}(M)$ 穿过曲面元的通量 $\mathrm{d}\Phi$ 定义为

$$\mathrm{d}\Phi = A_{\mathrm{n}}\mathrm{d}S = \boldsymbol{A}\cdot\boldsymbol{e}_{\mathrm{n}}\mathrm{d}S = \boldsymbol{A}\cdot\mathrm{d}\boldsymbol{S} \tag{1-4-1}$$

因此，矢量场函数 $\boldsymbol{A}(M)$ 穿过场中某一有向曲面 $\boldsymbol{S}$ 的通量 Φ 定义为

$$\Phi = \iint_S A_{\mathrm{n}}\mathrm{d}S = \iint_S \boldsymbol{A}\cdot\boldsymbol{e}_{\mathrm{n}}\mathrm{d}S = \iint_S \boldsymbol{A}\cdot\mathrm{d}\boldsymbol{S} \tag{1-4-2}$$

式中，$\mathrm{d}\boldsymbol{S}=\mathrm{d}S\boldsymbol{e}_{\mathrm{n}}$。

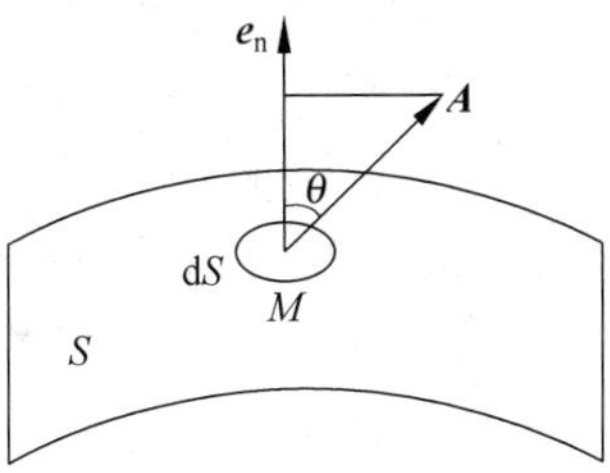

图 1-4-1　矢量的通量计算模型

通量是一个标量。由于场矢量并不总是与曲面的法线方向一致，所以 $\mathrm{d}\Phi=\boldsymbol{A}\cdot\mathrm{d}\boldsymbol{S}$ 可能取正值，也可能取负值。当场矢量与曲面法线方向之间夹角为锐角时，$\mathrm{d}\Phi>0$；当场矢量与曲面法线方向之间夹角为钝角时，$\mathrm{d}\Phi<0$；当场矢量与曲面法线方向垂直时，$\mathrm{d}\Phi=0$。

若 S 是闭合曲面，且指定外侧方向为法线方向，则有

$$\Phi = \oint\!\!\!\oint_S A_{\mathrm{n}}\mathrm{d}S = \oint\!\!\!\oint_S \boldsymbol{A}\cdot\mathrm{d}\boldsymbol{S} \tag{1-4-3}$$

若 $\Phi>0$，表示散出闭合面的通量大于汇入的通量，说明有矢量线从闭合面内散发出来。若 $\Phi<0$，表示汇入闭合面的通量大于散出的通量，说明有矢量线被吸收到闭合面内。若 $\Phi=0$，表示散出闭合面的通量与汇入的通量相等，说明矢量线处于一种平衡状态。

例 1-4-1　在点电荷 q 产生的电场中，场矢量 $\boldsymbol{D}=\dfrac{q}{4\pi r^2}\boldsymbol{e}_r$。其中 r 是点电荷 q 到场点 M 的距离，$\boldsymbol{e}_r$ 是从点电荷 q 指向场点 M 的单位矢量。设 S 为以点电荷为中心、R 为半径的球面，求从球内散出 S 的电通量 Φ。

解　在球面 S 上恒有 $r=R$，且 $\boldsymbol{e}_r$ 与球面的法向单位矢量 $\boldsymbol{e}_{\mathrm{n}}$ 的方向一致，所以

$$\Phi = \oint\!\!\!\oint_S \boldsymbol{D}\cdot\mathrm{d}\boldsymbol{S} = \frac{q}{4\pi R^2}\oint\!\!\!\oint_S \boldsymbol{e}_r\cdot\mathrm{d}\boldsymbol{S} = \frac{q}{4\pi R^2}\oint\!\!\!\oint_S \mathrm{d}S - \frac{q}{4\pi R^2}\cdot 4\pi R^2 = q$$

可见，在球面 S 内产生电通量 Φ 的源，就是电荷 q。当 q 为正电荷时，$\Phi>0$，为正源，说明有场矢量线从 q 向外发出；当 q 为负电荷时，$\Phi<0$，为负源，说明有场矢量线终止于 q。

2. 散度的定义

以上讨论了矢量在闭合面上的通量。利用通量概念只能分析闭合面内场矢量源的整体情况。要分析场中任一点及其附近的情况，可以将闭合面缩小到一点上。为此，引入矢量场的散度概念。

设有矢量场函数 $\boldsymbol{A}(M)$，在场中作包围点 M 的闭曲面 S，设其所包围的空间区域为 Ω，体积为 ΔV。当 Ω 收缩到 M 点，即 $\Delta V \to 0$ 时，若极限 $\lim\limits_{\Delta V\to 0}\left(\oint_S \boldsymbol{A}\cdot \mathrm{d}\boldsymbol{S}/\Delta V\right)$ 存在，则称此极限值为矢量场 $\boldsymbol{A}(M)$ 在点 M 处的散度，记作 $\operatorname{div}\boldsymbol{A}$，即

$$\operatorname{div}\boldsymbol{A}=\lim_{\Delta V\to 0}\frac{\oint_S \boldsymbol{A}\cdot \mathrm{d}\boldsymbol{S}}{\Delta V} \tag{1-4-4}$$

散度运算是分析矢量场的工具。矢量的散度是描述矢量场中任一点发散性质的量。矢量的散度是标量。从式(1-4-4)可以看出，散度就是通量的体密度，即单位体积发出的通量。矢量 $\boldsymbol{A}$ 的散度形成一个标量场，叫作矢量场 $\boldsymbol{A}$ 的散度场。

应用散度概念可以分析矢量场中任一点的情况。在 M 点，$\operatorname{div}\boldsymbol{A}>0$，表明 M 点有正"源"；$\operatorname{div}\boldsymbol{A}<0$，表明 M 点有负"源"。$\operatorname{div}\boldsymbol{A}$ 的正值越大，正"源"的发散强度越大；若 $\operatorname{div}\boldsymbol{A}$ 为负值，其绝对值越大，表明这个负"源"吸收强度越大。若 $\operatorname{div}\boldsymbol{A}=0$，表明该点无"源"。如果在场中处处有 $\operatorname{div}\boldsymbol{A}=0$，则称此场为无"源"场，确切地说是无散场。这里所谓的"源"是指能够发出或吸收矢量线的源，与一般意义上的场源不完全相同。

3. 散度的计算

在直角坐标系中，若矢量场 $\boldsymbol{A}=A_x(x,y,z)\boldsymbol{e}_x+A_y(x,y,z)\boldsymbol{e}_y+A_z(x,y,z)\boldsymbol{e}_z$ 的分量 A_x、A_y、A_z 有一阶连续偏导数，则可求 $\boldsymbol{A}$ 在任一点 M 处的散度。根据散度的定义可知，$\operatorname{div}\boldsymbol{A}$ 与所取 ΔV 的形状无关，只要在取极限时，所有的尺寸都趋近于 0 即可。如图 1-4-2 所示，以观察点 $M(x,y,z)$ 为起点作一小长方体，其三个边长分别为 Δx、Δy、Δz。分别计算从各表面散出的 $\boldsymbol{A}$ 的通量。设进入表面的通量为负，散出表面的通量为正。

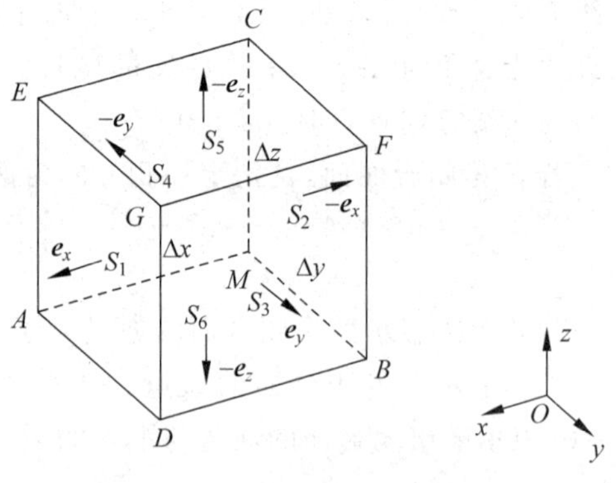

图 1-4-2 散度的计算模型

在 M 点附近，将矢量函数 $\boldsymbol{A}$ 展开成泰勒级数并忽略高阶项。从正、负 x 方向一对表面 $S_1(ADGE)$ 和 $S_2(MBFC)$ 散出的净通量为

$$\left(A_x+\frac{\partial A_x}{\partial x}\Delta x\right)\Delta y\Delta z-A_x\Delta y\Delta z=\frac{\partial A_x}{\partial x}\Delta x\Delta y\Delta z \tag{1-4-5}$$

式中，第一项前面没有负号是因为面 S_1 外法向与 $\boldsymbol{e}_x$ 方向相同，第二项前面有负号是因为面 S_2 外法向与 $\boldsymbol{e}_x$ 方向相反，括号中第二项的正号是因为面 S_1 相对于 M 点所在的面 S_2 沿正 x 方向有 Δx 位移。

从正、负 y 方向一对表面 $S_3(BFGD)$ 和 $S_4(MCEA)$ 散出的净通量为

$$\left(A_y+\frac{\partial A_y}{\partial y}\Delta y\right)\Delta z\Delta x-A_y\Delta z\Delta x=\frac{\partial A_y}{\partial y}\Delta x\Delta y\Delta z \tag{1-4-6}$$

式中，第一项前面没有负号是因为面 S_3 外法向与 $\boldsymbol{e}_y$ 方向相同，第二项前面有负号是因为面 S_4 外法向与 $\boldsymbol{e}_y$ 方向相反，括号中第二项的正号是因为面 S_3 相对于 M 点所在的面 S_4 沿正 y 方向有 Δy 位移。

从正、负 z 方向一对表面 $S_5(CEGF)$ 和 $S_6(MADB)$ 散出的净通量为

$$\left(A_z+\frac{\partial A_z}{\partial z}\Delta z\right)\Delta x\Delta y-A_z\Delta x\Delta y=\frac{\partial A_z}{\partial z}\Delta x\Delta y\Delta z \tag{1-4-7}$$

式中，第一项前面没有负号是因为面 S_5 外法向与 $\boldsymbol{e}_z$ 方向相同，第二项前面有负号是因为面 S_6 外法向与 $\boldsymbol{e}_z$ 方向相反，括号中第二项的正号是因为面 S_5 相对于 M 点所在的面 S_6 沿正 z 方向有 Δz 位移。

综上所述，从小长方体六个面上散出的净通量为

$$\oint_S \boldsymbol{A}\cdot \mathrm{d}\boldsymbol{S}=\left(\frac{\partial A_x}{\partial x}+\frac{\partial A_y}{\partial y}+\frac{\partial A_z}{\partial z}\right)\Delta x\Delta y\Delta z \tag{1-4-8}$$

小长方体的体积 $\Delta V=\Delta x\Delta y\Delta z$，所以

$$\frac{\oint_S \boldsymbol{A}\cdot \mathrm{d}\boldsymbol{S}}{\Delta V}=\frac{\partial A_x}{\partial x}+\frac{\partial A_y}{\partial y}+\frac{\partial A_z}{\partial z} \tag{1-4-9}$$

因此，根据散度的定义

$$\operatorname{div}\boldsymbol{A}=\lim_{\Delta V\to 0}\frac{\oint_S \boldsymbol{A}\cdot \mathrm{d}\boldsymbol{S}}{\Delta V} \tag{1-4-10}$$

得直角坐标系中散度的计算公式

$$\operatorname{div}\boldsymbol{A}=\frac{\partial A_x}{\partial x}+\frac{\partial A_y}{\partial y}+\frac{\partial A_z}{\partial z} \tag{1-4-11}$$

例 1-4-2 求点电荷 q 产生的静电场中，场矢量 $\boldsymbol{D}=\dfrac{q}{4\pi r^2}\boldsymbol{e}_r$ 在 $r\neq 0$ 的任何一点 M 处的散度 $\operatorname{div}\boldsymbol{D}$。

解 因 $r=\sqrt{x^2+y^2+z^2}$，$\boldsymbol{r}=x\boldsymbol{e}_x+y\boldsymbol{e}_y+z\boldsymbol{e}_z$，

$$\boldsymbol{D}=D_x\boldsymbol{e}_x+D_y\boldsymbol{e}_y+D_z\boldsymbol{e}_z=\frac{q}{4\pi r^3}(x\boldsymbol{e}_x+y\boldsymbol{e}_y+z\boldsymbol{e}_z)$$

于是有

$$\frac{\partial D_x}{\partial x}=q\frac{\partial}{\partial x}\left(\frac{x}{4\pi r^3}\right)=q\left(\frac{1}{4\pi r^3}-\frac{3x}{4\pi r^4}\frac{x}{r}\right)=\frac{q}{4\pi}\frac{r^2-3x^2}{r^5}$$

同理得

$$\frac{\partial D_y}{\partial y}=\frac{q}{4\pi}\frac{r^2-3y^2}{r^5},\quad \frac{\partial D_z}{\partial z}=\frac{q}{4\pi}\frac{r^2-3z^2}{r^5}$$

所以

$$\operatorname{div}\boldsymbol{D}=\frac{q}{4\pi}\frac{3r^2-3(x^2+y^2+z^2)}{r^5}=0,\quad r\neq 0$$

4. 散度的运算公式

设 C 为空间常数，u 为空间标量函数，$\boldsymbol{A}$、$\boldsymbol{B}$ 为空间矢量函数。根据导数的运算规则，得散度的运算公式：

(1) $\operatorname{div}(C\boldsymbol{A})=C\operatorname{div}\boldsymbol{A}$

(2) $\operatorname{div}(u\boldsymbol{A})=u\operatorname{div}\boldsymbol{A}+\operatorname{grad}u\cdot\boldsymbol{A}$

(3) $\mathrm{div}\,(\boldsymbol{A}\pm\boldsymbol{B})=\mathrm{div}\,\boldsymbol{A}\pm\mathrm{div}\,\boldsymbol{B}$

其中公式(2)证明如下：

$$\begin{aligned}\mathrm{div}\,(u\boldsymbol{A})&=\frac{\partial(uA_x)}{\partial x}+\frac{\partial(uA_y)}{\partial y}+\frac{\partial(uA_z)}{\partial z}\\&=\frac{\partial u}{\partial x}A_x+u\frac{\partial A_x}{\partial x}+\frac{\partial u}{\partial y}A_y+u\frac{\partial A_y}{\partial y}+\frac{\partial u}{\partial z}A_z+u\frac{\partial A_z}{\partial z}\\&=u\left(\frac{\partial A_x}{\partial x}+\frac{\partial A_y}{\partial y}+\frac{\partial A_z}{\partial z}\right)+\frac{\partial u}{\partial x}A_x+\frac{\partial u}{\partial y}A_y+\frac{\partial u}{\partial z}A_z\\&=u\,\mathrm{div}\,\boldsymbol{A}+\mathrm{grad}\,u\cdot\boldsymbol{A}\end{aligned}$$

5. 散度定理

设矢量场 $\boldsymbol{A}=A_x(x,y,z)\boldsymbol{e}_x+A_y(x,y,z)\boldsymbol{e}_y+A_z(x,y,z)\boldsymbol{e}_z$ 的各分量 A_x、A_y、A_z 在闭曲面 S 所在区域内有一阶连续偏导数，则有

$$\oiint_S \boldsymbol{A}\cdot\mathrm{d}\boldsymbol{S}=\iiint_V \mathrm{div}\,\boldsymbol{A}\,\mathrm{d}V \tag{1-4-12}$$

或

$$\oiint_S A_x\,\mathrm{d}y\,\mathrm{d}z+A_y\,\mathrm{d}z\,\mathrm{d}x+A_z\,\mathrm{d}x\,\mathrm{d}y=\iiint_V\left(\frac{\partial A_x}{\partial x}+\frac{\partial A_y}{\partial y}+\frac{\partial A_z}{\partial z}\right)\mathrm{d}x\,\mathrm{d}y\,\mathrm{d}z \tag{1-4-13}$$

式(1-4-12)称为散度定理，又称为高斯-奥斯特洛格拉特斯基公式。它的意义在于给出了闭合曲面积分与相应体积分之间的等价互换关系。散度定理在电磁场原理中得到广泛的应用，为电磁场理论的建立提供了数学基础。

根据散度的定义，$\boldsymbol{A}$ 的散度是从单位体积发出的 $\boldsymbol{A}$ 的通量，从整个体积 V 中发出的通量应为 $\boldsymbol{A}$ 的散度的体积分，也就是式(1-4-12)等号右边的值，见图 1-4-3。设想将体积 V 分成许多体积元，相邻体积元分界面上的通量是相互抵消的(从一个体积元发出，通量为正；进入另一个体积元，通量为负)，只有到了体积 V 的外边界面上，通量才不会抵消；所以，整个体积 V 中发出的通量就是从体积外表面 S 发出的通量，也就是式(1-4-12)等号左边的值，见图 1-4-4。由此可知式(1-4-12)成立。实际上散度定理确定了两种通量计算公式在一定条件下的等价关系。

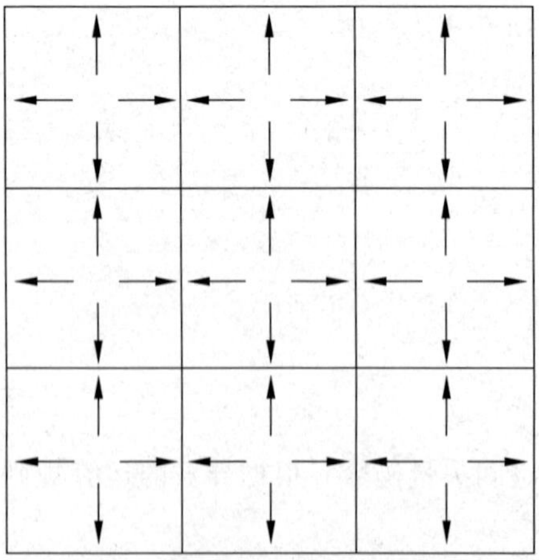

图 1-4-3 散度定理公式右侧计算示意图

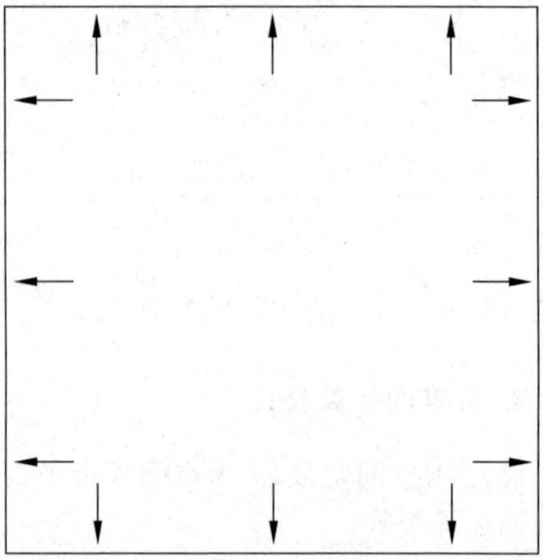

图 1-4-4 散度定理公式左侧计算示意图

1.5　矢量场的环量和旋度

1. 矢量场的环量

在矢量场中选取一闭合曲线 l。为了表示曲线的走向，选定曲线的一个切线方向为曲线的正方向。如图 1-5-1 所示，在曲线 l 上任取一点 M，过 M 点作曲线的切线方向，其单位矢量为 $\boldsymbol{e}_\mathrm{t}$。取一弧元 $\mathrm{d}l$，矢量函数 $\boldsymbol{A}(M)$沿场中有向闭合曲线 $\boldsymbol{l}$ 的线积分

$$\Gamma=\oint_l A_\mathrm{t}\,\mathrm{d}l=\oint_l A\cos\theta\,\mathrm{d}l=\oint_l \boldsymbol{A}\cdot\mathrm{d}\boldsymbol{l} \tag{1-5-1}$$

称为矢量场 $\boldsymbol{A}$ 按所取方向沿曲线 $\boldsymbol{l}$ 的环量。

环量是描述矢量场特征的量，是一个标量。由定义式(1-5-1)可知，它的数值不仅与场矢量 $\boldsymbol{A}$ 有关，而且与回路 $\boldsymbol{l}$ 的形状和取向有关。这说明 Γ 表示的是场矢量沿 $\boldsymbol{l}$ 的总体旋转特性。为了研究场矢量 $\boldsymbol{A}$ 在一点及其附近的性质，就需要让 $\boldsymbol{l}$ 收缩到一点，为此，引入环量面密度的概念。

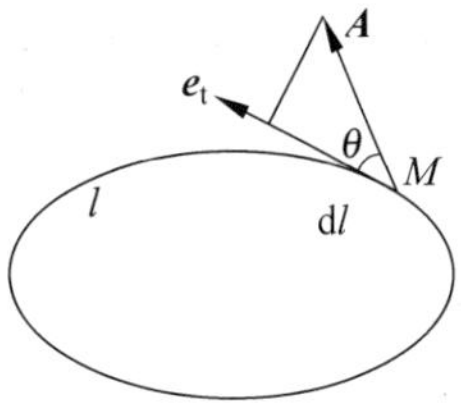

图 1-5-1　矢量的环量计算模型

2. 环量面密度

如图 1-5-2 所示，设 M 为矢量场中的一点，在 M 点取一单位矢量 $\boldsymbol{e}_\mathrm{n}$，并在 M 点周围取小闭合回路 Δl，令 Δl 的环绕方向与 $\boldsymbol{e}_\mathrm{n}$ 构成右手螺旋关系；作以 Δl 为边界，$\boldsymbol{e}_\mathrm{n}$ 为法线方向，且过点 M 的小曲面 ΔS。当 ΔS 以任意方式收缩到 M 点时，若极限

$$\lim_{\Delta S\to 0}\frac{\Delta\Gamma}{\Delta S}=\lim_{\Delta S\to 0}\frac{\oint_{\Delta l}\boldsymbol{A}\cdot\mathrm{d}\boldsymbol{l}}{\Delta S} \tag{1-5-2}$$

存在，则称该极限值为矢量场 $\boldsymbol{A}$ 在 M 点沿方向 $\boldsymbol{e}_\mathrm{n}$ 的环量面密度。

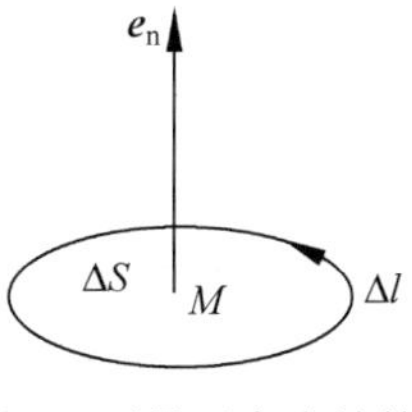

图 1-5-2　环量面密度计算模型

$\oint_{\Delta l}\boldsymbol{A}\cdot\mathrm{d}\boldsymbol{l}/\Delta S$ 是环量的平均面密度。取极限得到在 M 点的环量面密度。若极限存在，则环量面密度与 $\boldsymbol{e}_\mathrm{n}$ 有关，与 Δl 的形状无关。式(1-5-2)的大小反映了 $\boldsymbol{A}$ 在 M 点环绕 $\boldsymbol{e}_\mathrm{n}$ 方向旋转的强弱情况。它与取定的方向 $\boldsymbol{e}_\mathrm{n}$ 有关。在空间的一点，方向 $\boldsymbol{e}_\mathrm{n}$ 可以任意选取。随着 $\boldsymbol{e}_\mathrm{n}$ 方向的改变，环量面密度将连续变化。在环量面密度最大的方向上，场矢量的旋转性最强。为了表述这种特性，引入旋度的概念。

3. 旋度的定义

从上面的分析可以看出，环量面密度是一个与方向有关的量，正如在标量场中，方向导数的数值与方向有关一样。在标量场中，我们定义了梯度矢量，在给定点处，它的方向是方向导数最大的方向，其模是最大方向导数的值，它在任一方向上的投影，就是该方向上的方向导数。由此，给我们一种启示，即希望也能找到这样一个矢量，它与环量面密度的关系正

如梯度与方向导数的关系一样。

如图1-5-3所示,$\triangle ABC$ 在坐标平面 yOz 的投影为 MBC,在坐标平面 zOx 的投影为 MCA,在坐标平面 xOy 的投影为 MAB。其面积矢量 $\Delta S_n \boldsymbol{e}_n$ 在坐标轴 x 方向的投影为 $\Delta S_x \boldsymbol{e}_x$,在坐标轴 y 方向的投影为 $\Delta S_y \boldsymbol{e}_y$,在坐标轴 z 方向的投影为 $\Delta S_z \boldsymbol{e}_z$。因此有

$$\Delta \boldsymbol{S}_n = \Delta S_x \boldsymbol{e}_x + \Delta S_y \boldsymbol{e}_y + \Delta S_z \boldsymbol{e}_z \quad (1\text{-}5\text{-}3)$$

在 $\Delta S_n \to 0$ 的极限情况下

$$\mathrm{d}\boldsymbol{S}_n = \mathrm{d}S_x \boldsymbol{e}_x + \mathrm{d}S_y \boldsymbol{e}_y + \mathrm{d}S_z \boldsymbol{e}_z \quad (1\text{-}5\text{-}4)$$

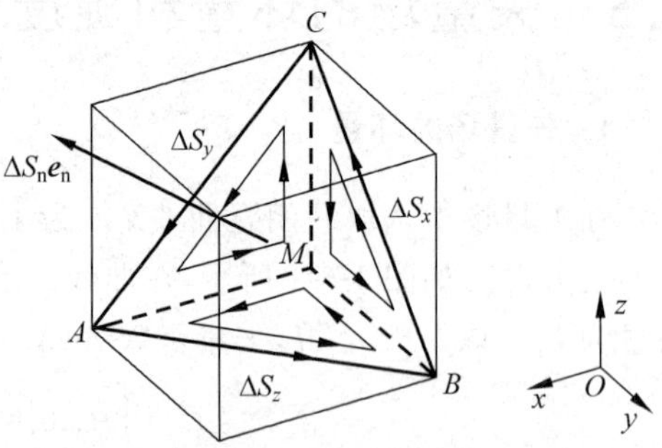

图1-5-3 环量与环量面密度计算模型

得单位矢量表达式

$$\boldsymbol{e}_n = \frac{\mathrm{d}\boldsymbol{S}_n}{\mathrm{d}S_n} = \frac{\mathrm{d}S_x}{\mathrm{d}S_n}\boldsymbol{e}_x + \frac{\mathrm{d}S_y}{\mathrm{d}S_n}\boldsymbol{e}_y + \frac{\mathrm{d}S_z}{\mathrm{d}S_n}\boldsymbol{e}_z \quad (1\text{-}5\text{-}5)$$

观察沿四个三角形边缘的回路,可以看出,消去抵消部分,矢量 $\boldsymbol{A}$ 沿面积 ΔS_n 的环量等于沿 ΔS_x、ΔS_y、ΔS_z 的环量的代数和,即

$$\Gamma_n = \Gamma_x + \Gamma_y + \Gamma_z \quad (1\text{-}5\text{-}6)$$

从而求得环量面密度的关系

$$\begin{aligned}\mathrm{rot}_n \boldsymbol{A} &= \lim_{\Delta S_n \to 0} \frac{\Gamma_n}{\Delta S_n} = \lim_{\Delta S_n \to 0}\left(\frac{\Gamma_x}{\Delta S_n} + \frac{\Gamma_y}{\Delta S_n} + \frac{\Gamma_z}{\Delta S_n}\right) \\ &= \lim_{\Delta S_n \to 0}\left(\frac{\Delta S_x}{\Delta S_n}\frac{\Gamma_x}{\Delta S_x} + \frac{\Delta S_y}{\Delta S_n}\frac{\Gamma_y}{\Delta S_y} + \frac{\Delta S_z}{\Delta S_n}\frac{\Gamma_z}{\Delta S_z}\right)\end{aligned} \quad (1\text{-}5\text{-}7)$$

进一步得

$$\mathrm{rot}_n \boldsymbol{A} = \frac{\mathrm{d}S_x}{\mathrm{d}S_n}\mathrm{rot}_x \boldsymbol{A} + \frac{\mathrm{d}S_y}{\mathrm{d}S_n}\mathrm{rot}_y \boldsymbol{A} + \frac{\mathrm{d}S_z}{\mathrm{d}S_n}\mathrm{rot}_z \boldsymbol{A} \quad (1\text{-}5\text{-}8)$$

式中,$\mathrm{rot}_x \boldsymbol{A}$、$\mathrm{rot}_y \boldsymbol{A}$、$\mathrm{rot}_z \boldsymbol{A}$ 分别是沿三个坐标轴的环量面密度;$\frac{\mathrm{d}S_x}{\mathrm{d}S_n}$、$\frac{\mathrm{d}S_y}{\mathrm{d}S_n}$、$\frac{\mathrm{d}S_z}{\mathrm{d}S_n}$分别是 $\boldsymbol{e}_n$ 在三个坐标轴的投影。设有矢量 $\boldsymbol{R}$,其表达式为

$$\boldsymbol{R} = \mathrm{rot}_x \boldsymbol{A}\boldsymbol{e}_x + \mathrm{rot}_y \boldsymbol{A}\boldsymbol{e}_y + \mathrm{rot}_z \boldsymbol{A}\boldsymbol{e}_z \quad (1\text{-}5\text{-}9)$$

则有

$$\mathrm{rot}_n \boldsymbol{A} = \frac{\mathrm{d}S_x}{\mathrm{d}S_n}\mathrm{rot}_x \boldsymbol{A} + \frac{\mathrm{d}S_y}{\mathrm{d}S_n}\mathrm{rot}_y \boldsymbol{A} + \frac{\mathrm{d}S_z}{\mathrm{d}S_n}\mathrm{rot}_z \boldsymbol{A} = \boldsymbol{R} \cdot \boldsymbol{e}_n = R\cos\theta \quad (1\text{-}5\text{-}10)$$

θ 是矢量 $\boldsymbol{R}$ 与 $\boldsymbol{e}_n$ 之间的夹角。可以看出,当 $\theta=0°$时,$\boldsymbol{A}$ 的环量面密度取得最大值。若在矢量场 $\boldsymbol{A}$ 中的一点 M 处存在矢量 $\boldsymbol{R}$,它的方向是 $\boldsymbol{A}$ 在该点环量面密度最大的方向,它的模就是这个最大的环量面密度,则称矢量 $\boldsymbol{R}$ 为矢量场 $\boldsymbol{A}$ 在点 M 的旋度,记为 $\mathrm{rot}\,\boldsymbol{A}$,即

$$\mathrm{rot}\,\boldsymbol{A} = \boldsymbol{R} \quad (1\text{-}5\text{-}11)$$

因此,旋度矢量在数值和方向上表示出了最大的环量面密度。$\boldsymbol{A}$ 在 $\boldsymbol{e}_n$ 方向的环量面密度就是 $\mathrm{rot}\,\boldsymbol{A}$ 在 $\boldsymbol{e}_n$ 上的投影。$\boldsymbol{e}_n$ 方向的环量面密度可表示为

$$\mathrm{rot}_n \boldsymbol{A} = \mathrm{rot}\,\boldsymbol{A} \cdot \boldsymbol{e}_n \quad (1\text{-}5\text{-}12)$$

4. 旋度的计算

环量面密度定义式中的极限与所取小曲面边缘的形状无关。为了计算方便，现取如图 1-5-4 所示平行于 yOz 坐标平面的小矩形面，小矩形面的法向矢量与 $\boldsymbol{e}_x$ 平行，小矩形面的面积为

$$\Delta S_x = \Delta y \Delta z \tag{1-5-13}$$

以 M 点为起点，将 $\boldsymbol{A}$ 展开成泰勒级数并忽略高阶项，则 $\boldsymbol{A}$ 沿 Δl_x：$MABCM$（Δl_x 与 $\boldsymbol{e}_x$ 成右手关系）的线积分为

$$\begin{aligned}\oint_{\Delta l_x} \boldsymbol{A}\cdot \mathrm{d}\boldsymbol{l} &= \int_{l_1} \boldsymbol{A}\cdot \mathrm{d}\boldsymbol{l} + \int_{l_2} \boldsymbol{A}\cdot \mathrm{d}\boldsymbol{l} + \int_{l_3} \boldsymbol{A}\cdot \mathrm{d}\boldsymbol{l} + \int_{l_4} \boldsymbol{A}\cdot \mathrm{d}\boldsymbol{l} \\ &= A_y \Delta y + \left(A_z + \frac{\partial A_z}{\partial y}\Delta y\right)\Delta z - \left(A_y + \frac{\partial A_y}{\partial z}\Delta z\right)\Delta y - A_z \Delta z \\ &= \left(\frac{\partial A_z}{\partial y} - \frac{\partial A_y}{\partial z}\right)\Delta y \Delta z \end{aligned} \tag{1-5-14}$$

得

$$\mathrm{rot}_x \boldsymbol{A} = \lim_{\Delta S_x \to 0} \frac{\oint_{\Delta l_x} \boldsymbol{A}\cdot \mathrm{d}\boldsymbol{l}}{\Delta S_x} = \frac{\partial A_z}{\partial y} - \frac{\partial A_y}{\partial z} \tag{1-5-15}$$

式(1-5-14)中，第二个等号后第一项前为正号是因为线段 l_1 与 A_y 方向一致，第三项前有负号是因为线段 l_3 与 A_y 方向相反，第二项前为正号是因为线段 l_2 与 A_z 方向一致，第四项前有负号是因为线段 l_4 与 A_z 方向相反；第二项括号中的加号是因为线段 l_2 相对于 M 点所在的线段 l_4 沿正 y 方向有位移，第三项括号中的加号是因为线段 l_3 相对于 M 点所在的线段 l_1 沿正 z 方向有位移。

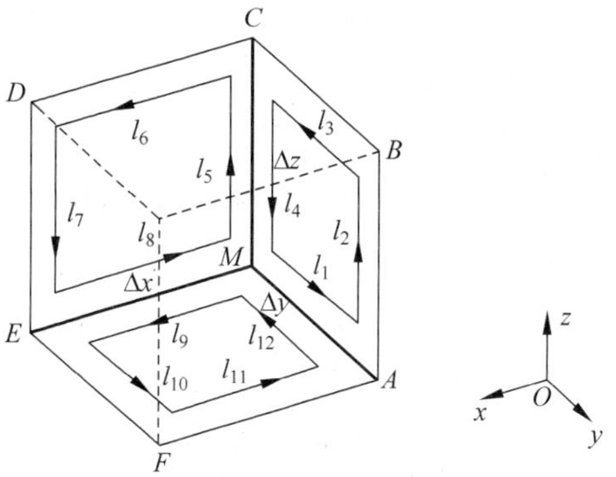

图 1-5-4　旋度的计算模型

取如图 1-5-4 所示的平行于 zOx 坐标平面的小矩形面，小矩形面的法向矢量与 $\boldsymbol{e}_y$ 平行，小矩形面的面积为

$$\Delta S_y = \Delta z \Delta x \tag{1-5-16}$$

以 M 点为起点，将 $\boldsymbol{A}$ 展开成泰勒级数并忽略高阶项，则 $\boldsymbol{A}$ 沿 Δl_y：$MCDEM$（Δl_y 与 $\boldsymbol{e}_y$ 呈右手关系）的线积分为

$$\begin{aligned}\oint_{\Delta l_y} \boldsymbol{A}\cdot \mathrm{d}\boldsymbol{l} &= \int_{l_5} \boldsymbol{A}\cdot \mathrm{d}\boldsymbol{l} + \int_{l_6} \boldsymbol{A}\cdot \mathrm{d}\boldsymbol{l} + \int_{l_7} \boldsymbol{A}\cdot \mathrm{d}\boldsymbol{l} + \int_{l_8} \boldsymbol{A}\cdot \mathrm{d}\boldsymbol{l} \\ &= A_z \Delta z + \left(A_x + \frac{\partial A_x}{\partial z}\Delta z\right)\Delta x - \left(A_z + \frac{\partial A_z}{\partial x}\Delta x\right)\Delta z - A_x \Delta x \\ &= \left(\frac{\partial A_x}{\partial z} - \frac{\partial A_z}{\partial x}\right)\Delta z \Delta x \end{aligned} \tag{1-5-17}$$

得

$$\mathrm{rot}_y \boldsymbol{A} = \lim_{\Delta S_y \to 0} \frac{\oint_{\Delta l_y} \boldsymbol{A} \cdot \mathrm{d}\boldsymbol{l}}{\Delta S_y} = \frac{\partial A_x}{\partial z} - \frac{\partial A_z}{\partial x} \tag{1-5-18}$$

式(1-5-17)中,第二个等号后第一项前为正号是因为线段 l_5 与 A_z 方向一致,第三项前有负号是因为线段 l_7 与 A_z 方向相反,第二项前为正号是因为线段 l_6 与 A_x 方向一致,第四项前有负号是因为线段 l_8 与 A_x 方向相反;第二项括号中的加号是因为线段 l_6 相对于 M 点所在的线段 l_8 沿正 z 方向有位移,第三项括号中的加号是因为线段 l_7 相对于 M 点所在的线段 l_5 沿正 x 方向有位移。

取如图 1-5-4 所示的平行于 xOy 坐标平面的小矩形面,小矩形面的法向矢量与 $\boldsymbol{e}_z$ 平行,小矩形面的面积为

$$\Delta S_z = \Delta x \Delta y \tag{1-5-19}$$

以 M 点为起点,将 $\boldsymbol{A}$ 展开成泰勒级数并忽略高阶项,则 $\boldsymbol{A}$ 沿 Δl_z: $MEFAM$(Δl_z 与 $\boldsymbol{e}_z$ 呈右手关系)的线积分为

$$\begin{aligned}\oint_{\Delta l_z} \boldsymbol{A} \cdot \mathrm{d}\boldsymbol{l} &= \int_{l_9} \boldsymbol{A} \cdot \mathrm{d}\boldsymbol{l} + \int_{l_{10}} \boldsymbol{A} \cdot \mathrm{d}\boldsymbol{l} + \int_{l_{11}} \boldsymbol{A} \cdot \mathrm{d}\boldsymbol{l} + \int_{l_{12}} \boldsymbol{A} \cdot \mathrm{d}\boldsymbol{l} \\ &= A_x \Delta x + \left(A_y + \frac{\partial A_y}{\partial x}\Delta x\right)\Delta y - \left(A_x + \frac{\partial A_x}{\partial y}\Delta y\right)\Delta x - A_y \Delta y \\ &= \left(\frac{\partial A_y}{\partial x} - \frac{\partial A_x}{\partial y}\right)\Delta x \Delta y \end{aligned} \tag{1-5-20}$$

得

$$\mathrm{rot}_z \boldsymbol{A} = \lim_{\Delta S_z \to 0} \frac{\oint_{\Delta l_z} \boldsymbol{A} \cdot \mathrm{d}\boldsymbol{l}}{\Delta S_z} = \frac{\partial A_y}{\partial x} - \frac{\partial A_x}{\partial y} \tag{1-5-21}$$

式(1-5-20)中,第二个等号后第一项前为正号是因为线段 l_9 与 A_x 方向一致,第三项前有负号是因为线段 l_{11} 与 A_x 方向相反,第二项前为正号是因为线段 l_{10} 与 A_y 方向一致,第四项前有负号是因为线段 l_{12} 与 A_y 方向相反;第二项括号中的加号是因为线段 l_{10} 相对于 M 点所在的线段 l_{12} 沿正 x 方向有位移,第三项括号中的加号是因为线段 l_{11} 相对于 M 点所在的线段 l_9 沿正 y 方向有位移。

综上所述,得

$$\mathrm{rot}\, \boldsymbol{A} = \left(\frac{\partial A_z}{\partial y} - \frac{\partial A_y}{\partial z}\right)\boldsymbol{e}_x + \left(\frac{\partial A_x}{\partial z} - \frac{\partial A_z}{\partial x}\right)\boldsymbol{e}_y + \left(\frac{\partial A_y}{\partial x} - \frac{\partial A_x}{\partial y}\right)\boldsymbol{e}_z \tag{1-5-22}$$

为便于记忆,也可以写成行列式形式

$$\mathrm{rot}\, \boldsymbol{A} = \begin{vmatrix} \boldsymbol{e}_x & \boldsymbol{e}_y & \boldsymbol{e}_z \\ \dfrac{\partial}{\partial x} & \dfrac{\partial}{\partial y} & \dfrac{\partial}{\partial z} \\ A_x & A_y & A_z \end{vmatrix} \tag{1-5-23}$$

旋度运算是分析矢量场的工具。旋度是描述矢量场在任一点旋转性质的量。旋度是矢量,其方向表示矢量场在该点环量面密度最大的方向,其大小是最大的环量面密度。

矢量场中的每一点都对应着一个旋度矢量,旋度矢量形成了一个新的矢量场,称为矢量场 $\boldsymbol{A}$ 的旋度场。旋度处处为零的场称为无旋场。

例 1-5-1　已知 $\boldsymbol{A}=a(y\boldsymbol{e}_x-x\boldsymbol{e}_y)$，$a$ 为常数，求 rot $\boldsymbol{A}$。

解　$A_x=ay, A_y=-ax, A_z=0$

$$\text{rot}\,\boldsymbol{A}=\left(\frac{\partial A_z}{\partial y}-\frac{\partial A_y}{\partial z}\right)\boldsymbol{e}_x+\left(\frac{\partial A_x}{\partial z}-\frac{\partial A_z}{\partial x}\right)\boldsymbol{e}_y+\left(\frac{\partial A_y}{\partial x}-\frac{\partial A_x}{\partial y}\right)\boldsymbol{e}_z$$
$$=(-a-a)\boldsymbol{e}_z=-2a\boldsymbol{e}_z$$

例 1-5-2　求点电荷 q 产生的静电场中，场矢量 $\boldsymbol{D}=\frac{q}{4\pi r^2}\boldsymbol{e}_r$ 在任何一点 M 处的旋度。

解　因 $r=\sqrt{x^2+y^2+z^2}$，$\boldsymbol{r}=x\boldsymbol{e}_x+y\boldsymbol{e}_y+z\boldsymbol{e}_z$，

$$\boldsymbol{D}=D_x\boldsymbol{e}_x+D_y\boldsymbol{e}_y+D_z\boldsymbol{e}_z=\frac{q}{4\pi r^3}(x\boldsymbol{e}_x+y\boldsymbol{e}_y+z\boldsymbol{e}_z)$$

于是有

$$\frac{\partial D_z}{\partial y}=\frac{\partial}{\partial y}\left(\frac{zq}{4\pi r^3}\right)=-\frac{3q}{4\pi}\frac{z}{r^4}\frac{y}{r}=-\frac{3zq}{4\pi}\frac{zy}{r^5}$$

$$\frac{\partial D_y}{\partial z}=\frac{\partial}{\partial z}\left(\frac{yq}{4\pi r^3}\right)=-\frac{3q}{4\pi}\frac{y}{r^4}\frac{z}{r}=-\frac{3zq}{4\pi}\frac{yz}{r^5}$$

得

$$\frac{\partial D_z}{\partial y}-\frac{\partial D_y}{\partial z}=0$$

同理可得

$$\frac{\partial D_x}{\partial z}-\frac{\partial D_z}{\partial x}=0,\quad \frac{\partial D_y}{\partial x}-\frac{\partial D_x}{\partial y}=0$$

所以

$$\text{rot}\,\boldsymbol{D}=\boldsymbol{0}$$

5. 旋度的运算公式

设 C 为空间常数，u 为空间标量函数，$\boldsymbol{A}$、$\boldsymbol{B}$ 为空间矢量函数，根据导数运算规则，可导出旋度的运算公式：

(1) $\text{rot}\,(C\boldsymbol{A})=C\,\text{rot}\,\boldsymbol{A}$

(2) $\text{rot}\,(\boldsymbol{A}\pm\boldsymbol{B})=\text{rot}\,\boldsymbol{A}\pm\text{rot}\,\boldsymbol{B}$

(3) $\text{rot}\,(u\boldsymbol{A})=u\,\text{rot}\,\boldsymbol{A}+\text{grad}\,u\times\boldsymbol{A}$

(4) $\text{rot}\,(\text{grad}\,u)=\boldsymbol{0}$

(5) $\text{div}\,(\boldsymbol{A}\times\boldsymbol{B})=\boldsymbol{B}\cdot\text{rot}\,\boldsymbol{A}-\boldsymbol{A}\cdot\text{rot}\,\boldsymbol{B}$

(6) $\text{div}\,(\text{rot}\,\boldsymbol{A})=0$

运算公式(4)可根据梯度和旋度在直角坐标系中的计算公式直接证明。运算公式(6)可利用旋度和散度在直角坐标系中的计算公式直接证明。这是两个重要的矢量恒等式。

6. 斯托克斯定理

设矢量场 $\boldsymbol{A}=A_x(x,y,z)\boldsymbol{e}_x+A_y(x,y,z)\boldsymbol{e}_y+A_z(x,y,z)\boldsymbol{e}_z$ 的分量 A_x、A_y、A_z 在空间区域中有一阶连续偏导数，l 为曲面 S 的边界，$\boldsymbol{l}$ 与 $\boldsymbol{S}$ 呈右手螺旋关系，则

$$\oint_l \boldsymbol{A}\cdot \mathrm{d}\boldsymbol{l}=\iint_S \mathrm{rot}\,\boldsymbol{A}\cdot \mathrm{d}\boldsymbol{S} \tag{1-5-24}$$

或

$$\oint_l A_x\mathrm{d}x+A_y\mathrm{d}y+A_z\mathrm{d}z=\iint_S\left(\frac{\partial A_z}{\partial y}-\frac{\partial A_y}{\partial z}\right)\mathrm{d}y\mathrm{d}z+\left(\frac{\partial A_x}{\partial z}-\frac{\partial A_z}{\partial x}\right)\mathrm{d}z\mathrm{d}x+\left(\frac{\partial A_y}{\partial x}-\frac{\partial A_x}{\partial y}\right)\mathrm{d}x\mathrm{d}y \tag{1-5-25}$$

设想把曲面 S 分成许多个面积元,见图 1-5-5。对每一个面积元,沿包围它的闭合回路求矢量 $\boldsymbol{A}$ 的环量,取面积元边缘闭合线积分的方向与图 1-5-6 中外边界大回路 $\boldsymbol{l}$ 的方向一致;将所有面积元的这些线积分相加,可以看出,因为在各个小回路公共边界上的积分路径方向彼此相反,使得这部分积分互相抵消,只有外边界的那部分积分存在;所以,积分的结果是所有沿小回路积分的总和等于沿大回路 $\boldsymbol{l}$ 的积分,即

$$\oint_l \boldsymbol{A}\cdot \mathrm{d}\boldsymbol{l}=\oint_{l_1} \boldsymbol{A}\cdot \mathrm{d}\boldsymbol{l}+\oint_{l_2} \boldsymbol{A}\cdot \mathrm{d}\boldsymbol{l}+\cdots \tag{1-5-26}$$

由环量面密度的定义,有

$$\begin{aligned}&\oint_{l_1} \boldsymbol{A}\cdot \mathrm{d}\boldsymbol{l}=\mathrm{rot_n}\,\boldsymbol{A}\mathrm{d}S_1=\mathrm{rot}\,\boldsymbol{A}\cdot \mathrm{d}\boldsymbol{S}_1\\&\oint_{l_2} \boldsymbol{A}\cdot \mathrm{d}\boldsymbol{l}=\mathrm{rot_n}\,\boldsymbol{A}\mathrm{d}S_2=\mathrm{rot}\,\boldsymbol{A}\cdot \mathrm{d}\boldsymbol{S}_2\\&\quad\vdots\end{aligned} \tag{1-5-27}$$

求和,得

$$\oint_l \boldsymbol{A}\cdot \mathrm{d}\boldsymbol{l}=\mathrm{rot}\,\boldsymbol{A}\cdot \mathrm{d}\boldsymbol{S}_1+\mathrm{rot}\,\boldsymbol{A}\cdot \mathrm{d}\boldsymbol{S}_2+\cdots \tag{1-5-28}$$

等式右边的总和可以用一个面积分表示,因而得到

$$\oint_l \boldsymbol{A}\cdot \mathrm{d}\boldsymbol{l}=\iint_S \mathrm{rot}\,\boldsymbol{A}\cdot \mathrm{d}\boldsymbol{S} \tag{1-5-29}$$

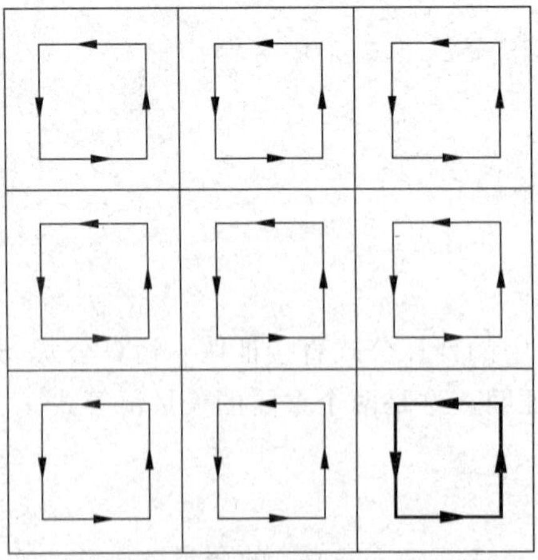

图 1-5-5　斯托克斯定理右侧示意图

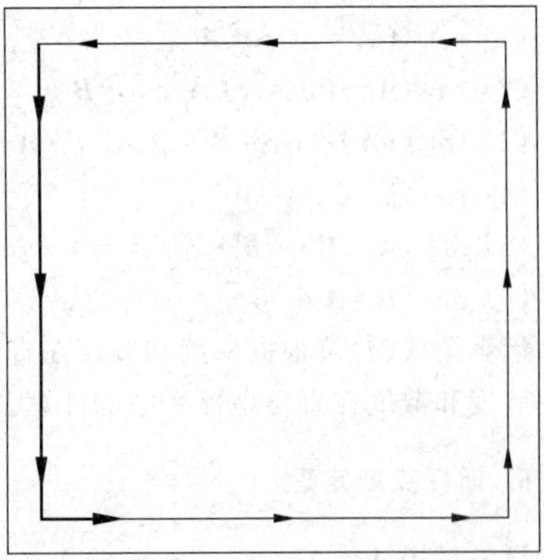

图 1-5-6　斯托克斯定理左侧示意图

旋度在曲面法线方向的投影就是沿法线方向的环量面密度。将此面密度进行面积分就得到这个曲面上的环量，也就是矢量沿曲面边界的线积分。斯托克斯定理的意义在于给出了闭合曲线积分与面积分的等价互换关系。斯托克斯定理在电磁场原理中得到广泛应用，为电磁场理论的建立提供了数学基础。实际上，斯托克斯定理确定了两种环量计算公式在一定条件下的等价关系。

1.6 哈密顿算子

1. 哈密顿算子

在直角坐标系中，哈密顿算子定义为

$$\nabla = \boldsymbol{e}_x \frac{\partial}{\partial x} + \boldsymbol{e}_y \frac{\partial}{\partial y} + \boldsymbol{e}_z \frac{\partial}{\partial z} \tag{1-6-1}$$

哈密顿算子又称为那勃勒算子。它是一个矢量形式的微分算子，兼有微分运算和矢量运算的双重作用。它本身既不是一个函数，又不表示某个物理量，它表示的只是一种运算，当它以一定方式作用于空间函数（标量函数或矢量函数）时，所得的矢量或标量空间函数才具有一定的意义。

应用∇算子的目的是使场论中的有关公式更为简洁，便于记忆和运算。

2. ∇算子的作用规则

直接作用于标量函数，得矢量函数

$$\nabla u = \left(\boldsymbol{e}_x \frac{\partial}{\partial x} + \boldsymbol{e}_y \frac{\partial}{\partial y} + \boldsymbol{e}_z \frac{\partial}{\partial z}\right) u = \frac{\partial u}{\partial x}\boldsymbol{e}_x + \frac{\partial u}{\partial y}\boldsymbol{e}_y + \frac{\partial u}{\partial z}\boldsymbol{e}_z \tag{1-6-2}$$

以点积方式作用于矢量函数，得标量函数

$$\begin{aligned}\nabla \cdot \boldsymbol{A} &= \left(\boldsymbol{e}_x \frac{\partial}{\partial x} + \boldsymbol{e}_y \frac{\partial}{\partial y} + \boldsymbol{e}_z \frac{\partial}{\partial z}\right) \cdot (A_x \boldsymbol{e}_x + A_y \boldsymbol{e}_y + A_z \boldsymbol{e}_z) \\ &= \frac{\partial A_x}{\partial x} + \frac{\partial A_y}{\partial y} + \frac{\partial A_z}{\partial z}\end{aligned} \tag{1-6-3}$$

以叉积方式作用于矢量函数，得矢量函数

$$\begin{aligned}\nabla \times \boldsymbol{A} &= \left(\boldsymbol{e}_x \frac{\partial}{\partial x} + \boldsymbol{e}_y \frac{\partial}{\partial y} + \boldsymbol{e}_z \frac{\partial}{\partial z}\right) \times (A_x \boldsymbol{e}_x + A_y \boldsymbol{e}_y + A_z \boldsymbol{e}_z) \\ &= \left(\frac{\partial A_z}{\partial y} - \frac{\partial A_y}{\partial z}\right)\boldsymbol{e}_x + \left(\frac{\partial A_x}{\partial z} - \frac{\partial A_z}{\partial x}\right)\boldsymbol{e}_y + \left(\frac{\partial A_y}{\partial x} - \frac{\partial A_x}{\partial y}\right)\boldsymbol{e}_z\end{aligned} \tag{1-6-4}$$

可见，∇算子作用于标量函数和矢量函数时有三种形式：∇u，$\nabla \cdot \boldsymbol{A}$，$\nabla \times \boldsymbol{A}$。$\nabla$直接以乘的方式作用在标量函数 u 得矢量函数∇u；∇以点乘的方式作用在矢量函数 $\boldsymbol{A}$ 得标量函数$\nabla \cdot \boldsymbol{A}$；$\nabla$以叉乘的方式作用在矢量函数 $\boldsymbol{A}$ 得矢量函数$\nabla \times \boldsymbol{A}$。

∇具有矢量的形式，但不是完整的矢量，故$\nabla \cdot \boldsymbol{A}$ 与 $\boldsymbol{A} \cdot \nabla$不同：

$$\nabla \cdot \boldsymbol{A} = \frac{\partial A_x}{\partial x} + \frac{\partial A_y}{\partial y} + \frac{\partial A_z}{\partial z} \tag{1-6-5}$$

$$\boldsymbol{A} \cdot \nabla = A_x \frac{\partial}{\partial x} + A_y \frac{\partial}{\partial y} + A_z \frac{\partial}{\partial z} \tag{1-6-6}$$

$\nabla\cdot\boldsymbol{A}$ 为一个标量函数,而 $\boldsymbol{A}\cdot\nabla$ 仍为一个算子(标量微分算子)。

3. 用∇算子表示梯度、散度和旋度

表示梯度

$$\text{grad}\, u=\frac{\partial u}{\partial x}\boldsymbol{e}_x+\frac{\partial u}{\partial y}\boldsymbol{e}_y+\frac{\partial u}{\partial z}\boldsymbol{e}_z=\nabla u \tag{1-6-7}$$

表示散度

$$\text{div}\,\boldsymbol{A}=\frac{\partial A_x}{\partial x}+\frac{\partial A_y}{\partial y}+\frac{\partial A_z}{\partial z}=\nabla\cdot\boldsymbol{A} \tag{1-6-8}$$

表示旋度

$$\begin{aligned}\text{rot}\,\boldsymbol{A}&=\left(\boldsymbol{e}_x\frac{\partial}{\partial x}+\boldsymbol{e}_y\frac{\partial}{\partial y}+\boldsymbol{e}_z\frac{\partial}{\partial z}\right)\times(A_x\boldsymbol{e}_x+A_y\boldsymbol{e}_y+A_z\boldsymbol{e}_z)\\&=\left(\frac{\partial A_z}{\partial y}-\frac{\partial A_y}{\partial z}\right)\boldsymbol{e}_x+\left(\frac{\partial A_x}{\partial z}-\frac{\partial A_z}{\partial x}\right)\boldsymbol{e}_y+\left(\frac{\partial A_y}{\partial x}-\frac{\partial A_x}{\partial y}\right)\boldsymbol{e}_z=\nabla\times\boldsymbol{A}\end{aligned} \tag{1-6-9}$$

梯度、散度和旋度写成哈密顿算子形式,不仅表述简练而且便于记忆。以后 u 的梯度可直接写成 ∇u(读作 u 的梯度),$\boldsymbol{A}$ 的散度和旋度可直接写成 $\nabla\cdot\boldsymbol{A}$(读作 $\boldsymbol{A}$ 的散度)和 $\nabla\times\boldsymbol{A}$(读作 $\boldsymbol{A}$ 的旋度)。梯度是哈密顿算子直接作用在标量函数上,得矢量函数;散度是哈密顿算子以点乘方式作用在矢量函数上,得标量函数;旋度是哈密顿算子以叉乘方式作用于矢量函数上,得矢量函数。在直角坐标系中,梯度和散度的计算公式容易记忆,旋度的计算公式要聚焦在叉乘规则。算子在前,被作用的矢量函数在后,叉乘作用的结果就是旋度,三者方向按顺序符合右手规则。

4. 拉普拉斯算子

∇算子是一个矢量形式的一阶微分算子。在场的研究中,还常常用到二阶微分算子∇^2,我们将其称为拉普拉斯算子,它的定义为

$$\nabla^2=\nabla\cdot\nabla=\frac{\partial^2}{\partial x^2}+\frac{\partial^2}{\partial y^2}+\frac{\partial^2}{\partial z^2} \tag{1-6-10}$$

当需要决定一个矢量函数的散度,而该矢量函数又是一标量函数的梯度时,就会用到拉普拉斯算子,即

$$\nabla^2 u=\nabla\cdot\nabla u=\left(\frac{\partial^2}{\partial x^2}+\frac{\partial^2}{\partial y^2}+\frac{\partial^2}{\partial z^2}\right)u=\frac{\partial^2 u}{\partial x^2}+\frac{\partial^2 u}{\partial y^2}+\frac{\partial^2 u}{\partial z^2} \tag{1-6-11}$$

拉普拉斯算子作为一个整体,也可以作用于矢量函数。

$$\nabla^2\boldsymbol{A}=\left(\frac{\partial^2}{\partial x^2}+\frac{\partial^2}{\partial y^2}+\frac{\partial^2}{\partial z^2}\right)\boldsymbol{A}=\frac{\partial^2\boldsymbol{A}}{\partial x^2}+\frac{\partial^2\boldsymbol{A}}{\partial y^2}+\frac{\partial^2\boldsymbol{A}}{\partial z^2} \tag{1-6-12}$$

写成分量形式为

$$\begin{aligned}\nabla^2\boldsymbol{A}=&\left(\frac{\partial^2 A_x}{\partial x^2}+\frac{\partial^2 A_x}{\partial y^2}+\frac{\partial^2 A_x}{\partial z^2}\right)\boldsymbol{e}_x+\left(\frac{\partial^2 A_y}{\partial x^2}+\frac{\partial^2 A_y}{\partial y^2}+\frac{\partial^2 A_y}{\partial z^2}\right)\boldsymbol{e}_y+\\&\left(\frac{\partial^2 A_z}{\partial x^2}+\frac{\partial^2 A_z}{\partial y^2}+\frac{\partial^2 A_z}{\partial z^2}\right)\boldsymbol{e}_z\end{aligned} \tag{1-6-13}$$

5. ∇算子的常用运算公式

(1) $\nabla C=\mathbf{0}$　(C 为空间常标量)

(2) $\nabla\cdot\boldsymbol{C}=0$　($\boldsymbol{C}$ 为空间常矢量)

(3) $\nabla\times\boldsymbol{C}=\mathbf{0}$　($\boldsymbol{C}$ 为空间常矢量)

(4) $\nabla(u\pm v)=\nabla u\pm\nabla v$

(5) $\nabla\cdot(\boldsymbol{A}\pm\boldsymbol{B})=\nabla\cdot\boldsymbol{A}\pm\nabla\cdot\boldsymbol{B}$

(6) $\nabla\times(\boldsymbol{A}\pm\boldsymbol{B})=\nabla\times\boldsymbol{A}\pm\nabla\times\boldsymbol{B}$

(7) $\nabla(uv)=u\,\nabla v+v\,\nabla u$

(8) $\nabla(\boldsymbol{A}\cdot\boldsymbol{B})=\boldsymbol{A}\times\nabla\times\boldsymbol{B}+\boldsymbol{B}\times\nabla\times\boldsymbol{A}+(\boldsymbol{A}\cdot\nabla)\boldsymbol{B}+(\boldsymbol{B}\cdot\nabla)\boldsymbol{A}$

(9) $\nabla\cdot(u\boldsymbol{A})=u\,\nabla\cdot\boldsymbol{A}+\nabla u\cdot\boldsymbol{A}$

(10) $\nabla\times(u\boldsymbol{A})=u\,\nabla\times\boldsymbol{A}+\nabla u\times\boldsymbol{A}$

(11) $\nabla\cdot(\boldsymbol{A}\times\boldsymbol{B})=(\nabla\times\boldsymbol{A})\cdot\boldsymbol{B}-\boldsymbol{A}\cdot(\nabla\times\boldsymbol{B})$

(12) $\nabla\cdot(\nabla u)=\nabla^2 u$

(13) $\nabla\times(\nabla u)=\mathbf{0}$(标量场的梯度场为无旋场)

(14) $\nabla\cdot(\nabla\times\boldsymbol{A})=0$(矢量场的旋度场为无散场)

(15) $\nabla\times(\nabla\times\boldsymbol{A})=\nabla(\nabla\cdot\boldsymbol{A})-\nabla^2\boldsymbol{A}$

(16) $\iiint\limits_V \nabla\cdot\boldsymbol{A}\,\mathrm{d}V=\oiint\limits_S \boldsymbol{A}\cdot\mathrm{d}\boldsymbol{S}$(散度定理)

(17) $\iiint\limits_V \nabla u\,\mathrm{d}V=\oiint\limits_S u\,\mathrm{d}\boldsymbol{S}$

(18) $\iiint\limits_V \nabla\times\boldsymbol{A}\,\mathrm{d}V=-\oiint\limits_S \boldsymbol{A}\times\mathrm{d}\boldsymbol{S}$

(19) $\iint\limits_S \nabla\times\boldsymbol{A}\cdot\mathrm{d}\boldsymbol{S}=\oint\limits_l \boldsymbol{A}\cdot\mathrm{d}\boldsymbol{l}$(斯托克斯定理)

(20) $\iint\limits_S \nabla u\times\mathrm{d}\boldsymbol{S}=-\oint\limits_l u\,\mathrm{d}\boldsymbol{l}$

利用散度定理,可以证明运算公式(17)和运算公式(18)沿任意方向的投影成立,也就证明了运算公式(17)和运算公式(18)成立。

利用斯托克斯定理,可以证明运算公式(20)沿任意方向的投影成立,也就可以证明运算公式(20)成立。

下面给出运算公式(18)的证明。

设 $\boldsymbol{e}$ 为任一方向的单位矢量,有

$$\boldsymbol{e}\cdot\iiint\limits_V(\nabla\times\boldsymbol{A})\mathrm{d}V=\iiint\limits_V\boldsymbol{e}\cdot(\nabla\times\boldsymbol{A})\mathrm{d}V \tag{1-6-14}$$

由运算公式(11),将$\nabla\times\boldsymbol{e}=\mathbf{0}$ 代入,得

$$\boldsymbol{e}\cdot\nabla\times\boldsymbol{A}=\boldsymbol{e}\cdot\nabla\times\boldsymbol{A}-\boldsymbol{A}\cdot\nabla\times\boldsymbol{e}=\nabla\cdot(\boldsymbol{A}\times\boldsymbol{e}) \tag{1-6-15}$$

因此

$$\boldsymbol{e}\cdot\iiint_V(\nabla\times\boldsymbol{A})\mathrm{d}V=\iiint_V\nabla\cdot(\boldsymbol{A}\times\boldsymbol{e})\mathrm{d}V \tag{1-6-16}$$

利用散度定理

$$\iiint_V\nabla\cdot(\boldsymbol{A}\times\boldsymbol{e})\mathrm{d}V=\oint\!\!\!\oint_S(\boldsymbol{A}\times\boldsymbol{e})\cdot\mathrm{d}\boldsymbol{S}=-\oint\!\!\!\oint_S\boldsymbol{e}\cdot(\boldsymbol{A}\times\mathrm{d}\boldsymbol{S})=-\boldsymbol{e}\cdot\oint\!\!\!\oint_S\boldsymbol{A}\times\mathrm{d}\boldsymbol{S} \tag{1-6-17}$$

所以

$$\boldsymbol{e}\cdot\iiint_V(\nabla\times\boldsymbol{A})\mathrm{d}V=-\boldsymbol{e}\cdot\oint\!\!\!\oint_S\boldsymbol{A}\times\mathrm{d}\boldsymbol{S} \tag{1-6-18}$$

因 $\boldsymbol{e}$ 是任一方向的单位矢量,因此有

$$\iiint_V(\nabla\times\boldsymbol{A})\mathrm{d}V=-\oint\!\!\!\oint_S\boldsymbol{A}\times\mathrm{d}\boldsymbol{S} \tag{1-6-19}$$

6. 标量格林定理

根据矢量恒等式有 $\nabla\cdot(\varphi\boldsymbol{A})=\varphi\nabla\cdot\boldsymbol{A}+\boldsymbol{A}\cdot\nabla\varphi$,设 $\boldsymbol{A}=\nabla\psi$,有

$$\nabla\cdot(\varphi\nabla\psi)=\varphi\nabla^2\psi+\nabla\varphi\cdot\nabla\psi \tag{1-6-20}$$

根据散度定理,有

$$\iiint_V[\varphi\nabla^2\psi+(\nabla\varphi)\cdot(\nabla\psi)]\,\mathrm{d}V=\oint\!\!\!\oint_S(\varphi\nabla\psi)\cdot\mathrm{d}\boldsymbol{S} \tag{1-6-21}$$

式(1-6-21)称为格林第一恒等式。

将 φ 与 ψ 交换可得

$$\iiint_V[\psi\,\nabla^2\varphi+(\nabla\psi)\cdot(\nabla\varphi)]\,\mathrm{d}V=\oint\!\!\!\oint_S(\psi\,\nabla\varphi)\cdot\mathrm{d}\boldsymbol{S} \tag{1-6-22}$$

将式(1-6-21)与式(1-6-22)相减,得格林第二恒等式(又称格林定理)如下:

$$\iiint_V[\varphi\nabla^2\psi-\psi\,\nabla^2\varphi]\,\mathrm{d}V=\oint\!\!\!\oint_S(\varphi\nabla\psi-\psi\,\nabla\varphi)\cdot\mathrm{d}\boldsymbol{S} \tag{1-6-23}$$

7. 矢量格林定理

根据矢量恒等式有

$$\nabla\cdot(\boldsymbol{A}\times\nabla\times\boldsymbol{B})=-\boldsymbol{A}\cdot(\nabla\times\nabla\times\boldsymbol{B})+(\nabla\times\boldsymbol{A})\cdot(\nabla\times\boldsymbol{B}) \tag{1-6-24}$$

根据散度定理,有

$$\iiint_V[\boldsymbol{A}\cdot(\nabla\times\nabla\times\boldsymbol{B})-\nabla\times\boldsymbol{A}\cdot\nabla\times\boldsymbol{B}]\,\mathrm{d}V=-\oint\!\!\!\oint_S(\boldsymbol{A}\times\nabla\times\boldsymbol{B})\cdot\mathrm{d}\boldsymbol{S} \tag{1-6-25}$$

同样,将 $\boldsymbol{A}$ 与 $\boldsymbol{B}$ 交换可得

$$\iiint_V[\boldsymbol{B}\cdot(\nabla\times\nabla\times\boldsymbol{A})-\nabla\times\boldsymbol{B}\cdot\nabla\times\boldsymbol{A}]\,\mathrm{d}V=-\oint\!\!\!\oint_S(\boldsymbol{B}\times\nabla\times\boldsymbol{A})\cdot\mathrm{d}\boldsymbol{S} \tag{1-6-26}$$

将式(1-6-25)与式(1-6-26)相减,得矢量格林第二恒等式(又称矢量格林定理)如下:

$$\iiint_V[\boldsymbol{A}\cdot(\nabla\times\nabla\times\boldsymbol{B})-\boldsymbol{B}\cdot(\nabla\times\nabla\times\boldsymbol{A})]\,\mathrm{d}V=\oint\!\!\!\oint_S[(\boldsymbol{B}\times\nabla\times\boldsymbol{A})-(\boldsymbol{A}\times\nabla\times\boldsymbol{B})]\cdot\mathrm{d}\boldsymbol{S} \tag{1-6-27}$$

8. 亥姆霍兹定理

关于亥姆霍兹定理,存在不同的表述方式。本书采用以下表述:在有限空间单连通区域 V 内的某一矢量场 $\boldsymbol{F}$,由它的散度和旋度以及法向或切向边界条件唯一确定。后续在电场和磁场唯一性定理中将扩展到复连通域和无限空间的情况,其中场域内散度和旋度是基本条件,但对边界条件有附加的要求。

为证明亥姆霍兹定理成立,先假设存在两个不同的解 $\boldsymbol{F}_1$ 和 $\boldsymbol{F}_2$ 都满足定理条件,则有

$$\nabla\cdot\boldsymbol{F}_1=\nabla\cdot\boldsymbol{F}_2;\quad \nabla\times\boldsymbol{F}_1=\nabla\times\boldsymbol{F}_2 \tag{1-6-28}$$

进一步有

$$\nabla\cdot(\boldsymbol{F}_1-\boldsymbol{F}_2)=0;\quad \nabla\times(\boldsymbol{F}_1-\boldsymbol{F}_2)=\boldsymbol{0} \tag{1-6-29}$$

设 $\boldsymbol{F}_3=\boldsymbol{F}_1-\boldsymbol{F}_2$,则有

$$\nabla\cdot\boldsymbol{F}_3=0;\quad \nabla\times\boldsymbol{F}_3=\boldsymbol{0} \tag{1-6-30}$$

关于边界条件也有多种表述方法,这里只列出两种,即在整个边界面上已知矢量的法向分量或已知矢量的切向分量:

$$\boldsymbol{F}_3\cdot\boldsymbol{e}_n=0\quad \text{或}\quad \boldsymbol{F}_3\times\boldsymbol{e}_n=\boldsymbol{0} \tag{1-6-31}$$

若已知条件为 $\boldsymbol{F}_3\cdot\boldsymbol{e}_n=0$,则根据 $\nabla\times\boldsymbol{F}_3=\boldsymbol{0}$ 可设 $\boldsymbol{F}_3=\nabla\varphi$。将其代入 $\nabla\cdot\boldsymbol{F}_3=0$,有

$$\nabla\cdot\nabla\varphi=0 \tag{1-6-32}$$

即 φ 满足拉普拉斯方程 $\nabla^2\varphi=0$。

将式(1-6-32)代入恒等式 $\nabla\cdot(\varphi\nabla\varphi)=\varphi\nabla^2\varphi+|\nabla\varphi|^2$,有 $\nabla\cdot(\varphi\nabla\varphi)=|\nabla\varphi|^2$,在整个场域内积分,并利用散度定理,可得

$$\iiint_V|\nabla\varphi|^2\mathrm{d}V=\iiint_V\nabla\cdot(\varphi\nabla\varphi)\mathrm{d}V=\oint_S\varphi\nabla\varphi\cdot\boldsymbol{e}_n\mathrm{d}S=\oint_S\varphi\boldsymbol{F}_3\cdot\boldsymbol{e}_n\mathrm{d}S=0 \tag{1-6-33}$$

即 $\iiint_V|\nabla\varphi|^2\mathrm{d}V=0$,得 $\nabla\varphi=\boldsymbol{0}$,因此有

$$\boldsymbol{F}_3=\boldsymbol{0} \tag{1-6-34}$$

即 $\boldsymbol{F}_1=\boldsymbol{F}_2$ 成立,$\boldsymbol{F}$ 被唯一确定。

若已知条件为 $\boldsymbol{F}_3\times\boldsymbol{e}_n=\boldsymbol{0}$,则根据 $\nabla\cdot\boldsymbol{F}_3=0$ 可设 $\boldsymbol{F}_3=\nabla\times\boldsymbol{A}$,将其代入 $\nabla\times\boldsymbol{F}_3=\boldsymbol{0}$ 有

$$\nabla\times\nabla\times\boldsymbol{A}=\boldsymbol{0} \tag{1-6-35}$$

即 $\boldsymbol{A}$ 满足双旋度方程。将式(1-6-35)代入恒等式 $\nabla\cdot(\boldsymbol{A}\times\nabla\times\boldsymbol{A})=(\nabla\times\boldsymbol{A})\cdot(\nabla\times\boldsymbol{A})-\boldsymbol{A}\cdot(\nabla\times\nabla\times\boldsymbol{A})$,有 $(\nabla\times\boldsymbol{A})\cdot(\nabla\times\boldsymbol{A})=\nabla\cdot(\boldsymbol{A}\times\nabla\times\boldsymbol{A})$。在整个场域内积分,并利用散度定理

$$\iiint_V|\nabla\times\boldsymbol{A}|^2\mathrm{d}V=\iiint_V\nabla\cdot(\boldsymbol{A}\times\nabla\times\boldsymbol{A})\mathrm{d}V=\oint_S[\boldsymbol{A}\times(\nabla\times\boldsymbol{A})]\cdot\boldsymbol{e}_n\mathrm{d}S=\oint_S(\boldsymbol{A}\times\boldsymbol{F}_3)\cdot\boldsymbol{e}_n\mathrm{d}S \tag{1-6-36}$$

而 $(\boldsymbol{A}\times\boldsymbol{F}_3)\cdot\boldsymbol{e}_n=\boldsymbol{e}_n\cdot(\boldsymbol{A}\times\boldsymbol{F}_3)=\boldsymbol{A}\cdot(\boldsymbol{F}_3\times\boldsymbol{e}_n)$,因此有

$$\iiint_V|\nabla\times\boldsymbol{A}|^2\mathrm{d}V=\oint_S\boldsymbol{A}\cdot(\boldsymbol{F}_3\times\boldsymbol{e}_n)\mathrm{d}S=0 \tag{1-6-37}$$

即 $\iiint_V|\nabla\times\boldsymbol{A}|^2\mathrm{d}V=0$,得 $\nabla\times\boldsymbol{A}=\boldsymbol{0}$,因此有

$$\boldsymbol{F}_3=\boldsymbol{0} \tag{1-6-38}$$

即 $\boldsymbol{F}_1=\boldsymbol{F}_2$ 成立,$\boldsymbol{F}$ 被唯一确定。

亥姆霍兹定理表明,在一定的边界条件下,空间矢量场由它的散度和旋度唯一确定。亥姆霍兹定理对研究电磁场基本原理有指导作用,后面研究电场、磁场和时变电磁场时,重点研究场矢量的散度和旋度。

1.7 常用坐标系及相关公式

1. 直角坐标系(见图 1-7-1)

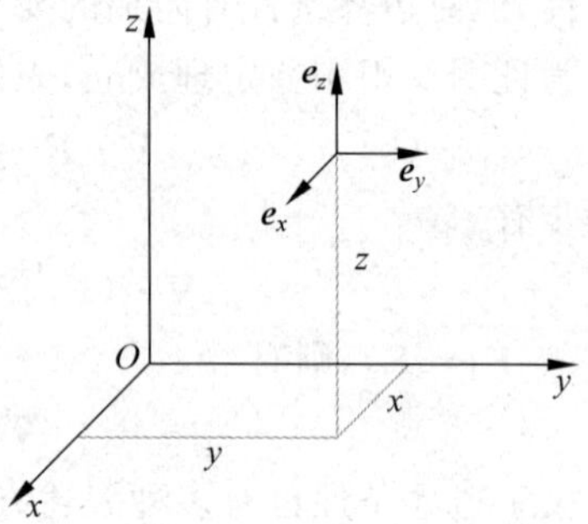

图 1-7-1 直角坐标系

(1) 基本公式

单位矢量 $\boldsymbol{e}_x,\boldsymbol{e}_y,\boldsymbol{e}_z$(三者相互垂直,按顺序符合右手规则)

线段元 $\mathrm{d}\boldsymbol{l}=\mathrm{d}x\boldsymbol{e}_x+\mathrm{d}y\boldsymbol{e}_y+\mathrm{d}z\boldsymbol{e}_z$

面积元 $\mathrm{d}\boldsymbol{S}=\mathrm{d}y\mathrm{d}z\boldsymbol{e}_x+\mathrm{d}z\mathrm{d}x\boldsymbol{e}_y+\mathrm{d}x\mathrm{d}y\boldsymbol{e}_z$

体积元 $\mathrm{d}V=\mathrm{d}x\mathrm{d}y\mathrm{d}z$

(2) 算子公式

$$\nabla u=\frac{\partial u}{\partial x}\boldsymbol{e}_x+\frac{\partial u}{\partial y}\boldsymbol{e}_y+\frac{\partial u}{\partial z}\boldsymbol{e}_z \tag{1-7-1}$$

$$\nabla\cdot\boldsymbol{A}=\frac{\partial A_x}{\partial x}+\frac{\partial A_y}{\partial y}+\frac{\partial A_z}{\partial z} \tag{1-7-2}$$

$$\nabla\times\boldsymbol{A}=\left(\frac{\partial A_z}{\partial y}-\frac{\partial A_y}{\partial z}\right)\boldsymbol{e}_x+\left(\frac{\partial A_x}{\partial z}-\frac{\partial A_z}{\partial x}\right)\boldsymbol{e}_y+\left(\frac{\partial A_y}{\partial x}-\frac{\partial A_x}{\partial y}\right)\boldsymbol{e}_z \tag{1-7-3}$$

$$\nabla^2 u=\frac{\partial^2 u}{\partial x^2}+\frac{\partial^2 u}{\partial y^2}+\frac{\partial^2 u}{\partial z^2} \tag{1-7-4}$$

$$\nabla^2\boldsymbol{A}=\left(\frac{\partial^2 A_x}{\partial x^2}+\frac{\partial^2 A_x}{\partial y^2}+\frac{\partial^2 A_x}{\partial z^2}\right)\boldsymbol{e}_x+\left(\frac{\partial^2 A_y}{\partial x^2}+\frac{\partial^2 A_y}{\partial y^2}+\frac{\partial^2 A_y}{\partial z^2}\right)\boldsymbol{e}_y+\left(\frac{\partial^2 A_z}{\partial x^2}+\frac{\partial^2 A_z}{\partial y^2}+\frac{\partial^2 A_z}{\partial z^2}\right)\boldsymbol{e}_z \tag{1-7-5}$$

2. 圆柱坐标系(见图 1-7-2)

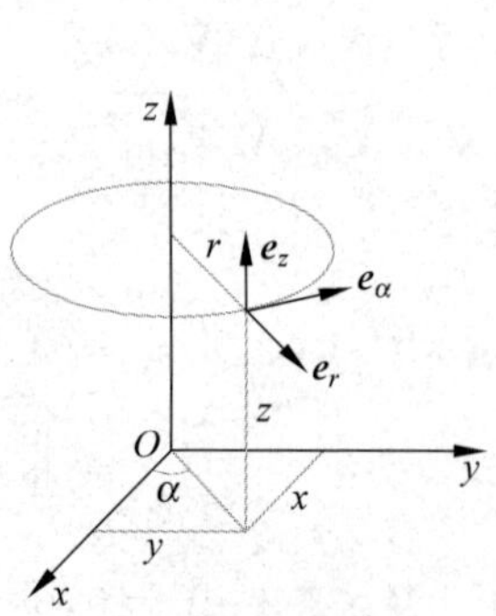

图 1-7-2 圆柱坐标系

(1) 基本公式

圆柱坐标系与直角坐标系的坐标变换

$$x=r\cos\alpha,\quad y=r\sin\alpha,\quad z=z$$

$$r=\sqrt{x^2+y^2},\quad \alpha=\arctan\frac{y}{x},\quad z=z$$

单位矢量 $\boldsymbol{e}_r,\boldsymbol{e}_\alpha,\boldsymbol{e}_z$(三者相互垂直,按顺序符合右手规则)

线段元 $\mathrm{d}\boldsymbol{l}=\mathrm{d}r\boldsymbol{e}_r+r\mathrm{d}\alpha\boldsymbol{e}_\alpha+\mathrm{d}z\boldsymbol{e}_z$

面积元 $\mathrm{d}\boldsymbol{S}=r\mathrm{d}\alpha\mathrm{d}z\boldsymbol{e}_r+\mathrm{d}r\mathrm{d}z\boldsymbol{e}_\alpha+r\mathrm{d}r\mathrm{d}\alpha\boldsymbol{e}_z$

体积元 $\mathrm{d}V=r\mathrm{d}r\mathrm{d}\alpha\mathrm{d}z$

(2) 算子公式

$$\nabla u=\frac{\partial u}{\partial r}\boldsymbol{e}_r+\frac{1}{r}\frac{\partial u}{\partial \alpha}\boldsymbol{e}_\alpha+\frac{\partial u}{\partial z}\boldsymbol{e}_z \tag{1-7-6}$$

$$\nabla\cdot\boldsymbol{A}=\frac{1}{r}\frac{\partial}{\partial r}(rA_r)+\frac{1}{r}\frac{\partial A_\alpha}{\partial \alpha}+\frac{\partial A_z}{\partial z} \tag{1-7-7}$$

$$\nabla\times\boldsymbol{A}=\left(\frac{1}{r}\frac{\partial A_z}{\partial \alpha}-\frac{\partial A_\alpha}{\partial z}\right)\boldsymbol{e}_r+\left(\frac{\partial A_r}{\partial z}-\frac{\partial A_z}{\partial r}\right)\boldsymbol{e}_\alpha+\frac{1}{r}\left[\frac{\partial}{\partial r}(rA_\alpha)-\frac{\partial A_r}{\partial \alpha}\right]\boldsymbol{e}_z \tag{1-7-8}$$

$$\nabla^2 u=\frac{1}{r}\frac{\partial}{\partial r}\left(r\frac{\partial u}{\partial r}\right)+\frac{1}{r^2}\frac{\partial^2 u}{\partial \alpha^2}+\frac{\partial^2 u}{\partial z^2} \tag{1-7-9}$$

$$\nabla^2\boldsymbol{A}=\left(\nabla^2 A_r-\frac{2}{r^2}\frac{\partial A_\alpha}{\partial \alpha}-\frac{A_r}{r^2}\right)\boldsymbol{e}_r+\left(\nabla^2 A_\alpha+\frac{2}{r^2}\frac{\partial A_r}{\partial \alpha}-\frac{A_\alpha}{r^2}\right)\boldsymbol{e}_\alpha+(\nabla^2 A_z)\boldsymbol{e}_z \tag{1-7-10}$$

3. 球坐标系(见图 1-7-3)

(1) 基本公式

球坐标系与直角坐标系的坐标变换

$x=r\sin\theta\cos\alpha$，　$y=r\sin\theta\sin\alpha$，　$z=r\cos\theta$

$r=\sqrt{x^2+y^2+z^2}$，

$\theta=\arctan\dfrac{\sqrt{x^2+y^2}}{z}$，　$\alpha=\arctan\dfrac{y}{x}$

单位矢量 $\boldsymbol{e}_r,\boldsymbol{e}_\theta,\boldsymbol{e}_\alpha$(三者相互垂直,按顺序符合右手规则)

线段元 $\mathrm{d}\boldsymbol{l}=\mathrm{d}r\boldsymbol{e}_r+r\mathrm{d}\theta\boldsymbol{e}_\theta+r\sin\theta\mathrm{d}\alpha\boldsymbol{e}_\alpha$

面积元 $\mathrm{d}\boldsymbol{S}=r^2\sin\theta\mathrm{d}\theta\mathrm{d}\alpha\boldsymbol{e}_r+r\sin\theta\mathrm{d}r\mathrm{d}\alpha\boldsymbol{e}_\theta+r\mathrm{d}r\mathrm{d}\theta\boldsymbol{e}_\alpha$

体积元 $\mathrm{d}V=r^2\sin\theta\mathrm{d}\theta\mathrm{d}\alpha\mathrm{d}r$

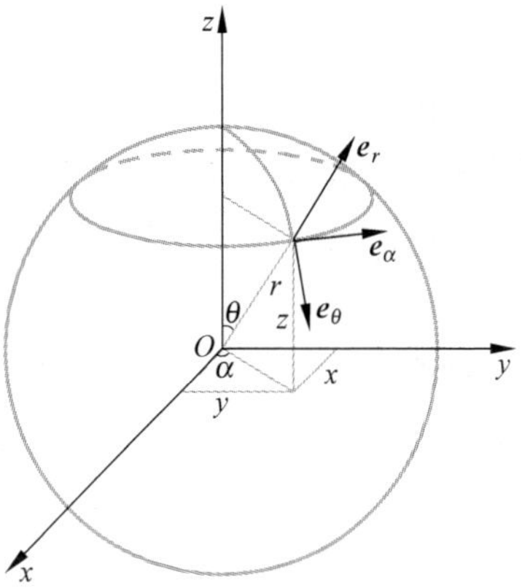

图 1-7-3　球坐标系

(2) 算子公式

$$\nabla u=\frac{\partial u}{\partial r}\boldsymbol{e}_r+\frac{1}{r}\frac{\partial u}{\partial \theta}\boldsymbol{e}_\theta+\frac{1}{r\sin\theta}\frac{\partial u}{\partial \alpha}\boldsymbol{e}_\alpha \tag{1-7-11}$$

$$\nabla\cdot\boldsymbol{A}=\frac{1}{r^2}\frac{\partial}{\partial r}(r^2A_r)+\frac{1}{r\sin\theta}\frac{\partial}{\partial \theta}(A_\theta\sin\theta)+\frac{1}{r\sin\theta}\frac{\partial A_\alpha}{\partial \alpha} \tag{1-7-12}$$

$$\nabla\times\boldsymbol{A}=\frac{1}{r\sin\theta}\left[\frac{\partial}{\partial \theta}(\sin\theta A_\alpha)-\frac{\partial A_\theta}{\partial \alpha}\right]\boldsymbol{e}_r+\frac{1}{r}\left[\frac{1}{\sin\theta}\frac{\partial A_r}{\partial \alpha}-\frac{\partial}{\partial r}(rA_\alpha)\right]\boldsymbol{e}_\theta+\frac{1}{r}\left[\frac{\partial}{\partial r}(rA_\theta)-\frac{\partial A_r}{\partial \theta}\right]\boldsymbol{e}_\alpha \tag{1-7-13}$$

$$\nabla^2 u=\frac{1}{r^2}\frac{\partial}{\partial r}\left(r^2\frac{\partial u}{\partial r}\right)+\frac{1}{r^2\sin\theta}\frac{\partial}{\partial \theta}\left(\sin\theta\frac{\partial u}{\partial \theta}\right)+\frac{1}{r^2\sin^2\theta}\frac{\partial^2 u}{\partial \alpha^2} \tag{1-7-14}$$

$$\nabla^2 \boldsymbol{A} = \left[\nabla^2 A_r - \frac{2}{r^2}\left(A_r + \cot\theta A_\theta + \frac{1}{\sin\theta}\frac{\partial A_\alpha}{\partial\theta} + \frac{\partial A_\theta}{\partial\theta}\right)\right]\boldsymbol{e}_r + \left[\nabla^2 A_\theta - \frac{1}{r^2}\left(\frac{1}{\sin^2\theta}A_\theta - 2\frac{\partial A_r}{\partial\theta} + 2\frac{\cos\theta}{\sin^2\theta}\frac{\partial A_\alpha}{\partial\alpha}\right)\right]\boldsymbol{e}_\theta + \left[\nabla^2 A_\alpha - \frac{1}{r^2}\left(\frac{1}{\sin^2\theta}A_\alpha - \frac{2}{\sin\theta}\frac{\partial A_r}{\partial\alpha} - 2\frac{\cos\theta}{\sin^2\theta}\frac{\partial A_\theta}{\partial\alpha}\right)\right]\boldsymbol{e}_\alpha \tag{1-7-15}$$

4. 关于$\frac{1}{R}$的几个重要公式

距离矢量 $\boldsymbol{R}$ 联系着场点和源点,因此研究由场源产生的场的性质,必然要涉及关于 $\boldsymbol{R}$ 的运算。在以后几章中,将会看到$\frac{1}{R}$、$\frac{1}{R}$的梯度以及$\frac{1}{R}$梯度的散度在场量计算中的地位。下面利用球坐标系导出关于$\frac{1}{R}$的几个重要公式。

(1) $\frac{1}{R}$的梯度

如图 1-7-4 所示,场点的坐标是(x,y,z),用距离矢量 $\boldsymbol{r}$ 表示。源点的坐标是(x',y',z'),用距离矢量 $\boldsymbol{r}'$表示。$\boldsymbol{R}$ 是以上两距离矢量之差,也就是从源点到场点的距离矢量。

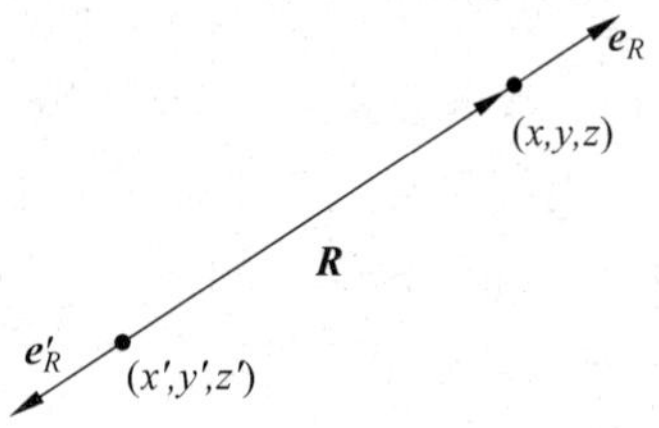

图 1-7-4　源点到场点的距离

$$\boldsymbol{R} = R\boldsymbol{e}_R = \boldsymbol{r} - \boldsymbol{r}' = -R\boldsymbol{e}'_R = -(\boldsymbol{r}' - \boldsymbol{r}) \tag{1-7-16}$$

式中,$\boldsymbol{e}_R$ 是从源点指向场点的单位矢量;$\boldsymbol{e}'_R$是从场点指向源点的单位矢量。

可见,R 与(x,y,z)和(x',y',z')都有关系。当源点不变,场点变化时,$\frac{1}{R}$的梯度表示为$\nabla\frac{1}{R}$。当场点不变,源点变化时,$\frac{1}{R}$的梯度表示为$\nabla'\frac{1}{R}$。

将坐标原点设在源点上,采用球坐标系(r,θ,α),有

$$\nabla\frac{1}{R} = \frac{\partial}{\partial r}\left(\frac{1}{r}\right)\boldsymbol{e}_r = -\frac{1}{r^2}\boldsymbol{e}_r = -\frac{1}{R^2}\boldsymbol{e}_R = \frac{1}{R^2}\boldsymbol{e}'_R \tag{1-7-17}$$

将坐标原点设在场点上,采用球坐标(r,θ,α),有

$$\nabla'\frac{1}{R} = \frac{\partial}{\partial r}\left(\frac{1}{r}\right)\boldsymbol{e}_r = -\frac{1}{r^2}\boldsymbol{e}'_R = -\frac{1}{R^2}\boldsymbol{e}'_R = \frac{1}{R^2}\boldsymbol{e}_R \tag{1-7-18}$$

考虑到 $\boldsymbol{e}_R$ 和 $\boldsymbol{e}'_R$ 方向相反,由式(1-7-17)和式(1-7-18)可得

$$-\nabla'\frac{1}{R} = \nabla\frac{1}{R} = -\frac{1}{R^2}\boldsymbol{e}_R = \frac{1}{R^2}\boldsymbol{e}'_R \tag{1-7-19}$$

这是关于$\frac{1}{R}$梯度的结论。

(2) $\frac{1}{R}$梯度的散度

采用球坐标系(r,θ,α),坐标原点设在源点上,即 $r=R$,$\boldsymbol{e}_r=\boldsymbol{e}_R$,有

$$\nabla\cdot\left(\nabla\frac{1}{R}\right)=-\nabla\cdot\left(\frac{1}{r^2}\boldsymbol{e}_r\right)=-\frac{1}{r^2}\frac{\partial}{\partial r}\left(\frac{r^2}{r^2}\right)\tag{1-7-20}$$

坐标原点设在场点上，即 $r=R$，$\boldsymbol{e}_r=-\boldsymbol{e}_R$，有

$$\nabla'\cdot\left(\nabla'\frac{1}{R}\right)=-\nabla'\cdot\left(\frac{1}{r^2}\boldsymbol{e}_r\right)=-\frac{1}{r^2}\frac{\partial}{\partial r}\left(\frac{r^2}{r^2}\right)\tag{1-7-21}$$

由式(1-7-20)和式(1-7-21)可得

$$\nabla\cdot\left(\nabla\frac{1}{R}\right)=\nabla'\cdot\left(\nabla'\frac{1}{R}\right)\tag{1-7-22}$$

这是关于$\frac{1}{R}$梯度的散度的第一个结论。

如果 $R\neq 0$，则

$$\nabla'\cdot\left(\nabla'\frac{1}{R}\right)=-\frac{1}{R^2}\frac{\partial}{\partial R}\left(\frac{R^2}{R^2}\right)=-\frac{1}{R^2}\frac{\partial 1}{\partial R}=0\tag{1-7-23}$$

这是关于$\frac{1}{R}$梯度的散度的第二个结论。

在 $R=0$ 这一点上，$\nabla'\cdot\left(\nabla'\frac{1}{R}\right)$是一个不定式，不能直接从球坐标的导数中求得。这是关于$\frac{1}{R}$梯度的散度的第三个结论。

5. 关于 $\boldsymbol{R}$ 的几个公式

利用球坐标系，把源点设置为球坐标原点，让场点变化，得到不带撇的运算；把场点设置为球坐标原点，让源点变化，得到带撇的运算。综合起来，可以导出关于 $\boldsymbol{R}$ 的几个有用公式。

(1) $\nabla R=\frac{\partial R}{\partial r}\boldsymbol{e}_r=\frac{\partial r}{\partial r}\boldsymbol{e}_r=\boldsymbol{e}_r=\boldsymbol{e}_R$；$\nabla' R=\frac{\partial R}{\partial r}\boldsymbol{e}_r=\frac{\partial r}{\partial r}\boldsymbol{e}_r=\boldsymbol{e}_r=\boldsymbol{e}_R'$

(2) $\nabla\cdot\boldsymbol{R}=\frac{1}{r^2}\frac{\partial}{\partial r}(r^2R)=\frac{1}{r^2}\frac{\partial}{\partial r}(r^2r)=\frac{3r^2}{r^2}=3$；$\nabla'\cdot\boldsymbol{R}=3$

(3) $\nabla\cdot\boldsymbol{e}_R=\nabla\cdot\frac{\boldsymbol{R}}{R}=\frac{1}{R}\nabla\cdot\boldsymbol{R}+\nabla\frac{1}{R}\cdot\boldsymbol{R}=\frac{3}{R}-\frac{\boldsymbol{e}_R}{R^2}\cdot\boldsymbol{R}=\frac{2}{R}$；$\nabla'\cdot\boldsymbol{e}_R=\frac{2}{R}$

(4) $\nabla\times\boldsymbol{R}=\boldsymbol{0}$；$\nabla'\times\boldsymbol{R}=\boldsymbol{0}$

6. 平行平面场

严格地说，所有的空间场都是三维场。在直角坐标系中，当场量不随其中的一个坐标(例如 z 坐标)变化时，就是平行平面场，三维场退化为二维场。从便于计算的角度，根据场的分布特性，设置一直角坐标系，若矢量场 $\boldsymbol{A}(M)$满足以下几何特点：

(1) 场中任一点的矢量 $\boldsymbol{A}$ 都垂直于 xy 平面；

(2) 在垂直于 xy 平面的任一直线上，矢量 $\boldsymbol{A}$ 的数值不随 z 坐标的变化而变化。则该矢量场可以称为平行平面矢量场。

平行平面矢量场的求解区域在代表面 xy 平面($z=0$)，在 xy 坐标系中 $\boldsymbol{A}(M)$的表示

式为

$$\boldsymbol{A}(M)=A_z(x,y)\boldsymbol{e}_z \tag{1-7-24}$$

例如无限长直线电流产生的磁场矢量磁位可表示为平行平面矢量场,矢量图如图 1-7-5 所示。

若上述讨论的场量为标量 φ,在 xy 坐标系中 $\varphi(M)$的表示式为

$$\varphi(M)=\varphi(x,y) \tag{1-7-25}$$

则该标量场可以称为平行平面标量场。例如无限长直线电荷产生的电场标量电位可表示为平行平面标量场,其等位线云图如图 1-7-6 所示。

彩图 1-7-5

彩图 1-7-6

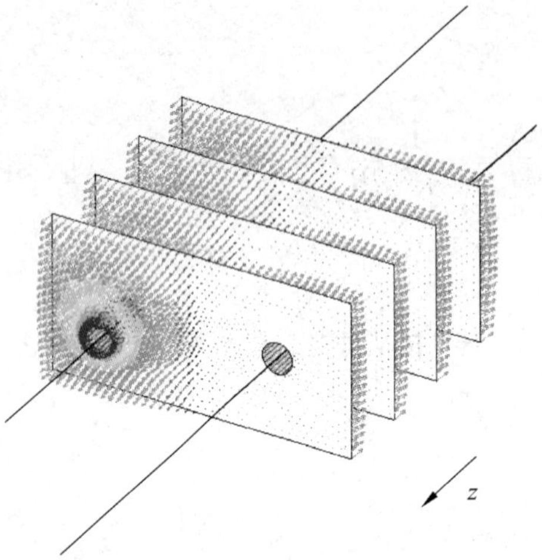

图 1-7-5 平行平面矢量场

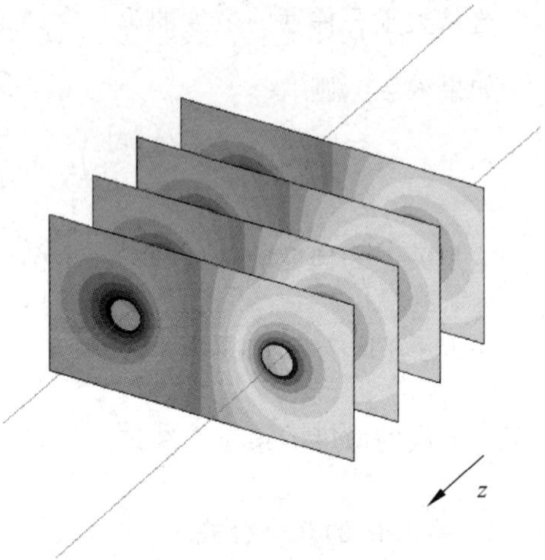

图 1-7-6 平行平面标量场

xy 平面的平行平面矢量场经过旋度运算可以得到另一个相应的二维矢量场,例如无限长线电流产生磁场的磁感应强度,如图 1-7-7 所示。

$$\boldsymbol{B}(M)=B_x(x,y)\boldsymbol{e}_x+B_y(x,y)\boldsymbol{e}_y=\nabla\times\boldsymbol{A}=\frac{\partial A_z}{\partial y}\boldsymbol{e}_x-\frac{\partial A_z}{\partial x}\boldsymbol{e}_y \tag{1-7-26}$$

xy 平面的平行平面标量场经过梯度运算可以得到另一个相应的二维矢量场,例如无限长线电荷产生电场的电场强度,如图 1-7-8 所示。

$$\boldsymbol{E}(M)=E_x(x,y)\boldsymbol{e}_x+E_y(x,y)\boldsymbol{e}_y=-\nabla\varphi=-\left(\frac{\partial\varphi}{\partial x}\boldsymbol{e}_x+\frac{\partial\varphi}{\partial y}\boldsymbol{e}_y\right) \tag{1-7-27}$$

这里称这两种矢量场为平行平面导出矢量场。

7. 轴对称场

在圆柱坐标系中,当场量不随其中的 α 坐标变化时,即为轴对称场,三维场退化为二维场。从便于计算角度,根据场的分布特性,设置一圆柱坐标系,若矢量场 $\boldsymbol{A}(M)$满足以下几何特点:

(1) 场中任一点的矢量 $\boldsymbol{A}$ 都垂直于 rz 平面;

(2) 在垂直于 rz 平面的任一圆周线上,矢量 $\boldsymbol{A}$ 的数值不随 α 的变化而变化。

则称该矢量场为轴对称矢量场。

彩图 1-7-7

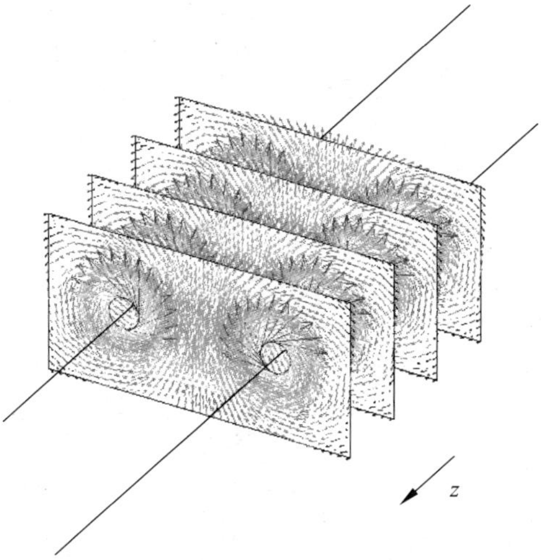

图 1-7-7　平行平面导出矢量场(旋度)

彩图 1-7-8

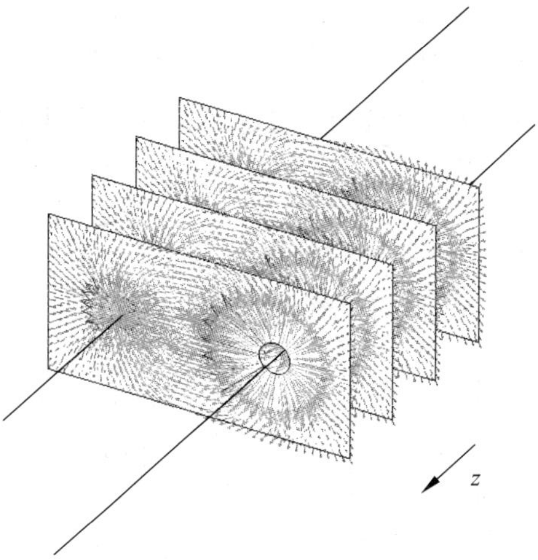

图 1-7-8　平行平面导出矢量场(梯度)

轴对称矢量场的求解区域在代表面 rz 平面($\alpha=0°$),在 r,z 坐标系中 $\mathbf{A}(M)$的表示式为

$$\mathbf{A}(M)=A_\alpha(r,z)\boldsymbol{e}_\alpha \tag{1-7-28}$$

例如圆形线电流产生磁场的矢量磁位可表示为轴对称矢量场,矢量图如图 1-7-9 所示。若上述讨论的场量为标量 φ,则在 r,z 坐标系中 $\varphi(M)$的表示式为

$$\varphi(M)=\varphi(r,z) \tag{1-7-29}$$

则该标量场称为轴对称标量场。例如圆形线电荷产生的电场标量电位可表示为轴对称标量场,等电位线云图如图 1-7-10 所示。

彩图 1-7-9

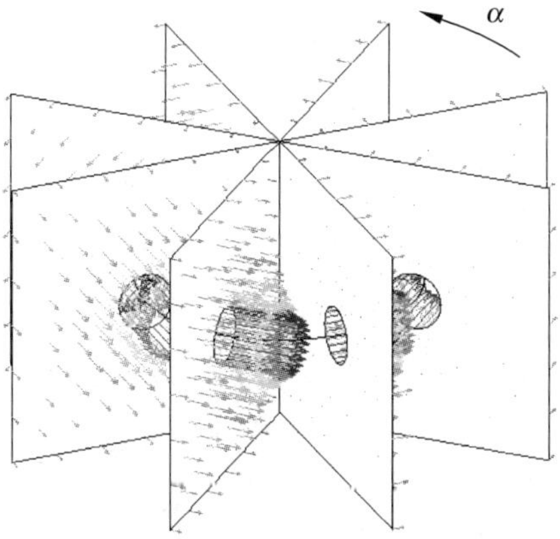

图 1-7-9　轴对称矢量场

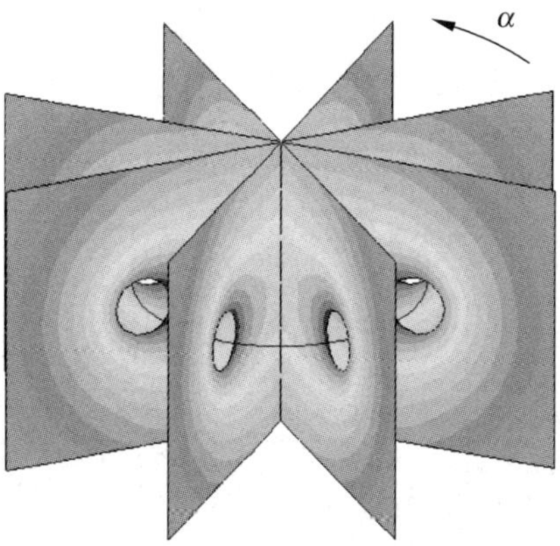

图 1-7-10　轴对称标量场

彩图 1-7-10

rz 平面的轴对称矢量场经过旋度运算可以得到另一个相应的矢量场,例如圆形线电流产生的磁感应强度场(图 1-7-11)为

$$\boldsymbol{B}(M)=B_r(r,z)\boldsymbol{e}_r+B_z(r,z)\boldsymbol{e}_z=\boldsymbol{\nabla}\times\mathbf{A}=-\frac{\partial A_\alpha}{\partial z}\boldsymbol{e}_r+\frac{1}{r}\frac{\partial(rA_\alpha)}{\partial r}\boldsymbol{e}_z \tag{1-7-30}$$

rz 平面的轴对称标量场经过梯度度运算可以得到另一个相应的矢量场,例如圆形线电

荷产生的电场强度场(图 1-7-12)为

$$\boldsymbol{E}(M)=E_r(r,z)\boldsymbol{e}_r+E_z(r,z)\boldsymbol{e}_z=-\nabla\varphi=-\left(\frac{\partial\varphi}{\partial r}\boldsymbol{e}_r+\frac{\partial\varphi}{\partial z}\boldsymbol{e}_z\right) \tag{1-7-31}$$

这两种矢量场可称为轴对称导出矢量场。

彩图 1-7-11

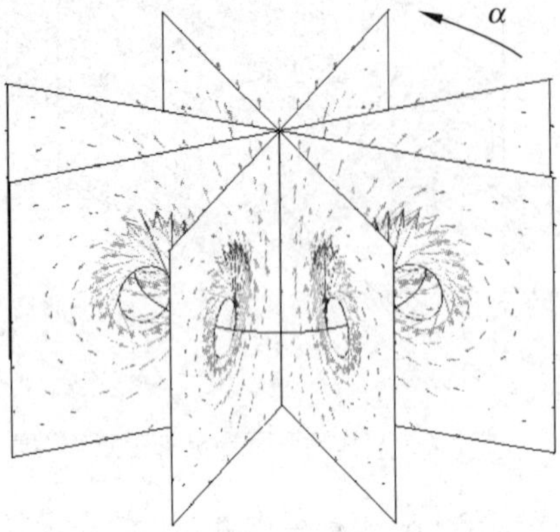

图 1-7-11 轴对称导出矢量场(旋度)

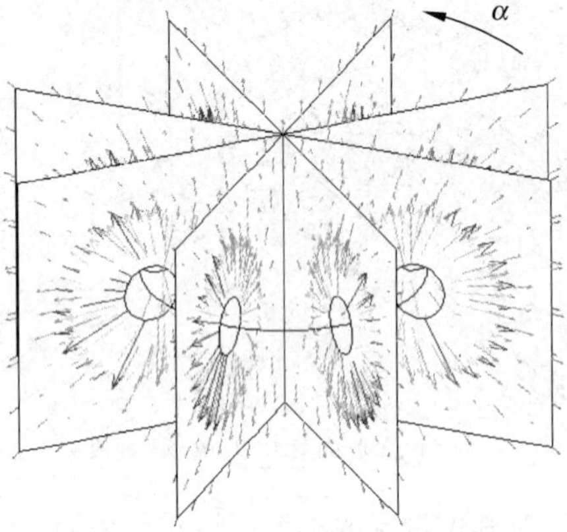

图 1-7-12 轴对称导出矢量场(梯度)

彩图 1-7-12

平行平面及其导出场和轴对称及其导出场,实际上都是三维场。但是,从简化计算的角度,这些场又可以看作代表面上的二维场。

ppt:平行平面场和轴对称场差别

第2章 静电场的基本原理

本章提示

本章讨论由相对静止电荷产生的电场。由库仑定律引出电场的基本概念,定义电场强度。介绍静电场源的点、线、面、体电荷模型,得出电场强度积分计算公式。在此基础上,导出静电场环路定理,并引出辅助变量电位概念。借助于电偶极子模型,导出极化电荷模型,描述电介质对电场的影响。导出电场强度表示的高斯通量定理,定义电位移矢量,引入介电常数概念,导出电位移矢量表示的高斯通量定理。概括论述静电场的基本方程微分形式和积分形式以及辅助方程。根据基本方程的积分形式导出静电场中电场强度和电位移矢量满足的电介质分界面衔接条件。由静电场的基本方程,导出用电位表示的静电场边值问题,论述并证明静电场解的唯一性。本章重点是理解静电场的基本性质,掌握电场强度和电位的多种计算方法,学会将静电场表述为边值问题。

2.1 库仑定律与电场强度

1. 库仑定律

电和磁是人类最早认识的自然现象之一。虽然从古代起就有定性的描述,但真正定量的研究还是从库仑等人的工作开始的。1785 年法国科学家库仑(C. A. Coulomb,1736—1806)设计并进行了著名的静电扭秤实验,证明了静电作用力的平方反比关系。两个点电荷之间的静电作用力可以表述如下。

如图 2-1-1 所示,在真空中,点电荷 1 对点电荷 2 的作用力 $\boldsymbol{F}_{21}$,其大小正比于点电荷 1 的电荷量 q_1 和点电荷 2 的电荷量 q_2,反比于点电荷 1 与点电荷 2 之间距离 R_{12} 的平方,其参考方向由点电荷 1 指向点电荷 2,用单位矢量 $\boldsymbol{e}_{12}$ 表示,即

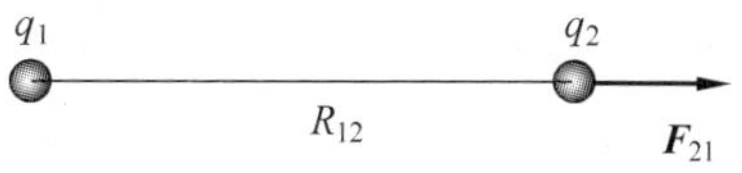

图 2-1-1　q_1 对 q_2 的作用力

$$\boldsymbol{F}_{21}=\frac{1}{4\pi\varepsilon_0}\frac{q_1q_2}{R_{12}^2}\boldsymbol{e}_{12} \tag{2-1-1}$$

同样,如图 2-1-2 所示,点电荷 2 对点电荷 1 的作用力 $\boldsymbol{F}_{12}$,其大小正比于点电荷 2 的电荷量 q_2 和点电荷 1 的电荷量 q_1,反比于点电荷 2 与点电荷 1 之间距离 R_{21} 的平方,其参考方向由点电荷 2 指向点电荷 1,用单位矢量 $\boldsymbol{e}_{21}$ 表示,即

$$\boldsymbol{F}_{12}=\frac{1}{4\pi\varepsilon_0}\frac{q_2q_1}{R_{21}^2}\boldsymbol{e}_{21} \tag{2-1-2}$$

以上就是库仑定律的内容。库仑定律表示式中的比例系数写为$\frac{1}{4\pi\varepsilon_0}$，主要是为了以后公式表述的方便。其中，$\varepsilon_0$ 为真空的介电常数。在国际单位制中，电荷量的单位是C(库[仑])，距离的单位是m(米)，力的单位用N(牛[顿])，ε_0 的值约为 8.85×10^{-12} F/m(法[拉]/米)。

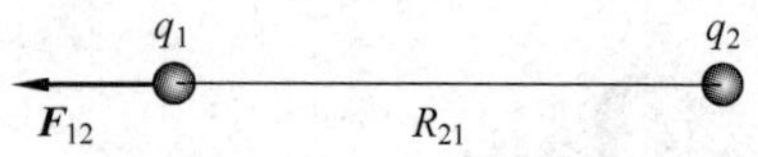

图 2-1-2 q_2 对 q_1 的作用力

视频：带电梳对铅笔芯吸引带电又排斥的过程

库仑定律是静电场的基础，也是整个电磁场理论的基础。

2. 电场强度

在真空中放置一个点电荷 q，在 q 的附近放一个试验电荷 q_t。根据库仑定律，试验电荷 q_t 将受到 q 的作用力。由于两电荷相隔一定距离，这个作用力不是直接的作用力，而是通过一定的物质传递过去的。这种物质就是电场。电荷在其周围产生电场，产生电场的电荷称为电场的源。相对于观察者静止的电荷所产生的电场，叫作静电场。

电荷 q 对试验电荷 q_t 的作用力，就是电荷 q 产生的电场对试验电荷 q_t 的作用力。为了研究电荷 q 在空间点上产生的静电场，让试验电荷的几何尺寸尽量小(趋近于一个点)。根据库仑定律，在静电场中某一点(x,y,z)上，试验电荷受到电场的作用力 $\boldsymbol{F}_t$ 与试验电荷的电荷量 q_t 成正比，而作用力与试验电荷的电荷量之比则与试验电荷无关。因此，定义表征静电场的基本场矢量电场强度为

$$\boldsymbol{E}(x,y,z)=\lim_{q_t\to0}\frac{\boldsymbol{F}_t(x,y,z)}{q_t} \tag{2-1-3}$$

电场强度的方向与该点上正试验电荷受力方向相同，它的单位是V/m(伏/米)。

显然，点电荷 q 所产生静电场的电场强度为

$$\boldsymbol{E}=\lim_{q_t\to0}\frac{q_t q}{q_t 4\pi\varepsilon_0 R^2}\boldsymbol{e}_R=\frac{q}{4\pi\varepsilon_0 R^2}\boldsymbol{e}_R \tag{2-1-4}$$

式中，R 为从点电荷 q 所在的源点(x',y',z')到场点(x,y,z)的距离；$\boldsymbol{e}_R$ 是从源点指向场点的单位矢量。点电荷产生的电场强度见图2-1-3。可见点电荷电场强度分布是辐射状的。

图 2-1-3 点电荷的电场强度

3. 分布电荷的电场强度

根据力的叠加原理，两个点电荷对同一个试验电荷的共同作用力可以表示为两个力的矢量和，即

$$\boldsymbol{F}_{\mathrm{t}}=\boldsymbol{F}_1+\boldsymbol{F}_2=\frac{1}{4\pi\varepsilon_0}\frac{q_{\mathrm{t}}q_1}{R_1^2}\boldsymbol{e}_1+\frac{1}{4\pi\varepsilon_0}\frac{q_{\mathrm{t}}q_2}{R_2^2}\boldsymbol{e}_2 \tag{2-1-5}$$

因此，两个点电荷共同产生的静电场的电场强度为

$$\boldsymbol{E}=\frac{1}{4\pi\varepsilon_0}\frac{q_1}{R_1^2}\boldsymbol{e}_1+\frac{1}{4\pi\varepsilon_0}\frac{q_2}{R_2^2}\boldsymbol{e}_2=\frac{1}{4\pi\varepsilon_0}\left(\frac{q_1}{R_1^2}\boldsymbol{e}_1+\frac{q_2}{R_2^2}\boldsymbol{e}_2\right) \tag{2-1-6}$$

由此可以推知，n 个点电荷共同产生的静电场的电场强度为

$$\boldsymbol{E}=\frac{1}{4\pi\varepsilon_0}\sum_{k=1}^{n}\frac{q_k}{R_k^2}\boldsymbol{e}_k \tag{2-1-7}$$

式中，R_k 为第 k 个点电荷到场点的距离；$\boldsymbol{e}_k$ 为从第 k 个点电荷指向场点的单位矢量。

根据物质结构理论，在微观（原子和分子尺度）上电荷的分布是不连续的，但在宏观（大量原子和分子集合的尺度）上，可以把电荷看成是分块连续分布的。当电荷集中于一点，对于所研究的问题，这一点所占的体积可以忽略时（例如图 2-1-4 中的“点”实际上是同一图中“体”的长宽高各缩小到原来的 1%的结果），就是点电荷的情况。当电荷分布于一条线上，对于所研究的问题，这条线的截面积可以忽略时（例如图 2-1-4 中的“线”实际上是同一图中“体”的宽和高各缩小到原来的 1%的结果），就是线电荷的情况。当电荷分布于一个面上，对于所研究的问题，这个面的厚度可以忽略时（例如图 2-1-4 中的“面”实际上是同一图中“体”的高缩小到原来的 1%的结果），就是面电荷的情况。当电荷分布于体积中，对于所研究的问题，这个体积的各个方向尺寸都不能忽略时，就是体电荷的情况。

根据电荷分布情况，通过上述抽象过程，得出点电荷、线电荷、面电荷和体电荷模型。从宏观角度看，体电荷模型是附加条件最少的电场源模型，因此也是最接近实际的模型。面、线和点电荷模型可以看作体电荷模型的极限状态。

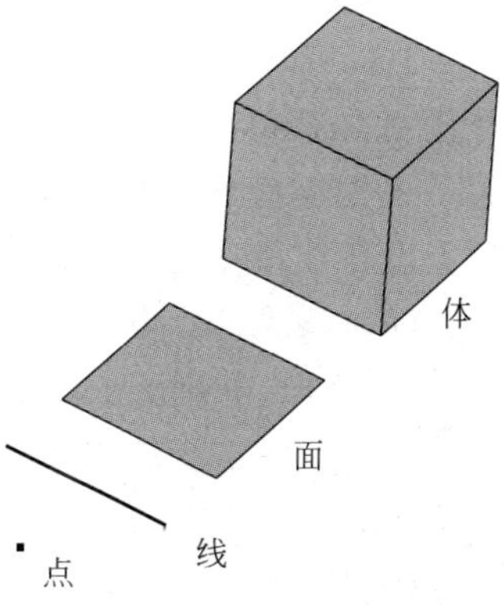

图 2-1-4　点、线、面和体

点电荷产生电场的情况如前所述。

对于线电荷，先取出一小线段来研究。小线段的长度为 Δl，小线段上的电荷量为 Δq。线上该处电荷的线密度定义为

$$\tau=\lim_{\Delta l\to 0}\frac{\Delta q}{\Delta l}=\frac{\mathrm{d}q}{\mathrm{d}l} \tag{2-1-8}$$

当小线段的长度 Δl 趋近于零时，小线段上的电荷就可以看成点电荷，这里称为电荷元，其电荷量记为 $\mathrm{d}q$，则

$$\mathrm{d}q=\tau\,\mathrm{d}l \tag{2-1-9}$$

同理，对于面电荷，可以定义电荷的面密度为

$$\sigma=\lim_{\Delta S\to 0}\frac{\Delta q}{\Delta S}=\frac{\mathrm{d}q}{\mathrm{d}S} \tag{2-1-10}$$

其电荷元的电荷量表示为

$$dq = \sigma dS \tag{2-1-11}$$

对于体电荷,可以定义电荷的体密度为

$$\rho = \lim_{\Delta V \to 0} \frac{\Delta q}{\Delta V} = \frac{dq}{dV} \tag{2-1-12}$$

其电荷元的电荷量表示为

$$dq = \rho dV \tag{2-1-13}$$

电荷元产生的电场强度计算公式与点电荷的相同,即

$$d\boldsymbol{E} = \frac{dq}{4\pi\varepsilon_0 R^2}\boldsymbol{e}_R \tag{2-1-14}$$

这是一个无穷小量。整个源区的所有电荷产生的电场强度用积分计算,即

$$\boldsymbol{E} = \int d\boldsymbol{E} = \frac{1}{4\pi\varepsilon_0}\int \frac{\boldsymbol{e}_R dq}{R^2} \tag{2-1-15}$$

线电荷、面电荷、体电荷产生电场强度的计算公式分别为

$$\boldsymbol{E} = \frac{1}{4\pi\varepsilon_0}\int_{l'} \frac{\tau \boldsymbol{e}_R}{R^2} dl' \tag{2-1-16}$$

式中,l'为线电荷的源区。

$$\boldsymbol{E} = \frac{1}{4\pi\varepsilon_0}\iint_{S'} \frac{\sigma \boldsymbol{e}_R}{R^2} dS' \tag{2-1-17}$$

式中,S'为面电荷的源区。

$$\boldsymbol{E} = \frac{1}{4\pi\varepsilon_0}\iiint_{V'} \frac{\rho \boldsymbol{e}_R}{R^2} dV' \tag{2-1-18}$$

式中,V'为体电荷的源区。

例 2-1-1 如图 2-1-5 所示,真空中长度为 $2l$ 的直线段,均匀带电,电荷线密度为 τ。求线段外任一点 P 的电场强度。

解 根据电荷分布的对称性,宜采用圆柱坐标系。坐标原点设在线段中心,z 轴与线段重合。场点 P 的坐标为 (r,α,z)。取电荷元 $\tau dz'$,源点坐标为 $(0,\alpha',z')$。这样,电荷元在 P 点产生的电场强度各分量为

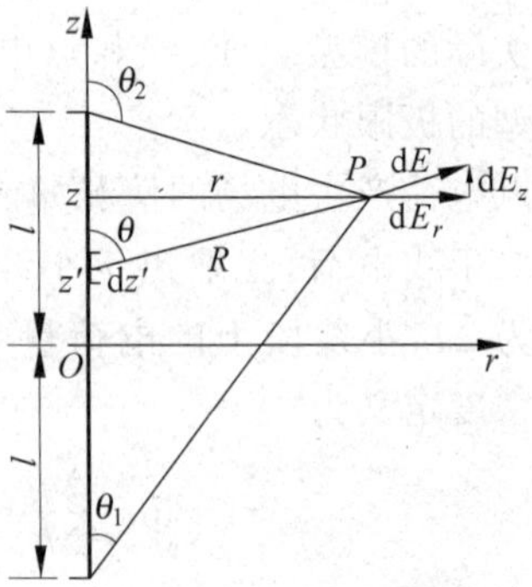

图 2-1-5 长直线电荷的电场强度计算

$$dE_r = \frac{\tau dz'}{4\pi\varepsilon_0 R^2}\sin\theta, \quad dE_\alpha = 0, \quad dE_z = \frac{\tau dz'}{4\pi\varepsilon_0 R^2}\cos\theta$$

计算 P 点电场强度时,场点坐标 (r,α,z) 是不变量,源点坐标 $(0,\alpha',z')$ 中 z' 是变量。

(1) 计算电场强度分量 E_r

$$dE_r = \frac{\sin\theta}{4\pi\varepsilon_0}\frac{\tau dz'}{R^2} = \frac{r}{4\pi\varepsilon_0}\frac{\tau dz'}{R^3} = \frac{r}{4\pi\varepsilon_0}\frac{\tau dz'}{[r^2+(z-z')^2]^{\frac{3}{2}}}$$

设 $R_z = z - z'$,则 $dR_z = -dz'$,有

$$dE_r = -\frac{r}{4\pi\varepsilon_0}\frac{\tau dR_z}{(r^2+R_z^2)^{\frac{3}{2}}}$$

因

$$d\left[\frac{R_z}{(r^2+R_z^2)^{\frac{1}{2}}}\right] = -\frac{R_z^2 dR_z}{(r^2+R_z^2)^{\frac{3}{2}}} + \frac{dR_z}{(r^2+R_z^2)^{\frac{1}{2}}} = \frac{(r^2+R_z^2)dR_z}{(r^2+R_z^2)^{\frac{3}{2}}} - \frac{R_z^2 dR_z}{(r^2+R_z^2)^{\frac{3}{2}}}$$

而 $r^2=(R_z^2+r^2)-R_z^2$，所以

$$d\left[\frac{R_z}{(r^2+R_z^2)^{\frac{1}{2}}}\right] = \frac{r^2 dR_z}{(r^2+R_z^2)^{\frac{3}{2}}}$$

因此

$$dE_r = -\frac{r}{4\pi\varepsilon_0}\frac{\tau dR_z}{(r^2+R_z^2)^{\frac{3}{2}}} = -\frac{\tau}{4\pi\varepsilon_0 r}\frac{r^2 dR_z}{(r^2+R_z^2)^{\frac{3}{2}}} = -\frac{\tau}{4\pi\varepsilon_0 r}d\left[\frac{R_z}{(r^2+R_z^2)^{\frac{1}{2}}}\right]$$

积分得

$$E_r = -\frac{\tau}{4\pi\varepsilon_0 r}\frac{R_z}{(r^2+R_z^2)^{\frac{1}{2}}}\Bigg|_{z+l}^{z-l}$$

$$= -\frac{\tau}{4\pi\varepsilon_0 r}\left[\frac{z-l}{\sqrt{r^2+(z-l)^2}} - \frac{z+l}{\sqrt{r^2+(z+l)^2}}\right] = -\frac{\tau}{4\pi\varepsilon_0 r}(\cos\theta_2 - \cos\theta_1)$$

（2）计算电场强度分量 E_z

$$dE_z = \frac{\cos\theta}{4\pi\varepsilon_0}\frac{\tau dz'}{R^2} = \frac{z-z'}{4\pi\varepsilon_0}\frac{\tau dz'}{R^3} = \frac{z-z'}{4\pi\varepsilon_0}\frac{\tau dz'}{[r^2+(z-z')^2]^{\frac{3}{2}}}$$

设 $R_z=z-z'$，则 $dR_z=-dz'$，有

$$dE_z = -\frac{\tau}{4\pi\varepsilon_0}\frac{R_z dz'}{[r^2+R_z^2]^{\frac{3}{2}}}$$

积分得

$$E_z = -\int_{z+l}^{z-l}\frac{\tau}{4\pi\varepsilon_0}\frac{R_z dz'}{(r^2+R_z^2)^{\frac{3}{2}}} = \frac{\tau}{4\pi\varepsilon_0}\frac{1}{(r^2+R_z^2)^{\frac{1}{2}}}\Bigg|_{z+l}^{z-l}$$

$$-\frac{\tau}{4\pi\varepsilon_0}\left[\frac{1}{\sqrt{r^2+(z-l)^2}} - \frac{1}{\sqrt{r^2+(z+l)^2}}\right]$$

$$= \frac{\tau}{4\pi\varepsilon_0 r}\left[\frac{r}{\sqrt{r^2+(z-l)^2}} - \frac{r}{\sqrt{r^2+(z+l)^2}}\right] = \frac{\tau}{4\pi\varepsilon_0 r}(\sin\theta_2 - \sin\theta_1)$$

（3）整段线电荷在 P 点产生的电场强度

$$\boldsymbol{E} = \frac{-\tau}{4\pi\varepsilon_0 r}(\cos\theta_2 - \cos\theta_1)\boldsymbol{e}_r + \frac{\tau}{4\pi\varepsilon_0 r}(\sin\theta_2 - \sin\theta_1)\boldsymbol{e}_z$$

若线段上下延长成为无限长直线，则 $\theta_1=0, \theta_2=\pi$。代入上式得

$$\boldsymbol{E} = \frac{-\tau}{4\pi\varepsilon_0 r}((-1)-1)\boldsymbol{e}_r = \frac{\tau}{2\pi\varepsilon_0 r}\boldsymbol{e}_r$$

无限长直线电荷产生的电场强度,方向与直线垂直,沿半径方向,大小与电荷密度成正比,与垂直距离成反比。无限长直线电荷是电场源的一种典型分布。

(4) 特殊情况

前面的计算公式适合于线电荷之外、$r\neq 0$ 的任意场点。当线电荷长度有限,场点落在线电荷延长线上时,

$$\begin{aligned}E_z&=\frac{\tau}{4\pi\varepsilon_0}\left[\frac{1}{\sqrt{r^2+(z-l)^2}}-\frac{1}{\sqrt{r^2+(z+l)^2}}\right]\\&=\frac{\tau}{4\pi\varepsilon_0}\left[\frac{1}{|z-l|}-\frac{1}{|z+l|}\right]\end{aligned}$$

当 $z>l$ 时,有

$$E_z=\frac{\tau}{4\pi\varepsilon_0}\left(\frac{1}{z-l}-\frac{1}{z+l}\right)=\frac{2l\tau}{4\pi\varepsilon_0(z^2-l^2)}=\frac{l\tau}{2\pi\varepsilon_0(z^2-l^2)}$$

当 $z<-l$ 时,可根据对称性写出

$$E_z=-\frac{l\tau}{2\pi\varepsilon_0(z^2-l^2)}$$

分析线电荷电场计算公式可以得出,在场点无限靠近线电荷时,电场以与垂直距离成反比的方式趋于无穷大。短线电荷附近的电场强度见图 2-1-6。

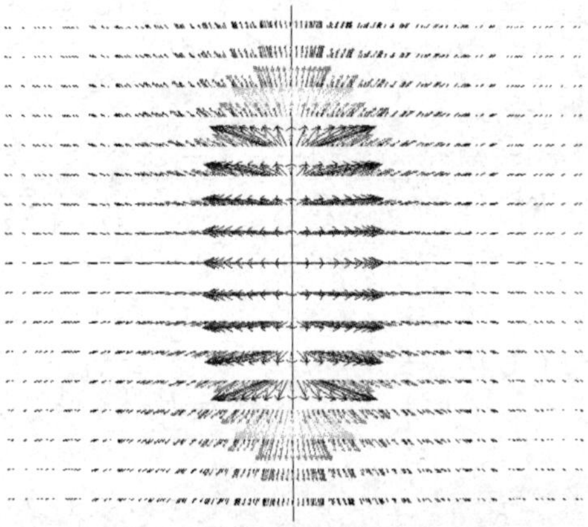

图 2-1-6 短线电荷的电场强度分布

例 2-1-2 如图 2-1-7 所示,以例 2-1-1 为基础,计算无限大平面电荷的电场。平面均匀带电,面电荷密度为 σ。

解 建立直角坐标系,将无限大面电荷平面放在 yOz 坐标平面,计算 $x>0$ 和 $x<0$ 两部分空间的电场强度。因面电荷前后上下为无限大,所以电场强度只有垂直于平面的分量,即 x 分量。

当 $x>0$,利用例 2-1-1 无限长线电荷电场计算公式将 $\tau=\sigma\mathrm{d}y'$代入,有

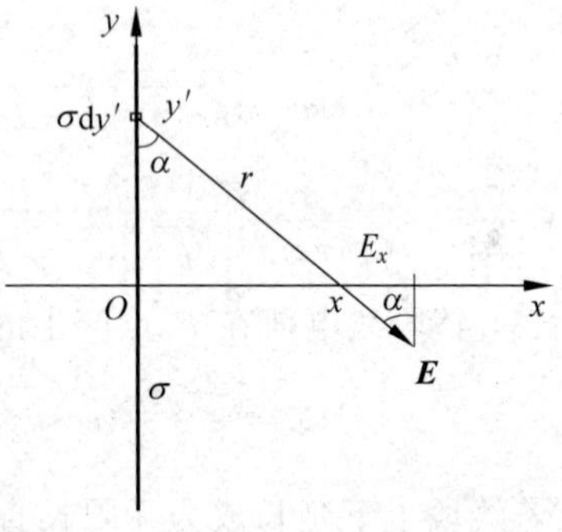

图 2-1-7 无限大平面电荷的电场计算

$$E_x=\int_{-\infty}^{\infty}\frac{x}{r}\frac{\sigma \mathrm{d}y'}{2\pi\varepsilon_0 r}=\int_{-\infty}^{\infty}\frac{\sigma \mathrm{d}y'}{2\pi\left[1+\left(\frac{y'}{x}\right)^2\right]}=\frac{\sigma}{2\pi\varepsilon_0}\arctan\frac{y'}{x}\bigg|_{-\infty}^{\infty}=\frac{\sigma}{2\pi\varepsilon_0}\left(\frac{\pi}{2}+\frac{\pi}{2}\right)=\frac{\sigma}{2\varepsilon_0}$$

当 $x<0$ 时，有

$$E_x=\int_{-\infty}^{\infty}\frac{x}{r}\frac{\sigma \mathrm{d}y'}{2\pi\varepsilon_0 r}=\int_{-\infty}^{\infty}\frac{\sigma \mathrm{d}y'}{2\pi\varepsilon_0\left[1+\left(\frac{y'}{x}\right)^2\right]}$$

$$=\frac{\sigma}{2\pi\varepsilon_0}\arctan\frac{y'}{x}\bigg|_{-\infty}^{\infty}=\frac{\sigma}{2\pi}\varepsilon_0\left(-\frac{\pi}{2}-\frac{\pi}{2}\right)=-\frac{\sigma}{2\varepsilon_0}$$

整个空间电场强度矢量可统一表示为

$$\boldsymbol{E}=\frac{\sigma}{2\varepsilon_0}\frac{x}{|x|}\boldsymbol{e}_x$$

从获得的电场强度计算公式可知，无限大平面电荷所产生的电场不连续，在电荷所在平面两侧发生突变，其突变量为$\frac{\sigma}{\varepsilon_0}$。无限大平面电荷是电场源的一种典型分布。

例 2-1-3　如图 2-1-8 所示，以例 2-1-2 为基础，计算厚度为 $2d$ 的无限大体电荷的电场。体积内均匀带电，体电荷密度为 ρ。

解　建立直角坐标系，将厚度为 $2d$ 的无限大体电荷平行 yOz 坐标平面放置，其厚度沿 x 轴从 $-d$ 到 $+d$，计算 $x\leqslant -d$，$-d\leqslant x\leqslant d$ 和 $x\geqslant d$ 三部分空间的电场强度。因体电荷前后上下为无限大，所以电场强度只有垂直分量，即 x 分量。

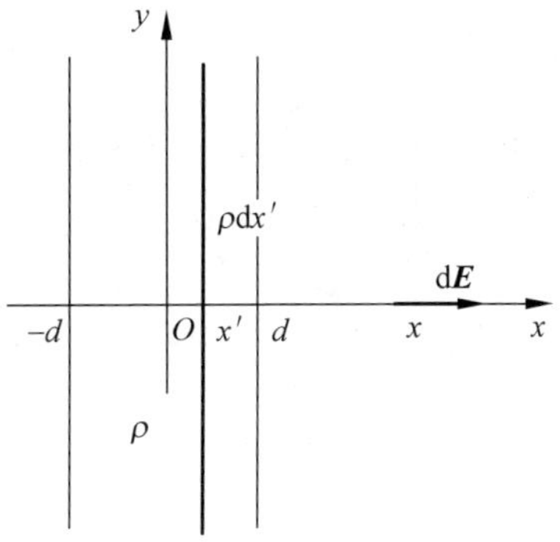

图 2-1-8　有限厚度无限大体电荷的电场计算

当 $x\leqslant -d$，利用无限大面电荷电场计算公式，将 $\sigma=\rho \mathrm{d}x'$代入，有

$$E_x=-\int_{-d}^{d}\frac{\rho \mathrm{d}x'}{2\varepsilon_0}=-\frac{\rho}{2\varepsilon_0}(d+d)=-\frac{\rho d}{\varepsilon_0}$$

当 $-d\leqslant x\leqslant d$，利用无限大面电荷电场计算公式，有

$$E_x=\int_{-d}^{x}\frac{\rho \mathrm{d}x'}{2\varepsilon_0}-\int_{x}^{d}\frac{\rho \mathrm{d}x'}{2\varepsilon_0}=\frac{\rho}{2\varepsilon_0}(x+d)-\frac{\rho}{2\varepsilon_0}(d-x)=\frac{\rho x}{\varepsilon_0}$$

当 $x\geqslant d$，利用无限大面电荷电场计算公式，有

$$E_x=\int_{-d}^{d}\frac{\rho \mathrm{d}x'}{2\varepsilon_0}=\frac{\rho}{2\varepsilon_0}(d+d)-\frac{\rho d}{\varepsilon_0}$$

观察有限厚度无限大体电荷电场强度计算公式可知，无论是体电荷内部还是体电荷表面处电场强度均连续。

例 2-1-4　如图 2-1-9 所示，求真空中半径为 a、均匀带电、电荷线密度为 τ 的圆形线电荷在其轴线上任一点的电场强度。

解　根据电荷分布的对称性，采用圆柱坐标系。坐标原点设在圆形线电荷的圆心，z 轴与线电荷圆心轴线重合。场点 P 的坐标为$(0,\alpha,z)$。取一个电荷元 $\tau a\,\mathrm{d}\alpha'$，源点坐标为$(a,\alpha',0)$。再取一个电荷元 $\tau a\,\mathrm{d}\alpha'$，源点坐标为$(a,\alpha'+\pi,0)$。这样，两对称电荷元在 P 点

产生的电场强度沿 $\boldsymbol{e}_r$ 方向分量符号相反,相互抵消;沿 $\boldsymbol{e}_\alpha$ 方向的电场强度为零;沿 $\boldsymbol{e}_z$ 方向的分量符号相同。由这两个对称电荷元产生的电场强度为

$$\mathrm{d}\boldsymbol{E}=\mathrm{d}E_z\boldsymbol{e}_z=\frac{2\tau a\,\mathrm{d}\alpha'}{4\pi\varepsilon_0 R^2}\cos\theta\boldsymbol{e}_z$$

计算 P 点电场强度时,场点坐标$(0,\alpha,z)$不变,源点坐标$(a,\alpha',0)$中只有 α' 是变量。有

$$\cos\theta=\frac{z}{R},\quad R=\sqrt{a^2+z^2}$$

$$\mathrm{d}\boldsymbol{E}=\frac{2\tau a\,\mathrm{d}\alpha'}{4\pi\varepsilon_0 R^2}\cos\theta\boldsymbol{e}_z=\frac{2\tau az\,\mathrm{d}\alpha'}{4\pi\varepsilon_0 R^3}\boldsymbol{e}_z$$

整个圆形线电荷产生的电场强度为

$$\boldsymbol{E}=\int_0^{\pi}\frac{2\tau az\,\mathrm{d}\alpha'}{4\pi\varepsilon_0 R^3}\boldsymbol{e}_z=\frac{2\tau az}{4\pi\varepsilon_0 R^3}(\pi-0)\boldsymbol{e}_z=\frac{\tau az}{2\varepsilon_0(a^2+z^2)^{\frac{3}{2}}}\boldsymbol{e}_z$$

当 $a=1$、$\tau=2\varepsilon_0$ 时,圆形线电荷电场强度沿轴线的分布函数曲线见图 2-1-10。

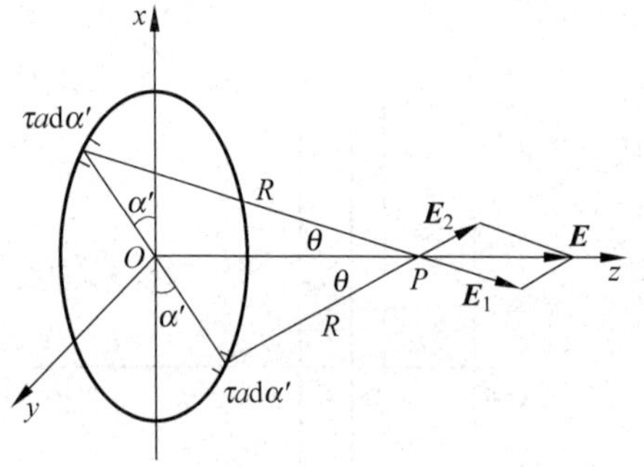

图 2-1-9 圆形线电荷轴线的电场强度计算

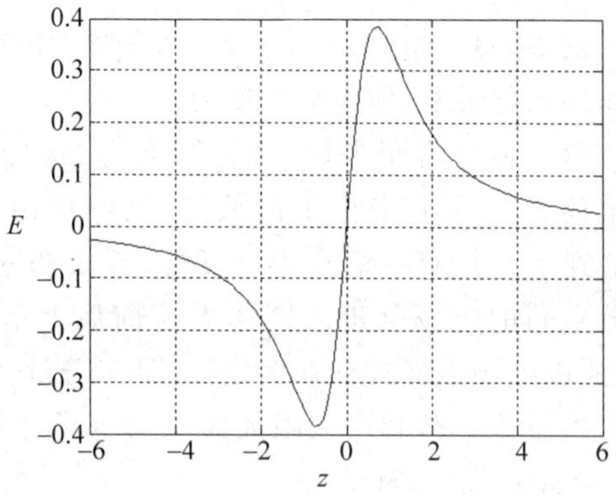

图 2-1-10 圆形线电荷轴线上电场强度分布曲线

圆形线电荷产生的电场强度,在轴线以外难以用解析方法求得,但通过数值积分可以获得电场分布。图 2-1-11 给出了圆形线电荷电场强度三维矢量图,图 2-1-12 给出了圆形线电荷轴对称代表面上电场强度二维矢量图,从图中可以了解圆形线电荷电场分布的一般规律。作为趋势,应了解当场点趋近线电荷时,电场强度趋近无穷大。

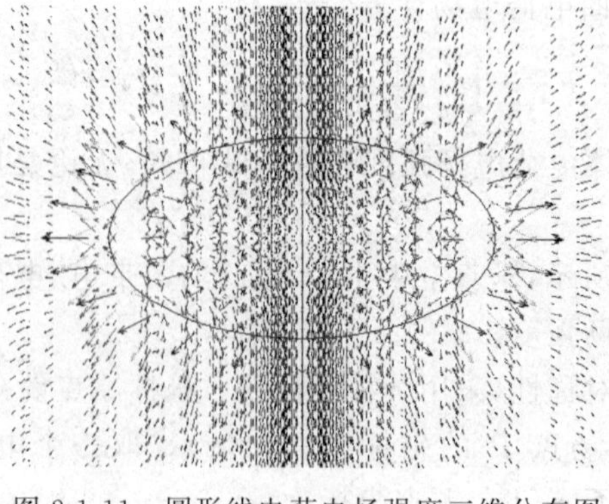

图 2-1-11 圆形线电荷电场强度三维分布图

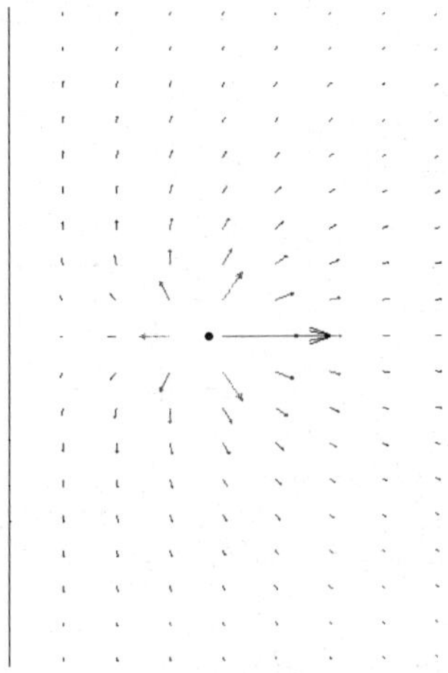

图 2-1-12　圆形线电荷电场强度轴对称代表面二维分布图

例 2-1-5　如图 2-1-13 所示，以例 2-1-4 为基础，计算半径为 a 的圆盘面电荷轴线上的电场。圆盘均匀带电，面电荷密度为 σ。

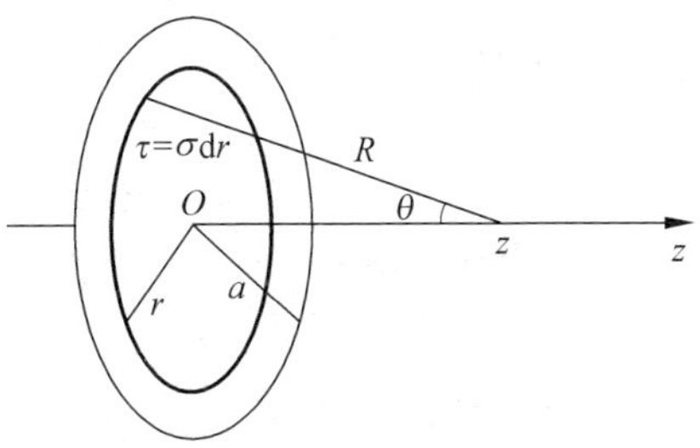

图 2-1-13　圆盘面电荷的电场强度计算

解　建立直角坐标系，将圆盘面放在 xOy 坐标平面，计算 $z>0$ 和 $z<0$ 两部分空间的电场强度。在圆盘轴线上电场只有垂直分量，即 z 分量。利用例 2-1-4 的结论，等效圆形线电荷密度 $\tau=\sigma \mathrm{d}r$，有

$$E_z=\int_0^a \frac{rz\sigma \mathrm{d}r}{2\varepsilon_0(r^2+z^2)^{\frac{3}{2}}}=\left.\frac{-z\sigma}{2\varepsilon_0(r^2+z^2)^{\frac{1}{2}}}\right|_0^a$$

$$=\frac{z\sigma}{2\varepsilon_0(z^2)^{\frac{1}{2}}}-\frac{z\sigma}{2\varepsilon_0(a^2+z^2)^{\frac{1}{2}}}=\frac{z\sigma}{2\varepsilon_0|z|}-\frac{z\sigma}{2\varepsilon_0(a^2+z^2)^{\frac{1}{2}}}$$

当 $z>0$ 时，有

$$E_z=\frac{\sigma}{2\varepsilon_0}-\frac{z\sigma}{2\varepsilon_0\sqrt{a^2+z^2}}$$

当 $z<0$ 时，有

$$E_z=-\frac{\sigma}{2\varepsilon_0}-\frac{z\sigma}{2\varepsilon_0\sqrt{a^2+z^2}}$$

可以看出，当场点沿轴线穿过圆盘面电荷时，电场强度发生突变，其突变量为$\dfrac{\sigma}{\varepsilon_0}$。

当 $a=1$、$\sigma=2\varepsilon_0$ 时，圆盘形面电荷电场强度沿轴线的分布函数曲线见图 2-1-14。

当 $a\to\infty$时，无限大带电平面两侧电场强度突变量仍为$\dfrac{\sigma}{\varepsilon_0}$，但两侧电场强度幅值均不再衰减，趋近例 2-1-2 的情况。

例 2-1-6　如图 2-1-15 所示，以例 2-1-5 为基础，计算底面半径为 a、高为 $2h$ 的圆柱体电

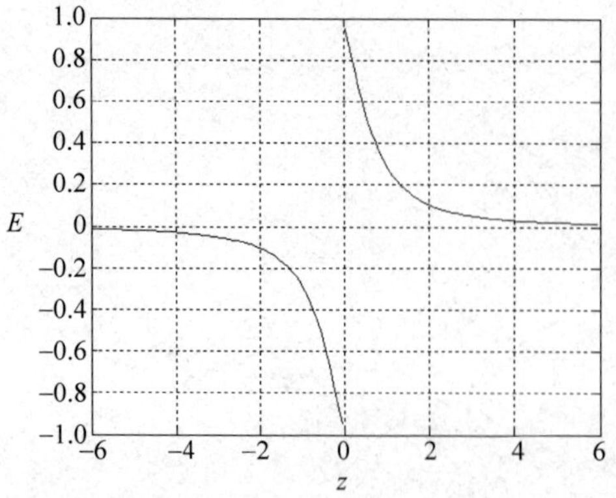

图 2-1-14 圆盘面电荷轴线上电场强度曲线

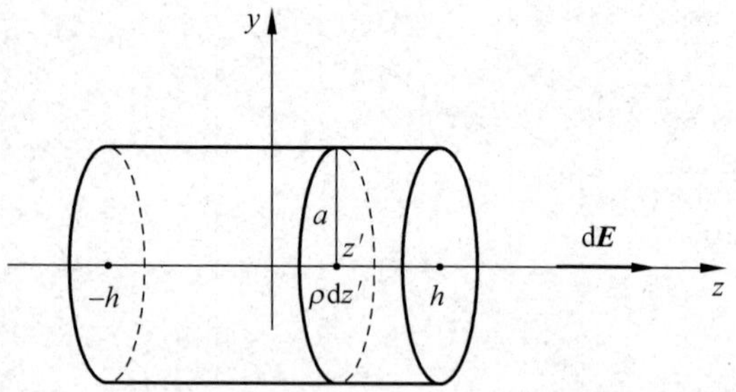

图 2-1-15 有限长圆柱体电荷轴线上的电场强度计算

荷轴线上的电场强度。圆柱均匀带电，体电荷密度为 ρ。

解 建立直角坐标系，将圆柱底面平行于 xOy 坐标平面放置，其高度沿 z 轴从 $-h$ 到 $+h$，计算 $z\leqslant -h$、$-h\leqslant z\leqslant h$ 和 $z\geqslant h$ 三部分空间的电场强度。在圆柱体轴线上电场强度只有垂直于底面的分量，即 z 分量。利用例 2-1-5 的结论，将等效面电荷密度 $\sigma=\rho dz'$ 代入，令

$$R_z = z - z',\quad dR_z = d(z-z') = -dz'$$

(1) 当 $z\geqslant h$ 时，有

$$\begin{aligned}
E_z &= -\int_{z+h}^{z-h} \frac{\rho}{2\varepsilon_0}\left[1-\frac{R_z}{(a^2+R_z^2)^{\frac{1}{2}}}\right] dR_z \\
&= -\frac{\rho}{2\varepsilon_0}\left[R_z-(a^2+R_z^2)^{\frac{1}{2}}\right]\Big|_{z+h}^{z-h} \\
&= \frac{\rho}{2\varepsilon_0}\left[z+h-\sqrt{a^2+(z+h)^2}\right]-\frac{\rho}{2\varepsilon_0}\left[z-h-\sqrt{a^2+(z-h)^2}\right] \\
&= \frac{\rho}{2\varepsilon_0}\left[2h-\sqrt{a^2+(z+h)^2}+\sqrt{a^2+(z-h)^2}\right]
\end{aligned}$$

(2) 当 $z\leqslant -h$ 时，有

$$\begin{aligned}
E_z &= -\int_{z+h}^{z-h} \frac{\rho}{2\varepsilon_0}\left[-1-\frac{R_z}{(a^2+R_z^2)^{\frac{1}{2}}}\right] dR_z \\
&= -\frac{\rho}{2\varepsilon_0}\left[-R_z-(a^2+R_z^2)^{\frac{1}{2}}\right]\Big|_{z+h}^{z-h} \\
&= \frac{\rho}{2\varepsilon_0}\left[-z-h-\sqrt{a^2+(z+h)^2}\right]-\frac{\rho}{2\varepsilon_0}\left[-z+h-\sqrt{a^2+(z-h)^2}\right] \\
&= \frac{\rho}{2\varepsilon_0}\left[-2h-\sqrt{a^2+(z+h)^2}+\sqrt{a^2+(z-h)^2}\right]
\end{aligned}$$

(3) 当 $-h\leqslant z\leqslant h$ 时，有

$$dE_z = \frac{(z-z')\rho dz'}{2\varepsilon_0 |z-z'|} - \frac{(z-z')\rho dz'}{2\varepsilon_0 [a^2+(z-z')^2]^{\frac{1}{2}}}$$

积分得

$$E_z = -\int_{z+h}^{0} \frac{\rho}{2\varepsilon_0}\left[1-\frac{R_z}{(a^2+R_z^2)^{\frac{1}{2}}}\right]\mathrm{d}R_z - \int_{0}^{z-h} \frac{\rho}{2\varepsilon_0}\left[-1-\frac{R_z}{(a^2+R_z^2)^{\frac{1}{2}}}\right]\mathrm{d}R_z$$

$$= -\frac{\rho}{2\varepsilon_0}\left[R_z-(a^2+R_z^2)^{\frac{1}{2}}\right]\Big|_{z+h}^{0} - \frac{\rho}{2\varepsilon_0}\left[-R_z-(a^2+R_z^2)^{\frac{1}{2}}\right]\Big|_{0}^{z-h}$$

$$= \frac{\rho}{2\varepsilon_0}\left[z+h-\sqrt{a^2+(z+h)^2}\right] - \frac{\rho}{2\varepsilon_0}\left[-z+h-\sqrt{a^2+(z-h)^2}\right]$$

$$= \frac{\rho}{2\varepsilon_0}\left[2z-\sqrt{a^2+(z+h)^2}+\sqrt{a^2+(z-h)^2}\right]$$

当 $a=1$、$h=2$、$\rho=2\varepsilon_0$ 时，圆柱体电荷电场强度沿轴线的分布函数曲线见图 2-1-16。

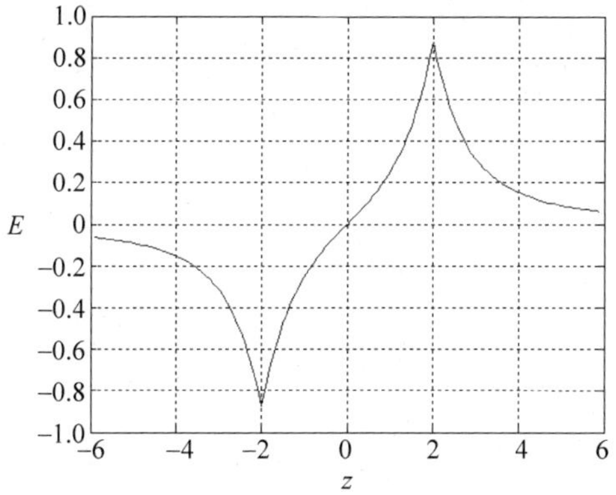

图 2-1-16　圆柱体电荷轴线上电场强度曲线

当 $a\to\infty$ 时，有限厚度无限大带电体积内部电场强度沿 z 坐标线性变化，两侧电场强度幅值均不再衰减，趋近例 2-1-3 的情况。场点沿轴线经过圆柱体电荷源区时电场强度保持连续。

例 2-1-7　如图 2-1-17 所示，球体半径为 a，电荷密度为 ρ。在例 2-1-4 的基础上，计算球体电荷产生的电场强度。

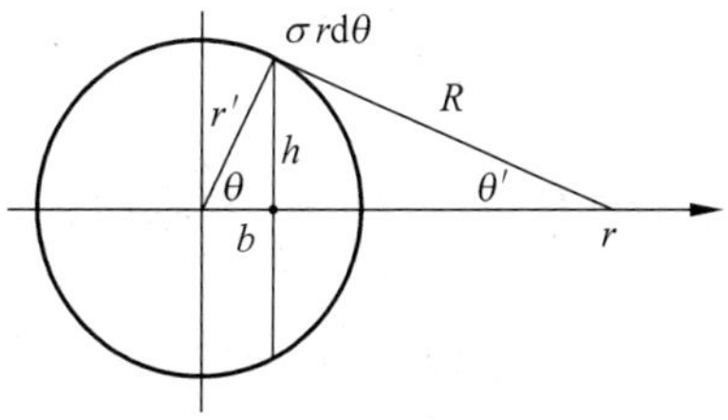

图 2-1-17　球体电荷的电场强度计算

解　由例 2-1-4，圆环线电荷在轴线上的电场为

$$E = \frac{\tau a z}{2\varepsilon_0(a^2+z^2)^{\frac{3}{2}}}$$

为了讨论球壳面电荷的电场，根据图 2-1-17 进行如下变量代换：

$$z=r,\quad a=h,\quad \tau=\sigma r\,\mathrm{d}\theta$$

则 $r\mathrm{d}\theta$ 宽度的圆环区域的面电荷产生的电场只有 $\boldsymbol{e}_r$ 方向的分量，其值为

$$\mathrm{d}E = \frac{\sigma h(r-b)r'\mathrm{d}\theta}{2\varepsilon_0(h^2+(r-b)^2)^{\frac{3}{2}}} = \frac{\sigma(r-b)r'^2\sin\theta\mathrm{d}\theta}{2\varepsilon_0 R^3} = \frac{\sigma R\cos\theta' r'^2\sin\theta\mathrm{d}\theta}{2\varepsilon_0 R^3} = -\frac{\sigma\cos\theta' r'^2\mathrm{d}(\cos\theta)}{2\varepsilon_0 R^2}$$

由图 2-1-17，应用三角形余弦定理，可得

$$R^2=r'^2+r^2-2r'r\cos\theta,\qquad \cos\theta=\frac{r'^2+r^2-R^2}{2r'r}$$

计算球壳面电荷的电场,r'、r 均为常数,只有 R 是变量,因此

$$-\mathrm{d}(\cos\theta)=\frac{R\,\mathrm{d}R}{r'r}$$

继续应用余弦定理,得

$$r'^2=R^2+r^2-2Rr\cos\theta',\qquad \cos\theta'=\frac{R^2+r^2-r'^2}{2Rr}$$

代入电场强度公式

$$\mathrm{d}E=\frac{\sigma\cos\theta' r'^2\mathrm{d}(\cos\theta)}{2\varepsilon_0R^2}=\frac{\sigma r'^2}{2\varepsilon_0R^2}\left(\frac{R^2+r^2-r'^2}{2Rr}\right)\frac{R\,\mathrm{d}R}{r'r}$$

$$=\frac{\sigma r'}{4\varepsilon_0r^2}\left(\frac{R^2+r^2-r'^2}{R^2}\right)\mathrm{d}R=\frac{\sigma r}{4\varepsilon_0r^2}\left(1+\frac{r^2-r'^2}{R^2}\right)\mathrm{d}R$$

当 $r>r'$ 时,积分得

$$E=\int_{r-r'}^{r+r'}\frac{\sigma r'}{4\varepsilon_0r^2}\left(1+\frac{r^2-r'^2}{R^2}\right)\mathrm{d}R=\frac{\sigma r'}{4\varepsilon_0r^2}\left(R-\frac{r^2-r'^2}{R}\right)\Bigg|_{r-r'}^{r+r'}$$

$$E=\frac{\sigma r'}{4\varepsilon_0r^2}\left(R-\frac{r^2-r'^2}{R}\right)\Bigg|_{r-r'}^{r+r'}=\frac{\sigma r'}{4\varepsilon_0r^2}\left[r+r'-(r-r')-\frac{r^2-r'^2}{r+r'}+\frac{r^2-r'^2}{r-r'}\right]$$

$$E=\frac{\sigma r'}{4\varepsilon_0r^2}[r+r'-(r-r')-(r-r')+(r+r')]=\frac{\sigma r'}{4\varepsilon_0r^2}4r'=\frac{\sigma r'^2}{\varepsilon_0r^2}$$

当 $r<r'$ 时,积分得

$$E=\int_{r'-r}^{r'+r}\frac{\sigma r'}{4\varepsilon_0r^2}\left(1+\frac{r^2-r'^2}{R^2}\right)\mathrm{d}R=\frac{\sigma r'}{4\varepsilon_0r^2}\left(R-\frac{r^2-r'^2}{R}\right)\Bigg|_{r'-r}^{r'+r}$$

$$E=\frac{\sigma r'}{4\varepsilon_0r^2}\left(R-\frac{r^2-r'^2}{R}\right)\Bigg|_{r'-r}^{r'+r}=\frac{\sigma r'}{4\varepsilon_0r^2}\left[r+r'-(r'-r)-\frac{r^2-r'^2}{r+r'}+\frac{r^2-r'^2}{r'-r}\right]$$

$$E=\frac{\sigma r'}{4\varepsilon_0r^2}[r+r'-(r'-r)-(r-r')-(r+r')]=0$$

为了讨论球体电荷的电场,根据图 2-1-17,做如下变量代换:

$$\sigma=\rho\,\mathrm{d}r'$$

则 $\mathrm{d}r'$厚度范围的球壳体电荷产生的电场为

$$\mathrm{d}E=\frac{\rho r'^2\mathrm{d}r'}{\varepsilon_0r^2}$$

因此,球体电荷的电场强度为:

当 $r>a$ 时,积分得

$$E=\int_0^a\frac{\rho r'^2\mathrm{d}r'}{\varepsilon_0r^2}=\frac{1}{3}\frac{\rho r'^3}{\varepsilon_0r^2}\Bigg|_0^a=\frac{1}{3}\frac{\rho a^3}{\varepsilon_0r^2}=\frac{1}{4\pi\varepsilon_0r^2}\frac{4\pi a^3\rho}{3}=\frac{1}{4\varepsilon_0\pi r^2}q$$

当 $r<a$ 时,积分得

$$E=\int_0^r\frac{\rho r'^2\mathrm{d}r'}{\varepsilon_0r^2}=\frac{1}{3}\frac{\rho r'^3}{\varepsilon_0r^2}\Bigg|_0^r=\frac{1}{3}\frac{\rho r^3}{\varepsilon_0r^2}=\frac{\rho r}{3\varepsilon_0}$$

在 $r=a$ 球面处

$$r=a^-,\quad E=\frac{\rho a}{3\varepsilon_0};\qquad r=a^+,\quad E=\frac{\rho a}{3\varepsilon_0}$$

当 $a=2$、$\rho=3\varepsilon_0$ 时，球体电荷电场强度沿半径线的分布函数曲线见图 2-1-18。可以看出球体电荷的电场强度是连续的，只是在球体内的电场强度和球体外的电场强度变化规律不同。

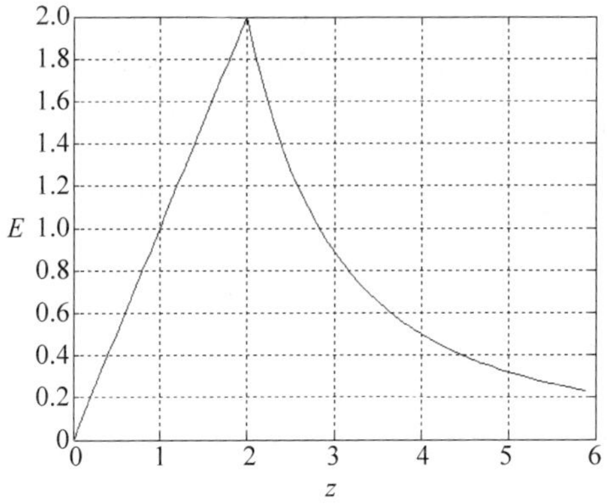

图 2-1-18　球体电荷电场强度沿半径变化曲线

图片：球体电荷的电场分布

2.2　静电场的环路定理与电位

1. 静电场环路定理

根据亥姆霍兹定理，矢量场的分布特性主要由其散度和旋度决定。因此对矢量场基本性质研究的关键是矢量场函数的散度和旋度。静电场是由相对于观察者静止的电荷产生的，电荷作为静电场的源，其存在形式抽象为体、面、线和点模型。从宏观角度考虑，在静电场源模型的提炼过程中，体电荷模型几何假设最少，最接近实际，更重要的是在数学上不会导致场矢量的不连续和奇异性。从 2.1 节例题也可以看出，体电荷的电场具有连续性。因此以体电荷为静电场的源研究静电场分布的普遍规律。

ppt：四种分布形态电荷对电场连续性的影响

静电场是由电荷产生的，静电场的基本性质就隐含在由电荷计算电场强度的公式中。已知电荷分布计算电场强度的公式中，都含有 $\frac{1}{R^2}\boldsymbol{e}_R$，将在 1.7 节推导的 $\frac{1}{R}$ 梯度公式代入，得

$$\boldsymbol{E}=\frac{1}{4\pi\varepsilon_0}\iiint_{V'}\frac{\rho}{R^2}\boldsymbol{e}_R\,\mathrm{d}V'=-\frac{1}{4\pi\varepsilon_0}\iiint_{V'}\rho\,\nabla\frac{1}{R}\mathrm{d}V' \tag{2-2-1}$$

式中，梯度是对场点进行的，ρ 是体电荷密度，是源点的函数，与场点无关，因此

$$\boldsymbol{E}=-\frac{1}{4\pi\varepsilon_0}\iiint_{V'}\nabla\frac{\rho}{R}\mathrm{d}V' \tag{2-2-2}$$

式中，体积分是对源点进行的，源点变化；求梯度是对场点进行的，场点变化；故两种运算相互独立，可以交换顺序。梯度的积分变为积分的梯度，得

$$\boldsymbol{E}=-\nabla\frac{1}{4\pi\varepsilon_0}\iiint_{V'}\rho\frac{1}{R}\mathrm{d}V' \tag{2-2-3}$$

借助于式(2-2-3)我们来研究一下静电场中电场强度的一个性质,探讨电场强度的旋度。

对式(2-2-3)两边求旋度,得

$$\nabla\times\boldsymbol{E}=-\nabla\times\nabla\frac{1}{4\pi\varepsilon_0}\iiint_{V'}\rho\frac{1}{R}\mathrm{d}V' \tag{2-2-4}$$

根据矢量恒等式$\nabla\times\nabla\alpha=\mathbf{0}$,得

$$\nabla\times\boldsymbol{E}=\mathbf{0} \tag{2-2-5}$$

在体电荷情况下,电场强度的旋度为零,这是静电场环路定理的微分形式。

根据斯托克斯定理,有

$$\oint_l\boldsymbol{E}\cdot\mathrm{d}\boldsymbol{l}=\int_S\nabla\times\boldsymbol{E}\cdot\mathrm{d}\boldsymbol{S} \tag{2-2-6}$$

将静电场环路定理的微分形式代入式(2-2-6),得

$$\oint_l\boldsymbol{E}\cdot\mathrm{d}\boldsymbol{l}=0 \tag{2-2-7}$$

即电场强度的闭合线积分为零。这是静电场环路定理的积分形式。

由图2-2-1,对闭合曲线$acbda$应用环路定理

$$\oint_{acbda}\boldsymbol{E}\cdot\mathrm{d}\boldsymbol{l}=\int_{acb}\boldsymbol{E}\cdot\mathrm{d}\boldsymbol{l}+\int_{bda}\boldsymbol{E}\cdot\mathrm{d}\boldsymbol{l}=0 \tag{2-2-8}$$

得

$$\int_{acb}\boldsymbol{E}\cdot\mathrm{d}\boldsymbol{l}=-\int_{bda}\boldsymbol{E}\cdot\mathrm{d}\boldsymbol{l}=\int_{adb}\boldsymbol{E}\cdot\mathrm{d}\boldsymbol{l} \tag{2-2-9}$$

即a、b两点之间的电场强度的线积分与路径无关。这是静电场环路定理的具体体现。

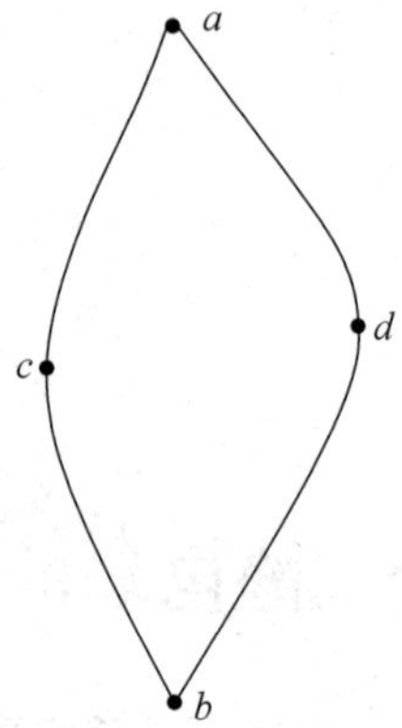

图2-2-1 电场强度积分路径

旋度处处为零的场称为无旋场。静电场是无旋场。

2. 分布电荷的电位

由静电场的环路定理,电场强度的旋度为零。根据矢量恒等式$\nabla\times\nabla\varphi=\mathbf{0}$,可设

$$\boldsymbol{E}=-\nabla\varphi \tag{2-2-10}$$

我们把满足式(2-2-10)的标量函数φ定义为电位。根据电位的定义,电场强度是电位的负梯度。这样定义电位以后,电场强度自然满足静电场的环路定理。

对比式(2-2-3),可知在体电荷情况下

$$\varphi=\frac{1}{4\pi\varepsilon_0}\iiint_{V'}\frac{\rho\mathrm{d}V'}{R}+C \tag{2-2-11}$$

式中C为空间常数,$\nabla C=0$。式(2-2-11)为体电荷电位的积分公式。将积分公式推广,在面电荷的情况下

$$\varphi=\frac{1}{4\pi\varepsilon_0}\iint_{S'}\frac{\sigma\mathrm{d}S'}{R}+C \tag{2-2-12}$$

在线电荷的情况下

$$\varphi = \frac{1}{4\pi\varepsilon_0}\int_{l'} \frac{\tau \mathrm{d}l'}{R} + C \tag{2-2-13}$$

在 n 个点电荷的情况下

$$\varphi = \frac{1}{4\pi\varepsilon_0}\sum_{k=1}^{n} \frac{q_k}{R_k} + C \tag{2-2-14}$$

式中，q_k 为第 k 个点电荷的电荷量；R_k 是从第 k 个点电荷到场点的距离。

虽然将电位的积分公式推广到了面电荷、线电荷和点电荷情况，但条件是 $R\neq 0$。当 $R=0$ 时，情况比较复杂。

电位的表达式中有常数 C，说明电位数值不是唯一的，但由电位求负梯度得到的电场强度却是唯一的。

电位的唯一性问题，可以由电位参考点的选择来解决。电位的参考点就是强迫电位为零的点。原则上说，参考点的位置可以任意选择。但实际上，选择某点为参考点要有利于简化计算。在电荷分布于有限区域的情况下，选择无穷远处为电位参考点，计算比较方便。这时，前面电位计算式中的常数 C 为零。

单个点电荷电位云图如图 2-2-2 所示。观察可知，单个点电荷等电位面是一系列同心球面。随着场点远离点电荷，差值恒定的两相邻等电位球面的距离逐渐增大。

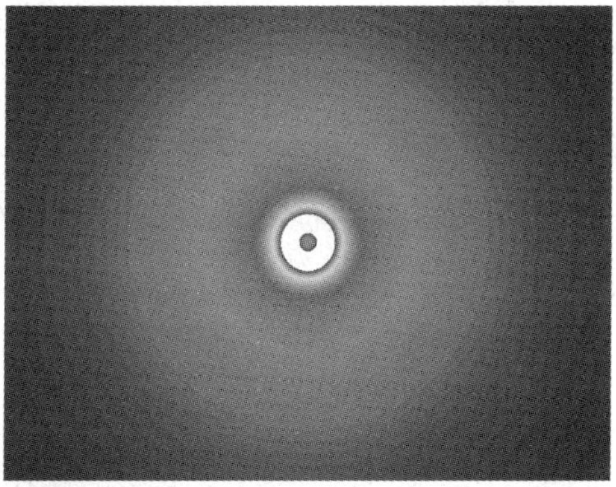

图 2-2-2　点电荷的电位云图

3. 电位与电场强度的关系

从电位计算电场强度，是求梯度的运算，也就是求微分的运算，即

$$\boldsymbol{E} = -\nabla\varphi \tag{2-2-15}$$

从电场强度计算电位，是相反的运算，也就是求积分的运算。考虑电场强度的线积分

$$\begin{aligned}\int_P^Q \boldsymbol{E}\cdot \mathrm{d}\boldsymbol{l} &= \int_P^Q -\nabla\varphi\cdot \mathrm{d}\boldsymbol{l} = \int_P^Q -\nabla\varphi\cdot \boldsymbol{e}_l\,\mathrm{d}l = -\int_P^Q \frac{\mathrm{d}\varphi}{\mathrm{d}l}\mathrm{d}l \\ &= -\int_P^Q \mathrm{d}\varphi = \varphi_P - \varphi_Q \end{aligned}\tag{2-2-16}$$

这里用到 $\nabla\varphi\cdot\boldsymbol{e}_l = \nabla\varphi\cdot\frac{\mathrm{d}\boldsymbol{l}}{\mathrm{d}l} = \frac{\mathrm{d}\varphi}{\mathrm{d}l}$。$\varphi$ 的梯度在 $\boldsymbol{l}$ 方向的投影就是 φ 沿 $\boldsymbol{l}$ 方向的方向导数。显然

$$\varphi_P - \varphi_Q = \int_P^Q \boldsymbol{E} \cdot \mathrm{d}\boldsymbol{l} \tag{2-2-17}$$

两点之间的电位差,又称为电压,等于电场强度在这两点之间的线积分。如果 Q 点的电位已知,则

$$\varphi_P = \varphi_Q + \int_P^Q \boldsymbol{E} \cdot \mathrm{d}\boldsymbol{l} \tag{2-2-18}$$

选择 Q 点为参考点,令 $\varphi_Q = 0$,则 P 点的电位为

$$\varphi_P = \int_P^Q \boldsymbol{E} \cdot \mathrm{d}\boldsymbol{l} \tag{2-2-19}$$

这就是说,P 点的电位等于电场强度从 P 点到参考点的线积分。电场强度是单位电荷受到的电场力,所以,P 点的电位表示将单位电荷从 P 点移动到参考点时电场力所做的功。这就是电位的物理意义。电位和电压的单位是 V(伏[特])。

4. 等电位面与电场强度线

等电位面和电场强度线是对电场的形象表示。等电位面就是由电位相同的点组成的曲面,其方程为

$$\varphi(x, y, z) = C \tag{2-2-20}$$

点电荷是一种典型的电荷结构,它所产生的电场在 $R \neq 0$ 区域的等电位面的方程为

$$\frac{q}{4\pi\varepsilon_0 R} = C \tag{2-2-21}$$

解得 $R = \dfrac{q}{4\pi\varepsilon_0 C}$,即等电位面是以点电荷所在点为球心、以 $\dfrac{q}{4\pi\varepsilon_0 C}$ 为半径的球面。

等电位面与平面相交就得到一系列等电位线。点电荷在它所在平面上产生的电场的等电位线是一系列的圆,见图 2-2-3。

彩图 2-2-3

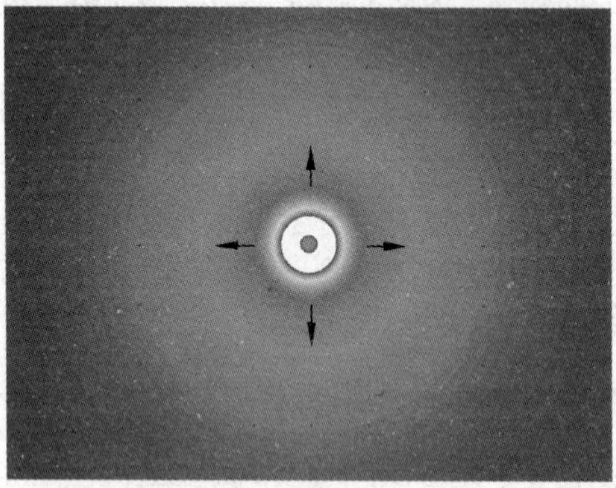

图 2-2-3 点电荷的电场和电位云图

电场强度线是一族有方向的线。电场强度线上每一点的切线方向就是该点的电场强度方向。设 $\mathrm{d}\boldsymbol{l}$ 为 P 点电场强度线的有向线段元,则电场强度可表示为 $\boldsymbol{E} = k\mathrm{d}\boldsymbol{l}$。在直角坐标系中

$$\boldsymbol{E} = k\mathrm{d}x\boldsymbol{e}_x + k\mathrm{d}y\boldsymbol{e}_y + k\mathrm{d}z\boldsymbol{e}_z = E_x\boldsymbol{e}_x + E_y\boldsymbol{e}_y + E_z\boldsymbol{e}_z \tag{2-2-22}$$

得电场强度线的方程

$$\frac{dx}{E_x}=\frac{dy}{E_y}=\frac{dz}{E_z} \tag{2-2-23}$$

位于坐标原点的点电荷产生的电场

$$\boldsymbol{E}=\frac{q}{4\pi\varepsilon_0 r^2}\boldsymbol{e}_r=\frac{q}{4\pi\varepsilon_0 r^3}(x\boldsymbol{e}_x+y\boldsymbol{e}_y+z\boldsymbol{e}_z) \tag{2-2-24}$$

电场强度线的方程为

$$\frac{x}{dx}=\frac{y}{dy} \tag{2-2-25}$$

解得 $x=C_1y$，由

$$\frac{y}{dy}=\frac{z}{dz} \tag{2-2-26}$$

解得 $y=C_2z$。

这是过原点的一族射线。图 2-2-3 画出了 xy 平面上点电荷的电场强度矢量图。看图可以想象将各条半径射线上的箭头相连就可以得到一族电场强度矢量线。

例 2-2-1 如图 2-2-4 所示，真空中长度为 $2l$ 的直线段，均匀带电，电荷线密度为 τ。求线段之外任一点 P 的电位。

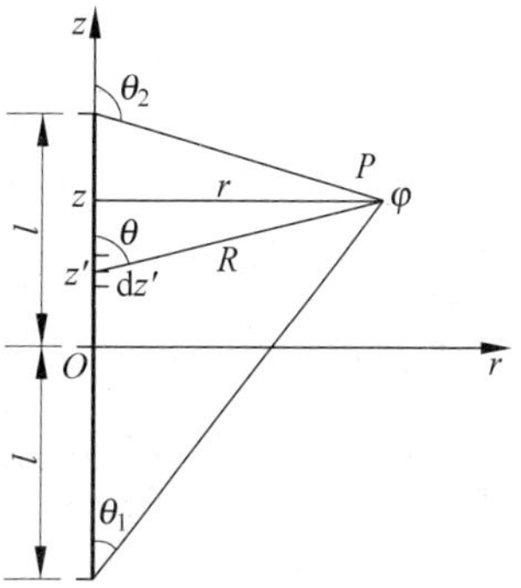

图 2-2-4 长直线电荷的电位计算

解 根据电荷分布的对称性，宜采用圆柱坐标系。坐标原点设在线段中心，z 轴与线段重合。场点 P 的坐标为 (r,α,z)。取电荷元 $\tau dz'$，源点坐标为 $(0,\alpha',z')$。取无限远处为电位参考点，根据电荷分布的对称性，只需讨论 $z\geqslant 0$ 的情况，电荷元在 P 点产生的电位为

$$d\varphi=\frac{1}{4\pi\varepsilon_0}\frac{\tau dz'}{R}=\frac{1}{4\pi\varepsilon_0}\frac{\tau dz'}{[r^2+(z-z')^2]^{\frac{1}{2}}}$$

设 $R_z=z-z'$，则 $dR_z=-dz'$，有

$$d\varphi=-\frac{1}{4\pi\varepsilon_0}\frac{\tau dR_z}{[r^2+R_z^2]^{\frac{1}{2}}}$$

积分得

$$\varphi=-\int_{z+d}^{z-d}\frac{1}{4\pi\varepsilon_0}\frac{\tau dR_z}{[r^2+R_z^2]^{\frac{1}{2}}}=-\frac{\tau}{4\pi\varepsilon_0}\ln\left|R_z+\sqrt{r^2+R_z^2}\right|\Big|_{z+d}^{z-d}$$

代入上下限，得

$$\varphi=\frac{\tau}{4\pi\varepsilon_0}\left[\ln\left|z+l+\sqrt{r^2+(z+l)^2}\right|-\ln\left|z-l+\sqrt{r^2+(z-l)^2}\right|\right]$$

$$=\frac{\tau}{4\pi\varepsilon_0}\ln\frac{\left|z+l+\sqrt{r^2+(z+l)^2}\right|}{\left|z-l+\sqrt{r^2+(z-l)^2}\right|}$$

当 $z\ll l$ 时

$$\varphi=\frac{\tau}{4\pi\varepsilon_0}\ln\frac{\sqrt{r^2+l^2}+l}{\sqrt{r^2+l^2}-l}=\frac{\tau}{4\pi\varepsilon_0}\ln\frac{(\sqrt{r^2+l^2}+l)^2}{(\sqrt{r^2+l^2}-l)(\sqrt{r^2+l^2}+l)}$$

$$=\frac{\tau}{4\pi\varepsilon_0}\ln\frac{\left(\sqrt{r^2+l^2}+l\right)^2}{r^2}=\frac{\tau}{2\pi\varepsilon_0}\ln\frac{\sqrt{r^2+l^2}+l}{r}$$

进而,当 $r\ll l$ 时

$$\varphi=\frac{\tau}{2\pi\varepsilon_0}\ln\frac{2l}{r}$$

针对无限长线电荷,需要 $l\to\infty$,这时上式在有限区域内电位都为 ∞,这是因为在推导过程中假设电位参考点在无限远处。为了避免这种情况,需要将电位参考点设置在有限位置。设 $r=R_0$ 为参考点,代入上式得

$$\varphi_0=\frac{\tau}{2\pi\varepsilon_0}\ln\frac{2l}{R_0}+C=0$$

有

$$C=-\frac{\tau}{2\pi\varepsilon_0}\ln\frac{2l}{R_0}$$

这样相对于新的参考点,无限长线电荷的电位计算公式为

$$\varphi=\frac{\tau}{2\pi\varepsilon_0}\ln\frac{2l}{r}-\frac{\tau}{2\pi\varepsilon_0}\ln\frac{2l}{R_0}=\frac{\tau}{2\pi\varepsilon_0}\ln\frac{R_0}{r}$$

当线电荷长度有限、而场点位于线电荷延长线时,$r=0$,代入电位计算公式,讨论 $z>l$ 的情况,如图 2-2-5 所示,电位表示为

$$\varphi=\frac{\tau}{4\pi\varepsilon_0}\ln\frac{\left|z+l+\sqrt{(z+l)^2}\right|}{\left|z-l+\sqrt{(z-l)^2}\right|}=\frac{\tau}{4\pi\varepsilon_0}\ln\frac{|z+l+(z+l)|}{|z-l+(z-l)|}$$

$$=\frac{\tau}{4\pi\varepsilon_0}\ln\frac{z+l}{z-l}$$

当 $z<-l$ 时,根据对称性,可得

$$\varphi=\frac{\tau}{4\pi\varepsilon_0}\ln\frac{z-l}{z+l}$$

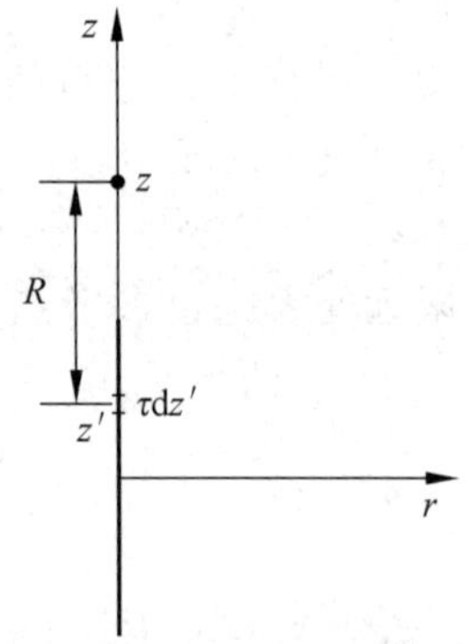

图 2-2-5 线电荷延长线上的电位计算

短线电荷产生的电位见图 2-2-6。

彩图 2-2-6

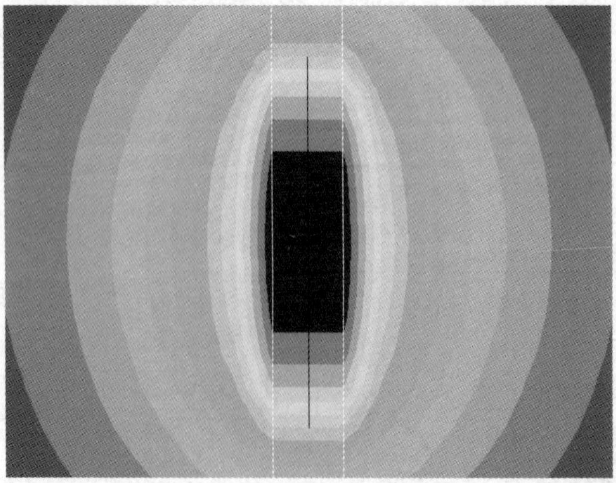

图 2-2-6 短线电荷电位云图

例 2-2-2　如图 2-2-7 所示，计算真空中正、负二平行线电荷产生的电位。电荷线密度为 $\pm\tau$。

解　由例 2-2-1，利用叠加原理得

$$\varphi=\frac{\tau}{2\pi\varepsilon_0}\left(\ln\frac{R_{01}}{R_1}-\ln\frac{R_{02}}{R_2}\right)$$

$$=\frac{\tau}{2\pi\varepsilon_0}\ln\frac{R_2R_{01}}{R_1R_{02}}$$

$$=\frac{\tau}{2\pi\varepsilon_0}\ln\frac{R_2}{R_1}-\frac{\tau}{2\pi\varepsilon_0}\ln\frac{R_{02}}{R_{01}}$$

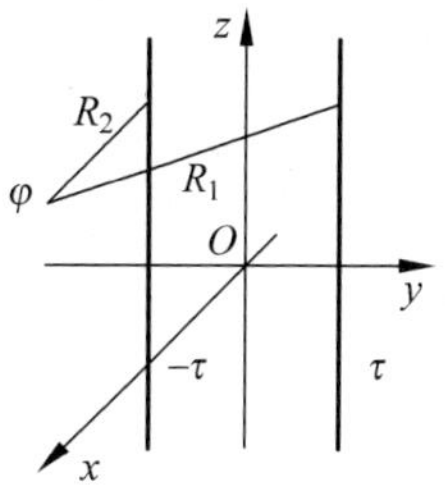

图 2-2-7　二线传输线的电位计算

令 $\ln\frac{R_{02}}{R_{01}}=0$，相当于重新设置电位参考点，得

$$\varphi=\frac{\tau}{2\pi\varepsilon_0}\ln\frac{R_2}{R_1}$$

若 $R_1=R_2$，则上式的 $\varphi=0$。说明 φ 的参考点是 $R_1=R_2$ 的无穷大平面。

例 2-2-3　在例 2-2-1 的基础上，求无限大面电荷的电位。电荷面密度为 σ。

解　由例 2-2-1 无限长线电荷电位计算公式

$$\varphi=\frac{\tau}{2\pi\varepsilon_0}\ln\frac{2l}{r}-\frac{\tau}{2\pi\varepsilon_0}\ln\frac{2l}{R_0}=\frac{\tau}{2\pi\varepsilon_0}\ln\frac{R_0}{r}$$

如图 2-2-8 所示，将等效线电荷密度 $\tau=\sigma\mathrm{d}y'$ 代入公式得

$$\mathrm{d}\varphi=\frac{\sigma}{2\pi\varepsilon_0}\ln\frac{R_0}{r}\mathrm{d}y'$$

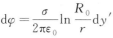

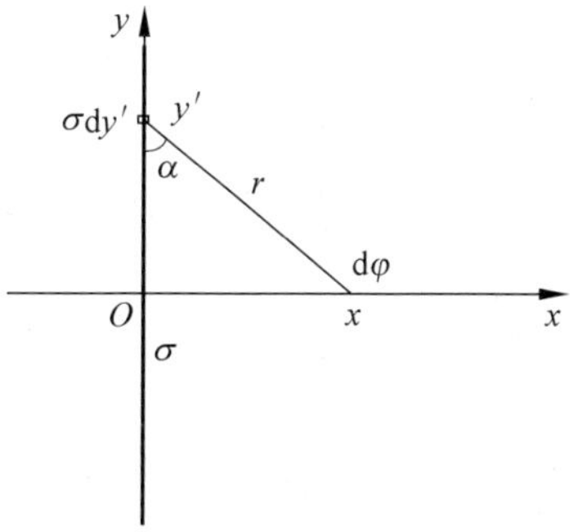

图 2-2-8　无限大平面电荷的电位计算

积分得

$$\varphi=\frac{\tau}{2\pi\varepsilon_0}\int_{-\infty}^{+\infty}\ln\frac{R_0}{\sqrt{x^2+y'^2}}\mathrm{d}y'$$

$$=\frac{\sigma}{2\pi\varepsilon_0}\left[y'\ln R_0-\frac{1}{2}y'\ln(x^2+y'^2)+y'-x\arctan\frac{y'}{x}\right]\Bigg|_{-\infty}^{+\infty}$$

上述电位计算式有无穷大项，通过选取 $x=0$ 为参考点，得

$$\varphi--\frac{\sigma x}{2\pi\varepsilon_0}\arctan\frac{y'}{x}\Bigg|_{-\infty}^{+\infty}$$

当 $x\geqslant 0$ 时，有

$$\varphi=-\frac{\sigma}{2\varepsilon_0}x$$

当 $x\leqslant 0$ 时，有

$$\varphi=\frac{\sigma}{2\varepsilon_0}x$$

例 2-2-4　在例 2-2-3 的基础上，求厚度 $2d$ 的无限大体电荷的电位。电荷体密度为 ρ。

解　由无限大平面电荷电位计算式，如图 2-2-9 所示，将等效面电荷密度 $\sigma=\rho\mathrm{d}x'$ 代入

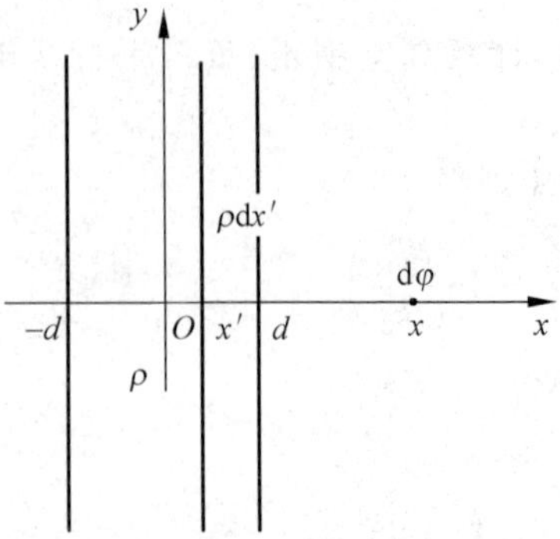

图 2-2-9 有限厚度无限大体电荷的电位计算

公式,令 $R_x = x - x'$,$\mathrm{d}R_x = -\mathrm{d}x'$,当 $x \geqslant d$ 时

$$\varphi = \int_{x+d}^{x-d} \frac{\rho R_x \mathrm{d}R_x}{2\varepsilon_0} = \frac{\rho}{4\varepsilon_0} R_x^2 \Big|_{x+d}^{x-d} = \frac{\rho}{4\varepsilon_0}[(x-d)^2 - (x+d)^2] = -\frac{\rho d x}{\varepsilon_0}$$

当 $x \leqslant -d$ 时

$$\varphi = -\int_{x+d}^{x-d} \frac{\rho R_x \mathrm{d}R_x}{2\varepsilon_0} = \frac{\rho}{4\varepsilon_0} R_x^2 \Big|_{x+d}^{x-d} = -\frac{\rho}{4\varepsilon_0}[(x-d)^2 - (x+d)^2] = \frac{\rho d x}{\varepsilon_0}$$

当 $-d \leqslant x \leqslant d$ 时

$$\varphi = \int_{x+d}^{x} \frac{\rho R_x \mathrm{d}R_x}{2\varepsilon_0} - \int_{x}^{x-d} \frac{\rho R_x \mathrm{d}R_x}{2\varepsilon_0} = \frac{\rho}{4\varepsilon_0} R_x^2 \Big|_{x+d}^{0} - \frac{\rho}{4\varepsilon_0} R_x^2 \Big|_{0}^{x-d}$$

$$= \frac{\rho}{4\varepsilon_0} R_x^2 \Big|_{x+d}^{0} - R_x^2 \Big|_{0}^{x-d} = \frac{\rho}{4\varepsilon_0}[-(x+d)^2 - (x-d)^2] = -\frac{\rho}{2\varepsilon_0}(x^2 + d^2)$$

从本例题直接导出的电位公式,找不到电位为0的点。有两种处理方式:一种是将所有点的电位都加上 $\frac{\rho d^2}{2\varepsilon_0}$,则 $x=0$ 处电位为0;另一种是不做处理,因为电位的解已经确定。

作为另一种典型的线电荷,图 2-2-10 是圆形线电荷在轴对称代表面上产生的二维电位云图。

彩图 2-2-10

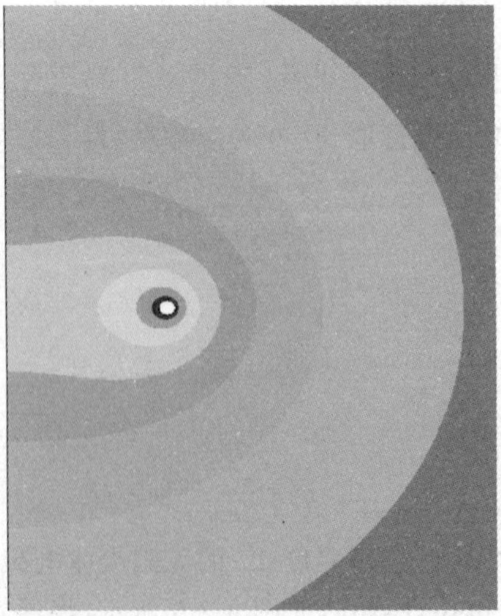

图 2-2-10 圆形线电荷二维电位云图

例 2-2-5　如图 2-2-11 所示，求真空中半径为 a、均匀带电、电荷面密度为 σ 的圆盘在轴线上各点的电位和电场强度。

解　根据电荷分布的对称性，采用圆柱坐标系。坐标原点设在圆盘形面电荷的圆心，z 轴与面电荷轴线重合。场点 P 的坐标为 $(0,\alpha,z)$。取一个电荷元 $\sigma r'\mathrm{d}r'\mathrm{d}\alpha'$，源点坐标为 $(r',\alpha',0)$。由电荷元产生的电位

$$\mathrm{d}\varphi=\frac{\sigma r'\mathrm{d}r'\mathrm{d}\alpha'}{4\pi\varepsilon_0 R}$$

计算 P 点电位时，场点坐标 $(0,\alpha,z)$ 不变，源点坐标 $(r',\alpha',0)$ 中 r'、α' 是变量。由

$$R=\sqrt{r'^2+z^2}$$

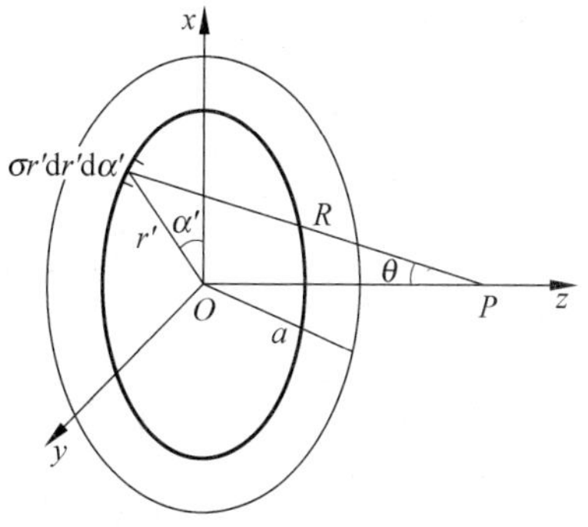

图 2-2-11　圆盘面电荷的电位计算

得整个圆盘形面电荷产生的电位为

$$\varphi=\int_0^a\int_0^{2\pi}\frac{\sigma r'\mathrm{d}\alpha'\mathrm{d}r'}{4\pi\varepsilon_0\sqrt{r'^2+z^2}}=\int_0^a\frac{\sigma r'\mathrm{d}r'}{2\varepsilon_0\sqrt{r'^2+z^2}}=\frac{\sigma}{2\varepsilon_0}\left(\sqrt{a^2+z^2}-\sqrt{z^2}\right)$$

$$=\frac{\sigma}{2\varepsilon_0}\left(\sqrt{a^2+z^2}-|z|\right)$$

当 $a=1$、$\sigma=2\varepsilon_0$ 时，圆盘面电荷电位沿轴线的分布函数曲线见图 2-2-12。

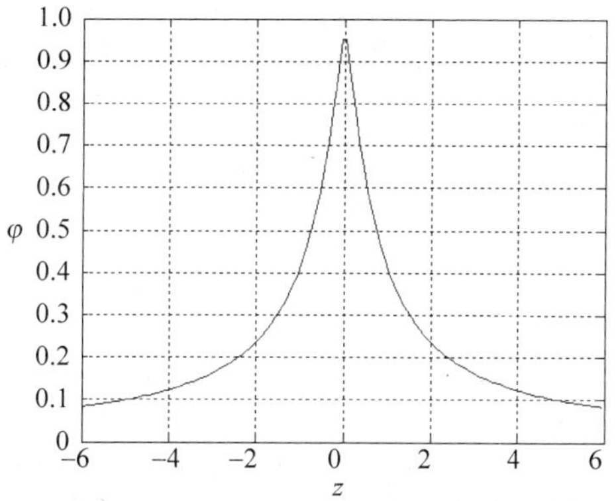

图 2-2-12　圆盘面电荷轴线上电位曲线

根据电荷分布的对称性，整个圆盘形面电荷产生的轴线上电场强度只有 $\boldsymbol{e}_z$ 方向的分量，故

$$\boldsymbol{E}=-\nabla\varphi=-\frac{\partial\varphi}{\partial z}\boldsymbol{e}_z=-\frac{\sigma}{2\varepsilon_0}\left(\frac{z}{\sqrt{a^2+z^2}}-\frac{z}{\sqrt{z^2}}\right)\boldsymbol{e}_z$$

$$=-\frac{\sigma}{2\varepsilon_0}\left(\frac{z}{\sqrt{a^2+z^2}}-\frac{z}{|z|}\right)\boldsymbol{e}_z=\frac{\sigma}{2\varepsilon_0}\frac{z}{|z|}\left(\frac{\sqrt{a^2+z^2}-|z|}{\sqrt{a^2+z^2}}\right)\boldsymbol{e}_z$$

当 $a\to\infty$ 时，圆盘变为无穷大平面，这时

$$\boldsymbol{E}=\frac{\sigma}{2\varepsilon_0}\frac{z}{|z|}\boldsymbol{e}_z$$

可见,当 $z>0$ 时,$\boldsymbol{E}=\dfrac{\sigma}{2\varepsilon_0}\boldsymbol{e}_z$;当 $z<0$ 时,$\boldsymbol{E}=-\dfrac{\sigma}{2\varepsilon_0}\boldsymbol{e}_z$。

例 2-2-6 如图 2-2-13 所示,以例 2-2-5 为基础,计算底面半径为 a、高为 $2h$ 的圆柱体电荷轴线上的电位。电荷体密度为 ρ。

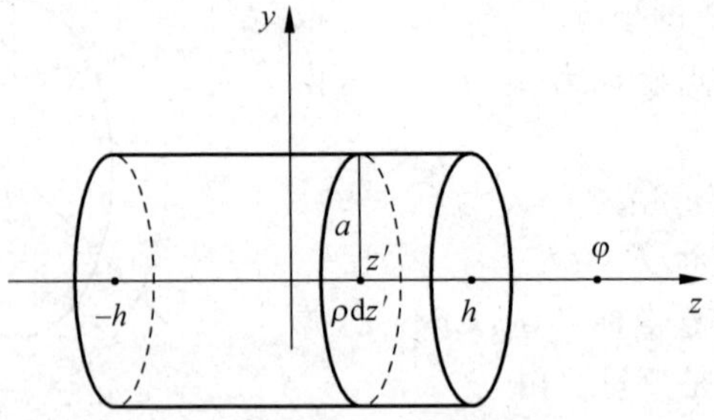

图 2-2-13 有限长圆柱体电荷轴线上的电位计算

解 建立直角坐标系,将圆柱底面平行于 xOy 坐标平面放置,其高度沿 z 轴从 $-h$ 到 $+h$,计算 $z\leqslant -h$、$-h\leqslant z\leqslant h$ 和 $z\geqslant h$ 三部分空间的电位。

利用例 2-2-5 的结论,有

$$\mathrm{d}\varphi=\frac{\rho}{2\varepsilon_0}\left[\sqrt{a^2+(z-z')^2}-|z-z'|\right]\mathrm{d}z'$$

令 $R_z=z-z'$,$\mathrm{d}R_z=\mathrm{d}(z-z')=-\mathrm{d}z'$,得

$$\mathrm{d}\varphi=-\frac{\rho}{2\varepsilon_0}\left[\sqrt{a^2+R_z^2}-|R_z|\right]\mathrm{d}R_z$$

(1) 当 $z\geqslant h$ 时,有

$$\begin{aligned}\varphi&=-\int_{z+h}^{z-h}\frac{\rho}{2\varepsilon_0}\left(\sqrt{a^2+R_z^2}-R_z\right)\mathrm{d}R_z\\&=-\frac{\rho}{4\varepsilon_0}\left(R_z\sqrt{a^2+R_z^2}+a^2\ln\left|R_z+\sqrt{a^2+R_z^2}\right|-R_z^2\right)\Big|_{z+h}^{z-h}\\&=\frac{\rho}{4\varepsilon_0}\left[(z+h)\sqrt{a^2+(z+h)^2}+a^2\ln\left|(z+h)+\sqrt{a^2+(z+h)^2}\right|-(z+h)^2\right]-\\&\quad\frac{\rho}{4\varepsilon_0}\left[(z-h)\sqrt{a^2+(z-h)^2}+a^2\ln\left|(z-h)+\sqrt{a^2+(z-h)^2}\right|-(z-h)^2\right]\end{aligned}$$

(2) 当 $z\leqslant -h$ 时,有

$$\begin{aligned}\varphi&=-\int_{z+h}^{z-h}\frac{\rho}{2\varepsilon_0}\left(\sqrt{a^2+R_z^2}+R_z\right)\mathrm{d}R_z\\&=-\frac{\rho}{4\varepsilon_0}\left(R_z\sqrt{a^2+R_z^2}+a^2\ln\left|R_z+\sqrt{a^2+R_z^2}\right|+R_z^2\right)\Big|_{z+h}^{z-h}\\&=\frac{\rho}{4\varepsilon_0}\left[(z+h)\sqrt{a^2+(z+h)^2}+a^2\ln\left|(z+h)+\sqrt{a^2+(z+h)^2}\right|+(z+h)^2\right]-\\&\quad\frac{\rho}{4\varepsilon_0}\left[(z-h)\sqrt{a^2+(z-h)^2}+a^2\ln\left|(z-h)+\sqrt{a^2+(z-h)^2}\right|+(z-h)^2\right]\end{aligned}$$

(3) 当$-h\leqslant z\leqslant h$时，有

$$\varphi=-\int_{z+h}^{0}\frac{\rho}{2\varepsilon_0}\left(\sqrt{a^2+R_z^2}-R_z\right)\mathrm{d}R_z-\int_{0}^{z-h}\frac{\rho}{2\varepsilon_0}\left(\sqrt{a^2+R_z^2}+R_z\right)\mathrm{d}R_z$$

$$=-\frac{\rho}{4\varepsilon_0}\left(R_z\sqrt{a^2+R_z^2}+a^2\ln\left|R_z+\sqrt{a^2+R_z^2}\right|-R_z^2\right)\Big|_{z+h}^{0}-$$

$$\frac{\rho}{4\varepsilon_0}\left(R_z\sqrt{a^2+R_z^2}+a^2\ln\left|R_z+\sqrt{a^2+R_z^2}\right|+R_z^2\right)\Big|_{0}^{z-h}$$

$$=\frac{\rho}{4\varepsilon_0}\left[(z+h)\sqrt{a^2+(z+h)^2}+a^2\ln\left|(z+h)+\sqrt{a^2+(z+h)^2}\right|-(z+h)^2\right]-$$

$$\frac{\rho}{4\varepsilon_0}\left[(z-h)\sqrt{a^2+(z-h)^2}+a^2\ln\left|(z-h)+\sqrt{a^2+(z-h)^2}\right|+(z-h)^2\right]$$

当$a=1$、$h=2$、$\rho=2\varepsilon_0$时，圆柱体电荷电位沿轴线的分布函数曲线见图 2-2-14。

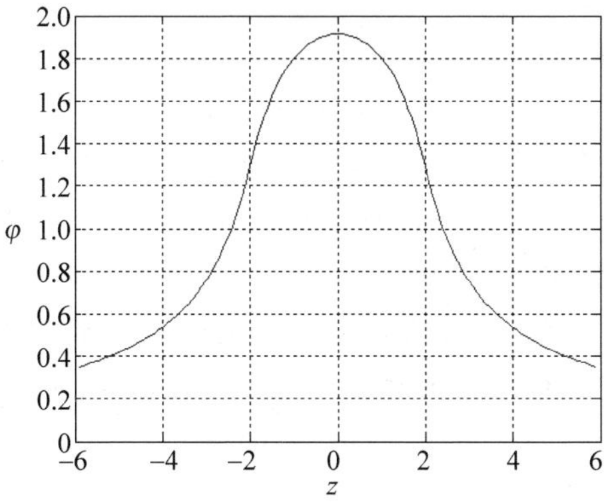

图 2-2-14　圆柱体电荷轴线上电位曲线

例 2-2-7　如图 2-2-15 所示，在位于直角坐标系坐标原点的点电荷q所产生的静电场中，求$P_1(0.0,0.0,1.0)$到$P_2(0.0,2.0,0.0)$的电位差。

解　(1) 由电位公式直接计算

$$\varphi_1=\frac{q}{4\pi\varepsilon_0 r_1}=\frac{q}{4\pi\varepsilon_0},\quad \varphi_2=\frac{q}{4\pi\varepsilon_0 r_2}=\frac{q}{8\pi\varepsilon_0}$$

$$\varphi_1-\varphi_2=\frac{q}{4\pi\varepsilon_0}-\frac{q}{8\pi\varepsilon_0}=\frac{q}{8\pi\varepsilon_0}$$

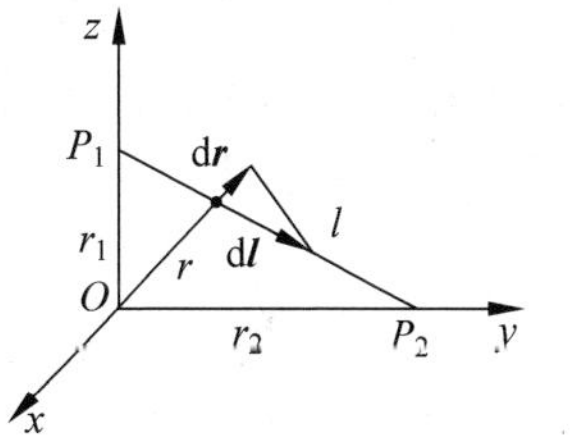

图 2-2-15　点电荷的电位差计算

(2) 由电场强度积分计算

$$\boldsymbol{E}=\frac{q}{4\pi\varepsilon_0 r^2}\boldsymbol{e}_r$$

$$\varphi_1-\varphi_2=\int_{P_1}^{P_2}\boldsymbol{E}\cdot\mathrm{d}\boldsymbol{l}=\int_{P_1}^{P_2}\frac{q}{4\pi\varepsilon_0 r^2}\boldsymbol{e}_r\cdot\mathrm{d}\boldsymbol{l}$$

$$=\int_{r_1}^{r_2}\frac{q}{4\pi\varepsilon_0 r^2}\mathrm{d}r=-\frac{q}{4\pi\varepsilon_0 r}\Big|_{r_1}^{r_2}=\frac{q}{4\pi\varepsilon_0}\left(\frac{1}{r_1}-\frac{1}{r_2}\right)=\frac{q}{4\pi\varepsilon_0}\left(1-\frac{1}{2}\right)=\frac{q}{8\pi\varepsilon_0}$$

2.3 导体和电介质

1. 静电场中的导体

导体和电介质都是电场中的媒质,媒质对电场的影响归结为媒质中的电荷对电场的影响。

导体中的电荷是自由电荷,如金属中的自由电子、气体和液体中的离子。在电场存在的情况下,自由电荷受到电场力的作用而运动,其运动的范围不会超出导体的外表面。这样就逐渐在导体外表面形成面电荷分布。这些面电荷在导体内所产生的电场与原电场方向相反。在电荷运动过程中,电场并不是静电场。当运动结束时,就达到了静电平衡,电场变为静电场。在静电平衡条件下,导体内部电场强度 $\boldsymbol{E}$ 为零。因为如果电场强度不为零,则自由电荷就要运动,与静电平衡相矛盾。

ppt:导体拐角边缘电场趋于无穷

由导体中 $\boldsymbol{E}=\boldsymbol{0}$,可以得出如下结论:

导体内部电位的梯度为零,导体内部电位各处相等,即导体是一个等电位体,导体表面是一个等位面,导体外表面切线方向的电场强度为零,导体外表面电场强度只有法向分量,即导体外表面上电场强度的方向与外表面垂直。

导体在静电场中的模型就是自由面电荷模型,导体表面存在一层自由面电荷,面电荷密度可以在导体表面随位置变化。导体表面的面电荷密度一般为未知量,已知量为导体电位(电极)或导体总电荷量(电位悬浮导体)。

ppt:静电屏蔽

2. 电偶极子的电位

讨论电介质之前,先介绍一个电场源的新模型——电偶极子。所谓电偶极子就是两个距离趋近于零的等量异号电荷组成的整体。设电偶极子两电荷的电荷量分别为 q 和 $-q$,从负电荷到正电荷的距离矢量为 $\boldsymbol{d}$,则可以用一个矢量来表示电偶极子。这个矢量叫作电偶极矩,记为 $\boldsymbol{p}$,表示为

图片:导体尖端电场分布

$$\boldsymbol{p}=q\boldsymbol{d} \tag{2-3-1}$$

电偶极子产生的电场,就是电偶极子的两个点电荷产生的电场。在如图 2-3-1 所示的直角坐标系和球坐标系情况下,设电偶极矩的方向与 z 轴一致,电偶极子位于坐标原点,则电偶极子的电位为

$$\varphi=\frac{q}{4\pi\varepsilon_0}\left(\frac{1}{r_1}-\frac{1}{r_2}\right)=\frac{q}{4\pi\varepsilon_0}\left(\frac{r_2-r_1}{r_1r_2}\right) \tag{2-3-2}$$

对于电偶极子,有 $R\gg d$,因此 $\theta'\approx\theta$,$r_2-r_1\approx d\cos\theta$,$r_1r_2\approx R^2$,得

$$\varphi=\frac{qd\cos\theta}{4\pi\varepsilon_0R^2} \tag{2-3-3}$$

将 $\boldsymbol{p}=q\boldsymbol{d}$ 代入式(2-3-3)得

$$\varphi=\frac{p\cos\theta}{4\pi\varepsilon_0R^2} \tag{2-3-4}$$

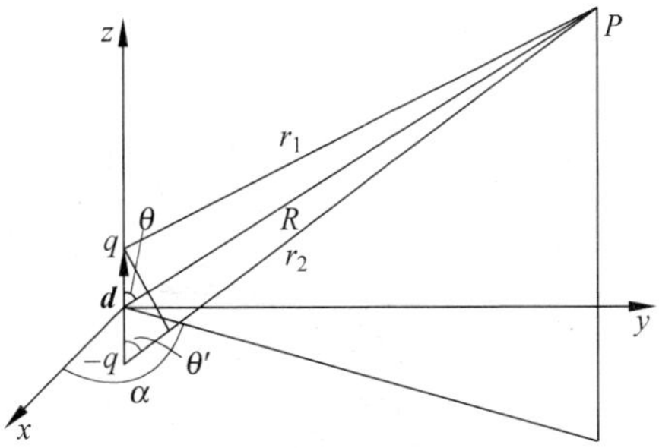

图 2-3-1　电偶极子电位计算模型

又可表示为

$$\varphi = \frac{\boldsymbol{p} \cdot \boldsymbol{e}_R}{4\pi\varepsilon_0 R^2} = -\frac{1}{4\pi\varepsilon_0}\boldsymbol{p} \cdot \nabla\left(\frac{1}{R}\right) \tag{2-3-5}$$

从式(2-3-3)可以看出，电偶极子产生的电场与单个点电荷所产生的电场的空间分布规律有明显不同：点电荷的电位与 R 成反比，电偶极子的电位与 R^2 成反比。

3. 电偶极子的电场强度

在球坐标系中，对式(2-3-4)求梯度得电偶极子的电场强度为

$$\boldsymbol{E} = -\nabla\varphi = -\left(\frac{\partial\varphi}{\partial R}\boldsymbol{e}_R + \frac{1}{R}\frac{\partial\varphi}{\partial\theta}\boldsymbol{e}_\theta + \frac{1}{R\sin\theta}\frac{\partial\varphi}{\partial\alpha}\boldsymbol{e}_\alpha\right) = \frac{2p\cos\theta}{4\pi\varepsilon_0 R^3}\boldsymbol{e}_R + \frac{p\sin\theta}{4\pi\varepsilon_0 R^3}\boldsymbol{e}_\theta \tag{2-3-6}$$

整理得

$$\boldsymbol{E} = \frac{p}{4\pi\varepsilon_0 R^3}(2\cos\theta\boldsymbol{e}_R + \sin\theta\boldsymbol{e}_\theta) \tag{2-3-7}$$

也可以直接写成

$$\boldsymbol{E} = -\frac{1}{4\pi\varepsilon_0}\nabla\frac{\boldsymbol{p} \cdot \boldsymbol{e}_R}{R^2} = \frac{1}{4\pi\varepsilon_0}\nabla\left[\boldsymbol{p} \cdot \nabla\left(\frac{1}{R}\right)\right] \tag{2-3-8}$$

可见，电偶极子产生电场强度的幅值与 R^3 成反比。

为了形象地表示电偶极子这种典型电荷结构所产生的电场，对电偶极子在空间产生的电位进行计算并将结果绘成场图(由等电位线和电场强度线合成的图形)，如图 2-3-2 所示。可以看出，当偶极子沿向上的方向放置时，电场强度线从偶极子中心的正电荷出发沿轴线向上迅速散开并向下弯曲，穿过偶极子正负电荷中心所在的水平面继续向下并收拢，迅速聚集并返回到偶极子中心的负电荷；而等电位线上下对称，水平面以上电位大于 0，水平面以下电位小于 0，等电位线与电场强度线垂直。

4. 静电场中的电介质

与导体不同，电介质中的电荷不能自由运动。这些电荷束缚在分子或原子范围之内，只能作微小的移动，因此叫作束缚电荷。

彩图 2-3-2

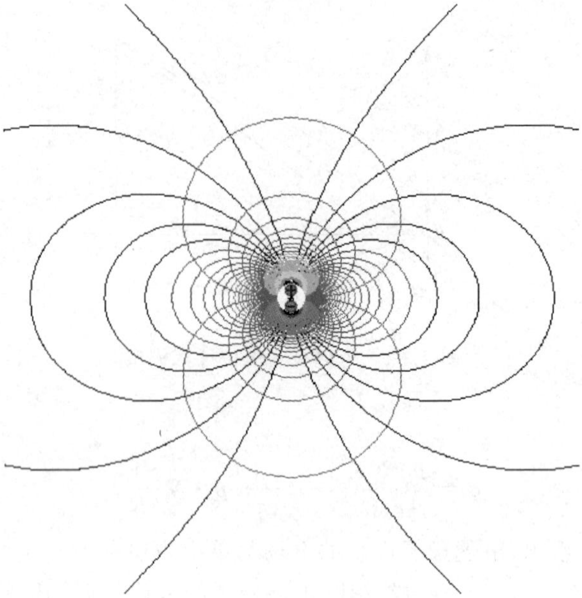

图 2-3-2 电偶极子的电场图

电介质的分子可以分为两大类。一类是非极性分子,在没有电场作用时,分子内部正负电荷的作用中心相重合,不产生电的现象。另一类是极性分子,在没有电场作用时,分子内部正负电荷的作用中心不重合,可以看作一个电偶极子,但这时每个分子的电偶极矩的方向是随机的,从宏观上看也不产生电的现象。

当有电场作用时,非极性分子内部正负电荷的作用中心发生偏移,因为受分子范围的约束,偏移的距离很小。因此,在电场作用下的一个非极性分子也可以看作一个电偶极子,其电偶极矩与电场强度有关。当有电场作用时,极性分子的电偶极子发生偏转,电偶极矩的方向不再是随机的,而是与电场强度有关。

在电场作用下,非极性分子正负电荷的作用中心发生偏移或极性分子电偶极子发生偏转的现象称为电介质的极化。极化的结果是使电介质内存在分布规律的电偶极子。这些电偶极子本身产生电场,反过来影响原来的电场。因此,在电介质存在的情况下,计算空间的静电场必须考虑电介质中电偶极子的作用。

5. 电介质内电偶极子产生的电场

电介质极化后,其内部存在大量按一定规律分布的电偶极子。在电介质的电偶极子模型中,将电偶极子偶极矩的密度定义为极化强度 $\boldsymbol{P}$,用来表示电介质极化的程度。

$$\boldsymbol{P}=\lim_{\Delta V\to 0}\frac{\sum \boldsymbol{p}}{\Delta V} \tag{2-3-9}$$

式中,$\sum \boldsymbol{p}$ 为小体积 ΔV 内电偶极矩的矢量和。当 ΔV 趋于 0 时,小体积中的电偶极矩矢量和可以看作一个等效电偶极子元的偶极矩,用 $\boldsymbol{P}\mathrm{d}V$ 来表示。根据一个电偶极子产生电位的公式,电偶极子元 $\boldsymbol{P}\mathrm{d}V$ 所产生的电位为

$$\mathrm{d}\varphi=\frac{\boldsymbol{P}\cdot\boldsymbol{e}_R}{4\pi\varepsilon_0 R^2}\mathrm{d}V \tag{2-3-10}$$

因此，由整个电介质内电偶极子产生的电位应该为

$$\varphi=\iiint\limits_{V'}\frac{\boldsymbol{P}\cdot\boldsymbol{e}_R}{4\pi\varepsilon_0 R^2}\mathrm{d}V'=\iiint\limits_{V'}\frac{1}{4\pi\varepsilon_0}\boldsymbol{P}\cdot\boldsymbol{\nabla}'\frac{1}{R}\mathrm{d}V' \tag{2-3-11}$$

根据矢量恒等式$\boldsymbol{\nabla}'\cdot(\alpha\boldsymbol{a})=\alpha\,\boldsymbol{\nabla}'\cdot\boldsymbol{a}+\boldsymbol{a}\cdot\boldsymbol{\nabla}'\alpha$，$\boldsymbol{a}\cdot\boldsymbol{\nabla}'\alpha=\boldsymbol{\nabla}'\cdot(\alpha\boldsymbol{a})-\alpha\,\boldsymbol{\nabla}'\cdot\boldsymbol{a}$，令 $\alpha=\frac{1}{R}$，$\boldsymbol{a}=\boldsymbol{P}$，并代入式(2-3-11)，得

$$\varphi=\frac{1}{4\pi\varepsilon_0}\iiint\limits_{V'}\boldsymbol{\nabla}'\cdot\left(\frac{\boldsymbol{P}}{R}\right)\mathrm{d}V'-\frac{1}{4\pi\varepsilon_0}\iiint\limits_{V'}\frac{1}{R}\boldsymbol{\nabla}'\cdot\boldsymbol{P}\mathrm{d}V' \tag{2-3-12}$$

根据散度定理，第一项体积分可化为闭合面积分，因此

$$\begin{aligned}\varphi&=\frac{1}{4\pi\varepsilon_0}\oiint\limits_{S'}\frac{\boldsymbol{P}}{R}\cdot\mathrm{d}\boldsymbol{S}'-\frac{1}{4\pi\varepsilon_0}\iiint\limits_{V'}\frac{1}{R}\boldsymbol{\nabla}'\cdot\boldsymbol{P}\mathrm{d}V'\\&=\frac{1}{4\pi\varepsilon_0}\oiint\limits_{S'}\frac{\boldsymbol{P}\cdot\boldsymbol{e}_{\mathrm{n}}}{R}\mathrm{d}S'-\frac{1}{4\pi\varepsilon_0}\iiint\limits_{V'}\frac{1}{R}\boldsymbol{\nabla}'\cdot\boldsymbol{P}\mathrm{d}V'\end{aligned} \tag{2-3-13}$$

对比体电荷和面电荷产生电场电位的公式(2-2-11)和公式(2-2-12)，可以得到电介质的等效电荷模型。在等效电荷模型中，极化电荷体密度和面密度为

$$\rho_{\mathrm{P}}=-\boldsymbol{\nabla}'\cdot\boldsymbol{P},\quad \sigma_{\mathrm{P}}=\boldsymbol{P}\cdot\boldsymbol{e}_{\mathrm{n}} \tag{2-3-14}$$

因此，电介质内电偶极子产生的电场，可看成极化电荷产生的电场。电位和电场强度分别表示为

ppt：电极化模型展示

$$\varphi=\frac{1}{4\pi\varepsilon_0}\oiint\limits_{S'}\frac{\sigma_{\mathrm{P}}}{R}\mathrm{d}S'+\frac{1}{4\pi\varepsilon_0}\iiint\limits_{V'}\frac{\rho_{\mathrm{P}}}{R}\mathrm{d}V' \tag{2-3-15}$$

$$\boldsymbol{E}=\frac{1}{4\pi\varepsilon_0}\oiint\limits_{S'}\frac{\sigma_{\mathrm{P}}\boldsymbol{e}_R}{R^2}\mathrm{d}S'+\frac{1}{4\pi\varepsilon_0}\iiint\limits_{V'}\frac{\rho_{\mathrm{P}}\boldsymbol{e}_R}{R^2}\mathrm{d}V' \tag{2-3-16}$$

以上将静电场中的电介质表示为电偶极子模型和极化电荷模型，两种模型相互等效，其等效源的密度函数为电偶极矩体密度(即极化强度)$\boldsymbol{P}$ 和极化电荷体密度 ρ_{P} 以及极化电荷面密度 σ_{P}。这些等效源的密度是空间位置的函数，解题之前一般来说是未知的。

6. 电介质强度

如前所述，电介质在一定的电场强度下发生极化，极化强度与电场强度有关。电场强度越大，极化得越严重。但这种情况并不是没有限制的，当电场强度增大到一定数值时，电介质中的束缚电荷就会脱离分子范围，成为自由电荷。这时电介质就失去了绝缘性，也就是说它被击穿了。不同的材料，这种限制也不同。我们把材料能够安全地承受的最大电场强度称为电介质强度或击穿场强。部分电介质材料的击穿场强见表 2-3-1。

表 2-3-1　部分材料的击穿场强(室温下)

材料名称	击穿场强/(10^8 V/m)	材料名称	击穿场强/(10^8 V/m)
空气	0.03	硅橡胶	0.05～0.25
尼龙	0.15～0.20	白云母(薄膜)	1.2～2.4
环氧树脂	0.16～0.22	石蜡	0.08～0.12
天然橡胶	0.20～0.30	聚乙烯(薄膜)	1.0～2.0

2.4 高斯通量定理与电位移矢量

1. 以电场强度表示的高斯通量定理

前面介绍电荷模型时曾经述及，在宏观上，体电荷模型最接近实际情况且能够代表面、线和点电荷模型。因此研究静电场的特性时，以体电荷产生的电场为研究对象。至于面、线和点电荷产生的电场，在无源区域性质与体电荷产生的电场完全相同。在有源区域，由于面、线和点模型在几何上的无厚度、无截面和无体积特点，静电场会出现不同程度的不连续性和奇异性。这些不连续性和奇异性后面会专门讨论，下面讨论静电场的一般特性。

在体电荷情况下，讨论电场强度的散度：

$$\boldsymbol{E}=\frac{1}{4\pi\varepsilon_0}\iiint_{V'}\frac{\rho_T}{R^2}\boldsymbol{e}_R\,\mathrm{d}V'=-\frac{1}{4\pi\varepsilon_0}\iiint_{V'}\rho_T\,\nabla\frac{1}{R}\mathrm{d}V' \tag{2-4-1}$$

$$\nabla\cdot\boldsymbol{E}=-\nabla\cdot\left(\frac{1}{4\pi\varepsilon_0}\iiint_{V'}\rho_T\,\nabla\frac{1}{R}\mathrm{d}V'\right) \tag{2-4-2}$$

式(2-4-2)的散度运算是对场点进行，体积分运算对源点进行，两种独立运算可以交换次序，即

$$\nabla\cdot\boldsymbol{E}=-\left(\frac{1}{4\pi\varepsilon_0}\iiint_{V'}\nabla\cdot\left(\rho_T\,\nabla\frac{1}{R}\right)\mathrm{d}V'\right) \tag{2-4-3}$$

式中，ρ_T 是全部电荷(包括自由电荷和极化电荷)密度，是源点的函数，与场点无关。所以

$$\nabla\cdot\boldsymbol{E}=-\frac{1}{4\pi\varepsilon_0}\iiint_{V'}\rho_T\,\nabla\cdot\left(\nabla\frac{1}{R}\right)\mathrm{d}V' \tag{2-4-4}$$

式(2-4-4)积分中包含$\frac{1}{R}$梯度的散度。将$\nabla\cdot\left(\nabla\frac{1}{R}\right)=\nabla'\cdot\left(\nabla'\frac{1}{R}\right)$代入式(2-4-4)，得

$$\nabla\cdot\boldsymbol{E}=-\frac{1}{4\pi\varepsilon_0}\iiint_{V'}\rho_T\,\nabla'\cdot\left(\nabla'\frac{1}{R}\right)\mathrm{d}V' \tag{2-4-5}$$

式(2-4-5)中体积分的被积函数在 $R=0$(即源点与场点重合这一点)之外的区域上全为零。因此，积分区域可缩小到场点附近的小区域。如图 2-4-1 所示，假定小区域是以场点为球心、以 R 为半径的球体，因为 R 可以任意小，所以可认为小体积中的 ρ_T 为常数，将其移到积分号之前。根据散度定理，有

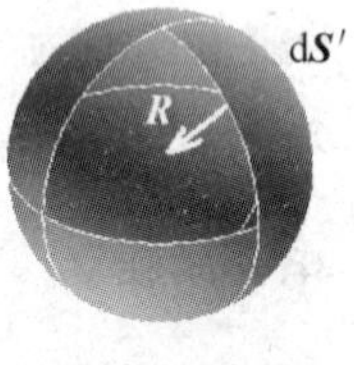

图 2-4-1 场点附近的源点

$$\nabla\cdot\boldsymbol{E}=-\frac{1}{4\pi\varepsilon_0}\rho_T\iiint_{V'}\nabla'\cdot\left(\nabla'\frac{1}{R}\right)\mathrm{d}V'=-\frac{1}{4\pi\varepsilon_0}\rho_T\oint_{S'}\frac{1}{R^2}\boldsymbol{e}_R\cdot\mathrm{d}\boldsymbol{S}' \tag{2-4-6}$$

式中，$\boldsymbol{e}_R$ 为源点到场点的单位矢量，指向球心(场点)；$\mathrm{d}\boldsymbol{S}'$沿球面外法线方向，即半径方向，与 $\boldsymbol{e}_R$ 相反。所以有 $\boldsymbol{e}_R\cdot\mathrm{d}\boldsymbol{S}'=-\mathrm{d}S'$。代入式(2-4-6)，得

$$\nabla\cdot\boldsymbol{E}=\frac{1}{4\pi\varepsilon_0}\rho_T\oint_{S'}\frac{1}{R^2}\mathrm{d}S'=\frac{1}{4\pi\varepsilon_0}\frac{1}{R^2}\rho_T\oint_{S'}\mathrm{d}S'=\frac{1}{4\pi\varepsilon_0}\rho_T\frac{1}{R^2}4\pi R^2=\frac{\rho_T}{\varepsilon_0} \tag{2-4-7}$$

由此，得到高斯通量定理的微分形式

$$\nabla\cdot\boldsymbol{E}=\frac{\rho_T}{\varepsilon_0} \tag{2-4-8}$$

也可写成

$$\nabla \cdot (\varepsilon_0 \boldsymbol{E}) = \rho_T \tag{2-4-9}$$

静电场中任一点上电场强度的散度等于该点的全部电荷体密度与真空的介电常数之比。

由高斯通量定理的微分形式，利用散度定理可得

$$\oint\!\!\!\oint_S \boldsymbol{E} \cdot d\boldsymbol{S} = \iiint_V \nabla \cdot \boldsymbol{E} dV = \iiint_V \frac{\rho_T}{\varepsilon_0} dV = \frac{q_T}{\varepsilon_0} \tag{2-4-10}$$

式中，S 为任意闭合面；q_T 为该闭合面内全部电荷总量。也可写成

$$\oint\!\!\!\oint_S \varepsilon_0 \boldsymbol{E} \cdot d\boldsymbol{S} = q_T \tag{2-4-11}$$

式(2-4-10)即为高斯通量定理的积分形式，即电场强度的闭合面积分等于该闭合面内全部电荷总量与真空的介电常数之比。

高斯通量定理的积分形式也可表述为穿出闭合面的真空介电常数与电场强度之积的通量等于该闭合面内全部电荷总量。

例 2-4-1　如图 2-4-2 所示，极板面积为 S、极板间距离为 d 的平行平板电容器，两极之间为真空绝缘，正负极之间加电压 U。求两极之间的电场强度和极板上的电荷密度。

解　忽略边缘效应，两极之间电场只有从正极板指向负极板的方向且均匀。根据静电场的环量定理，两极之间的电压等于电场强度从正极到负极的线积分。

由 $U=Ed$，得 $E=\dfrac{U}{d}$。跨过极板内表面作一圆柱体，圆柱体一底面在电极导体内（电场强度为零），另一底面在两极之间。应用高斯通量定理可得，对于正极板，$\varepsilon_0 E\Delta S=\sigma\Delta S$，电荷密度 $\sigma=\varepsilon_0\dfrac{U}{d}$；对于负极板，$-\varepsilon_0 E\Delta S=\sigma\Delta S$，电荷密度 $\sigma=-\varepsilon_0\dfrac{U}{d}$。

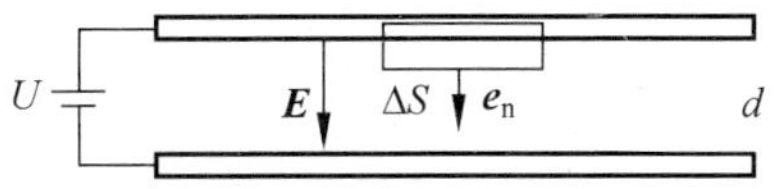

图 2-4-2　平行平板电容器的电场计算

例 2-4-2　无限长同轴电缆截面如图 2-4-3 所示，内导体半径为 R_1，单位长度带电荷 τ；外导体内半径为 R_2、外半径为 R_3，单位长度带电荷 $-\tau$。假定内、外导体之间为真空，求各区域的电场强度以及内外导体之间的电压。

解　r 是电缆轴线到场点的垂直距离。导体中的电场强度为零，所以在 $0<r<R_1$ 和 $R_2<r<R_3$ 的区域，$\boldsymbol{E}=\boldsymbol{0}$。

导体所带电荷分布在其表面，所以内导体的电荷分布在 $r=R_1$ 的面上。

设外导体内表面单位长度带电荷 τ'，作一个长度为 1、半径为 r 的圆柱，$R_2<r<R_3$，圆柱侧表面在导体中，因电场强度为零，所以电场强度的通量也为零。圆柱的截面上电场强度的方向与截面的法线方向垂直，所以截面上电场

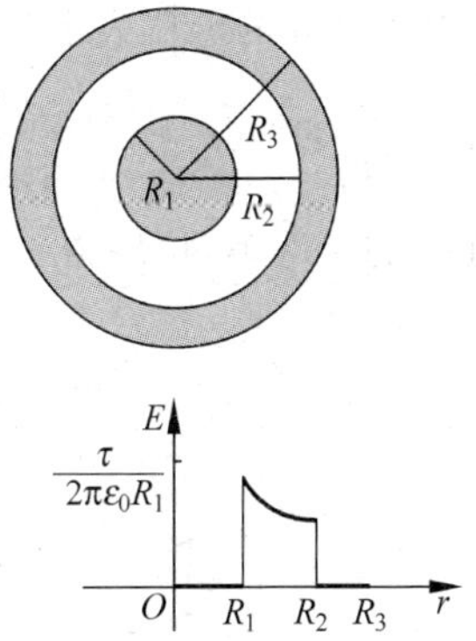

图 2-4-3　同轴电缆的电场

强度的通量也为零。因此，电场强度在此圆柱表面上的闭合面积分为零。根据高斯通量定理，上述闭合面内电荷总量为零，即 $\tau'=-\tau$，故外导体内表面单位长度电荷为 $-\tau$，因此外表面电荷为零。

取 $R_1<r<R_2$，作一圆柱面，电场强度的方向沿半径方向，根据高斯通量定理，得

$$\oint_S \boldsymbol{E}\cdot \mathrm{d}\boldsymbol{S}=2\pi rE=\frac{\tau}{\varepsilon_0}$$

$$E=\frac{\tau}{2\pi\varepsilon_0 r}$$

取 $r>R_3$，作一圆柱面，电场强度的方向沿半径方向，根据高斯通量定理，得

$$\oint_S \boldsymbol{E}\cdot \mathrm{d}\boldsymbol{S}=2\pi rE=\frac{\tau-\tau}{\varepsilon_0}=0$$

$$E=0$$

图 2-4-3 中画出了电场强度随半径变化的曲线。

内外导体之间的电压为

$$U=\int_{R_1}^{R_2}\boldsymbol{E}\cdot \mathrm{d}\boldsymbol{r}=\int_{R_1}^{R_2}\frac{\tau}{2\pi\varepsilon_0 r}\mathrm{d}r=\frac{\tau}{2\pi\varepsilon_0}\ln\frac{R_2}{R_1}$$

对例 2-4-2 中的问题，在其他条件不变的情况下，也可以将内外导体之间的电压作为已知量，求电场和电荷。

例 2-4-3 球形电容器如图 2-4-4 所示，内导体半径为 R_1，外导体内半径为 R_2。假定内、外导体之间为真空，内外导体之间电压为 U。求各区域的电场强度以及内外导体之间的电压。

解 设导体上电荷为 q，以 r 为半径作一球面，$R_1<r<R_2$，根据高斯通量定理，有

$$\oint_S \boldsymbol{E}\cdot \mathrm{d}\boldsymbol{S}=4\pi r^2 E=\frac{q}{\varepsilon_0}$$

得

$$\boldsymbol{E}=\frac{q}{4\pi\varepsilon_0 r^2}\boldsymbol{e}_r$$

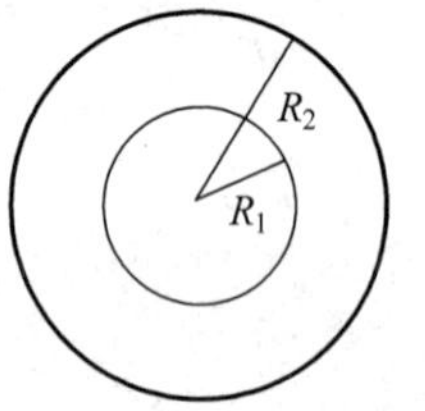

图 2-4-4 球形电容器的电场计算

内外导体之间的电压表示为

$$U=\int_{R_1}^{R_2}\boldsymbol{E}\cdot \mathrm{d}\boldsymbol{r}=\int_{R_1}^{R_2}\frac{q}{4\pi\varepsilon_0 r^2}\mathrm{d}r=-\frac{q}{4\pi\varepsilon_0 r}\Bigg|_{R_1}^{R_2}=\frac{q}{4\pi\varepsilon_0}\left(\frac{1}{R_1}-\frac{1}{R_2}\right)=\frac{q}{4\pi\varepsilon_0}\left(\frac{R_2-R_1}{R_1R_2}\right)$$

已知 U 的情况下，可解得

$$q=\frac{4\pi\varepsilon_0 R_1R_2U}{R_2-R_1}$$

因此得

$$\boldsymbol{E}=\frac{q}{4\pi\varepsilon_0 r^2}\boldsymbol{e}_r=\frac{R_1R_2U}{(R_2-R_1)r^2}\boldsymbol{e}_r$$

例 2-4-4 如图 2-4-5 所示，真空中半径为 a 的均匀带电球，电荷体密度为 ρ。求球体内外的电场强度和电位。

解　根据电荷分布的对称性作半径为 r 的球面 S，在 S 上电场强度量值处处相等，方向都沿半径方向。根据高斯通量定理，当 $r\leqslant a$ 时

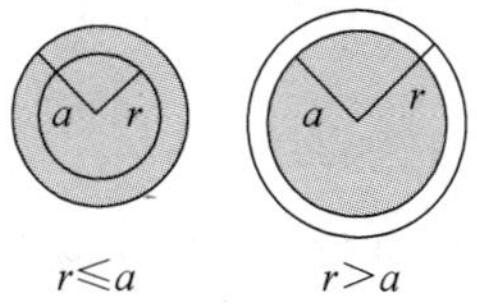

图 2-4-5　球体电荷的电位计算

$$\oiint_S \boldsymbol{E}\cdot d\boldsymbol{S}=4\pi r^2E=\frac{4}{3\varepsilon_0}\pi r^3\rho$$

所以

$$\boldsymbol{E}=\frac{r\rho}{3\varepsilon_0}\boldsymbol{e}_r$$

电场强度与半径成正比。

当 $r>a$ 时

$$\oiint_S \boldsymbol{E}\cdot d\boldsymbol{S}=4\pi r^2E=\frac{4}{3\varepsilon_0}\pi a^3\rho$$

得

$$\boldsymbol{E}=\frac{a^3\rho}{3\varepsilon_0 r^2}\boldsymbol{e}_r$$

电场强度与半径平方成反比。

设无穷远处为电位参考点，当 $r\geqslant a$ 时

$$\varphi=\int_r^{\infty}\boldsymbol{E}\cdot d\boldsymbol{r}=\int_r^{\infty}E\,dr=\frac{a^3\rho}{3\varepsilon_0 r}$$

当 $r<a$ 时

$$\varphi=\int_r^{\infty}\boldsymbol{E}\cdot d\boldsymbol{r}=\int_r^{a}\frac{r\rho}{3\varepsilon_0}dr+\int_a^{\infty}\frac{a^3\rho}{3\varepsilon_0 r^2}dr=\frac{a^2\rho}{2\varepsilon_0}-\frac{r^2\rho}{6\varepsilon_0}$$

当 $a=2$、$\rho=3\varepsilon_0$ 时，球体电荷电场强度和电位沿 r 的变化见图 2-4-6。

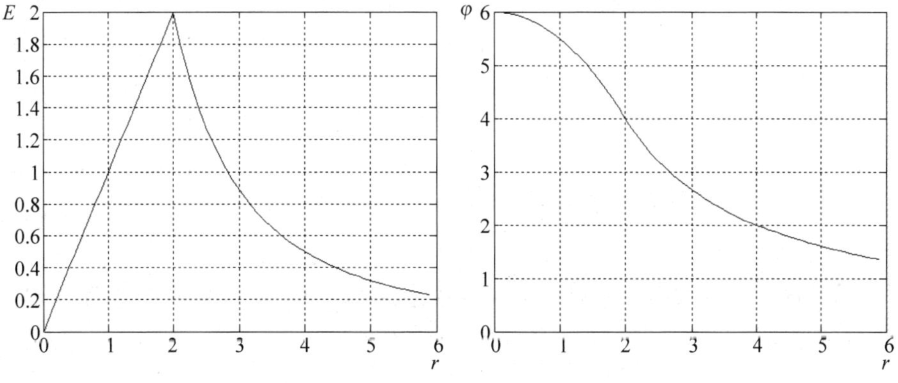

图 2-4-6　圆球体电荷的电场和电位曲线

例 2-4-5　如图 2-4-7 所示，真空中，半径为 A 的大圆球内有一个半径为 a 的小圆球，两圆球面之间部分充满体密度为 ρ 的电荷，小圆球内电荷密度为零（空洞）。求小圆球（空洞）内任一点的电场强度。

解　根据叠加原理，空洞内 P 点的电场强度，可以看作由充满电荷、电荷体密度为 ρ 的大球和充满电荷、电荷体密度为 $-\rho$ 的小球在 P 点共同产生的电场强度。

大球内电荷产生的电场强度

$$\boldsymbol{E}_1=\frac{\rho R\boldsymbol{e}_R}{3\varepsilon_0}=\frac{\rho\boldsymbol{R}}{3\varepsilon_0}$$

小球内电荷产生的电场强度

$$\boldsymbol{E}_2=\frac{-\rho r\boldsymbol{e}_r}{3\varepsilon_0}=-\frac{\rho\boldsymbol{r}}{3\varepsilon_0}$$

两球内电荷共同产生的电场强度,即空洞内的电场强度为

$$\boldsymbol{E}=\boldsymbol{E}_1+\boldsymbol{E}_2=\frac{\rho\boldsymbol{R}}{3\varepsilon_0}-\frac{\rho\boldsymbol{r}}{3\varepsilon_0}=\frac{\rho}{3\varepsilon_0}(\boldsymbol{R}-\boldsymbol{r})=\frac{\rho}{3\varepsilon_0}\boldsymbol{d}$$

式中,$\boldsymbol{d}=\boldsymbol{R}-\boldsymbol{r}$,是从大球球心到小球球心的距离矢量。可以看出,空洞的电场均匀。

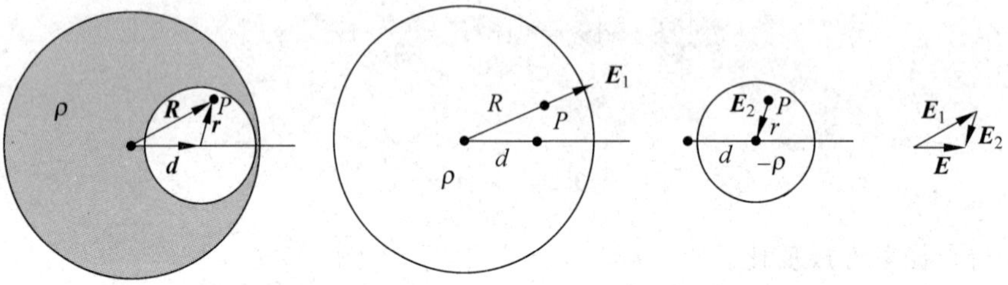

图 2-4-7 大球体电荷中小球空洞的电场

例 2-4-6 如图 2-4-8 所示,真空中,半径为 R、电荷密度为 ρ 的无限长圆柱体电荷沿 z 放置,求空间的电场分布。

解 与圆柱体电荷同轴建立圆柱坐标系,因圆柱体电荷无限长,电场只有垂直于轴线方向的分量。与圆柱体电荷同轴作圆柱体,圆柱体的两底面上电场只有切向分量。

在 $r\leqslant R$ 的情况下,散出圆柱侧面电场的通量为 $2\pi rlE_r$,圆柱体内的电荷为 $\pi r^2l\rho$。根据高斯通量定理有

$$2\pi rl\varepsilon_0E_r=\pi r^2l\rho$$

得

$$E_r=\frac{1}{2\varepsilon_0}r\rho$$

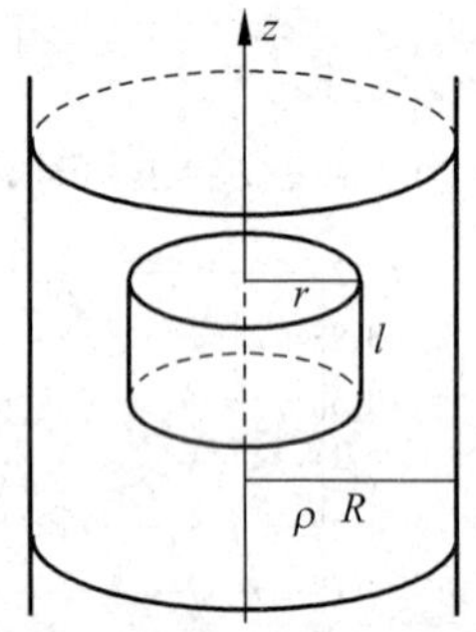

图 2-4-8 圆柱体电荷高斯面

电场强度与半径成正比。

在 $r\geqslant R$ 的情况下,散出圆柱侧面电场的通量为 $2\pi rlE_r$,圆柱体内的电荷为 $\pi R^2l\rho$。根据高斯通量定理有

$$2\pi rl\varepsilon_0E_r=\pi R^2l\rho$$

得

$$E_r=\frac{R^2}{2\varepsilon_0 r}\rho$$

电场强度与半径成反比。

例 2-4-7 如图 2-4-9 所示,真空中,厚度 $2d$、均匀带电体电荷密度为 ρ 的无限大体电荷,以 $x=0$ 为对称面平行于 yoz 放置,求空间的电场分布。若电荷密度为 $\rho(x)$,则电场如

何分布?

解 体电荷垂直于 x 轴方向无限大,电场只有 x 分量,且以 $x=0$ 对称,电场在其两侧对称点上大小相等、方向相反。因此关于 $x=0$ 对称,沿 x 轴作一柱体。柱体侧面上电场只有切向分量。柱体左底面电场向左,右底面电场向右,均为外法线方向。因此散出柱闭合面的电场强度通量为 $2S|E_x|$。

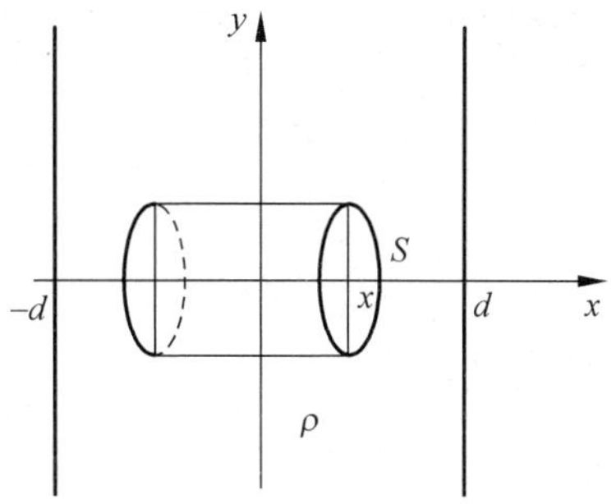

图 2-4-9 有限厚度无限大体电荷高斯面

当 $|x|\leqslant d$ 时,柱体内的电荷为 $2|x|S\rho$。根据高斯通量定理,有

$$2S\varepsilon_0|E_x|=2|x|S\rho$$

考虑电场方向,得

$$E_x=\frac{\rho}{\varepsilon_0}x$$

电场强度与距离成正比。

当 $|x|\geqslant d$ 时,柱体内的电荷为 $2dS\rho$。根据高斯通量定理,有

$$2S\varepsilon_0|E_x|=2dS\rho$$

得 $|E_x|=\dfrac{\rho d}{\varepsilon_0}$,考虑电场方向,得

$$E_x=\frac{x}{|x|}\frac{\rho d}{\varepsilon_0}$$

电场强度大小为常数,两侧方向相反。

若体电荷密度为 $\rho(x)$,设 $x<-d$ 区域内电场强度为 E_1,$x>d$ 区域内电场强度为 E_3,$-d<x<d$ 区域内电场强度为 E_2。由无限大面电荷电场分布规律和叠加原理可知

$$-E_1=E_3$$

横跨三个区域作一柱体,柱体底面分别位于区域 1 和区域 3 中,柱体侧面与电场平行。根据高斯通量定理,由

$$E_3-E_1=\frac{\int_{-d}^{d}\rho(x)\mathrm{d}x}{\varepsilon_0}$$

得

$$E_1=-\frac{\int_{-d}^{d}\rho(x)\mathrm{d}x}{2\varepsilon_0},\quad E_3=\frac{\int_{-d}^{d}\rho(x)\mathrm{d}x}{2\varepsilon_0}$$

当柱体一底面位于区域 1,另一底面位于区域 2 中,有

$$E_2-E_1=\frac{\int_{-d}^{x}\rho(x)\mathrm{d}x}{\varepsilon_0}$$

得

$$E_2=\frac{\int_{-d}^{x}\rho(x)\mathrm{d}x}{\varepsilon_0}+E_1$$

当柱体一底面位于区域3,另一底面位于区域2中,有

$$-E_2+E_3=\frac{\int_x^d\rho(x)\mathrm{d}x}{\varepsilon_0}$$

得

$$E_2=E_3-\frac{\int_x^d\rho(x)\mathrm{d}x}{\varepsilon_0}$$

综合得

$$E_2=\frac{\int_{-d}^x\rho(x)\mathrm{d}x}{2\varepsilon_0}+\frac{E_1+E_3}{2}-\frac{\int_x^d\rho(x)\mathrm{d}x}{2\varepsilon_0}=\frac{\int\rho(x)\mathrm{d}x}{\varepsilon_0}+\frac{E_1+E_3}{2}$$

2. 以电位移矢量表示的高斯通量定理

在有电介质的情况下,空间的全部电荷包含了自由电荷和电介质中的极化电荷。全部电荷的体密度

$$\rho_{\mathrm{T}}=\rho+\rho_{\mathrm{P}} \tag{2-4-12}$$

考虑到体电荷的代表性,研究静电场特性时高斯通量定理表示为

$$\nabla\cdot(\varepsilon_0\boldsymbol{E})=\rho+\rho_{\mathrm{P}} \tag{2-4-13}$$

式中,ρ 为自由电荷的体密度;ρ_{P} 为极化电荷的体密度。将2.3节导出的极化电荷体密度 $\rho_{\mathrm{P}}=-\nabla'\cdot\boldsymbol{P}$ 代入式(2-4-13),得

$$\nabla\cdot(\varepsilon_0\boldsymbol{E})=\rho-\nabla'\cdot\boldsymbol{P} \tag{2-4-14}$$

把极化电荷项移到等式左边,得

$$\nabla\cdot\varepsilon_0\boldsymbol{E}+\nabla'\cdot\boldsymbol{P}=\rho \tag{2-4-15}$$

式(2-4-15)中等号左侧的两个散度原本意义不同,一个是对场点求散度,一个是对源点求散度。现在由于是针对空间的同一个点,所以可以统一用场点的散度运算表示,即把极化强度看作场点的函数。进一步整理,得

$$\nabla\cdot(\varepsilon_0\boldsymbol{E}+\boldsymbol{P})=\rho \tag{2-4-16}$$

定义一个新的场矢量——电位移矢量,用 $\boldsymbol{D}$ 表示:

$$\boldsymbol{D}=\varepsilon_0\boldsymbol{E}+\boldsymbol{P} \tag{2-4-17}$$

用电位移矢量表示的高斯通量定理微分形式为

$$\nabla\cdot\boldsymbol{D}=\rho \tag{2-4-18}$$

即电位移矢量的散度等于自由电荷的体密度。根据散度定理

$$\oint\!\!\!\oint_S\boldsymbol{D}\cdot\mathrm{d}\boldsymbol{S}=\iiint_V\nabla\cdot\boldsymbol{D}\,\mathrm{d}V \tag{2-4-19}$$

可得以电位移矢量表示的高斯通量定理积分形式

$$\oint\!\!\!\oint_S\boldsymbol{D}\cdot\mathrm{d}S=q \tag{2-4-20}$$

式(2-4-20)表明,电位移矢量的闭合面积分等于闭合面内自由电荷的总量。

以电场强度表示的高斯通量定理和以电位移矢量表示的高斯通量定理,是同一个定理,

只是表述方式不同罢了。

3. 静电场的辅助方程

前面定义了静电场中的电位移矢量 $\boldsymbol{D}$。从定义式(2-4-17)可以看出，电位移矢量 $\boldsymbol{D}$ 与电场强度 $\boldsymbol{E}$ 有关。定义式中的 $\boldsymbol{P}$ 是极化强度。在真空中 $\boldsymbol{P}$ 为零；在电介质中 $\boldsymbol{P}$ 与电场强度 $\boldsymbol{E}$ 有关。这里的电场强度 $\boldsymbol{E}$ 是电介质中实际电场强度，是由自由电荷和束缚电荷共同产生的总的电场强度。

如果在电介质中 $\boldsymbol{P}$ 与 $\boldsymbol{E}$ 成正比关系，则称这种电介质为线性的，否则称为非线性的。如果在电介质中 $\boldsymbol{P}$ 和 $\boldsymbol{E}$ 的关系处处相同，则称这种电介质为均匀的，否则称为非均匀的。如果在电介质中 $\boldsymbol{P}$ 和 $\boldsymbol{E}$ 的关系不随电场强度的方向变化而改变，且 $\boldsymbol{P}$ 和 $\boldsymbol{E}$ 同向，则称这种电介质是各向同性的，否则称为各向异性的。

根据实验，常见的大多数电介质都是线性的、各向同性的。在这样的电介质中，极化强度与电场强度的关系可表示为

$$\boldsymbol{P}=\chi\varepsilon_0\boldsymbol{E} \tag{2-4-21}$$

式中，χ 为电介质的极化率。极化率是表征电介质是否易于极化的材料参数。极化率大表示材料易于极化，极化率小表示不易于极化。真空的极化率为 0，说明真空不能被极化。不同的电介质有不同的极化率。

将式(2-4-21)代入式(2-4-17)，得

$$\boldsymbol{D}=\varepsilon_0\boldsymbol{E}+\chi\varepsilon_0\boldsymbol{E}=(\varepsilon_0+\chi\varepsilon_0)\boldsymbol{E}=(1+\chi)\varepsilon_0\boldsymbol{E} \tag{2-4-22}$$

令 $\varepsilon_r=1+\chi$，称为电介质的相对介电常数。再令 $\varepsilon=\varepsilon_r\varepsilon_0$，称为电介质的介电常数，亦称电容率。表 2-4-1 给出了部分电介质材料的相对介电常数，可见不同的电介质具有不同的介电常数。将介电常数代入式(2-4-22)，得

$$\boldsymbol{D}=\varepsilon_r\varepsilon_0\boldsymbol{E}=\varepsilon\boldsymbol{E} \tag{2-4-23}$$

表 2-4-1　部分材料的相对介电常数(室温下)

材料名称	相对介电常数 ε_r	材料名称	相对介电常数 ε_r
空气	1.000537	变压器油	2.28
水	79.63	尼龙	5.0±0.7
聚乙烯	2.6±0.2	云母	6.2±0.7
沥青	2.7±0.1	纸	2.2±0.2
石蜡	2.0～2.5	木材	3.0±0.5
乙醇	24.25	硬橡胶	2.5～2.8

这就是线性、各向同性电介质中静电场的辅助方程。它建立了电介质中两个基本场矢量 $\boldsymbol{D}$ 和 $\boldsymbol{E}$ 之间的简单关系。当然，对于一般的电介质，辅助方程还应该写成

$$\boldsymbol{D}=\varepsilon_0\boldsymbol{E}+\boldsymbol{P} \tag{2-4-24}$$

这个方程比式(2-4-23)更具有普遍意义。它所适用的范围是任何电介质。

图 2-4-10 画出了平板电容器极板间空气和电介质中的 $\boldsymbol{D}$、$\varepsilon_0\boldsymbol{E}$ 和 $\boldsymbol{P}$ 线。$\boldsymbol{D}$ 线从正自由电荷发出，终止于负自由电荷。$\varepsilon_0\boldsymbol{E}$ 线从正电荷(包括自由电荷和极化电荷)发出，终止于负电荷(包括自由电荷和极化电荷)。$\boldsymbol{P}$ 线从负极化电荷发出，终止于正极化电荷。这里 $\varepsilon_0\boldsymbol{E}$、$\boldsymbol{P}$ 和 $\boldsymbol{D}$ 三个矢量具有叠加关系，而自由电荷产生的电场和极化电荷产生的电场与全部电荷

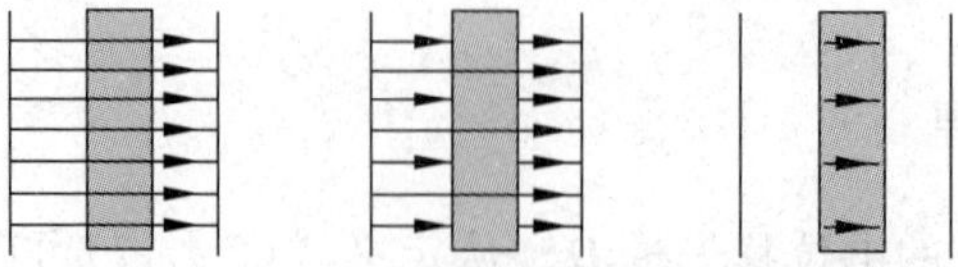

图 2-4-10 平行平板电容器中电场的矢量线

产生的电场也具有叠加关系。但需注意,这两种叠加关系并不对应。

例 2-4-8 极板面积为 S、极板间距离为 d 的平行平板电容器,极板间充满电介质,相对介电常数为 ε_r。正、负极之间加电压 U,求电位移矢量、极化强度、电介质表面极化面电荷密度。

解 根据静电场的基本原理,得

$$E=\frac{U}{d},\quad D=\varepsilon E=\varepsilon_r\varepsilon_0\frac{U}{d},\quad P=(\varepsilon_r-1)\varepsilon_0 E=(\varepsilon_r-1)\varepsilon_0\frac{U}{d},\quad \rho_P=-\nabla\cdot\boldsymbol{P}=0$$

靠近正极板处,

$$\sigma_P=\boldsymbol{P}\cdot\boldsymbol{e}_n=(1-\varepsilon_r)\varepsilon_0\frac{U}{d}$$

靠近负极板处,

$$\sigma_P=\boldsymbol{P}\cdot\boldsymbol{e}_n=(\varepsilon_r-1)\varepsilon_0\frac{U}{d}$$

4. 无限大均匀电介质中的电场强度和电位

在无限大均匀电介质中,ε 是常数,有

$$\boldsymbol{D}=\varepsilon\boldsymbol{E} \tag{2-4-25}$$

$$\oint_S\varepsilon\boldsymbol{E}\cdot d\boldsymbol{S}=\varepsilon\oint_S\boldsymbol{E}\cdot d\boldsymbol{S}=q \tag{2-4-26}$$

$$\oint_S\boldsymbol{E}\cdot d\boldsymbol{S}=\frac{q}{\varepsilon}=\frac{q}{\varepsilon_r\varepsilon_0} \tag{2-4-27}$$

式中,S 为任意闭合面。

与真空中的高斯通量定理 $\oint_S\boldsymbol{E}\cdot d\boldsymbol{S}=\frac{q}{\varepsilon_0}$ 比较,可见,在场源分布相同的条件下,空间充满电介质时的电场强度是真空中电场强度的 $\frac{1}{\varepsilon_r}$ 倍。

真空中,已知场源分布情况下的电场强度和电位计算公式已给出。无穷大均匀电介质中电场强度和电位的计算公式只需将真空中相应的公式乘以系数 $\frac{1}{\varepsilon_r}$,或将相应公式中的 ε_0 改为 ε 即可。

例如,在体电荷分布情况下电场强度和电位的表示式分别为

$$\boldsymbol{E}=\frac{1}{4\pi\varepsilon}\iiint_{V'}\frac{\rho}{R^2}\boldsymbol{e}_R\,dV';\quad \varphi=\frac{1}{4\pi\varepsilon}\iiint_{V'}\frac{\rho}{R}dV' \tag{2-4-28}$$

2.5　静电场的基本方程与分界面衔接条件

1. 静电场基本方程的微分形式

前面已经导出了电场强度的旋度和电位移矢量的散度满足的方程，这就是静电场基本方程的微分形式

$$\nabla \times \boldsymbol{E} = \mathbf{0} \tag{2-5-1}$$

$$\nabla \cdot \boldsymbol{D} = \rho \tag{2-5-2}$$

在各向同性电介质中，辅助方程为

$$\boldsymbol{D} = \varepsilon \boldsymbol{E} \tag{2-5-3}$$

2. 静电场基本方程的积分形式

对应于微分形式，前面也已导出了静电场基本方程的积分形式

$$\oint_l \boldsymbol{E} \cdot \mathrm{d}\boldsymbol{l} = 0 \tag{2-5-4}$$

$$\oiint_S \boldsymbol{D} \cdot \mathrm{d}\boldsymbol{S} = q \tag{2-5-5}$$

在各向同性电介质中，辅助方程为

$$\boldsymbol{D} = \varepsilon \boldsymbol{E} \tag{2-5-6}$$

3. 电介质分界面衔接条件

静电场的环路定理和高斯通量定理构成了静电场的基本方程。在不同电介质的分界面上，存在极化面电荷(束缚面电荷)，也可能存在自由面电荷，这造成分界面两侧场矢量不连续。这种场矢量的不连续性虽然不会影响积分形式基本方程的应用，却使微分形式的基本方程在不同电介质分界面处遇到困难。因此必须研究场矢量的分界面衔接条件，以弥补微分形式方程推导过程中只考虑体电荷造成的不足。下面根据积分形式的基本方程推导出不同电介质分界面电场强度和电位移矢量应满足的分界面衔接条件。

先讨论电场强度 $\boldsymbol{E}$ 应满足的分界面衔接条件。

如图 2-5-1 所示，设分界面法线方向 $\boldsymbol{e}_{\mathrm{n}}$ 与坐标轴方向 $\boldsymbol{e}_z$ 一致，以分界面上一点 P 为起点作两个小矩形闭合曲线 $l_1+l_2+l_3+l_4+l_5+l_6$ 和 $l_7+l_8+l_9+l_{10}+l_{11}+l_{12}$。将电场强度分量进行泰勒级数展开，最高取到一阶项，根据静电场环量定理积分形式 $\oint_l \boldsymbol{E} \cdot \mathrm{d}\boldsymbol{l} = 0$，可以列出如下两个方程：

$$-E_{1z}\Delta z + \left(E_{1y} - \frac{\partial E_{1y}}{\partial z}\Delta z\right)\Delta y + \left(E_{1z} + \frac{\partial E_{1z}}{\partial y}\Delta y\right)\Delta z +$$

$$\left(E_{2z} + \frac{\partial E_{2z}}{\partial y}\Delta y\right)\Delta z - \left(E_{2y} + \frac{\partial E_{2y}}{\partial z}\Delta z\right)\Delta y - E_{2z}\Delta z = 0 \tag{2-5-7}$$

$$E_{2z}\Delta z + \left(E_{2x} + \frac{\partial E_{2x}}{\partial z}\Delta z\right)\Delta x - \left(E_{2z} + \frac{\partial E_{2z}}{\partial x}\Delta x\right)\Delta z -$$

$$\left(E_{1z1}+\frac{\partial E_{1z}}{\partial x}\Delta x\right)\Delta z-\left(E_{1x}-\frac{\partial E_{1x}}{\partial z}\Delta z\right)\Delta x+E_{1z}\Delta z=0 \tag{2-5-8}$$

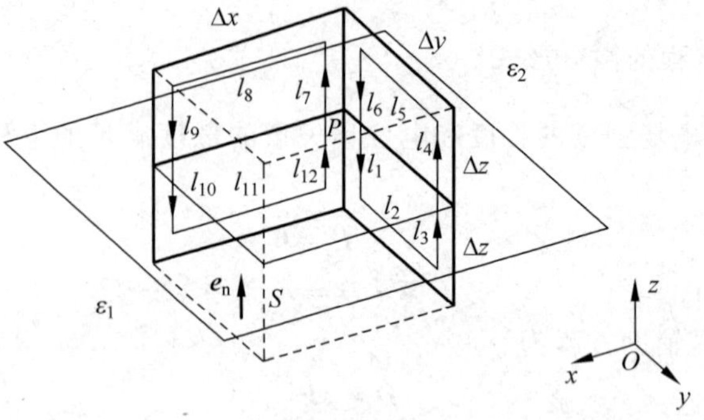

图 2-5-1 切向分界面条件计算模型

把抵消的项去掉,再把高阶无穷小项消掉,得

$$E_{1y}\Delta y-E_{2y}\Delta y=0 \tag{2-5-9}$$

$$E_{2x}\Delta x-E_{1x}\Delta x=0 \tag{2-5-10}$$

因 Δx、Δy 均不为零,得

$$-(E_{2y}-E_{1y})=0 \tag{2-5-11}$$

$$E_{2x}-E_{1x}=0 \tag{2-5-12}$$

过分界面即切向分量连续,即

$$E_{2t}=E_{1t} \tag{2-5-13}$$

用矢量表示为

$$\boldsymbol{e}_n\times(\boldsymbol{E}_2-\boldsymbol{E}_1)=\boldsymbol{0} \tag{2-5-14}$$

以上是电场强度应满足的分界面切向衔接条件。电场强度的切向分量连续。式(2-5-13)是标量表达形式,式(2-5-14)是矢量表达形式。标量形式概念清晰且直观,矢量形式间接但表达严格。注意,这里 $\boldsymbol{e}_n\times\boldsymbol{E}_1$ 并不是 E_{1t} 的矢量表达式,而是一个与 E_{1t} 对应矢量模相同但方向垂直的切向矢量;$\boldsymbol{e}_n\times\boldsymbol{E}_2$ 也不是 E_{2t} 的矢量表达式,而是一个与 E_{2t} 对应矢量模相同但方向垂直的切向矢量。在一般三维场中,分界面法向比较容易确定,适合用矢量形式。在二维场中,分界面切向也不难确定,推荐用标量形式。

现在讨论电位移矢量 $\boldsymbol{D}$ 应满足的分界面衔接条件。

如图 2-5-2 所示,设分界面法线方向 $\boldsymbol{e}_n$ 与坐标轴方向 $\boldsymbol{e}_z$ 一致,以分界面上一点 M 为起点作小长方体,长方体表面被分界面分割成 10 个长方形面,分别是 S_1、S_2、S_3、S_4、S_5、S_6、S_7、S_8、S_9、S_{10}。将电位移矢量分量进行泰勒级数展开,最高取到一阶项,根据高斯通量定理积分形式 $\oint_S \boldsymbol{D}\cdot d\boldsymbol{S}=q$,可以列出如下方程:

$$\left(D_{2x}+\frac{\partial D_{2x}}{\partial x}\Delta x\right)\Delta y\Delta z+\left(D_{2y}+\frac{\partial D_{2y}}{\partial y}\Delta y\right)\Delta z\Delta x-D_{2x}\Delta y\Delta z-D_{2y}\Delta z\Delta x+$$

$$\left(D_{1x}+\frac{\partial D_{1x}}{\partial x}\Delta x\right)\Delta y\Delta z+\left(D_{1y}+\frac{\partial D_{1y}}{\partial y}\Delta y\right)\Delta z\Delta x-D_{1x}\Delta y\Delta z-D_{1y}\Delta z\Delta x+$$

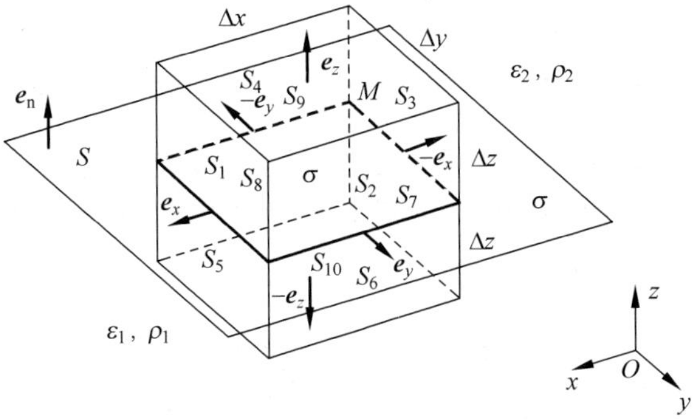

图 2-5-2 法向分界面条件计算模型

$$\left(D_{2z}+\frac{\partial D_{2z}}{\partial z}\Delta z\right)\Delta x\Delta y-\left(D_{1z}-\frac{\partial D_{1z}}{\partial z}\Delta z\right)\Delta x\Delta y$$

$$=\sigma\Delta x\Delta y+\rho_1\Delta x\Delta y\Delta z+\rho_2\Delta x\Delta y\Delta z \tag{2-5-15}$$

消去抵消部分和高阶无穷小部分，得

$$D_{2z}\Delta x\Delta y-D_{1z}\Delta x\Delta y=\sigma\Delta x\Delta y \tag{2-5-16}$$

因 $\Delta x\Delta y$ 不为零，所以

$$D_{2z}-D_{1z}=\sigma \tag{2-5-17}$$

即

$$D_{2n}-D_{1n}=\sigma \tag{2-5-18}$$

矢量表示为

$$\boldsymbol{e}_n\cdot(\boldsymbol{D}_2-\boldsymbol{D}_1)=\sigma \tag{2-5-19}$$

若分界面上没有自由面电荷分布，$\sigma=0$，则

$$\boldsymbol{e}_n\cdot(\boldsymbol{D}_2-\boldsymbol{D}_1)=0 \tag{2-5-20}$$

$$D_{2n}=D_{1n} \tag{2-5-21}$$

式(2-5-18)和式(2-5-19)就是电位移矢量应满足的分界面法向衔接条件。在分界面上没有自由面电荷情况下，电位移矢量的法向分量连续。这里矢量形式和标量形式都容易理解，不做多余解释。

若将第一种电介质换成导体，则有

$$E_1=0,\quad D_1=0 \tag{2-5-22}$$

由于导体内部电场强度为零，无须计算，因此静电场的求解区域可以不包括导体所占空间，导体表面也可以看作静电场求解区域的边界。因此导体表面静电场的分界面衔接条件，也称为导体表面静电场边界条件，为

$$\boldsymbol{e}_n\times\boldsymbol{E}_2=\boldsymbol{0}(E_{1t}=0),\quad \boldsymbol{e}_n\cdot\boldsymbol{D}_2=\sigma(D_{2n}=\sigma) \tag{2-5-23}$$

式中，σ 为导体表面自由面电荷密度；$\boldsymbol{e}_n$ 为导体表面的外法线方向。因为导体表面静电场只有法线方向，因此 $D_{2n}=\sigma$ 也可以写作 $D=\sigma$。导体表面电位移矢量数值等于该处的自由面电荷密度。

以上推导了电介质分界面上电场强度的切向衔接条件和电位移矢量的法向衔接条件，电场强度的法向分量和电位移矢量的切向分量满足什么条件，读者可以进一步讨论并得出

结论。

4. 电介质分界面场图

典型结构电荷模型(如点电荷、电偶极子等)的电场分布和电介质的分界面条件是定性分析电场的依据。除分界面上有自由面电荷的特殊情况外,本节所讨论的静电场不同电介质分界面条件可以总结为如下两条:

(1) 电场强度切线方向连续;

(2) 电位移矢量法线方向连续。

在真空(相对介电常数为1)中的二维均匀电场中,放置一块圆形的电介质(相对介电常数为5)。图2-5-3画出了由等电位线和电场强度矢量合成的场图。图2-5-4画出了由等电位线和电位移矢量合成的场图。观察两图可以得出如下结论:

(1) 图2-5-3中,在垂直于电场强度的分界面(电介质圆的上和下两点附近)上介电常数大的一侧等电位线突然变得稀少,电场强度发生突变。可以想象电场强度线一部分终止于电介质上表面的极化电荷(负值),又从电介质下表面极化电荷(正值)发出了等量的电场强度线。

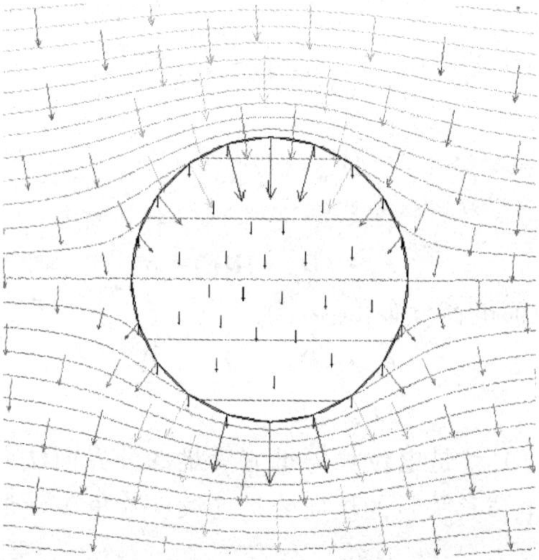

图2-5-3 电介质及其附近的电场强度和等位面(线)

(2) 图2-5-4中,在垂直于电场强度的分界面(电介质圆的上和下两点附近)上电位移矢量连续。可以想象电位移矢量线连续穿越电介质两个分界面(电位移矢量线只能从正自由电荷发出,终止于负自由电荷)。

(3) 图2-5-3中,在平行于电场强度的分界面(电介质左表面中部和电介质右表面中部)上电场强度(只有切向分量)连续。图2-5-4中,电位移矢量(只有切向分量)发生突变。分界面两侧介电常数大的电介质中电位移矢量数值大。

(4) 图2-5-5画出了电位移矢量线和等电位线的场图。从图中可看出,介电常数大的电介质有吸引电位移矢量线的特性。

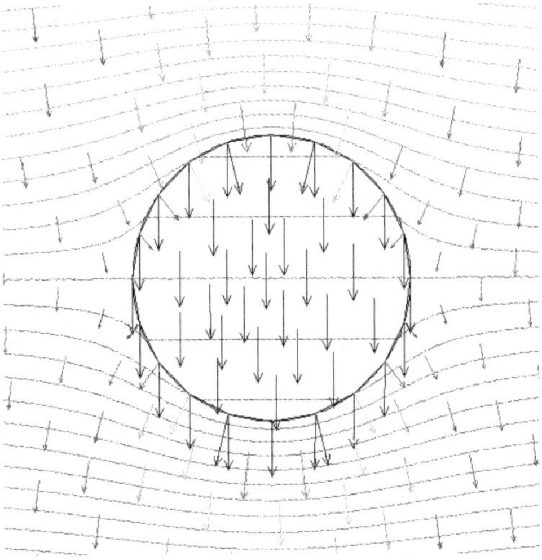

图 2-5-4　电介质及其附近的电位移矢量和等位面(线)

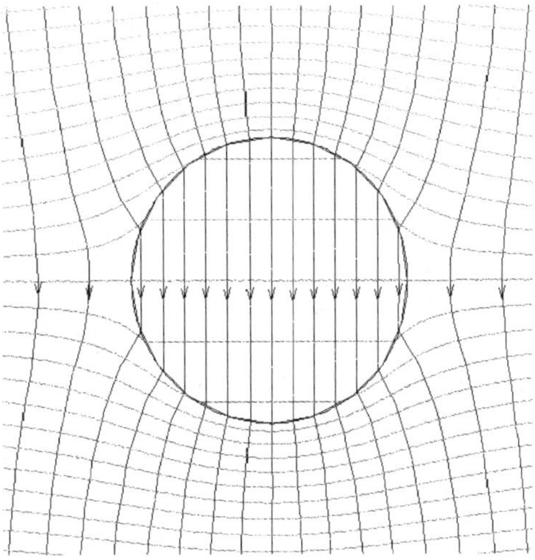

图 2-5-5　电介质及其附近的电位移矢量线和等位面(线)

(5) 观察整个分界面圆周,在没有自由面电荷的情况下,从电场强度和电位移矢量的大小和方向不难得出,电场强度切向分量连续,电位移矢量法向分量连续。

图 2-5-6 和图 2-5-7 进一步给出了电场强度模的分布云图和电位移矢量模的分布云图。观察分界面上下和左右四个典型位置,可见上下两点电位移矢量连续,而电场强度不连续;左右两点电场强度连续,而电位移矢量不连续。

彩图 2-5-6

彩图 2-5-7

ppt:电介质极化矢量图

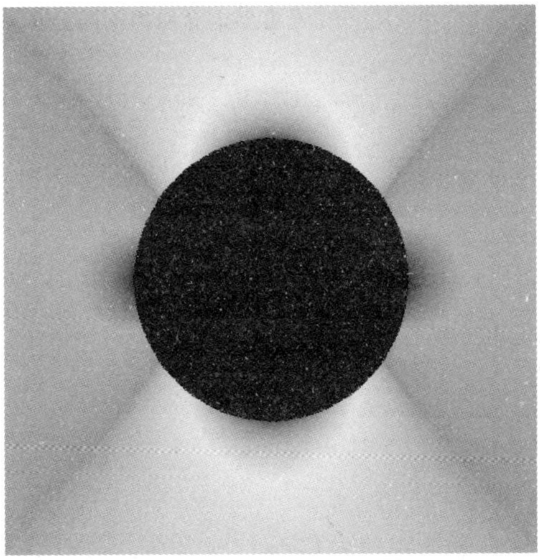

图 2-5-6　电介质及其附近电场强度模的云图

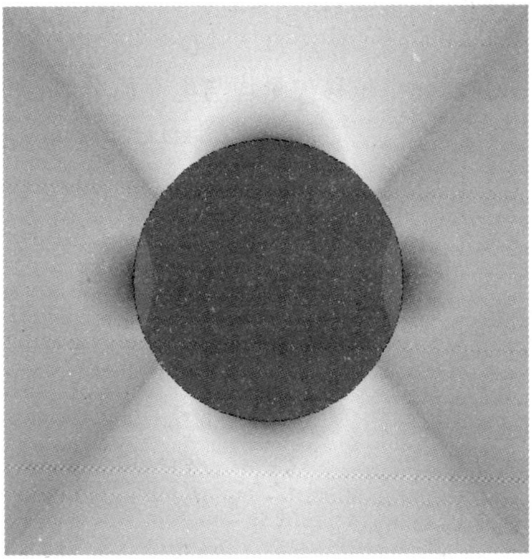

图 2-5-7　电介质及其附近电位移矢量模的云图

ppt:电介质极化云图

例 2-5-1　极板面积为 S、极板间距离为 d 的平行平板电容器,极板间充满电介质,相对介电常数为 ε_r。正负极之间加电压 U,求电位移矢量、极化强度、电介质与电极分界面处的自由面电荷密度、极化面电荷密度和总的面电荷密度。

解　根据静电场的基本原理,得

$$E=\frac{U}{d},\quad D=\varepsilon E=\varepsilon_r\varepsilon_0\frac{U}{d},\quad P=(\varepsilon_r-1)\varepsilon_0 E=(\varepsilon_r-1)\varepsilon_0\frac{U}{d}$$

靠近正极板处

$$\sigma=\boldsymbol{D}\cdot\boldsymbol{e}_n=\varepsilon_r\varepsilon_0\frac{U}{d}$$

$$\sigma_P=\boldsymbol{P}\cdot\boldsymbol{e}_n=(1-\varepsilon_r)\varepsilon_0\frac{U}{d}$$

$$\sigma_T=\sigma+\sigma_P=\varepsilon_0\frac{U}{d}=\varepsilon_0\boldsymbol{E}\cdot\boldsymbol{e}_n$$

靠近负极板处

$$\sigma=\boldsymbol{D}\cdot\boldsymbol{e}_n=-\varepsilon_r\varepsilon_0\frac{U}{d}$$

$$\sigma_P=\boldsymbol{P}\cdot\boldsymbol{e}_n=(\varepsilon_r-1)\varepsilon_0\frac{U}{d}$$

$$\sigma_T=\sigma+\sigma_P=-\varepsilon_0\frac{U}{d}=\varepsilon_0\boldsymbol{E}\cdot\boldsymbol{e}_n$$

例 2-5-2 给定平行平板电容器的尺寸、电介质的介电常数,在图 2-5-8(a)中给定电压,在图 2-5-8(b)中给定极板总电荷量。求两种情况下电容器中的电场强度。

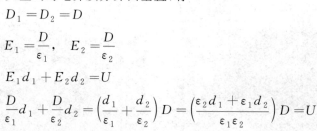

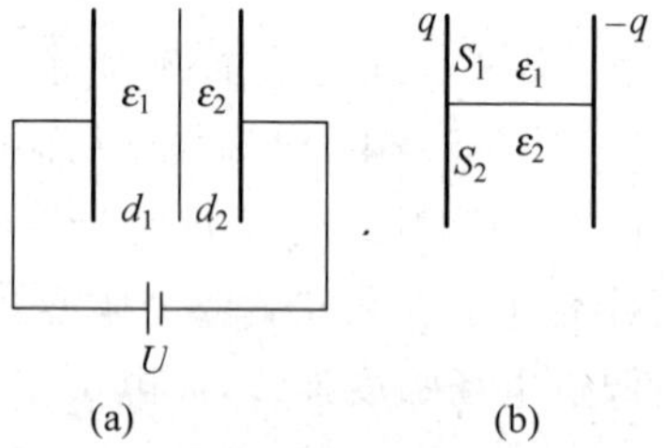

图 2-5-8 电容器电介质的不同分布

解 由于电容器极板面积大而极间距离小,可以认为电容器中电场强度方向与极板垂直。

第一种情况,在介质分界面上有

$$D_{2n}=D_{1n}$$

电场强度和电位移矢量均与电介质分界面垂直,有

$$D_1=D_2=D$$

$$E_1=\frac{D}{\varepsilon_1},\quad E_2=\frac{D}{\varepsilon_2}$$

$$E_1d_1+E_2d_2=U$$

$$\frac{D}{\varepsilon_1}d_1+\frac{D}{\varepsilon_2}d_2=\left(\frac{d_1}{\varepsilon_1}+\frac{d_2}{\varepsilon_2}\right)D=\left(\frac{\varepsilon_2d_1+\varepsilon_1d_2}{\varepsilon_1\varepsilon_2}\right)D=U$$

故

$$D=\frac{\varepsilon_1\varepsilon_2U}{\varepsilon_2d_1+\varepsilon_1d_2}$$

$$E_1=\frac{D}{\varepsilon_1}=\frac{\varepsilon_2U}{\varepsilon_2d_1+\varepsilon_1d_2},\quad E_2=\frac{D}{\varepsilon_2}=\frac{\varepsilon_1U}{\varepsilon_2d_1+\varepsilon_1d_2}$$

第二种情况,在介质分界面上有

$$E_{1t}=E_{2t}$$

电场强度和电位移矢量均与电介质分界面平行,有

$$E_1=E_2=E$$

$$D_1=\varepsilon_1E,\quad D_2=\varepsilon_2E$$

导体表面电荷面密度 σ 与该处的电位移矢量 D 相等，即

$$D_1S_1+D_2S_2=\sigma_1S_1+\sigma_2S_2=q$$

$$\varepsilon_1S_1E+\varepsilon_2S_2E=q$$

故

$$E=\frac{q}{\varepsilon_1S_1+\varepsilon_2S_2}$$

$$D_1=\frac{\varepsilon_1q}{\varepsilon_1S_1+\varepsilon_2S_2},\quad D_2=\frac{\varepsilon_2q}{\varepsilon_1S_1+\varepsilon_2S_2}$$

例 2-5-3　图 2-5-9(a)和图 2-5-9(b)分别给了没有自由面电荷情况下电介质分界面上两种矢量的场图，试根据电介质分界面衔接条件，分别判断两图对应的矢量是电场强度和电位移矢量中的哪一个、分界面右上和左下两种电介质介电常数相对大小。

解　观察图 2-5-9(a)，分界面附近矢量的法向分量保持连续，可以判断此矢量为电位移矢量；观察图 2-5-9(b)，分界面附近矢量的切向分量保持连续，可以判断此矢量为电场强度。

观察图 2-5-9(a)，分界面右上一侧矢量(电位移矢量)的切向分量小，左下一侧矢量(电位移矢量)的切向分量大。由于电场强度切向分量不变，电位移矢量切向分量大的一侧电介质介电常数大，可以判断左下侧电介质介电常数大。

观察图 2-5-9(b)，分界面右上一侧矢量(电场强度)的法向分量大，左下一侧矢量(电场强度)的法向分量小。由于点位移矢量法向分量不变，电场强度法向分量大的一侧电介质介电常数小，可以判断右上侧电介质介电常数小。

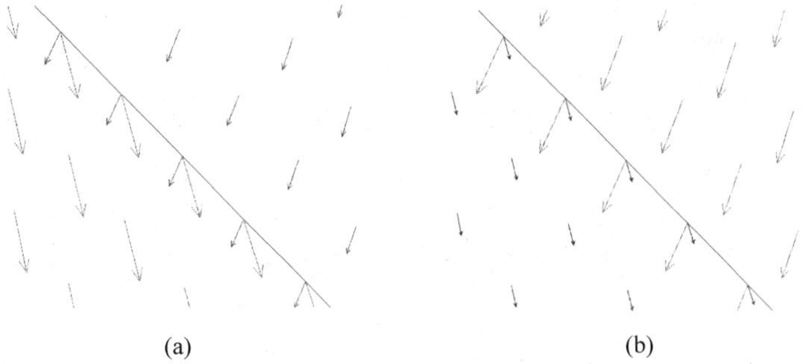

图 2-5-9　电介质分界面附近的场矢量分布

2.6　静电场的边值问题

1. 电位的泊松方程和分界面衔接条件

根据静电场基本方程的微分形式和辅助方程，有

$$\nabla\cdot\boldsymbol{D}=\nabla\cdot(\varepsilon\boldsymbol{E})=\varepsilon\nabla\cdot\boldsymbol{E}+\boldsymbol{E}\cdot\nabla\varepsilon=\rho \tag{2-6-1}$$

在均匀电介质中，$\nabla\varepsilon=\mathbf{0}$。将电位与电场强度的关系 $\boldsymbol{E}=-\nabla\varphi$ 代入式(2-6-1)，得

$$-\varepsilon\nabla\cdot(\nabla\varphi)=-\varepsilon\nabla^2\varphi=\rho \tag{2-6-2}$$

由此得到电位的基本方程

$$-\varepsilon\nabla^2\varphi=\rho \tag{2-6-3}$$

式(2-6-3)称为静电场的泊松方程。当场域中没有电荷分布时,$\rho=0$,上式变为

$$-\varepsilon\nabla^2\varphi=0 \tag{2-6-4}$$

式(2-6-4)称为静电场的拉普拉斯方程。算子∇^2即拉普拉斯算子。在直角坐标系中

$$\nabla^2\varphi=\frac{\partial^2\varphi}{\partial x^2}+\frac{\partial^2\varphi}{\partial y^2}+\frac{\partial^2\varphi}{\partial z^2} \tag{2-6-5}$$

电位的泊松方程或拉普拉斯方程是从场矢量表示的静电场的基本方程和辅助方程推导出来的,因此它与场矢量的基本方程加上辅助方程是等价的。在不同电介质分界处,电位也应该满足一定的分界面衔接条件。

因为$\boldsymbol{E}=-\nabla\varphi$,所以在两种电介质分界面上有

$$E_{\mathrm{t}}=-\frac{\partial\varphi}{\partial t},\quad D_{\mathrm{n}}=-\varepsilon\frac{\partial\varphi}{\partial n} \tag{2-6-6}$$

代入场矢量的分界面条件,得电位的分界面衔接条件为

$$\varphi_2=\varphi_1,\quad \varepsilon_1\frac{\partial\varphi_1}{\partial n}-\varepsilon_2\frac{\partial\varphi_2}{\partial n}=\sigma \tag{2-6-7}$$

当分界面上没有自由面电荷分布时,电位的分界面衔接条件为

$$\varphi_2=\varphi_1,\quad \varepsilon_2\frac{\partial\varphi_2}{\partial n}=\varepsilon_1\frac{\partial\varphi_1}{\partial n} \tag{2-6-8}$$

式(2-6-7)的电位连续条件比电场强度切向连续条件更严格,满足电位连续就能保证电场强度切向连续。

2. 静电场的边值问题

前面讨论的静电场问题可以归结为两类。第一类问题是已知全部场源(包括自由电荷和束缚电荷)求电场强度或电位。这类问题可以根据2.1节电场强度的积分公式和2.2节电位的积分公式直接计算。某些场源对称的情况还可以利用高斯通量定理来求解。第二类问题相反,是已知电位或电场强度求场源分布。这可以通过计算梯度和散度求出,表示为

$$\boldsymbol{E}=-\nabla\varphi,\quad \boldsymbol{D}=\varepsilon\boldsymbol{E},\quad \rho=\nabla\cdot\boldsymbol{D} \tag{2-6-9}$$

实际上,静电场的问题并非都如此简单,还有许多更为复杂的问题,其中的大部分问题可归结为边值问题。

静电场的边值问题,就是已知求解区域中场的基本方程和求解区域边界上给定的边界条件,计算求解区域内场量的问题。

已知求解区域内部的自由电荷分布ρ,给定求解区域边界Γ上的电位(如导体的电位),计算求解区域的电位和电场强度分布,这类问题通常称为第一类边值问题,又叫作狄利克雷问题。相应的边界条件称为第一类边界条件。第一类边值问题表述为

$$\begin{cases}-\varepsilon\nabla^2\varphi=\rho\\ \varphi|_{\Gamma}=f_1\end{cases} \tag{2-6-10}$$

已知求解区域内部的自由电荷分布,给定求解区域边界Γ上电位的法向导数(外法线方向的方向导数),计算求解区域的电位和电场强度分布,这类问题通常称为第二类边值问题,又叫作诺伊曼问题。相应的边界条件称为第二类边界条件。第二类边值问题表述为

$$\begin{cases}-\varepsilon\nabla^2\varphi=\rho\\ \varepsilon\dfrac{\partial\varphi}{\partial n}\Big|_{\Gamma}=f_2\end{cases} \tag{2-6-11}$$

还有一类问题，已知求解区域内部的自由电荷分布，给定求解区域部分边界 Γ_1 上电位和另一部分边界 Γ_2 上电位的法向导数，计算求解区域的电位和电场强度分布，这类问题通常称为混合边值问题。相应的边界条件称为混合边界条件。混合边值问题表述为

$$\begin{cases}-\varepsilon\nabla^2\varphi=\rho\\ \varphi|_{\Gamma_1}=f_1\\ \varepsilon\dfrac{\partial\varphi}{\partial n}\Big|_{\Gamma_2}=f_2\end{cases} \tag{2-6-12}$$

以上三类边值问题归结为求解带有不同边界条件的偏微分方程问题。偏微分方程的求解一般说来是比较复杂的，只有极少数问题可以直接积分求解。大多数问题需要依靠数值方法求得近似解答。随着计算机和计算技术的发展，应用各种数值方法，工程中越来越多的电磁场边值问题得到了解决。

3. 静电场边值问题解答的唯一性

静电场的边值问题可以通过不同的方法求解，那么不同方法求得的解答是否相同呢？下面的定理回答了这个问题。

在给定场域上，满足给定边界条件的静电场基本方程的解答是唯一的。这就是静电场边值问题解答的唯一性定理。

下面证明这个定理。

设 φ_1 和 φ_2 是同一个边值问题电位的两个解，只要证明 φ_1 必须等于 φ_2，就证明了唯一性定理。

令 $\varphi'=\varphi_1-\varphi_2$，$\boldsymbol{E}'=\boldsymbol{E}_1-\boldsymbol{E}_2=\nabla\varphi_2-\nabla\varphi_1=-\nabla\varphi'$，因为 $-\varepsilon\nabla^2\varphi_1=\rho$，$-\varepsilon\nabla^2\varphi_2=\rho$，将两式相减，得

$$-\varepsilon\nabla^2\varphi'=-\varepsilon\nabla^2(\varphi_1-\varphi_2)=0 \tag{2-6-13}$$

也就是说，φ' 必须满足拉普拉斯方程。

根据矢量恒等式 $\nabla\cdot(\alpha\boldsymbol{a})=\alpha\,\nabla\cdot\boldsymbol{a}+\boldsymbol{a}\cdot\nabla\alpha$，令 $\alpha=\varphi'$，$\boldsymbol{a}=\varepsilon\nabla\varphi'$，有

$$\begin{aligned}\nabla\cdot(\varphi'\varepsilon\nabla\varphi')&=\varphi'\,\nabla\cdot(\varepsilon\nabla\varphi')+\varepsilon\nabla\varphi'\cdot\nabla\varphi'=\varphi'\varepsilon\nabla^2\varphi'+\varepsilon\,|\,\nabla\varphi'\,|^2\\&=\varepsilon\,|\,\nabla\varphi'\,|^2\end{aligned} \tag{2-6-14}$$

两边分别进行体积分，积分区域为整个求解区域

$$\iiint_V\nabla\cdot(\varphi'\varepsilon\nabla\varphi')\,\mathrm{d}V=\iiint_V\varepsilon\,|\nabla\varphi'|^2\,\mathrm{d}V \tag{2-6-15}$$

应用散度定理

$$\iiint_V\varepsilon\,|\nabla\varphi'|^2\,\mathrm{d}V=\iiint_V\nabla\cdot(\varphi'\varepsilon\nabla\varphi')\,\mathrm{d}V=\oint_S(\varphi'\varepsilon\nabla\varphi')\cdot\mathrm{d}\boldsymbol{S} \tag{2-6-16}$$

设场域边界情况如图 2-6-1 所示，$S=S_1+S_2+S_3+S_0$，S_1、S_2、S_3 是有限边界（如导体表面），S_0 为无限边界即无限远处的边界，设为无限大球面。假定电荷分布在有限区域，则当 $R\to\infty$ 时，在 S_0 上

$$\varphi'\propto\frac{1}{R},\quad |\nabla\varphi|\propto\frac{1}{R^2} \tag{2-6-17}$$

因此

$$\oint_{S_0}\varphi'\varepsilon\nabla\varphi'\cdot d\boldsymbol{S}\propto\frac{1}{R}\frac{\varepsilon}{R^2}4\pi R^2 \tag{2-6-18}$$

$$\frac{1}{R}\frac{\varepsilon}{R^2}4\pi R^2=4\pi\frac{\varepsilon}{R}\bigg|_{R\to\infty}=0 \tag{2-6-19}$$

$$\oint_{S_0}\varphi'\varepsilon\nabla\varphi'\cdot d\boldsymbol{S}\ \Big|_{R\to\infty}=0 \tag{2-6-20}$$

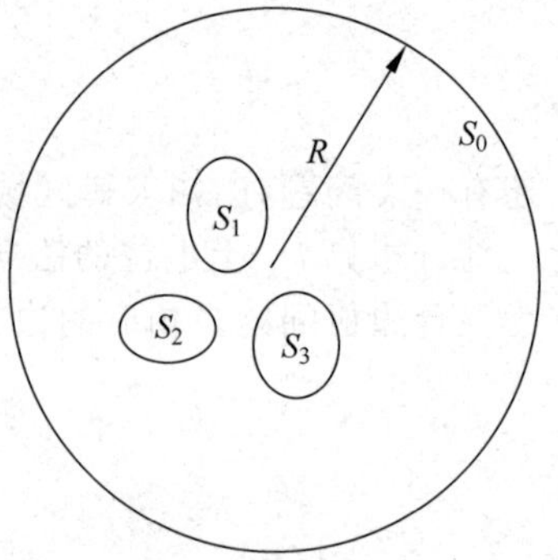

图 2-6-1 场域及其有限和无限边界

以上考虑了部分边界在无穷远处的情况,无穷远边界对应的面积分项为零。因此,无论有没有无穷远边界,面积分都可以只在有限边界上进行,即

$$\iiint_V\varepsilon|\nabla\varphi'|^2 dV=\oint_{S_1+S_2+S_3}(\varphi'\varepsilon\nabla\varphi')\cdot d\boldsymbol{S} \tag{2-6-21}$$

考虑第一类边值问题,φ_1 和 φ_2 都满足边界条件,则在边界上有 $\varphi_1=\varphi_2$,即 $\varphi'=0$。代入式(2-6-21)得

$$\iiint_V\varepsilon|\nabla\varphi'|^2 dV=0 \tag{2-6-22}$$

要使式(2-6-22)成立,在求解区域中必须满足 $|\nabla\varphi'|=0$,$\boldsymbol{E}'=\boldsymbol{0}$,$\boldsymbol{E}_1=\boldsymbol{E}_2$,电场强度是唯一的,$\varphi'$等于常数。因为边界上 φ'等于零,所以这个常数必然是零,因此,在整个求解区域中必有

$$\varphi_1=\varphi_2 \tag{2-6-23}$$

考虑第二类边值问题,φ_1 和 φ_2 都满足边界条件,则在边界上有 $\varepsilon\dfrac{\partial\varphi_1}{\partial n}=\varepsilon\dfrac{\partial\varphi_2}{\partial n}$,即

$$\varepsilon\frac{\partial(\varphi_1-\varphi_2)}{\partial n}=\varepsilon\frac{\partial\varphi'}{\partial n}=\varepsilon\nabla\varphi'\cdot\boldsymbol{e}_n=0 \tag{2-6-24}$$

代入式(2-6-21)得

$$\iiint_V\varepsilon|\nabla\varphi'|^2 dV=\oint_{S_1+S_2+S_3}(\varphi'\varepsilon\nabla\varphi')\cdot d\boldsymbol{S}=\oint_{S_1+S_2+S_3}(\varphi'\varepsilon\nabla\varphi'\cdot\boldsymbol{e}_n)dS=0 \tag{2-6-25}$$

要使式(2-6-25)成立,在求解区域中必须满足 $|\nabla\varphi'|=0$,$\boldsymbol{E}'=\boldsymbol{0}$,$\boldsymbol{E}_1=\boldsymbol{E}_2$,电场强度是唯一的,$\varphi'$等于常数。我们知道,电位的数值取决于参考点。在第二类边值问题中没有选择参考点,所以电位可以相差一个常数。一旦选择了参考点,φ_1 和 φ_2 在参考点上都必须为零,这样 φ'必然是零。因此,在整个求解区域中必有

$$\varphi_1=\varphi_2 \tag{2-6-26}$$

混合边值问题是第一类和第二类边值问题的组合。在第一类边界上有 $\varphi'=0$。在第二类边界上有 $\varepsilon\nabla\varphi'\cdot\boldsymbol{e}_n=0$。代入相应的边界面积分可得

$$\iiint_V\varepsilon|\nabla\varphi'|^2 dV=\iint_{\Gamma_1}(\varphi'\varepsilon\nabla\varphi')\cdot d\boldsymbol{S}+\iint_{\Gamma_2}(\varphi'\varepsilon\nabla\varphi'\cdot\boldsymbol{e}_n)dS=0 \tag{2-6-27}$$

要使式(2-6-27)成立,在求解区域中必须满足 $|\nabla\varphi'|=0$,$\boldsymbol{E}'=\boldsymbol{0}$,$\boldsymbol{E}_1=\boldsymbol{E}_2$,电场强度是唯一的,$\varphi'$等于常数。在混合边界条件中有一部分是第一类边界条件,在其上 φ_1 和 φ_2 相等。这样 φ'必然是零。因此,在整个求解区域中必有

$$\varphi_1 = \varphi_2 \tag{2-6-28}$$

综上所述已经证明，在上述三类边界条件下，由泊松方程决定的静电场的解答是唯一的。静电场解的唯一性定理是静电场情况下亥姆霍兹定理的应用和扩展。除了要求已知电场的散度和旋度外，静电场的唯一性定理不仅适用于单连通域，也适用于多连通域；不仅适用于单一切向或法向边界条件，也适用于混合边界条件。

例 2-6-1　现有如图 2-6-2 所示的三相交流电缆截面，三相内导体分别加三相对称电压，相序为 A、B、C。在 A 相电压达到最大值和达到零两种情况下，分别表述静电场的边值问题。要求求解场域尽量小。

解　根据电缆内部结构，电场分布区域包含三相内导体、电缆皮层和绝缘材料(电介质)。三相内导体电位给定，且各自为等位体，其中的电场强度为零，电缆皮层也是导体，电位为零，皮层内部电场强度为零，因此求解区域可确定为导体之间的绝缘区域。设电介质介电常数为 ε，电位用 φ 表示。由静电场边值问题的表述方式可写出求解区域内静电场的基本方程为

$$-\varepsilon \nabla^2 \varphi = 0$$

4 段边界均为一类边界条件：

$$\begin{cases} \varphi|_{\Gamma_A} = u_A \\ \varphi|_{\Gamma_B} = u_B \\ \varphi|_{\Gamma_C} = u_C \\ \varphi|_{\Gamma_O} = 0 \end{cases}$$

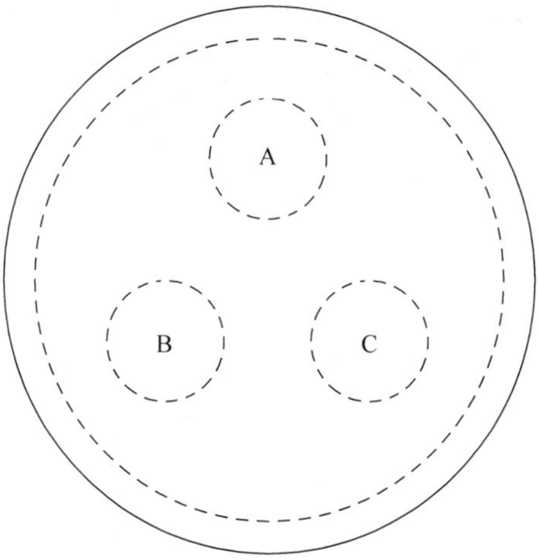

图 2-6-2　三相交流电缆截面

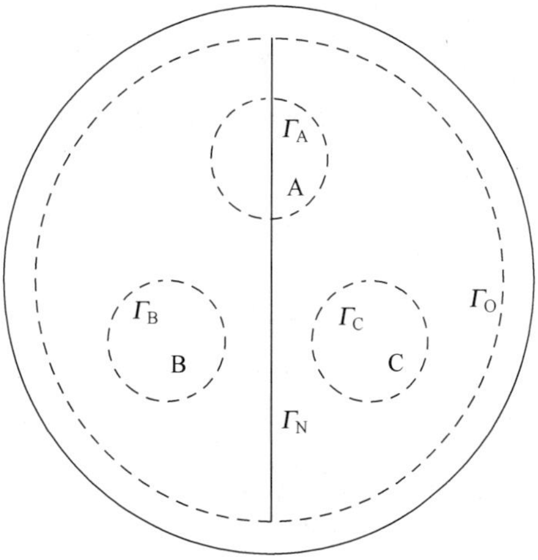

图 2-6-3　求解区域的对称线

在 A 相电位达到最大值 U_m 时，B 相和 C 相电位为 $-0.5U_m$。基于电缆截面结构左右对称的特点，若导体电位对称，则电场中电位分布也呈左右对称。在中间的左右对称线(图 2-6-3)上，有法向导数为零，因此这种情况下场域可以缩小一半，只计算左边一半或右边一半。中间对称线上边界条件为二类齐次边界条件，即

$$-\varepsilon \frac{\partial \varphi}{\partial n}\bigg|_{\Gamma_N} = D_n = 0$$

在A相电位达到零时,B相和C相电位分别为$\pm 0.866U_{\mathrm{m}}$。基于电缆截面结构左右对称的特点,若导体电位反对称,则电场中电位分布也呈左右反对称。在中间的左右对称线上电位为零,因此这种情况下场域可以缩小一半,只计算左边一半或右边一半。中间对称线上边界条件为一类齐次边界条件,即

$$\varphi|_{\Gamma_{\mathrm{N}}}=0$$

整个电缆截面电场等位线仿真结果如图2-6-4和图2-6-5所示。

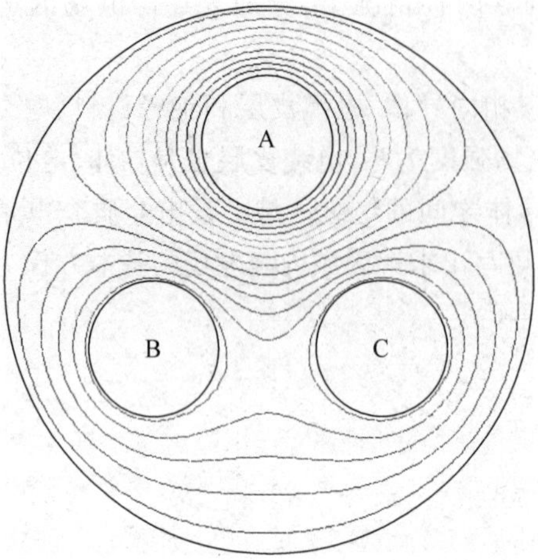

图2-6-4 A相电位最大时的等位线

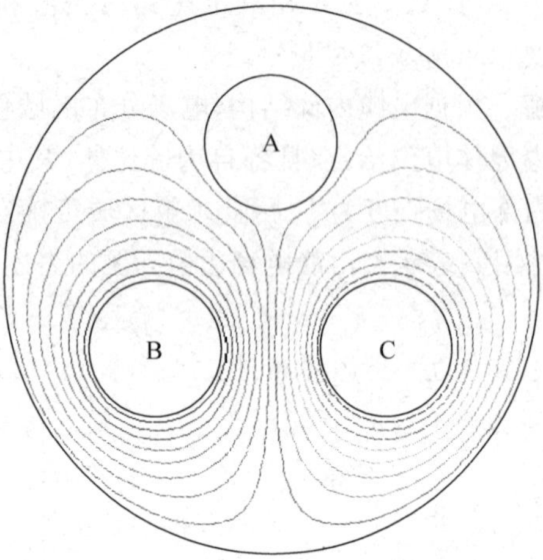

图2-6-5 A相电位为0时的等位线

图2-6-6和图2-6-7是利用对称线求解电缆截面右侧一半区域所得的电场等位线。从图中不难看出对称线上边界条件的正确性。本例题说明利用对称性可以缩小求解区域,节省计算成本。对于电磁场边值问题的建模,要善于定性分析场的分布特点,利用这些特点缩小计算规模,从而达到节省计算资源和提高计算精度的目的。

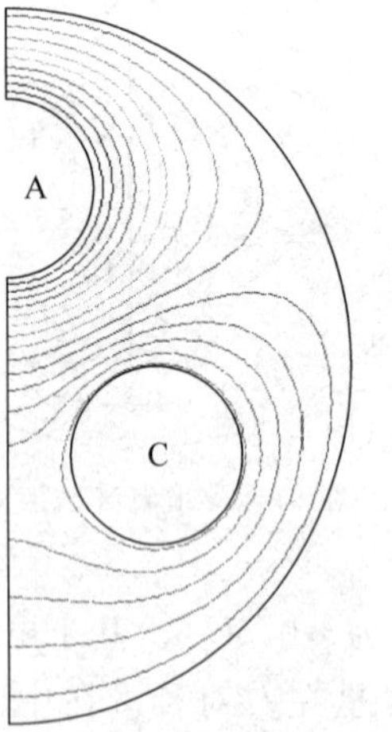

图2-6-6 A相电位最大时的等位线

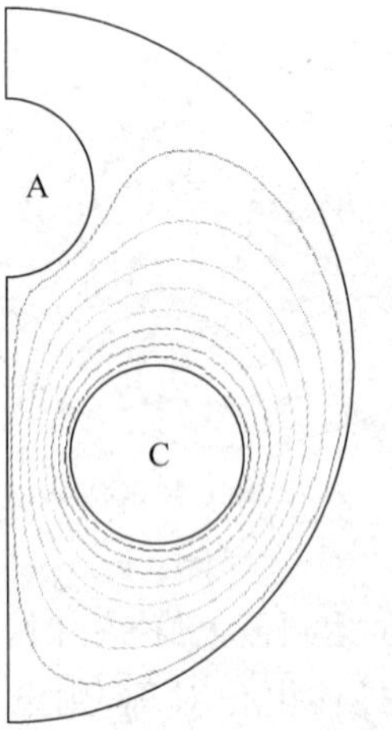

图2-6-7 A相电位为0时的等位线

第3章 恒定电场的基本原理

本章提示

本章讨论恒定电场。电荷有规则运动形成电流，据此定义电流和电流密度。根据维持恒定电流的条件，引出电源的电动势和局外电场强度概念；介绍欧姆定律的微分形式，由电荷守恒原理导出恒定电场的电流连续性定理，从而得到恒定电场流的基本方程和辅助方程。根据基本方程的积分形式导出恒定电场的导电媒质分界面衔接条件。最后介绍恒定电流场边值问题。本章重点掌握电流密度的定义和恒定电流场的基本性质；学会将恒定电流场表述为边值问题。

3.1 电流密度与欧姆定律微分形式

1. 电流与电流密度

电荷的有规则运动形成电流。导电媒质中的电流称为传导电流。不导电空间电荷运动形成的电流(如真空器件和粒子加速器中的电流)称为运流电流。不随时间变化的电流是恒定电流。维持恒定电流的电场称为恒定电场。

将单位时间内穿过某个面积 S 的电荷量定义为穿过该面积的电流，用 I 表示：

$$I=\lim_{\Delta t\to 0}\frac{\Delta q}{\Delta t}=\frac{\mathrm{d}q}{\mathrm{d}t} \tag{3-1-1}$$

电流的单位是 A(安[培])。1A=1C/s。

假如电荷在体积中运动，形成体电流，密度为 ρ 的体电荷以速度$\boldsymbol{v}$ 运动形成体电流密度 $\boldsymbol{J}$，定义 $\boldsymbol{J}=\rho\boldsymbol{v}$ 。如图 3-1-1 所示，$\mathrm{d}S_0=\mathrm{d}b_0\mathrm{d}h_0$，它是垂直于$\boldsymbol{v}$ 方向的面积元，显然

$$J=\rho v=\rho\frac{\mathrm{d}l}{\mathrm{d}t}=\frac{\rho\mathrm{d}S_0\mathrm{d}l}{\mathrm{d}t\mathrm{d}S_0}=\frac{\rho\mathrm{d}V}{\mathrm{d}t\mathrm{d}S_0}=\frac{\mathrm{d}q}{\mathrm{d}t\mathrm{d}S_0}=\frac{\mathrm{d}I}{\mathrm{d}S_0} \tag{3-1-2}$$

式中，$\mathrm{d}I$ 是穿过 $\mathrm{d}S_0$ 的电流。因此，体电流密度就是垂直于电荷运动方向单位面积上通过的电流，其方向与体电荷运动方向一致。

如图 3-1-2 所示，体积中穿过某个截面 S 的电流 I 可由下式计算：

$$I=\iint_S J\,\mathrm{d}S_0=\iint_S J\cos\alpha\,\mathrm{d}S=\iint_S \boldsymbol{J}\cdot\boldsymbol{e}_\mathrm{n}\mathrm{d}S=\iint_S \boldsymbol{J}\cdot\mathrm{d}\boldsymbol{S} \tag{3-1-3}$$

式中，$\boldsymbol{e}_\mathrm{n}$ 是 S 法线方向的单位矢量。

穿过面积 S 的电流就是电流密度 $\boldsymbol{J}$ 在该面积上的通量。

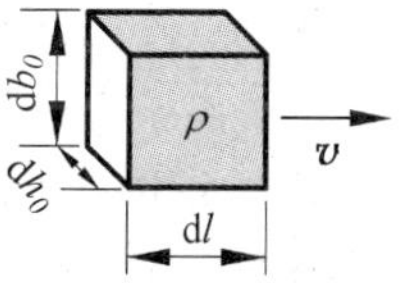

图 3-1-1 体电流密度计算模型

如果体积的厚度可以忽略,可以认为电荷在面上运动,形成面电流。密度为 σ 的面电荷以速度 $\boldsymbol{v}$ 运动,形成面电流密度 $\boldsymbol{K}$,定义 $\boldsymbol{K}=\sigma\boldsymbol{v}$ 。如图 3-1-3 所示,$\mathrm{d}b_0$ 是垂直于 $\boldsymbol{v}$ 方向的线段元,显然

$$K=\sigma v=\sigma\frac{\mathrm{d}l}{\mathrm{d}t}=\frac{\sigma\mathrm{d}b_0\mathrm{d}l}{\mathrm{d}t\,\mathrm{d}b_0}=\frac{\sigma\mathrm{d}S}{\mathrm{d}t\,\mathrm{d}b_0}=\frac{\mathrm{d}q}{\mathrm{d}t\,\mathrm{d}b_0}=\frac{\mathrm{d}I}{\mathrm{d}b_0} \tag{3-1-4}$$

式中,$\mathrm{d}I$ 为穿过 $\mathrm{d}b_0$ 的电流。因此,面电流密度就是垂直于电荷运动方向单位宽度上通过的电流,其方向与面电荷运动方向一致。

如图 3-1-4 所示,面上横穿某一线段 b 的电流 I 可由下式计算:

$$\begin{aligned}I&=\int_b K\,\mathrm{d}b_0=\int_b K\cos\beta\mathrm{d}b\\&=\int_b \boldsymbol{K}\cdot\boldsymbol{e}_\mathrm{n}\mathrm{d}b\end{aligned} \tag{3-1-5}$$

式中,$\boldsymbol{e}_\mathrm{n}$ 是与 $\mathrm{d}b$ 垂直方向的单位矢量。

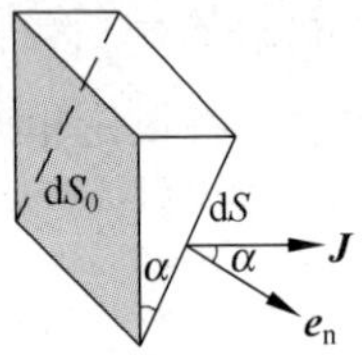

图 3-1-2 体电流计算模型

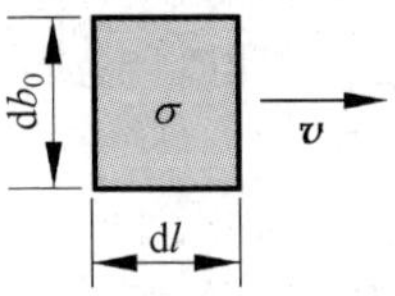

图 3-1-3 面电流密度计算模型

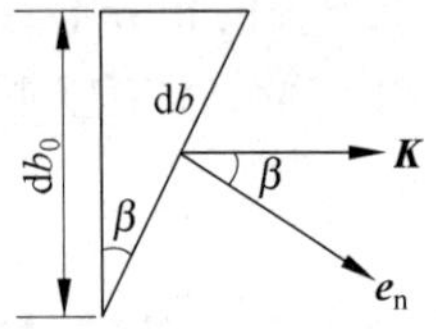

图 3-1-4 面电流计算模型

如果面的宽度可以忽略,则可以认为电流在线上运动,形成线电流。线上的电流,其运动方向由线的走向完全限定,因此只需要确定其大小,密度为 τ 的线电荷以速度 $\boldsymbol{v}$ 沿线运动形成线电流 I,定义 $I=\tau v$。如图 3-1-5 所示,有

$$I=\tau v=\tau\frac{\mathrm{d}l}{\mathrm{d}t}=\frac{\tau\mathrm{d}l}{\mathrm{d}t}=\frac{\mathrm{d}q}{\mathrm{d}t} \tag{3-1-6}$$

线电流就是线的截面上通过的电流,这里线的截面积忽略不计。

以上通过运动电荷定义了电流,对应体电荷、面电荷和线电荷,抽象出了体电流、面电流和线电流模型。

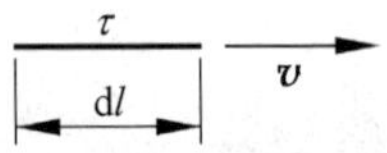

图 3-1-5 线电流计算模型

从宏观角度考虑,体电流具有普遍性。面电流和线电流是体电流在几何上的极限情况。体电流密度是恒定电场的基本场矢量之一。

2. 电流密度与电场强度的关系

在普通导电媒质中,只有存在电场力的作用,电荷才能作有规则的运动。例如在金属导体中正离子点阵之间充满自由电子。正离子只能围绕各自点阵振动。自由电子作定向运动时会受到正离子点阵的阻碍。因此要维持自由电子的规则运动形成传导电流,必须有电场力作用于自由电子上,以克服其在运动中受到的阻力。也就是说,要维持恒定电流,导电媒质中必须有电场强度。电场强度也是恒定电场的基本场矢量。

根据有关导电理论和实验,对于大多数导电媒质,其中的电流密度与电场强度的关系可表示为

$$\boldsymbol{J}=\gamma \boldsymbol{E} \tag{3-1-7}$$

式中，γ 称为导电媒质的电导率，单位是 S/m(西[门子]/米)。如果 $\gamma \neq 0$，式(3-1-7)也可表示为

$$\boldsymbol{E}=\frac{1}{\gamma}\boldsymbol{J}=\rho_{\mathrm{R}}\boldsymbol{J} \tag{3-1-8}$$

式中，ρ_{R} 称为导电媒质的电阻率，单位是 Ω·m(欧[姆]·米)。可见 γ 与 ρ_{R} 互为倒数。式(3-1-7)称为欧姆定律的微分形式，是导电媒质中恒定电场的辅助方程。

如果 γ 不随电场强度方向改变而变化，则称导电媒质为各向同性媒质。若 γ 不随电场强度和电流密度量值改变而变化，则称导电媒质为线性媒质。若媒质中 γ 处处相等，则称导电媒质为均匀媒质。表 3-1-1 给出了部分材料的电导率。

许多导电媒质的电导率和电阻率随温度改变而变化。如金属导体的电导率 γ 随温度降低而增大，有些金属或化合物在温度降到某一临界数值后，$\gamma \to \infty$，变为超导体，这时式(3-1-7)不再适用。电导率为无穷大是超导体的特性之一，超导体同时还具有其他特殊的电磁性质。

表 3-1-1　部分材料的电导率(室温下)

材料名称	电导率 γ/(S/m)	材料名称	电导率 γ/(S/m)
银	6.17×10^{7}	碳钢	0.6×10^{7}
铜	5.80×10^{7}	不锈钢	0.11×10^{7}
金	4.10×10^{7}	石墨	7×10^{4}
铝	3.82×10^{7}	黏土	5×10^{-3}
黄铜	1.5×10^{7}	砂土	10^{-5}
铁	1.03×10^{7}	石蜡	10^{-15}

3.2　恒定电场的基本方程

1. 局外场

要维持导电媒质中的恒定电流，就必须有恒定的电场强度。

在电场的作用下，正电荷沿电场强度方向运动(或负电荷沿电场强度相反方向运动)。由电荷产生的电场称为库仑电场。在一个闭合回路中库仑电场的电场强度 $\boldsymbol{E}_{\mathrm{C}}$ 的闭合线积分为零。电荷在整个闭合回路中运动所受库仑电场的作用力做功有正有负，代数和为 0。考虑到运动电荷在导电媒质中运动受到的阻力(超导体除外)，仅靠电荷产生的库仑电场就不能维持恒定的电流。因此，要维持恒定电流，电荷在沿闭合回路运动时，还必须受到局外力的作用。作用在电荷上的局外力等效为电场力，叫作局外电场力，记为 $\boldsymbol{f}_{\mathrm{e}}$。把作用于单位电荷上的局外电场力定义为局外电场强度，记为 $\boldsymbol{E}_{\mathrm{e}}$，即

$$\boldsymbol{E}_{\mathrm{e}}=\lim_{q_{\mathrm{t}}\to 0}\frac{\boldsymbol{f}_{\mathrm{e}}}{q_{\mathrm{t}}} \tag{3-2-1}$$

式中，q_{t} 为试验电荷的电荷量。

提供局外力的装置就是电源。在电源中,其他形式的能量(如化学能、机械能和光能等)转换为电能,形成局外电场。在整个闭合回路中,电能又转换为别的形式的能量。

2. 电动势

图3-2-1是一个典型的导电回路,灰色部分为导电媒质,白色部分为电源。

为了衡量电源将其他能量转换为电能的能力,我们把单位正电荷从电源负极运动到正极时局外力所做的功定义为电源的电动势,用 e 表示,即

$$e=\int_b^a \boldsymbol{E}_e \cdot d\boldsymbol{l} \tag{3-2-2}$$

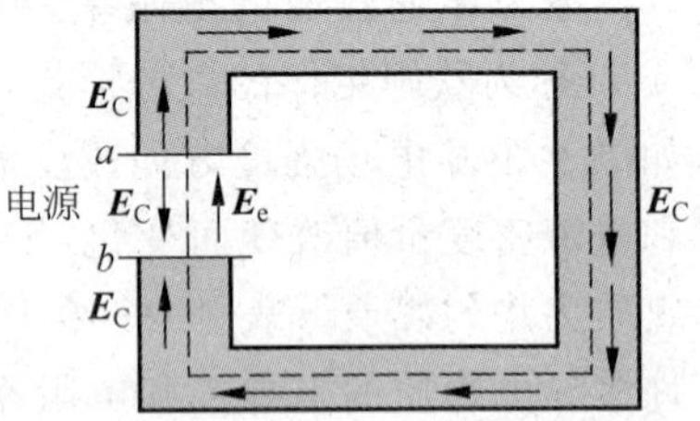

图3-2-1 导电回路中的恒定电场

在电源中,除局外电场外,也存在库仑电场,总的电场强度 $\boldsymbol{E}_T=\boldsymbol{E}_C+\boldsymbol{E}_e$。在电源以外的其他区域,只存在库仑电场,总的电场强度 $\boldsymbol{E}_T=\boldsymbol{E}_C$。

沿整个回路对总的电场强度 $\boldsymbol{E}_T$ 进行闭合线积分,若 $\boldsymbol{l}$ 为经过电源的闭合曲线,则

$$\oint_l \boldsymbol{E}_T \cdot d\boldsymbol{l}=\oint_l \boldsymbol{E}_C \cdot d\boldsymbol{l}+\oint_l \boldsymbol{E}_e \cdot d\boldsymbol{l}=\int_b^a \boldsymbol{E}_e \cdot d\boldsymbol{l}=e \tag{3-2-3}$$

可见如果积分路径经过电源,则电场强度的闭合线积分等于电源的电动势。

只考虑电源以外的空间,则只存在库仑电场,$\boldsymbol{E}_T=\boldsymbol{E}_C$,若 $\boldsymbol{l}$ 为不经过电源的闭合曲线,则

$$\oint_l \boldsymbol{E}_T \cdot d\boldsymbol{l}=\oint_l \boldsymbol{E}_C \cdot d\boldsymbol{l}=0 \tag{3-2-4}$$

这是恒定电场的基本方程之一,应用斯托克斯定理,可得其微分形式为

$$\nabla \times \boldsymbol{E}=\boldsymbol{0} \tag{3-2-5}$$

即电源以外的恒定电场是无旋场。

3. 电流连续性

根据电荷守恒原理,自然界中电荷量是守恒的。给定任意闭合面,设闭合面内的电荷量为 q,空间的电流密度为 $\boldsymbol{J}$,则

$$\oint\!\!\!\oint_S \boldsymbol{J} \cdot d\boldsymbol{S}=-\frac{\partial q}{\partial t} \tag{3-2-6}$$

等式左边是单位时间从闭合面流出的电荷量,等式右侧为单位时间闭合面内减少的电荷量。式(3-2-6)为电流连续性方程的积分形式。

应用散度定理

$$\oint\!\!\!\oint_S \boldsymbol{J} \cdot d\boldsymbol{S}=\iiint_V \nabla \cdot \boldsymbol{J}\, dV \tag{3-2-7}$$

考虑电荷体密度为 ρ,有

$$q=\iiint_V \rho\, dV \tag{3-2-8}$$

电流连续性方程可表述为

$$\iiint_V \nabla \cdot \boldsymbol{J} \mathrm{d}V = -\frac{\partial}{\partial t}\iiint_V \rho \mathrm{d}V = -\iiint_V \frac{\partial \rho}{\partial t} \mathrm{d}V \tag{3-2-9}$$

式(3-2-9)对任意体积 V 都成立,因此必有

$$\nabla \cdot \boldsymbol{J} = -\frac{\partial \rho}{\partial t} \tag{3-2-10}$$

这就是电流连续性方程的微分形式。

对于恒定电场,电荷的分布不随时间变化,即$\frac{\partial \rho}{\partial t}=0$,$\frac{\partial q}{\partial t}=0$。由此得恒定电场的电流连续性方程

$$\nabla \cdot \boldsymbol{J} = 0 \tag{3-2-11}$$

$$\oint_S \boldsymbol{J} \cdot \mathrm{d}\boldsymbol{S} = 0 \tag{3-2-12}$$

上式适合于电源和电源以外恒定电场的任何导电媒质区域。电流连续即电流密度的散度为零,说明恒定电流场是无散场,场内任一点不产生电流密度线,也不终止电流密度线。电流密度线处处连续。

4. 恒定电场的基本方程及辅助方程

综上所述,在电源以外的导电媒质中,恒定电场的基本方程的微分形式为

$$\nabla \cdot \boldsymbol{J} = 0, \quad \nabla \times \boldsymbol{E} = \boldsymbol{0} \tag{3-2-13}$$

积分形式为

$$\oint_S \boldsymbol{J} \cdot \mathrm{d}\boldsymbol{S} = 0, \quad \oint_l \boldsymbol{E} \cdot \mathrm{d}\boldsymbol{l} = 0 \tag{3-2-14}$$

辅助方程为

$$\boldsymbol{J} = \gamma \boldsymbol{E} \tag{3-2-15}$$

顺便指出,辅助方程在电源内部也成立,这时 $\boldsymbol{E}_{\mathrm{T}}=\boldsymbol{E}_{\mathrm{C}}+\boldsymbol{E}_{\mathrm{e}}$,$\boldsymbol{J}=\gamma(\boldsymbol{E}_{\mathrm{C}}+\boldsymbol{E}_{\mathrm{e}})$。

根据电源以外恒定电场的无旋性,可由 $\boldsymbol{E}=-\nabla\varphi$ 定义标量电位 φ,代入基本方程和辅助方程,得

$$-\nabla \cdot (\gamma \nabla \varphi) = 0 \tag{3-2-16}$$

在均匀媒质中,得电位的基本方程

$$-\gamma \nabla^2 \varphi = 0 \tag{3-2-17}$$

电源以外空间恒定电场的电位满足拉普拉斯方程。

电源以外空间(包括导电媒质)的恒定电场是由电荷产生的库仑电场,空间电场也应满足高斯通量定理和相关辅助方程

$$\oint_S \boldsymbol{D} \cdot \mathrm{d}\boldsymbol{S} = q, \quad \nabla \cdot \boldsymbol{D} = \rho, \quad \boldsymbol{D} = \varepsilon \boldsymbol{E} \tag{3-2-18}$$

5. 不均匀导电媒质内部积累电荷

在恒定电场建立过程中,当导电媒质不均匀时,其内部积累自由电荷。达到恒定状态时,设电荷体密度为 ρ,由$\nabla \cdot \boldsymbol{J}=\nabla \cdot (\gamma \boldsymbol{E})=\gamma \nabla \cdot \boldsymbol{E}+(\nabla \gamma) \cdot \boldsymbol{E}=0$,得

$$\nabla \cdot \boldsymbol{E} = -\frac{(\nabla \gamma) \cdot \boldsymbol{E}}{\gamma} \tag{3-2-19}$$

$$\rho = \nabla \cdot \boldsymbol{D} = \nabla \cdot (\varepsilon \boldsymbol{E}) = \varepsilon \nabla \cdot \boldsymbol{E} + (\nabla \varepsilon) \cdot \boldsymbol{E} = -\varepsilon \frac{\nabla \gamma}{\gamma} \cdot \boldsymbol{E} + \nabla \varepsilon \cdot \boldsymbol{E}$$

$$= \left(\nabla \varepsilon - \varepsilon \frac{\nabla \gamma}{\gamma}\right) \cdot \boldsymbol{E} = \left(\frac{\nabla \varepsilon}{\gamma} - \varepsilon \frac{\nabla \gamma}{\gamma^2}\right) \cdot (\gamma \boldsymbol{E}) = \nabla\left(\frac{\varepsilon}{\gamma}\right) \cdot \boldsymbol{J} \tag{3-2-20}$$

式(3-2-20)说明积累自由电荷的体密度与 ε/γ 的空间变化有关。对于均匀导电媒质,ε 和 γ 都是空间的常数,因此,$\rho=0$。

例 3-2-1 在均匀恒定电流场中,电流密度为 1,沿 x 方向。在 x 从 0 到 1 的区域,媒质的电导率从 1 均匀增加到 2,介电常数保持 ε_0 不变,试求自由电荷体密度。

解 根据电流连续性,整个区域电流密度不随 x 变化,由 $\boldsymbol{E}=\frac{1}{\gamma}\boldsymbol{J}$,$\gamma=1+x$,得 $\boldsymbol{E}=\frac{1}{1+x}\boldsymbol{e}_x$,$\boldsymbol{D}=\frac{\varepsilon_0}{1+x}\boldsymbol{e}_x$。计算自由电荷体密度:

$$\rho = \nabla \cdot \boldsymbol{D} = \frac{\partial}{\partial x}\left(\frac{\varepsilon_0}{1+x}\right) = -\frac{\varepsilon_0}{(1+x)^2}$$

图 3-2-2 画出了电位移矢量分布情况,随着 x 的增大,电位移矢量数值变小,说明有负值的自由体电荷。

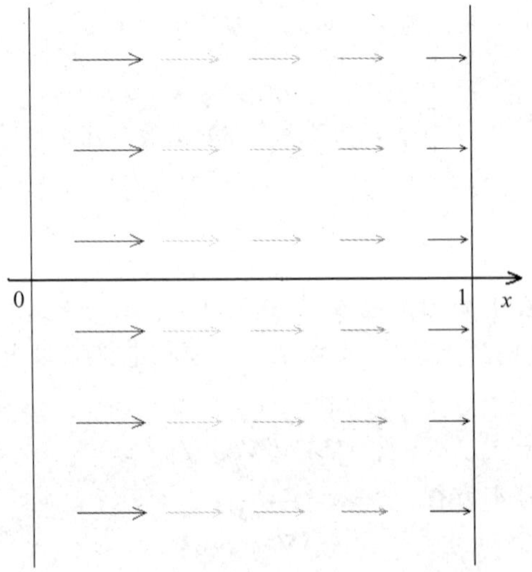

图 3-2-2 不均匀导电媒质中的电位移矢量

6. 利用电流连续性定理积分形式解对称恒定电场

结构具有球对称、无限长轴对称和无穷大平面对称的恒定电流场,可以利用电流连续性定理的积分形式直接求解。

例如,深埋地下的球形接地极,流入土壤的电流分布近似(近似程度与电极埋的深度有关)具有球对称性质;浅埋地表的半球形接地极在地面以下部分也具有球对称性质。

深埋于地下的接地体,计算土壤内电流分布时可不考虑地面的作用。如图 3-2-3 所示深埋于地下、半径为 a 的球形接地体，由于接地体为球对称形状，流入大地的电流也按球对称分布。在接地体之外，作一个球心与接地体球心重合、半径为 r 的球面，根据电流连续性，从接地线进入接地体的电流应等于接地体表面流入大地的电流，也就是穿过上述球面的电流。设穿过球面的体电流密度为 $\boldsymbol{J}$，则 $\boldsymbol{J}=J\boldsymbol{e}_r$，有

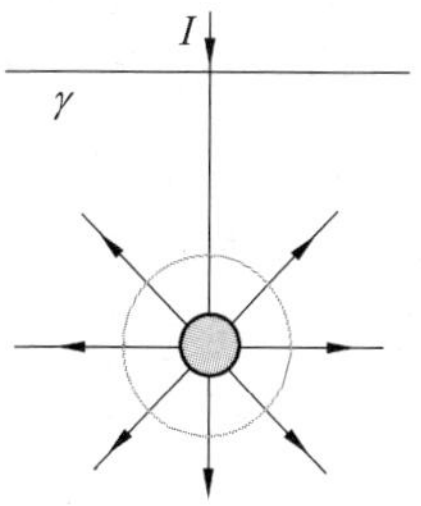

图 3-2-3　深埋球形接地体

$$\oint_S \boldsymbol{J}\cdot \mathrm{d}\boldsymbol{S}=4\pi r^2 J=I \tag{3-2-21}$$

$$\boldsymbol{J}=J\boldsymbol{e}_r=\frac{I}{4\pi r^2}\boldsymbol{e}_r \tag{3-2-22}$$

土壤的电导率为 γ，得电场强度

$$\boldsymbol{E}=\frac{\boldsymbol{J}}{\gamma}=\frac{I}{4\pi\gamma r^2}\boldsymbol{e}_r \tag{3-2-23}$$

从而得电位

$$\varphi=\int_r^{\infty}\boldsymbol{E}\cdot \mathrm{d}\boldsymbol{l}=\int_r^{\infty}\frac{I}{4\pi\gamma r^2}\mathrm{d}r=\frac{I}{4\pi\gamma r} \tag{3-2-24}$$

例 3-2-2　已知内外导体电位差为 U，绝缘材料的电导率为 γ，求截面如图 3-2-4 所示的同轴电缆的漏电流密度、电场强度、电位。

解　设从内导体流出经过绝缘材料流入外导体的漏电流为 I，半径为 r 处的电流密度为

$$J(r)=\frac{I}{2\pi rl}$$

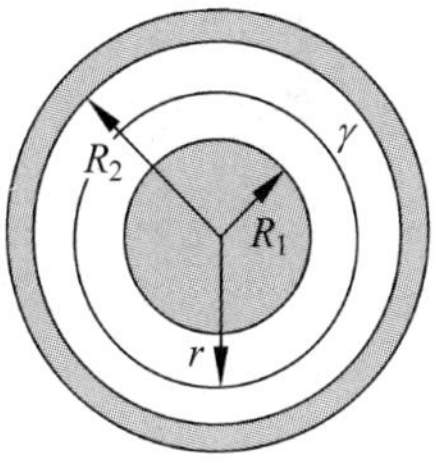

图 3-2-4　同轴电缆截面

电场强度为

$$E(r)=\frac{I}{2\pi\gamma rl}$$

电流密度和电场强度方向都与半径方向一致。

内外导体之间的电压

$$U=\int_{R_1}^{R_2}E\,\mathrm{d}r=\frac{I}{2\pi\gamma l}\ln\frac{R_2}{R_1}$$

得

$$I=\frac{2\pi\gamma lU}{\ln R_2-\ln R_1}$$

求得

$$\varphi(r)=\int_r^{R_2}E\,\mathrm{d}r=U\frac{\ln R_2-\ln r}{\ln R_2-\ln R_1}$$

3.3　导电媒质分界面衔接条件

1. 媒质分界面衔接条件

在不同导电媒质的分界面上，存在自由面电荷，也可能存在束缚面电荷，这造成分界面

两侧场矢量不连续。这种场矢量的不连续性虽然不会影响积分形式基本方程的应用,却使微分形式的基本方程在不同导电媒质分界面处遇到困难。因此必须研究场矢量的分界面衔接条件。下面根据积分形式的基本方程推导出不同导电媒质分界面处电场强度和电流密度应满足的分界面衔接条件。

首先讨论电场强度 $\boldsymbol{E}$ 应满足的分界面衔接条件。

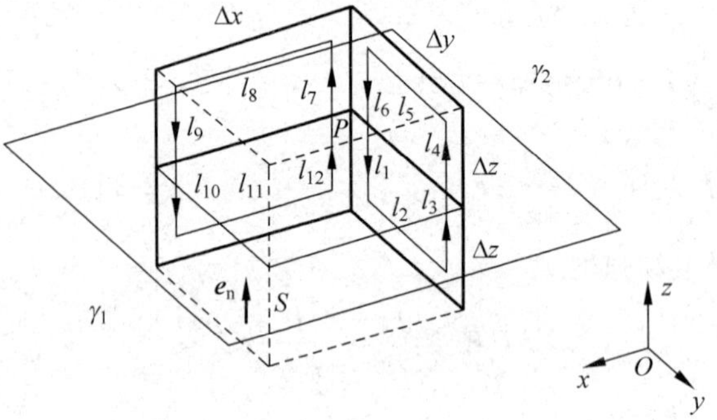

图 3-3-1 切向分界面条件计算模型

如图 3-3-1 所示,设分界面法线方向 $\boldsymbol{e}_n$ 与坐标轴方向 $\boldsymbol{e}_z$ 一致,以分界面上一点 P 为起点作两个小矩形闭合曲线 $l_1+l_2+l_3+l_4+l_5+l_6$ 和 $l_7+l_8+l_9+l_{10}+l_{11}+l_{12}$。将电场强度分量进行泰勒级数展开,最高取到一阶项,根据静电场环量定理积分形式 $\oint_l \boldsymbol{E}\cdot \mathrm{d}\boldsymbol{l}=0$,可以列出如下两个方程:

$$-E_{1z}\Delta z+\left(E_{1y}-\frac{\partial E_{1y}}{\partial z}\Delta z\right)\Delta y+\left(E_{1z}+\frac{\partial E_{1z}}{\partial y}\Delta y\right)\Delta z+$$

$$\left(E_{2z}+\frac{\partial E_{2z}}{\partial y}\Delta y\right)\Delta z-\left(E_{2y}+\frac{\partial E_{2y}}{\partial z}\Delta z\right)\Delta y-E_{2z}\Delta z=0 \tag{3-3-1}$$

$$E_{2z}\Delta z+\left(E_{2x}+\frac{\partial E_{2x}}{\partial z}\Delta z\right)\Delta x-\left(E_{2z}+\frac{\partial E_{2z}}{\partial x}\Delta x\right)\Delta z-$$

$$\left(E_{1z}+\frac{\partial E_{1z}}{\partial x}\Delta x\right)\Delta z-\left(E_{1x}-\frac{\partial E_{1x}}{\partial z}\Delta z\right)\Delta x+E_{1z}\Delta z=0 \tag{3-3-2}$$

把抵消的项去掉,再把高阶无穷小项消掉,得

$$E_{1y}\Delta y-E_{2y}\Delta y=0 \tag{3-3-3}$$

$$E_{2x}\Delta x-E_{1x}\Delta x=0 \tag{3-3-4}$$

因 Δx、Δy 均不为零,得

$$-(E_{2y}-E_{1y})=0 \tag{3-3-5}$$

$$E_{2x}-E_{1x}=0 \tag{3-3-6}$$

过分界面即切向分量连续,即

$$E_{2t}=E_{1t} \tag{3-3-7}$$

用矢量表示为

$$\boldsymbol{e}_n\times(\boldsymbol{E}_2-\boldsymbol{E}_1)=\boldsymbol{0} \tag{3-3-8}$$

以上是电场强度应满足的分界面切向衔接条件。电场强度的切向分量连续。式(3-3-7)

是标量表达形式，式(3-3-8)是矢量表达形式。标量形式概念清晰且直观，矢量形式间接但表达严格。注意，这里 $\boldsymbol{e}_n \times \boldsymbol{E}_1$ 并不是 E_{1t} 的矢量表达式，而是一个与 E_{1t} 对应矢量模相同但方向垂直的切向矢量；$\boldsymbol{e}_n \times \boldsymbol{E}_2$ 也不是 E_{2t} 的矢量表达式，而是一个与 E_{2t} 对应矢量模相同但方向垂直的切向矢量。在一般三维场中，分界面法向比较容易确定，适合用矢量形式。在二维场中，分界面切向也不难确定，推荐用标量形式。

恒定电场电场强度与静电场电场强度满足同样的方程，所以分界面切向衔接条件相同。

接下来讨论电流密度 $\boldsymbol{J}$ 应满足的分界面衔接条件。

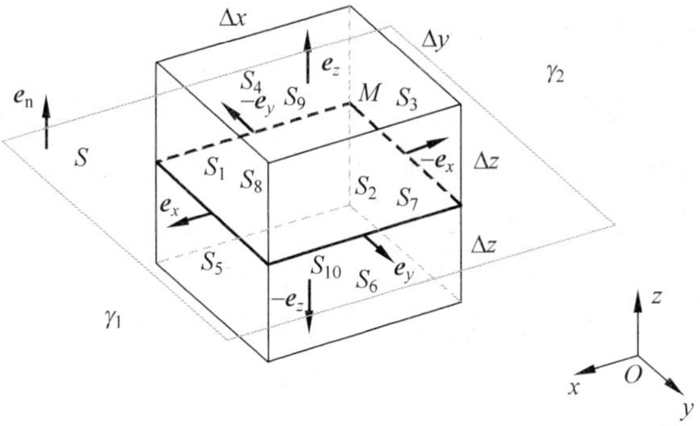

图 3-3-2　法向分界面条件计算模型

如图 3-3-2 所示，设分界面法线方向 $\boldsymbol{e}_n$ 与坐标轴方向 $\boldsymbol{e}_z$ 一致，以分界面上一点 M 为起点作小长方体，长方体表面被分界面分割成 10 个长方形面，分别是 S_1、S_2、S_3、S_4、S_5、S_6、S_7、S_8、S_9、S_{10}。将电流密度分量进行泰勒级数展开，最高取到一阶项，根据电流连续性定理积分形式 $\oint_S \boldsymbol{J} \cdot \mathrm{d}\boldsymbol{S} = 0$，可以列出如下方程：

$$\left(J_{2x} + \frac{\partial J_{2x}}{\partial x}\Delta x\right)\Delta y \Delta z + \left(J_{2y} + \frac{\partial J_{2y}}{\partial y}\Delta y\right)\Delta z \Delta x - J_{2x}\Delta y \Delta z - J_{2y}\Delta z \Delta x +$$
$$\left(J_{1x} + \frac{\partial J_{1x}}{\partial x}\Delta x\right)\Delta y \Delta z + \left(J_{1y} + \frac{\partial J_{1y}}{\partial y}\Delta y\right)\Delta z \Delta x - J_{1x}\Delta y \Delta z - J_{1y}\Delta z \Delta x +$$
$$\left(J_{2z} + \frac{\partial J_{2z}}{\partial z}\Delta z\right)\Delta x \Delta y - \left(J_{1z} - \frac{\partial J_{1z}}{\partial z}\Delta z\right)\Delta x \Delta y = 0 \tag{3-3-9}$$

消去抵消部分和高阶无穷小部分，得

$$J_{2z}\Delta x \Delta y - J_{1z}\Delta x \Delta y = 0 \tag{3-3-10}$$

因 $\Delta x \Delta y$ 不为零，所以

$$J_{2z} - J_{1z} = 0 \tag{3-3-11}$$

即

$$J_{2n} - J_{1n} = 0 \tag{3-3-12}$$

矢量表示为

$$\boldsymbol{e}_n \cdot (\boldsymbol{J}_2 - \boldsymbol{J}_1) = 0 \tag{3-3-13}$$

式(3-3-12)和式(3-3-13)就是电流密度应满足的分界面法向衔接条件。电流密度的法向分量连续。这里矢量形式和标量形式容易理解，不作多余解释。

最后将 $\boldsymbol{E} = -\nabla\varphi$，$\boldsymbol{J} = \gamma\boldsymbol{E}$ 代入上述分界面条件，得到电位应满足的分界面衔接条件

$$\begin{cases}\varphi_2=\varphi_1 \\ \gamma_2\dfrac{\partial\varphi_2}{\partial n}=\gamma_1\dfrac{\partial\varphi_1}{\partial n}\end{cases} \tag{3-3-14}$$

电源以外空间(包括导电媒质)的恒定电场是由电荷产生的库仑电场,空间电场的电位移矢量也应满足相应的分界面衔接条件

$$\boldsymbol{e}_{\mathrm{n}}\cdot(\boldsymbol{D}_2-\boldsymbol{D}_1)=\sigma \tag{3-3-15}$$

注意,恒定电场中导电媒质中电场强度不恒为零,这一点与静电场中导体的性质不同。

2. 媒质分界面附近恒定电场分布图

为了更深入理解导电媒质分界面的衔接条件,通过仿真作场图,如图 3-3-3 和图 3-3-4 所示。图中圆形区域内媒质的电导率为圆形区域外媒质电导率的 2 倍。其中图 3-3-3 表示电场强度,观察可知,跨过分界面电场强度的切向分量保持连续(圆周的左右两点)。从电导率小的媒质到电导率大的媒质跨过分界面,电场强度法向分量由大变小(圆周的上下两点),反之结论相反。图 3-3-4 表示电流密度矢量,观察可知,跨过分界面电流密度的法向分量保持连续(圆周的上下两点)。从电导率小的媒质到电导率大的媒质跨过分界面,电流密度切向分量由小变大(圆周的左右两点),反之结论相反。

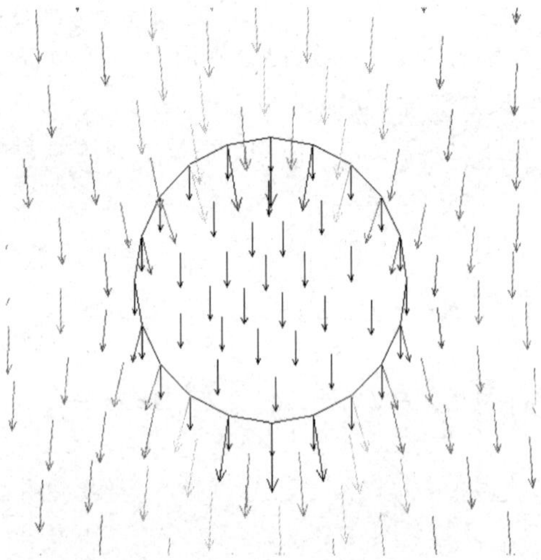
图 3-3-3 媒质分界面附近电场强度

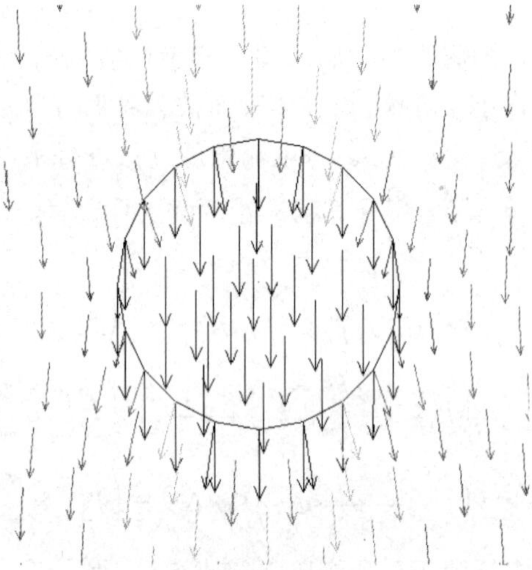
图 3-3-4 媒质分界面附近电流密度

3. 导电媒质分界面积累自由面电荷

在恒定电场建立过程中,导电媒质分界面上积累自由面电荷。当达到恒定状态时,根据电流连续性,在两种媒质分界面上,有 $J_{2\mathrm{n}}=J_{1\mathrm{n}}=J_{\mathrm{n}}$。同时还要满足 $D_{2\mathrm{n}}-D_{1\mathrm{n}}=\sigma$,即

$$\sigma=D_{2\mathrm{n}}-D_{1\mathrm{n}} \tag{3-3-16}$$

$$\sigma=\varepsilon_2E_{2\mathrm{n}}-\varepsilon_1E_{1\mathrm{n}}=\varepsilon_2\frac{J_{2\mathrm{n}}}{\gamma_2}-\varepsilon_1\frac{J_{1\mathrm{n}}}{\gamma_1}=\left(\frac{\varepsilon_2}{\gamma_2}-\frac{\varepsilon_1}{\gamma_1}\right)J_{\mathrm{n}} \tag{3-3-17}$$

若 $J_{\mathrm{n}}\neq0$,只有满足 $\varepsilon_2/\gamma_2=\varepsilon_1/\gamma_1$,媒质分界面上才没有自由面电荷。一般情况下不

满足这一关系,媒质分界面上存在自由面电荷。

图 3-3-5 是通过对恒定电流场仿真给出的媒质分界面附近的电位移矢量,观察可知电位移矢量的法向分量不连续。沿着电位移矢量方向,从电导率小的媒质到电导率大的媒质跨过分界面(图中圆周的上半部分),电位移矢量法向分量突然由大变小,说明表面积累了负值的自由面电荷。而从电导率大的媒质到电导率小的媒质跨过分界面(图中圆周的下半部分),电位移矢量法向分量突然由小变大,说明表面积累了正值的自由面电荷。

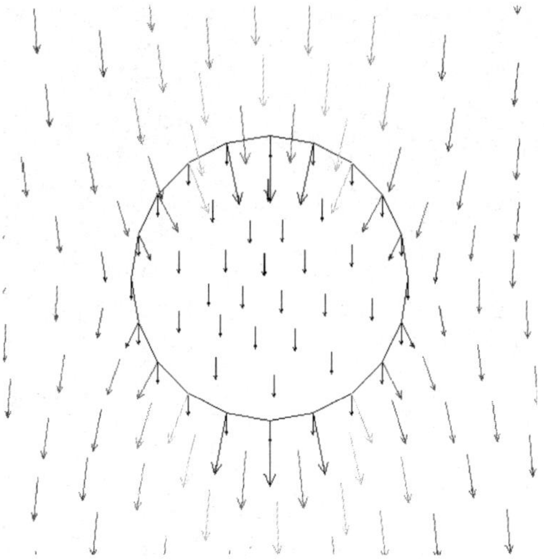

图 3-3-5　媒质分界面附近电位移矢量

4. 媒质分界面的特殊情况

首先讨论良导体和不良导体分界面的情况。

根据分界面条件,得

$$\begin{cases} J_{2n}=J_{1n} \\ J_{2t}=\gamma_2 E_{2t}=\gamma_2 E_{1t}=\dfrac{\gamma_2}{\gamma_1}J_{1t} \end{cases} \tag{3-3-18}$$

由此可见,在分界面处,当电流从良导体(γ_1)进入不良导体(γ_2)时,电流密度的法向分量不变,而切向分量改变为原来的 γ_2/γ_1 倍。对于良导体与不良导体分界面,$\gamma_1 \gg \gamma_2$,γ_2/γ_1 很小,所以一般情况下 J_{2t} 可以忽略。因此可得如下结论:

(1) 从不良导体一侧看,进入的电流线近似与分界面垂直。

(2) 在不良导体中放入良导体电极,从不良导体一侧看,可以认为电流线垂直进入或流出电极表面,电极表面可作为等位面处理。

在不良导体的均匀电流场中放入良导体(电导率是不良导体电导率的 10 倍),电流密度线如图 3-3-6 所示。在良导体的均匀电流场中放入不良导体(电导率是良导体电导率的 0.1 倍),电流密度线如图 3-3-7 所示。

对照上述两图,可以加深对上述结论的理解。

接下来进一步考虑导体与理想电介质(绝缘体)分界面的情况。

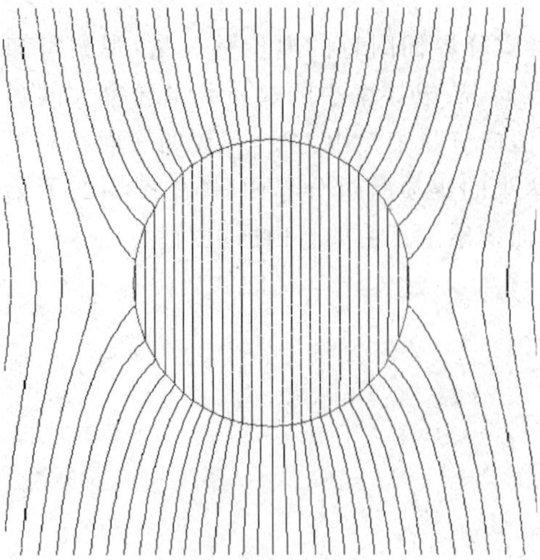

图 3-3-6 不良导体的电流场中放入良导体

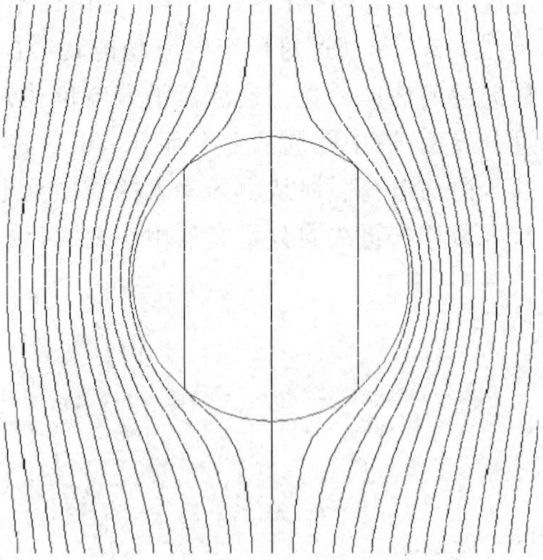

图 3-3-7 良导体电流场中放入不良导体

对于理想电介质，$\gamma_2=0$，因此 $\boldsymbol{J}_2=\boldsymbol{0}$，$J_{2n}=0$。根据电流密度的分界面条件，有

$$J_{1n}=J_{2n}=0 \tag{3-3-19}$$

$$E_{1n}=\frac{J_{1n}}{\gamma_1}=0 \tag{3-3-20}$$

说明导体中电流在靠近表面时，沿表面的切线方向流动，导体中靠近表面的电场强度也只有切向分量。

当接地体不是深埋于地下时，需要考虑地面的影响。例如，浅埋于地表面的半球形接地体，根据导体与理想电介质分界面衔接条件，大地表面处地下电流只有切向分量，良导体的电流垂直进入不良导体，接地体电流垂直流入大地。图 3-3-8 画出了土壤中的电流分布。与接地体球心重合在大地中作一球面，在下半球面上电流密度模值相等、方向沿半径辐射方向。根据电流连续性定理，地中电流密度为

$$\boldsymbol{J}=J\boldsymbol{e}_r=\frac{I}{2\pi r^2}\boldsymbol{e}_r \tag{3-3-21}$$

电场强度为

$$\boldsymbol{E}=\frac{\boldsymbol{J}}{\gamma}=\frac{I}{2\pi\gamma r^2}\boldsymbol{e}_r \tag{3-3-22}$$

电位为

$$\varphi=\frac{2I}{4\pi\gamma r}=\frac{I}{2\pi\gamma r} \tag{3-3-23}$$

一般情况下，在导体与理想介质分界面处，由电场强度的分界面条件

$$E_{2t}=E_{1t} \tag{3-3-24}$$

电位移矢量的分界面条件

$$\varepsilon_2E_{2n}-\varepsilon_1E_{1n}=\sigma \tag{3-3-25}$$

且 $E_{1n}=0$，所以

$$E_{2n}=\frac{\sigma}{\varepsilon_2} \tag{3-3-26}$$

导体表面存在自由面电荷，因此，在靠近导体表面的理想电介质中，既有切线方向的电场，又有法线方向的电场。图 3-3-9 显示了导电回路的一部分导体及其周围空间的电场分布，可以看出导体与理想电介质分界面上电场强度的变化情况。

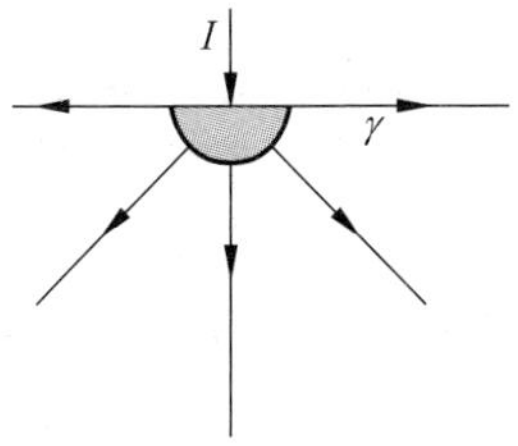

图 3-3-8 浅埋半球接地体

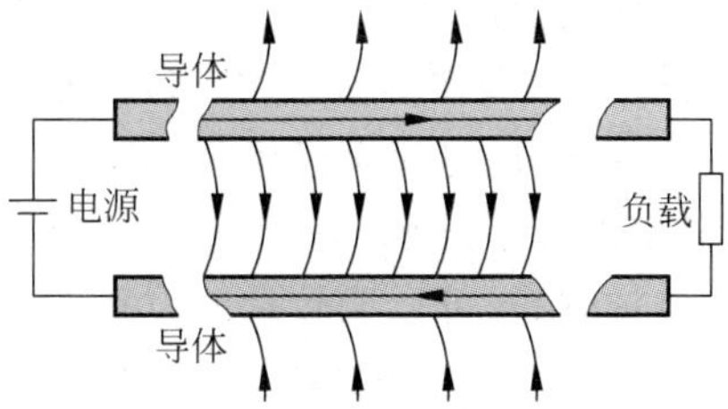

图 3-3-9 导电回路内外恒定电场分布

3.4 恒定电流场的边值问题

1. 恒定电流场的基本方程

如前所述，电源以外的恒定电场，其电场强度满足环路定理，即

$$\nabla\times\boldsymbol{E}=\mathbf{0} \tag{3-4-1}$$

设 $\boldsymbol{E}=-\nabla\varphi$，由矢量恒等式

$$\nabla\times\nabla\varphi=\mathbf{0} \tag{3-4-2}$$

式(3-4-1)得到满足。

导电媒质中的恒定电流场满足电流连续性定理，即

$$\nabla\cdot\boldsymbol{J}=0 \tag{3-4-3}$$

将恒定电场的辅助方程 $\boldsymbol{J}=\gamma\boldsymbol{E}$ 代入式(3-4-3)，在均匀媒质中，得

$$-\gamma\nabla^2\varphi=0 \tag{3-4-4}$$

式(3-4-4)为导电媒质中恒定电流场的基本方程。恒定电流场电位的基本方程为拉普拉斯方程。在两种导电媒质的分界面上，电位及其法向导数的衔接条件为

$$\varphi_2=\varphi_1,\quad \gamma_2\frac{\partial\varphi_2}{\partial n}=\gamma_1\frac{\partial\varphi_1}{\partial n} \tag{3-4-5}$$

2. 边界条件

第一类边界条件：

一般在已知电压的电极表面上有

$$\varphi\big|_{\Gamma}=f_1 \tag{3-4-6}$$

第二类边界条件：

一般在已知电流分布的电极表面上有

$$\gamma\frac{\partial\varphi}{\partial n}\bigg|_{\Gamma}=f_2 \tag{3-4-7}$$

在导体与绝缘体分界面上有

$$\gamma \frac{\partial \varphi}{\partial n}\bigg|_{\Gamma} = 0 \tag{3-4-8}$$

称为第二类齐次边界条件。

例 3-4-1 图 3-4-1 所示圆柱形电极浅埋地下,上端与地面齐平。已知大地电导率 γ,试建立恒定电流场边值问题模型,并计算接地极附近电位和电流密度分布。

解 这是一个半无限大区域的问题,电流通过接地体进入大地一直流到无限远处。在离接地体较远的地方,电流接近半球形分布。假设无限远处电位为零,离接地体越远电流密度越小,电流密度与距离平方成反比,而电位与距离成反比。因此,为了观察接地体附近的电流分布和电位分布,可以取较远的位置作一个半球面,近似认为半球面上电位为零。

如图 3-4-2 所示,以接地体中心为轴线,可将圆柱接地体产生的恒定电流场表述为轴对称标量场,求解变量为标量电位。场域内满足圆柱坐标系二维拉普拉斯方程:

$$-\gamma \nabla^2 \varphi = -\gamma \left[\frac{1}{r}\frac{\partial}{\partial r}\left(r\frac{\partial \varphi}{\partial r}\right) + \frac{\partial^2 \varphi}{\partial z^2}\right] = 0$$

边界条件:

接地极表面为第一类边界条件,假定电压为 100V,即

$$\varphi|_{\Gamma_1} = 100$$

无限远处(计算时取较远的圆周)为第一类齐次边界条件:

$$\varphi|_{\Gamma_1} = 0$$

地面为第二类齐次边界条件:

$$\gamma \frac{\partial \varphi}{\partial n}\bigg|_{\Gamma_2} = 0$$

对称轴线为第二类齐次边界条件:

$$\gamma \frac{\partial \varphi}{\partial n}\bigg|_{\Gamma_2} = 0$$

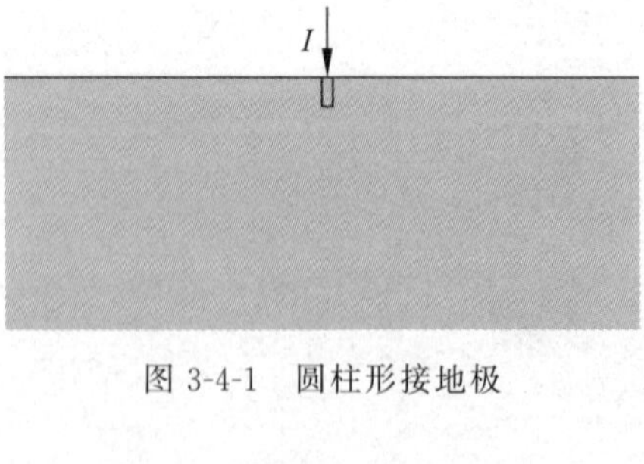

图 3-4-1 圆柱形接地极

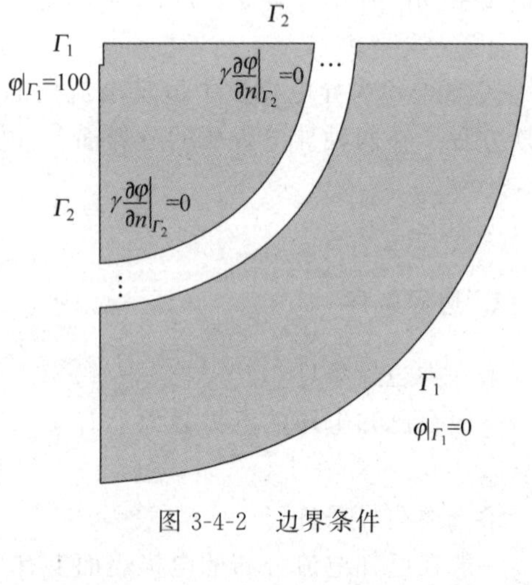

图 3-4-2 边界条件

经过数值计算,得等电位线分布如图 3-4-3 所示,电流密度矢量分布如图 3-4-4 所示,地面电位分布如图 3-4-5 所示。

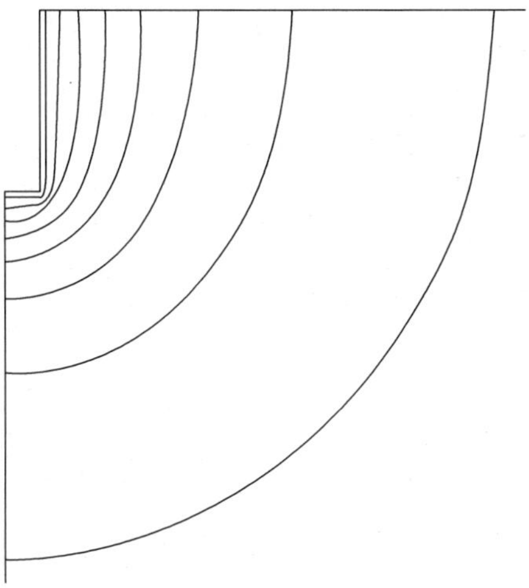

图 3-4-3　电极附近等电位线

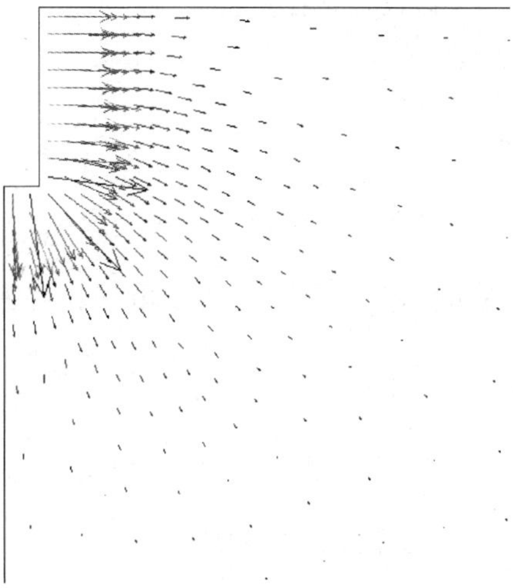

图 3-4-4　电极附近电流密度矢量

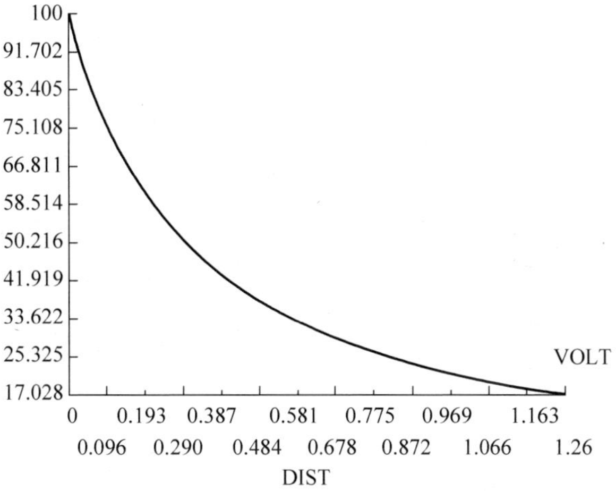

图 3-4-5　电极附近地面电位分布曲线

3. 接地体附近跨步电压

接地电流流入大地后,在地面形成电位分布。在接地体附近地面,人的两脚之间有电位差。这一电位差称为跨步电压。跨步电压超过允许值的区域称为危险区。

设跨步电压安全限值为 U_s,入地电流为 I,试确定如图 3-4-6 所示浅埋半球接地体附近地面的危险区。

根据前面的分析,地表面到球心距离为 r 处,电场强度为

$$\boldsymbol{E}=\frac{I}{2\pi\gamma r^2}\boldsymbol{e}_r \tag{3-4-9}$$

电位

$$\varphi=\int_r^{\infty}\boldsymbol{E}\cdot \mathrm{d}\boldsymbol{r}=\int_r^{\infty}\frac{I}{2\pi\gamma r^2}\mathrm{d}r=\frac{I}{2\pi\gamma r} \tag{3-4-10}$$

假设人站在距接地体球心 r_0 处，朝接地体方向跨出一步，跨步距离为 b，这时跨步电压为

$$U_{BA}=\varphi_B-\varphi_A=\frac{I}{2\pi\gamma(r_0-b)}-\frac{I}{2\pi\gamma r_0}=\frac{I}{2\pi\gamma}\left(\frac{1}{r_0-b}-\frac{1}{r_0}\right)$$
$$=\frac{I}{2\pi\gamma}\left[\frac{b}{(r_0-b)r_0}\right]\approx\frac{bI}{2\pi\gamma r_0^2} \tag{3-4-11}$$

在危险区的边缘上，跨步电压正好等于电压的安全限值 U_s。令 $U_{BA}=U_s$，$\frac{bI}{2\pi\gamma r_0^2}=U_s$，求得

$$r_0=\sqrt{\frac{bI}{2\pi\gamma U_s}} \tag{3-4-12}$$

r_0 就是危险区的半径。

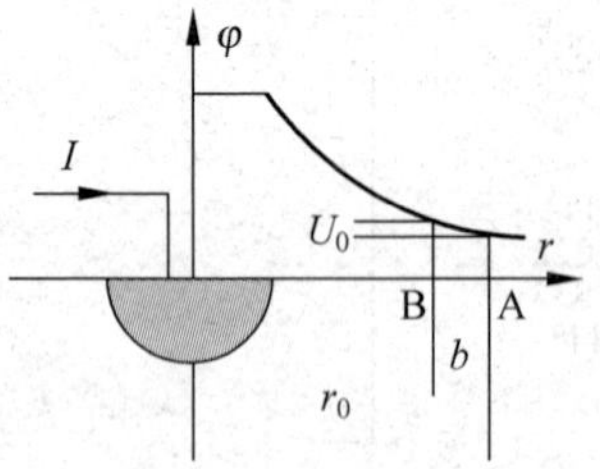

图 3-4-6 跨步电压计算模型

跨步电压限值 U_s 不是一个简单的常数，它与流入接地体的电流波形、大地表层电导率以及大地深层电导率等多种因素有关。

第4章 恒定磁场的基本原理

本章提示

本章讨论由恒定电流产生的磁场。由安培定律引出磁场的基本概念，定义磁感应强度，获得磁感应强度积分计算公式。在此基础上，导出磁通连续性定理，并引出辅助变量矢量磁位。借助于磁偶极子模型，导出磁化电流模型，描述磁媒质对磁场的影响。在全部电流产生磁感应强度积分计算公式基础上，导出磁感应强度表示的安培环路定理。定义磁场强度，导出磁场强度表示的安培环路定理。概括论述恒定磁场的基本方程微分形式和积分形式。根据基本方程的积分形式导出恒定磁场磁感应强度和磁场强度的磁媒质分界面衔接条件。由恒定磁场的基本方程导出用矢量磁位和标量磁位表示的恒定磁场边值问题，并证明恒定磁场解的唯一性。本章重点是理解恒定磁场的基本性质，掌握磁感应强度以及矢量磁位的多种计算方法，学会将恒定磁场表述为边值问题。

4.1 安培定律与磁感应强度

1. 电流元

电荷运动形成电流。电荷元 dq 以速度$\boldsymbol{v}$ 运动形成电流元 $dq\boldsymbol{v}$ 。在电场源模型中的体电荷情况下电荷元表示为 ρdV，相应的磁场源模型中的电流元表示为 $\rho\boldsymbol{v}dV$。在电场源模型中的面电荷情况下电荷元表示为 σdS，相应的磁场源模型中的电流元表示为 $\sigma\boldsymbol{v}dS$。在电场源模型中的线电荷情况下电荷元表示为 τdl，相应的磁场源模型中的电流元表示为 $\tau v d\boldsymbol{l}$。体电流、面电流和线电流的电流元用电流密度或电流分别表示为 $\boldsymbol{J}dV$、$\boldsymbol{K}dS$ 和 $Id\boldsymbol{l}$。

2. 安培定律

相对静止的电荷之间存在作用力，其大小和方向由库仑定律来表述。电流之间存在另一种作用力。关于电流之间的作用力，法国科学家安培(A. M. Ampère，1775—1836)在1820 年做了一系列实验，得到了著名的安培定律。因实验中无法测量两个孤立电流元之间的作用力，只能测量两个载流线圈之间的作用力。

如图 4-1-1 所示，在真空中，通以电流 I_1 的线圈 l_1 对通以电流 I_2 的线圈 l_2 的作用力可表示为

$$\boldsymbol{F}_{21}=\frac{\mu_0}{4\pi}\oint_{l_1}\oint_{l_2}\frac{I_2 d\boldsymbol{l}_2\times(I_1 d\boldsymbol{l}_1\times\boldsymbol{e}_{12})}{R_{12}^2}=\oint_{l_2}I_2 d\boldsymbol{l}_2\times\left(\frac{\mu_0}{4\pi}\oint_{l_1}\frac{I_1 d\boldsymbol{l}_1\times\boldsymbol{e}_{12}}{R_{12}^2}\right) \tag{4-1-1}$$

同样,通以电流 I_2 的线圈 l_2 对通以电流 I_1 的线圈 l_1 的作用力可表示为

$$\boldsymbol{F}_{12}=\frac{\mu_0}{4\pi}\oint_{l_2}\oint_{l_1}\frac{I_1\mathrm{d}\boldsymbol{l}_1\times(I_2\mathrm{d}\boldsymbol{l}_2\times\boldsymbol{e}_{21})}{R_{21}^2}=\oint_{l_1}I_1\mathrm{d}\boldsymbol{l}_1\times\left(\frac{\mu_0}{4\pi}\oint_{l_2}\frac{I_2\mathrm{d}\boldsymbol{l}_2\times\boldsymbol{e}_{21}}{R_{21}^2}\right) \tag{4-1-2}$$

式中,R_{12} 表示电流元 $I_1\mathrm{d}\boldsymbol{l}_1$ 到电流元 $I_2\mathrm{d}\boldsymbol{l}_2$ 的距离,$\boldsymbol{e}_{12}$ 是由电流元 $I_1\mathrm{d}\boldsymbol{l}_1$ 指向电流元 $I_2\mathrm{d}\boldsymbol{l}_2$ 的单位矢量;R_{21} 表示电流元 $I_2\mathrm{d}\boldsymbol{l}_2$ 到电流元 $I_1\mathrm{d}\boldsymbol{l}_1$ 的距离,$\boldsymbol{e}_{21}$ 是由电流元 $I_2\mathrm{d}\boldsymbol{l}_2$ 指向电流元 $I_1\mathrm{d}\boldsymbol{l}_1$ 的单位矢量;μ_0 是真空中的磁导率(又称电感率),其数值为 $4\pi\times10^{-7}$ H/m(亨[利]/米)。

视频:安培小实验之同向电流导线吸引

从式(4-1-1)和式(4-1-2)可导出,电流元 $I_2\mathrm{d}\boldsymbol{l}_2$ 受到载流线圈 l_1 中电流 I_1 的作用力为

$$\mathrm{d}\boldsymbol{F}_{21}=I_2\mathrm{d}\boldsymbol{l}_2\times\left(\frac{\mu_0}{4\pi}\oint_{l_1}\frac{I_1\mathrm{d}\boldsymbol{l}_1\times\boldsymbol{e}_{12}}{R_{12}^2}\right) \tag{4-1-3}$$

视频:安培小实验之反向电流导线排斥

进一步分解可得,电流元 $I_2\mathrm{d}\boldsymbol{l}_2$ 受到载流线圈 l_1 中电流元 $I_1\mathrm{d}\boldsymbol{l}_1$ 的作用力为

$$\mathrm{dd}\boldsymbol{F}_{21}=\frac{\mu_0}{4\pi}\frac{I_2\mathrm{d}\boldsymbol{l}_2\times(I_1\mathrm{d}\boldsymbol{l}_1\times\boldsymbol{e}_{12})}{R_{12}^2} \tag{4-1-4}$$

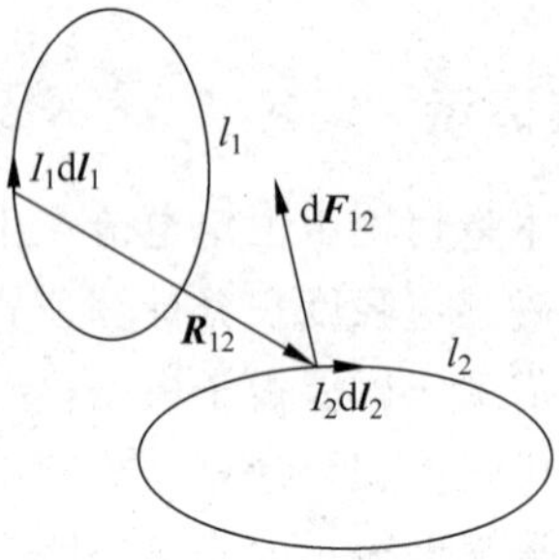

图 4-1-1 电流之间的作用力

安培定律表明,电流元之间的作用力与两者之间距离的平方成反比,与电流元的大小成正比,方向由式(4-1-4)中两次叉乘决定。安培定律是恒定磁场的基础。

3. 磁感应强度

一个线圈中的电流对于放置在附近的另一个线圈中的电流有作用力。由于两线圈相隔一定距离,这个作用力不是直接的作用力,而是通过一定的物质传递过去的,这种物质就是磁场。电流在其周围产生磁场,电流称为磁场的源。不随时间变化的电流产生的磁场,叫作恒定磁场。

设想在恒定磁场中某一点(x,y,z)上,放置一个试验电流元 $I_\mathrm{t}\mathrm{d}\boldsymbol{l}_\mathrm{t}$,如果试验电流元受力为

$$\mathrm{d}\boldsymbol{F}_\mathrm{t}=I_\mathrm{t}\mathrm{d}\boldsymbol{l}_\mathrm{t}\times\boldsymbol{B} \tag{4-1-5}$$

则将 $\boldsymbol{B}$ 这一矢量定义为磁感应强度,它是恒定磁场中的一个基本场矢量。

上述定义可能不够直观,因为它不是磁感应强度的显式定义。但式(4-1-5)确实完全反映了磁感应强度和电流元以及磁场力之间的关系。

从式(4-1-5)出发,不妨继续一个理想实验。如图 4-1-2(a)所示,设想在有磁场的空间场点 P 上沿某方向 $\boldsymbol{e}_1$ 放置一试验电流元 $I_\mathrm{t}\mathrm{d}l_\mathrm{t}\boldsymbol{e}_1$,测得电流元受磁场力方向为 $\boldsymbol{e}_2$,$\boldsymbol{e}_1$ 方向的选择应保证能测出电流元受磁场力(隐含不与磁场方向完全一致或完全相反)。根据 $\mathrm{d}\boldsymbol{F}_\mathrm{t}=I_\mathrm{t}\mathrm{d}\boldsymbol{l}_\mathrm{t}\times\boldsymbol{B}$,电流元受力方向与磁场方向垂直,可知 $\boldsymbol{e}_2$ 方向与磁感应强度 $\boldsymbol{B}$ 方向垂直。如图 4-1-2(b)所示,在该点上沿 $\boldsymbol{e}_2$ 方向重新放置电流元 $I_\mathrm{t}\mathrm{d}l_\mathrm{t}\boldsymbol{e}_2$,测得电流元受磁场力 $\mathrm{d}F_\mathrm{t}\boldsymbol{e}_3$。这时,$\mathrm{d}F_\mathrm{t}\boldsymbol{e}_3=I_\mathrm{t}\mathrm{d}l_\mathrm{t}\boldsymbol{e}_2\times\boldsymbol{B}$,且 $\boldsymbol{B}$、$\boldsymbol{e}_2$ 和 $\boldsymbol{e}_3$ 构成两两垂直关系,容易得出 $\boldsymbol{B}=\dfrac{\mathrm{d}F_\mathrm{t}}{I_\mathrm{t}\mathrm{d}l_\mathrm{t}}\boldsymbol{e}_3\times\boldsymbol{e}_2$。这就构成了磁感应强度的显式定义。

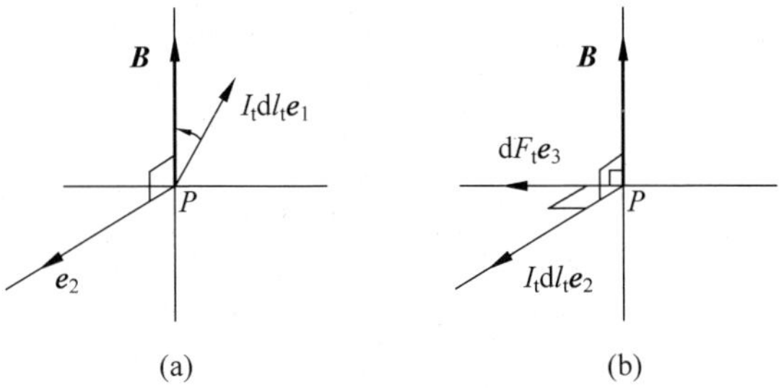

图 4-1-2　磁感应强度显式定义

从定义式(4-1-5)可以看出,试验电流元受力的方向与电流元的方向和磁感应强度的方向都垂直,且 $I_t d\boldsymbol{l}_t$、$\boldsymbol{B}$ 与 $d\boldsymbol{F}_t$ 满足右手关系。根据场点上试验电流元及其所受到的作用力,可以确定场点的磁感应强度。磁感应强度的单位是 T(特[斯拉])。

由安培定律可知,通以电流 I 的线圈 l 所产生恒定磁场的磁感应强度为

$$\boldsymbol{B}=\frac{\mu_0}{4\pi}\oint_l \frac{I d\boldsymbol{l}\times \boldsymbol{e}_R}{R^2} \tag{4-1-6}$$

式中,R 为从电流元 $Id\boldsymbol{l}$ 所在的源点(x',y',z')到场点(x,y,z)的距离;$\boldsymbol{e}_R$ 是从源点指向场点的单位矢量。把坐标原点到场点的距离矢量记为 $\boldsymbol{r}$,坐标原点到源点的距离矢量记为 $\boldsymbol{r}'$,则从源点到场点的距离矢量可表示为 $\boldsymbol{R}=\boldsymbol{r}-\boldsymbol{r}'$。因此,$R=|\boldsymbol{r}-\boldsymbol{r}'|$,$\boldsymbol{e}_R=\dfrac{\boldsymbol{r}-\boldsymbol{r}'}{|\boldsymbol{r}-\boldsymbol{r}'|}$。如图 4-1-3 所示。

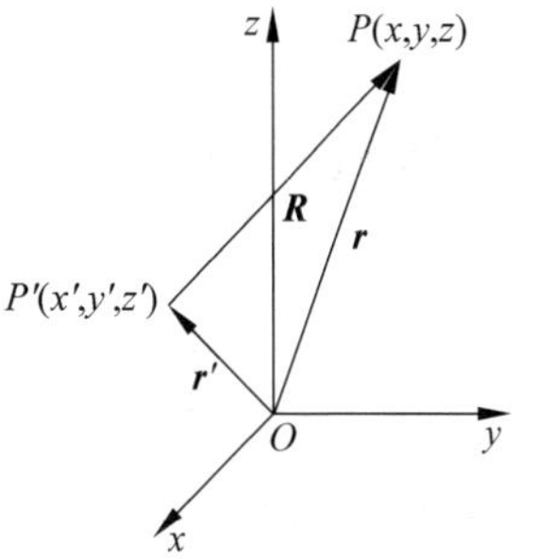

图 4-1-3　磁场的源点与场点

进一步,可以得到电流元 $Id\boldsymbol{l}$ 产生磁场的磁感应强度

$$d\boldsymbol{B}=\frac{\mu_0}{4\pi}\frac{I d\boldsymbol{l}\times \boldsymbol{e}_R}{R^2} \tag{4-1-7}$$

式(4-1-6)和式(4-1-7)所表示的磁感应强度与电流的关系,通常称为毕奥-萨伐尔定律。

ppt:安培定律与磁感应强度定义

4. 分布电流的磁感应强度

在给定的时刻,单个运动点电荷处在某个位置,从磁场源模型的角度看,相当于一个点电流 $q\boldsymbol{v}$,点电流所产生磁场的磁感应强度为

$$\boldsymbol{B}=\frac{\mu_0}{4\pi}\frac{q\boldsymbol{v}\times \boldsymbol{e}_R}{R^2} \tag{4-1-8}$$

点电流产生的磁感应强度见图 4-1-4。观察可知,点电流磁感应强度矢量分布具有螺旋性质。

载流导线可以看作一种线电流,线电流所产生磁场的磁感应强度为

$$\boldsymbol{B}=\frac{\mu_0}{4\pi}\oint_{l'} \frac{I d\boldsymbol{l}'\times \boldsymbol{e}_R}{R^2} \tag{4-1-9}$$

式中,l'为线电流的源区。由面电流产生磁场的磁感应强度为

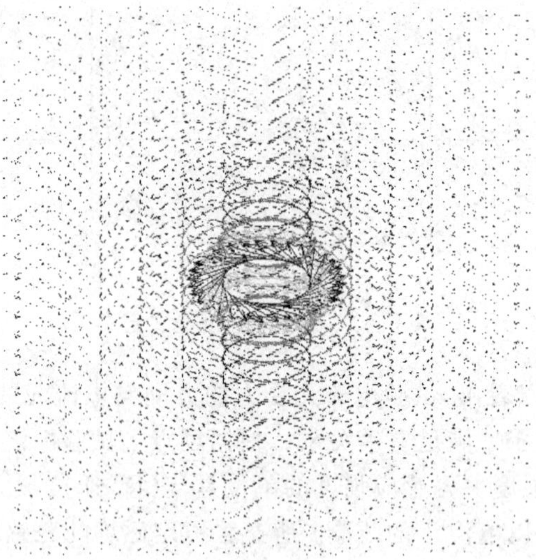

图 4-1-4 点电流磁感应强度三维矢量图

$$\boldsymbol{B}=\frac{\mu_0}{4\pi}\iint_{S'}\frac{\boldsymbol{K}\times\boldsymbol{e}_R}{R^2}\mathrm{d}S' \tag{4-1-10}$$

式中,S'为面电流的源区。由体电流产生磁场的磁感应强度为

$$\boldsymbol{B}=\frac{\mu_0}{4\pi}\iiint_{V'}\frac{\boldsymbol{J}\times\boldsymbol{e}_R}{R^2}\mathrm{d}V' \tag{4-1-11}$$

式中,V'为体电流的源区。

5. 洛伦兹力

根据磁感应强度的定义式(4-1-5),磁场对放置在其中的电流元有作用力。单个运动的点电荷相当于点电流 $q\boldsymbol{v}$,磁场对运动电荷的作用力为

$$\boldsymbol{F}=q\boldsymbol{v}\times\boldsymbol{B} \tag{4-1-12}$$

这种作用力称为洛伦兹(Lorentz)力。从式(4-1-12)可以看出,洛伦兹力与电荷运动方向垂直。因此,这种力不会做功,只能改变速度的方向,不能改变速度的大小。

洛伦兹(H. A. Lorentz,1853—1928)是荷兰物理学家,电子论的创立者。他所提出的洛伦兹变换成为狭义相对论的基础。电磁场中的洛伦兹力以他的名字命名。

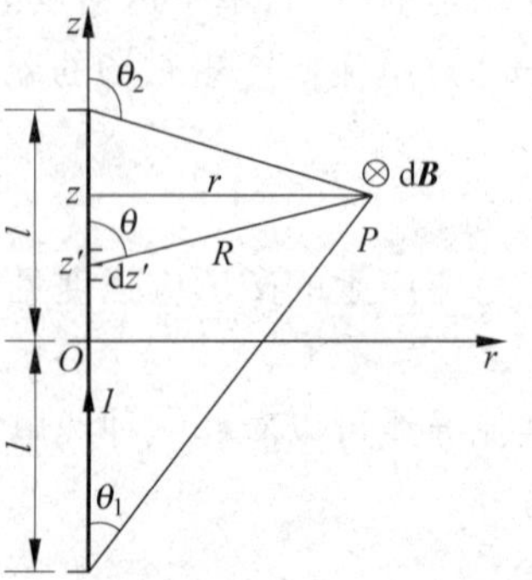

图 4-1-5 长直线电流的磁感应强度计算

例 4-1-1 如图 4-1-5 所示,真空中长度为 $2l$ 的直线段,通以电流 I。求线段之外任一点 P 的磁感应强度。

解 根据电流的对称性,采用圆柱坐标系。坐标原点设在线段中心,z 轴与线段重合。场点 P 的坐标为(r,α,z)。取电流元 $I\mathrm{d}z'$,源点坐标为$(0,\alpha',z')$。这样,电流元在 P 点产生的磁感应强度为

$$\mathrm{d}\boldsymbol{B}=\frac{\mu_0 I\,\mathrm{d}z'\boldsymbol{e}_z\times\boldsymbol{e}_R}{4\pi R^2}=\frac{\mu_0 I\,\mathrm{d}z'\boldsymbol{e}_\alpha}{4\pi R^2}\sin\theta$$

计算 P 点的磁感应强度时，场点坐标(r,α,z)是不变量，源点坐标$(0,\alpha',z')$中 z'是变量。将变量转换为 θ：

$$R=\frac{r}{\sin\theta},\quad z'=z-r\cot\theta,\quad \mathrm{d}z'=\frac{r}{\sin^2\theta}\mathrm{d}\theta$$

$$\mathrm{d}\boldsymbol{B}=\frac{\mu_0 I\,\mathrm{d}z'\boldsymbol{e}_\alpha}{4\pi R^2}\sin\theta=\frac{\mu_0 I\sin\theta\boldsymbol{e}_\alpha}{4\pi r}\mathrm{d}\theta$$

积分，得整段电流在 P 点产生的磁感应强度

$$\boldsymbol{B}=\int_{\theta_1}^{\theta_2}\frac{\mu_0 I\sin\theta\boldsymbol{e}_\alpha}{4\pi r}\mathrm{d}\theta=\frac{-\mu_0 I}{4\pi r}(\cos\theta_2-\cos\theta_1)\boldsymbol{e}_\alpha$$

若线段为上下无限长直线，则 $\theta_1=0$，$\theta_2=\pi$。代入上式得

$$\boldsymbol{B}=\frac{-\mu_0 I}{4\pi r}((-1)-1)\boldsymbol{e}_\alpha=\frac{\mu_0 I}{2\pi r}\boldsymbol{e}_\alpha$$

当线电流长度有限，场点落在线电流延长线上时，$r=0$，由电流元磁感应强度计算公式，$\boldsymbol{e}_z\times\boldsymbol{e}_R=\boldsymbol{0}$，$\mathrm{d}\boldsymbol{B}=\boldsymbol{0}$，积分得磁感应强度为零。

短线电流产生磁场的磁感应强度见图 4-1-6，可以看出磁场绕电流旋转的特性。

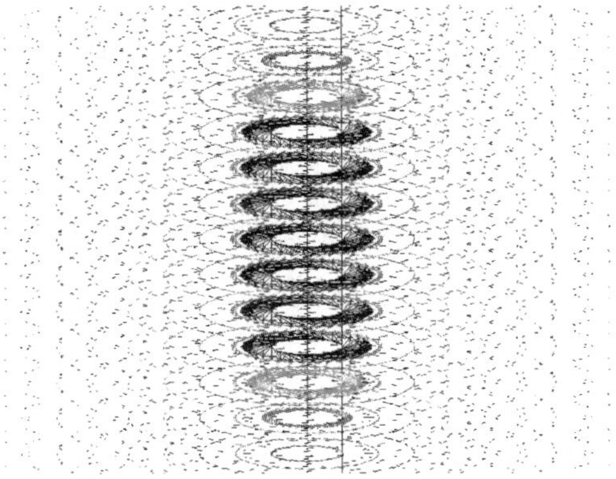

图 4-1-6　短线电流的磁感应强度分布

例 4-1-2　如图 4-1-7 所示，以例 4-1-1 为基础，计算无限大面电流 $\boldsymbol{K}=K\boldsymbol{e}_z$ 的磁场。

解　建立直角坐标系，将无限大面电流放在 yOz 坐标平面，面电流密度方向为 $\boldsymbol{e}_z$，分别计算 $x>0$ 和 $x<0$ 两部分空间的磁感应强度。因面电流平面在 y 和 z 两个方向都无限大，所以磁感应强度只有 y 分量。

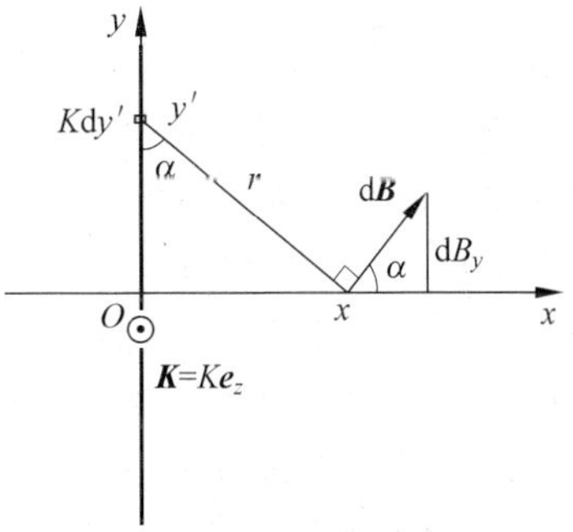

图 4-1-7　无限大面电流的磁场计算

利用例 4-1-1 中无限长线电流的磁感应强度计算公式，将等效线电流 $I=K\mathrm{d}y'$代入，当 $x>0$ 时，有

$$B_y=\int_{-\infty}^{\infty}\frac{x}{r}\frac{\mu_0 K\mathrm{d}y'}{2\pi r}=\int_{-\infty}^{\infty}\frac{\mu_0 K\mathrm{d}\frac{y'}{x}}{2\pi\left[1+\left(\frac{y'}{x}\right)^2\right]}=\frac{\mu_0 K}{2\pi}\arctan\frac{y'}{x}\bigg|_{-\infty}^{\infty}=\frac{\mu_0 K}{2\pi}\left(\frac{\pi}{2}+\frac{\pi}{2}\right)=\frac{\mu_0 K}{2}$$

当 $x<0$ 时,有

$$B_y=\int_{-\infty}^{\infty}\frac{x}{r}\frac{\mu_0 K\mathrm{d}y'}{2\pi r}=\int_{-\infty}^{\infty}\frac{\mu_0 K\mathrm{d}\frac{y'}{x}}{2\pi\left[1+\left(\frac{y'}{x}\right)^2\right]}=\frac{\mu_0 K}{2\pi}\arctan\frac{y'}{x}\bigg|_{-\infty}^{\infty}$$

$$=\frac{\mu_0 K}{2\pi}\left(-\frac{\pi}{2}-\frac{\pi}{2}\right)=-\frac{\mu_0 K}{2}$$

从得到的磁感应强度计算公式可知,无限大平面电流所产生的磁场强度不连续,在电流所在平面两侧发生突变,其突变量为 $\mu_0 K$。

例 4-1-3 如图 4-1-8 所示,以例 4-1-2 为基础,计算厚度为 $2d$ 的无限大体电流 $\boldsymbol{J}=J\boldsymbol{e}_z$ 的磁场。

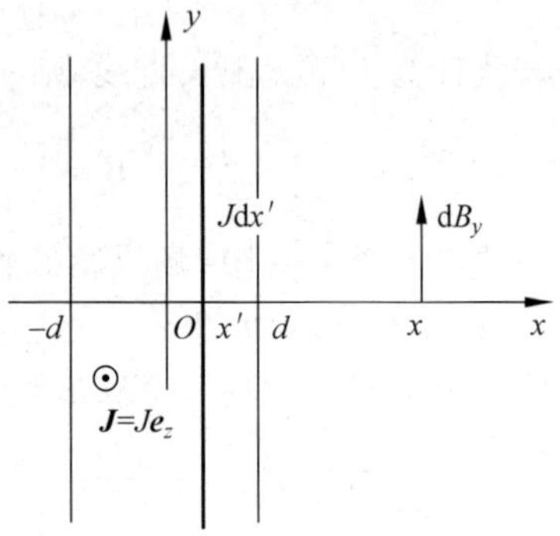

图 4-1-8 有限厚度无限大体电流的磁场计算

解 建立直角坐标系,将无限大体电流与 yOz 坐标平面平行放置,体电流密度电流方向为 $\boldsymbol{e}_z$,分别计算 $x>d$、$x<-d$ 和 $-d<x<d$ 三部分空间的磁感应强度。因体电流所在区域在 y 和 z 两个方向都无限大,所以磁感应强度只有 y 分量。

利用例 4-1-2 无限大面电流的磁感应强度计算公式,将等效面电流密度 $K=J\,\mathrm{d}x'$ 代入,当 $x\geqslant d$ 时,有

$$B_y=\int_{-d}^{d}\frac{\mu_0 J\,\mathrm{d}x'}{2}=\frac{\mu_0 J}{2}(d+d)=\mu_0 Jd$$

当 $x\leqslant -d$ 时,利用无限大面电荷电场计算公式,有

$$B_y=-\int_{-d}^{d}\frac{\mu_0 J\,\mathrm{d}x'}{2}=-\frac{\mu_0 J}{2}(d+d)=-\mu_0 Jd$$

当 $-d\leqslant x\leqslant d$ 时,利用无限大面电荷电场计算公式,有

$$B_y=\int_{-d}^{x}\frac{\mu_0 J\,\mathrm{d}x'}{2}-\int_{x}^{d}\frac{\mu_0 J\,\mathrm{d}x'}{2}=\frac{\mu_0 J}{2}(x+d)-\frac{\mu_0 J}{2}(d-x)=\mu_0 Jx$$

从得到的磁感应强度计算公式可知,有限厚度无限大体电流所产生的磁场强度连续。

例 4-1-4 如图 4-1-9 所示,求真空中半径为 a、电流为 I 的圆形线圈在轴线上各点的磁感应强度。

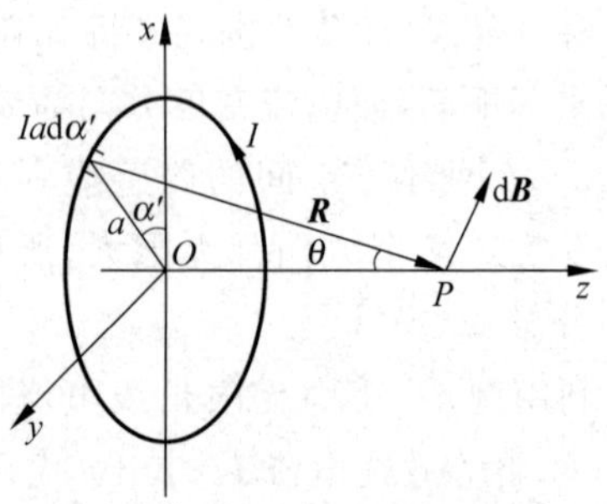

图 4-1-9 圆形线电流的磁感应强度计算

解 根据电流的对称性,采用圆柱坐标系。坐标原点设在圆形线圈的圆心,z 轴与线圈轴线重合。场点 P 的坐标为 $(0,\alpha,z)$。取一个电流元 $Ia\,\mathrm{d}\alpha'$,源点坐标为 $(a,\alpha',0)$。有

$$\boldsymbol{R}=z\boldsymbol{e}_z-a\boldsymbol{e}_r$$

$$\boldsymbol{e}_R=\frac{\boldsymbol{R}}{R}=\frac{z}{R}\boldsymbol{e}_z-\frac{a}{R}\boldsymbol{e}_r=\cos\theta\boldsymbol{e}_z-\sin\theta\boldsymbol{e}_r$$

由一个电流元产生的磁感应强度为

$$\mathrm{d}\boldsymbol{B}=\frac{\mu_0 Ia\,\mathrm{d}\alpha'\boldsymbol{e}_\alpha\times(\cos\theta\boldsymbol{e}_z-\sin\theta\boldsymbol{e}_r)}{4\pi R^2}=\frac{\mu_0 Ia\,\mathrm{d}\alpha'\cos\theta\boldsymbol{e}_r}{4\pi R^2}+\frac{\mu_0 Ia\,\mathrm{d}\alpha'\sin\theta\boldsymbol{e}_z}{4\pi R^2}$$

计算 P 点磁感应强度时，场点坐标$(0,\alpha,z)$不变，源点坐标$(a,\alpha',0)$中只有 α'是变量。整个圆形线圈电流产生的磁感应强度在 $\boldsymbol{e}_r$ 方向的分量相互抵消，只有 $\boldsymbol{e}_z$ 方向的分量，即

$$\boldsymbol{B}=\int_0^{2\pi}\frac{\mu_0 Ia\,\mathrm{d}\alpha'\sin\theta\boldsymbol{e}_z}{4\pi R^2}=\frac{\mu_0 Ia\sin\theta\boldsymbol{e}_z}{4\pi R^2}\int_0^{2\pi}\mathrm{d}\alpha'=\frac{\mu_0 Ia\sin\theta}{2R^2}\boldsymbol{e}_z$$

$$\sin\theta=\frac{a}{R},\quad R=\sqrt{a^2+z^2}$$

$$\boldsymbol{B}=\frac{\mu_0 Ia\sin\theta}{2R^2}\boldsymbol{e}_z=\frac{\mu_0 a^2 I}{2(a^2+z^2)^{\frac{3}{2}}}\boldsymbol{e}_z$$

当 $z=0$ 时，圆形电流在圆心产生的磁感应强度

$$\boldsymbol{B}=\frac{\mu_0 a^2 I}{2(a^2)^{\frac{3}{2}}}\boldsymbol{e}_z=\frac{\mu_0 I}{2a}\boldsymbol{e}_z$$

当 $a=1,I=\dfrac{2}{\mu_0}$，圆形线电流轴线上磁感应强度函数分布如图 4-1-10 所示。

图 4-1-11 给出了圆形线电流产生磁感应强度三维矢量图。观察可得，当电流逆时针绕圆旋转时，磁感应强度从里向外从圆面穿出，绕过圆形电流从圆面外向里返回。图 4-1-12 进一步用轴对称代表面上的矢量表示圆形线电流产生的磁感应强度。

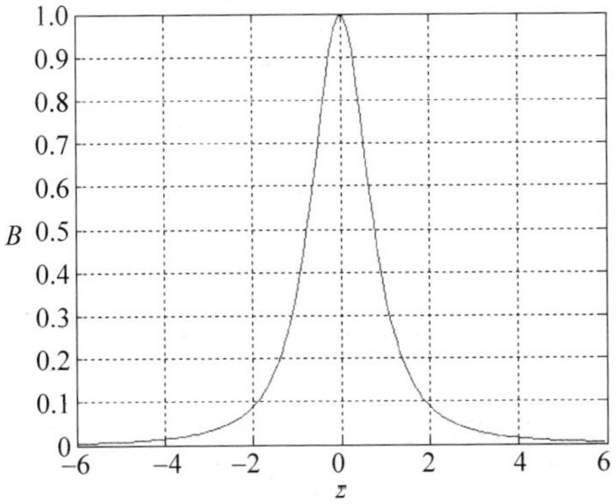

图 4-1-10　圆形线电流轴线上磁感应强度曲线

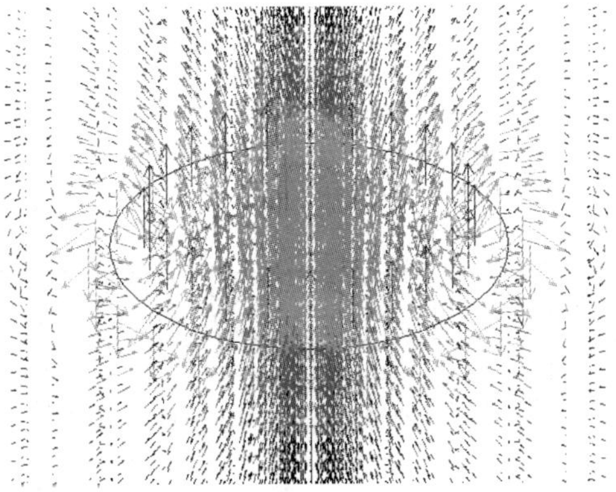

图 4-1-11　圆形线电流的磁感应强度三维矢量图

例 4-1-5　如图 4-1-13 所示，在例 4-1-4 的基础上，求长度为 $2l$、半径 a 为旋转圆柱面(密绕螺线管)电流 $\boldsymbol{K}=K\boldsymbol{e}_\alpha$ 在轴线上产生的磁感应强度。

解　由例 4-1-4 圆形线电流轴线上的磁感应强度计算公式，设 $I=K\,\mathrm{d}z'$，代入公式得

$$\mathrm{d}B_z=\frac{\mu_0 a^2 K\,\mathrm{d}z'}{2\left[a^2+(z-z')^2\right]^{\frac{3}{2}}}$$

令 $R_z=z-z'$，$\mathrm{d}R_z=-\mathrm{d}z'$，

$$B_z=-\int_{z+l}^{z-l}\frac{\mu_0 a^2 K\,\mathrm{d}R_z}{2\left[a^2+R_z^2\right]^{\frac{3}{2}}}=\left.\frac{\mu_0 R_z K}{2\left[a^2+R_z^2\right]^{\frac{1}{2}}}\right|_{z+l}^{z-l}$$

$$=\frac{\mu_0(z+l)K}{2\left[a^2+(z+l)^2\right]^{\frac{1}{2}}}-\frac{\mu_0(z-l)K}{2\left[a^2+(z-l)^2\right]^{\frac{1}{2}}}$$

$l\to\infty$ 的情况：

$$B_z=\lim_{l\to\infty}\frac{\mu_0(z+l)K}{2\left[a^2+(z+l)^2\right]^{\frac{1}{2}}}-\frac{\mu_0(z-l)K}{2\left[a^2+(z-l)^2\right]^{\frac{1}{2}}}$$

$$=\mu_0 K$$

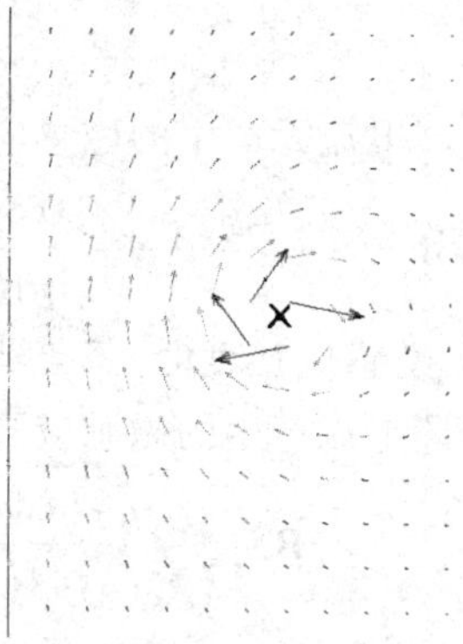

图 4-1-12 圆形线电流磁感应强度轴对称代表面二维矢量图

均匀密绕单层螺线管，匝数为 N，单匝电流为 I，则 $K=\dfrac{NI}{2l}$，磁感应强度公式为

$$B_z=\frac{\mu_0(z+l)NI}{4l\left[a^2+(z+l)^2\right]^{\frac{1}{2}}}-\frac{\mu_0(z-l)NI}{4l\left[a^2+(z-l)^2\right]^{\frac{1}{2}}}$$

当 $a=1$，$l=2$，$NI=\dfrac{4l}{\mu_0}$，均匀密绕螺线管电流轴线上的磁感应强度函数分布如图 4-1-14 所示。

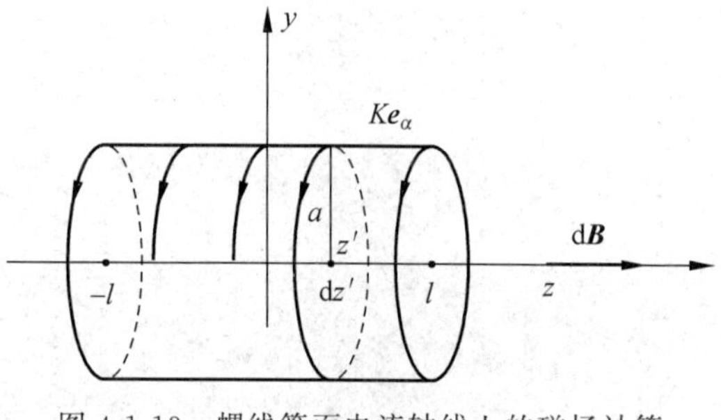

图 4-1-13 螺线管面电流轴线上的磁场计算

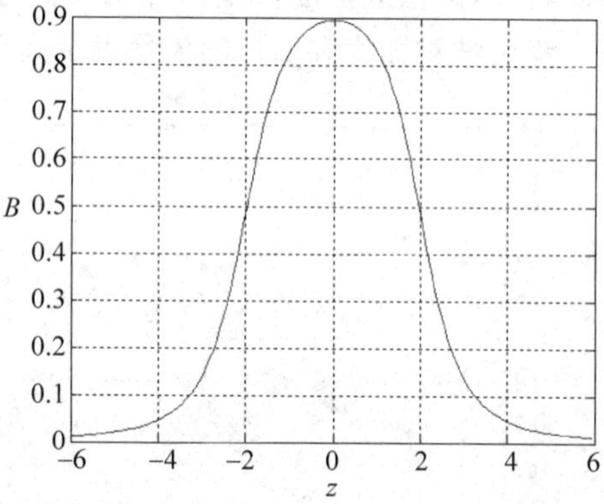

图 4-1-14 螺线管电流轴线上磁感应强度曲线

图片：圆环线圈的磁场分布

例 4-1-6 如图 4-1-15 所示，在例 4-1-5 的基础上，求长度为 $2l$，内外半径为 R_1、R_2，旋转空心圆柱体(多层螺线管)电流 $\boldsymbol{J}=J\boldsymbol{e}_\alpha$ 在轴线上产生的磁感应强度。

解 由例 4-1-5 圆柱面电流的磁感应强度计算公式，设 $K=J\,\mathrm{d}r$，代入公式得

$$\mathrm{d}B_z=\frac{\mu_0(z+l)J\,\mathrm{d}r}{2\left[r^2+(z+l)^2\right]^{\frac{1}{2}}}-\frac{\mu_0(z-l)J\,\mathrm{d}r}{2\left[r^2+(z-l)^2\right]^{\frac{1}{2}}}$$

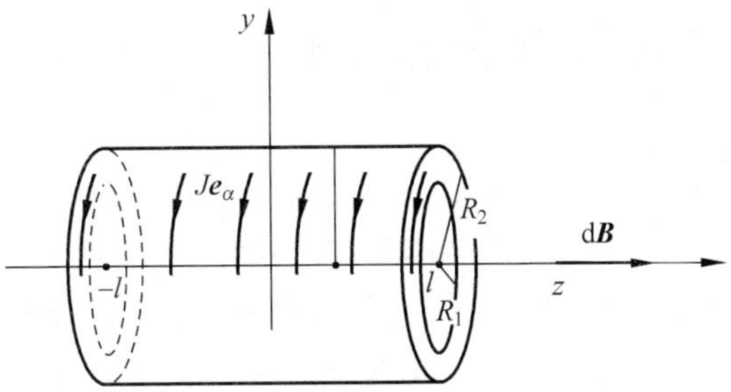

图 4-1-15　螺线管体电流轴线上的磁场计算

积分得

$$B_z=\int_{R_1}^{R_2}\frac{\mu_0(z+l)J\,\mathrm{d}r}{2\left[r^2+(z+l)^2\right]^{\frac{1}{2}}}-\int_{R_1}^{R_2}\frac{\mu_0(z-l)J\,\mathrm{d}r}{2\left[r^2+(z-l)^2\right]^{\frac{1}{2}}}$$

$$=\frac{\mu_0(z+l)J}{2}\ln\left|r+\left[r^2+(z+l)^2\right]^{\frac{1}{2}}\right|\Bigg|_{R_1}^{R_2}-\frac{\mu_0(z-l)J}{2}\left|r+\left[r^2+(z-l)^2\right]^{\frac{1}{2}}\right|\Bigg|_{R_1}^{R_2}$$

$$=\frac{\mu_0(z+l)J}{2}\ln\frac{\left|R_2+\left[R_2^2+(z+l)^2\right]^{\frac{1}{2}}\right|}{\left|R_1+\left[R_1^2+(z+l)^2\right]^{\frac{1}{2}}\right|}-\frac{\mu_0(z-l)J}{2}\ln\frac{\left|R_2+\left[R_2^2+(z-l)^2\right]^{\frac{1}{2}}\right|}{\left|R_1+\left[R_1^2+(z-l)^2\right]^{\frac{1}{2}}\right|}$$

当 $R_1\to 0$ 时，得实心圆柱旋转体电流在轴线上产生的磁感应强度

$$B_z=\frac{\mu_0(z+l)J}{2}\ln\frac{\left|R_2+\left[R_2^2+(z+l)^2\right]^{\frac{1}{2}}\right|}{|z+l|}-\frac{\mu_0(z-l)J}{2}\ln\frac{\left|R_2+\left[R_2^2+(z-l)^2\right]^{\frac{1}{2}}\right|}{|z-l|}$$

均匀密绕多层螺线管，匝数为 N，单匝电流为 I，则 $J=\dfrac{NI}{2l(R_2-R_1)}$。

当 $R_2=1, R_1=0, J=\dfrac{2}{\mu_0}$ 时，圆柱体旋转电流轴线上的磁感应强度函数分布如图 4-1-16 所示。可以看出，场点通过体电流时，磁感应强度连续。

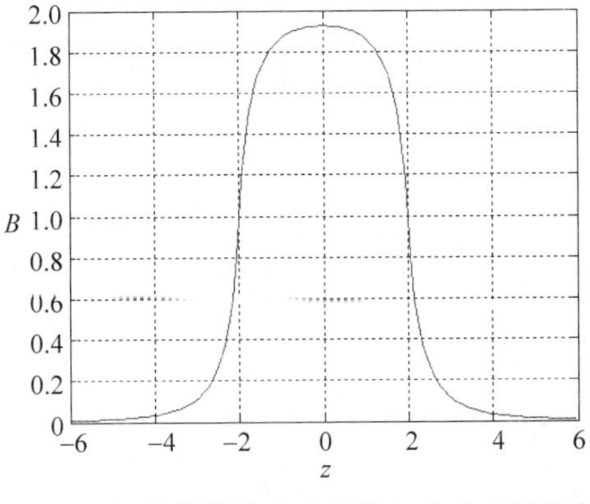

图 4-1-16　圆柱旋转体电流轴线上磁感应强度曲线

4.2 磁通连续性定理与矢量磁位

1. 磁通连续性定理

从宏观角度看,磁场源的模型中体电流最接近实际,具有代表性。面电流、线电流是体电流在几何上的极限情况。因此以体电流为源模型研究磁场的分布特性。至于面电流和线电流产生的磁场,在无源区域其性质与体电流产生的磁场完全相同。在有源区域,由于面、线模型在几何上的无厚度、无截面特点,磁场会出现不同程度的不连续性和奇异性,这些不连续性和奇异性后面会专门讨论。下面通过体电流模型讨论恒定磁场的一般特性。

由体电流产生的磁感应强度,根据式(4-1-11),可得

$$\boldsymbol{B}=\frac{\mu_0}{4\pi}\iiint_{V'}\frac{\boldsymbol{J}\times\boldsymbol{e}_R}{R^2}\mathrm{d}V'=\frac{\mu_0}{4\pi}\iiint_{V'}\boldsymbol{J}\times\left(-\boldsymbol{\nabla}\frac{1}{R}\right)\mathrm{d}V'=\frac{\mu_0}{4\pi}\iiint_{V'}\left(-\boldsymbol{J}\times\boldsymbol{\nabla}\frac{1}{R}\right)\mathrm{d}V' \tag{4-2-1}$$

根据矢量恒等式$\boldsymbol{\nabla}\times(\alpha\boldsymbol{a})=\alpha\,\boldsymbol{\nabla}\times\boldsymbol{a}-\boldsymbol{a}\times\boldsymbol{\nabla}\alpha$,将$\boldsymbol{a}=\boldsymbol{J}$,$\alpha=\frac{1}{R}$代入,得

$$\boldsymbol{\nabla}\times\left(\frac{\boldsymbol{J}}{R}\right)=\frac{1}{R}\,\boldsymbol{\nabla}\times\boldsymbol{J}-\boldsymbol{J}\times\boldsymbol{\nabla}\frac{1}{R} \tag{4-2-2}$$

有

$$-\boldsymbol{J}\times\boldsymbol{\nabla}\frac{1}{R}=\boldsymbol{\nabla}\times\left(\frac{\boldsymbol{J}}{R}\right)-\frac{1}{R}\,\boldsymbol{\nabla}\times\boldsymbol{J} \tag{4-2-3}$$

代入式(4-2-1),得

$$\boldsymbol{B}=\frac{\mu_0}{4\pi}\iiint_{V'}\left[\boldsymbol{\nabla}\times\left(\frac{\boldsymbol{J}}{R}\right)-\frac{1}{R}\,\boldsymbol{\nabla}\times\boldsymbol{J}\right]\mathrm{d}V' \tag{4-2-4}$$

$\boldsymbol{J}$ 是磁场的源(电流密度),是x'、y'、z'坐标的函数,取旋度是对x、y、z坐标的运算,所以$\boldsymbol{\nabla}\times\boldsymbol{J}=\mathbf{0}$。又因取旋度是对$x$、$y$、$z$坐标运算,体积分是对$x'$、$y'$、$z'$坐标运算,两种运算的顺序可以交换,所以

$$\boldsymbol{B}=\frac{\mu_0}{4\pi}\,\boldsymbol{\nabla}\times\left(\iiint_{V'}\frac{\boldsymbol{J}}{R}\mathrm{d}V'\right)=\boldsymbol{\nabla}\times\left(\frac{\mu_0}{4\pi}\iiint_{V'}\frac{\boldsymbol{J}}{R}\mathrm{d}V'\right) \tag{4-2-5}$$

对磁感应强度求散度,得

$$\boldsymbol{\nabla}\cdot\boldsymbol{B}=\boldsymbol{\nabla}\cdot\boldsymbol{\nabla}\times\left(\frac{\mu_0}{4\pi}\iiint_{V'}\frac{\boldsymbol{J}}{R}\mathrm{d}V'\right) \tag{4-2-6}$$

根据矢量恒等式$\boldsymbol{\nabla}\cdot\boldsymbol{\nabla}\times\boldsymbol{A}=0$,得

$$\boldsymbol{\nabla}\cdot\boldsymbol{B}=0 \tag{4-2-7}$$

这就是磁通连续性定理的微分形式。

散度处处为零的场称为无散场。恒定磁场是无散场。

根据散度定理,对任一闭合面 S

$$\oint_S\boldsymbol{B}\cdot\mathrm{d}\boldsymbol{S}=\iiint_V\boldsymbol{\nabla}\cdot\boldsymbol{B}\,\mathrm{d}V \tag{4-2-8}$$

所以有

$$\oint\!\!\!\oint_S \boldsymbol{B} \cdot \mathrm{d}\boldsymbol{S} = 0 \tag{4-2-9}$$

这就是磁通连续性定理的积分形式。磁感应强度的闭合面积分为零。

2. 矢量磁位

由磁通连续性定理$\nabla \cdot \boldsymbol{B}=0$和矢量恒等式$\nabla \cdot \nabla \times \boldsymbol{A}=0$，可以引入一个辅助变量，称作矢量磁位，用 $\boldsymbol{A}$ 表示，$\boldsymbol{A}$ 满足

$$\boldsymbol{B} = \nabla \times \boldsymbol{A} \tag{4-2-10}$$

对比式(4-2-10)和式(4-2-5)，可知

$$\boldsymbol{A} = \frac{\mu_0}{4\pi}\iiint_{V'} \frac{\boldsymbol{J}}{R}\mathrm{d}V' + \nabla\phi + \boldsymbol{C} \tag{4-2-11}$$

将矢量磁位的积分公式推广，在面电流情况下

$$\boldsymbol{A} = \frac{\mu_0}{4\pi}\iint_{S'} \frac{\boldsymbol{K}}{R}\mathrm{d}S' + \nabla\phi + \boldsymbol{C} \tag{4-2-12}$$

在线电流情况下

$$\boldsymbol{A} = \frac{\mu_0}{4\pi}\oint_{l'} \frac{I}{R}\mathrm{d}\boldsymbol{l}' + \nabla\phi + \boldsymbol{C} \tag{4-2-13}$$

根据矢量恒等式，$\nabla\phi+\boldsymbol{C}$ 的旋度为零，所以矢量磁位中可以包含这两项。$\boldsymbol{C}$ 是空间的任意常矢量。$\nabla\phi+\boldsymbol{C}$ 的存在说明矢量磁位不是唯一的。但因$\nabla\times(\nabla\phi+\boldsymbol{C})=\boldsymbol{0}$，由矢量磁位求得的磁感应强度却是唯一的。

关于矢量磁位的唯一性问题，可以由选择参考点来加以限制。矢量磁位的参考点就是强迫矢量磁位为零的点。在电流分布于有限区域的情况下，选择无穷远处为参考点，计算比较方便，这时，矢量磁位计算式中的空间常矢量 $\boldsymbol{C}$ 为零。

3. 矢量磁位的散度

根据前面的定义，矢量磁位的旋度是磁感应强度。下面讨论它的散度，仍以体电流模型为研究对象。

$$\nabla \cdot \boldsymbol{A} = \nabla \cdot \left(\frac{\mu_0}{4\pi}\iiint_{V'} \frac{\boldsymbol{J}}{R}\mathrm{d}V' + \nabla\phi + \boldsymbol{C}\right) = \frac{\mu_0}{4\pi}\iiint_{V'} \nabla \cdot \left(\frac{\boldsymbol{J}}{R}\right)\mathrm{d}V' + \nabla \cdot \nabla\phi \tag{4-2-14}$$

根据矢量恒等式$\nabla \cdot (\alpha\boldsymbol{a})=\alpha\,\nabla \cdot \boldsymbol{a}+\boldsymbol{a} \cdot \nabla\alpha$，将 $\boldsymbol{a}=\boldsymbol{J}$，$\alpha=\dfrac{1}{R}$代入，得

$$\nabla \cdot \left(\frac{\boldsymbol{J}}{R}\right) = \frac{1}{R}\nabla \cdot \boldsymbol{J} + \boldsymbol{J} \cdot \nabla\frac{1}{R} \tag{4-2-15}$$

代入式(4-2-14)，得

$$\nabla \cdot \boldsymbol{A} = \frac{\mu_0}{4\pi}\iiint_{V'} \left(\frac{1}{R}\nabla \cdot \boldsymbol{J} + \boldsymbol{J} \cdot \nabla\frac{1}{R}\right)\mathrm{d}V' + \nabla^2\phi \tag{4-2-16}$$

因 $\boldsymbol{J}$ 是源点 x'、y'、z'坐标的函数，取散度是对场点 x、y、z 坐标运算，所以$\nabla \cdot \boldsymbol{J}=0$。将$\nabla\dfrac{1}{R}=-\nabla'\dfrac{1}{R}$代入式(4-2-16)，得

$$\nabla \cdot \boldsymbol{A} = \frac{\mu_0}{4\pi}\iiint_{V'}\left(-\boldsymbol{J} \cdot \nabla' \frac{1}{R}\right) \mathrm{d}V' \tag{4-2-17}$$

再利用矢量恒等式 $-\boldsymbol{J} \cdot \nabla' \frac{1}{R} = -\nabla' \cdot \left(\frac{\boldsymbol{J}}{R}\right) + \frac{1}{R}\nabla' \cdot \boldsymbol{J}$,得

$$\nabla \cdot \boldsymbol{A} = \frac{\mu_0}{4\pi}\iiint_{V'}\left[-\nabla' \cdot \left(\frac{\boldsymbol{J}}{R}\right) + \frac{1}{R}\nabla' \cdot \boldsymbol{J}\right] \mathrm{d}V' \tag{4-2-18}$$

在恒定磁场中,电流是恒定电流,根据电流连续性,有 $\nabla' \cdot \boldsymbol{J} = 0$,因此可得

$$\nabla \cdot \boldsymbol{A} = \frac{\mu_0}{4\pi}\iiint_{V'}\left[-\nabla' \cdot \left(\frac{\boldsymbol{J}}{R}\right)\right] \mathrm{d}V' + \nabla^2 \phi = -\frac{\mu_0}{4\pi}\oiint_{S'} \frac{\boldsymbol{J}}{R} \cdot \mathrm{d}\boldsymbol{S}' + \nabla^2 \phi \tag{4-2-19}$$

S' 是电流区域 V' 的外表面。在恒定磁场中,当电流分布在有限区域时,根据电流连续性,整个恒定电流区域外表面上恒定电流应无法向分量,即 $\boldsymbol{J} \cdot \mathrm{d}\boldsymbol{S}' = 0$。因此得

$$\nabla \cdot \boldsymbol{A} = \nabla^2 \phi \tag{4-2-20}$$

在推导矢量磁位散度的过程中用到了电流连续性条件。但在推导磁通连续性定理的过程中,不需要对电流连续性提出约束要求。即电流连续不是磁通连续的先决条件。

4. 库仑规范

前面我们定义矢量磁位时,要求矢量磁位的旋度等于磁感应强度。满足这一要求的矢量磁位中包括任意一个旋度为零的矢量。如果一个矢量的旋度为零,则这个矢量可以表示成一个标量的梯度。因此将矢量磁位写成

$$\boldsymbol{A} = \frac{\mu_0}{4\pi}\iiint_{V'} \frac{\boldsymbol{J}}{R} \mathrm{d}V' + \boldsymbol{C} + \nabla \phi \tag{4-2-21}$$

要确定一个矢量,必须确定它的旋度和散度。式(4-2-10)定义的矢量磁位的旋度确定为磁感应强度,而它的散度并未加以限制。根据前面的讨论,我们知道,**A** 的表示式(4-2-21)中前两项的散度为零,最后一项的散度为 $\nabla \cdot \nabla \phi$,即 $\nabla^2 \phi$。也就是说,**A** 的散度等于 $\nabla^2 \phi$,ϕ 为任意标量函数。因此 **A** 的散度存在一定的任意性,从而导致 **A** 的多值性。人为确定 **A** 的散度,就可以限制 **A** 的多值性。

确定 **A** 的散度叫作选择规范。为了计算方便,在恒定磁场中选定 **A** 的散度为零,即 $\nabla \cdot \boldsymbol{A} = 0$。这就是库仑规范。

选定库仑规范后,在整个空间有

$$\nabla \cdot \boldsymbol{A} = \nabla \cdot \nabla \phi = 0 \tag{4-2-22}$$

可以看出,选择规范只是限制了 **A** 的多值性,并不能唯一确定 **A**。要唯一确定矢量磁位 **A**,还必须给定 **A** 的参考点。在电流分布于有限区域情况下,选择无限远处为 **A** 的参考点,可以导出 $\nabla \phi$ 为空间的常矢量,记作 $\boldsymbol{C}'$。更进一步可得 $\boldsymbol{C} + \boldsymbol{C}' = \boldsymbol{0}$。在库仑规范和无限远参考点这两个方面的限制下,**A** 被唯一确定。对于体电流分布情况

$$\boldsymbol{A} = \frac{\mu_0}{4\pi}\iiint_{V'} \frac{\boldsymbol{J}}{R} \mathrm{d}V' \tag{4-2-23}$$

将其推广到面电流和线电流模型下的磁场,有:

对于面电流分布情况

$$\boldsymbol{A}=\frac{\mu_0}{4\pi}\iint_{S'}\frac{\boldsymbol{K}}{R}\mathrm{d}S' \tag{4-2-24}$$

对于线电流分布情况

$$\boldsymbol{A}=\frac{\mu_0}{4\pi}\oint_{l'}\frac{I}{R}\mathrm{d}\boldsymbol{l}' \tag{4-2-25}$$

而单独看一个点电流，其产生的矢量磁位表达式为

$$\boldsymbol{A}=\frac{\mu_0 q\boldsymbol{v}}{4\pi R} \tag{4-2-26}$$

当使用式(4-2-23)～式(4-2-25)计算矢量磁位时，若电流是连续的，所产生的磁场的矢量磁位就会满足库仑规范。

点电流产生的矢量磁位见图 4-2-1。矢量磁位方向与电流方向一致，随着场点的远离，矢量磁位的数值逐渐减小。

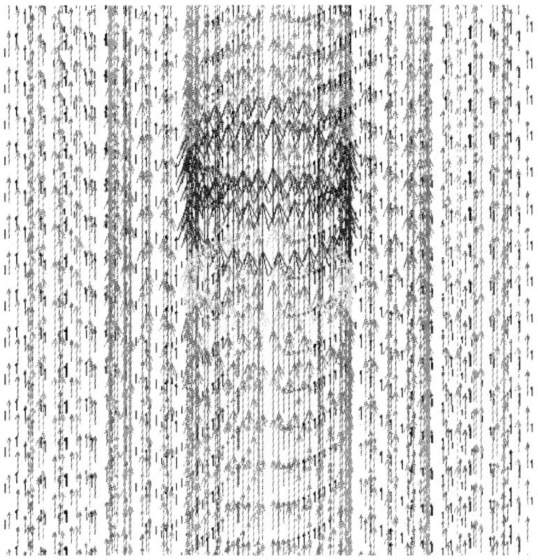

图 4-2-1 点电流矢量磁位三维矢量图

5. 磁通

穿过任一曲面 S 的 $\boldsymbol{B}$ 的通量，称为磁通量，简称磁通，用 Φ 表示。

$$\Phi=\iint_S\boldsymbol{B}\cdot\mathrm{d}\boldsymbol{S} \tag{4-2-27}$$

磁通的单位是 Wb(韦[伯])。

磁通连续性说明，穿入一个闭合面的磁通等于穿出这个闭合面的磁通。

磁通也可以用矢量磁位来计算。将 $\boldsymbol{B}=\nabla\times\boldsymbol{A}$ 代入式(4-2-27)，得

$$\Phi=\iint_S(\nabla\times\boldsymbol{A})\cdot\mathrm{d}\boldsymbol{S} \tag{4-2-28}$$

应用斯托克斯定理，得

$$\Phi=\oint_l\boldsymbol{A}\cdot\mathrm{d}\boldsymbol{l} \tag{4-2-29}$$

式中,l 是 S 的边缘线。用式(4-2-29)计算磁通,只需要计算闭合线积分。

如图4-2-2所示,在平行平面磁场中,矢量磁位只有 z 方向的分量,表示为 $\boldsymbol{A}=A_z\boldsymbol{e}_z$。按 z 方向单位长度计算,这时穿过 xy 平面上一条曲线(图中1-2)的磁通可表示为磁感应强度的线积分,也可以表示为线终点2与起点1的矢量磁位 z 方向投影 A_z 之差。线的方向与 z 方向叉乘的方向为磁通的参考方向。

如图4-2-3所示,在轴对称磁场中,矢量磁位只有 α 方向的分量,表示为 $\boldsymbol{A}=A_\alpha\boldsymbol{e}_\alpha$。按 α 方向整个圆周长度计算,这时穿过 rz 平面上一条曲线(图中1-2)的磁通可表示为磁感应强度乘以 $2\pi r$ 的线积分,也可以表示为线终点2与起点1的 $2\pi rA_\alpha$ 之差。线的方向与 α 方向叉乘的方向为磁通的参考方向。

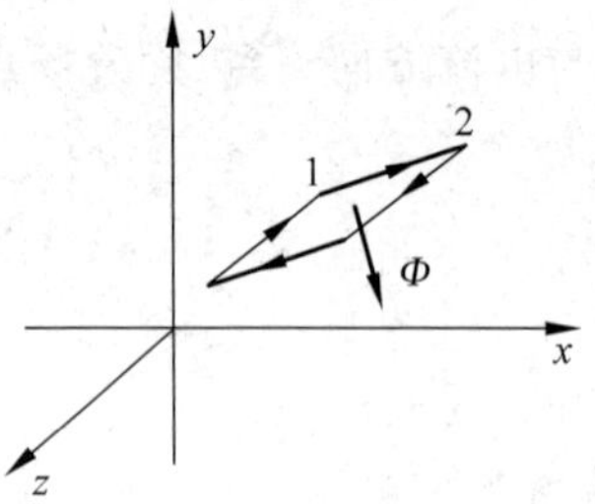

图4-2-2 平行平面场矢量磁位差与磁通的关系

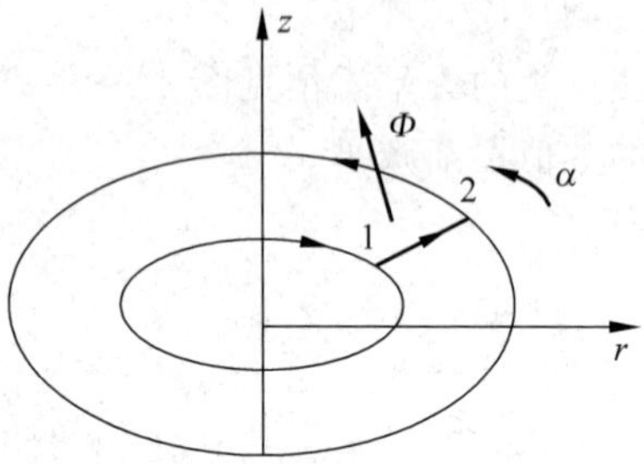

图4-2-3 轴对称场矢量磁位差与磁通的关系

从磁通的角度来说,磁感应强度又叫作磁通密度。$1\mathrm{T}=1\mathrm{Wb/m^2}$。

6. 磁感应强度线

磁感应强度线是对磁场的形象表示。

磁感应强度线是一族有方向的线。磁感应强度线上每一点的切线方向就是该点的磁感应强度方向。设 $\mathrm{d}\boldsymbol{l}$ 为 P 点磁感应强度线的有向线段元,则磁感应强度可表示为 $\boldsymbol{B}=B\boldsymbol{e}_l$。在直角坐标系中

$$\boldsymbol{B}=B_x\boldsymbol{e}_x+B_y\boldsymbol{e}_y+B_z\boldsymbol{e}_z \tag{4-2-30}$$

得磁感应强度线的方程

$$\frac{\mathrm{d}x}{B_x}=\frac{\mathrm{d}y}{B_y}=\frac{\mathrm{d}z}{B_z} \tag{4-2-31}$$

因为磁感应强度与 $\mathrm{d}\boldsymbol{l}$ 方向相同,所以磁感应强度线的方程又可写成

$$\mathrm{d}\boldsymbol{l}\times\boldsymbol{B}=\boldsymbol{0} \tag{4-2-32}$$

例如位于 z 轴上的无穷长直导线电流产生的磁场

$$\boldsymbol{B}=\frac{\mu_0 I}{2\pi r}\boldsymbol{e}_\alpha \tag{4-2-33}$$

在圆柱坐标系中,$\mathrm{d}\boldsymbol{l}=\boldsymbol{e}_r\mathrm{d}r+\boldsymbol{e}_\alpha r\mathrm{d}\alpha+\boldsymbol{e}_z\mathrm{d}z$,所以磁感应强度线的方程为

$$\frac{\mu_0 I\mathrm{d}r}{2\pi r}(\boldsymbol{e}_r\times\boldsymbol{e}_\alpha)+\frac{\mu_0 I\mathrm{d}z}{2\pi r}(\boldsymbol{e}_z\times\boldsymbol{e}_\alpha)=\boldsymbol{0} \tag{4-2-34}$$

$$\frac{\mu_0 I\mathrm{d}r}{2\pi r}\boldsymbol{e}_z-\frac{\mu_0 I\mathrm{d}z}{2\pi r}\boldsymbol{e}_r=\boldsymbol{0} \tag{4-2-35}$$

得

$$\begin{cases} \mathrm{d}(\ln r)=0, & r=\mathrm{e}^{C_1} \\ \mathrm{d}z=0, & z=C_2 \end{cases} \tag{4-2-36}$$

这就是磁感应强度线的方程。给定 C_2，可画出一个截面上的磁感应强度线。C_1 取不同值，得到如图 4-2-4 所示的一族同心圆。

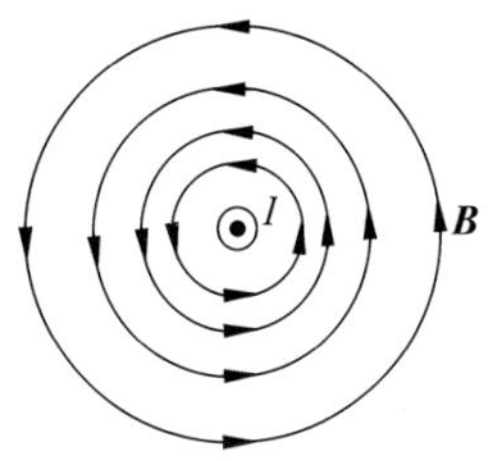

图 4-2-4　长直线电流的磁感应强度线

在平行平面磁场中，$\boldsymbol{B}$ 只有 B_x 和 B_y 两个分量，$\boldsymbol{A}$ 只有 A_z 一个分量。因此有

$$\boldsymbol{B}=\nabla\times\boldsymbol{A}=\frac{\partial A_z}{\partial y}\boldsymbol{e}_x-\frac{\partial A_z}{\partial x}\boldsymbol{e}_y \tag{4-2-37}$$

沿磁感应强度线的有向线段元 $\mathrm{d}\boldsymbol{l}=\mathrm{d}x\boldsymbol{e}_x+\mathrm{d}y\boldsymbol{e}_y$，磁感应强度线的方程

$$\begin{aligned} \mathrm{d}\boldsymbol{l}\times\boldsymbol{B}&=(\mathrm{d}x\boldsymbol{e}_x+\mathrm{d}y\boldsymbol{e}_y)\times\left(\frac{\partial A_z}{\partial y}\boldsymbol{e}_x-\frac{\partial A_z}{\partial x}\boldsymbol{e}_y\right) \\ &=-\left(\frac{\partial A_z}{\partial x}\mathrm{d}x+\frac{\partial A_z}{\partial y}\mathrm{d}y\right)\boldsymbol{e}_z=-\mathrm{d}A_z\boldsymbol{e}_z=\boldsymbol{0} \end{aligned} \tag{4-2-38}$$

可见沿磁感应强度线 A_z 的微分为零。由此可得平行平面磁场磁感应强度线的方程

$$A_z=C \tag{4-2-39}$$

C 取一系列的值，可以得到一族磁感应强度线。等 A_z 线即磁感应强度线。任意两条磁感应强度线的 A_z 值之差即为这两条线之间 z 方向单位长度的磁通。

在轴对称磁场中，$\boldsymbol{A}$ 只有 A_α 一个分量，$\boldsymbol{B}$ 只有 B_r 和 B_z 两个分量。因此有

$$\boldsymbol{B}=\nabla\times\boldsymbol{A}=-\frac{\partial A_\alpha}{\partial z}\boldsymbol{e}_r+\frac{1}{r}\frac{\partial}{\partial r}(rA_\alpha)\boldsymbol{e}_z \tag{4-2-40}$$

沿磁感应强度线的有向线段元 $\mathrm{d}\boldsymbol{l}=\mathrm{d}r\boldsymbol{e}_r+\mathrm{d}z\boldsymbol{e}_z$，磁感应强度线的方程

$$\begin{aligned} \mathrm{d}\boldsymbol{l}\times\boldsymbol{B}&=(\mathrm{d}r\boldsymbol{e}_r+\mathrm{d}z\boldsymbol{e}_z)\times\left(-\frac{\partial A_\alpha}{\partial z}\boldsymbol{e}_r+\frac{1}{r}\frac{\partial}{\partial r}(rA_\alpha)\boldsymbol{e}_z\right) \\ &=\left[-\frac{1}{r}\frac{\partial}{\partial r}(rA_\alpha)\mathrm{d}r-\frac{\partial A_\alpha}{\partial z}\mathrm{d}z\right]\boldsymbol{e}_z \\ &=\left[-\frac{1}{r}\frac{\partial}{\partial r}(rA_\alpha)\mathrm{d}r+\frac{1}{r}\frac{\partial}{\partial z}(rA_\alpha)\mathrm{d}z\right]\boldsymbol{e}_z \\ &=-\mathrm{d}(rA_\alpha)\boldsymbol{e}_z=\boldsymbol{0} \end{aligned} \tag{4-2-41}$$

可见沿磁感应强度线 rA_α 的微分为零。由此可得轴对称磁场磁感应强度线的方程

$$rA_\alpha=C \tag{4-2-42}$$

C 取一系列的值，可以得到一族磁感应强度线。等 rA_α 线即磁感应强度线。任意两条磁感应强度线的 $2\pi rA_\alpha$ 值之差即为这两条线之间整个圆周的磁通。

例 4-2-1　如图 4-2-5 所示，真空中长度为 $2l$ 的直线段，通以电流 I。求线段外任一点 P 的矢量磁位。

解　根据电流的对称性，采用圆柱坐标系。坐标原点设在线段中心，z 轴与线段重合。

场点 P 的坐标为 (r,α,z)。取电流元 $I\mathrm{d}z'$,源点坐标为 $(0,\alpha',z')$。取无穷远处为矢量磁位参考点,根据电流的对称性,可只讨论 $z\geqslant 0$ 的情况。电流元在 P 点产生的矢量磁位为

$$\mathrm{d}\boldsymbol{A}=\frac{\mu_0 I\mathrm{d}z'}{4\pi R}\boldsymbol{e}_z$$

计算 P 点的矢量磁位时,场点坐标 (r,α,z) 是不变量,源点坐标 $(0,\alpha',z')$ 中 z' 是变量。

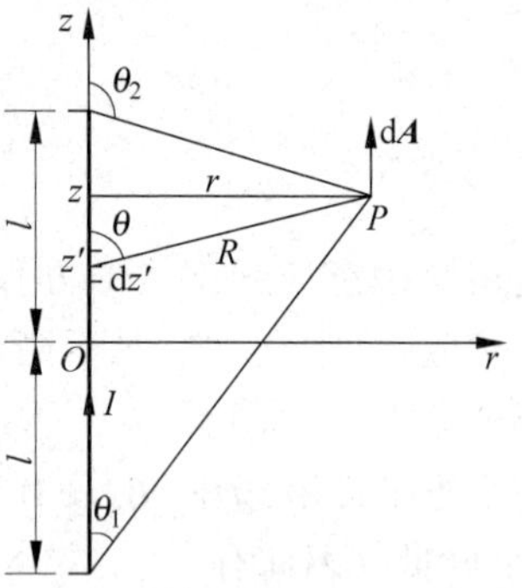

图 4-2-5　长直线电流的矢量磁位计算

$$\mathrm{d}\boldsymbol{A}=\frac{\mu_0}{4\pi}\frac{I\mathrm{d}z'}{R}\boldsymbol{e}_z=\frac{\mu_0}{4\pi}\frac{I\mathrm{d}z'}{[r^2+(z-z')^2]^{\frac{1}{2}}}\boldsymbol{e}_z$$

$$R_z=z-z',\quad \mathrm{d}R_z=-\mathrm{d}z'$$

$$\mathrm{d}\boldsymbol{A}=-\frac{\mu_0}{4\pi}\frac{I\mathrm{d}R_z}{[r^2+R_z^2]^{\frac{1}{2}}}\boldsymbol{e}_z$$

积分得

$$\boldsymbol{A}=-\int_{z+d}^{z-d}\frac{\mu_0}{4\pi}\frac{I\mathrm{d}R_z}{[r^2+R_z^2]^{\frac{1}{2}}}\boldsymbol{e}_z=-\frac{\mu_0 I\boldsymbol{e}_z}{4\pi}\ln\left|R_z+\sqrt{r^2+R_z^2}\right|\Big|_{z+d}^{z-d}$$

$$\boldsymbol{A}=\frac{\mu_0 I}{4\pi}\left[\ln\left|z+l+\sqrt{r^2+(z+l)^2}\right|-\ln\left|z-l+\sqrt{r^2+(z-l)^2}\right|\right]\boldsymbol{e}_z$$

$$=\frac{\mu_0 I}{4\pi}\ln\frac{\left|z+l+\sqrt{r^2+(z+l)^2}\right|}{\left|z-l+\sqrt{r^2+(z-l)^2}\right|}\boldsymbol{e}_z$$

当 $z\ll l$ 时

$$\boldsymbol{A}=\frac{\mu_0 I}{4\pi}\ln\frac{\sqrt{r^2+l^2}+l}{\sqrt{r^2+l^2}-l}\boldsymbol{e}_z=\frac{\mu_0 I}{4\pi}\ln\frac{(\sqrt{r^2+l^2}+l)^2}{(\sqrt{r^2+l^2}-l)(\sqrt{r^2+l^2}+l)}\boldsymbol{e}_z$$

$$=\frac{\mu_0 I}{4\pi}\ln\frac{(\sqrt{r^2+l^2}+l)^2}{r^2}\boldsymbol{e}_z=\frac{\mu_0 I}{2\pi}\ln\frac{\sqrt{r^2+l^2}+l}{r}\boldsymbol{e}_z$$

再当 $r\ll l$ 时

$$\boldsymbol{A}=\frac{\mu_0 I}{2\pi}\ln\frac{2l}{r}\boldsymbol{e}_z$$

针对无限长线电流,需要 $l\to\infty$,这时上式在有限区域内矢量磁位都为 ∞,这是因为在推导过程中假设了矢量磁位参考点在无限远处。为了避免这种情况,需要将矢量磁位参考点设置在有限位置。设 $r=R_0$ 为参考点,代入上式得

$$A_0=\frac{\mu_0 I}{2\pi}\ln\frac{2l}{R_0}+C=0$$

有

$$C=-\frac{\mu_0 I}{2\pi}\ln\frac{2l}{R_0}$$

这样相对于新的参考点,无限长线电流产生磁场的矢量磁位计算公式为

$$\boldsymbol{A}=\left(\frac{\mu_0 I}{2\pi}\ln\frac{2l}{r}-\frac{\mu_0 I}{2\pi}\ln\frac{2l}{R_0}\right)\boldsymbol{e}_z=\frac{\mu_0 I}{2\pi}\ln\frac{R_0}{r}\boldsymbol{e}_z$$

当线电流长度有限，场点位于线电流延长线上时，上述矢量磁位计算公式不能使用。在线电荷延长线上，讨论 $z>l$ 的情况，如图 4-2-6 所示，矢量磁位表示为

$$\boldsymbol{A}=\int_{-l}^{l}\frac{\mu_0 I\boldsymbol{e}_z}{4\pi R}\mathrm{d}z'$$

$$R=z-z',\quad z'=z-R$$

所以

$$\mathrm{d}z'=-\mathrm{d}R$$

代入上述积分公式

$$\boldsymbol{A}=\int_{z+l}^{z-l}\frac{-\mu_0 I\boldsymbol{e}_z}{4\pi R}\mathrm{d}R=\frac{-\mu_0 I\boldsymbol{e}_z}{4\pi}\ln R\bigg|_{z+l}^{z-l}$$

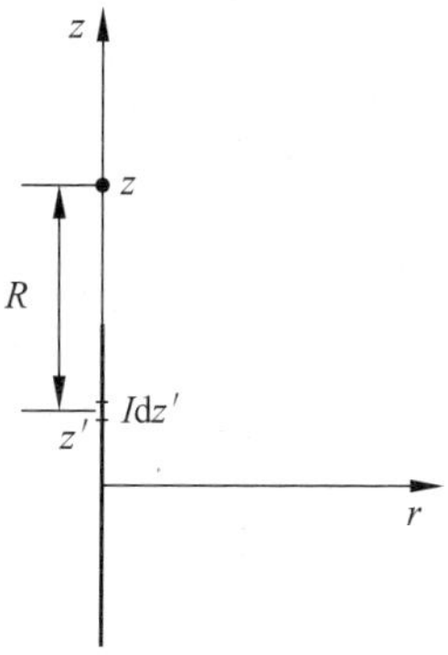

图 4-2-6　直线电流延长线上矢量磁位计算

将积分上下限代入，得电位计算公式

$$\boldsymbol{A}=\frac{\mu_0 I}{4\pi}\ln\frac{(z+l)}{(z-l)}\boldsymbol{e}_z$$

当 $z<-l$，可根据对称性写出

$$\boldsymbol{A}=\frac{\mu_0 I}{4\pi}\ln\frac{(z-l)}{(z+l)}\boldsymbol{e}_z$$

例 4-2-2　如图 4-2-7 所示，计算真空中平行二线传输线中电流 $\pm I$ 产生磁场的矢量磁位。

解　由例 4-2-1，利用叠加原理

$$\boldsymbol{A}=\frac{\mu_0 I}{2\pi}\left(\ln\frac{R_{01}}{R_1}-\ln\frac{R_{02}}{R_2}\right)\boldsymbol{e}_z$$

$$=\frac{\mu_0 I}{2\pi}\ln\frac{R_2 R_{01}}{R_1 R_{02}}\boldsymbol{e}_z$$

$$=\frac{\mu_0 I}{2\pi}\left(\ln\frac{R_2}{R_1}-\ln\frac{R_{02}}{R_{01}}\right)\boldsymbol{e}_z$$

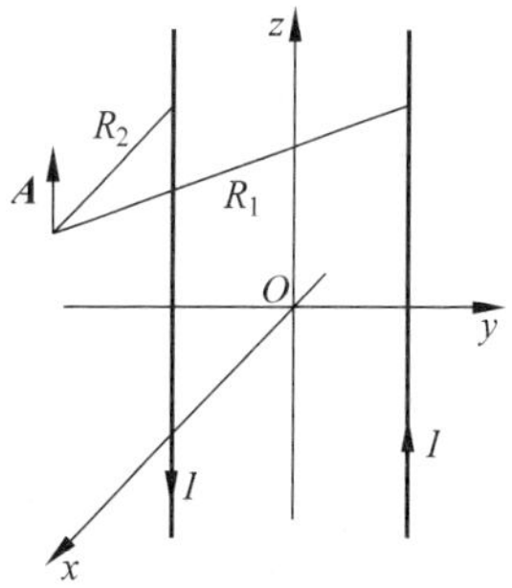

图 4-2-7　二线传输线的矢量磁位计算

令 $\ln\dfrac{R_{02}}{R_{01}}=0$，相当于重新设置矢量磁位参考点，得

$$\boldsymbol{A}=\frac{\mu_0 I}{2\pi}\ln\frac{R_2}{R_1}\boldsymbol{e}_z$$

若 $R_1=R_2$，则上式的 $\boldsymbol{A}=\boldsymbol{0}$。说明 $\boldsymbol{A}$ 的参考点是 $R_1=R_2$ 的无限大平面。

例 4-2-3　在例 4-2-1 的基础上，如图 4-2-8 所示，求无限大平面电流 $\boldsymbol{K}=K\boldsymbol{e}_z$ 的矢量磁位。

解　由例 4-2-1 中无限长线电流的矢量磁位计算公式，将等效线电流 $I=K\mathrm{d}y'$ 代入公式得

$$\mathrm{d}A=\frac{\mu_0 K}{2\pi}\ln\frac{R_0}{r}\mathrm{d}y'$$

$$A=\frac{\mu_0 K}{2\pi}\int_{-\infty}^{\infty}\ln\frac{R_0}{\sqrt{(x^2+y'^2)}}\mathrm{d}y'=\frac{\mu_0 K}{2\pi}\left[y'\ln R_0-\frac{1}{2}y'\ln(x^2+y'^2)+y'-x\arctan\frac{y'}{x}\right]\Bigg|_{-\infty}^{\infty}$$

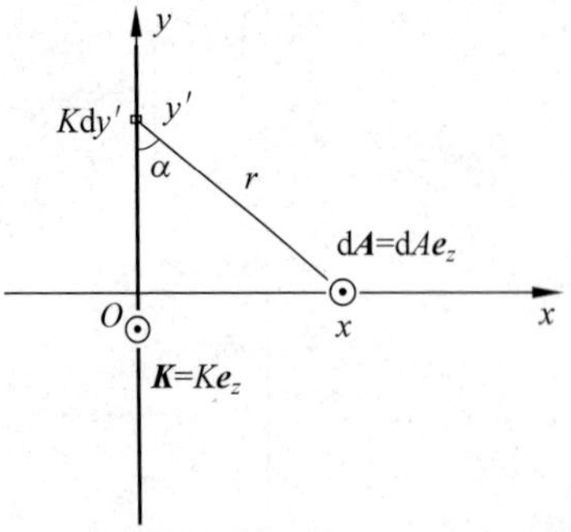

图 4-2-8 无限大平面电流的矢量磁位计算

上述矢量磁位计算公式有无穷大项，通过选取 $x=0$ 为参考点，得

$$A=-\frac{\mu_0 Kx}{2\pi}\arctan\frac{y'}{x}\Bigg|_{-\infty}^{\infty}$$

当 $x\geqslant 0$ 时，有

$$A=-\frac{\mu_0 Kx}{2}$$

当 $x\leqslant 0$ 时，有

$$A=\frac{\mu_0 Kx}{2}$$

例 4-2-4 在例 4-2-3 的基础上，如图 4-2-9 所示，求厚度为 $2d$ 的无限大体电流 $\boldsymbol{J}=J\boldsymbol{e}_z$ 的矢量磁位。

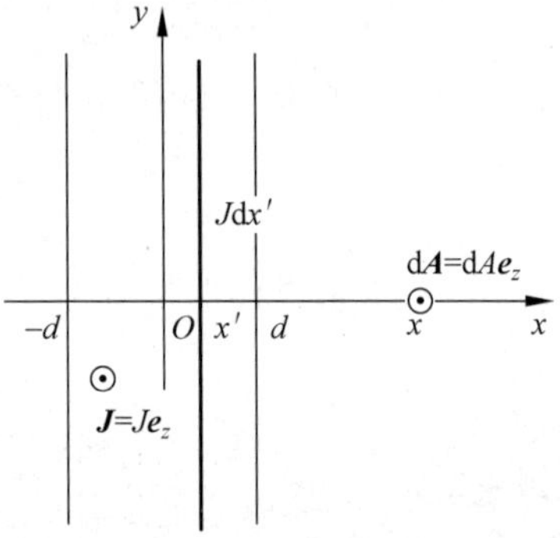

图 4-2-9 有限厚度无限大体电流的矢量磁位计算

解 由无限大平面电流的矢量磁位计算公式，将等效面电流密度 $K=J\,\mathrm{d}x'$ 代入公式，令

$$R_x=x-x',\quad \mathrm{d}R_x=-\mathrm{d}x'$$

当 $x\geqslant d$ 时

$$A=\int_{x+d}^{x-d}\frac{\mu_0 JR_x\,\mathrm{d}R_x}{2}=\frac{\mu_0 J}{4}R_x^2\Bigg|_{x+d}^{x-d}$$

$$=\frac{\mu_0 J}{4}[(x-d)^2-(x+d)^2]=-\mu_0 dJx$$

当 $x\leqslant -d$ 时

$$A=-\int_{x+d}^{x-d}\frac{\mu_0 JR_x\,\mathrm{d}R_x}{2}=\frac{\mu_0 J}{4}R_x^2\Bigg|_{x+d}^{x-d}=-\frac{\mu_0 J}{4}[(x-d)^2-(x+d)^2]=\mu_0 dJx$$

当 $-d\leqslant x\leqslant d$ 时

$$A=\int_{x+d}^{x}\frac{\mu_0 JR_x\,\mathrm{d}R_x}{2}-\int_{x}^{x-d}\frac{\mu_0 JR_x\,\mathrm{d}R_x}{2}=\frac{\mu_0 J}{4}R_x^2\Bigg|_{x+d}^{0}-\frac{\mu_0 J}{4}R_x^2\Bigg|_{0}^{x-d}$$

$$=\frac{\mu_0 J}{4}R_x^2\Bigg|_{x+d}^{0}-\frac{\mu_0 J}{4}R_x^2\Bigg|_{0}^{x-d}=\frac{\mu_0 J}{4}[-(x+d)^2-(x-d)^2]=-\frac{\mu_0 J}{2}(x^2+d^2)$$

例 4-2-5 在例 4-1-5 无限长螺线管磁感应强度计算结果的基础上，计算螺线管内外的矢量磁位。

解 依据螺线管轴线建立圆柱坐标系，螺线管内 $\boldsymbol{B}=\mu_0 K\boldsymbol{e}_z$，螺线管外磁感应强度为 0。根据螺线管电流方向可知，矢量磁位只有 $\boldsymbol{e}_\alpha$ 方向的分量，$\boldsymbol{A}=A\boldsymbol{e}_\alpha$。以螺线管轴线为圆心作一个同轴圆，由矢量磁位与磁通的关系 $\oint_l \boldsymbol{A}\cdot\mathrm{d}\boldsymbol{l}=2\pi rA=\iint_S \boldsymbol{B}\cdot\mathrm{d}\boldsymbol{S}=\mu_0 K\pi r^2$，得 $A=\frac{\mu_0 Kr}{2}$。在螺线管外，$\oint_l \boldsymbol{A}\cdot\mathrm{d}\boldsymbol{l}=2\pi rA=\mu_0 K\pi a^2$，$A=\frac{\mu_0 Ka^2}{2r}$。

短线电流产生磁场的矢量磁位见图 4-2-10。

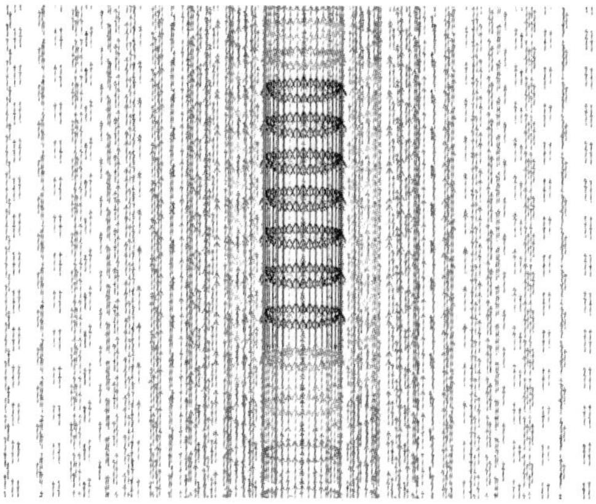

图 4-2-10　短线电流的矢量磁位分布

圆形线电流产生的矢量磁位在轴线上为零。在轴线以外难以解析求解，数值积分可得近似解。三维矢量图见图 4-2-11。圆形线电流产生的矢量磁位是轴对称矢量场，只有旋转分量。其模值在轴对称代表面上二维云图见图 4-2-12。

彩图 4-2-12

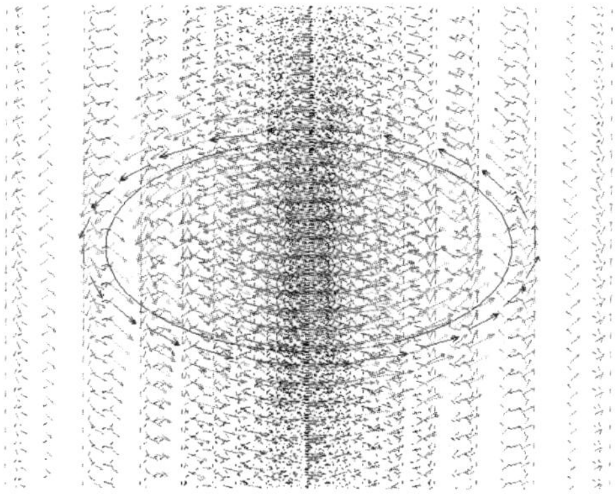

图 4-2-11　圆形线电流矢量磁位三维矢量图

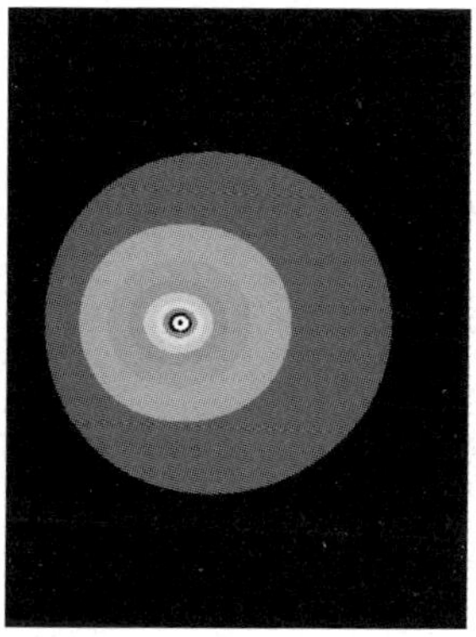

图 4-2-12　圆形线电流矢量磁位模值轴对称二维云图

4.3　磁媒质

1. 磁偶极子

所谓磁偶极子是指所围成的面积趋近于零时的载流回路。设回路中的电流为 I，回路所围成的面积为 S，则可以用一个矢量来表示磁偶极子。这个矢量叫作磁偶极矩，记为 $\boldsymbol{m}$。

$$\boldsymbol{m}=I\boldsymbol{S} \tag{4-3-1}$$

磁偶极子也是研究磁场特性时使用的磁场源模型。

2. 磁偶极子的矢量磁位

磁偶极子产生的磁场，就是微小的闭合回路电流产生的磁场。如图 4-3-1 所示，在直角坐标系和球坐标系情况下，设磁偶极矩的方向与 z 轴方向一致，磁偶极子位于坐标原点。

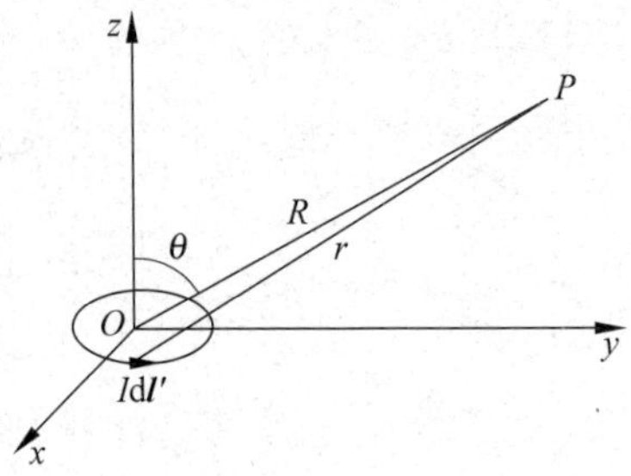

图 4-3-1　磁偶极子矢量磁位计算模型

磁偶极子的矢量磁位

$$\boldsymbol{A}=\frac{\mu_0}{4\pi}\oint_{l'}\frac{1}{r}I\,\mathrm{d}\boldsymbol{l}' \tag{4-3-2}$$

根据矢量恒等式$\iint_{S'}\boldsymbol{e}_{\mathrm{n}}\times\nabla'\alpha\,\mathrm{d}S'=\oint_{l'}\alpha\,\mathrm{d}\boldsymbol{l}'$，有

$$\boldsymbol{A}=\frac{\mu_0 I}{4\pi}\iint_{S'}\boldsymbol{e}_{\mathrm{n}}\times\nabla'\frac{1}{r}\mathrm{d}S'=\frac{\mu_0 I}{4\pi}\iint_{S'}\boldsymbol{e}_{\mathrm{n}}\times\frac{\boldsymbol{e}_r}{r^2}\mathrm{d}S' \tag{4-3-3}$$

在远离磁偶极子的场点，可认为$r\approx R$，$\boldsymbol{e}_r\approx\boldsymbol{e}_R$，因此

$$\boldsymbol{A}=\frac{\mu_0 I}{4\pi}\iint_{S'}\boldsymbol{e}_{\mathrm{n}}\times\frac{\boldsymbol{e}_R}{R^2}\mathrm{d}S'=\frac{\mu_0 I}{4\pi}\boldsymbol{e}_{\mathrm{n}}\times\frac{\boldsymbol{e}_R}{R^2}\iint_{S'}\mathrm{d}S'=\frac{\mu_0 I}{4\pi}\boldsymbol{e}_{\mathrm{n}}\times\frac{\boldsymbol{e}_R}{R^2}S=\frac{\mu_0 I\boldsymbol{S}}{4\pi}\times\frac{\boldsymbol{e}_R}{R^2} \tag{4-3-4}$$

将磁偶极矩代入

$$\boldsymbol{A}=\frac{\mu_0}{4\pi}\frac{\boldsymbol{m}\times\boldsymbol{e}_R}{R^2} \tag{4-3-5}$$

在球坐标系情况下

$$\boldsymbol{A}=A_\alpha\boldsymbol{e}_\alpha=\frac{\mu_0}{4\pi}\frac{IS\sin\theta}{R^2}\boldsymbol{e}_\alpha \tag{4-3-6}$$

3. 磁偶极子的磁感应强度

在球坐标系下

$$\boldsymbol{B}=\nabla\times\boldsymbol{A}=\boldsymbol{e}_R\frac{1}{R\sin\theta}\left[\frac{\partial}{\partial\theta}(A_\alpha\sin\theta)-\frac{\partial A_\theta}{\partial\alpha}\right]+\boldsymbol{e}_\theta\frac{1}{R}\left[\frac{1}{\sin\theta}\frac{\partial A_r}{\partial\alpha}-\frac{\partial}{\partial R}(RA_\alpha)\right]+\boldsymbol{e}_\alpha\frac{1}{R}\left[\frac{\partial}{\partial R}(RA_\theta)-\frac{\partial A_r}{\partial\theta}\right] \tag{4-3-7}$$

将 $\boldsymbol{A}$ 代入，得磁偶极子产生的磁感应强度

$$\begin{aligned}\boldsymbol{B}&=\boldsymbol{e}_R\frac{1}{R\sin\theta}\left[\frac{\partial}{\partial\theta}\left(\frac{\mu_0}{4\pi}\frac{IS\sin\theta}{R^2}\sin\theta\right)\right]+\boldsymbol{e}_\theta\frac{1}{R}\left[-\frac{\partial}{\partial R}\left(R\frac{\mu_0}{4\pi}\frac{IS\sin\theta}{R^2}\right)\right]\\&=\frac{\mu_0}{4\pi}\frac{2IS\cos\theta}{R^3}\boldsymbol{e}_R+\frac{\mu_0}{4\pi}\frac{IS\sin\theta}{R^3}\boldsymbol{e}_\theta\end{aligned} \tag{4-3-8}$$

整理得

$$\boldsymbol{B}=\frac{\mu_0 m}{4\pi R^3}(2\cos\theta\boldsymbol{e}_R+\sin\theta\boldsymbol{e}_\theta) \tag{4-3-9}$$

也可以表示为

$$\boldsymbol{B}=\nabla\times\frac{\mu_0}{4\pi}\frac{\boldsymbol{m}\times\boldsymbol{e}_R}{R^2}=\frac{\mu_0}{4\pi}\nabla\times\frac{\boldsymbol{m}\times\boldsymbol{e}_R}{R^2}=-\frac{\mu_0}{4\pi}\nabla\times\left[\boldsymbol{m}\times\nabla\left(\frac{1}{R}\right)\right] \tag{4-3-10}$$

根据旋度运算公式$\nabla\times(\alpha\boldsymbol{a})=\alpha\nabla\times\boldsymbol{a}-\boldsymbol{a}\times\nabla\alpha$，将$\alpha=\dfrac{1}{R}$，$\boldsymbol{a}=\boldsymbol{m}$ 代入，得

$$\boldsymbol{m}\times\nabla\left(\frac{1}{R}\right)=\frac{1}{R}\nabla\times\boldsymbol{m}-\nabla\times\left(\frac{\boldsymbol{m}}{R}\right) \tag{4-3-11}$$

$\boldsymbol{m}$ 是常矢量，$\nabla\times\boldsymbol{m}=\mathbf{0}$，故

$$\boldsymbol{B}=\frac{\mu_0}{4\pi}\nabla\times\left[\nabla\times\left(\frac{\boldsymbol{m}}{R}\right)\right]=\frac{\mu_0}{4\pi}\nabla\nabla\cdot\left(\frac{\boldsymbol{m}}{R}\right)-\nabla^2\left(\frac{\boldsymbol{m}}{R}\right) \tag{4-3-12}$$

$\boldsymbol{m}$ 是常矢量，当 $R\neq 0$ 时，$\nabla^2\left(\frac{\boldsymbol{m}}{R}\right)=0$，根据散度运算公式

$$\nabla\cdot\left(\frac{\boldsymbol{m}}{R}\right)=\boldsymbol{m}\cdot\nabla\left(\frac{1}{R}\right)+\frac{1}{R}\nabla\cdot\boldsymbol{m}=\boldsymbol{m}\cdot\nabla\left(\frac{1}{R}\right) \tag{4-3-13}$$

得

$$\boldsymbol{B}=\frac{\mu_0}{4\pi}\nabla\nabla\cdot\left(\frac{\boldsymbol{m}}{R}\right)=\frac{\mu_0}{4\pi}\nabla\left[\boldsymbol{m}\cdot\nabla\left(\frac{1}{R}\right)\right] \tag{4-3-14}$$

将式(4-3-14)的磁感应强度和式(2-3-8)的电场强度对比，从形式上可以得出磁偶极子与电偶极子的相似性。

4. 磁偶极子的场图

为了形象地表示磁偶极子这种典型电流结构所产生的磁场，对磁偶极子产生的矢量磁位进行计算并将结果绘成磁感应强度线场图，如图 4-3-2 所示。当偶极子沿向上的方向放置时，磁感应强度线从偶极子中心出发沿轴线向上迅速散开并向下弯曲，穿过偶极子环形电流所在的水平面继续向下并收拢，迅速聚集并返回到偶极子中心，形成闭合曲线。

彩图 4-3-2

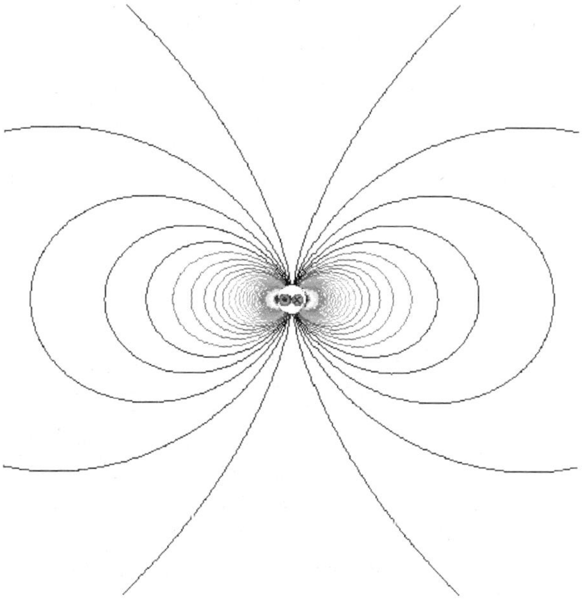

图 4-3-2　磁偶极子的磁场图

5. 磁化的概念

磁场中的物质称为磁媒质。媒质内部含有大量原子，原子中有自旋的原子核和运动的电子。原子核的自旋和电子的轨道运动形成原子内的微观环形电流，这种电流因限制在原子范围内，又称作束缚电流。每个微观环形电流都可以看作一个磁偶极子，具有磁偶极矩。

在没有外磁场的情况下，媒质内部各原子的磁偶极矩的方向是随机的。从宏观上看，任一体积元内磁偶极矩之矢量和为零，对外不产生磁场。

有外磁场存在的情况就不同了。在外磁场的作用下，原子的磁偶极矩发生有规律的偏转，使得宏观上任一体积元内磁偶极矩的矢量和不再为零，对外产生磁场。这一现象称为媒质的磁化。

6. 磁化强度

在磁媒质的磁偶极子模型中，为了描述媒质宏观的磁化状态，将单位体积内磁偶极矩的矢量和定义为磁化强度，用 $\boldsymbol{M}$ 来表示：

$$\boldsymbol{M}=\lim_{\Delta V\to 0}\frac{\sum \boldsymbol{m}}{\Delta V} \tag{4-3-15}$$

这样，任一体积元内磁偶极矩的矢量和可表示为 $\boldsymbol{M}\mathrm{d}V$。因体积元为无穷小量，所以可将其中的磁偶极矩矢量和等效为一个磁偶极矩。它所产生的磁场可用单个磁偶极子产生磁场的公式进行计算。将体积元作为源点，则由体积元内磁偶极子在场点产生的矢量磁位为

图片：永久磁体的磁场分布

$$\mathrm{d}\boldsymbol{A}=\frac{\mu_0}{4\pi}\frac{\boldsymbol{M}\times\boldsymbol{e}_R}{R^2}\mathrm{d}V \tag{4-3-16}$$

整个媒质 V' 中所有磁偶极子在场点产生的矢量磁位为

$$\boldsymbol{A}=\frac{\mu_0}{4\pi}\iiint_{V'}\frac{\boldsymbol{M}\times\boldsymbol{e}_R}{R^2}\mathrm{d}V' \tag{4-3-17}$$

7. 等效磁化电流密度

归根结底，产生磁场的源是电流。将式(4-3-17)中的$\dfrac{\boldsymbol{e}_R}{R^2}$用$\boldsymbol{\nabla}'\dfrac{1}{R}$代替，得

$$\boldsymbol{A}=\frac{\mu_0}{4\pi}\iiint_{V'}\boldsymbol{M}\times\boldsymbol{\nabla}'\frac{1}{R}\mathrm{d}V' \tag{4-3-18}$$

利用矢量恒等式$\boldsymbol{\nabla}'\times\left(\dfrac{1}{R}\boldsymbol{M}\right)=\dfrac{1}{R}\boldsymbol{\nabla}'\times\boldsymbol{M}-\boldsymbol{M}\times\boldsymbol{\nabla}'\dfrac{1}{R}$，得

$$\boldsymbol{A}=\frac{\mu_0}{4\pi}\iiint_{V'}\frac{1}{R}\boldsymbol{\nabla}'\times\boldsymbol{M}\mathrm{d}V'-\frac{\mu_0}{4\pi}\iiint_{V'}\boldsymbol{\nabla}'\times\left(\frac{1}{R}\boldsymbol{M}\right)\mathrm{d}V' \tag{4-3-19}$$

对式(4-3-19)第二项积分，应用如下矢量恒等式：

$$\iiint_{V'}\boldsymbol{\nabla}'\times\left(\frac{1}{R}\boldsymbol{M}\right)\mathrm{d}V'=-\oint_{S'}\frac{1}{R}\boldsymbol{M}\times\boldsymbol{e}_{\mathrm{n}}\mathrm{d}S' \tag{4-3-20}$$

得

$$\boldsymbol{A}=\frac{\mu_0}{4\pi}\iiint_{V'}\frac{\boldsymbol{\nabla}'\times\boldsymbol{M}}{R}\mathrm{d}V'+\frac{\mu_0}{4\pi}\oint_{S'}\frac{\boldsymbol{M}\times\boldsymbol{e}_{\mathrm{n}}}{R}\mathrm{d}S' \tag{4-3-21}$$

对比体电流和面电流产生磁场的矢量磁位表示式(4-2-23)和式(4-2-24)，可以得到磁媒质的等效电流模型。在等效电流模型中，等效的磁化体电流密度为

$$\boldsymbol{J}_{\mathrm{M}}=\boldsymbol{\nabla}'\times\boldsymbol{M} \tag{4-3-22}$$

等效的磁化面电流密度为

$$\boldsymbol{K}_{\mathrm{M}}=\boldsymbol{M}\times\boldsymbol{e}_{\mathrm{n}} \tag{4-3-23}$$

ppt：磁极化模型展示

因此，磁媒质中磁偶极子产生的磁场，可以看作由磁化电流产生的磁场，表示如下：

$$\boldsymbol{A}=\frac{\mu_0}{4\pi}\iiint_{V'}\frac{\boldsymbol{J}_{\mathrm{M}}}{R}\mathrm{d}V'+\frac{\mu_0}{4\pi}\oint_{S'}\frac{\boldsymbol{K}_{\mathrm{M}}}{R}\mathrm{d}S' \tag{4-3-24}$$

$$\boldsymbol{B}=\frac{\mu_0}{4\pi}\iiint_{V'}\frac{\boldsymbol{J}_{\mathrm{M}}\times\boldsymbol{e}_R}{R^2}\mathrm{d}V'+\frac{\mu_0}{4\pi}\oint_{S'}\frac{\boldsymbol{K}_{\mathrm{M}}\times\boldsymbol{e}_R}{R^2}\mathrm{d}S' \tag{4-3-25}$$

以上将恒定磁场中的磁媒质表示为磁偶极子模型和磁化电流模型。两种模型相互等效。其等效源密度函数为磁偶极矩体密度(即磁化强度)$\boldsymbol{M}$ 和磁化体电流密度 $\boldsymbol{J}_{\mathrm{M}}$ 以及磁化面电流密度 $\boldsymbol{K}_{\mathrm{M}}$。这些等效源密度是空间位置的函数，解题之前一般来说是未知的。

4.4　安培环路定理与磁场强度

1. 以磁感应强度表示的安培环路定理

前面讨论了磁感应强度的散度，下面仍以体电流产生的磁场为对象，利用矢量磁位 $\boldsymbol{A}$ 讨论磁感应强度 $\boldsymbol{B}$ 的旋度。

已知 $\boldsymbol{B}=\nabla\times\boldsymbol{A}$，等式两边同时取旋度，得

$$\nabla\times\boldsymbol{B}=\nabla\times(\nabla\times\boldsymbol{A}) \tag{4-4-1}$$

根据矢量恒等式 $\nabla\times(\nabla\times\boldsymbol{a})=-\nabla^2\boldsymbol{a}+\nabla(\nabla\cdot\boldsymbol{a})$ 得

$$\nabla\times(\nabla\times\boldsymbol{A})=-\nabla^2\boldsymbol{A}+\nabla(\nabla\cdot\boldsymbol{A}) \tag{4-4-2}$$

将库仑规范 $\nabla\cdot\boldsymbol{A}=0$ 代入式(4-4-2)，得

$$\nabla\times(\nabla\times\boldsymbol{A})=-\nabla^2\boldsymbol{A} \tag{4-4-3}$$

所以有

$$\nabla\times\boldsymbol{B}=-\nabla^2\boldsymbol{A}=-(\nabla^2A_x)\boldsymbol{e}_x-(\nabla^2A_y)\boldsymbol{e}_y-(\nabla^2A_z)\boldsymbol{e}_z \tag{4-4-4}$$

由 4.2 节和 4.3 节可知

$$\boldsymbol{A}=\frac{\mu_0}{4\pi}\iiint_{V'}\frac{\boldsymbol{J}_{\mathrm{T}}}{R}\mathrm{d}V' \tag{4-4-5}$$

式中，$\boldsymbol{J}_{\mathrm{T}}$ 为全部电流(包括自由电流和磁化电流)的体电流密度。

以 $\nabla\times\boldsymbol{B}$ 沿 x 方向的分量 $-\nabla^2A_x$ 为例，将 A_x 代入

$$-\nabla^2A_x=\nabla^2\left(\frac{\mu_0}{4\pi}\iiint_{V'}\frac{J_{\mathrm{T}x}}{R}\mathrm{d}V'\right) \tag{4-4-6}$$

∇^2 是对场点 x、y、z 运算，积分是对源点 x'、y'、z' 运算，两种独立的运算可以交换顺序。$J_{\mathrm{T}x}$ 只是 x'、y'、z' 的函数，与场点无关，所以 ∇^2 对它不起作用。因此

$$-\nabla^2A_x=-\frac{\mu_0}{4\pi}\iiint_{V'}J_{\mathrm{T}x}\nabla^2\frac{1}{R}\mathrm{d}V'=-\frac{\mu_0}{4\pi}\iiint_{V'}J_{\mathrm{T}x}\nabla\cdot\left(\nabla\frac{1}{R}\right)\mathrm{d}V' \tag{4-4-7}$$

根据 1.7 节，$\nabla\cdot\left(\nabla\frac{1}{R}\right)=\nabla'\cdot\left(\nabla'\frac{1}{R}\right)$，当 $R\neq0$ 时

$$\nabla\cdot\left(\nabla\frac{1}{R}\right)=\nabla'\cdot\left(\nabla'\frac{1}{R}\right)=0 \tag{4-4-8}$$

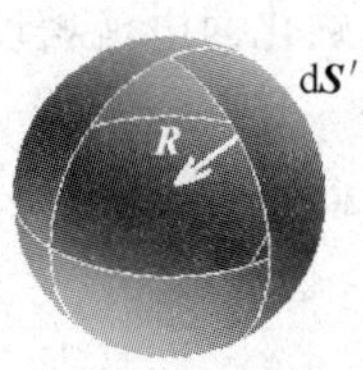

图 4-4-1 场点附近的源点

式(4-4-7)中的体积分,在 $R=0$(即源点与场点重合这一点)之外的区域上全为零。因此,积分区域可缩小到场点附近的小区域。如图 4-4-1 所示,假定小区域是以场点为球心、以 R 为半径的球体,因为 R 可以任意小,所以可认为小体积中的 $J_{\mathrm{T}x}$ 为常数,将其移到积分号之前。根据散度定理,有

$$-\nabla^2 A_x=-\frac{\mu_0}{4\pi}J_{\mathrm{T}x}\iiint_{V'}\nabla'\cdot\left(\nabla'\frac{1}{R}\right)\mathrm{d}V'=-\frac{\mu_0}{4\pi}J_{\mathrm{T}x}\oint_{S'}\frac{1}{R^2}\boldsymbol{e}_R\cdot\mathrm{d}\boldsymbol{S}' \tag{4-4-9}$$

式中,$\boldsymbol{e}_R$ 是源点到场点的单位矢量,指向球心;$\mathrm{d}\boldsymbol{S}'$沿球面外法线方向,即半径方向,与 $\boldsymbol{e}_R$ 相反。所以,$\boldsymbol{e}_R\cdot\mathrm{d}\boldsymbol{S}'=-\mathrm{d}S'$。代入式(4-4-9),得

$$-\nabla^2 A_x=\frac{\mu_0}{4\pi}J_{\mathrm{T}x}\oint_{S'}\frac{1}{R^2}\mathrm{d}S'=\frac{\mu_0}{4\pi}J_{\mathrm{T}x}\frac{1}{R^2}4\pi R^2=\mu_0 J_{\mathrm{T}x} \tag{4-4-10}$$

同理可得

$$-\nabla^2 A_y=\mu_0 J_{\mathrm{T}y} \tag{4-4-11}$$

$$-\nabla^2 A_z=\mu_0 J_{\mathrm{T}z} \tag{4-4-12}$$

代入 $\boldsymbol{B}$ 的旋度

$$\nabla\times\boldsymbol{B}=\mu_0 J_{\mathrm{T}x}\boldsymbol{e}_x+\mu_0 J_{\mathrm{T}y}\boldsymbol{e}_y+\mu_0 J_{\mathrm{T}z}\boldsymbol{e}_z \tag{4-4-13}$$

即

$$\nabla\times\boldsymbol{B}=\mu_0\boldsymbol{J}_{\mathrm{T}} \tag{4-4-14}$$

也可以写成

$$\nabla\times\frac{\boldsymbol{B}}{\mu_0}=\boldsymbol{J}_{\mathrm{T}} \tag{4-4-15}$$

这就是以磁感应强度表示的安培环路定理的微分形式。

注意,在上述安培环路定理的推导过程中,使用了库仑规范,因此安培环路定理成立的前提是电流连续。产生恒定磁场的源是恒定电流,恒定电流的连续性在第 3 章已有定论。

将安培环路定理的微分形式两边进行面积分,即

$$\iint_S\nabla\times\boldsymbol{B}\cdot\mathrm{d}\boldsymbol{S}=\iint_S\mu_0\boldsymbol{J}_{\mathrm{T}}\cdot\mathrm{d}\boldsymbol{S}=\mu_0 I_{\mathrm{T}} \tag{4-4-16}$$

利用斯托克斯定理,可得到安培环路定理的积分形式

$$\oint_l\boldsymbol{B}\cdot\mathrm{d}\boldsymbol{l}=\mu_0 I_{\mathrm{T}} \tag{4-4-17}$$

式中,S 是任意曲面;l 是 S 的边缘曲线;$\boldsymbol{l}$ 的方向与 S 的法线方向成右手螺旋关系;I_{T} 是穿过曲面 S 的总电流。电流密度的参考方向与 S 的法线方向一致,即与 S 的法线方向一致的电流取正值,反之取负值。

例 4-4-1 求真空中无限长直线电流 I 的磁感应度 $\boldsymbol{B}$。

解 如图 4-4-2 所示,以线电流为 z 轴建立圆柱坐标系。因为是无穷长直线电流,在垂直于直线的每一个平面上磁感应强度分布相同,即磁感应强度与 z 无关。在 $r\alpha$ 平面上磁感应强度只有 α 方向的分量,而其大小与 α 无关。以 r 为半径作一圆形闭合曲线,应用安培环

路定理，得

$$2\pi rB=\mu_0 I$$

$$B=\frac{\mu_0 I}{2\pi r},\quad \boldsymbol{B}=\frac{\mu_0 I}{2\pi r}\boldsymbol{e}_\alpha$$

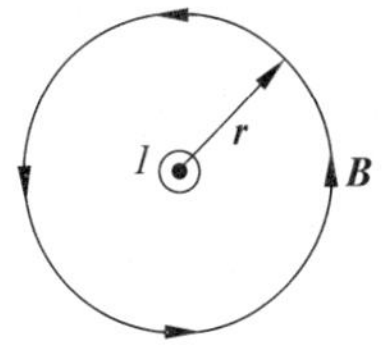

图 4-4-2　环绕无限长线电流的闭合积分路径

例 4-4-2　真空中半径为 a 的无穷长圆柱体中均匀分布着轴向电流，电流密度为 $\boldsymbol{J}$。求空间的磁感应强度。

解　如图 4-4-3 所示，根据电流分布的对称性，建立以圆

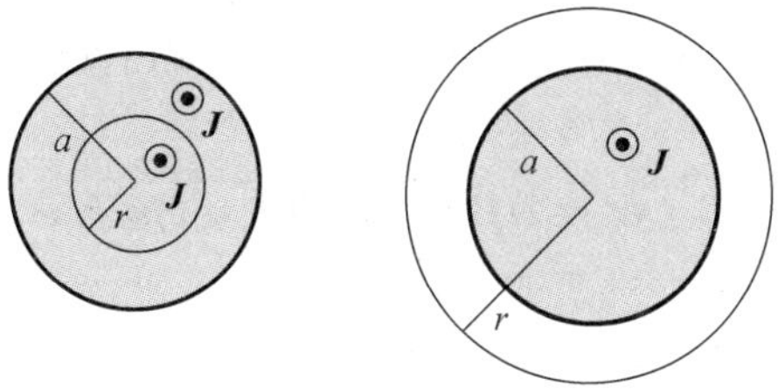

图 4-4-3　无限长圆柱体电流的闭合积分路径

柱体中心轴为 z 轴的圆柱坐标系。磁感应强度只有 α 方向的分量而其大小只与 r 有关。以 r 为半径作一个圆形闭合曲线，根据安培环路定理，当 $r\leqslant a$ 时

$$2\pi rB=\mu_0\pi r^2 J$$

$$\boldsymbol{B}=\frac{\mu_0 rJ}{2}\boldsymbol{e}_\alpha$$

当 $r>a$ 时

$$2\pi rB=\mu_0\pi a^2 J,\quad \boldsymbol{B}=\frac{\mu_0 a^2 J}{2r}\boldsymbol{e}_\alpha$$

例 4-4-3　真空中，直角坐标系的 $x=0$ 无穷大平面上均匀分布着 z 方向的面电流，电流密度为 $\boldsymbol{K}$。求空间的磁感应强度。

解　如图 4-4-4 所示，根据电流分布的对称情况，磁感应强度的大小应与 y 和 z 无关，而且应该只有 y 方向的分量。据此，在无穷大平面两侧作一个矩形闭合曲线。由安培环路定理

$$\oint_l \boldsymbol{B}\cdot d\boldsymbol{l}=Bl+0+Bl+0=2Bl=\mu_0 I=\mu_0 Kl$$

得

$$\boldsymbol{B}=\begin{cases}\dfrac{\mu_0 K}{2}\boldsymbol{e}_y, & x>0\\[2mm] -\dfrac{\mu_0 K}{2}\boldsymbol{e}_y, & x<0\end{cases}$$

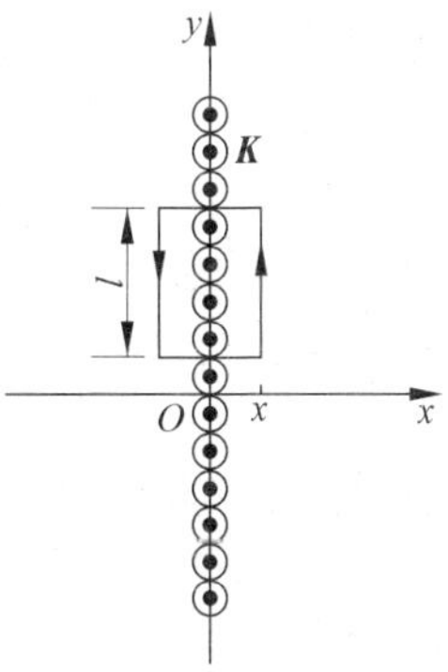

图 4-4-4　无限大平面电流的闭合积分路径

例 4-4-4　如图 4-4-5 所示，利用安培环路定理求有限厚度无限大均匀体电流的磁场。若电流密度为 $J_z(x)\boldsymbol{e}_z$，则磁场如何分布？

解　根据电流分布不难判断磁感应强度只有 y 分量。作高为 l、宽为 $2x$ 的矩形回路，根据安培环路定理，当 $|x|\leqslant d$ 时

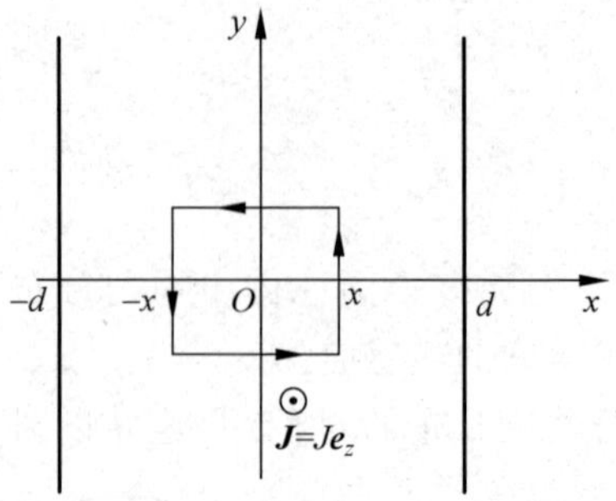

图 4-4-5 有限厚度无限大体电流的磁场闭合积分路径

$$\oint_l \boldsymbol{B}\cdot \mathrm{d}l = 2lB = \iint_S \boldsymbol{J}\cdot \mathrm{d}\boldsymbol{S} = 2\mu_0 Jlx$$

得

$$B = \mu_0 Jx,\quad \boldsymbol{B} = \mu_0 Jx\boldsymbol{e}_y$$

当$|x| \geqslant d$ 时

$$\oint_l \boldsymbol{B}\cdot \mathrm{d}\boldsymbol{l} = 2lB = \iint_S \boldsymbol{J}\cdot \mathrm{d}\boldsymbol{S} = 2\mu_0 Jld$$

$$B = \mu_0 dJ$$

$$x \geqslant d,\quad \boldsymbol{B} = \mu_0 Jd\boldsymbol{e}_y;\qquad -x \leqslant -d,\quad \boldsymbol{B} = -\mu_0 Jd\boldsymbol{e}_y$$

若体电流密度为 $J_z(x)$,设 $x<-d$ 区域内磁感应强度为 B_1,$x>d$ 区域内磁感应强度为 B_3,$-d<x<d$ 区域内磁感应强度为 B_2。由无限大面电流磁场分布规律和叠加原理可知

$$-B_1 = B_3$$

横跨三个区域作一矩形,矩形两条平行于 y 轴的边分别位于区域 1 和区域 3 中,另外两条边垂直于磁场方向。根据安培环路定理

$$B_3 - B_1 = \mu_0 \int_{-d}^{d} J_z(x)\mathrm{d}x$$

得

$$B_1 = -\frac{\mu_0}{2}\int_{-d}^{d} J_z(x)\mathrm{d}x,\quad B_3 = \frac{\mu_0}{2}\int_{-d}^{d} J_z(x)\mathrm{d}x$$

当一条边位于区域 1,另一条边位于区域 2 中,有

$$B_2 - B_1 = \mu_0 \int_{-d}^{x} J_z(x)\mathrm{d}x$$

得

$$B_2 = \int_{-d}^{x} J_z(x)\mathrm{d}x + B_1$$

当一条边位于区域 3,另一条边位于区域 2 中,有

$$-B_2 + B_3 = \mu_0 \int_{x}^{d} J_z(x)\mathrm{d}x$$

得

$$B_2 = B_3 - \mu_0 \int_x^d J_z(x) \mathrm{d}x$$

综合得

$$B_2 = \frac{\mu_0}{2}\int_{-d}^{x} J_z(x) \mathrm{d}x + \frac{B_1 + B_3}{2} - \frac{\mu_0}{2}\int_x^d J_z(x) \mathrm{d}x = \mu_0 \int J_z(x) \mathrm{d}x + \frac{B_1 + B_3}{2}$$

2. 以磁场强度表示的安培环路定理

磁化电流与自由电流一样产生磁感应强度。在有磁媒质存在的情况下，磁媒质中的磁化电流表示成体电流和面电流。考虑到体电流的代表性，研究恒定磁场特性时，微分形式安培环路定理表示为

$$\nabla \times \frac{\boldsymbol{B}}{\mu_0} = \boldsymbol{J}_{\mathrm{T}} = \boldsymbol{J} + \boldsymbol{J}_{\mathrm{M}} \tag{4-4-18}$$

式中，$\boldsymbol{J}$ 是自由电流密度；$\boldsymbol{J}_{\mathrm{M}}$ 是磁化电流密度；$\boldsymbol{J}_{\mathrm{T}}$ 是总电流密度。

将上一节导出的磁化电流密度 $\boldsymbol{J}_{\mathrm{M}} = \nabla' \times \boldsymbol{M}$ 代入式(4-4-18)得

$$\nabla \times \left(\frac{\boldsymbol{B}}{\mu_0}\right) = \boldsymbol{J} + \nabla' \times \boldsymbol{M} \tag{4-4-19}$$

整理后，得

$$\nabla \times \frac{\boldsymbol{B}}{\mu_0} - \nabla' \times \boldsymbol{M} = \boldsymbol{J} \tag{4-4-20}$$

式(4-4-20)中等号左侧的两个旋度原本意义不同，一个是对场点求旋度，一个是对源点求旋度。现在由于是针对空间的同一个点，所以可以统一用场点的旋度运算表示，即将磁化强度也看作场点的函数。进一步整理，得

$$\nabla \times \left(\frac{\boldsymbol{B}}{\mu_0} - \boldsymbol{M}\right) = \boldsymbol{J} \tag{4-4-21}$$

在有导磁媒质情况下，引入一个新的场矢量，叫作磁场强度，用 $\boldsymbol{H}$ 表示为

$$\boldsymbol{H} = \frac{\boldsymbol{B}}{\mu_0} - \boldsymbol{M} \tag{4-4-22}$$

这时，安培环路定理微分形式可写成

$$\nabla \times \boldsymbol{H} = \boldsymbol{J} \tag{4-4-23}$$

利用斯托克斯定理，得

$$\iint_S (\nabla \times \boldsymbol{H}) \cdot \mathrm{d}\boldsymbol{S} = \oint_l \boldsymbol{H} \cdot \mathrm{d}\boldsymbol{l} = \iint_S \boldsymbol{J} \cdot \mathrm{d}\boldsymbol{S} = I \tag{4-4-24}$$

得用磁场强度表示的安培环路定理积分形式

$$\oint_l \boldsymbol{H} \cdot \mathrm{d}\boldsymbol{l} = I \tag{4-4-25}$$

磁场强度的闭合线积分与闭合线环绕的自由电流总量相等。磁场强度的单位是 A/m(安[培]/米)。

3. 恒定磁场的辅助方程

前面定义了恒定磁场中的磁场强度 $\boldsymbol{H}$。从定义式可以看出，磁场强度 $\boldsymbol{H}$ 与磁感应强度

$\boldsymbol{B}$ 有关。定义式中的 $\boldsymbol{M}$ 是磁化强度。在真空中 $\boldsymbol{M}$ 为零；在磁媒质中 $\boldsymbol{M}$ 与磁场强度 $\boldsymbol{H}$ 有关。这里的磁场强度 $\boldsymbol{H}$ 是磁媒质中实际磁场强度，是由自由电流和束缚电流共同产生的总的磁场强度。

如果在磁媒质中 $\boldsymbol{M}$ 和 $\boldsymbol{H}$ 成正比关系，则称这种磁媒质为线性的，否则称为非线性的。如果在磁媒质中 $\boldsymbol{M}$ 和 $\boldsymbol{H}$ 的关系处处相同，则称这种磁媒质为均匀的，否则称为非均匀的。如果在磁媒质中 $\boldsymbol{M}$ 和 $\boldsymbol{H}$ 的关系不随磁场强度的方向改变而改变，且 $\boldsymbol{M}$ 和 $\boldsymbol{H}$ 同方向，则称这种磁媒质是各向同性的，否则称为各向异性的。

根据实验，除铁磁媒质外常见的大多数磁媒质都是线性的、各向同性的。在这样的磁媒质中，磁化强度与磁场强度的关系可表示为

$$\boldsymbol{M}=\chi_{\mathrm{m}}\boldsymbol{H} \tag{4-4-26}$$

式中，χ_{m} 是磁媒质的磁化率。不同的磁媒质有不同的磁化率。

将式(4-4-26)代入式(4-4-22)，得

$$\boldsymbol{B}=\mu_0\boldsymbol{H}+\mu_0\boldsymbol{M}=\mu_0\boldsymbol{H}+\mu_0\chi_{\mathrm{m}}\boldsymbol{H}=\mu_0(1+\chi_{\mathrm{m}})\boldsymbol{H} \tag{4-4-27}$$

令 $\mu_{\mathrm{r}}=1+\chi_{\mathrm{m}}$，$\mu_{\mathrm{r}}$ 称为磁媒质的相对磁导率，表 4-4-1 给出了部分材料的相对磁导率。相对磁导率小于 1 的材料称为抗磁材料，相对磁导率大于 1 的材料称为顺磁材料。铁及铁的合金相对磁导率远大于 1，这类材料称为铁磁材料。

再令 $\mu=\mu_{\mathrm{r}}\mu_0$，$\mu$ 称为磁媒质的磁导率。可见不同的磁媒质具有不同的磁导率。代入式(4-4-27)得

$$\boldsymbol{B}=\mu_{\mathrm{r}}\mu_0\boldsymbol{H} \tag{4-4-28}$$

$$\boldsymbol{B}=\mu\boldsymbol{H} \tag{4-4-29}$$

这就是线性、各向同性磁媒质中恒定磁场的辅助方程。它建立了磁媒质中两个基本物理量 $\boldsymbol{B}$ 和 $\boldsymbol{H}$ 之间的简单关系。当然，对于一般的磁媒质，辅助方程还应该写成

$$\boldsymbol{H}=\frac{1}{\mu_0}\boldsymbol{B}-\boldsymbol{M} \tag{4-4-30}$$

这个方程比式(4-4-29)更具有普遍意义。它所适用的范围是任何磁媒质。

表 4-4-1　部分材料的相对磁导率

材料名称	相对磁导率 μ_{r}	材料名称	相对磁导率 μ_{r}
银	0.999981	镍	600
铅	0.999983	软钢(0.2C)	2000
铜	0.999991	铁(0.2 杂质)	5000
水	0.999991	硅钢(4Si)	7000
空气	1.0000004	78 坡莫合金(78.5Ni)	100000
铝	1.00002	纯铁(0.05 杂质)	200000
钴	250	导磁合金(5Mo,79Ni)	1000000

铁磁材料是非线性的磁媒质，χ_{m} 和 μ 不是常数，但也可以用 $\boldsymbol{B}=\mu\boldsymbol{H}$ 表示，只是在这里 μ 是 H 的函数，即 $\mu=\mu(H)$。一般非线性导磁媒质以磁化曲线表示其磁化特性。图 4-4-6 为某种硅钢片的磁化曲线。

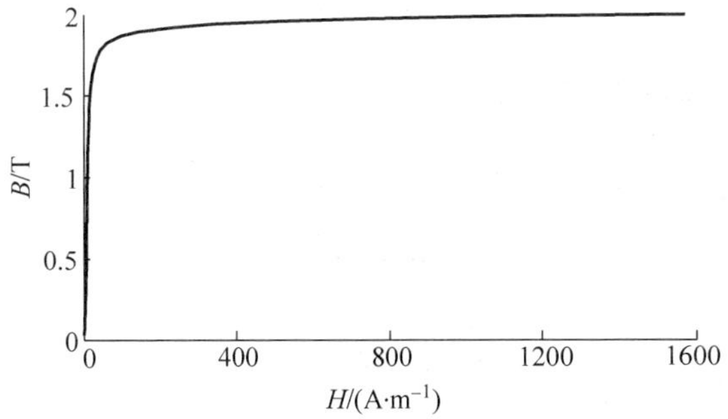

图 4-4-6　磁化曲线

4. 无限大均匀磁媒质中的磁感应强度和矢量磁位

在无限大均匀磁媒质中，μ 是常数。有

$$\boldsymbol{H}=\frac{\boldsymbol{B}}{\mu} \tag{4-4-31}$$

$$\oint_l \frac{\boldsymbol{B}}{\mu}\cdot \mathrm{d}\boldsymbol{l}=\frac{1}{\mu}\oint_l \boldsymbol{B}\cdot \mathrm{d}\boldsymbol{l}=I \tag{4-4-32}$$

$$\oint_l \boldsymbol{B}\cdot \mathrm{d}\boldsymbol{l}=\mu I=\mu_{\mathrm{r}}\mu_0 I \tag{4-4-33}$$

真空中的安培环路定理表示为

$$\oint_l \boldsymbol{B}\cdot \mathrm{d}\boldsymbol{l}=\mu_0 I \tag{4-4-34}$$

比较可见，在场源分布相同的条件下，空间充满磁媒质时的磁感应强度是真空中磁感应强度的 μ_{r} 倍。

真空中，已知场源分布情况下的磁感应强度和矢量磁位计算公式已在 4.1 节和 4.2 节中给出。无穷大磁媒质中磁感应强度和矢量磁位的计算公式只需将真空中相应的公式乘以系数 μ_{r}，或将相应公式中的 μ_0 改为 μ 即可。

例如在体电流分布情况下磁感应强度和矢量磁位的表示式分别为

$$\boldsymbol{B}=\frac{\mu}{4\pi}\iiint_{V'}\frac{\boldsymbol{J}\times \boldsymbol{e}_R}{R^2}\mathrm{d}V',\quad \boldsymbol{A}=\frac{\mu}{4\pi}\iiint_{V'}\frac{\boldsymbol{J}}{R}\mathrm{d}V' \tag{4-4-35}$$

4.5　恒定磁场的基本方程与分界面衔接条件

1. 恒定磁场基本方程的微分形式

磁通连续性原理与安培环路定理构成恒定磁场的基本方程，其微分形式为

$$\nabla\cdot \boldsymbol{B}=0 \tag{4-5-1}$$

$$\nabla\times \boldsymbol{H}=\boldsymbol{J} \tag{4-5-2}$$

在各向同性媒质中，辅助方程为

$$\boldsymbol{B} = \mu \boldsymbol{H} \tag{4-5-3}$$

2. 恒定磁场基本方程的积分形式

根据散度定理和斯托克斯定理,可得基本方程的积分形式

$$\oiint_S \boldsymbol{B} \cdot \mathrm{d}\boldsymbol{S} = 0 \tag{4-5-4}$$

$$\oint_l \boldsymbol{H} \cdot \mathrm{d}\boldsymbol{l} = I \tag{4-5-5}$$

在各向同性媒质中,辅助方程为

$$\boldsymbol{B} = \mu \boldsymbol{H} \tag{4-5-6}$$

3. 磁媒质分界面衔接条件

在不同磁媒质的分界面上,存在磁化面电流。这造成分界面两侧场矢量不连续。这种场矢量的不连续性不会影响积分形式基本方程的应用,但使微分形式的基本方程在不同磁媒质分界面处遇到困难。因此必须研究场矢量的分界面衔接条件,以弥补微分形式方程推导过程中只考虑体电流造成的不足。下面根据积分形式的基本方程推导不同磁媒质分界面上磁感应强度和磁场强度应满足的分界面衔接条件。

先讨论磁场强度 $\boldsymbol{H}$ 应满足的分界面衔接条件。

如图 4-5-1 所示,设分界面法线方向 $\boldsymbol{e}_{\mathrm{n}}$ 与坐标轴方向 $\boldsymbol{e}_z$ 一致,以分界面上一点 P 为起点作两个小矩形闭合曲线 $l_1+l_2+l_3+l_4+l_5+l_6$ 和 $l_7+l_8+l_9+l_{10}+l_{11}+l_{12}$。将磁场强度分量进行泰勒级数展开,取到一阶项,根据静安培环量定理积分形式 $\oint_l \boldsymbol{H} \cdot \mathrm{d}\boldsymbol{l} = I$,可以列出如下两个方程:

$$-H_{1z}\Delta z + \left(H_{1y} - \frac{\partial H_{1y}}{\partial z}\Delta z\right)\Delta y + \left(H_{1z} + \frac{\partial H_{1z}}{\partial y}\Delta y\right)\Delta z +$$

$$\left(E_{2z} + \frac{\partial H_{2z}}{\partial y}\Delta y\right)\Delta z - \left(H_{2y} + \frac{\partial H_{2y}}{\partial z}\Delta z\right)\Delta y - H_{2z}\Delta z = K_x\Delta y + J_{2x}\Delta y\Delta z + J_{1x}\Delta y\Delta z \tag{4-5-7}$$

$$H_{2z}\Delta z + \left(H_{2x} + \frac{\partial H_{2x}}{\partial z}\Delta z\right)\Delta x - \left(H_{2z} + \frac{\partial H_{2z}}{\partial x}\Delta x\right)\Delta z -$$

$$\left(H_{1z} + \frac{\partial H_{1z}}{\partial x}\Delta x\right)\Delta z - \left(H_{1x} - \frac{\partial H_{1x}}{\partial z}\Delta z\right)\Delta x + H_{1z}\Delta z = K_y\Delta x + J_{1y}\Delta z\Delta x + J_{2y}\Delta z\Delta x \tag{4-5-8}$$

把抵消的项去掉,再把高阶无穷小项消掉,得

$$H_{1y}\Delta y - H_{2y}\Delta y = K_x\Delta y \tag{4-5-9}$$

$$H_{2x}\Delta x - H_{1x}\Delta x = K_y\Delta x \tag{4-5-10}$$

因 Δx、Δy 不为零,得

$$-(H_{2y} - H_{1y}) = K_x \tag{4-5-11}$$

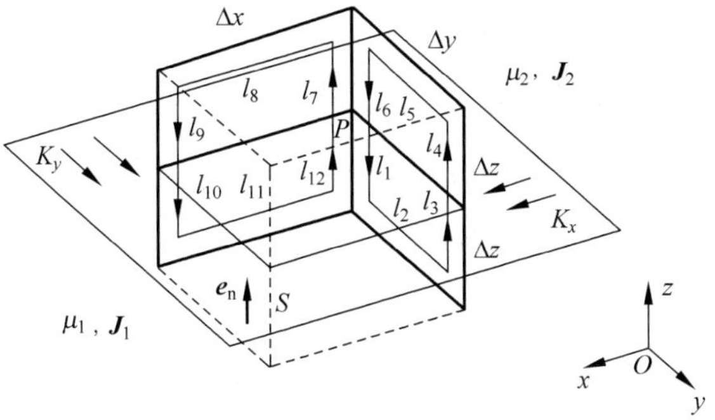

图 4-5-1　切向分界面条件计算模型

$$H_{2x}-H_{1x}=K_y \tag{4-5-12}$$

用矢量表示为

$$\boldsymbol{e}_n\times(\boldsymbol{H}_2-\boldsymbol{H}_1)=\boldsymbol{K} \tag{4-5-13}$$

用标量形式表示为

$$H_{2t}-H_{1t}=K \tag{4-5-14}$$

若分界面上没有自由面电流分布，$\boldsymbol{K}=\boldsymbol{0}$，则

$$\boldsymbol{e}_n\times(\boldsymbol{H}_2-\boldsymbol{H}_1)=\boldsymbol{0} \tag{4-5-15}$$

$$H_{2t}=H_{1t} \tag{4-5-16}$$

以上是磁场强度应满足的分界面切向衔接条件。在分界面上没有自由面电流的情况下，磁场强度切向分量连续。式(4-5-13)是矢量表达形式，式(4-5-14)是标量表达形式。标量形式概念清晰且直观，矢量形式间接但表达严格。注意，这里 $\boldsymbol{e}_n\times\boldsymbol{H}_1$ 并不是 H_{1t} 的矢量表达式，而是一个与 H_{1t} 对应矢量模相同但方向垂直的切向矢量；$\boldsymbol{e}_n\times\boldsymbol{H}_2$ 也不是 H_{2t} 的矢量表达式，而是一个与 H_{2t} 对应矢量模相同但方向垂直的切向矢量。在一般三维场中，分界面法向比较容易确定，适合用矢量形式。在二维场中，分界面切向也不难确定，推荐用标量形式。

现在讨论磁感应强度 $\boldsymbol{B}$ 应满足的分界面衔接条件。

如图 4-5-2 所示，设分界面法线方向 $\boldsymbol{e}_n$ 与坐标轴方向 $\boldsymbol{e}_z$ 一致，以分界面上一点 M 为起点作小长方体，长方体表面被分界面分割成 10 个长方形面，分别是 S_1、S_2、S_3、S_4、S_5、S_6、S_7、S_8、S_9、S_{10}。将磁感应强度分量进行泰勒级数展开，最高取到一阶项，根据高斯通量定理积分形式 $\oiint_S \boldsymbol{B}\cdot d\boldsymbol{S}=0$，可以列出如下方程：

$$\begin{aligned}&\left(B_{2x}+\frac{\partial B_{2x}}{\partial x}\Delta x\right)\Delta y\Delta z+\left(B_{2y}+\frac{\partial B_{2y}}{\partial y}\Delta y\right)\Delta z\Delta x-B_{2x}\Delta y\Delta z-B_{2y}\Delta z\Delta x+\\&\left(B_{1x}+\frac{\partial B_{1x}}{\partial x}\Delta x\right)\Delta y\Delta z+\left(B_{1y}+\frac{\partial B_{1y}}{\partial y}\Delta y\right)\Delta z\Delta x-B_{1x}\Delta y\Delta z-B_{1y}\Delta z\Delta x+\\&\left(B_{2z}+\frac{\partial B_{2z}}{\partial z}\Delta z\right)\Delta x\Delta y-\left(B_{1z}-\frac{\partial B_{1z}}{\partial z}\Delta z\right)\Delta x\Delta y=0\end{aligned} \tag{4-5-17}$$

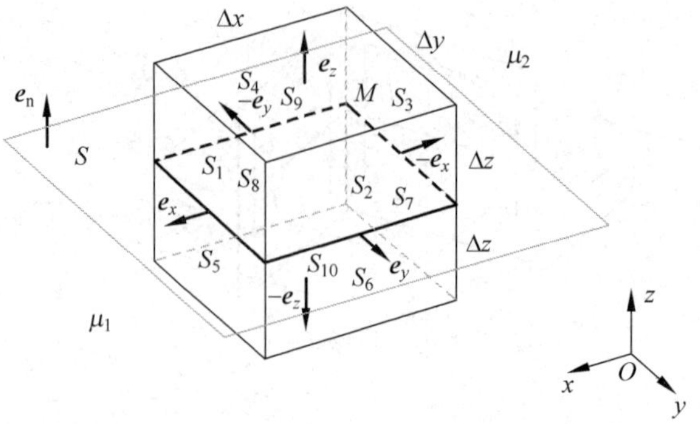

图 4-5-2　法向分界面条件计算模型

消去抵消部分和高阶无穷小部分,得

$$B_{2z}\Delta x\Delta y - B_{1z}\Delta x\Delta y = 0 \tag{4-5-18}$$

因 $\Delta x\Delta y$ 不为零,所以

$$B_{2z} - B_{1z} = 0 \tag{4-5-19}$$

即

$$B_{2n} = B_{1n} \tag{4-5-20}$$

矢量表示

$$\boldsymbol{e}_n \cdot (\boldsymbol{B}_2 - \boldsymbol{B}_1) = 0 \tag{4-5-21}$$

式(4-5-20)和式(4-5-21)就是磁感应强度应满足的分界面法向衔接条件。磁感应强度法向分量连续。这里矢量形式和标量形式容易理解,不做多余解释。

4. 磁媒质分界面场图

典型结构电流模型(如短线段电流、磁偶极子等)的磁场分布和磁媒质的分解面条件是定性分析磁场的依据。除分界面上有自由面电流的特殊情况外,本节所讨论的恒定磁场不同磁媒质分界面衔接条件,可以总结为如下两条:

(1) 磁场强度切线方向连续;

(2) 磁感应强度法线方向连续。

在真空(相对磁导率为 1)中的均匀二维磁场中,放置一圆形的磁媒质(相对磁导率为 1000)。图 4-5-3 画出了由磁感应强度线和磁感应强度场矢量箭头合成的场图。图 4-5-4 画出了磁场强度矢量的场图。观察两图可以得出如下规律:

(1) 在垂直于磁感应强度的分界面上(圆周的上、下两点附近)磁场强度发生突变。由于磁导率变为原来的 1000 倍,磁场强度减小至原来的 1/1000,图上圆内部箭头已无法画出。

(2) 在垂直于磁感应强度的分界面上(圆周的上、下两点附近)磁感应强度连续。磁感应强度线连续穿越磁媒质分界面(磁通连续性的体现)。

(3) 在平行于磁感应强度的分界面(圆周左、右两点附近)上磁场强度连续,磁感应强度发生突变。分界面两侧磁导率大的磁媒质中磁感应强度数值大。磁感应强度线趋向于从磁导率大的媒质中通过。

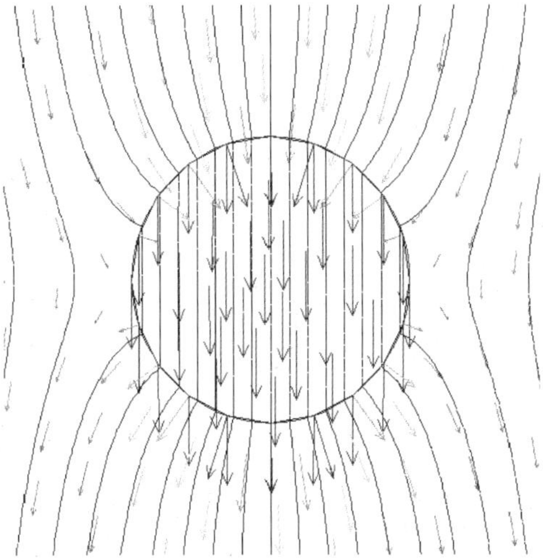

图 4-5-3　磁媒质及其附近的磁感应强度线和矢量

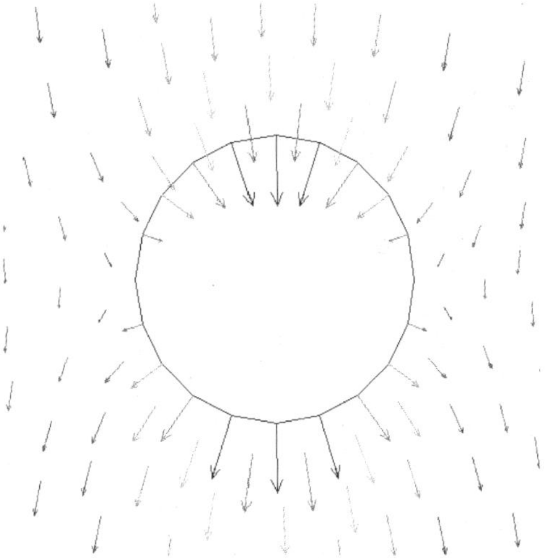

图 4-5-4　磁媒质及其附近的磁场强度矢量

图 4-5-5 和图 4-5-6 进一步给出了磁感应强度模的分布云图和磁场强度模的分布云图。观察圆形分界面上，上、下和左、右四个典型位置，可见上下两点磁感应强度连续，而磁场强度不连续；左右两点磁场强度连续，而磁感应强度不连续。

彩图 4-5-5

彩图 4-5-6

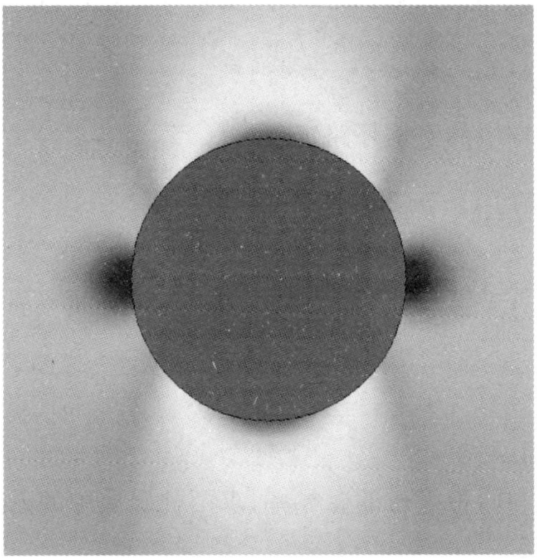

图 4-5-5　磁媒质及其附近的磁感应强度模的云图

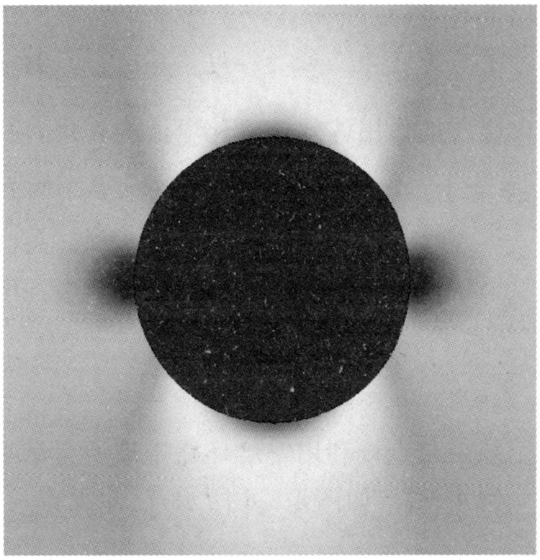

图 4-5-6　磁媒质及其附近的磁场强度模的云图

例 4-5-1　如图 4-5-7 所示，无穷长圆柱体磁导率为 μ，内部沿轴线方向有均匀电流，电流密度 $\boldsymbol{J}=J\boldsymbol{e}_z$。求圆柱体内外的 $\boldsymbol{B}$、$\boldsymbol{H}$ 和圆柱体内的 $\boldsymbol{M}$、$\boldsymbol{J}_{\mathrm{M}}$ 以及圆柱体表面的 $\boldsymbol{K}_{\mathrm{M}}$。

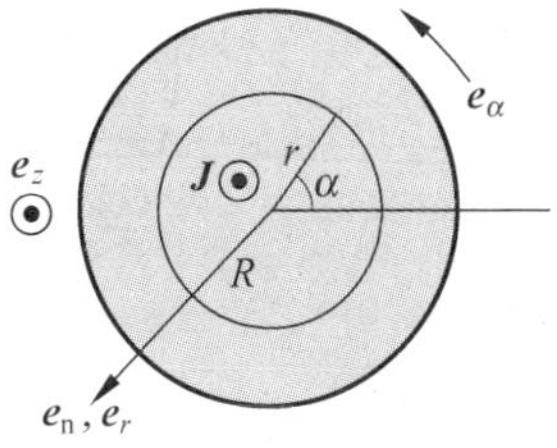

图 4-5-7　圆柱体的磁化

图片：磁屏蔽（磁感应强度矢量）

解　对 $r<R$，直接根据安培环路定理

$$2\pi r H=J\pi r^2$$

有

$$\boldsymbol{H}=\frac{rJ}{2}\boldsymbol{e}_\alpha,\quad \boldsymbol{B}=\frac{\mu rJ}{2}\boldsymbol{e}_\alpha$$

根据式(4-4-22)有

$$\boldsymbol{H}=\frac{\boldsymbol{B}}{\mu_0}-\boldsymbol{M}$$

$$\boldsymbol{M}=\frac{\boldsymbol{B}}{\mu_0}-\boldsymbol{H}=\frac{\mu}{\mu_0}\frac{rJ}{2}\boldsymbol{e}_\alpha-\frac{rJ}{2}\boldsymbol{e}_\alpha=\left(\frac{\mu}{\mu_0}-1\right)\frac{rJ}{2}\boldsymbol{e}_\alpha$$

$$\begin{aligned}\boldsymbol{J}_{\mathrm{M}}&=\nabla'\times\boldsymbol{M}=\boldsymbol{e}_r\left(\frac{1}{r}\frac{\partial M_z}{\partial\alpha}-\frac{\partial M_\alpha}{\partial z}\right)+\boldsymbol{e}_\alpha\left(\frac{\partial M_r}{\partial z}-\frac{\partial M_z}{\partial r}\right)+\boldsymbol{e}_z\frac{1}{r}\left[\frac{\partial}{\partial r}(rM_\alpha)-\frac{\partial M_r}{\partial\alpha}\right]\\&=\boldsymbol{e}_z\frac{1}{r}\frac{\partial}{\partial r}\left[r\left(\frac{\mu}{\mu_0}-1\right)\frac{rJ}{2}\right]=\left(\frac{\mu}{\mu_0}-1\right)J\boldsymbol{e}_z=\left(\frac{\mu}{\mu_0}-1\right)\boldsymbol{J}\end{aligned}$$

$$\boldsymbol{K}_{\mathrm{M}}=\boldsymbol{M}\times\boldsymbol{e}_{\mathrm{n}}=\left(\frac{\mu}{\mu_0}-1\right)\frac{RJ}{2}\boldsymbol{e}_\alpha\times\boldsymbol{e}_r=-\left(\frac{\mu}{\mu_0}-1\right)\frac{RJ}{2}\boldsymbol{e}_z$$

将磁媒质的作用等效成磁化电流的作用,应用真空中的安培环路定理,得

$$2\pi rB=\mu_0\left[\pi r^2J+\pi r^2\left(\frac{\mu}{\mu_0}-1\right)J\right]=\mu_0\pi r^2\frac{\mu}{\mu_0}J=\mu\pi r^2J$$

$$\boldsymbol{B}=\frac{\mu r}{2}J\boldsymbol{e}_\alpha$$

这个结果与直接利用安培环路定理所得结果相同。对 $r>R$,直接利用安培环路定理,得

$$2\pi rH=\pi R^2J,\quad \boldsymbol{H}=\frac{R^2J}{2r}\boldsymbol{e}_\alpha,\quad \boldsymbol{B}=\frac{\mu_0R^2J}{2r}\boldsymbol{e}_\alpha$$

将磁媒质的作用等效成磁化电流的作用,应用真空中的安培环路定理,得

$$\begin{aligned}2\pi rB&=\mu_0\left[\pi R^2J+\pi R^2\left(\frac{\mu}{\mu_0}-1\right)J\right]-\mu_0 2\pi R\left(\frac{\mu}{\mu_0}-1\right)\frac{RJ}{2}\\&=\mu_0\pi R^2\frac{\mu}{\mu_0}J-\mu_0\pi R^2\frac{\mu}{\mu_0}+\mu_0\pi R^2J=\mu_0\pi R^2J\end{aligned}$$

$$\boldsymbol{B}=\mu_0\frac{R^2J}{2r}\boldsymbol{e}_\alpha$$

这个结果与直接利用安培环路定理所得结果相同。

例 4-5-2 如图 4-5-8 所示,已知无穷长电流和两种媒质的磁导率,求两种媒质中的磁感应强度。

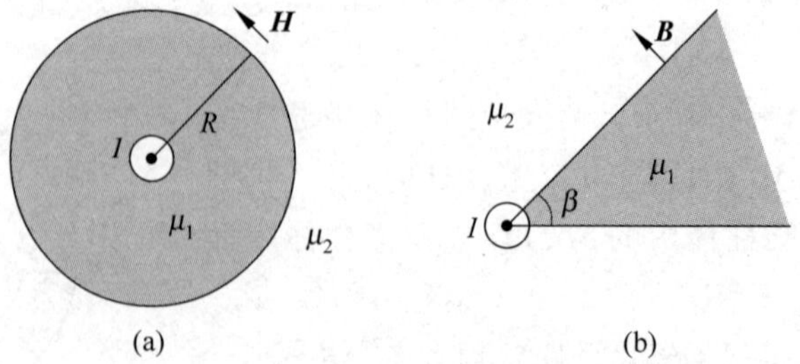

图 4-5-8 磁媒质的不同分布

解　(1) 根据电流和媒质分布情况,分界面上磁场强度只有切线分量即圆周方向的分量。分界面上磁场强度的切线分量连续。因此整个空间 $\boldsymbol{H}$ 连续且只有圆周方向的分量。由安培环路定理得

$$2\pi rH=I,\quad H=\frac{I}{2\pi r}$$

$$B_1=\frac{\mu_1 I}{2\pi r},\quad B_2=\frac{\mu_2 I}{2\pi r}$$

(2) 根据电流和媒质分布情况,分界面上磁感应强度应只有法向分量即圆周方向的分量。分界面上磁感应强度的法向分量连续。因此整个空间 $\boldsymbol{B}$ 连续且只有圆周方向的分量。由安培环路定理得

$$\beta rH_1+(2\pi-\beta)rH_2=\beta r\frac{B}{\mu_1}+(2\pi-\beta)r\frac{B}{\mu_2}=I$$

$$B=\frac{I}{\beta r/\mu_1+(2\pi-\beta)r/\mu_2}=\frac{\mu_1\mu_2 I}{(\mu_2\beta+2\pi\mu_1-\mu_1\beta)r}$$

例 4-5-3　图 4-5-9 所示为没有自由面电流的分界面两侧磁感应强度线,分界面左下和右上两区域磁导率不同,根据磁感应强度线的走向,判断左下和右上两区域磁导率的相对大小。

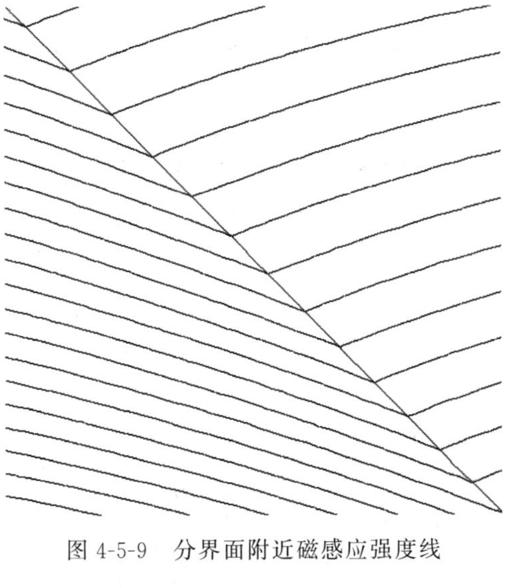

图 4-5-9　分界面附近磁感应强度线

解　观察图 4-5-9,将左下侧媒质编号为 1,右上侧媒质编号为 2。可知分界面附近 $\boldsymbol{B}_1$ 与分界面法向 $\boldsymbol{e}_n$ 的夹角比 $\boldsymbol{B}_2$ 与分界面法向 $\boldsymbol{e}_n$ 的夹角大,如图 4-5-10 所示。要保持磁感应强度法向分量连续,即 $B_{1n}=B_{2n}$,则 $\boldsymbol{B}_1$ 的模应大于 $\boldsymbol{B}_2$ 的模。进一步可得出 $\boldsymbol{B}_1$ 的切向分量比 $\boldsymbol{B}_2$ 的切向分量大,即 $B_{1t}>B_{2t}$。考虑到 $H_{1t}=H_{2t}$,且 $B_{1t}=\mu_1 H_{1t}$,$B_{2t}=\mu_2 H_{2t}$,必有 $\mu_1>\mu_2$。即左下区域媒质的磁导率大于右上区域媒质的磁导率。磁场方向与分界面法向夹角大的一侧媒质的磁导率大,磁场方向与分界面法向夹角小的一侧媒质的磁导率小。这一规律适用于分界面没有自由面电流

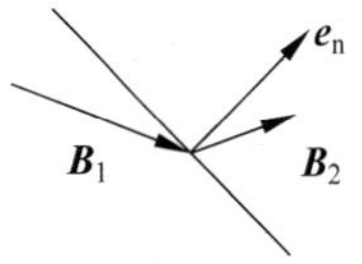

图 4-5-10　分界面附近磁感应强度矢量

的普遍情况。

4.6 恒定磁场的边值问题

1. 矢量磁位的泊松方程和分界面条件

根据恒定磁场基本方程的微分形式和辅助方程,有

$$\nabla \times \boldsymbol{H} = \nabla \times \left(\frac{1}{\mu}\boldsymbol{B}\right) = \boldsymbol{J} \tag{4-6-1}$$

将矢量磁位与磁感应强度的关系 $\boldsymbol{B}=\nabla\times\boldsymbol{A}$ 代入式(4-6-1)得

$$\nabla \times \left(\frac{1}{\mu}\nabla \times \boldsymbol{A}\right) = \frac{1}{\mu}\nabla \times (\nabla \times \boldsymbol{A}) - (\nabla \times \boldsymbol{A}) \times \nabla \frac{1}{\mu} = \boldsymbol{J} \tag{4-6-2}$$

在均匀磁媒质中,$\nabla\frac{1}{\mu}=\boldsymbol{0}$,故

$$\frac{1}{\mu}\nabla \times (\nabla \times \boldsymbol{A}) = \frac{1}{\mu}\nabla(\nabla \cdot \boldsymbol{A}) - \frac{1}{\mu}\nabla^2 \boldsymbol{A} = \boldsymbol{J} \tag{4-6-3}$$

取库仑规范 $\nabla\cdot\boldsymbol{A}=0$,由此得到矢量磁位的基本方程

$$-\frac{1}{\mu}\nabla^2 \boldsymbol{A} = \boldsymbol{J} \tag{4-6-4}$$

式(4-6-4)称为恒定磁场的泊松方程,当场域中没有电流分布时,$\boldsymbol{J}=\boldsymbol{0}$,式(4-6-4)变为

$$\frac{1}{\mu}\nabla^2 \boldsymbol{A} = 0 \tag{4-6-5}$$

式(4-6-5)称为恒定磁场的拉普拉斯方程。算子∇^2即拉普拉斯算子。在直角坐标系中

$$\nabla^2 \boldsymbol{A} = \frac{\partial^2 \boldsymbol{A}}{\partial x^2} + \frac{\partial^2 \boldsymbol{A}}{\partial y^2} + \frac{\partial^2 \boldsymbol{A}}{\partial z^2} \tag{4-6-6}$$

矢量磁位的泊松方程或拉普拉斯方程是从场矢量表示的恒定磁场的基本方程和辅助方程推导出来的,因此它与场矢量的基本方程加辅助方程是等价的。在不同磁媒质分界处,矢量磁位也应该满足一定的分界面衔接条件。

将 $\boldsymbol{B}=\nabla\times\boldsymbol{A}$ 代入分界面条件,得

$$\boldsymbol{e}_{\mathrm{n}} \times \left(\frac{1}{\mu_2}\nabla \times \boldsymbol{A}_2 - \frac{1}{\mu_1}\nabla \times \boldsymbol{A}_1\right) = \boldsymbol{K} \tag{4-6-7}$$

$$\boldsymbol{A}_2 = \boldsymbol{A}_1 \tag{4-6-8}$$

2. 恒定磁场的边值问题

与静电场的情况类似,恒定磁场的边值问题也是由基本方程和边界条件组成。恒定磁场的基本方程为

$$\nabla \times \left(\frac{1}{\mu}\nabla \times \boldsymbol{A}\right) = \boldsymbol{J} \tag{4-6-9}$$

在均匀磁媒质中

$$\frac{1}{\mu}\nabla \times (\nabla \times \boldsymbol{A}) = \frac{1}{\mu}\nabla(\nabla \cdot \boldsymbol{A}) - \frac{1}{\mu}\nabla^2 \boldsymbol{A} = \boldsymbol{J} \tag{4-6-10}$$

在库仑规范下

$$-\frac{1}{\mu}\nabla^2 \boldsymbol{A}=\boldsymbol{J} \tag{4-6-11}$$

在平行平面恒定磁场中，电流密度和矢量磁位都只有 z 分量，上述矢量泊松方程退化为关于 A_z 的标量泊松方程。

第一类边界条件，在整个边界上给定矢量磁位或其切线分量，即

$$\boldsymbol{A}\,|_{\Gamma}=\boldsymbol{F}_1 \quad \text{或} \quad A_t\,|_{\Gamma}=f_1 \tag{4-6-12}$$

式中，$\boldsymbol{F}_1$ 为已知矢量函数，f_1 为已知标量函数。

第二类边界条件，在整个边界上给定磁场强度的切线分量，即

$$\frac{1}{\mu}(\nabla\times\boldsymbol{A})\times\boldsymbol{e}_n\,|_{\Gamma}=\boldsymbol{F}_2 \tag{4-6-13}$$

式中，$\boldsymbol{F}_2$ 为已知矢量函数。

还有一类边界条件即混合边界条件，在一部分边界上给定矢量磁位或其切线分量，在另一部分边界上给定磁场强度的切线分量，即

$$\begin{cases}\boldsymbol{A}\,|_{\Gamma_1}=\boldsymbol{F}_1 \quad \text{或} \quad A_t\,|_{\Gamma_1}=f_1\\ \dfrac{1}{\mu}(\nabla\times\boldsymbol{A})\times\boldsymbol{e}_n\,|_{\Gamma_2}=\boldsymbol{F}_2\end{cases} \tag{4-6-14}$$

3. 恒定磁场问题解的唯一性

恒定磁场的边值问题可以通过不同的方法求解，由不同方法求得的解答是否相同呢？下面的定理回答了这个问题。

满足给定边界条件的恒定磁场基本方程的解是唯一的。这就是恒定磁场边值问题解的唯一性定理。

下面证明这个定理。

设 $\boldsymbol{A}_1$ 和 $\boldsymbol{A}_2$ 是同一个边值问题的两个矢量磁位解。令 $\boldsymbol{A}'=\boldsymbol{A}_1-\boldsymbol{A}_2$，则

$$\boldsymbol{B}'=\boldsymbol{B}_1-\boldsymbol{B}_2=\nabla\times\boldsymbol{A}_1-\nabla\times\boldsymbol{A}_2=\nabla\times(\boldsymbol{A}_1-\boldsymbol{A}_2)=\nabla\times\boldsymbol{A}' \tag{4-6-15}$$

因为$\nabla\times\left(\frac{1}{\mu}\nabla\times\boldsymbol{A}_1\right)=\boldsymbol{J}$，$\nabla\times\left(\frac{1}{\mu}\nabla\times\boldsymbol{A}_2\right)=\boldsymbol{J}$，将两式相减，得

$$\nabla\times\left(\frac{1}{\mu}\nabla\times\boldsymbol{A}'\right)=\boldsymbol{0} \tag{4-6-16}$$

根据矢量恒等式$\nabla\cdot(\boldsymbol{a}\times\boldsymbol{b})=\boldsymbol{b}\cdot(\nabla\times\boldsymbol{a})-\boldsymbol{a}\cdot(\nabla\times\boldsymbol{b})$，令 $\boldsymbol{a}=\boldsymbol{A}'$，$\boldsymbol{b}=\frac{1}{\mu}\nabla\times\boldsymbol{A}'$，得

$$\begin{aligned}\nabla\cdot\left[\boldsymbol{A}'\times\left(\frac{1}{\mu}\nabla\times\boldsymbol{A}'\right)\right]&=\left(\frac{1}{\mu}\nabla\times\boldsymbol{A}'\right)\cdot(\nabla\times\boldsymbol{A}')-\boldsymbol{A}'\cdot\left[\nabla\times\left(\frac{1}{\mu}\nabla\times\boldsymbol{A}'\right)\right]\\&=\left(\frac{1}{\mu}\nabla\times\boldsymbol{A}'\right)\cdot(\nabla\times\boldsymbol{A}')=\frac{1}{\mu}|\nabla\times\boldsymbol{A}'|^2\end{aligned} \tag{4-6-17}$$

两边分别进行体积分，积分区域为整个求解区域，得

$$\iiint_V \nabla\cdot\left[\boldsymbol{A}'\times\left(\frac{1}{\mu}\nabla\times\boldsymbol{A}'\right)\right]\mathrm{d}V=\iiint_V\frac{1}{\mu}|\nabla\times\boldsymbol{A}'|^2\mathrm{d}V \tag{4-6-18}$$

应用散度定理

$$\iiint_V \frac{1}{\mu}|\nabla\times\boldsymbol{A}'|^2\mathrm{d}V=\iiint_V \nabla\cdot\left[\boldsymbol{A}'\times\left(\frac{1}{\mu}\nabla\times\boldsymbol{A}'\right)\right]\mathrm{d}V=\oiint_S\left[\boldsymbol{A}'\times\left(\frac{1}{\mu}\nabla\times\boldsymbol{A}'\right)\right]\cdot\mathrm{d}\boldsymbol{S}$$

$$=\oiint_S \boldsymbol{e}_{\mathrm{n}}\cdot\left[\boldsymbol{A}'\times\left(\frac{1}{\mu}\nabla\times\boldsymbol{A}'\right)\right]\mathrm{d}S \tag{4-6-19}$$

根据矢量恒等式 $\boldsymbol{a}\cdot(\boldsymbol{b}\times\boldsymbol{c})=\boldsymbol{b}\cdot(\boldsymbol{c}\times\boldsymbol{a})=\boldsymbol{c}\cdot(\boldsymbol{a}\times\boldsymbol{b})$，令 $\boldsymbol{a}=\boldsymbol{e}_{\mathrm{n}},\boldsymbol{b}=\boldsymbol{A}',\boldsymbol{c}=\frac{1}{\mu}\nabla\times\boldsymbol{A}'$，代入式(4-8-19)，得

$$\iiint_V \frac{1}{\mu}|\nabla\times\boldsymbol{A}'|^2\mathrm{d}V=\oiint_S \boldsymbol{e}_{\mathrm{n}}\cdot\left[\boldsymbol{A}'\times\left(\frac{1}{\mu}\nabla\times\boldsymbol{A}'\right)\right]\mathrm{d}S$$

$$=\oiint_S \boldsymbol{A}'\cdot\left[\left(\frac{1}{\mu}\nabla\times\boldsymbol{A}'\right)\times\boldsymbol{e}_{\mathrm{n}}\right]\mathrm{d}S$$

$$=\oiint_S \left(\frac{1}{\mu}\nabla\times\boldsymbol{A}'\right)\cdot(\boldsymbol{e}_{\mathrm{n}}\times\boldsymbol{A}')\mathrm{d}S \tag{4-6-20}$$

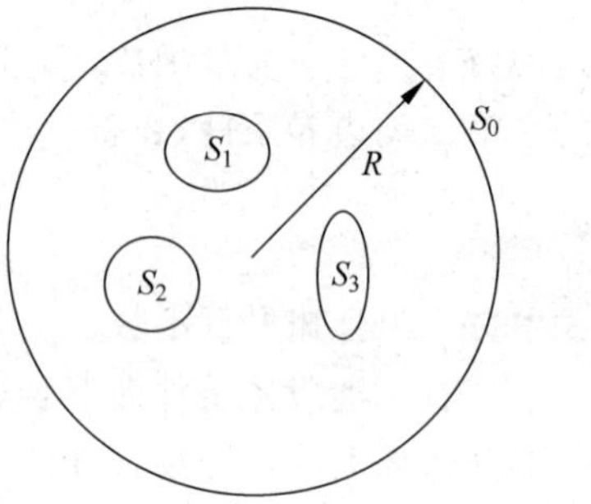

图 4-6-1 场域及其有限和无限边界

设场域边界情况如图 4-6-1 所示，$S=S_1+S_2+S_3+S_0$。S_1、S_2、S_3 是有限边界，S_0 为无限边界即无限远处的边界。假定电流分布在有限区域，则当 $R\to\infty$ 时，在 S_0 上 $|\boldsymbol{A}'|\propto\frac{1}{R}$，$|\nabla\times\boldsymbol{A}'|\propto\frac{1}{R^2}$。因此

$$\oiint_{S_0} \boldsymbol{e}_{\mathrm{n}}\cdot\left[\boldsymbol{A}'\times\left(\frac{1}{\mu}\nabla\times\boldsymbol{A}'\right)\right]\mathrm{d}S\propto\lim_{R\to\infty}\frac{1}{\mu}\frac{1}{R}\frac{1}{R^2}4\pi R^2=\lim_{R\to\infty}\frac{1}{\mu}\frac{1}{R}4\pi=0 \tag{4-6-21}$$

以上考虑了部分边界在无穷远处的情况，相应无穷远边界的面积分为零。因此，不管有没有无穷远边界，面积分可以只在有限边界上进行。

$$\iiint_V \frac{1}{\mu}|\nabla\times\boldsymbol{A}'|^2\mathrm{d}V=\oiint_{S_1+S_2+S_3}\boldsymbol{A}'\cdot\left[\left(\frac{1}{\mu}\nabla\times\boldsymbol{A}'\right)\times\boldsymbol{e}_{\mathrm{n}}\right]\mathrm{d}S$$

$$=\oiint_{S_1+S_2+S_3}\left(\frac{1}{\mu}\nabla\times\boldsymbol{A}'\right)\cdot(\boldsymbol{e}_{\mathrm{n}}\times\boldsymbol{A}')\mathrm{d}S \tag{4-6-22}$$

考虑第一类边值问题，$\boldsymbol{A}_1$ 和 $\boldsymbol{A}_2$ 都满足边界条件，则在边界上有 $\boldsymbol{A}_{\mathrm{t1}}=\boldsymbol{A}_{\mathrm{t2}}$，即 $\boldsymbol{e}_{\mathrm{n}}\times\boldsymbol{A}'=\boldsymbol{0}$。

考虑第二类边值问题，$\boldsymbol{A}_1$ 和 $\boldsymbol{A}_2$ 都满足边界条件，则在边界上有

$$\frac{1}{\mu}(\nabla\times\boldsymbol{A}_1)\times\boldsymbol{e}_{\mathrm{n}}=\frac{1}{\mu}(\nabla\times\boldsymbol{A}_2)\times\boldsymbol{e}_{\mathrm{n}}$$

即

$$\frac{1}{\mu}(\nabla\times\boldsymbol{A}')\times\boldsymbol{e}_{\mathrm{n}}=\boldsymbol{0} \tag{4-6-23}$$

混合边界条件情况，一部分边界上 $\boldsymbol{e}_{\mathrm{n}}\times\boldsymbol{A}'=\boldsymbol{0}$，另一部分边界上 $\frac{1}{\mu}(\nabla\times\boldsymbol{A}')\times\boldsymbol{e}_{\mathrm{n}}=\boldsymbol{0}$。因此在全部边界上 $\boldsymbol{e}_{\mathrm{n}}\cdot\left[\boldsymbol{A}'\times\left(\frac{1}{\mu}\nabla\times\boldsymbol{A}'\right)\right]=0$。

代入式(4-6-20)，得

$$\iiint_V \frac{1}{\mu}|\nabla\times\boldsymbol{A}'|^2\mathrm{d}V=0 \tag{4-6-24}$$

μ 为有限值且大于零。要使式(4-6-24)成立，在求解区域中必须有$\nabla\times\boldsymbol{A}'=\boldsymbol{0}$，即 $\boldsymbol{B}'=\boldsymbol{0}$。得

$$\boldsymbol{B}_1=\boldsymbol{B}_2 \tag{4-6-25}$$

以上证明了在给定三类边界条件下由基本方程解得的磁感应强度 $\boldsymbol{B}$ 是唯一的，即

$$\nabla\times\boldsymbol{A}'=\boldsymbol{0} \tag{4-6-26}$$

根据矢量恒等式$\nabla\times\nabla\alpha=\boldsymbol{0}$，可以设 $\boldsymbol{A}'=\nabla\phi'$。

可见，$\boldsymbol{A}$ 的解答并不唯一，$\boldsymbol{A}$ 的两个解可以相差一个任意标量的梯度。

在库仑规范下，$\nabla\cdot\boldsymbol{A}'=0$，得

$$\nabla\cdot\nabla\phi'=\nabla^2\phi'=0 \tag{4-6-27}$$

取库仑规范就是对上述标量加以限制。这个标量 ϕ'必须满足拉普拉斯方程。

在第一类边界条件下，边界上的 A_t 是给定的，$A'_t=0$，$\phi'=C$。在这种条件下，场域中拉普拉斯方程的解只能是一个常数 C。可得在整个场域中$\nabla\phi'=\boldsymbol{0}$，也就是 $\boldsymbol{A}'=\boldsymbol{0}$，$\boldsymbol{A}_1=\boldsymbol{A}_2$。$\boldsymbol{A}$ 的解答是唯一的。

其他边界条件下不能保证 $\boldsymbol{A}$ 的解的唯一性，但所求得的磁感应强度 $\boldsymbol{B}$ 是唯一的。

综上所述已经证明，在上述三类边界条件下，由矢量泊松方程决定的恒定磁场的解答是唯一的。恒定磁场解的唯一性定理是恒定磁场情况下亥姆霍兹定理的应用和扩展。除了要求已知磁场的散度和旋度外，恒定磁场的唯一性定理不仅适用于单连通域，也适用于多连通域；不仅适用于单一切向或法向边界条件，也适用于混合边界条件。

例 4-6-1　如图 4-6-2 所示，长方形正负直流长导线平行放置，构成平行平面恒定磁场。试用矢量磁位表述该恒定磁场的边值问题，利用对称性缩小求解区域。

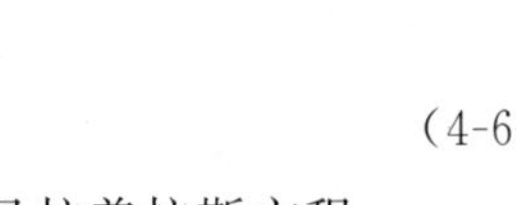

图 4-6-2　正、负直流导线

解　如图 4-6-3 所示，定性分析正、负两导线产生的磁场分布情况，设电流方向为 $\boldsymbol{e}_z$ 方向，矢量磁位也只有 z 方向分量；两导线之间部分磁场相互加强，远离两导线的区域磁场近似相互抵消，因此在离导线较远的位置可以划定一条闭合边界，近似认为磁场只在边界内，边界外没有磁场。用边界条件来表示就是该边界矢量磁位为零，为第一类齐次边界条件。在平行平面场中，等矢量磁位线就是磁感应强度线。这就是人为设定的最外一条磁感应强度线。载流导线产生的磁场是有源场，基本方程中的源就是电流密度。以矢量磁位为求解变量的恒定磁场边值问题表述如下：

基本方程　$-\dfrac{1}{\mu}\left(\dfrac{\partial^2 A_z}{\partial x^2}+\dfrac{\partial^2 A_z}{\partial y^2}\right)=J_z$

边界条件　$A_z|_\Gamma=0$

如图 4-6-4 所示，用两导线之间的对称线将前述求解区域分成左右对称两部分，两区域几何上对称，而电流相反，定性分析可知，磁位也具有反对称特点。可知对称线上矢量磁位为零。

这样就可以只求解一半区域。对称线上的边界条件为

$$A_z|_{\Gamma_N}=0$$

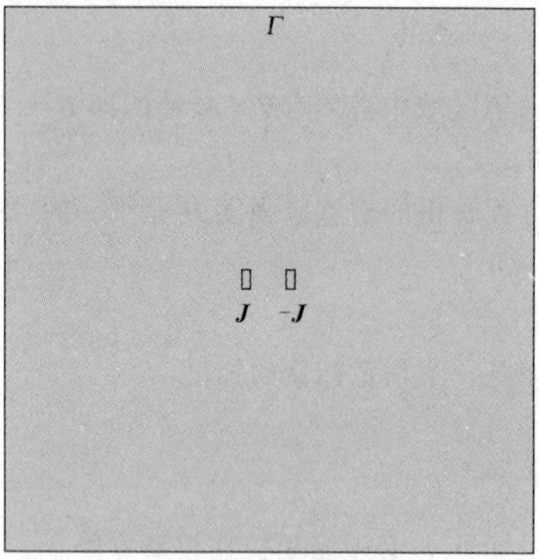

图 4-6-3　场域近似外边界

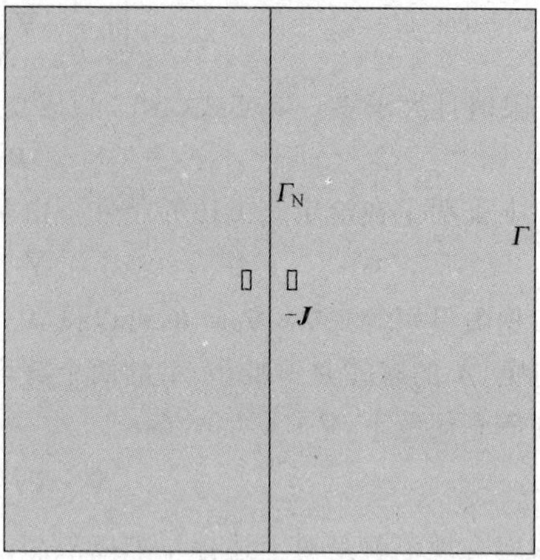

图 4-6-4　场域对称边界

全域仿真结果见图 4-6-5。可以看出,对称线上矢量磁位与外边界同为零。

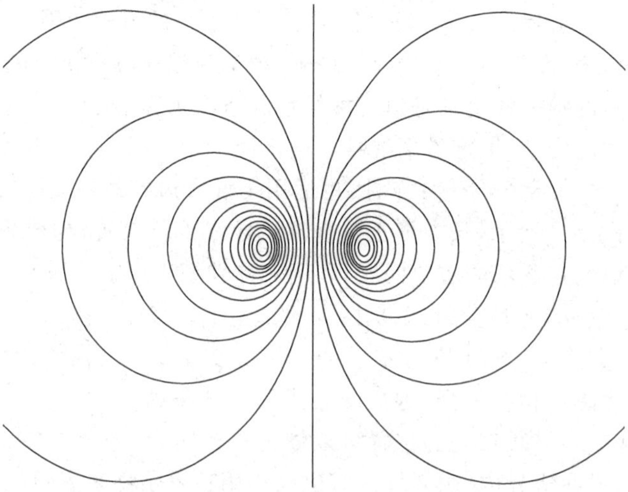

图 4-6-5　全域仿真结果

4. 标量磁位

恒定磁场是有旋场,在有电流分布的区域$\nabla\times\boldsymbol{H}=\boldsymbol{J}$。因此就整个区域来说不能定义标量位。但是在电流密度为零的区域,因$\nabla\times\boldsymbol{H}=\boldsymbol{0}$,可以用一个标量的梯度来表示磁场强度。定义标量磁位 φ_{m} 满足

$$\boldsymbol{H}=-\nabla\varphi_{\mathrm{m}} \tag{4-6-28}$$

从磁场强度计算标量磁位,是相反的运算,也就是求积分的运算。考虑磁场强度的线积分

$$\int_P^Q\boldsymbol{H}\cdot\mathrm{d}\boldsymbol{l}=\int_P^Q-\nabla\varphi_{\mathrm{m}}\cdot\mathrm{d}\boldsymbol{l}=\int_P^Q-\frac{\mathrm{d}\varphi_{\mathrm{m}}}{\mathrm{d}l}\mathrm{d}l=\int_P^Q-\mathrm{d}\varphi_{\mathrm{m}}=\varphi_{\mathrm{m}P}-\varphi_{\mathrm{m}Q} \tag{4-6-29}$$

这里用到$\frac{d\varphi_m}{dl}=\nabla\varphi_m\cdot\frac{d\boldsymbol{l}}{dl}$，$\varphi_m$ 在 $\boldsymbol{l}$ 方向的方向导数即$\nabla\varphi_m$ 在 $\boldsymbol{l}$ 方向上的投影。显然

$$\varphi_{mP}-\varphi_{mQ}=\int_P^Q\boldsymbol{H}\cdot d\boldsymbol{l} \tag{4-6-30}$$

两点之间的标量磁位差等于磁场强度在这两点之间的线积分。如果 Q 点的标量磁位已知，则

$$\varphi_{mP}=\varphi_{mQ}+\int_P^Q\boldsymbol{H}\cdot d\boldsymbol{l} \tag{4-6-31}$$

选择 Q 点为标量磁位的参考点，$\varphi_{mQ}=0$，在 P 点有

$$\varphi_{mP}=\int_P^Q\boldsymbol{H}\cdot d\boldsymbol{l} \tag{4-6-32}$$

这就是说，P 点的标量磁位等于磁场强度从 P 点到参考点的线积分。标量磁位的单位是 A(安[培])。

必须注意，当空间存在自由电流时，标量磁位差或磁位与积分路径有关。如图 4-6-6 所示，a、b 两点的标量磁位差沿路径 amb 为 U_{m1}，沿路径 anb 为 U_{m2}：

$$U_{m1}=\int_{amb}\boldsymbol{H}\cdot d\boldsymbol{l} \tag{4-6-33}$$

$$U_{m2}=\int_{anb}\boldsymbol{H}\cdot d\boldsymbol{l} \tag{4-6-34}$$

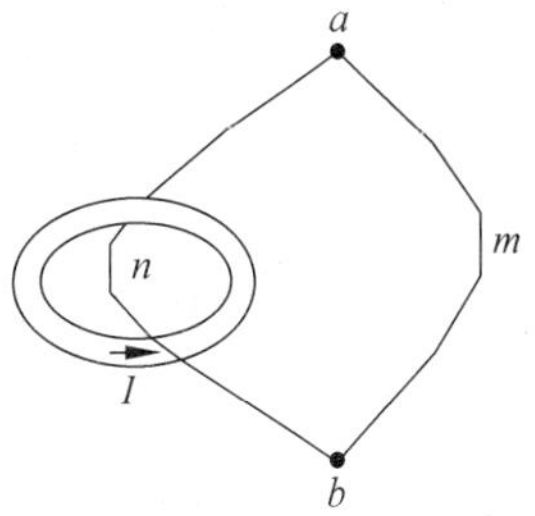

图 4-6-6　磁场强度的积分路径

根据安培环路定理，

$$\begin{aligned}U_{m2}-U_{m1}&=\int_{anb}\boldsymbol{H}\cdot d\boldsymbol{l}-\int_{amb}\boldsymbol{H}\cdot d\boldsymbol{l}\\&=\int_{anb}\boldsymbol{H}\cdot d\boldsymbol{l}+\int_{bma}\boldsymbol{H}\cdot d\boldsymbol{l}\\&=\oint_{anbma}\boldsymbol{H}\cdot d\boldsymbol{l}=I\end{aligned} \tag{4-6-35}$$

显然，$U_{m1}\neq U_{m2}$，标量磁位差不唯一，或标量磁位不唯一。

对积分路径加以限制就可以消除标量磁位的多值性。如限制积分路径不要穿过电流回路所限定的面，就可以保证磁位与积分路径无关。

5. 标量磁位的拉普拉斯方程

在没有电流分布的区域，$\nabla\times\boldsymbol{H}=\boldsymbol{0}$，设 $\boldsymbol{H}=-\nabla\varphi_m$，有 $\boldsymbol{B}=-\mu\nabla\varphi_m$。代入$\nabla\cdot\boldsymbol{B}=0$，得

$$\nabla\cdot(\mu\nabla\varphi_m)=0 \tag{4-6-36}$$

在均匀磁媒质中有

$$\mu\nabla^2\varphi_m=0 \tag{4-6-37}$$

式(4-6-37)称为标量磁位的拉普拉斯方程。

标量磁位的拉普拉斯方程是从场矢量表示的恒定磁场的基本方程和辅助方程推导出来的，因此它与场矢量的基本方程加辅助方程是等价的。在不同磁媒质分界处，标量磁位也应该满足一定的分界面条件。

因为 $\boldsymbol{H}=-\nabla\varphi_m$，所以在两种磁媒质分界面上有

$$H_t=-\frac{\partial \varphi_m}{\partial t},\quad B_n=-\mu\frac{\partial \varphi_m}{\partial n} \tag{4-6-38}$$

将式(4-6-38)代入场矢量的分界面条件,得

$$\begin{cases}\varphi_{m2}=\varphi_{m1}\\ \mu_2\dfrac{\partial \varphi_{m2}}{\partial n}=\mu_1\dfrac{\partial \varphi_{m1}}{\partial n}\end{cases} \tag{4-6-39}$$

在铁磁物质与空气分界处,当电流在空气中,求解空气中无源区的磁场时,由于铁磁物质的磁导率远大于 μ_0,可近似认为 $\mu\to\infty$。这样要使铁中磁感应强度 $\boldsymbol{B}$ 为有限值,必须满足 $\boldsymbol{H}=\mathbf{0}$。可导出 $\nabla\varphi_m=\mathbf{0}$,$\varphi_m=C$,$C$ 为常数。也就是说,铁磁物质的表面可近似认为是标量磁位的等位面。求解空气中磁场时,铁磁物质表面可作为第一类边界条件。

如果选择一条磁感应强度线作为磁场求解区域的边界,根据磁感应强度线的定义,有 $B_n=0$,即 $\mu\dfrac{\partial \varphi_m}{\partial n}=0$。这就是标量磁位的第二类边界条件。

6. 标量磁位与磁路

磁路是磁场的彻底简化模型。标量磁位在简化磁场和磁路的计算中起着重要的作用。

若恒定磁场相对集中于空间某一区域,而此区域中没有电流,则可以通过施加一定的边界条件近似将上述区域作为磁场的求解区域。这样的区域适合用标量磁位表述磁场的边值问题。特别是当主要磁场沿相对集中的闭合路径分布,且产生磁场的电流可以排除在路径之外时,可以将这部分磁场作为独立的求解对象。进一步简化沿闭合路径分布的磁场,就可以得到磁路模型。

恒定磁场简化为磁路相当于恒定电流场简化为电路。在恒定电流场中沿路径流动的是电流,对应的场矢量为电流密度;在恒定磁场中沿路径流动的是磁通,对应的场矢量为磁通密度,即磁感应强度。在电路中要维持恒定电流连续,需要有电动势。同样在磁路中要维持磁通连续,必须有磁动势。电动势是电场强度的闭合线积分,磁动势是磁场强度的闭合线积分。根据安培环路定理,作为磁场强度的闭合线积分的磁动势等于闭合回路所环绕的电流代数和。

下面以变压器和电机的磁场为背景,介绍简化磁场和磁路。

图 4-6-7 所示为一简单的变压器模型,在铁心回路的周围环绕着线圈,线圈中流过电流。完整的磁场区域应包括铁心部分线圈区域以及铁心周围的空气区域。由于铁心的磁导率远大于空气的磁导率,主磁场集中在铁心区域,空气中的磁场为漏磁场。图 4-6-8 给出了用矢量磁位表述的完整的磁场边值问题的求解区域和边界条件模型。可以看出,求解区域包括电流区和空气区。以铁心中的主磁场作为分析对象,可以对磁场进行简化。图 4-6-9 给出了用标量磁位表述的简化磁场边值问题的求解区域和边界条件。简化磁场的求解区域只包含铁心部分。线圈中电流的作用以磁动势(标量磁位差)的形式施加在铁心回路中。匝数为 N,导线电流为 I,则回路中的磁动势为 $e_m=NI$。因此磁位差 $U_{m0}=NI$。

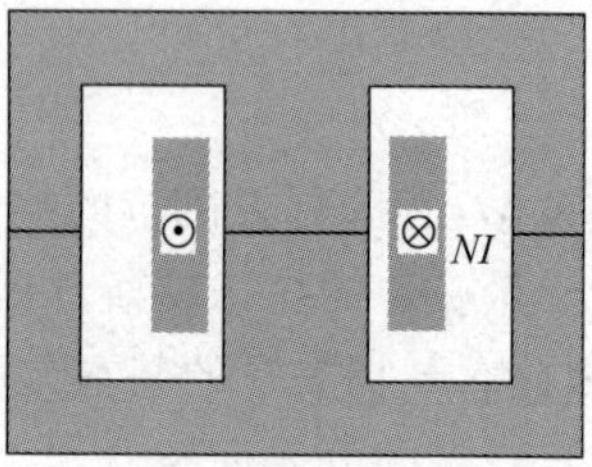

图 4-6-7 简单变压器磁场模型

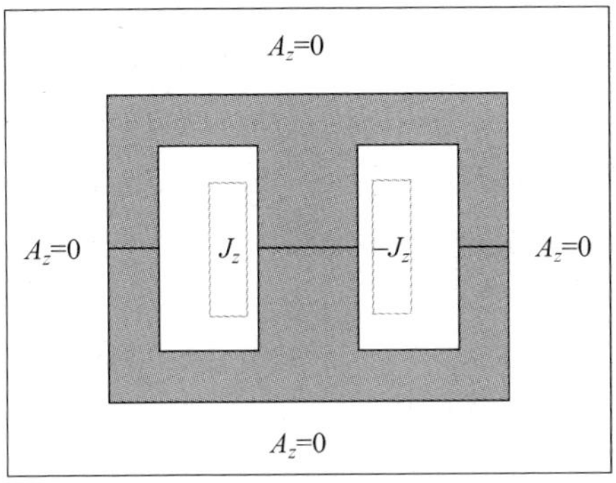

图 4-6-8　变压器矢量磁位磁场模型

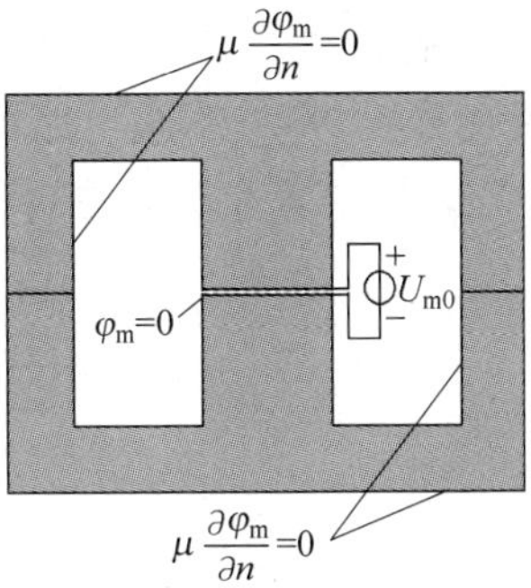

图 4-6-9　变压器标量磁位磁场模型

标量磁位模型具有求解区域小、求解变量为标量等优点。但它毕竟是简化模型，自然会带来一定的误差。图 4-6-10～图 4-6-13 给出了矢量磁位完整磁场仿真和标量磁位简化磁场仿真的结果。由图 4-6-10 和图 4-6-11 的对比，可见等矢量磁位线和等标量磁位线完全不同。等矢量磁位线就是磁感应强度线，等标量磁位线与磁感应强度线垂直。由图 4-6-12 和图 4-6-13 的对比，可见铁心中磁感应强度矢量分布基本相同，在铁心磁导率远大于空气磁导率的条件下，简化磁场的误差不大。

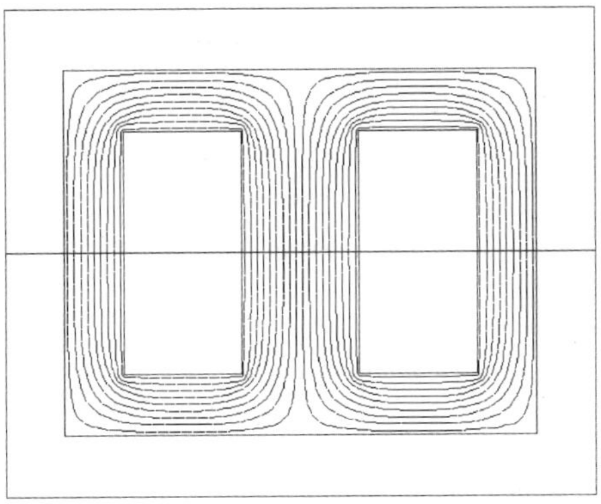

图 4-6-10　变压器矢量磁位等值线图

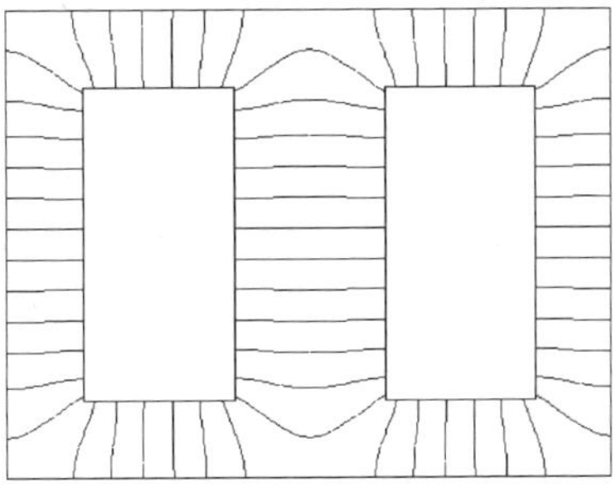

图 4-6-11　变压器标量磁位等值线图

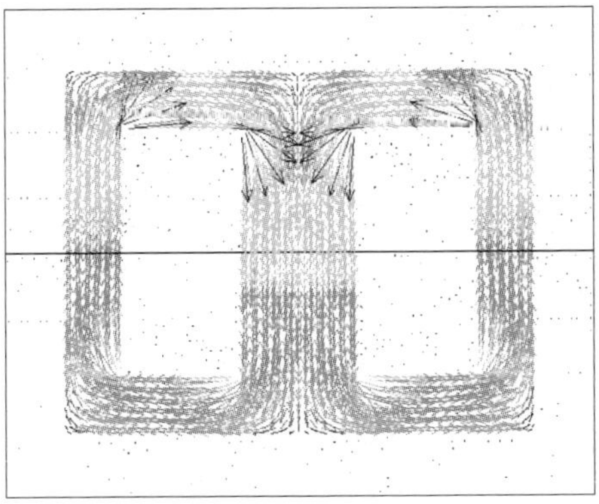

图 4-6-12　完整模型的磁感应强度矢量图

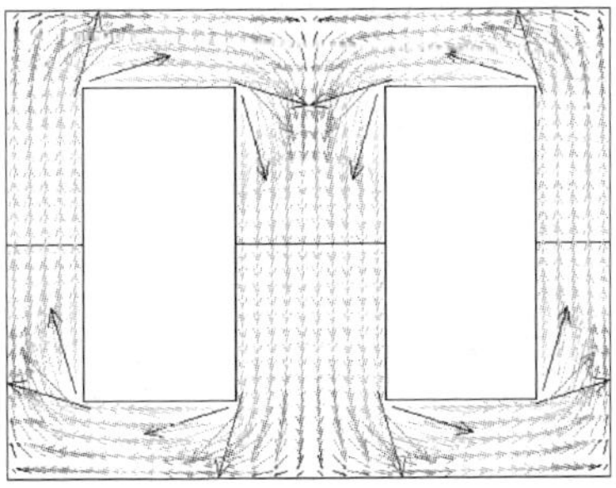

图 4-6-13　简化模型的磁感应强度矢量图

彩图 4-6-12

彩图 4-6-13

进一步对主磁场进行简化，就可以得到如图 4-6-14 所示的磁路模型。将磁路与电路对比，可得以下对应关系：磁路的磁通 Φ 对应电路的电流 I；磁路的磁位降 U_m 对应电路的电压 U；磁路的磁动势 e_m 对应电路的电动势 e；磁路的磁阻 R_m 对应电路的电阻 R(磁导 G_m 对应电导 G)。磁位差和磁通之间满足磁路的欧姆定律 $U_m = R_m\Phi$。

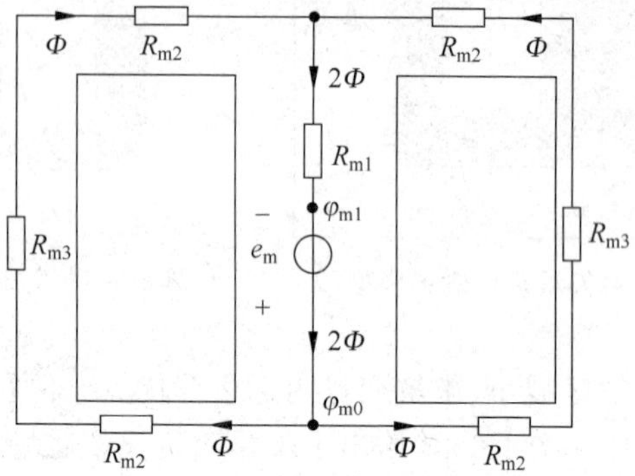

图 4-6-14　变压器磁路模型

图 4-6-15 所示为一简单的电机磁场模型。在主磁场铁心回路中挖出一段，放入转子铁心，剩余部分为定子铁心，定转子铁心之间形成气隙。与变压器不同，电机中主磁场通过的回路中不仅有铁心还有气隙。完整的磁场区域应包括定转子铁心部分、气隙部分、线圈区域以及铁心周围的空气区域。以铁心中的主磁场作为分析对象，对磁场进行简化。图 4-6-16 给出了用标量磁位表述的简化磁场边值问题的求解区域和边界条件。简化磁场的求解区域只包含定转子铁心和气隙部分。线圈中电流的作用以磁动势(标量磁位差)的形式施加在铁心回路中。匝数为 N，导线电流为 I，则回路中的磁动势为 $e_m = NI$。因此磁位差 $U_{m0} = NI$。

图 4-6-17～图 4-6-20 给出了矢量磁位完整磁场仿真和标量磁位简化磁场仿真的结果。由图 4-6-17 和图 4-6-18 的对比，可见定转子铁心和气隙中磁感应强度矢量分布两模型基本相同，在回路中主要部分为铁心、铁心磁导率远大于空气磁导率的条件下，简化磁场的误差不大。由图 4-6-19 和图 4-6-20 的对比，可见等矢量磁位线与等标量磁位线性质不同。等矢量磁位线是磁感应强度线，等标量磁位线与磁感应强度线垂直。

类似于变压器，电机的磁场也可以进一步简化为磁路。磁路作为定量计算的模型，会导致一定的误差。但作为定性分析的工具，磁路模型具有重要作用。

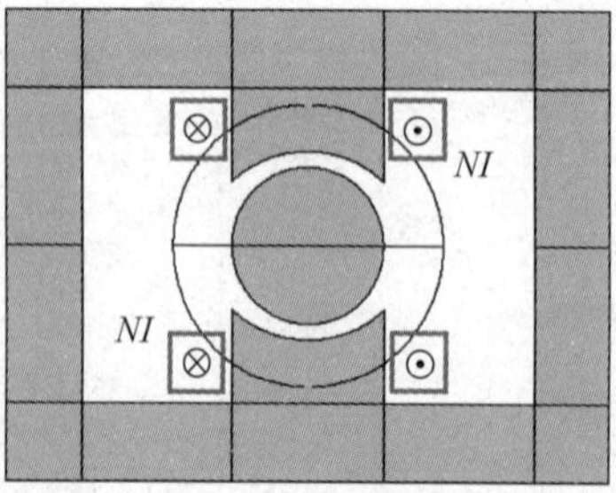

图 4-6-15　简单电机磁场模型

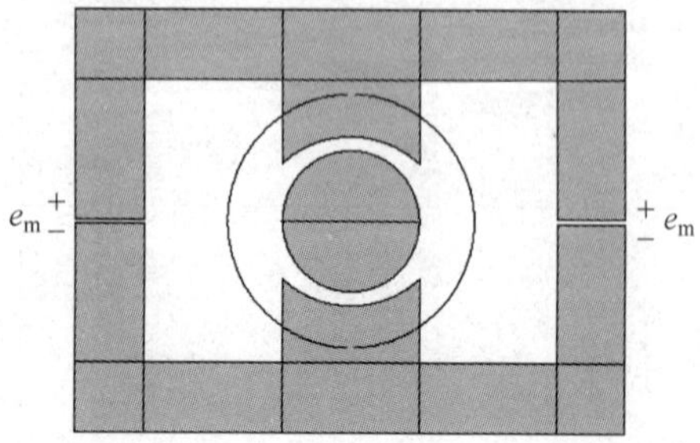

图 4-6-16　电机标量磁位磁场模型

彩图 4-6-17

彩图 4-6-18

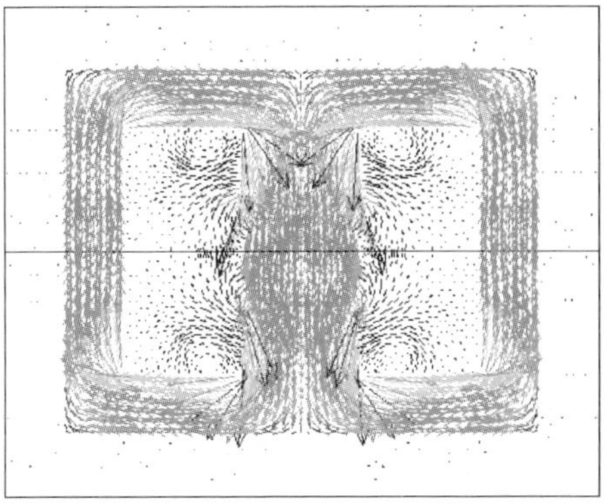

图 4-6-17　完整磁场的磁感应强度矢量图

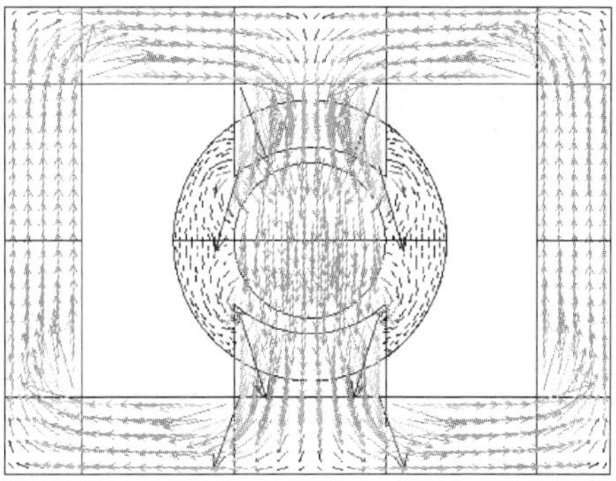

图 4-6-18　简化磁场的磁感应强度矢量图

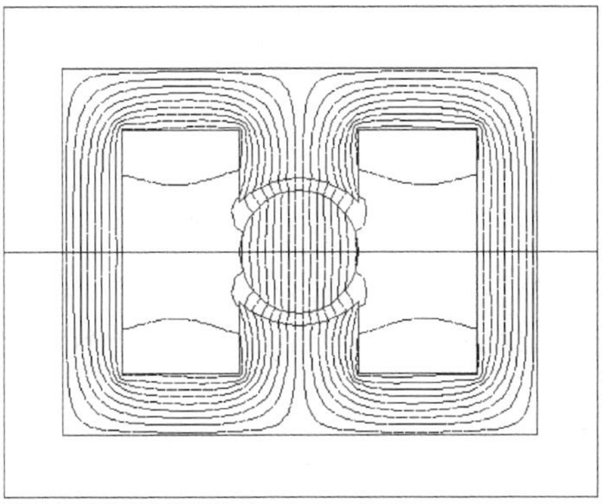

图 4-6-19　电机等矢量磁位线

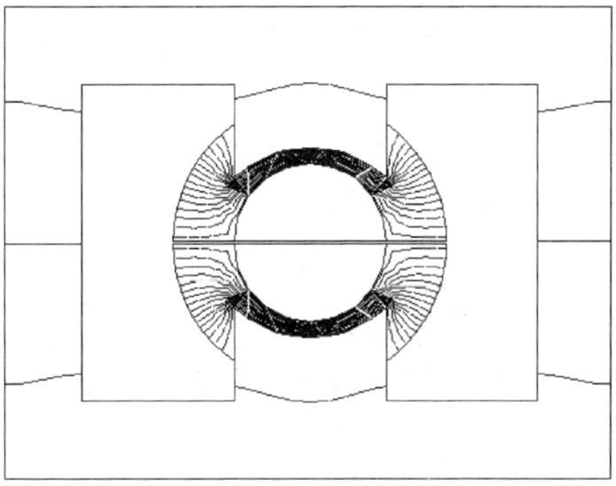

图 4-6-20　电机等标量磁位线

第5章 时变电磁场的基本原理

本章提示

本章讨论时变电磁场。通过法拉第电磁感应定律，将静电场的环路定理加以扩充并推广到时变场。根据电荷守恒原理，引入位移电流，将安培环路定理推广到时变场，得到全电流定律。导出时变电磁场的基本方程、辅助方程和场矢量的媒质分界面衔接条件。根据磁感应强度的散度方程和电场强度的旋度方程，引入动态位，从麦克斯韦方程组中另外两个方程导出时变电磁场动态位的达朗贝尔方程。给出达朗贝尔方程解的一般形式。讨论单元辐射子电磁波辐射的问题。最后，描述了在工程中两种简化条件下，时变电磁场的边值问题。本章重点理解感应电动势、位移电流的概念和时变电磁场的基本性质；掌握电磁波产生和传播的基本规律；了解单元辐射子球面电磁波的远场（辐射场）和近场（似稳场）特性；学会将涡流场和准静态电流场表述为边值问题。

5.1 法拉第电磁感应定律

1. 电磁感应定律

电流产生磁场的现象被发现以后，人们很自然地想到磁场会不会产生电流。要回答这个问题，必须通过实验。初期的实验结果表明，恒定的磁场不能产生电流。但是，在艰难的探索过程中终于发现，当磁场发生变化时，闭合线圈中产生了电流。这就是电磁感应现象。线圈中的电流称为感应电流。英国科学家法拉第（M. Faraday，1791—1867）在 1831 年发现了电磁感应现象。随后法拉第又进行了大量的实验，总结了变化的磁场在闭合线圈中产生感应电流的各种方式。法拉第还发现在相同条件下，不同导体中产生的感应电流与导体的电导成正比。考虑到欧姆定律，法拉第认为，导体中产生感应电流的直接原因是闭合回路中存在感应电动势，而感应电动势与导体的性质无关。因此，只要磁场发生变化，即使回路没有闭合，没有感应电流，感应电动势依然存在。后来的科学家将法拉第的发现总结为定律，称为法拉第电磁感应定律。

当闭合回路环绕的磁通随时间发生变化时，在回路中将引起感应电动势和感应电流。感应电动势的大小与磁通对时间的变化率成正比。感应电动势的参考方向与磁通的方向成右手螺旋关系。根据楞次定律，感应电动势及其所产生的感应电流总是企图阻止导电回路所环绕的磁通发生变化，即由感应电流产生的磁通总是企图抵消原磁通发生的变化。如果考虑到线圈的匝数，磁通应由磁链来代替。因此，感应电动势的表示式为

$$e = -\frac{d\Psi}{dt} \tag{5-1-1}$$

当线圈环绕的磁通增加时，$\frac{d\Psi}{dt}>0, e<0$，所产生的感应电流与原磁通相反的方向成右手关系，这时感应电流产生的磁通与原磁通方向相反，企图抵消原磁通的增加。当线圈环绕的磁通减少时，$\frac{d\Psi}{dt}<0, e>0$，所产生的感应电流与原磁通的方向成右手关系，这时感应电流产生的磁通与原磁通方向相同，企图抵消原磁通的减少。

当磁通发生变化时，闭合回路中产生了感应电动势。根据电动势的定义，说明回路中产生了感应电场。感应电场不同于库仑电场。它不是由电荷产生的，而是由磁场的变化引起的。感应电场的电场强度记为 $\boldsymbol{E}_i$。因此总的电场强度可表示为 $\boldsymbol{E}=\boldsymbol{E}_C+\boldsymbol{E}_i$。库仑电场强度 $\boldsymbol{E}_C$ 的闭合线积分为零。

设 S 为闭合回路 l 限定的曲面，式(5-1-1)可写成

$$\oint_l \boldsymbol{E} \cdot d\boldsymbol{l} = \oint_l \boldsymbol{E}_i \cdot d\boldsymbol{l} = e = -\frac{d\Phi}{dt} = -\frac{d}{dt}\iint_S \boldsymbol{B} \cdot d\boldsymbol{S} \tag{5-1-2}$$

2. 时变场中的静止回路

对于静止回路，l 和 S 不随时间变化，式(5-1-2)中面积分前的求导运算可以移到积分当中。因此

$$\oint_l \boldsymbol{E} \cdot d\boldsymbol{l} = -\frac{d}{dt}\iint_S \boldsymbol{B} \cdot d\boldsymbol{S} = -\iint_S \frac{\partial \boldsymbol{B}}{\partial t} \cdot d\boldsymbol{S} \tag{5-1-3}$$

对于单匝回路，感应电动势为

$$e = -\iint_S \frac{\partial \boldsymbol{B}}{\partial t} \cdot d\boldsymbol{S} \tag{5-1-4}$$

这种静止回路中的感应电动势类似于变压器线圈中的感应电动势，因此叫作变压器电动势。变压器电动势就是 S 不变、$\boldsymbol{B}$ 随时间变化时的感应电动势。

3. 恒定磁场中的运动回路

在恒定磁场中，当导体回路的某一部分以速度 $\boldsymbol{v}$ 运动时，随导体一起运动的自由电荷将受到洛伦兹力的作用，磁场对运动电荷的作用力为

$$\boldsymbol{F} = q\boldsymbol{v} \times \boldsymbol{B} \tag{5-1-5}$$

将作用在单位电荷上的洛伦兹力等效为电场强度，可以看作运动导体中产生了感应电场，其电场强度为

$$\boldsymbol{E}_i = \boldsymbol{v} \times \boldsymbol{B} \tag{5-1-6}$$

因此，在回路中产生的感应电动势为

$$e = \oint_l (\boldsymbol{v} \times \boldsymbol{B}) \cdot d\boldsymbol{l} \tag{5-1-7}$$

若将磁场用磁感应强度线表示，运动的导体将切割磁感应强度线。因此，恒定磁场中运动回路的感应电动势叫作切割电动势。这种感应电动势类似于发电机运动线圈中的感应电

动势,因此又称为发电机电动势。

以上从洛伦兹力导出了运动回路中感应电动势的表示式。实际上,运动回路中产生感应电动势的原因,同样是回路中磁通发生变化。

如图5-1-1所示,在均匀的恒定磁场中,当导体以速度$\boldsymbol{v}$运动时,回路变大,磁通也变大,感应电动势为

$$e=-\frac{\partial \Phi}{\partial t}=-B\frac{\partial S}{\partial t}=-B\frac{\partial}{\partial t}(S_0+l_0 vt)=-Bl_0 v=\oint_l(\boldsymbol{v}\times\boldsymbol{B})\cdot \mathrm{d}\boldsymbol{l} \tag{5-1-8}$$

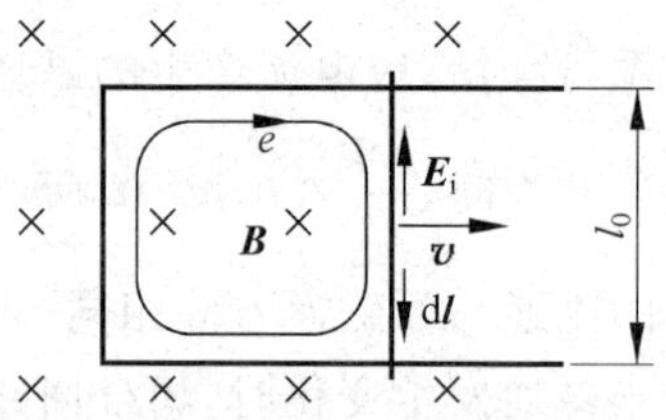

图5-1-1 运动线框的感应电动势计算

式中,S_0是t等于零时回路围成的面积;l_0是运动导体的长度。由此可见,发电机电动势就是$\boldsymbol{B}$不变、S随时间变化时的感应电动势。

4. 时变场中的运动回路

与上述两种情况相比,时变场中的运动回路是更为一般的情况。根据法拉第电磁感应定律,闭合回路$\boldsymbol{l}$中的感应电动势为

$$\oint_l \boldsymbol{E}\cdot \mathrm{d}\boldsymbol{l}=e=-\frac{\mathrm{d}\Phi}{\mathrm{d}t}=-\frac{\mathrm{d}}{\mathrm{d}t}\iint_S \boldsymbol{B}\cdot \mathrm{d}\boldsymbol{S} \tag{5-1-9}$$

这时,磁通Φ中包含两个变化的因素,一个是磁感应强度$\boldsymbol{B}$,另一个是回路限定的曲面S。每一个因素各自单独变化时感应电动势的表示式如前所述。根据多元函数求导的法则,两种因素都变化时,有

$$\oint_l \boldsymbol{E}\cdot \mathrm{d}\boldsymbol{l}=-\frac{\mathrm{d}}{\mathrm{d}t}\iint_S \boldsymbol{B}\cdot \mathrm{d}\boldsymbol{S}=-\iint_S \frac{\partial \boldsymbol{B}}{\partial t}\cdot \mathrm{d}\boldsymbol{S}+\oint_l(\boldsymbol{v}\times\boldsymbol{B})\cdot \mathrm{d}\boldsymbol{l} \tag{5-1-10}$$

式(5-1-10)称为电磁感应定律的积分形式。

从上述积分形式的电磁感应定律可知,在时变场中,电场强度的闭合线积分不再恒为零。因此两点之间的电场强度线积分与路径有关。

应用斯托克斯定理,式(5-1-10)变为

$$\iint_S \nabla\times\boldsymbol{E}\cdot \mathrm{d}\boldsymbol{S}=-\iint_S \frac{\partial \boldsymbol{B}}{\partial t}\cdot \mathrm{d}\boldsymbol{S}+\iint_S \nabla\times(\boldsymbol{v}\times\boldsymbol{B})\cdot \mathrm{d}\boldsymbol{S} \tag{5-1-11}$$

式(5-1-11)对任意曲面S都成立,因此

$$\nabla\times\boldsymbol{E}=-\frac{\partial \boldsymbol{B}}{\partial t}+\nabla\times(\boldsymbol{v}\times\boldsymbol{B}) \tag{5-1-12}$$

式中,$\boldsymbol{v}$是场点运动的速度。

在静止媒质中,场点相对静止,$\boldsymbol{v}=\boldsymbol{0}$,因此有

$$\nabla\times\boldsymbol{E}=-\frac{\partial \boldsymbol{B}}{\partial t} \tag{5-1-13}$$

这就是电磁感应定律的微分形式。

这里需要说明两个问题。第一个问题是由于变化的磁场产生电场,因此相对静止的电荷在变化的磁场中受到力的作用而运动。这与恒定磁场中相对静止的电荷不受到力的作用的情况是不同的。在电子加速器中就是利用空间磁场迅速变化产生强大的电场,使电子的

运动速度不断增加，以获得足够的能量的。第二个问题是，法拉第电磁感应定律虽然是从导体回路的实验中得出来的，但是，回路中的感应电动势与回路材料的电导率无关。因此，不论是导体回路还是非导体回路，不论是在媒质中还是在真空中，也不论是有形回路还是无形回路，电磁感应定律都成立。电磁感应定律的本质就是变化的磁场产生电场。

例 5-1-1　如图 5-1-2 和图 5-1-3 所示，无限长直导线通以电流 $i(t)=I_m\sin\omega t$(A)，线框以匀速$\boldsymbol{v}$ 向右运动。当线框运动到如图所示位置时，求接至 AB 之间的电压表的读数。

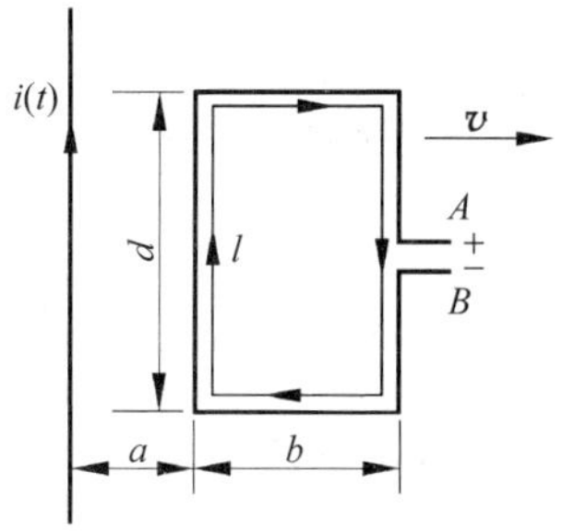

图 5-1-2　时变场中的运动线框(1)

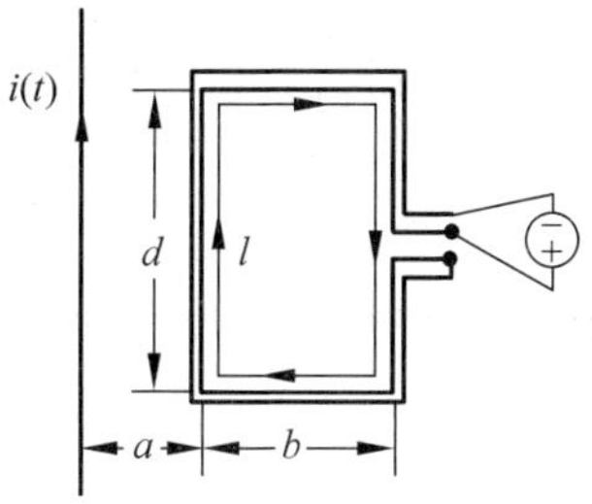

图 5-1-3　时变场中的运动线框(2)

解　时变场中的两点之间电压不是唯一的。这里只考虑两种情况：(1)电压表用短导线直接接到 AB 之间，并与线框一起运动；(2)电压表用长导线沿线框接到 AB 之间，并与线框一起运动。

(1) AB 之间的电压应等于沿着线框从 B 到 A 的感应电动势，即

$$u_{AB}=e_{BA}=\oint_l \boldsymbol{E}\cdot d\boldsymbol{l}$$

$$=-\iint_S \frac{\partial \boldsymbol{B}}{\partial t}\cdot d\boldsymbol{S}+\oint_l(\boldsymbol{v}\times\boldsymbol{B})\cdot d\boldsymbol{l}$$

因为

$$\boldsymbol{B}=\frac{\mu_0 i}{2\pi r}\boldsymbol{e}_\alpha$$

$$d\boldsymbol{S}=dS\boldsymbol{e}_\alpha$$

所以

$$-\iint_S \frac{\partial \boldsymbol{B}}{\partial t}\cdot d\boldsymbol{S}=-\iint_S \frac{\mu_0}{2\pi r}\frac{\partial i}{\partial t}dS=-\int_a^{a+b}\frac{\mu_0\omega I_m d\cos\omega t}{2\pi r}dr=\frac{\mu_0\omega I_m d\cos\omega t}{2\pi}\ln\frac{a}{a+b}$$

$$\boldsymbol{v}\times\boldsymbol{B}=\frac{v\mu_0 I_m\sin\omega t}{2\pi r}\boldsymbol{e}_z$$

$$\oint_l(\boldsymbol{v}\times\boldsymbol{B})\cdot d\boldsymbol{l}=\oint_l \frac{v\mu_0 I_m\sin\omega t}{2\pi r}\boldsymbol{e}_z\cdot d\boldsymbol{l}$$

线框的两段水平导线上 $\boldsymbol{e}_z\cdot d\boldsymbol{l}=0$，因此

$$\oint_l(\boldsymbol{v}\times\boldsymbol{B})\cdot d\boldsymbol{l}=\frac{v\mu_0 dI_m\sin\omega t}{2\pi a}-\frac{v\mu_0 dI_m\sin\omega t}{2\pi(a+b)}=\frac{v\mu_0 dbI_m\sin\omega t}{2\pi a(a+b)}$$

$$u_{AB}=\frac{\mu_0\omega I_m d\cos\omega t}{2\pi}\ln\frac{a}{a+b}+\frac{v\mu_0 dbI_m\sin\omega t}{2\pi a(a+b)}$$

(2) 当电压表用长导线沿线框接到 AB 之间时，电压表联线与线框一起组成一个闭合回路。这个闭合回路围成的面积为零。无论电流和磁场如何变化，线框怎样运动，闭合回路中都不会产生感应电动势。因此，电压表测得的电压为零。

5.2 全电流定律

1. 时变场的电流连续性

在恒定电场中传导电流是恒定电流。根据恒定电流的连续性，有

$$\oint_S \boldsymbol{J}_C \cdot d\boldsymbol{S} = 0 \tag{5-2-1}$$

在时变场中，根据电荷守恒原理，有

$$\oint_S \boldsymbol{J}_C \cdot d\boldsymbol{S} = -\frac{\partial q}{\partial t} = -\frac{\partial}{\partial t}\oint_S \boldsymbol{D} \cdot d\boldsymbol{S} \tag{5-2-2}$$

在静止媒质中，对时间求导数运算与积分运算相互独立，可以交换次序。应用散度定理，可得

$$\oint_S \boldsymbol{J}_C \cdot d\boldsymbol{S} = \iiint_V \nabla \cdot \boldsymbol{J}_C dV = -\frac{\partial}{\partial t}\iiint_V \rho dV = -\frac{\partial}{\partial t}\iiint_V \nabla \cdot \boldsymbol{D} dV = -\oint_S \frac{\partial \boldsymbol{D}}{\partial t} \cdot d\boldsymbol{S} \tag{5-2-3}$$

式(5-2-3)中，S 是任意闭合面，V 是相应的任意体积，有

$$\nabla \cdot \boldsymbol{J}_C = -\nabla \cdot \frac{\partial \boldsymbol{D}}{\partial t} \tag{5-2-4}$$

或

$$\nabla \cdot \left(\boldsymbol{J}_C + \frac{\partial \boldsymbol{D}}{\partial t}\right) = 0 \tag{5-2-5}$$

这就是时变场的电流连续性方程。在时变场中，当$\nabla \cdot \dfrac{\partial \boldsymbol{D}}{\partial t} \neq 0$ 时，传导电流不再保持连续。

2. 位移电流

安培环路定理的微分形式为

$$\nabla \times \boldsymbol{H} = \boldsymbol{J} \tag{5-2-6}$$

根据矢量恒等式得

$$\nabla \cdot \nabla \times \boldsymbol{H} = 0 \tag{5-2-7}$$

因此，电流密度必须满足

$$\nabla \cdot \boldsymbol{J} = 0 \tag{5-2-8}$$

在恒定磁场中，电流是恒定的传导电流，传导电流密度的散度为零。

在时变场中，传导电流不再保持连续，因此安培环路定理中的电流就不能仅仅是传导电流。根据时变场的电流连续性方程，有

$$\nabla \cdot \left(\boldsymbol{J}_C + \frac{\partial \boldsymbol{D}}{\partial t}\right) = 0 \tag{5-2-9}$$

因此，若将$\dfrac{\partial \boldsymbol{D}}{\partial t}$也看作一种电流密度，记为 $\boldsymbol{J}_D$，令全电流密度为

$$\boldsymbol{J}_T = \boldsymbol{J}_C + \boldsymbol{J}_D \tag{5-2-10}$$

则$\nabla \cdot \boldsymbol{J}_T = 0$，安培环路定理就可以推广到时变场。$\boldsymbol{J}_D$ 称为位移电流密度，相应的面积分

$$i_D = \iint_S \boldsymbol{J}_D \cdot \mathrm{d}\boldsymbol{S} = \iint_S \frac{\partial \boldsymbol{D}}{\partial t} \cdot \mathrm{d}\boldsymbol{S} \tag{5-2-11}$$

称为(穿过 S 面的)位移电流。

位移电流是英国科学家麦克斯韦(J. C. Maxwell，1831—1879)提出的一种假设，德国物理学家赫兹(H. R. Hertz，1857—1894)验证了麦克斯韦的理论成果。

3. 全电流定律

根据位移电流的假设，麦克斯韦将安培环路定理推广到时变场，得到全电流定律

$$\nabla \times \boldsymbol{H} = \boldsymbol{J}_C + \frac{\partial \boldsymbol{D}}{\partial t} \tag{5-2-12}$$

式(5-2-12)称为全电流定律的微分形式。

应用斯托克斯定理，对任意闭合曲线 l 和由 l 限定的曲面 S，有

$$\oint_l \boldsymbol{H} \cdot \mathrm{d}\boldsymbol{l} = \iint_S \left(\boldsymbol{J}_C + \frac{\partial \boldsymbol{D}}{\partial t}\right) \cdot \mathrm{d}\boldsymbol{S} = i_C + i_D \tag{5-2-13}$$

这就是全电流定律的积分形式。

有时还需要考虑不导电空间电荷运动形成的运流电流。运流电流密度为

$$\boldsymbol{J}_v = \rho \boldsymbol{v} \tag{5-2-14}$$

运流电流为

$$i_v = \iint_S \boldsymbol{J}_v \cdot \mathrm{d}\boldsymbol{S} = \iint_S \rho \boldsymbol{v} \cdot \mathrm{d}\boldsymbol{S} \tag{5-2-15}$$

$$\boldsymbol{J}_T = \boldsymbol{J}_C + \boldsymbol{J}_v + \boldsymbol{J}_D \tag{5-2-16}$$

$$i_T = i_C + i_D + i_v \tag{5-2-17}$$

运流电流与传导电流都是由电荷运动形成的。虽然在整个空间中这两种电流可以同时存在，但在空间同一点上两种电流不能同时存在。因此在空间某一位置上，式(5-2-16)中的传导电流密度和运流电流密度不能同时不为零。

这样，完整的全电流定律的微分形式应为

$$\nabla \times \boldsymbol{H} = \boldsymbol{J}_C + \boldsymbol{J}_v + \frac{\partial \boldsymbol{D}}{\partial t} \tag{5-2-18}$$

全电流定律的积分形式应为

$$\oint_l \boldsymbol{H} \cdot \mathrm{d}\boldsymbol{l} = i_C + i_D + i_v \tag{5-2-19}$$

全电流定律表明，除传导电流、运流电流产生磁场外，位移电流也产生磁场。传导电流和运流电流都是电荷的运动，但位移电流却不是电荷的运动，而只是电场的变化。法拉第发现电磁感应定律，确认变化的磁场能够产生电场后，曾根据对偶性提出变化的电场也能产生磁场的设想。麦克斯韦假设位移电流存在，将安培环路定理推广为全电流定律，从理论上论证了变化的电场也能产生磁场，并预见了电磁波的存在。1887—1888 年赫兹(H. R. Hertz，1857—1894)通过实验证实了电磁波的存在，从而间接证明了位移电流假设的正确性。

例 5-2-1 求图 5-2-1 所示平行平板电容器中的位移电流密度和位移电流。

解 设电容器极板面积为 S，正、负极板距离为 d，电介质的介电常数为 ε。电容器正负极之间加随时间变化的电压 u。

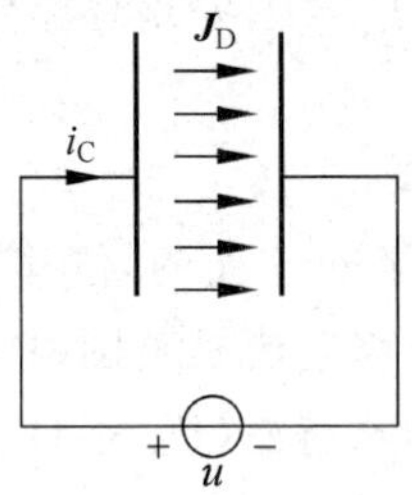

图 5-2-1 电容器中的位移电流

电容器中电场强度的量值为 $E=\dfrac{u}{d}$，电位移矢量的量值为 $D=\varepsilon E=\dfrac{\varepsilon u}{d}$。因此，位移电流密度的量值为

$$J_D=\frac{\partial D}{\partial t}=\frac{\varepsilon}{d}\frac{\mathrm{d}u}{\mathrm{d}t}$$

位移电流为

$$i_D=J_D S=\frac{\varepsilon S}{d}\frac{\mathrm{d}u}{\mathrm{d}t}$$

平板电容器的电容 $C=\dfrac{\varepsilon S}{d}$，所以

$$i_D=C\frac{\mathrm{d}u}{\mathrm{d}t}=C\frac{\mathrm{d}}{\mathrm{d}t}\left(\frac{q}{C}\right)=\frac{\mathrm{d}q}{\mathrm{d}t}=i_C$$

式中，q 是极板上的电荷，i_C 是联接电容器的导线中的传导电流。

可见，导线中的传导电流到达电容器极板后，转变为极板间的位移电流。传导电流与位移电流之和是连续的。

5.3 麦克斯韦方程组

1. 微分形式的电磁场基本方程

库仑定律、安培定律和法拉第电磁感应定律为电磁场理论提供了坚实的实验基础。在此基础上，根据电荷守恒原理，麦克斯韦提出了位移电流假设，将静电场和恒定磁场的基本方程加以扩展，推广到时变场，得到时变电磁场的基本方程组。静电场和恒定磁场都是时变电磁场的特例。电磁场的基本方程组通常称为麦克斯韦方程组。

静止媒质中电磁场基本方程组的微分形式为

$$\nabla\times\boldsymbol{E}=-\frac{\partial\boldsymbol{B}}{\partial t}\tag{5-3-1}$$

$$\nabla\times\boldsymbol{H}=\boldsymbol{J}_C+\rho\boldsymbol{v}+\frac{\partial\boldsymbol{D}}{\partial t}\tag{5-3-2}$$

$$\nabla\cdot\boldsymbol{D}=\rho\tag{5-3-3}$$

$$\nabla\cdot\boldsymbol{B}=0\tag{5-3-4}$$

在各向同性媒质中，有关场矢量之间的关系用下列辅助方程表示：

$$\boldsymbol{D}=\varepsilon\boldsymbol{E}\tag{5-3-5}$$

$$\boldsymbol{B}=\mu\boldsymbol{H}\tag{5-3-6}$$

$$\boldsymbol{J}_C=\gamma\boldsymbol{E}\tag{5-3-7}$$

2. 积分形式的电磁场基本方程

分别应用斯托克斯定理和散度定理，就可以将微分形式的电磁场基本方程组转换为积分形式的电磁场基本方程组。在静止媒质中，电磁场基本方程组的积分形式为

$$\oint_l \boldsymbol{E} \cdot \mathrm{d}\boldsymbol{l} = -\iint_S \frac{\partial \boldsymbol{B}}{\partial t} \cdot \mathrm{d}\boldsymbol{S} \tag{5-3-8}$$

$$\oint_l \boldsymbol{H} \cdot \mathrm{d}\boldsymbol{l} = \iint_S \boldsymbol{J}_C \cdot \mathrm{d}\boldsymbol{S} + \iint_S \rho\boldsymbol{v} \cdot \mathrm{d}\boldsymbol{S} + \iint_S \frac{\partial \boldsymbol{D}}{\partial t} \cdot \mathrm{d}\boldsymbol{S} \tag{5-3-9}$$

$$\oiint_S \boldsymbol{D} \cdot \mathrm{d}\boldsymbol{S} = \iiint_V \rho \mathrm{d}V \tag{5-3-10}$$

$$\oiint_S \boldsymbol{B} \cdot \mathrm{d}\boldsymbol{S} = 0 \tag{5-3-11}$$

式(5-3-2)和式(5-3-9)是全电流定律的表达式，通常也称为麦克斯韦第一方程。该式表明不仅运动的电荷可以产生磁场，变化的电场也可以产生磁场。式(5-3-1)和式(5-3-8)为电磁感应定律的表达式，通常也称为麦克斯韦第二方程。该式表明变化的磁场可以产生电场，同时表明在时变场中 $\boldsymbol{E}$ 线可以成为闭合线，而不像在静电场中 $\boldsymbol{E}$ 线只能起自正电荷终止于负电荷不形成闭合线。此二式表明变化的电场产生磁场和变化的磁场产生电场。式(5-3-3)和式(5-3-10)是静电场中高斯通量定理的表达式，是麦克斯韦直接从静电场推广应用于时变电磁场的。式(5-3-4)和式(5-3-11)是磁通连续性原理的表达式，表明时变场中也无磁荷存在。

针对时变电磁场，为了表述的一致性，本书采用先旋度后散度、先电场后磁场的顺序列写麦克斯韦方程组。

3. 媒质分界面衔接条件

在连续媒质中，由于电磁场的各个场量及其对时间和空间的一阶导数均为连续函数，电磁场基本方程组的微分形式成立。在不同媒质的分界面处，媒质的参数发生突变，场矢量不连续，基本方程组的微分形式遇到困难。但是，在不同媒质的分界面处，电磁场基本方程组的积分形式仍然成立。因此，可以利用积分形式的基本方程导出不同媒质分界面两侧各个场矢量应分别满足的分界面衔接条件。

时变场中分界面衔接条件的推导方法与静电场和恒定磁场中的推导方法基本相同。

在时变场中，电位移矢量所满足的方程与其在静电场中的方程相同。因此，电位移矢量的媒质分界面衔接条件与静电场中相同。矢量表示为

$$\boldsymbol{e}_n \cdot (\boldsymbol{D}_2 - \boldsymbol{D}_1) = \sigma \tag{5-3-12}$$

标量表示为

$$D_{2n} - D_{1n} = \sigma \tag{5-3-13}$$

式(5-3-12)中，$\boldsymbol{e}_n$ 是分界面的法向单位矢量，从第一种媒质指向第二种媒质。

在时变场中，磁感应强度所满足的方程与其在恒定磁场中的方程相同。因此，磁感应强度的媒质分界面衔接条件与恒定磁场中相同。矢量形式为

$$\boldsymbol{e}_{\mathrm{n}} \cdot (\boldsymbol{B}_2 - \boldsymbol{B}_1) = 0 \tag{5-3-14}$$

标量形式为

$$B_{2\mathrm{n}} = B_{1\mathrm{n}} \tag{5-3-15}$$

式(5-3-14)中,$\boldsymbol{e}_{\mathrm{n}}$ 是分界面的法向单位矢量,从第一种媒质指向第二种媒质。

在时变场中,电场强度和磁场强度所满足的方程与其在静电场和恒定磁场中的方程有所不同。先讨论电场强度 $\boldsymbol{E}$ 应满足的分界面衔接条件。

如图 5-3-1 所示,设分界面法线方向 $\boldsymbol{e}_{\mathrm{n}}$ 与坐标轴方向 $\boldsymbol{e}_z$ 一致,以分界面上一点 P 为起点作两个小矩形闭合曲线 $l_1+l_2+l_3+l_4+l_5+l_6$ 和 $l_7+l_8+l_9+l_{10}+l_{11}+l_{12}$。取到电场强度分量泰勒级数展开一阶项,根据电磁感应定律积分形式$\oint_l \boldsymbol{E} \cdot \mathrm{d}\boldsymbol{l} = -\iint_S \frac{\partial \boldsymbol{B}}{\partial t} \cdot \mathrm{d}\boldsymbol{S}$,可以列出以下两个方程:

$$-E_{1z}\Delta z + \left(E_{1y} - \frac{\partial E_{1y}}{\partial z}\Delta z\right)\Delta y + \left(E_{1z} + \frac{\partial E_{1z}}{\partial y}\Delta y\right)\Delta z +$$
$$\left(E_{2z} + \frac{\partial E_{2z}}{\partial y}\Delta y\right)\Delta z - \left(E_{2y} + \frac{\partial E_{2y}}{\partial z}\Delta z\right)\Delta y - E_{2z}\Delta z = -\frac{\partial B_{1x}}{\partial t}\Delta y \Delta z - \frac{\partial B_{2x}}{\partial t}\Delta y \Delta z \tag{5-3-16}$$

$$E_{2z}\Delta z + \left(E_{2x} + \frac{\partial E_{2x}}{\partial z}\Delta z\right)\Delta x - \left(E_{2z} + \frac{\partial E_{2z}}{\partial x}\Delta x\right)\Delta z -$$
$$\left(E_{1z} + \frac{\partial E_{1z}}{\partial x}\Delta x\right)\Delta z - \left(E_{1x} - \frac{\partial E_{1x}}{\partial z}\Delta z\right)\Delta x + E_{1z}\Delta z = -\frac{\partial B_{2y}}{\partial t}\Delta z \Delta x - \frac{\partial B_{1y}}{\partial t}\Delta z \Delta x \tag{5-3-17}$$

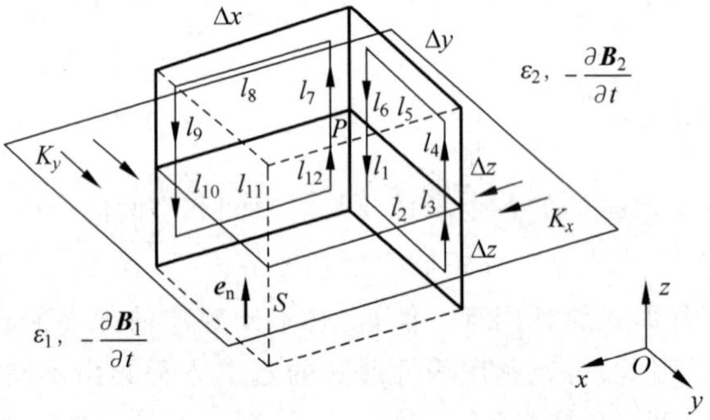

图 5-3-1 电场切向分界面条件计算模型

把抵消的项去掉,再把高阶无穷小项消掉,得

$$E_{1y}\Delta y - E_{2y}\Delta y = 0 \tag{5-3-18}$$

$$E_{2x}\Delta x - E_{1x}\Delta x = 0 \tag{5-3-19}$$

因 Δx、Δy 不为零,得

$$-(E_{2y} - E_{1y}) = 0 \tag{5-3-20}$$

$$E_{2x} - E_{1x} = 0 \tag{5-3-21}$$

即过分界面切向分量连续,表示为

$$E_{2\mathrm{t}} = E_{1\mathrm{t}} \tag{5-3-22}$$

用矢量表示为

$$\boldsymbol{e}_{\mathrm{n}} \times (\boldsymbol{E}_2 - \boldsymbol{E}_1) = \mathbf{0} \tag{5-3-23}$$

以上是电场强度应满足的分界面切向衔接条件。式(5-3-22)是标量表达形式，式(5-3-23)是矢量表达形式。标量形式概念清晰且直观，矢量形式间接但表达严格。注意，这里 $\boldsymbol{e}_{\mathrm{n}} \times \boldsymbol{E}_1$ 并不是 $E_{1\mathrm{t}}$ 的矢量表达式，而是一个与 $E_{1\mathrm{t}}$ 对应矢量模相同但方向垂直的切向矢量；$\boldsymbol{e}_{\mathrm{n}} \times \boldsymbol{E}_2$ 也不是 $E_{2\mathrm{t}}$ 的矢量表达式，而是一个与 $E_{2\mathrm{t}}$ 对应矢量模相同但方向垂直的切向矢量。在一般三维场中，分界面法向比较容易确定，适合用矢量形式。在二维场中，分界面切向也不难确定，推荐用标量形式。

再来讨论磁场强度 $\boldsymbol{H}$ 应满足的分界面衔接条件。

如图 5-3-2 所示，设分界面法线方向 $\boldsymbol{e}_{\mathrm{n}}$ 与坐标轴方向 $\boldsymbol{e}_z$ 一致，以分界面上一点 P 为起点作两个小矩形闭合曲线 $l_1 + l_2 + l_3 + l_4 + l_5 + l_6$ 和 $l_7 + l_8 + l_9 + l_{10} + l_{11} + l_{12}$。将磁场强度分量进行泰勒级数展开，取到一阶项，根据全电流定律积分形式 $\oint_l \boldsymbol{H} \cdot \mathrm{d}\boldsymbol{l} = I + \iint_S \frac{\partial \boldsymbol{D}}{\partial t} \cdot \mathrm{d}\boldsymbol{S}$，可以列出以下两个方程：

$$\begin{aligned}
& -H_{1z}\Delta z + \left(H_{1y} - \frac{\partial H_{1y}}{\partial z}\Delta z\right)\Delta y + \left(H_{1z} + \frac{\partial H_{1z}}{\partial y}\Delta y\right)\Delta z + \\
& \left(E_{2z} + \frac{\partial H_{2z}}{\partial y}\Delta y\right)\Delta z - \left(H_{2y} + \frac{\partial H_{2y}}{\partial z}\Delta z\right)\Delta y - H_{2z}\Delta z \\
& = K_x \Delta y + \left(J_{2x} + \frac{\partial D_{2x}}{\partial t}\right)\Delta y \Delta z + \left(J_{1x} + \frac{\partial D_{1x}}{\partial t}\right)\Delta y \Delta z
\end{aligned} \tag{5-3-24}$$

$$\begin{aligned}
& H_{2z}\Delta z + \left(H_{2x} + \frac{\partial H_{2x}}{\partial z}\Delta z\right)\Delta x - \left(H_{2z} + \frac{\partial H_{2z}}{\partial x}\Delta x\right)\Delta z - \\
& \left(H_{1z} + \frac{\partial H_{1z}}{\partial x}\Delta x\right)\Delta z - \left(H_{1x} - \frac{\partial H_{1x}}{\partial z}\Delta z\right)\Delta x + H_{1z}\Delta z \\
& = K_y \Delta x + \left(J_{1y} + \frac{\partial D_{2y}}{\partial t}\right)\Delta z \Delta x + \left(J_{2y} + \frac{\partial D_{1y}}{\partial t}\right)\Delta z \Delta x
\end{aligned} \tag{5-3-25}$$

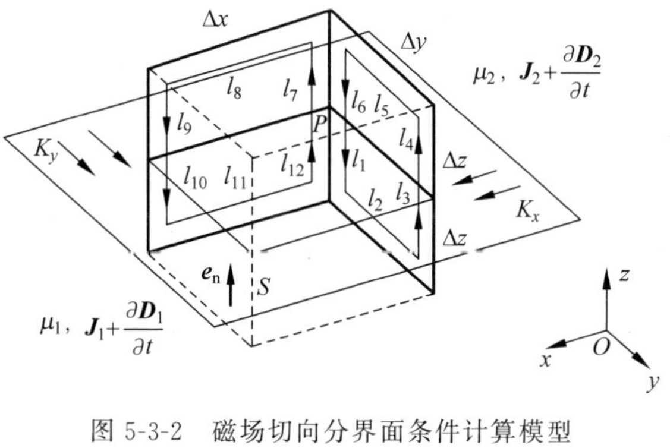

图 5-3-2　磁场切向分界面条件计算模型

把抵消的项去掉，再把高阶无穷小项消掉，得

$$H_{1y}\Delta y - H_{2y}\Delta y = K_x \Delta y \tag{5-3-26}$$

$$H_{2x}\Delta x - H_{1x}\Delta x = K_y \Delta x \tag{5-3-27}$$

因 Δx、Δy 不为零,得

$$-(E_{2y}-E_{1y})=K_x \tag{5-3-28}$$

$$E_{2x}-E_{1x}=K_y \tag{5-3-29}$$

用矢量表示为

$$\boldsymbol{e}_{\mathrm{n}}\times(\boldsymbol{H}_2-\boldsymbol{H}_1)=\boldsymbol{K} \tag{5-3-30}$$

用标量形式表示为

$$H_{2\mathrm{t}}-H_{1\mathrm{t}}=K \tag{5-3-31}$$

以上是磁场强度应满足的分界面切向衔接条件。式(5-3-30)是矢量表达形式,式(5-3-31)是标量表达形式。标量形式概念清晰且直观,矢量形式间接但表达严格。注意,这里 $\boldsymbol{e}_{\mathrm{n}}\times\boldsymbol{H}_1$ 并不是 $H_{1\mathrm{t}}$ 的矢量表达式,而是一个与 $H_{1\mathrm{t}}$ 对应矢量模相同但方向垂直的切向矢量;$\boldsymbol{e}_{\mathrm{n}}\times\boldsymbol{H}_2$ 也不是 $H_{2\mathrm{t}}$ 的矢量表达式,而是一个与 $H_{2\mathrm{t}}$ 对应矢量模相同但方向垂直的切向矢量。在一般三维场中,分界面法向比较容易确定,适合用矢量形式。在二维场中,分界面切向也不难确定,推荐用标量形式。

总结一下,时变场的全部分界面衔接条件与静电场和恒定磁场的分界面衔接条件相同。

如图 5-3-3 和图 5-3-4 所示,当分界面上不存在自由面电流和自由面电荷时,时变电磁场的分界面衔接条件可简化为

$$E_1\sin\alpha_1=E_2\sin\alpha_2 \tag{5-3-32}$$

$$\varepsilon_1E_1\cos\alpha_1=\varepsilon_2E_2\cos\alpha_2 \tag{5-3-33}$$

$$H_1\sin\beta_1=H_2\sin\beta_2 \tag{5-3-34}$$

$$\mu_1H_1\cos\beta_1=\mu_2H_2\cos\beta_2 \tag{5-3-35}$$

式中,α_1、α_2 分别为 $\boldsymbol{E}_1$、$\boldsymbol{E}_2$ 与分界面法线方向的夹角;β_1、β_2 分别为 $\boldsymbol{B}_1$、$\boldsymbol{B}_2$ 与分界面法线方向的夹角。式(5-3-32)除以式(5-3-33)得

$$\frac{\tan\alpha_1}{\tan\alpha_2}=\frac{\varepsilon_1}{\varepsilon_2} \tag{5-3-36}$$

式(5-3-34)除以式(5-3-35)得

$$\frac{\tan\beta_1}{\tan\beta_2}=\frac{\mu_1}{\mu_2} \tag{5-3-37}$$

式(5-3-36)和式(5-3-37)称为电磁场的折射定律。

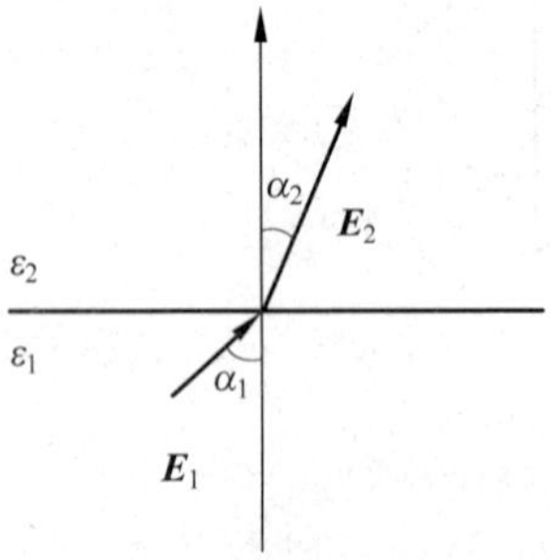

图 5-3-3 电场分界面

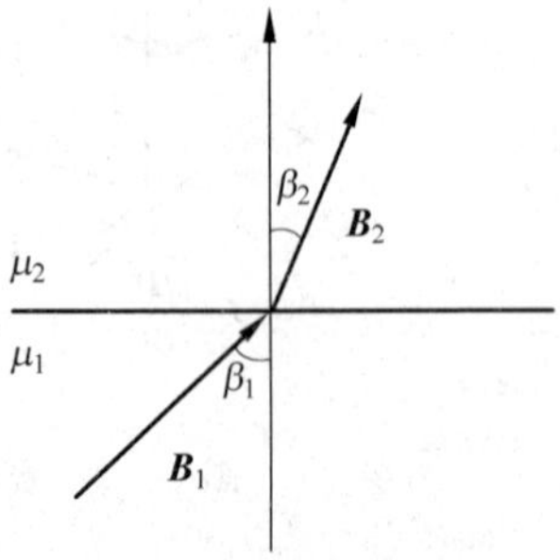

图 5-3-4 磁场分界面

4. 正弦稳态电磁场基本方程的相量形式

麦克斯韦方程组及其辅助方程适用于随时间任意变化的电磁场量。在线性媒质中，场量随时间变化的函数形式取决于场源 ρ 和 $\boldsymbol{J}$ 随时间的变化规律。

工程上经常遇到场源随时间正弦变化的情况。而对于非正弦周期变化的场源，也可以将其看作多个正弦场源的叠加。因此研究正弦稳态电磁场具有重要意义。

根据欧拉公式，一个复数可表示为

$$I_{\mathrm{m}}\mathrm{e}^{\mathrm{j}(\omega t+\theta)}=\mathrm{e}^{\mathrm{j}\omega t}\sqrt{2}I\mathrm{e}^{\mathrm{j}\theta}=I_{\mathrm{m}}\cos(\omega t+\theta)+\mathrm{j}I_{\mathrm{m}}\sin(\omega t+\theta) \tag{5-3-38}$$

式中，j 是表示复数虚部的符号，$\mathrm{j}=\sqrt{-1}$。

在角频率 ω 一定的情况下，复数 $I\mathrm{e}^{\mathrm{j}\theta}$ 可以代表正弦量 $I_{\mathrm{m}}\cos(\omega t+\theta)$。它们之间是一种对应关系。已知正弦函数的幅值 I_{m} 和初相角 θ，可以唯一地写出复数 $I\mathrm{e}^{\mathrm{j}\theta}=(I_{\mathrm{m}}/\sqrt{2})\mathrm{e}^{\mathrm{j}\theta}$；已知复数 $I\mathrm{e}^{\mathrm{j}\theta}$，可以唯一地写出正弦量 $I_{\mathrm{m}}\cos(\omega t+\theta)=\sqrt{2}I\cos(\omega t+\theta)$。代表正弦量的复数，我们称之为相量，标量符号上加点表示相量。例如 $\dot{I}=I\mathrm{e}^{\mathrm{j}\theta}$。

相量和正弦量之间的这种一一对应关系使我们能够将正弦量的代数和微积分运算转化为相量的代数运算。转化规则如下：

$$ai_1+bi_2\leftrightarrow a\dot{I}_1+b\dot{I}_2 \tag{5-3-39}$$

$$\frac{\partial i}{\partial t}\leftrightarrow \mathrm{j}\omega\dot{I} \tag{5-3-40}$$

$$\frac{\partial^2 i}{\partial t^2}\leftrightarrow(\mathrm{j}\omega)^2\dot{I}=-\omega^2\dot{I} \tag{5-3-41}$$

将相量与正弦量的关系推广到随时间正弦变化的矢量，如磁场强度，得

$$\dot{\boldsymbol{H}}=\boldsymbol{H}\mathrm{e}^{\mathrm{j}\theta}\leftrightarrow\sqrt{2}\boldsymbol{H}\cos(\omega t+\theta) \tag{5-3-42}$$

矢量相量与正弦矢量之间的转化规则同相量与正弦量之间的转化规则一样，因此可以用矢量相量的运算代表正弦变化的矢量的运算。将这种转化应用于麦克斯韦方程组，得相量形式的电磁场基本方程组

$$\nabla\times\dot{\boldsymbol{E}}=-\mathrm{j}\omega\dot{\boldsymbol{B}} \tag{5-3-43}$$

$$\nabla\times\dot{\boldsymbol{H}}=\dot{\boldsymbol{J}}_{\mathrm{C}}+\mathrm{j}\omega\dot{\boldsymbol{D}} \tag{5-3-44}$$

$$\nabla\cdot\dot{\boldsymbol{D}}=\dot{\rho} \tag{5-3-45}$$

$$\nabla\cdot\dot{\boldsymbol{B}}=0 \tag{5-3-46}$$

在各向同性媒质中，复数形式的辅助方程为

$$\dot{\boldsymbol{D}}=\varepsilon\dot{\boldsymbol{E}} \tag{5-3-47}$$

$$\dot{\boldsymbol{B}}=\mu\dot{\boldsymbol{H}} \tag{5-3-48}$$

$$\dot{\boldsymbol{J}}=\gamma\dot{\boldsymbol{E}} \tag{5-3-49}$$

上述各式中的相量均为有效值相量。辅助方程中，ε、μ、γ 一般为实数。

根据式(5-3-42)所定义的矢量相量概念，似乎只有矢量的大小随时间正弦变化，矢量的方向不随时间变化。在实际应用中，可以扩展矢量相量概念，理解为矢量的坐标分量随时间

正弦变化。

5.4 动态位

1. 动态位的定义

为了便于分析计算,在研究静电场和恒定电流场的问题时,引入了标量电位 φ;在研究恒定磁场的问题时,引入了矢量磁位 $\boldsymbol{A}$ 和标量磁位 φ_{m}。在时变电磁场中,引入适当的位函数也能简化计算。时变场中的位函数既是空间坐标的函数,也是时间的函数,故称为动态位。

根据矢量恒等式$\nabla \cdot \nabla \times \boldsymbol{a}=0$,由时变场的磁通连续性方程$\nabla \cdot \boldsymbol{B}=0$,定义矢量动态位 $\boldsymbol{A}$。$\boldsymbol{A}$ 满足

$$\boldsymbol{B}=\nabla \times \boldsymbol{A} \tag{5-4-1}$$

在静止媒质中,将 $\boldsymbol{B}$ 代入电磁感应定律方程,得

$$\nabla \times \boldsymbol{E}=-\frac{\partial \boldsymbol{B}}{\partial t}=-\frac{\partial}{\partial t}(\nabla \times \boldsymbol{A})=-\nabla \times \frac{\partial \boldsymbol{A}}{\partial t} \tag{5-4-2}$$

得到

$$\nabla \times\left(\boldsymbol{E}+\frac{\partial \boldsymbol{A}}{\partial t}\right)=\mathbf{0} \tag{5-4-3}$$

在式(5-4-3)的推导过程中,求时间偏导数和求梯度是各自独立的运算,可以交换次序。

根据矢量恒等式$\nabla \times \nabla \varphi=\mathbf{0}$,由式(5-4-3)可以定义标量动态位 φ。φ 满足

$$\boldsymbol{E}+\frac{\partial \boldsymbol{A}}{\partial t}=-\nabla \varphi \tag{5-4-4}$$

得

$$\boldsymbol{E}=-\left(\nabla \varphi+\frac{\partial \boldsymbol{A}}{\partial t}\right) \tag{5-4-5}$$

式(5-4-1)和式(5-4-5)表明了动态位与场矢量之间的关系。

2. 动态位的方程

为了求得动态位与场源之间的关系,需要将动态位代入电磁场的基本方程和辅助方程。

由 $\boldsymbol{B}=\mu \boldsymbol{H}$ 和 $\boldsymbol{B}=\nabla \times \boldsymbol{A}$,在均匀媒质中,可得

$$\nabla \times \boldsymbol{H}=\frac{1}{\mu} \nabla \times \boldsymbol{B}=\frac{1}{\mu} \nabla \times(\nabla \times \boldsymbol{A}) \tag{5-4-6}$$

由全电流定律

$$\nabla \times \boldsymbol{H}=\boldsymbol{J}_{\mathrm{C}}+\frac{\partial \boldsymbol{D}}{\partial t} \tag{5-4-7}$$

因此得

$$\nabla \times(\nabla \times \boldsymbol{A})=\mu \boldsymbol{J}_{\mathrm{C}}+\mu \frac{\partial \boldsymbol{D}}{\partial t} \tag{5-4-8}$$

根据矢量恒等式$\nabla \times(\nabla \times \boldsymbol{a})=\nabla(\nabla \cdot \boldsymbol{a})-\nabla^{2} \boldsymbol{a}$,并将 $\boldsymbol{D}=\varepsilon \boldsymbol{E}$ 代入式(5-4-8)得到

$$\nabla(\nabla\cdot\boldsymbol{A})-\nabla^2\boldsymbol{A}=\mu\boldsymbol{J}_{\mathrm{C}}+\mu\varepsilon\frac{\partial\boldsymbol{E}}{\partial t}\tag{5-4-9}$$

再将式(5-4-5)代入上式得到

$$\nabla(\nabla\cdot\boldsymbol{A})-\nabla^2\boldsymbol{A}=\mu\boldsymbol{J}_{\mathrm{C}}-\mu\varepsilon\frac{\partial}{\partial t}(\nabla\varphi)-\mu\varepsilon\frac{\partial^2\boldsymbol{A}}{\partial t^2}\tag{5-4-10}$$

整理，得

$$\nabla^2\boldsymbol{A}-\mu\varepsilon\frac{\partial^2\boldsymbol{A}}{\partial t^2}-\mu\varepsilon\nabla\left(\frac{\partial\varphi}{\partial t}\right)-\nabla(\nabla\cdot\boldsymbol{A})=-\mu\boldsymbol{J}_{\mathrm{C}}\tag{5-4-11}$$

又，将式(5-4-5)代入$\nabla\cdot\boldsymbol{D}=\rho$，得

$$\nabla\cdot\boldsymbol{D}=\varepsilon\nabla\cdot\boldsymbol{E}=\varepsilon\nabla\cdot\left(-\nabla\varphi-\frac{\partial\boldsymbol{A}}{\partial t}\right)=\rho\tag{5-4-12}$$

整理后得

$$\nabla^2\varphi+\frac{\partial}{\partial t}(\nabla\cdot\boldsymbol{A})=-\frac{\rho}{\varepsilon}\tag{5-4-13}$$

式(5-4-11)和式(5-4-13)表示动态位 $\boldsymbol{A}$ 和 φ 与场源 $\boldsymbol{J}_{\mathrm{C}}$ 和 ρ 之间的关系。

3. 洛伦茨规范和达朗贝尔方程

式(5-4-11)和式(5-4-13)表示动态位与场源之间的关系。这两个方程都比较复杂，而且 $\boldsymbol{A}$ 和 φ 相互耦合，求解比较困难，需要加以简化。另一方面，定义式 $\boldsymbol{B}=\nabla\times\boldsymbol{A}$ 只确定了 $\boldsymbol{A}$ 的旋度，$\boldsymbol{A}$ 的散度尚未确定。这样就不可避免地会出现 $\boldsymbol{A}$ 的多值性问题。要解决 $\boldsymbol{A}$ 的多值性问题，必须给定 $\boldsymbol{A}$ 的散度。在恒定磁场中曾经由库仑规范$\nabla\cdot\boldsymbol{A}=0$ 来给定 $\boldsymbol{A}$ 的散度。在时变场中也可以使用库仑规范，但这样得到的动态位方程仍较复杂。这里引入洛伦茨(Lorenz)规范

$$\nabla\cdot\boldsymbol{A}=-\mu\varepsilon\frac{\partial\varphi}{\partial t}\tag{5-4-14}$$

由洛伦茨规范来确定 $\boldsymbol{A}$ 的散度，得

$$\nabla\cdot\boldsymbol{A}+\mu\varepsilon\frac{\partial\varphi}{\partial t}=0\tag{5-4-15}$$

可以认为在恒定磁场情况下矢量动态位退化为矢量磁位，洛伦茨规范退化为库仑规范。将洛伦茨规范代入式(5-4-11)和式(5-4-13)得到

$$\nabla^2\boldsymbol{A}-\mu\varepsilon\frac{\partial^2\boldsymbol{A}}{\partial t^2}=-\mu\boldsymbol{J}_{\mathrm{C}}\tag{5-4-16}$$

$$\nabla^2\varphi-\mu\varepsilon\frac{\partial^2\varphi}{\partial t^2}=-\frac{\rho}{\varepsilon}\tag{5-4-17}$$

令 $v=\dfrac{1}{\sqrt{\mu\varepsilon}}$，可得

$$\nabla^2\boldsymbol{A}-\frac{1}{v^2}\frac{\partial^2\boldsymbol{A}}{\partial t^2}=-\mu\boldsymbol{J}_{\mathrm{C}}\tag{5-4-18}$$

$$\nabla^2\varphi-\frac{1}{v^2}\frac{\partial^2\varphi}{\partial t^2}=-\frac{\rho}{\varepsilon}\tag{5-4-19}$$

式(5-4-18)和式(5-4-19)是非齐次波动方程,称为达朗贝尔方程。式(5-4-18)和式(5-4-19)表明,矢量动态位 $\boldsymbol{A}$ 可单独由电流密度 $\boldsymbol{J}_C$ 确定,标量动态位 φ 可单独由电荷密度 ρ 确定。

对于静态场和恒定场,由于 $\frac{\partial^2 \boldsymbol{A}}{\partial t^2}=\boldsymbol{0}$、$\frac{\partial^2 \varphi}{\partial t^2}=0$,达朗贝尔方程退化为泊松方程,即

$$\nabla^2 \boldsymbol{A}=-\mu \boldsymbol{J}_C \tag{5-4-20}$$

$$\nabla^2 \varphi=-\frac{\rho}{\varepsilon} \tag{5-4-21}$$

在无源的自由空间,达朗贝尔方程简化为齐次波动方程,即

$$\nabla^2 \boldsymbol{A}-\frac{1}{v^2}\frac{\partial^2 \boldsymbol{A}}{\partial t^2}=0 \tag{5-4-22}$$

$$\nabla^2 \varphi-\frac{1}{v^2}\frac{\partial^2 \varphi}{\partial t^2}=0 \tag{5-4-23}$$

洛伦茨(L. V. Lorenz,1829—1891),丹麦物理学家。电磁场中的洛伦茨规范以他的名字命名。

引入洛伦茨规范有两个作用,其一是规定矢量位的散度,减少其多值性;其二是导致动态位方程形式上的解耦,显著简化了计算。洛伦茨规范的形式与电荷守恒原理的微分形式相似,这里面有更深的道理,这里至少可以用来记忆公式。电荷守恒原理物理意义明显,很容易记忆,以此形式记忆洛伦茨规范,只需联系矢量动态位与电流密度、标量动态位与电荷密度的关系就可以了。

4. 达朗贝尔方程的相量形式

对于正弦稳态时变电磁场,设角频率为 ω,则动态位的相量形式表示为

$$\dot{\boldsymbol{B}}=\nabla\times\dot{\boldsymbol{A}} \tag{5-4-24}$$

$$\dot{\boldsymbol{E}}=-(\nabla\dot{\varphi}+\mathrm{j}\omega\dot{\boldsymbol{A}}) \tag{5-4-25}$$

洛伦茨规范的相量形式为

$$\nabla\cdot\dot{\boldsymbol{A}}+\mathrm{j}\omega\mu\varepsilon\dot{\varphi}=0 \tag{5-4-26}$$

达朗贝尔方程的相量形式为

$$\nabla^2 \dot{\boldsymbol{A}}+\frac{\omega^2}{v^2}\dot{\boldsymbol{A}}=-\mu\dot{\boldsymbol{J}}_C \tag{5-4-27}$$

$$\nabla^2 \dot{\varphi}+\frac{\omega^2}{v^2}\dot{\varphi}=-\frac{\dot{\rho}}{\varepsilon} \tag{5-4-28}$$

上述各式中,$\dot{\boldsymbol{E}}$、$\dot{\varphi}$、$\dot{\rho}$、$\dot{\boldsymbol{B}}$、$\dot{\boldsymbol{A}}$、$\dot{\boldsymbol{J}}_C$ 均为有效值相量。

5.5 达朗贝尔方程的解

1. 点电荷情况下达朗贝尔方程的解

达朗贝尔方程是非齐次波动方程,它的解应当同时具有波的特征和泊松方程解的特征。

下面以标量动态位 φ 为例，讨论在坐标原点处变化的点电荷 $q(t)$ 产生时变场达朗贝尔方程的解。

在无源的自由的空间，$\rho=0$，得齐次波动方程

$$\nabla^2\varphi=\frac{1}{v^2}\frac{\partial^2\varphi}{\partial t^2} \tag{5-5-1}$$

由于点电荷 $q(t)$ 在其周围空间产生的场具有球对称性，在球坐标系中，可将式(5-5-1)简化为

$$\frac{1}{r^2}\frac{\partial}{\partial r}\left(r^2\frac{\partial\varphi}{\partial r}\right)=\frac{1}{v^2}\frac{\partial^2\varphi}{\partial t^2} \tag{5-5-2}$$

方程两边同时乘以 r，可得

$$\frac{\partial^2(r\varphi)}{\partial r^2}=\frac{1}{v^2}\frac{\partial^2(r\varphi)}{\partial t^2} \tag{5-5-3}$$

这是一维齐次波动方程，其通解为

$$r\varphi=f_1\left(t-\frac{r}{v}\right)+f_2\left(t+\frac{r}{v}\right) \tag{5-5-4}$$

f_1 和 f_2 是存在二阶偏导数的任意函数。式(5-5-4)表明，自由空间的标量动态位由两部分组成。第一部分是以$(t-r/v)$或$(r-vt)$为整体变量的函数；第二部分是以$(t+r/v)$或$(r+vt)$为整体变量的函数。对于 f_1，对应于 $r\varphi$ 的某一确定值，随着时间 t 的推移 r 逐渐变长，表示从源点发出的波，具有入射波的性质。对于 f_2，对应于 $r\varphi$ 的某一确定值，随着时间 t 的推移 r 逐渐变短，表示有向源点方向传播的波。这种与入射波反方向的波，不是直接从远处传播过来的，而是入射波在传播过程中遇到反射物反射回来的反射波。在无限大均匀媒质中，无需考虑反射波，标量动态位可表示为

$$\varphi=\frac{f_1(t-r/v)}{r} \tag{5-5-5}$$

f_1 的具体形式可根据定解条件确定。静电场是时变场的一个特例，这时达朗贝尔方程退化为泊松方程。根据点电荷的泊松方程的解

$$\varphi(r)=\frac{q}{4\pi\varepsilon r} \tag{5-5-6}$$

得

$$r\varphi(r)=\frac{q}{4\pi\varepsilon} \tag{5-5-7}$$

与通解式(5-5-5)比较，可得点电荷情况下达朗贝尔方程的解为

$$r\varphi=\frac{q\left(t-\frac{r}{v}\right)}{4\pi\varepsilon} \tag{5-5-8}$$

即

$$\varphi=\frac{q\left(t-\frac{r}{v}\right)}{4\pi\varepsilon r} \tag{5-5-9}$$

2. 电磁场的波动性

由式(5-5-4)可知,对于入射波,随着 t 和 r 的变化,维持 $f_1(t-r/v)$为确定值意味着在下一时刻的另一位置出现同一函数值。其条件是$(t-r/v)$为常数。令$(t-r/v)=C$,$r=vt-vC$,r 对时间 t 求导得$\dfrac{\mathrm{d}r}{\mathrm{d}t}=v$。这表明位函数是以速度 v 沿 r 方向前进的波。对于式(5-5-4)右边的第二项,维持 $f_2(t+r/v)$为确定值也意味着在下一时刻在另一位置出现同一函数值。其条件是$(t+r/v)$为常数。令$(t+r/v)=C$,$r=-vt+vC$,r 对时间 t 求导得$\dfrac{\mathrm{d}r}{\mathrm{d}t}=-v$。这表明它是以速度 v 沿 $-r$ 方向传递的波,即反射波。波动特性表明,时变电磁场是空间传播的电磁波。

由上可知,电磁波是以有限速度传播的。这个传播速度称为波速,用 v 表示。波速取决于媒质的性质,其表达式为

$$v=\frac{1}{\sqrt{\mu\varepsilon}}=\frac{1}{\sqrt{\mu_r\varepsilon_r}\sqrt{\mu_0\varepsilon_0}}=\frac{c}{\sqrt{\mu_r\varepsilon_r}} \tag{5-5-10}$$

式中,c 为真空中的光速,$c=\dfrac{1}{\sqrt{\mu_0\varepsilon_0}}\approx 3\times10^8\ \mathrm{m/s}$。也就是说,电磁波在真空中的传播速度等于真空中的光速。实验已经证明光就是一种电磁波,电磁波的传播速度等于光速。在空气中 $\mu_r\approx1$,$\varepsilon_r\approx1$,所以电磁波在空气中的传播速度约等于真空中的光速。

电磁波不是以无限大的速度传播的,电磁扰动的传递也不是瞬间完成的。电磁波以有限速度传播,说明场点的动态位函数较源点的作用时刻有所推迟。式(5-5-5)和式(5-5-9)都说明了这一性质。即在 t 时刻,场中某点的动态位不取决于场源在该时刻的激励值,而取决于场源在此之前的$(t-r/v)$时刻的激励值。或者说,场源在时刻 t 的作用要推迟一定的时间才能到达场点。因此,动态位也称为推迟位。

式(5-5-4)右边第二项所对应的反射波,似乎具有超前的性质。但这只是一个假象。反射波是由入射波在前进过程中遇到媒质不均匀或分界面发生反射而形成的,它沿 $-r$ 的方向传播。因此,反射波到达某点所用的时间比入射波到达某点所用的时间要长,即反射波比入射波推迟得更多。

3. 分布场源情况下达朗贝尔方程的解

如图5-5-1所示,体积 V' 中分布着密度为 $\rho(t)$ 的时变电荷,体积元 $\mathrm{d}V'$ 中的电荷元 $\rho(t)\mathrm{d}V'$ 可以看作点电荷。因此,以 R 表示源点到场点的距离,则电荷元 $\rho(t)\mathrm{d}V'$ 产生时变场的标量动态位为

$$\mathrm{d}\varphi(x,y,z,t)=\frac{\rho\left(t-\dfrac{R}{v}\right)}{4\pi\varepsilon R}\mathrm{d}V' \tag{5-5-11}$$

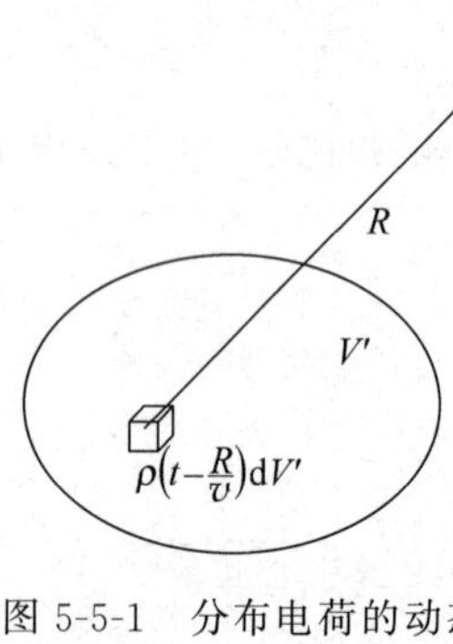

图 5-5-1 分布电荷的动态标量位

体积 V' 中分布电荷所产生的标量动态位为

$$\varphi(x,y,z,t)=\frac{1}{4\pi\varepsilon}\iiint_{V'}\frac{\rho(x',y',z',t-R/v)}{R}\mathrm{d}V' \tag{5-5-12}$$

用类似的方法，参照恒定磁场中矢量磁位的表示式可写出时变电磁场中矢量动态位的解

$$\boldsymbol{A}(x,y,z,t)=\frac{\mu}{4\pi}\iiint_{V'}\frac{\boldsymbol{J}_{\mathrm{C}}(x',y',z',t-R/v)}{R}\mathrm{d}V' \tag{5-5-13}$$

式中，V'是有传导电流 $\boldsymbol{J}_{\mathrm{C}}$ 分布的源区。对于 l'中线电流的情况，可以写出

$$\boldsymbol{A}(x,y,z,t)=\frac{\mu}{4\pi}\int_{l'}\frac{i(x',y',z',t-R/v)}{R}\mathrm{d}\boldsymbol{l}' \tag{5-5-14}$$

4. 正弦稳态电磁场达朗贝尔方程的解

在正弦时变电磁场中，可按式(5-4-27)和式(5-4-28)求解。为了方便，引入 $\beta=\dfrac{\omega}{v}$。β 的物理意义是正弦电磁波在单位长度上相角的改变量，称为相位常数，其单位是 rad/m(弧度/米)。引入相位常数后，式(5-4-27)和式(5-4-28)可写为

$$\nabla^2\dot{\boldsymbol{A}}+\beta^2\dot{\boldsymbol{A}}=-\mu\dot{\boldsymbol{J}}_{\mathrm{C}} \tag{5-5-15}$$

$$\nabla^2\dot{\varphi}+\beta^2\dot{\varphi}=-\frac{\dot{\rho}}{\varepsilon} \tag{5-5-16}$$

在自由空间，则有

$$\nabla^2\dot{\boldsymbol{A}}+\beta^2\dot{\boldsymbol{A}}=\mathbf{0} \tag{5-5-17}$$

$$\nabla^2\dot{\varphi}+\beta^2\dot{\varphi}=0 \tag{5-5-18}$$

式(5-5-12)、式(5-5-13)和式(5-5-14)右边积分函数变量中的推迟量$(t-R/v)$应在动态位相量形式的表示式中反映出来。由于

$$\begin{aligned}\rho(x',y',z',t-R/v)&=\rho_{\mathrm{m}}(x',y',z')\cos\left[\omega(t-R/v)+\phi\right]\\&=\rho_{\mathrm{m}}(x',y',z')\cos(\omega t+\phi-\beta R)\end{aligned} \tag{5-5-19}$$

式中，ϕ 是 $\rho(x',y',z',t)$的初相角。假定 $\rho(x',y',z',t)$对应的相量为 $\dot{\rho}$，则 $\rho(x',y',z',t-R/v)$对应的相量为 $\dot{\rho}\mathrm{e}^{-\mathrm{j}\beta R}$。由此得到时变电磁场中的推迟相位角为 βR，对照式(5-5-12)、式(5-5-13)和式(5-5-14)可写出动态位相量形式的表示式为

$$\dot{\varphi}(x,y,z)=\frac{1}{4\pi\varepsilon}\iiint_{V'}\frac{\dot{\rho}(x',y',z')\mathrm{e}^{-\mathrm{j}\beta R}}{R}\mathrm{d}V' \tag{5-5-20}$$

$$\dot{\boldsymbol{A}}(x,y,z)=\frac{\mu}{4\pi}\iiint_{V'}\frac{\dot{\boldsymbol{J}}_{\mathrm{C}}(x',y',z')\mathrm{e}^{-\mathrm{j}\beta R}}{R}\mathrm{d}V' \tag{5-5-21}$$

$$\dot{\boldsymbol{A}}(x,y,z)=\frac{\mu}{4\pi}\int_{l'}\frac{\dot{I}(x',y',z')\mathrm{e}^{-\mathrm{j}\beta R}}{R}\mathrm{d}\boldsymbol{l}' \tag{5-5-22}$$

动态位相量形式的解也可以直接从相量形式的达朗贝尔方程得出。在正弦稳态条件下，若先求出矢量动态位 $\dot{\boldsymbol{A}}$，则可根据动态位的定义和洛伦茨规范求出标量动态位和电磁场场量。

由洛伦茨规范$\nabla \cdot \dot{\boldsymbol{A}} = -\mathrm{j}\omega\mu\varepsilon\dot{\varphi}$可得

$$\dot{\varphi} = -\frac{\nabla \cdot \dot{\boldsymbol{A}}}{\mathrm{j}\omega\mu\varepsilon} \tag{5-5-23}$$

有了矢量动态位和标量动态位,可由式(5-5-24)计算电场强度:

$$\dot{\boldsymbol{E}} = -(\nabla\dot{\varphi} + \mathrm{j}\omega\dot{\boldsymbol{A}}) \tag{5-5-24}$$

由式(5-4-25)计算磁感应强度:

$$\dot{\boldsymbol{B}} = \nabla \times \dot{\boldsymbol{A}} \tag{5-5-25}$$

在正弦变化情况下,一个周期内电磁波传播的距离称为波长,用λ表示,其表达式为

$$\lambda = vT = \frac{v}{f} \tag{5-5-26}$$

式中,T是周期;f是频率;v是波速。

引入波长概念后,相位常数可表示为

$$\beta = \frac{\omega}{v} = \frac{2\pi f}{v} = \frac{2\pi}{Tv} = \frac{2\pi}{\lambda} \tag{5-5-27}$$

式(5-5-27)给出了电磁波的相位常数β与波速v、频率(及角频率)f、周期T和波长λ之间的关系。这些都是描述电磁波的参数,其中,波速$v = \dfrac{1}{\sqrt{\mu\varepsilon}}$与空间的媒质有关;$f$和$T$互为倒数,与电磁波源的变化规律有关;波长$\lambda = vT$与源和媒质都有关系;$\beta = \dfrac{2\pi}{\lambda}$与波长有关,当然也就与源和媒质都有关系。

5. 似稳条件

在时变电磁场中,位函数和场量较场源在时间上的推迟是客观存在的。在场点到源点距离相同的情况下,场源随时间变化越快,推迟效应越明显(推迟相位越大)。由于电磁波传播速度很快,如果场源随时间变化缓慢,则推迟时间可以忽略不计。设T为场源正弦量的周期,当推迟时间$\dfrac{R}{v} \ll T$时,可不计推迟时间。此条件亦可写成$\dfrac{R}{v} \ll \dfrac{1}{f}$,或$\dfrac{R}{v} \ll \dfrac{2\pi}{\omega}$,或$\dfrac{\omega R}{v} = \beta R \ll 2\pi$,或$\beta R \ll 1$。当满足这一条件时,$\mathrm{e}^{-\mathrm{j}\beta R} \approx 1$,意味着场点的响应与源点的激励同相,可以不考虑推迟效应。如用波长来表示,因波长$\lambda = vT$,上述条件可写成

$$R \ll \lambda \tag{5-5-28}$$

式(5-5-28)就是不必考虑推迟效应的条件,称作似稳条件。满足似稳条件的区域称为似稳区。似稳区内的场称为似稳场、缓变场。

由于在似稳场中,$\mathrm{e}^{-\mathrm{j}\beta R} \approx 1$,式(5-5-20)和式(5-5-21)可简化为

$$\dot{\varphi}(x,y,z) = \frac{1}{4\pi\varepsilon}\iiint_{V'} \frac{\dot{\rho}(x',y',z')}{R}\mathrm{d}V' \tag{5-5-29}$$

$$\dot{\boldsymbol{A}}(x,y,z) = \frac{\mu}{4\pi}\iiint_{V'} \frac{\dot{\boldsymbol{J}}_{\mathrm{C}}(x',y',z')}{R}\mathrm{d}V' \tag{5-5-30}$$

式(5-5-12)和式(5-5-13)可简化为

$$\varphi(x,y,z,t)=\frac{1}{4\pi\varepsilon}\iiint_{V'}\frac{\rho(x',y',z',t)}{R}\mathrm{d}V' \tag{5-5-31}$$

$$\boldsymbol{A}(x,y,z,t)=\frac{\mu}{4\pi}\iiint_{V'}\frac{\boldsymbol{J}_{\mathrm{C}}(x',y',z',t)}{R}\mathrm{d}V' \tag{5-5-32}$$

在似稳场中，由于可忽略推迟效应，其标量动态位和矢量动态位的表示式分别与静电场中电位的表示式和恒定磁场中矢量磁位的表示式相同。这说明虽然场源随时间变化，但就每一瞬间而言，动态位 φ 和 $\boldsymbol{A}$ 的空间分布规律与静电场和恒定磁场中位函数的分布规律相同。因此，静电场的计算公式可用于似稳时变场的电场计算，恒定磁场的计算公式可用于似稳时变场的磁场计算。所不同的是时变场的场量不仅是空间坐标的函数，也是时间的函数。

不满足似稳条件区域的场称为迅变场。迅变场的位函数和场量具有明显的波动特征。

似稳区的大小取决于场源的频率。例如，对于频率为工频 50Hz 的场源，其电磁波在自由空间传播的波长 $\lambda=\frac{v}{f}=6000\mathrm{km}$，波长如此长，以致数十千米范围的电网也可看作似稳区。但是，如场源的频率为 300MHz，电磁波在自由空间传播的波长仅为 1m，即使数米长的天线也超出了似稳区范围。

5.6　辐射

1. 单元辐射子电磁场的一般表达式

当作为场源的电荷和电流随时间变化时，在其周围产生随时间变化的电场和磁场。变化的电场产生磁场，变化的磁场又产生电场。如此循环下去，电磁波得以自场源向远方辐射。电磁波辐射可用于传送广播、电视、通信等无线电信号。有害的电磁辐射会对其他系统构成电磁干扰。

最简单的辐射源是单元辐射子。如图 5-6-1 所示，单元辐射子是一根长度 Δl 比电磁波波长小得多的载流细导线。从产生电磁辐射的角度看，图 5-6-1 中的短线电流 $i\Delta\boldsymbol{l}$ 与电偶极子 $q\Delta\boldsymbol{l}$ 是同时存在的时变电磁场源。因此，也称单元辐射子为电偶极子天线，但切不可认为其就是两个相互靠近、大小相等、符号相反的时变电荷，而忽略中间的电流。若用动态位表示电磁场，则短线电流 $i\Delta\boldsymbol{l}$ 对应矢量动态位 $\boldsymbol{A}$，电偶极子 $q\Delta\boldsymbol{l}$ 对应标量动态位 φ。这里应注意，短线电流和电偶极子不是各自相互独立的电磁场源，它们之间受到电荷守恒原理的约束。

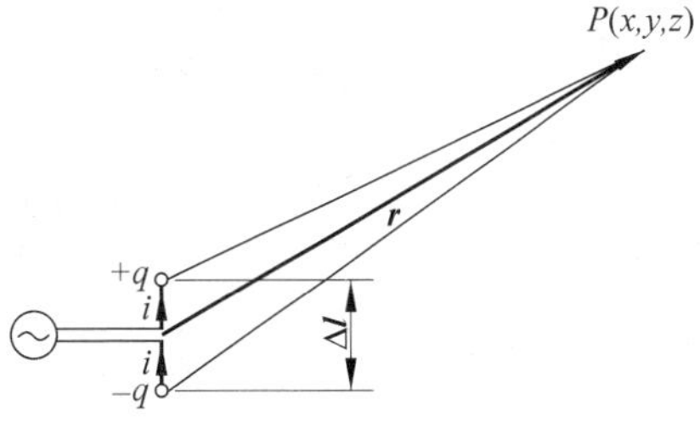

图 5-6-1　单元辐射子的计算模型

图 5-6-1 所示的单元辐射子中，传导电流自中间流向一端，经这一端外侧变为位移电流到另一端又变为传导电流形成回路。由于 Δl 比电磁波的波长小得多，不必考虑电流在辐射子上的推迟效应。同时，场中给定一点到单元辐射子导线上各点的距离可近似视为相等。

设单元辐射子中电流 i 随时间作正弦变化，即 $i=I_{\mathrm{m}}\cos\omega t$，则其两端积累的电荷量为

$$q(t)=\int i\,\mathrm{d}t=\frac{I_{\mathrm{m}}}{\omega}\sin\omega t+C=q_{\mathrm{m}}\sin\omega t+C \tag{5-6-1}$$

式中,C 为积分常数。时变场中不必考虑与时间无关的常量,即可取 $C=0$。因此,单元辐射子的电偶极矩为

$$\boldsymbol{p}=q\Delta\boldsymbol{l}=q_{\mathrm{m}}\sin\omega t\Delta\boldsymbol{l} \tag{5-6-2}$$

应用动态位通解的表达式(5-5-22),可求得单元辐射子相量形式的矢量动态位

$$\dot{\boldsymbol{A}}(x,y,z)=\frac{\mu}{4\pi}\int_{\Delta l}\frac{\dot{I}(x',y',z')\mathrm{e}^{-\mathrm{j}\beta r}}{r}\mathrm{d}\boldsymbol{l}=\frac{\mu}{4\pi}\frac{\dot{I}(x',y',z')\mathrm{e}^{-\mathrm{j}\beta r}}{r}\Delta\boldsymbol{l} \tag{5-6-3}$$

如图5-6-2所示,在直角坐标系中,可得

$$\dot{A}_x=\dot{A}_y=0 \tag{5-6-4}$$

$$\dot{\boldsymbol{A}}=\dot{A}_z\boldsymbol{e}_z=\frac{\mu}{4\pi r}\dot{I}\mathrm{e}^{-\mathrm{j}\beta r}\Delta l\boldsymbol{e}_z \tag{5-6-5}$$

在球坐标系中,$\dot{\boldsymbol{A}}$ 的分量为

$$\dot{A}_r=\dot{A}_z\cos\theta=\frac{\mu}{4\pi r}\dot{I}\mathrm{e}^{-\mathrm{j}\beta r}\Delta l\cos\theta \tag{5-6-6}$$

$$\dot{A}_\theta=-\dot{A}_z\sin\theta=-\frac{\mu}{4\pi r}\dot{I}\mathrm{e}^{-\mathrm{j}\beta r}\Delta l\sin\theta \tag{5-6-7}$$

$$\dot{A}_\alpha=0 \tag{5-6-8}$$

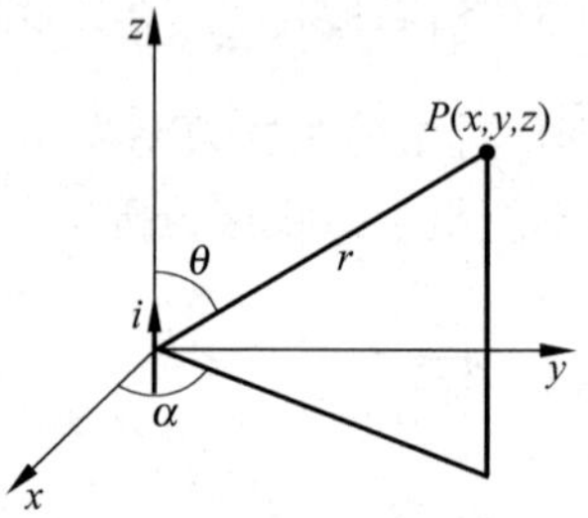

图5-6-2 单元辐射子的动态矢量位计算

由 $\dot{\boldsymbol{H}}=\frac{\dot{\boldsymbol{B}}}{\mu}=\frac{\nabla\times\dot{\boldsymbol{A}}}{\mu}$ 可求得 $\dot{\boldsymbol{H}}$ 的三个分量为

$$\dot{H}_r=\frac{1}{\mu}(\nabla\times\dot{\boldsymbol{A}})_r=0,\quad \dot{H}_\theta=\frac{1}{\mu}(\nabla\times\dot{\boldsymbol{A}})_\theta=0 \tag{5-6-9}$$

$$\begin{aligned}\dot{H}_\alpha&=\frac{1}{\mu}(\nabla\times\dot{\boldsymbol{A}})_\alpha=\frac{1}{\mu r}\left[\frac{\partial}{\partial r}(r\dot{A}_\theta)-\frac{\partial}{\partial\theta}\dot{A}_r\right]\\&=\frac{1}{\mu r}\frac{\partial}{\partial r}\left(r\frac{-\mu}{4\pi r}\dot{I}\mathrm{e}^{-\mathrm{j}\beta r}\Delta l\sin\theta\right)-\frac{1}{\mu r}\frac{\partial}{\partial\theta}\left(\frac{\mu}{4\pi r}\dot{I}\mathrm{e}^{-\mathrm{j}\beta r}\Delta l\cos\theta\right)\\&=\frac{\sin\theta}{4\pi}\left(\frac{\mathrm{j}\beta}{r}+\frac{1}{r^2}\right)\dot{I}\mathrm{e}^{-\mathrm{j}\beta r}\Delta l\end{aligned} \tag{5-6-10}$$

由 $\dot{\boldsymbol{E}}=\frac{\nabla\times\dot{\boldsymbol{H}}}{\mathrm{j}\omega\varepsilon}$ 可求得 $\dot{\boldsymbol{E}}$ 的三个分量为

$$\dot{E}_r=\frac{1}{\mathrm{j}\omega\varepsilon}(\nabla\times\dot{\boldsymbol{H}})_r=\frac{1}{\mathrm{j}\omega\varepsilon}\frac{1}{r\sin\theta}\frac{\partial}{\partial\theta}(\dot{H}_\alpha\sin\theta)=\frac{\cos\theta}{2\pi\omega\varepsilon}\left(\frac{\beta}{r^2}-\frac{\mathrm{j}}{r^3}\right)\dot{I}\mathrm{e}^{-\mathrm{j}\beta r}\Delta l \tag{5-6-11}$$

$$\dot{E}_\theta=\frac{1}{\mathrm{j}\omega\varepsilon}(\nabla\times\dot{\boldsymbol{H}})_\theta=-\frac{1}{\mathrm{j}\omega\varepsilon}\frac{1}{r}\frac{\partial}{\partial r}(r\dot{H}_\alpha)=\frac{\sin\theta}{4\pi\omega\varepsilon}\left(\frac{\mathrm{j}\beta^2}{r}+\frac{\beta}{r^2}-\frac{\mathrm{j}}{r^3}\right)\dot{I}\mathrm{e}^{-\mathrm{j}\beta r}\Delta l \tag{5-6-12}$$

$$\dot{E}_\alpha=\frac{1}{\mathrm{j}\omega\varepsilon}(\nabla\times\dot{\boldsymbol{H}})_\alpha=0 \tag{5-6-13}$$

$\boldsymbol{H}$ 和 $\boldsymbol{E}$ 各分量的瞬时值表达式分别为

$$H_r(r,t)=H_\theta(r,t)=0 \tag{5-6-14}$$

$$H_{\alpha}(r,t)=\frac{\beta^2\sin\theta I_{\mathrm{m}}\Delta l}{4\pi}\left[-\frac{1}{\beta r}\sin(\omega t-\beta r)+\frac{1}{\beta^2 r^2}\cos(\omega t-\beta r)\right] \tag{5-6-15}$$

$$E_{r}(r,t)=\frac{\beta^3\cos\theta I_{\mathrm{m}}\Delta l}{2\pi\varepsilon\omega}\left[\frac{1}{\beta^2 r^2}\cos(\omega t-\beta r)+\frac{1}{\beta^3 r^3}\sin(\omega t-\beta r)\right] \tag{5-6-16}$$

$$E_{\theta}(r,t)=\frac{\beta^3\sin\theta I_{\mathrm{m}}\Delta l}{4\pi\varepsilon\omega}\left[-\frac{1}{\beta r}\sin(\omega t-\beta r)+\frac{1}{\beta^2 r^2}\cos(\omega t-\beta r)+\frac{1}{\beta^3 r^3}\sin(\omega t-\beta r)\right] \tag{5-6-17}$$

$$E_{\alpha}(r,t)=0 \tag{5-6-18}$$

达到稳定状态后，单元辐射子电磁场呈正弦周期性变化。图 5-6-3(a)～(i)给出了一个周期内电场强度线(左侧)和磁场强度线(右侧)的变化情况。图 5-6-3(a)是电偶极子两端没有电荷即 $\boldsymbol{p}=\mathbf{0}$ 的情况；图 5-6-3(b)是电偶极子两端电荷增加，即 $\boldsymbol{p}$ 变大的情况；图 5-6-3(c)是电偶极子两端电荷达到最大值，即 $\boldsymbol{p}$ 最大的情况；图 5-6-3(d)是电偶极子两端电荷减少，即 $\boldsymbol{p}$ 变小的情况；图 5-6-3(e)是电偶极子两端电荷减少到 0，即 $\boldsymbol{p}$ 变为 $\mathbf{0}$ 的情况；图 5-6-3(f)是电偶极子两端电荷及偶极矩反向逐渐增大的情况；图 5-6-3(g)是电偶极子两端电荷及偶极矩反向达到负最大的情况；图 5-6-3(h)是电偶极子两端电荷及偶极矩由负最大反向逐渐减少的情况；图 5-6-3(i)是电偶极子两端电荷及偶极矩反向减少到 0 的情况。一个周期结束，开始下一周期。

彩图 5-6-3

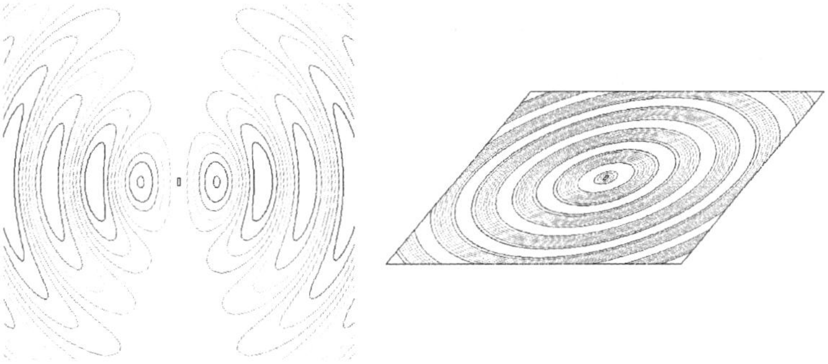

(a)

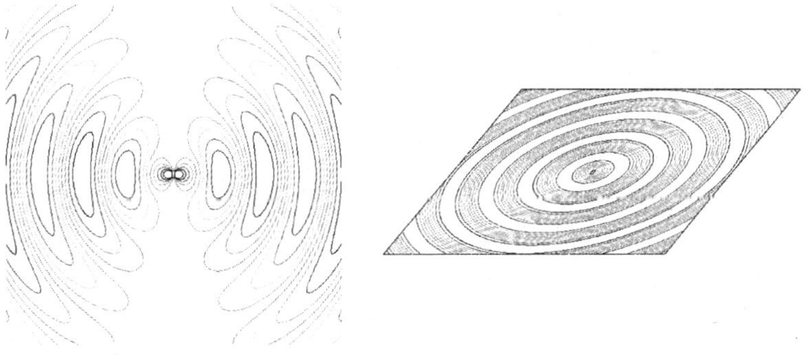

(b)

图 5-6-3　单元辐射子电场磁场变化图

(c)

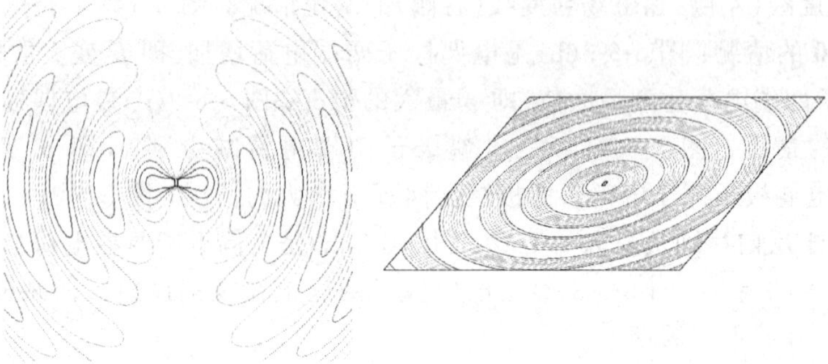

(d)

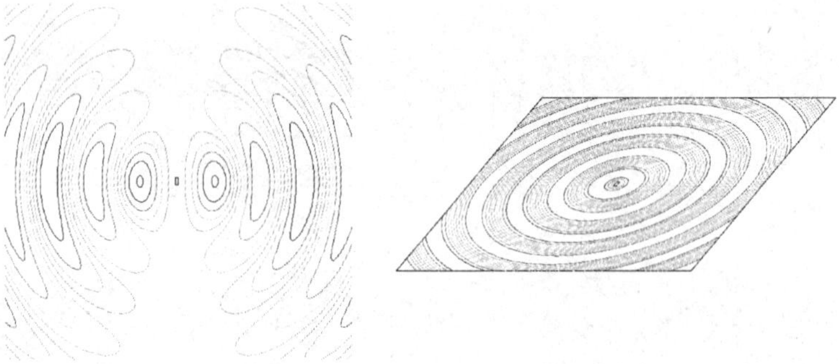

(e)

(f)

图 5-6-3(续)

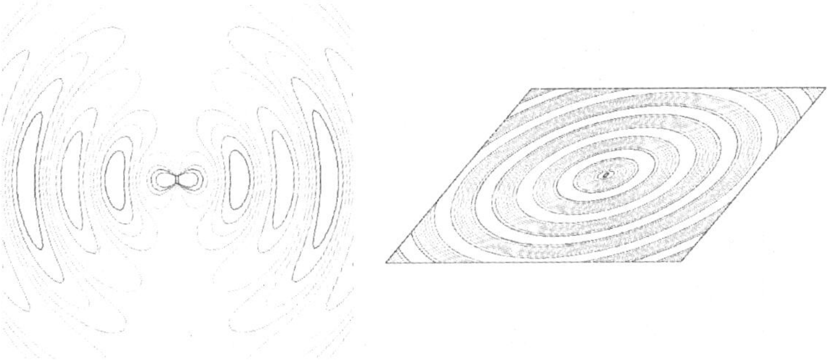

(g)

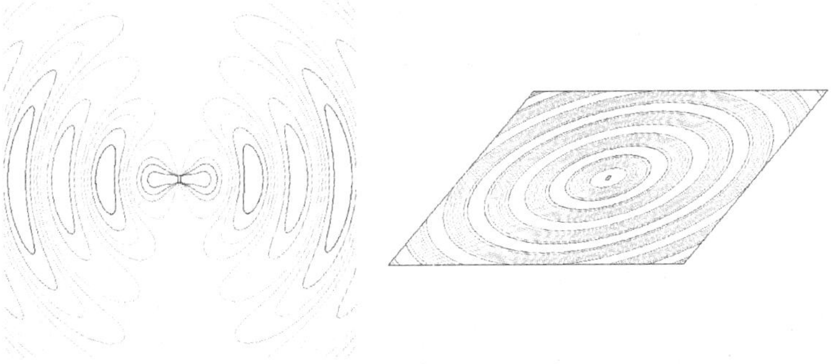

(h)

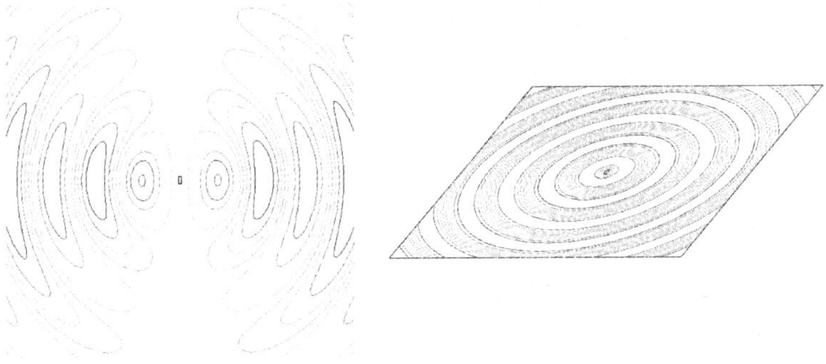

(i)

图 5-6-3(续)

ppt：单元辐射子的电磁辐射

视频：单元辐射子的电磁辐射

2. 单元辐射子辐射区电磁场表达式

式(5-6-15)、式(5-6-16)和式(5-6-17)表明，电场强度和磁场强度与辐射源到场点之间的距离有关。在 $\beta r \gg 1$ 或 $r \gg \dfrac{1}{\beta}=\dfrac{\lambda}{2\pi}$ 或 $r \gg \lambda$ 的区域，电场强度和磁场强度表达式中含有 $\dfrac{1}{\beta^2 r^2}$ 和 $\dfrac{1}{\beta^3 r^3}$ 的项与含 $\dfrac{1}{\beta r}$ 的项相比可略去不计。这一区域叫作辐射区（远场）。在辐射区，式（5-6-15）、式(5-6-16)和式(5-6-17)可简化为

$$H_\alpha(r,t) \approx -\frac{I_m \Delta l \sin\theta}{4\pi r}\beta \sin(\omega t - \beta r) = -\frac{I_m \Delta l}{4\pi r}\beta \sin\theta \sin\omega\left(t - \frac{r}{v}\right) \tag{5-6-19}$$

$$E_\theta(r,t) \approx -\frac{I_m \Delta l \sin\theta}{4\pi\varepsilon\omega r}\beta^2 \sin(\omega t - \beta r) = -\frac{I_m \Delta l}{4\pi\varepsilon\omega r}\beta^2 \sin\theta \sin\omega\left(t - \frac{r}{v}\right) \tag{5-6-20}$$

式(5-6-19)和式(5-6-20)表明,在 $r \gg \lambda$ 的区域,电场强度和磁场强度在相位上滞后于场源,而且与场源的距离越大滞后越多。这就是电磁波以有限速度 v 传播的推迟效应。

由相位相同的点组成的面称为等相位面。单元辐射子产生的电磁波在辐射区的等相位面为球面,叫作球面电磁波。

电场强度相量与磁场强度相量相除,所得复数具有阻抗的量纲,因此称为波阻抗,又称为特性阻抗。记为

$$Z_C = \frac{\dot{E}_\theta}{\dot{H}_\alpha} = \frac{\beta}{\omega\varepsilon} = \frac{1}{v\varepsilon} = \frac{\sqrt{\varepsilon\mu}}{\varepsilon} = \sqrt{\frac{\mu}{\varepsilon}} \tag{5-6-21}$$

自由空间的波阻抗为

$$Z_{C0} = \frac{\dot{E}_\theta}{\dot{H}_\alpha} = \frac{E_\theta(r,t)}{H_\alpha(r,t)} = \sqrt{\frac{\mu_0}{\varepsilon_0}} \approx 377\Omega \tag{5-6-22}$$

在辐射区,电磁能量以电磁波的形式向远处传播,电场强度与磁场强度互相垂直,且相位相同。

式(5-6-19)和式(5-6-20)表明,辐射区的场量与坐标 α 无关,辐射场具有轴对称的特点。以上二式还表明辐射区的场量与 $\sin\theta$ 成正比。图 5-6-4 画出了场量(相对值)端点随 θ 变化的轨迹,称为单元辐射子天线(辐射源)的方向图。这是以 1 为直径的圆绕与圆相切的轴旋转一周形成的曲面。$\theta=90°$时场量最大,$\theta=0°$时场量为零。

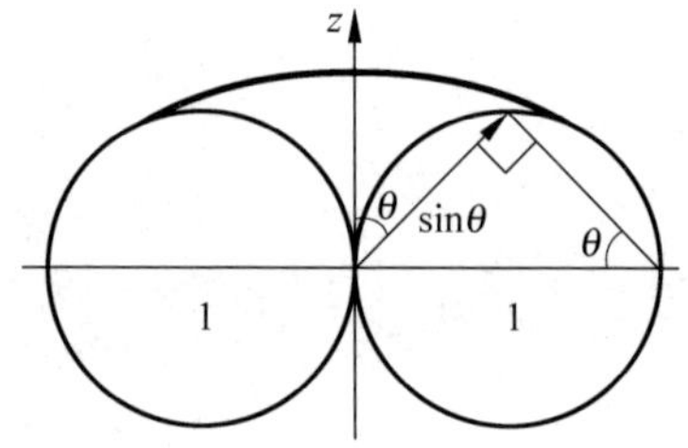

图 5-6-4 单元辐射子天线的方向图

3. 单元辐射子似稳区电磁场表达式

在 $\beta r \ll 1$ 或 $r \ll \lambda$ 区域,电场强度和磁场强度表达式中含$\frac{1}{\beta r}$的低次项与高次项相比可略去不计,只保留最高次项。这一区域为似稳区(近场)。在似稳区,磁场强度和电场强度的表达式可简化为

$$H_\alpha(r,t) \approx \frac{I_m \Delta l}{4\pi r^2}\sin\theta\cos\omega t = \frac{i\Delta l}{4\pi r^2}\sin\theta \tag{5-6-23}$$

$$E_r(r,t) \approx \frac{I_m \Delta l}{2\pi\varepsilon\omega r^3}\cos\theta\sin\omega t = \frac{q\Delta l}{2\pi\varepsilon r^3}\cos\theta \tag{5-6-24}$$

$$E_\theta(r,t) \approx \frac{I_m \Delta l}{4\pi\varepsilon\omega r^3}\sin\theta\sin\omega t = \frac{q\Delta l}{4\pi\varepsilon r^3}\sin\theta \tag{5-6-25}$$

以上三式中:

$$i = I_m \cos\omega t, \quad q = \frac{I_m}{\omega}\sin\omega t \tag{5-6-26}$$

式(5-6-23)所表示的 $\boldsymbol{H}$ 与第 4 章毕奥-萨伐尔定律给出的电流元 $i\Delta\boldsymbol{l}$ 产生的磁场强度相同(参见式(4-1-7))；式(5-6-24)和式(5-6-25)所表示的 $\boldsymbol{E}$ 与第 2 章电偶极矩为 $q\Delta\boldsymbol{l}$ 的电偶极子产生的电场强度相同(参见式(2-4-7))。这就是说，在 $r \ll \lambda$ 的区域，电场强度和磁场强度的表示式与恒定场中的表示式近似相同。或者说，在 $r \ll \lambda$ 的区域，电场强度和磁场强度的分布与静态场中的分布近似相同。显然，在 $r \ll \lambda$ 的区域不必考虑推迟效应。在似稳区，电场强度与磁场强度仍然互相垂直，但相位却相差 $\frac{\pi}{2}$。

在似稳区(近场区)与辐射区(远场区)之间是过渡区，在过渡区，高次项和低次项都需要考虑，不能忽略。

以上讨论的是单元辐射子的电磁辐射。单元辐射子是一个理想模型，工程上的辐射源可以认为是多个单元辐射子首尾相接的叠加。因此，单元辐射子在辐射区、似稳区的一般规律对于其他形式的辐射源也是成立的。

5.7　准静态电磁场的边值问题

1. 概述

在 5.4 节动态位中论述的就是时变电磁场边值问题的基本方程。时变电磁场边值问题的计算非常复杂，在工程中有些问题可以根据其性质进行简化。特别是当时变场变化较缓慢时，根据位移电流密度与传导电流密度、库仑电场强度与感应电场强度数值的相对大小，保留较大的部分，忽略较小的部分。这就导致了所谓准静态电场和准静态磁场。在电场计算中，只考虑库仑电场强度，忽略感应电场强度，得到准静态电场。在磁场计算中，只考虑传导电流密度，忽略位移电流密度，得到准静态磁场。

2. 准静态电(流)场的边值问题

在缓慢变化情况下，若电场内存在不良导体，则传导电流密度与位移电流密度数量级相近。在计算时需要同时考虑两种电流。而由于变化慢，相对于库仑电场，磁场变化产生的感应电场强度可以忽略不计，即忽略 $\frac{\partial \boldsymbol{B}}{\partial t}$ 项。这时电场强度满足环路定理

$$\nabla \times \boldsymbol{E} = 0 \tag{5-7-1}$$

可以设

$$\boldsymbol{E} = -\nabla\varphi \tag{5-7-2}$$

考虑位移电流密度，电流连续性表示为

$$\nabla \cdot \left(\gamma \boldsymbol{E} + \varepsilon \frac{\partial \boldsymbol{E}}{\partial t}\right) = 0 \tag{5-7-3}$$

得

$$\gamma \nabla^2 \varphi + \varepsilon \nabla^2 \frac{\partial \varphi}{\partial t} = 0 \tag{5-7-4}$$

在低频正弦稳态情况下,若电场内存在不良导体,则传导电流密度与位移电流密度数量级相近,在计算时需要同时考虑两种电流。由于频率低,磁场变化产生的感应电场强度可以忽略不计。

采用相量符号,得

$$(\mathrm{j}\omega\varepsilon+\gamma)\nabla^2\dot{\varphi}=0 \tag{5-7-5}$$

式(5-7-5)是准静态电(流)场的基本方程。在场域内部,两种媒质的分界面上满足衔接条件

$$\dot{\varphi}_2=\dot{\varphi}_1;\quad (\gamma_2+\mathrm{j}\omega\varepsilon_2)\frac{\partial\dot{\varphi}_2}{\partial n}=(\gamma_1+\mathrm{j}\omega\varepsilon_1)\frac{\partial\dot{\varphi}_1}{\partial n} \tag{5-7-6}$$

在场域边界上,第一类边界条件为

$$\dot{\varphi}\big|_{\Gamma_1}=\dot{f}_1 \tag{5-7-7}$$

第二类边界条件为

$$(\gamma+\mathrm{j}\omega\varepsilon)\frac{\partial\dot{\varphi}}{\partial n}\bigg|_{\Gamma_2}=\dot{f}_2 \tag{5-7-8}$$

$\dot{f}_1$、$\dot{f}_2$ 为定义在边界上的已知函数。

3. 准静态磁场(涡流场)的边值问题

在时变电磁场中,根据磁通连续性

$$\nabla\cdot\boldsymbol{B}=0 \tag{5-7-9}$$

可以设

$$\boldsymbol{B}=\nabla\times\boldsymbol{A} \tag{5-7-10}$$

根据电磁感应定律,有

$$\nabla\times\boldsymbol{E}=-\frac{\partial\boldsymbol{B}}{\partial t}=-\frac{\partial}{\partial t}(\nabla\times\boldsymbol{A})=-\nabla\times\frac{\partial\boldsymbol{A}}{\partial t} \tag{5-7-11}$$

整理,得

$$\nabla\times\left(\boldsymbol{E}+\frac{\partial\boldsymbol{A}}{\partial t}\right)=\boldsymbol{0} \tag{5-7-12}$$

根据矢量恒等式$\nabla\times\nabla\varphi=\boldsymbol{0}$,设

$$\boldsymbol{E}+\frac{\partial\boldsymbol{A}}{\partial t}=-\nabla\varphi \tag{5-7-13}$$

得

$$\boldsymbol{E}=-\left(\frac{\partial\boldsymbol{A}}{\partial t}+\nabla\varphi\right) \tag{5-7-14}$$

根据全电流定律

$$\nabla\times\boldsymbol{H}=\boldsymbol{J}+\frac{\partial\boldsymbol{D}}{\partial t} \tag{5-7-15}$$

当磁场变化缓慢,可以忽略位移电流,即忽略$\dfrac{\partial\boldsymbol{D}}{\partial t}$项。将式(5-7-10)和式(5-7-14)代入式(5-7-15),得

$$\nabla\times\frac{1}{\mu}\nabla\times\boldsymbol{A}+\gamma\left(\frac{\partial\boldsymbol{A}}{\partial t}+\nabla\varphi\right)=\boldsymbol{J}_{\mathrm{S}} \tag{5-7-16}$$

同时根据电流连续性，有

$$\nabla\cdot\gamma\left(\frac{\partial\boldsymbol{A}}{\partial t}+\nabla\varphi\right)=0 \tag{5-7-17}$$

式(5-7-16)和式(5-7-17)称为涡流场的基本方程。式(5-7-16)中，$\boldsymbol{J}_{\mathrm{S}}$ 表示绕线线圈中电流等效的体电流密度。计算涡流场时，$\boldsymbol{J}_{\mathrm{S}}$ 一般为已知(线圈施加电流情况)或需要与外电路联立求解得到(线圈施加电压情况)。

考虑正弦稳态情况，采用相量表示，则基本方程为

$$\nabla\times\frac{1}{\mu}\nabla\times\dot{\boldsymbol{A}}+\gamma(\mathrm{j}\omega\dot{\boldsymbol{A}}+\nabla\dot{\varphi})=\dot{\boldsymbol{J}}_{\mathrm{S}} \tag{5-7-18}$$

$$\nabla\cdot\gamma(\mathrm{j}\omega\dot{\boldsymbol{A}}+\nabla\dot{\varphi})=0 \tag{5-7-19}$$

媒质分界面条件为

$$\boldsymbol{e}_{\mathrm{n}}\times\left(\frac{1}{\mu_2}\nabla\times\dot{\boldsymbol{A}}_2-\frac{1}{\mu_1}\nabla\times\dot{\boldsymbol{A}}_1\right)=\dot{\boldsymbol{K}} \tag{5-7-20}$$

$$\dot{\boldsymbol{A}}_2=\dot{\boldsymbol{A}}_1 \tag{5-7-21}$$

$$\dot{\varphi}_1=\dot{\varphi}_2 \tag{5-7-22}$$

$$\gamma_1(\mathrm{j}\omega\dot{\boldsymbol{A}}_1+\nabla\dot{\varphi}_1)\cdot\boldsymbol{e}_{\mathrm{n}}=\gamma_2(\mathrm{j}\omega\dot{\boldsymbol{A}}_2+\nabla\dot{\varphi}_2)\cdot\boldsymbol{e}_{\mathrm{n}} \tag{5-7-23}$$

边界条件为

$$\dot{\boldsymbol{A}}=\dot{\boldsymbol{F}}_1 \tag{5-7-24}$$

$$\boldsymbol{e}_{\mathrm{n}}\times\left(\frac{1}{\mu_2}\nabla\times\dot{\boldsymbol{A}}\right)=\dot{\boldsymbol{F}}_2 \tag{5-7-25}$$

$$(\mathrm{j}\omega\gamma\dot{\boldsymbol{A}}+\gamma\nabla\dot{\varphi})\cdot\boldsymbol{e}_{\mathrm{n}}=0 \tag{5-7-26}$$

$\dot{\boldsymbol{F}}_1$、$\dot{\boldsymbol{F}}_2$ 为定义在边界上的已知矢量函数。式(5-7-24)和式(5-7-25)表示磁场的边界条件。式(5-7-26)为导电媒质表面的边界条件，表示导电媒质表面电流密度只有切向分量，没有法向分量。

作为特例，当涡流场为平行平面场时，在二维坐标系建立基本方程和边界条件。矢量磁位只有 z 方向的分量，可以用标量 A_z 来求解。A_z 的基本方程为

$$\frac{1}{\mu}\nabla\times\nabla\times(\dot{A}_z\boldsymbol{e}_z)+\mathrm{j}\omega\gamma(\dot{A}_z\boldsymbol{e}_z)=\dot{J}_{\mathrm{S}z}\boldsymbol{e}_z \tag{5-7-27}$$

在二维场中矢量磁位自动满足库仑规范 $\nabla\cdot\dot{\boldsymbol{A}}=0$，得

$$-\frac{1}{\mu}\nabla^2\dot{A}_z+\mathrm{j}\omega\gamma\dot{A}_z=\dot{J}_{\mathrm{S}z} \tag{5-7-28}$$

进一步展开得

$$-\frac{1}{\mu}\left(\frac{\partial^2\dot{A}_z}{\partial x^2}+\frac{\partial^2\dot{A}_z}{\partial y^2}\right)+\mathrm{j}\omega\gamma\dot{A}_z=\dot{J}_{\mathrm{S}z} \tag{5-7-29}$$

分界线衔接条件：

$$\dot{A}_{z1}=\dot{A}_{z2} \tag{5-7-30}$$

边界条件:

$$\dot{A}_z\mid_{\Gamma_1}=\dot{f}_1 \tag{5-7-31}$$

$$\left.\frac{1}{\mu}\frac{\partial \dot{A}_z}{\partial n}\right|_{\Gamma_2}=\dot{f}_2 \tag{5-7-32}$$

例 5-7-1 笼型异步电机转子槽内放置矩形长导条,当电机运行时转子导条中会感应产生交变电流。当电机轴向长度远大于导条界面尺寸时,槽内磁场可以按照平行平面场处理。电机槽内导条形状见图 5-7-1。试将上述电机槽内导体电流分布问题表述为电磁场边值问题。

解 这个问题是一个典型的二维涡流场问题,求解变量为 A_z,其基本方程为

$$-\frac{1}{\mu}\left(\frac{\partial^2\dot{A}_z}{\partial x^2}+\frac{\partial^2\dot{A}_z}{\partial y^2}\right)+\mathrm{j}\omega\gamma\dot{A}_z=0$$

边界条件:本问题边界条件不能直接确定。在槽内总电流已知情况下,可以定性分析磁场环绕电流,磁场方向沿槽的宽度方向,即 x 方向,导条最上端应为一条磁感应强度线,即等矢量磁位线,但磁位值未知。因为已知槽内总电流,可以进行一个转换。先假设磁位值,按照第一类边值问题计算涡流场,通过界面电流密度积分算出总电流,比较算出的总电流和已知总电流,将已知电流与算出电流之比作为修改因子乘在开始假设的磁位上得到应加磁位。在应加磁位条件下计算涡流场,就会得到已知总电流情况下的磁场和电流分布。

如图 5-7-2 所示,已知导体上端矢量磁位边界条件的情况下,对二维涡流场进行了数值计算。由于交变磁场按照相量计算,结算结果分为实部和虚部。对应于时域情况,实部为某一时刻的瞬时值,则虚部为延后 1/4 周期的另一时刻的瞬时值。图 5-7-3 和图 5-7-4 显示了矢量磁位实部和虚部的等值线,即磁感应强度线。因电流密度 $\dot{J}_z=-\mathrm{j}\omega\gamma\dot{A}_z$,透过矢量磁位等值线可以看到电流密度分布,整体上电流向槽口方向集中。这种现象在电机学中称为挤流效应。图 5-7-5 和图 5-7-6 显示了磁感应强度云图,观察颜色变化可知磁场也存在向槽口方向集中的现象。图 5-7-7 和图 5-7-8 更清楚地显示了磁感应强度的方向和分布情况。通过本例,可以了解二维涡流场边值问题的建模方法,直观理解导体中交流电流不均匀的特性。

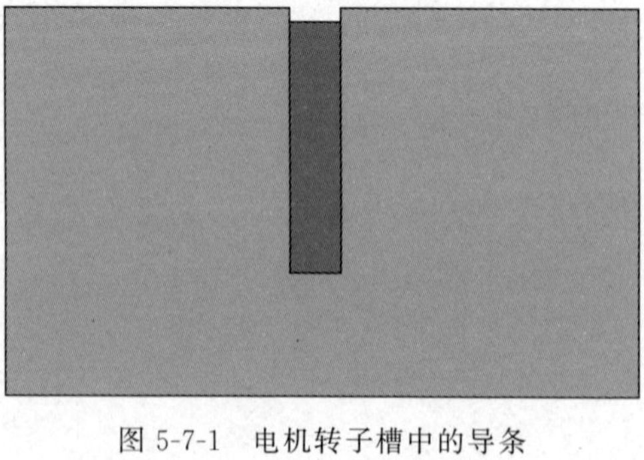

图 5-7-1 电机转子槽中的导条

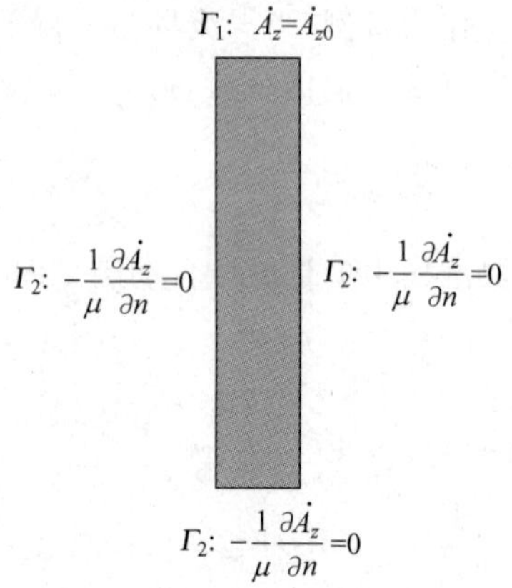

图 5-7-2 涡流场边值问题模型

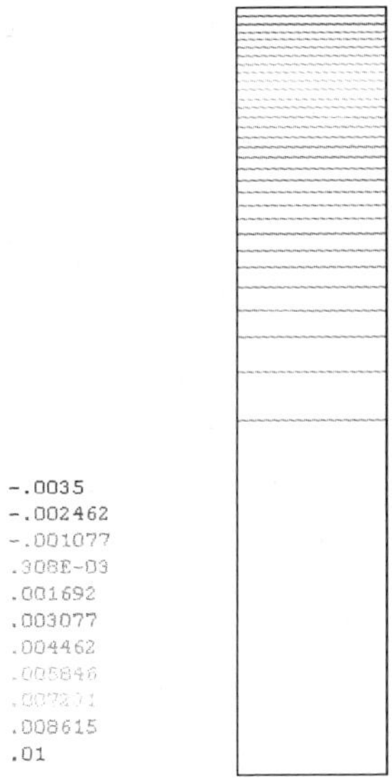

图 5-7-3　槽内导体截面矢量磁位实部等位线

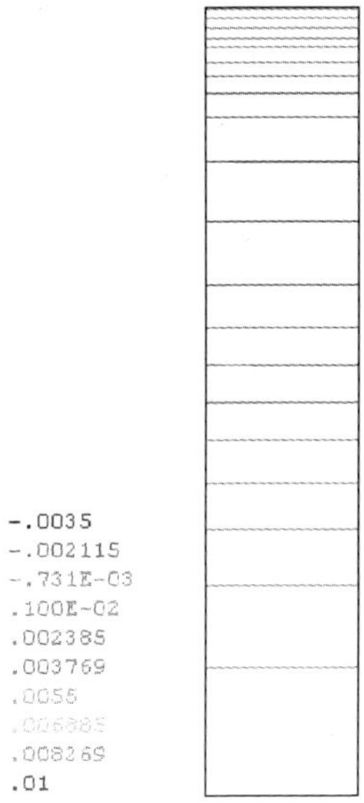

图 5-7-4　槽内导体截面矢量磁位虚部等位线

彩图 5-7-5

彩图 5-7-6

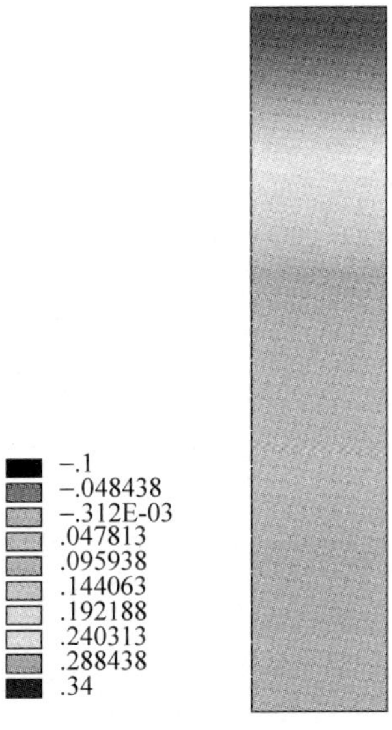

图 5-7-5　槽内导体截面磁感应强度实部云图

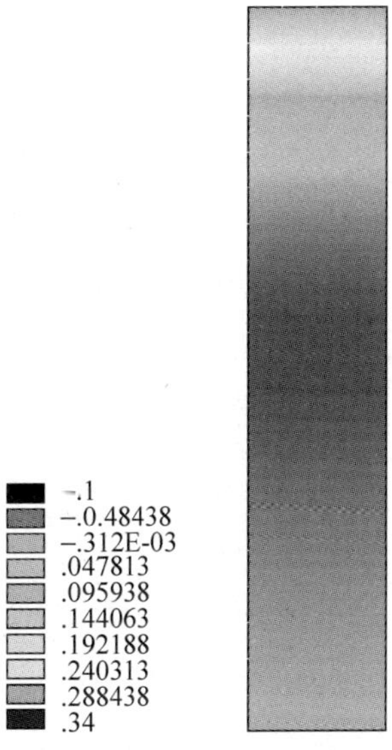

图 5-7-6　槽内导体截面磁感应强度虚部云图

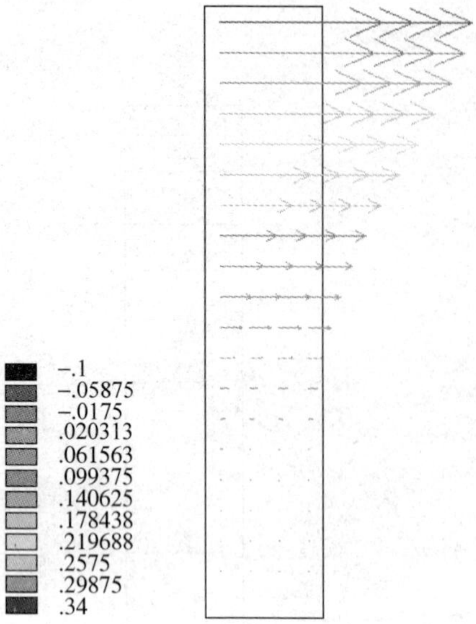

图 5-7-7　槽内导体截面磁感应强度实部矢量图

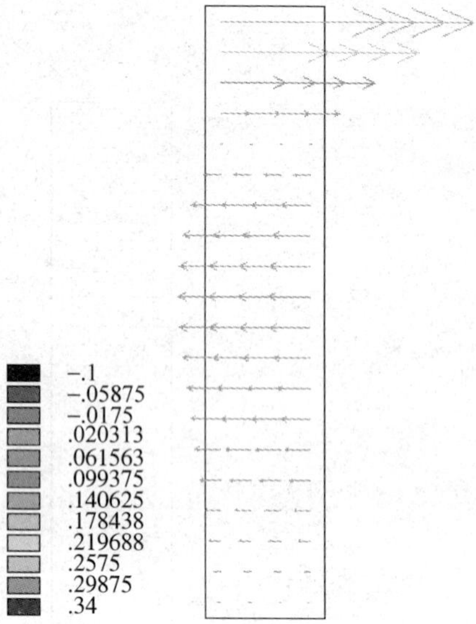

图 5-7-8　槽内导体截面磁感应强度虚部矢量图

第6章 电磁场边值问题的解析方法

本章提示

将电磁场问题表述为边值问题，应该寻求有效的求解方法。本章主要介绍几种解析计算方法，第7章介绍几种数值算法。针对一维泊松方程，分别在直角坐标系、圆柱坐标系和球坐标系中讨论了解析积分方法。针对拉普拉斯方程，特别是二维情况，介绍了直角坐标系、圆柱坐标系和球坐标系中的分离变量法。通过例题展示了求解区域形状和边界条件在分离变量法具体实现中的作用。基于静电场和恒定磁场解的唯一性定理，分析了唯一性定理的条件，介绍了静电场中关于导体平面、导体球面以及电介质分界面平面的镜像法，介绍了关于导体圆柱面的电轴法。在恒定磁场中介绍了关于媒质分界面平面的镜像法。本章要求理解解析积分法的基本思路，掌握一维泊松方程的解析计算；了解二维拉普拉斯方程的分离变量法；重点掌握静电场和恒定磁场的镜像法。

6.1 一维泊松方程的解析积分解法

静电场的电位、恒定电场电位和恒定磁场的矢量磁位都满足泊松方程。用一般函数形式表示为

$$-a\nabla^2 u = f \tag{6-1-1}$$

当位函数 u 在坐标系中只随一个坐标变化时，问题可以用一维模型表示。一维泊松方程实际上已经退化为常微分方程，当右端向量 f 函数表达式不复杂时，一般可以用解析积分方法求解。根据问题的性质，选择合适的坐标系。三种常用坐标系中解析积分方法叙述如下。

1. 直角坐标系

如图6-1-1所示，在直角坐标系中，若 u 只与坐标 x 有关，不随 y、z 变化，则一维泊松方程为

$$-a\frac{d^2u}{dx^2} = f(x) \tag{6-1-2}$$

两边同时积分一次，得

$$\frac{du}{dx} = -\int \frac{f(x)}{a}dx + c_1 \tag{6-1-3}$$

再同时积分一次，得

$$u=\int\left[-\int\frac{f(x)}{a}\mathrm{d}x+c_1\right]\mathrm{d}x+c_2 \quad (6\text{-}1\text{-}4)$$

解中的两个待定常数 c_1 和 c_2 由边界条件确定。

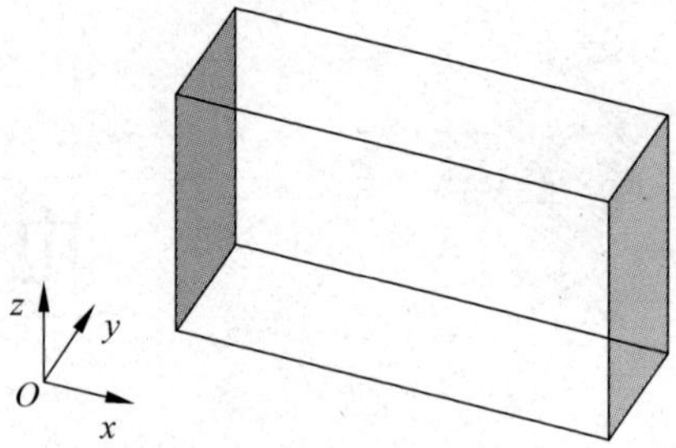

图 6-1-1　直角坐标系

特例：当 $f(x)=0$ 时，方程退化为一维拉普拉斯方程

$$-a\frac{\mathrm{d}^2u}{\mathrm{d}x^2}=0 \quad (6\text{-}1\text{-}5)$$

解得

$$u=\int c_1\mathrm{d}x+c_2=c_1x+c_2 \quad (6\text{-}1\text{-}6)$$

例 6-1-1　如图 6-1-2 所示，真空中静电场在 $x=0$ 处，$\varphi=0$；$x=1$ 处，$\varphi=0$；在 $0\leqslant x\leqslant 1$ 区域，体电荷密度 $\rho(x)=2\times10^{-12}\,\mathrm{C/m^3}$，求电位和电场强度。

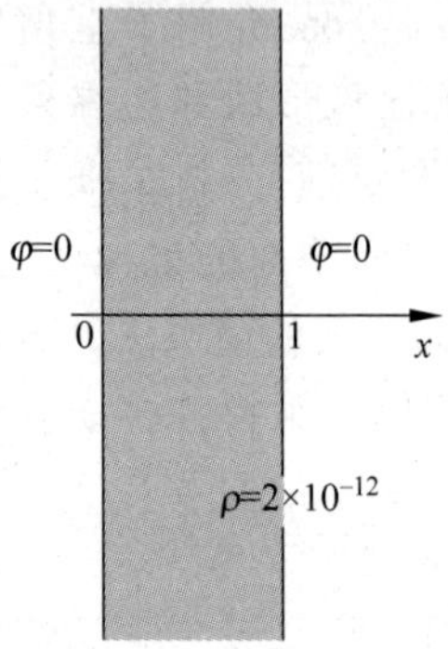

图 6-1-2　例 6-1-1 图

解

$$u=\int\left[-\int\frac{f(x)}{a}\mathrm{d}x+c_1\right]\mathrm{d}x+c_2$$
$$=-\frac{2\times10^{-12}}{2\varepsilon_0}x^2+c_1x+c_2$$
$$=-\frac{1}{8.85}x^2+c_1x+c_2$$

代入边界条件，得

$$c_2=0,\quad c_1=-\frac{1}{8.85}$$

由此得问题的解，电位：

$$u=-\frac{1}{8.85}x^2+\frac{1}{8.85}x=\frac{1}{8.85}(1-x)x$$

电场强度：

$$\boldsymbol{E}=-\nabla u=-\frac{\mathrm{d}u}{\mathrm{d}x}\boldsymbol{e}_x=\left(\frac{2}{8.85}x-\frac{1}{8.85}\right)\boldsymbol{e}_x=\frac{1}{8.85}(2x-1)\boldsymbol{e}_x$$

验证：

(1) $\frac{\mathrm{d}^2u}{\mathrm{d}x^2}=-\frac{2}{8.85}$，$\rho=-\varepsilon_0\frac{\mathrm{d}^2u}{\mathrm{d}x^2}=\varepsilon_0\frac{2}{8.85}=2\times10^{-12}$；

(2) $u=\frac{1}{8.85}(1-x)x$，$u(0)=0$，$u(1)=0$。

例 6-1-2　真空中宽度为 $2d$ 的无限大体电荷，电荷体密度 $\rho(x)$。设 $x=0$ 处为电位参考点，求各区域电位表达式。

解

区域 1，$x<-d$，电位满足拉普拉斯方程，因电位只随 x 变化，所以

$$-\varepsilon_0\frac{\mathrm{d}}{\mathrm{d}x}\frac{\mathrm{d}\varphi}{\mathrm{d}x}=0$$

积分得，$\frac{\mathrm{d}\varphi}{\mathrm{d}x}=c_1$，$\varphi_1(x)=c_1x+c_2$。

区域 2，$-d<x<d$，电位满足泊松方程，有

$$-\varepsilon_0 \frac{\mathrm{d}}{\mathrm{d}x}\frac{\mathrm{d}\varphi}{\mathrm{d}x}=\rho(x)$$

积分得，$\frac{\mathrm{d}\varphi}{\mathrm{d}x}=-\int\frac{\rho(x)}{\varepsilon_0}\mathrm{d}x+c_3$，$\varphi_2(x)=-\int\left[\int\frac{\rho(x)}{\varepsilon_0}\mathrm{d}x\right]\mathrm{d}x+c_3x+c_4$。

区域 3，$x>d$，电位满足拉普拉斯方程，有

$$-\varepsilon_0 \frac{\mathrm{d}}{\mathrm{d}x}\frac{\mathrm{d}\varphi}{\mathrm{d}x}=0$$

积分得

$$\frac{\mathrm{d}\varphi}{\mathrm{d}x}=c_5,\quad \varphi_3(x)=c_5x+c_6$$

以上获得了 3 个区域的电位通解，其中包含 6 个待定常数。下面通过边界条件确定这些常数。这是一个无限大体电荷产生的电场，电位参考点不能设在无限远处，根据题目提示，将电位参考点设在 $x=0$ 处。另外，根据无限大面电荷电场分布规律和叠加原理，得有限宽无限大体电荷电场在区域 1 和区域 3 的对称性。考虑到区域分界面衔接条件，得

(1) $\varphi_2(0)=0$；

(2) $\varphi_1(-d)=\varphi_2(-d)$；

(3) $\left.\frac{\mathrm{d}\varphi_1}{\mathrm{d}x}\right|_{-d}=\left.\frac{\mathrm{d}\varphi_2}{\mathrm{d}x}\right|_{-d}$；

(4) $\varphi_2(d)=\varphi_3(d)$；

(5) $\left.\frac{\mathrm{d}\varphi_2}{\mathrm{d}x}\right|_{d}=\left.\frac{\mathrm{d}\varphi_3}{\mathrm{d}x}\right|_{d}$；

(6) $-\left.\frac{\mathrm{d}\varphi_1}{\mathrm{d}x}\right|_{-d}=\left.\frac{\mathrm{d}\varphi_3}{\mathrm{d}x}\right|_{d}$。

设

$$U_0=\int\left[\int\frac{\rho(x)}{\varepsilon_0}\mathrm{d}x\right]\mathrm{d}x\bigg|_{x=0},\quad U_1=\int\left[\int\frac{\rho(x)}{\varepsilon_0}\mathrm{d}x\right]\mathrm{d}x\bigg|_{x=-d},\quad U_3=\int\left[\int\frac{\rho(x)}{\varepsilon_0}\mathrm{d}x\right]\mathrm{d}x\bigg|_{x=d}$$

$$E_1=\int\frac{\rho(x)}{\varepsilon_0}\mathrm{d}x\bigg|_{x=-d},\quad E_3=\int\frac{\rho(x)}{\varepsilon_0}\mathrm{d}x\bigg|_{x=d}$$

由(1)$0=-\int\left[\int\frac{\rho(x)}{\varepsilon_0}\mathrm{d}x\right]\mathrm{d}x\bigg|_{x=0}+c_4$，得 $c_4=\int\left[\int\frac{\rho(x)}{\varepsilon_0}\mathrm{d}x\right]\mathrm{d}x\bigg|_{x=0}=U_0$，$c_4=U_0$。

由(6)得 $c_1=-c_5$。

由(2)得 $-c_1d+c_2=-\int\left[\int\frac{\rho(x)}{\varepsilon_0}\mathrm{d}x\right]\mathrm{d}x\bigg|_{x=-d}-c_3d+c_4$，$-c_1d+c_2=-U_1-c_3d+U_0$。

由(3)得 $c_1=-\int\frac{\rho(x)}{\varepsilon_0}\mathrm{d}x\bigg|_{x=-d}+c_3$，$c_1=-E_1+c_3$。

由(4)得 $-\int\left[\int\frac{\rho(x)}{\varepsilon_0}\mathrm{d}x\right]\mathrm{d}x\bigg|_{x=d}+c_3d+c_4=c_5d+c_6$，$-U_3+c_3d+U_0=c_5d+c_6$。

由(5)得 $-\int\frac{\rho(x)}{\varepsilon_0}\mathrm{d}x\Big|_{x=d}+c_3=c_5$，$-E_3+c_3=c_5$。

列出待定常数满足的方程

$$
\begin{aligned}
&c_4=U_0\\
&c_1=-c_5\\
&-c_1d+c_2=-U_1-c_3d+U_0\\
&c_1=-E_1+c_3,\quad 即\ c_3+c_5=E_1\\
&-U_3+c_3d+U_0=c_5d+c_6\\
&-E_3+c_3=c_5,\quad 即\ c_3-c_5=E_3
\end{aligned}
$$

整理得

$$
c_1=\frac{E_3-E_1}{2},\quad c_2=U_0-U_1-dE_1
$$

$$
c_3=\frac{E_1+E_3}{2},\quad c_4=U_0
$$

$$
c_5=\frac{E_1-E_3}{2},\quad c_6=U_0-U_3+dE_3
$$

电位表达式为

$$
x<-d,\quad \varphi_1(x)=\frac{E_3-E_1}{2}x+U_0-U_1-dE_1
$$

$$
-d\leqslant x\leqslant d,\quad \varphi_2(x)=-\int\left[\int\frac{\rho(x)}{\varepsilon_0}\mathrm{d}x\right]\mathrm{d}x+\frac{E_1+E_3}{2}x+U_0
$$

$$
x>d,\quad \varphi_3(x)=\frac{E_1-E_3}{2}x+U_0-U_3+dE_3
$$

对电位表达式沿方向求导即可得到电场强度。

2. 圆柱坐标系

在圆柱坐标系中，拉普拉斯算子表示为

$$
\nabla^2u=\frac{1}{r}\frac{\partial}{\partial r}\left(r\frac{\partial u}{\partial r}\right)+\frac{1}{r^2}\frac{\partial^2u}{\partial\alpha^2}+\frac{\partial^2u}{\partial z^2}\tag{6-1-7}
$$

(1) 一维自变量为坐标 r

如图6-1-3所示，在圆柱坐标系中，若 u 只与坐标 r 有关，不随 α、z 变化，则一维泊松方程为

$$
-a\frac{1}{r}\frac{\partial}{\partial r}\left(r\frac{\partial u}{\partial r}\right)=f(r)\tag{6-1-8}
$$

将偏微分改为全微分

$$
\frac{\mathrm{d}}{\mathrm{d}r}\left(r\frac{\mathrm{d}u}{\mathrm{d}r}\right)=-\frac{f(r)}{a}r\tag{6-1-9}
$$

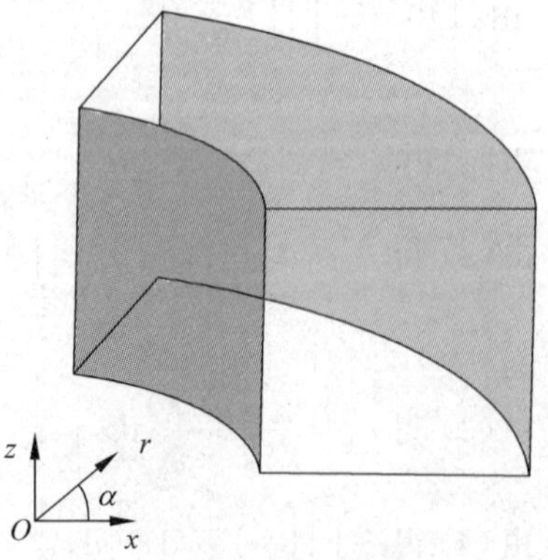

图6-1-3 圆柱坐标系 r 向变化

两边同时积分一次，得

$$r\frac{\mathrm{d}u}{\mathrm{d}r}=-\int\frac{f(r)}{a}r\,\mathrm{d}r+c_1 \tag{6-1-10}$$

再同时积分一次，得

$$u=\int\left[-\frac{1}{r}\int\frac{f(r)}{a}r\,\mathrm{d}r+\frac{c_1}{r}\right]\mathrm{d}r+c_2 \tag{6-1-11}$$

特例：当 $f(r)=0$ 时，方程退化为拉普拉斯方程

$$\frac{1}{r}\frac{\mathrm{d}}{\mathrm{d}r}\left(r\frac{\mathrm{d}u}{\mathrm{d}r}\right)=0 \tag{6-1-12}$$

解得

$$u=\int\frac{1}{r}c_1\,\mathrm{d}r+c_2=c_1\ln r+c_2 \tag{6-1-13}$$

例 6-1-3　如图 6-1-4 所示，同轴电缆绝缘层内外半径分别为 R_1 和 R_2，绝缘材料漏电导率 $\gamma=1\times10^{-5}$，内外导体之间加电压 1V，求电流分布。

解

$$u=\int\frac{1}{r}c_1\,\mathrm{d}r+c_2=c_1\ln r+c_2$$

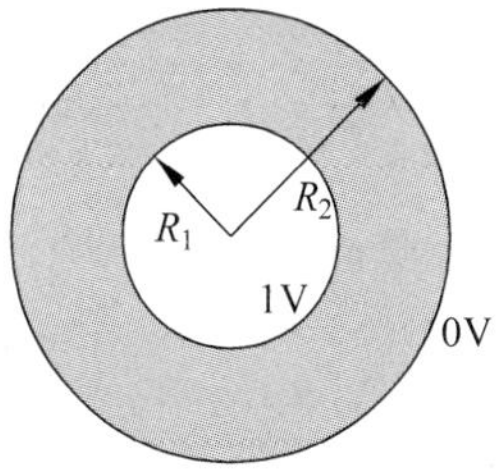

图 6-1-4　例 6-1-3 图

代入边界条件：

$$1=c_1\ln R_1+c_2,\quad 0=c_1\ln R_2+c_2$$

前式减后式，得

$$c_1(\ln R_1-\ln R_2)=1,\quad c_1=\frac{1}{\ln R_1-\ln R_2}$$

代入后式得

$$c_2=\frac{\ln R_2}{\ln R_2-\ln R_1}$$

所以

$$u=\frac{1}{\ln R_1-\ln R_2}\ln r+\frac{\ln R_2}{\ln R_2-\ln R_1}$$

电流密度

$$\boldsymbol{J}=-\gamma\nabla u=-\gamma\frac{\mathrm{d}u}{\mathrm{d}r}\boldsymbol{e}_r=\left(\frac{10^{-5}}{\ln R_2-\ln R_1}\right)\frac{1}{r}\boldsymbol{e}_r$$

(2) 一维自变量为坐标 α

如图 6-1-5 所示，在圆柱坐标系中，若 u 只与坐标 α 有关，不随 r、z 变化，则一维泊松方程为

$$-a\frac{1}{r^2}\frac{\mathrm{d}^2u}{\mathrm{d}\alpha^2}=f(r,\alpha) \tag{6-1-14}$$

两边积分一次

$$\frac{\mathrm{d}u}{\mathrm{d}\alpha}=-\frac{r^2}{a}\int f(r,\alpha)\mathrm{d}\alpha+c_1 \tag{6-1-15}$$

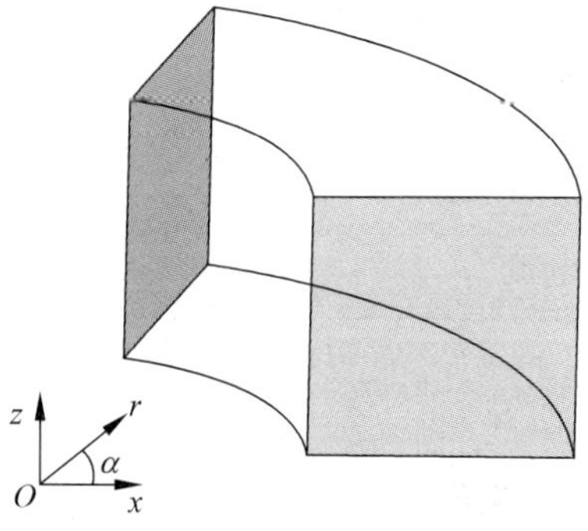

图 6-1-5　圆柱坐标系 α 向变化

显然要使 u 的表达式中只含自变量 α，则应满足

$f(r,\alpha)=\dfrac{g(\alpha)}{r^2}$。

再积分一次,得

$$u=\int\left[\int-\frac{1}{a}g(\alpha)\mathrm{d}\alpha+c_1\right]\mathrm{d}\alpha+c_2 \tag{6-1-16}$$

特例:当 $g(\alpha)=0$ 时,方程退化为拉普拉斯方程

$$-a\frac{1}{r^2}\frac{\mathrm{d}^2u}{\mathrm{d}\alpha^2}=0 \tag{6-1-17}$$

解得

$$u=\int c_1\mathrm{d}\alpha+c_2=c_1\alpha+c_2 \tag{6-1-18}$$

例 6-1-4 如图 6-1-6 所示,扇形薄导电片内外半径分别为 R_1 和 R_2,厚度为 h,电流沿圆周方向,两电极之间夹角为 θ,加电压 1V。求电流分布。

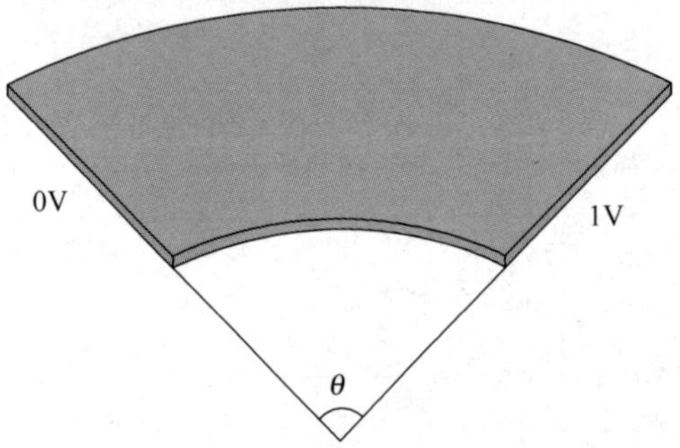

图 6-1-6 例 6-1-4 图

解

$$u=\int c_1\mathrm{d}\alpha+c_2=c_1\alpha+c_2$$

$$1=c_2,\quad 0=\theta c_1+c_2$$

得 $c_2=1,c_1=-\dfrac{c_2}{\theta}=-\dfrac{1}{\theta}$。

$$u=-\frac{1}{\theta}\alpha+1$$

电流密度

$$\boldsymbol{J}=-\gamma\boldsymbol{\nabla}u=-\frac{\gamma}{r}\frac{\mathrm{d}u}{\mathrm{d}\alpha}\boldsymbol{e}_\alpha=\frac{\gamma}{\theta r}\boldsymbol{e}_\alpha$$

电流

$$I=h\int_{R_1}^{R_2}\boldsymbol{J}\cdot\boldsymbol{e}_\alpha\mathrm{d}r=h\int_{R_1}^{R_2}\frac{\gamma}{\theta r}\mathrm{d}r=h\frac{\gamma}{\theta}\ln r\bigg|_{R_1}^{R_2}=\frac{\gamma h}{\theta}\ln\frac{R_2}{R_1}$$

3. 球坐标系

在球坐标系中,拉普拉斯算子表示为

$$\nabla^2 u=\frac{1}{r^2}\frac{\partial}{\partial r}\left(r^2\frac{\partial u}{\partial r}\right)+\frac{1}{r^2\sin\theta}\frac{\partial}{\partial\theta}\left(\sin\theta\frac{\partial u}{\partial\theta}\right)+\frac{1}{r^2\sin^2\theta}\frac{\partial^2 u}{\partial\alpha^2}\tag{6-1-19}$$

（1）一维自变量为坐标 r

如图 6-1-7 所示，在球坐标系中，若 u 只与坐标 r 有关，不随 α、θ 变化，则一维泊松方程为

$$-\frac{a}{r^2}\frac{\partial}{\partial r}\left(r^2\frac{\partial u}{\partial r}\right)=f(r)\tag{6-1-20}$$

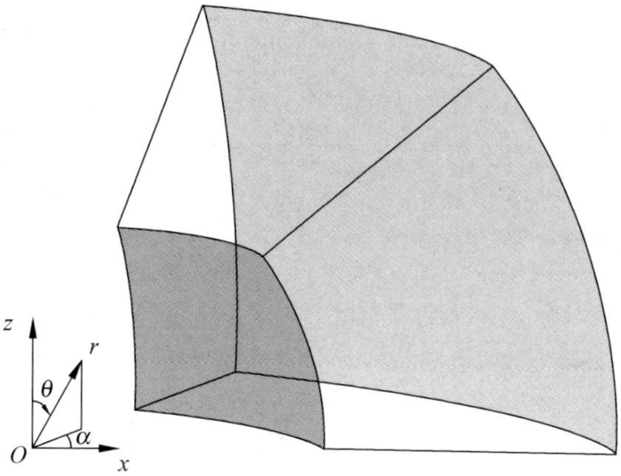

图 6-1-7　球坐标系 r 向变化

换成常微分

$$\frac{\mathrm{d}}{\mathrm{d}r}\left(r^2\frac{\mathrm{d}u}{\mathrm{d}r}\right)=-\frac{r^2}{a}f(r)\tag{6-1-21}$$

两边积分一次

$$r^2\frac{\mathrm{d}u}{\mathrm{d}r}=-\int\frac{r^2}{a}f(r)\mathrm{d}r+c_1\tag{6-1-22}$$

再积分一次得

$$u=\int\left[-\frac{1}{r^2}\int\frac{r^2}{a}f(r)\mathrm{d}r+\frac{c_1}{r^2}\right]\mathrm{d}r+c_2\tag{6-1-23}$$

特例：当 $f(r)=0$ 时，方程退化为拉普拉斯方程

$$-\frac{a}{r^2}\frac{\mathrm{d}}{\mathrm{d}r}\left(r^2\frac{\mathrm{d}u}{\mathrm{d}r}\right)=0\tag{6-1-24}$$

得

$$u=\int\frac{c_1}{r^2}\mathrm{d}r+c_2=-\frac{c_1}{r}+c_2\tag{6-1-25}$$

例 6-1-5　如图 6-1-8 所示，设在球坐标系中，当 $r\leqslant 1$ 时，电荷体密度为 $\rho=\rho_0$；当 $r>1$ 时，电荷体密度为 $\rho=0$。设无限远处电位为零，求空间的电位和电场强度。（参考本题，若带电荷的球体换成通入电流 I 的接地体，媒质换成大地导电媒质，电导率为 γ，求大地中的电位和电流密度。）

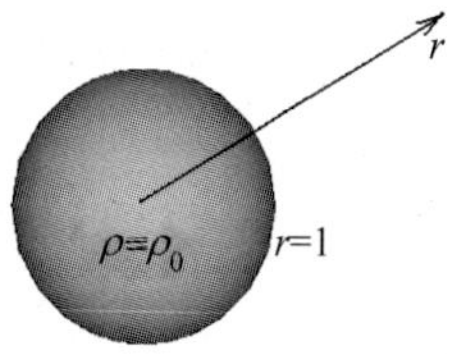

图 6-1-8　例 6-1-5 图

解 ① $r\leqslant 1$

$$u=\int\left[-\frac{1}{r^2}\int\frac{r^2}{a}f(r)\mathrm{d}r+\frac{c_1}{r^2}\right]\mathrm{d}r+c_2$$
$$=\int\left[-\frac{1}{r^2}\int\frac{\rho_0}{a}\mathrm{d}r+\frac{c_1}{r^2}\right]\mathrm{d}r+c_2$$
$$=\int\left[-\frac{1}{3r^2}\frac{\rho_0}{\varepsilon_0}r^3+\frac{c_1}{r^2}\right]\mathrm{d}r+c_2$$
$$=\int\left[-\frac{\rho_0}{3\varepsilon_0}r+\frac{c_1}{r^2}\right]\mathrm{d}r+c_2$$
$$=-\frac{\rho_0}{6\varepsilon_0}r^2-\frac{c_1}{r}+c_2$$

② $r\geqslant 1, u=-\frac{c_3}{r}+c_4$

将边界条件 $u(\infty)=0$ 代入,得 $c_4=0$。

$r\geqslant 1$,

$$u=-\frac{c_3}{r},\quad \nabla u=\frac{c_3}{r^2}\boldsymbol{e}_r$$

$r\leqslant 1$,

$$\nabla u=\left(-\frac{\rho_0}{3\varepsilon_0}r+\frac{c_1}{r^2}\right)\boldsymbol{e}_r$$

球心电场为零,即

$$c_1=0$$

电位连续:

$$-c_3=-\frac{\rho_0}{6\varepsilon_0}+c_2$$

电位移矢量连续:

$$c_3=-\frac{\rho_0}{3\varepsilon_0}$$

因此

$$c_2=\frac{\rho_0}{3\varepsilon_0}+\frac{\rho_0}{6\varepsilon_0}=\frac{\rho_0}{2\varepsilon_0}$$

代入电位公式,当 $r\leqslant 1$ 时,有

$$u(r)=-\frac{\rho_0}{6\varepsilon_0}r^2+\frac{\rho_0}{2\varepsilon_0}$$

当 $r\geqslant 1$ 时,有

$$u(r)=\frac{\rho_0}{3\varepsilon_0 r}$$

验证:

$r\leqslant 1$,

$$u(1_-) = -\frac{\rho_0}{6\varepsilon_0} + \frac{\rho_0}{2\varepsilon_0} = \frac{\rho_0}{3\varepsilon_0}$$

$r \geqslant 1$，

$$u(1_+) = \frac{\rho_0}{3\varepsilon_0}$$

电场强度：

当 $r \leqslant 1$ 时，有

$$-\nabla u = \frac{\rho_0 r}{3\varepsilon_0}\boldsymbol{e}_r$$

当 $r \geqslant 1$ 时，有

$$-\nabla u = \frac{\rho_0}{3\varepsilon_0 r^2}\boldsymbol{e}_r$$

（2）一维自变量为 θ

如图 6-1-9 所示，在球坐标系中，若 u 只与坐标 θ 有关，不随 r、α 变化，则一维泊松方程为

$$-a\,\frac{1}{r^2\sin\theta}\,\frac{\mathrm{d}}{\mathrm{d}\theta}\left(\sin\theta\,\frac{\mathrm{d}u}{\mathrm{d}\theta}\right) = f(r,\theta) \tag{6-1-26}$$

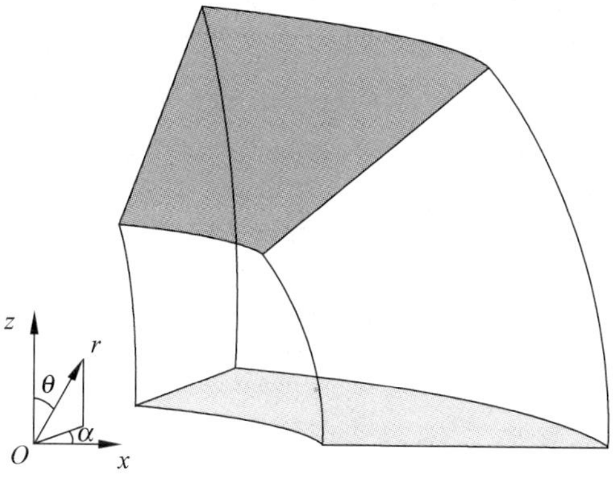

图 6-1-9　球坐标系 θ 的变化

整理得

$$\frac{\mathrm{d}}{\mathrm{d}\theta}\left(\sin\theta\,\frac{\mathrm{d}u}{\mathrm{d}\theta}\right) = -\frac{r^2\sin\theta}{a}f(r,\theta) \tag{6-1-27}$$

两边积分一次得

$$\sin\theta\,\frac{\mathrm{d}u}{\mathrm{d}\theta} = -\int\frac{r^2\sin\theta}{a}f(\theta)\,\mathrm{d}\theta + c_1 \tag{6-1-28}$$

显然要使 u 的表达式中只含自变量 θ，则应满足 $f(r,\theta) = \frac{g(\theta)}{r^2}$。

方程两边再积分一次，得

$$u = \int\left[-\frac{1}{\sin\theta}\int\frac{\sin\theta}{a}g(\theta)\,\mathrm{d}\theta + \frac{c_1}{\sin\theta}\right]\mathrm{d}\theta + c_2 \tag{6-1-29}$$

特例：当 $g(\theta)=0$ 时，方程退化为拉普拉斯方程

$$-a\frac{1}{r^2\sin\theta}\frac{\mathrm{d}}{\mathrm{d}\theta}\left(\sin\theta\frac{\mathrm{d}u}{\mathrm{d}\theta}\right)=0$$

得

$$u=\int\frac{c_1}{\sin\theta}\mathrm{d}\theta+c_2=c_1\ln\left|\tan\frac{\theta}{2}\right|+c_2 \tag{6-1-30}$$

例 6-1-6 如图 6-1-10 所示，若无源区域 θ 区间为(45°,135°)，电位只与 θ 有关，且从 100V 变为 0V，求电位分布。

解 代入电位表达式

$$100=c_1\ln\left[\tan\frac{45^\circ}{2}\right]+c_2 0=c_1\ln\left[\tan\frac{135^\circ}{2}\right]+c_2$$

整理得

$$-0.8814c_1+c_2=100$$

$$0.8814c_1+c_2=0$$

$$c_1=-\frac{50}{0.8814}=-56.73,\quad c_2=50$$

$$u=-56.73\ln\left|\tan\frac{\theta}{2}\right|+50$$

(3) 一维自变量为 α

如图 6-1-11 所示，在球坐标系中，若 u 只与坐标 α 有关，不随 r、θ 变化，则一维泊松方程为

$$-a\frac{1}{r^2\sin^2\theta}\frac{\mathrm{d}^2u}{\mathrm{d}\alpha^2}=f(r,\theta,\alpha) \tag{6-1-31}$$

整理得

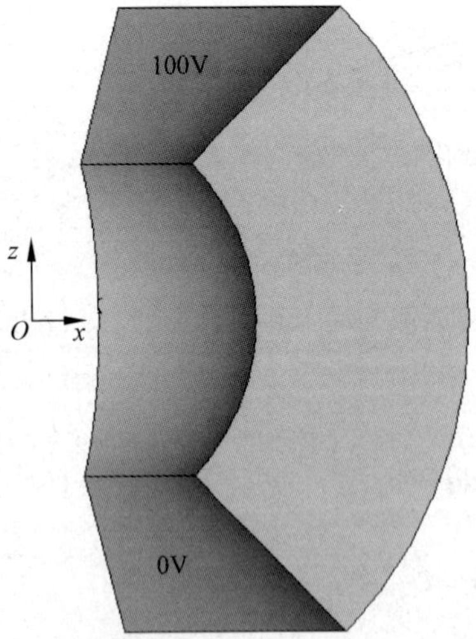

图 6-1-10 例 6-1-6 图

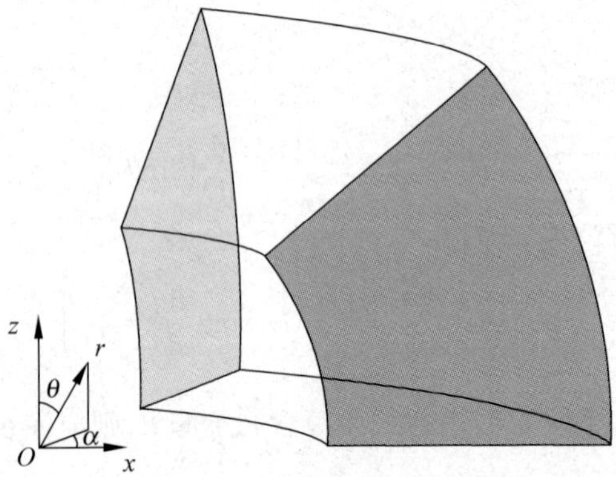

图 6-1-11 球坐标系 α 向变化

$$\frac{\mathrm{d}^2 u}{\mathrm{d}\alpha^2}=-\frac{r^2\sin^2\theta}{a}f(r,\theta,\alpha) \tag{6-1-32}$$

两边积分一次得

$$\frac{\mathrm{d}u}{\mathrm{d}\alpha}=-\frac{r^2\sin^2\theta}{a}\int f(r,\theta,\alpha)\mathrm{d}\alpha+c_1 \tag{6-1-33}$$

显然要使 u 的表达式中只含自变量 α，则应满足 $f(r,\theta,\alpha)=\frac{g(\alpha)}{r^2\sin^2\theta}$。

方程两边再积分一次，得

$$u=\int\left[-\frac{1}{a}\int g(\alpha)\mathrm{d}\alpha+c_1\right]\mathrm{d}\alpha+c_2 \tag{6-1-34}$$

特例：当 $g(\alpha)=0$ 时，方程退化为拉普拉斯方程

$$-a\frac{1}{r^2\sin^2\theta}\frac{\mathrm{d}^2 u}{\mathrm{d}\alpha^2}=0 \tag{6-1-35}$$

得

$$u=\int c_1\mathrm{d}\alpha+c_2=c_1\alpha+c_2 \tag{6-1-36}$$

例 6-1-7　如图 6-1-12 所示，若无源区域 α 区间为 $(0,\pi)$，电位只与 α 有关，且从 100V 变为 0V，求电位分布。

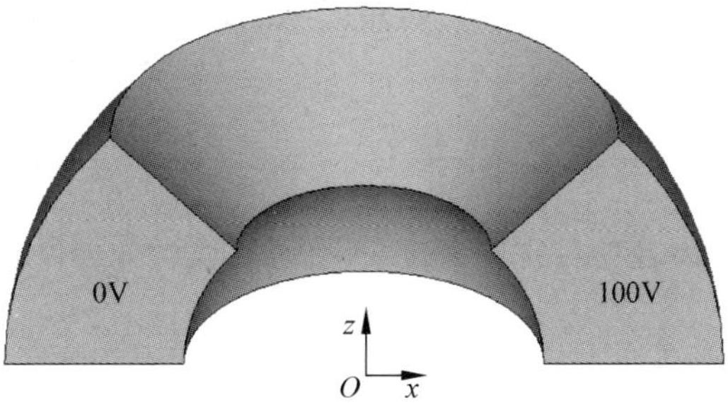

图 6-1-12　例 6-1-7 图

解　代入表达式 $u=c_1\alpha+c_2$，得

$$100=c_2,\quad 0=c_1\pi+c_2$$

解得

$$c_1=-\frac{100}{\pi},\quad c_2=100$$

即

$$u=-\frac{100}{\pi}\alpha+100$$

6.2　拉普拉斯方程的分离变量法

在无源的区域，静电场的电位、恒定电场的电位和恒定磁场的矢量磁位及标量磁位都满足拉普拉斯方程。本节介绍求解拉普拉斯方程的一类解析方法，称为分离变量法。

拉普拉斯方程为

$$\nabla^2 u=0 \tag{6-2-1}$$

分离变量法的基本思想是将偏微分方程的解表示成分别只跟一个坐标相关的几个函数的乘积,将这种形式的解代入偏微分方程,通过运算和变换,得到几个只含一个坐标的常微分方程,通过解常微分方程得出所对应的偏微分方程的解。

1. 直角坐标系的分离变量

在直角坐标系中,拉普拉斯方程可表述为

$$\frac{\partial^2 u}{\partial x^2}+\frac{\partial^2 u}{\partial y^2}+\frac{\partial^2 u}{\partial z^2}=0 \tag{6-2-2}$$

用分离变量法解方程(6-2-2),假设方程的解为

$$u=X(x)Y(y)Z(z) \tag{6-2-3}$$

式中,$X(x)$、$Y(y)$、$Z(z)$分别是只含一个自变量的函数。将式(6-2-3)代入方程(6-2-2),得

$$YZ\frac{\partial^2 X}{\partial x^2}+ZX\frac{\partial^2 Y}{\partial y^2}+XY\frac{\partial^2 Z}{\partial z^2}=0 \tag{6-2-4}$$

方程的两侧同除以 XYZ,得

$$\frac{1}{X}\frac{\partial^2 X}{\partial x^2}+\frac{1}{Y}\frac{\partial^2 Y}{\partial y^2}+\frac{1}{Z}\frac{\partial^2 Z}{\partial y^2}=0 \tag{6-2-5}$$

观察方程(6-2-5):第一项只跟 x 有关,第二项只跟 y 有关,第三项只跟 z 有关。因此每一项只能是常数,即

$$\frac{1}{X}\frac{\partial^2 X}{\partial x^2}=c_1,\quad \frac{1}{Y}\frac{\partial^2 Y}{\partial y^2}=c_2,\quad \frac{1}{Z}\frac{\partial^2 Z}{\partial z^2}=c_3 \tag{6-2-6}$$

且满足 $c_1+c_2+c_3=0$。因各项只含一个自变量,所以偏微分可以换成常微分

$$\frac{1}{X}\frac{\mathrm{d}^2 X}{\mathrm{d}x^2}=c_1,\quad \frac{1}{Y}\frac{\mathrm{d}^2 Y}{\mathrm{d}y^2}=c_2,\quad \frac{1}{Z}\frac{\mathrm{d}^2 Z}{\mathrm{d}z^2}=c_3 \tag{6-2-7}$$

为了简明扼要地说明问题,这里只讨论二维(平行平面场)情况。

在二维情况(函数不随 z 变化)下,求解式(6-2-7)的前两个方程,设 $c_1=\lambda$,得

$$\frac{1}{X}\frac{\mathrm{d}^2 X}{\mathrm{d}x^2}=\lambda,\quad \frac{1}{Y}\frac{\mathrm{d}^2 Y}{\mathrm{d}y^2}=-\lambda \tag{6-2-8}$$

若 λ 为负值,则可设 $-\lambda=k^2$,得方程

$$\frac{\mathrm{d}^2 X}{\mathrm{d}x^2}+k^2X=0 \tag{6-2-9}$$

$$\frac{\mathrm{d}^2 Y}{\mathrm{d}y^2}-k^2Y=0 \tag{6-2-10}$$

方程(6-2-9)的解可表述为

$$X=A\sin kx+B\cos kx \tag{6-2-11}$$

方程(6-2-10)的解可表述为

$$Y=C\mathrm{e}^{ky}+D\mathrm{e}^{-ky} \tag{6-2-12}$$

若 λ 为正值,则可设 $\lambda=k^2$,得方程

$$\frac{d^2X}{dx^2}-k^2X=0 \tag{6-2-13}$$

$$\frac{d^2Y}{dy^2}+k^2Y=0 \tag{6-2-14}$$

方程(6-2-13)的解可表述为

$$X=Ee^{kx}+Fe^{-kx} \tag{6-2-15}$$

方程(6-2-14)的解可表述为

$$Y=G\sin ky+H\cos ky \tag{6-2-16}$$

若 λ 为零,则方程退化为

$$\frac{d^2X}{dx^2}=0 \tag{6-2-17}$$

$$\frac{d^2Y}{dy^2}=0 \tag{6-2-18}$$

方程(6-2-17)的解可表述为

$$X=S+Tx \tag{6-2-19}$$

方程(6-2-18)的解可表述为

$$Y=U+Vy \tag{6-2-20}$$

原则上,上述表述形式都是方程的解,所以通解中应该包含所有的项

$$u(x,y)=(A\sin kx+B\cos kx)(Ce^{ky}+De^{-ky})+(Ee^{kx}+Fe^{-kx})(G\sin ky+H\cos ky)+(S+Tx)(U+Vy) \tag{6-2-21}$$

但解的表达式中具体含有哪些项,需要根据问题的边界条件确定。换句话说,就是在某些边界条件下解的表述中有些系数为零,表达式可以简化。

例 6-2-1　静电场电位基本方程$\nabla^2u=0$,计算下述均匀介质区域中的电位分布。边界条件:$u|_{y=0,y=b}=0$,$u|_{x=0}=U_0\sin\frac{N\pi y}{b}$,$u|_{x\to\infty}=0$,$N$ 为正整数。

解　根据拉普拉斯方程,解 $u(x,y)$可以包括式(6-2-21)中的所有项。根据边界条件 $u|_{x\to\infty}=0$,可以确定解中不含$(A\sin kx+B\cos kx)(Ce^{ky}+De^{-ky})$和$(S+Tx)(U+Vy)$。因此解的表达式应为

$$u(x,y)=(Ee^{kx}+Fe^{-kx})(G\sin ky+H\cos ky)$$

因要满足边界条件 $u|_{y=0,y=b}=0$,必须有

$$kb=n\pi$$

$$Y=G\sin\frac{n\pi y}{b}$$

$$n=1,2,3,\cdots$$

因要满足边界条件 $u|_{x\to\infty}=0$,需

$$X=Fe^{-\frac{n\pi x}{b}}$$

将两式合并得

$$u=X(x)Y(y)$$

写出通项

$$u_n = G_n \sin\frac{n\pi y}{b} F_n \mathrm{e}^{-\frac{n\pi x}{b}} = G_n F_n \sin\frac{n\pi y}{b}\mathrm{e}^{-\frac{n\pi x}{b}}$$

式中,令 $C_n = G_n F_n$,则通解可写成

$$u = \sum_{n=1}^{\infty} C_n \sin\frac{n\pi y}{b}\mathrm{e}^{-\frac{n\pi x}{b}}$$

将边界条件 $u|_{x=0} = U_0 \sin\frac{N\pi y}{b}$代入,得

$$U_0 \sin\frac{N\pi y}{b} = \sum_{n=1}^{\infty} C_n \sin\frac{n\pi y}{b}$$

比较等式的两边,可得

$$C_n = \begin{cases} U_0, & n = N \\ 0, & n \neq N \end{cases}$$

最后的偏微分方程的解为

$$u = U_0 \sin\frac{N\pi y}{b}\mathrm{e}^{-\frac{N\pi x}{b}}$$

图 6-2-1 画出了 $N=1$ 情况下区域中的等电位线。

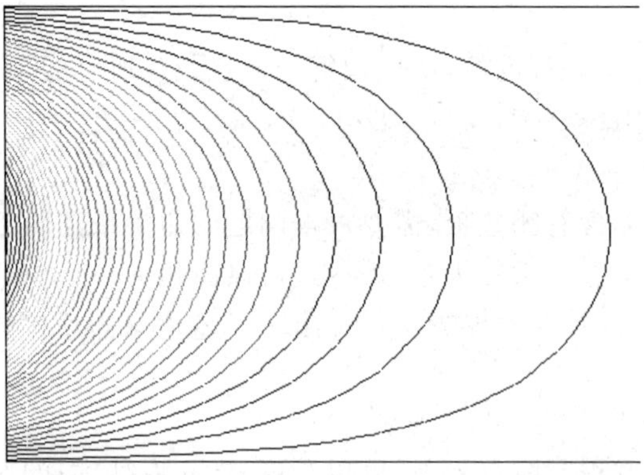

图 6-2-1 例 6-2-1 中 $N=1$ 的等电位线分布图

例 6-2-2 静电场电位满足基本方程$\nabla^2 u = 0$,计算下述均匀介质区域中电位分布。边界条件:$u|_{y=0,y=b} = 0$,$u|_{x=0} = U_1 \sin\frac{N\pi y}{b}$,$u|_{x=a} = U_2 \sin\frac{M\pi y}{b}$。

解 根据方程,解 $u(x,y)$可以包括式(6-2-21)中的所有项。根据边界条件 $u|_{y=0,y=b} = 0$,可以确定解中不含$(A\sin kx + B\cos kx)(C\mathrm{e}^{ky} + D\mathrm{e}^{-ky})$和$(S+Tx)(U+Vy)$。

写出通项表达式

$$u_n = E_n \sin\frac{n\pi y}{b}(H_n \mathrm{e}^{-\frac{n\pi x}{b}} + G_n \mathrm{e}^{\frac{n\pi x}{b}})$$

令 $P_n = E_n H_n$,$Q_n = E_n G_n$,则

$$u_n = (P_n \mathrm{e}^{-\frac{n\pi x}{b}} + Q_n \mathrm{e}^{\frac{n\pi x}{b}})\sin\frac{n\pi y}{b}$$

$$u = \sum_{n=1}^{\infty} (P_n \mathrm{e}^{-\frac{n\pi x}{b}} + Q_n \mathrm{e}^{\frac{n\pi x}{b}})\sin\frac{n\pi y}{b}$$

将边界条件 $u|_{x=0}=U_1\sin\frac{N\pi y}{b}$代入解的表达式，得

$$U_1\sin\frac{N\pi y}{b}=\sum_{n=1}^{\infty}(P_n+Q_n)\sin\frac{n\pi y}{b}$$

比较等式两侧，得

$$P_n+Q_n=\begin{cases}U_1, & n=N\\ 0, & n\neq N\end{cases}$$

将边界条件 $u|_{x=a}=U_2\sin\frac{M\pi y}{b}$代入解的表达式，得

$$U_2\sin\frac{M\pi y}{b}=\sum_{n=1}^{\infty}(P_n e^{-\frac{n\pi a}{b}}+Q_n e^{\frac{n\pi a}{b}})\sin\frac{n\pi y}{b}$$

比较等式两侧，得

$$P_n e^{-\frac{n\pi a}{b}}+Q_n e^{\frac{n\pi a}{b}}=\begin{cases}U_2, & n=M\\ 0, & n\neq M\end{cases}$$

下面分两种情况讨论：

情况 1，$N\neq M$。当 $n=N$ 时，有

$$P_N+Q_N=U_1$$

$$P_N e^{-\frac{N\pi a}{b}}+Q_N e^{\frac{N\pi a}{b}}=0$$

联立求解，先将前式改写为

$$P_N e^{-\frac{N\pi a}{b}}+Q_N e^{-\frac{N\pi a}{b}}=U_1 e^{-\frac{N\pi a}{b}}$$

减后式，得

$$(e^{-\frac{N\pi a}{b}}-e^{\frac{N\pi a}{b}})Q_N=U_1 e^{-\frac{N\pi a}{b}}$$

$$Q_N=U_1\frac{e^{-\frac{N\pi a}{b}}}{e^{-\frac{N\pi a}{b}}-e^{\frac{N\pi a}{b}}}$$

$$Q_N=\frac{U_1}{1-e^{\frac{2N\pi a}{b}}}$$

将前式改写为

$$P_N e^{\frac{N\pi a}{b}}+Q_N e^{\frac{N\pi a}{b}}=U_1 e^{\frac{N\pi a}{b}}$$

减后式，得

$$(e^{\frac{N\pi a}{b}}-e^{-\frac{N\pi a}{b}})P_N=U_1 e^{\frac{N\pi a}{b}}$$

$$P_N=U_1\frac{e^{\frac{N\pi a}{b}}}{e^{\frac{N\pi a}{b}}-e^{-\frac{N\pi a}{b}}}=\frac{U_1}{1-e^{-\frac{2N\pi a}{b}}}$$

当 $n=M$ 时，有

$$P_M+Q_M=0$$

$$P_M e^{-\frac{M\pi a}{b}} + Q_M e^{\frac{M\pi a}{b}} = U_2$$

联立求解,先将前式改写为

$$P_M e^{-\frac{M\pi a}{b}} + Q_M e^{-\frac{M\pi a}{b}} = 0$$

后式减之,得

$$(e^{\frac{M\pi a}{b}} - e^{-\frac{M\pi a}{b}})Q_M = U_2$$

$$Q_M = \frac{U_2}{e^{\frac{M\pi a}{b}} - e^{-\frac{M\pi a}{b}}}$$

将前式改写为

$$P_M e^{\frac{M\pi a}{b}} + Q_M e^{\frac{M\pi a}{b}} = 0$$

后式减之,得

$$(e^{-\frac{M\pi a}{b}} - e^{\frac{M\pi a}{b}})P_M = U_2$$

$$P_M = \frac{U_2}{e^{-\frac{M\pi a}{b}} - e^{\frac{M\pi a}{b}}}$$

这种情况下,方程的解为

$$u = \sum_{n=1}^{\infty}(P_n e^{-\frac{n\pi x}{b}} + Q_n e^{\frac{n\pi x}{b}})\sin\frac{n\pi y}{b}$$

代入系数

$$\begin{aligned}
u &= (P_N e^{-\frac{N\pi x}{b}} + Q_N e^{\frac{N\pi x}{b}})\sin\frac{N\pi y}{b} + (P_M e^{-\frac{M\pi x}{b}} + Q_M e^{\frac{M\pi x}{b}})\sin\frac{M\pi y}{b} \\
&= \left(\frac{U_1}{1-e^{-\frac{2N\pi a}{b}}}e^{-\frac{N\pi x}{b}} + \frac{U_1}{1-e^{\frac{2N\pi a}{b}}}e^{\frac{N\pi x}{b}}\right)\sin\frac{N\pi y}{b} + \\
&\quad \left(\frac{U_2}{e^{-\frac{M\pi a}{b}} - e^{\frac{M\pi a}{b}}}e^{-\frac{M\pi x}{b}} + \frac{U_2}{e^{\frac{M\pi a}{b}} - e^{-\frac{M\pi a}{b}}}e^{\frac{M\pi x}{b}}\right)\sin\frac{M\pi y}{b}
\end{aligned}$$

$$\begin{aligned}
E &= -\nabla u = -\frac{\partial u}{\partial x}\boldsymbol{e}_x - \frac{\partial u}{\partial y}\boldsymbol{e}_y \\
&= \left(\frac{N\pi}{b}\frac{U_1}{1-e^{-\frac{2N\pi a}{b}}}e^{-\frac{N\pi x}{b}} - \frac{N\pi}{b}\frac{U_1}{1-e^{\frac{2N\pi a}{b}}}e^{\frac{N\pi x}{b}}\right)\sin\frac{N\pi y}{b}\boldsymbol{e}_x + \\
&\quad \left(\frac{M\pi}{b}\frac{U_2}{e^{-\frac{M\pi a}{b}} - e^{\frac{M\pi a}{b}}}e^{-\frac{M\pi x}{b}} - \frac{M\pi}{b}\frac{U_2}{e^{\frac{M\pi a}{b}} - e^{-\frac{M\pi a}{b}}}e^{\frac{M\pi x}{b}}\right)\sin\frac{M\pi y}{b}\boldsymbol{e}_x - \\
&\quad \left(\frac{U_1}{1-e^{-\frac{2N\pi a}{b}}}e^{-\frac{N\pi x}{b}} + \frac{U_1}{1-e^{\frac{2N\pi a}{b}}}e^{\frac{N\pi x}{b}}\right)\frac{N\pi}{b}\cos\frac{N\pi y}{b}\boldsymbol{e}_y - \\
&\quad \left(\frac{U_2}{e^{-\frac{M\pi a}{b}} - e^{\frac{M\pi a}{b}}}e^{-\frac{M\pi x}{b}} + \frac{U_2}{e^{\frac{M\pi a}{b}} - e^{-\frac{M\pi a}{b}}}e^{\frac{M\pi x}{b}}\right)\frac{M\pi}{b}\cos\frac{M\pi y}{b}\boldsymbol{e}_y
\end{aligned}$$

情况 2,$N=M$。当 $n=N$ 时,有

$$P_N + Q_N = U_1$$

$$P_N e^{-\frac{N\pi a}{b}} + Q_N e^{\frac{N\pi a}{b}} = U_2$$

将前式改写为

$$P_N e^{\frac{N\pi a}{b}} + Q_N e^{\frac{N\pi a}{b}} = U_1 e^{\frac{N\pi a}{b}}$$

减后式，得

$$P_N\left(e^{\frac{N\pi a}{b}} - e^{-\frac{N\pi a}{b}}\right) = U_1 e^{\frac{N\pi a}{b}} - U_2 = \frac{U_1 e^{\frac{N\pi a}{b}} - U_2}{e^{\frac{N\pi a}{b}} - e^{-\frac{N\pi a}{b}}}$$

将前式改写为

$$P_N e^{-\frac{N\pi a}{b}} + Q_N e^{-\frac{N\pi a}{b}} = U_1 e^{-\frac{N\pi a}{b}}$$

减后式，得

$$Q_N\left(e^{-\frac{N\pi a}{b}} - e^{\frac{N\pi a}{b}}\right) = U_1 e^{-\frac{N\pi a}{b}} - U_2 = \frac{U_1 e^{-\frac{N\pi a}{b}} - U_2}{e^{-\frac{N\pi a}{b}} - e^{\frac{N\pi a}{b}}}$$

这种情况下，方程的解为

$$u = \left(P_N e^{-\frac{N\pi x}{b}} + Q_N e^{\frac{N\pi x}{b}}\right)\sin\frac{N\pi y}{b}$$

代入系数，得

$$u = \left(\frac{U_1 e^{\frac{N\pi a}{b}} - U_2}{e^{\frac{N\pi a}{b}} - e^{-\frac{N\pi a}{b}}} e^{-\frac{N\pi x}{b}} + \frac{U_1 e^{-\frac{N\pi a}{b}} - U_2}{e^{-\frac{N\pi a}{b}} - e^{\frac{N\pi a}{b}}} e^{\frac{N\pi x}{b}}\right)\sin\frac{N\pi y}{b}$$

图 6-2-2 画出了 $N=1, M=3, U_1=1, U_2=1.5$ 情况下的等电位线分布。

图 6-2-2　$N=1$ 和 $M=3$ 的等电位线

本题中特例为 $U_2=0$ 的情况。将 $U_2=0$ 代入,得

$$u=\left(\frac{U_1}{1-\mathrm{e}^{-\frac{2N\pi a}{b}}}\mathrm{e}^{-\frac{N\pi x}{b}}+\frac{U_1}{1-\mathrm{e}^{\frac{2N\pi a}{b}}}\mathrm{e}^{\frac{N\pi x}{b}}\right)\sin\frac{N\pi y}{b}$$

图 6-2-3 画出了 $N=1,U_1=1,U_2=0$ 情况下的等电位线分布。

图 6-2-3 $U_2=0$ 情况下的等电位线

2. 圆柱坐标系的分离变量

在圆柱坐标系下,拉普拉斯方程表述为

$$\nabla^2 u=\frac{1}{r}\frac{\partial}{\partial r}\left(r\frac{\partial u}{\partial r}\right)+\frac{1}{r^2}\frac{\partial^2 u}{\partial \alpha^2}+\frac{\partial^2 u}{\partial z^2}=0 \tag{6-2-22}$$

根据分离变量的原则,设

$$u=R(r)\Phi(\alpha)Z(z) \tag{6-2-23}$$

代入方程,得

$$\Phi Z\frac{1}{r}\frac{\partial}{\partial r}\left(r\frac{\partial R}{\partial r}\right)+ZR\frac{1}{r^2}\frac{\partial^2 \Phi}{\partial \alpha^2}+R\Phi\frac{\partial^2 Z}{\partial z^2}=0 \tag{6-2-24}$$

为了简化,只讨论二维情况(函数不随 z 变化)。

方程(6-2-24)两侧同除以 $RZ\Phi$,得

$$\frac{1}{rR}\frac{\partial}{\partial r}\left(r\frac{\partial R}{\partial r}\right)+\frac{1}{r^2\Phi}\frac{\partial^2 \Phi}{\partial \alpha^2}=0 \tag{6-2-25}$$

方程两侧同乘以 r^2,得

$$\frac{r}{R}\frac{\partial}{\partial r}\left(r\frac{\partial R}{\partial r}\right)+\frac{1}{\Phi}\frac{\partial^2 \Phi}{\partial \alpha^2}=0 \tag{6-2-26}$$

可以看出,第一项只跟 r 有关,第二项只跟 α 有关。因此有

$$\frac{r}{R}\frac{\partial}{\partial r}\left(r\frac{\partial R}{\partial r}\right)=c_1,\quad \frac{1}{\Phi}\frac{\partial^2\Phi}{\partial\alpha^2}=c_2 \tag{6-2-27}$$

且满足 $c_1+c_2=0$。

设 $c_1=k$,则

$$\frac{r}{R}\frac{\partial}{\partial r}\left(r\frac{\partial R}{\partial r}\right)=k \tag{6-2-28}$$

$$\frac{1}{\Phi}\frac{\partial^2\Phi}{\partial\alpha^2}=-k \tag{6-2-29}$$

将式(6-2-28)展开,得

$$r^2\frac{d^2R}{dr^2}+r\frac{dR}{dr}-kR=0 \tag{6-2-30}$$

将式(6-2-29)展开,得

$$\frac{d^2\Phi}{d\alpha^2}+k\Phi=0 \tag{6-2-31}$$

方程(6-2-31)的解表述为

$$\Phi=\begin{cases}A\cos\sqrt{k}\,\alpha+B\sin\sqrt{k}\,\alpha, & k>0\\ A+B\alpha, & k=0\\ A\mathrm{e}^{\sqrt{-k}\,\alpha}+B\mathrm{e}^{-\sqrt{-k}\,\alpha}, & k<0\end{cases} \tag{6-2-32}$$

由于柱坐标系中 α 坐标的特殊性,有隐含条件

$$\Phi(\alpha+2\pi)=\Phi(\alpha) \tag{6-2-33}$$

考虑到上述周期性,设 $k=n^2$

$$\Phi=\begin{cases}A\cos n\alpha+B\sin n\alpha, & n\neq 0\\ A, & n=0\end{cases} \tag{6-2-34}$$

将 $k=n^2$ 代入方程(6-2-30)得

$$r^2\frac{d^2R}{dr^2}+r\frac{dR}{dr}-n^2R=0 \tag{6-2-35}$$

做一个变量替换

$$r=\mathrm{e}^{\mu} \tag{6-2-36}$$

则

$$\mu=\ln r \tag{6-2-37}$$

$$\frac{d}{dr}=\frac{d}{d\mu}\frac{d\mu}{dr}=\frac{1}{r}\frac{d}{d\mu} \tag{6-2-38}$$

$$\frac{d^2}{dr^2}=\frac{d}{d\mu}\left(\frac{1}{r}\frac{d}{d\mu}\right)\frac{d\mu}{dr}=\frac{1}{r}\frac{1}{r}\frac{d^2}{d\mu^2}-\frac{1}{r^2}\frac{1}{r}\frac{d}{d\mu} \tag{6-2-39}$$

方程(6-2-35)转换为

$$\frac{d^2R}{d\mu^2}-n^2R=0 \tag{6-2-40}$$

方程(6-2-40)的解表述为

$$R=\begin{cases}Ce^{n\mu}+De^{-n\mu}=Cr^{n}+Dr^{-n}, & n\neq 0\\ C+D\mu=C+D\ln r, & n=0\end{cases} \tag{6-2-41}$$

综合解的各种情况,得

$$u=C_0+D_0\ln r+\sum_{n=1}^{\infty}r^{n}(A_n\cos n\alpha+B_n\sin n\alpha)+$$
$$\sum_{n=1}^{\infty}r^{-n}(C_n\cos n\alpha+D_n\sin n\alpha) \tag{6-2-42}$$

方程中的系数根据问题的边界条件确定。

例 6-2-3 在均匀电场中垂直于电场方向放置一半径为 a 的无限长圆柱导体,求导体周围的电场。

解 设均匀电场沿 $\alpha=0$ 的方向,数值为 E_0。根据题意,边界条件为

$$u\,|_{r=a}=0$$
$$u\,|_{r\to\infty}=-E_0 r\cos\alpha$$

在方程通解中代入边界条件 $u|_{r\to\infty}=-E_0 r\cos\alpha$,得

$$-E_0 r\cos\alpha=C_0+D_0\ln r+\sum_{n=1}^{\infty}r^{n}(A_n\cos n\alpha+B_n\sin n\alpha)+$$
$$\sum_{n=1}^{\infty}r^{-n}(C_n\cos n\alpha+D_n\sin n\alpha)$$

在 $r\to\infty$ 情况下,$r^{-n}\to 0$,$\sum_{n=1}^{\infty}r^{-n}(C_n\cos n\alpha+D_n\sin n\alpha)\to 0$,这一项可不用考虑,对比等式两侧,可知

$$A_1=-E_0$$

其余系数 C_0、D_0、$A_n(n>1)$和 $B_n(n>0)$为零。

代入边界条件 $u|_{r=a}=0$,得

$$0=C_0+D_0\ln a+\sum_{n=1}^{\infty}a^{n}(A_n\cos n\alpha+B_n\sin n\alpha)+\sum_{n=1}^{\infty}a^{-n}(C_n\cos n\alpha+D_n\sin n\alpha)$$

将前面边界条件多的结论代入,得

$$0=aA_1+\sum_{n=1}^{\infty}a^{-n}(C_n\cos n\alpha+D_n\sin n\alpha)$$

对比等式两侧,可知

$$aA_1+\frac{1}{a}C_1=0$$

解得

$$C_1=a^2E_0$$

其余系数 $C_n(n>1)$和 $D_n(n>0)$为零,所以方程的解为

$$u=-E_0 r\cos\alpha+a^2E_0\frac{1}{r}\cos\alpha$$

等电位线分布如图 6-2-4 所示。

进一步,电场强度解为

$$\boldsymbol{E}=-\frac{\partial u}{\partial r}\boldsymbol{e}_r-\frac{1}{r}\frac{\partial u}{\partial\alpha}\boldsymbol{e}_\alpha=\left(E_0\cos\alpha+a^2E_0\frac{1}{r^2}\cos\alpha\right)\boldsymbol{e}_r-\left(E_0\sin\alpha-a^2E_0\frac{1}{r^2}\sin\alpha\right)\boldsymbol{e}_\alpha$$

$$= \boldsymbol{E}_0 + a^2 E_0 \frac{1}{r^2}\cos\alpha \boldsymbol{e}_r + a^2 E_0 \frac{1}{r^2}\sin\alpha \boldsymbol{e}_\alpha$$

绘出电场矢量图如图 6-2-5 和图 6-2-6 所示，其中图 6-2-6 是局部放大图。

除去原均匀电场，可得导体圆柱表面上电荷产生的电场，如图 6-2-7 所示。

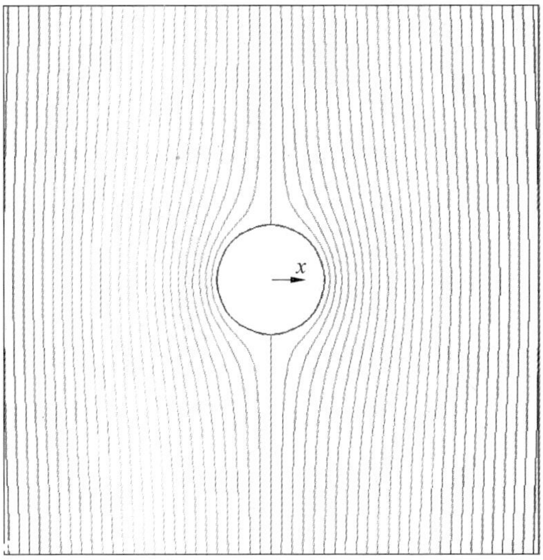

图 6-2-4　导体圆柱附近等电位线

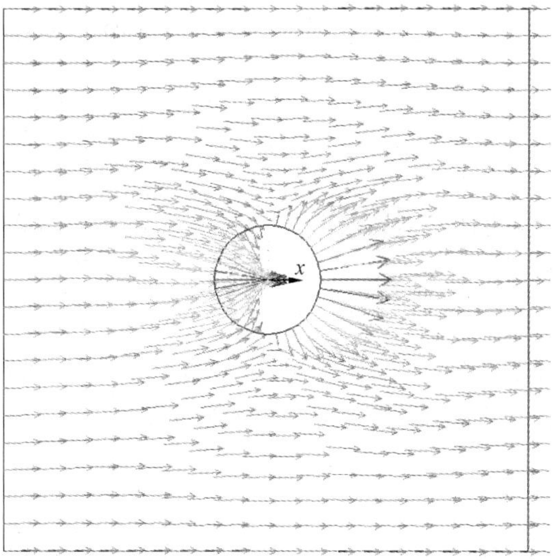

图 6-2-5　导体圆柱附近电场

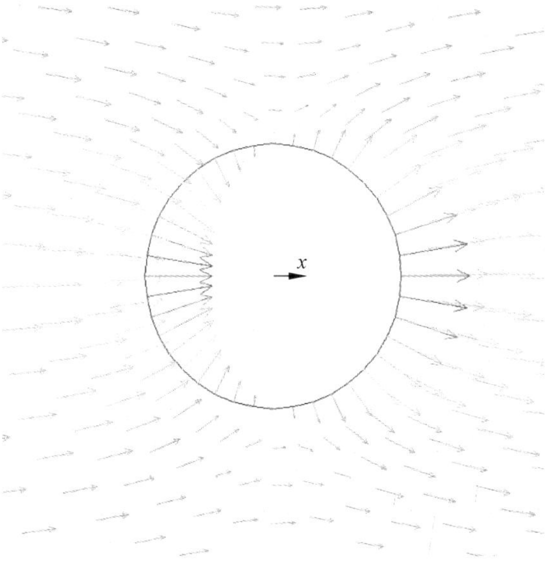

图 6-2-6　导体圆柱附近电场放大

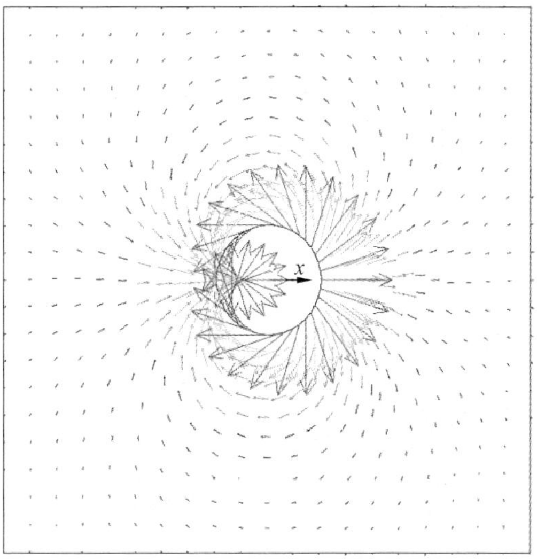

图 6-2-7　导体圆柱上电荷产生的电场

例 6-2-4　在均匀电场中垂直于电场方向放置一半径为 a 的无限长圆柱介质，相对介电常数为 ε_r，求圆柱介质内外电场。

解　设均匀电场沿 $\alpha=0$ 的方向，数值为 E_0。根据题意，边界条件为

$$u_o\big|_{r=a} = u_i\big|_{r=a}$$

$$\left.\frac{du_o}{dr}\right|_{r=a}=\varepsilon_r\left.\frac{du_i}{dr}\right|_{r=a}$$

$$u\,|_{r\to\infty}=-E_0 r\cos\alpha$$

在方程通解中代入边界条件 $u|_{r\to\infty}=-E_0 r\cos\alpha$,得

$$-E_0 r\cos\alpha=C_0+D_0\ln r+\sum_{n=1}^{\infty}r^n(A_n\cos n\alpha+B_n\sin n\alpha)+$$

$$\sum_{n=1}^{\infty}r^{-n}(C_n\cos n\alpha+D_n\sin n\alpha)$$

在 $r\to\infty$ 情况下,$r^{-n}\to 0$, $\sum_{n=1}^{\infty}r^{-n}(C_n\cos n\alpha+D_n\sin n\alpha)\to 0$,这一项可不用考虑,对比等式两侧,可知

$$A_1=-E_0$$

其余系数 C_0、D_0、$A_n(n>1)$和 $B_n(n>0)$为零。此处的 A_n 和 B_n 是 u_o 中的系数。

在电介质圆柱之外,方程的解表述为

$$u_o=-E_0 r\cos\alpha+\sum_{n=1}^{\infty}r^{-n}(C_n\cos n\alpha+D_n\sin n\alpha)$$

在电介质圆柱内,因含 $r=0$ 的点的解中不应含负幂次项和对数项,所以

$$u_i=C_0+\sum_{n=1}^{\infty}r^n(A_n\cos n\alpha+B_n\sin n\alpha)$$

此处 A_n 和 B_n 是 u_i 中的系数。

代入边界条件 $u_o|_{r=a}=u_i|_{r=a}$,有

$$-E_0 a\cos\alpha+\sum_{n=1}^{\infty}a^{-n}(C_n\cos n\alpha+D_n\sin n\alpha)=C_0+\sum_{n=1}^{\infty}a^n(A_n\cos n\alpha+B_n\sin n\alpha)$$

对比两侧各项系数,得

$$C_0=0,\quad aA_1=-aE_0+\frac{C_1}{a}$$

$$a^nA_n=a^{-n}C_n,\quad n>1$$

$$a^nB_n=a^{-n}D_n,\quad n>0$$

代入边界条件$\left.\frac{du_o}{dr}\right|_{r=a}=\varepsilon_r\left.\frac{du_i}{dr}\right|_{r=a}$,有

$$-E_0\cos\alpha-\sum_{n=1}^{\infty}na^{-n-1}(C_n\cos n\alpha+D_n\sin n\alpha)=\varepsilon_r\sum_{n=1}^{\infty}na^{n-1}(A_n\cos n\alpha+B_n\sin n\alpha)$$

对比两侧各项,得

$$\varepsilon_r A_1=-\frac{C_1}{a^2}-E_0$$

$$\varepsilon_r na^{n-1}A_n=-na^{-n-1}C_n,\quad n>1$$

$$\varepsilon_r na^{n-1}B_n=-na^{-n-1}D_n,\quad n>0$$

解得 $A_n(n>1)$和 $B_n(n>0)$为零。只剩下方程

$$aA_1 = -aE_0 + \frac{C_1}{a}$$

$$\varepsilon_r A_1 = -\frac{C_1}{a^2} - E_0$$

联立求解，将前一个方程转换为

$$\varepsilon_r A_1 = -\varepsilon_r E_0 + \varepsilon_r \frac{C_1}{a^2}$$

与后一个方程相减，得

$$-\varepsilon_r E_0 + \varepsilon_r \frac{C_1}{a^2} + \frac{C_1}{a^2} + E_0 = 0$$

解得

$$C_1 = a^2 \frac{\varepsilon_r - 1}{\varepsilon_r + 1} E_0$$

$$A_1 = -E_0 + \frac{C_1}{a^2} = -E_0 + \frac{\varepsilon_r - 1}{\varepsilon_r + 1} E_0 = -\frac{2}{\varepsilon_r + 1} E_0$$

综合所有边界条件，得电位

$$u_o = -E_0 r\cos\alpha + C_1 \frac{1}{r}\cos\alpha = -E_0 r\cos\alpha + \frac{\varepsilon_r - 1}{\varepsilon_r + 1} a^2 E_0 \frac{1}{r}\cos\alpha, \quad r \geqslant a$$

$$u_i = A_1 r\cos\alpha = -\frac{2}{\varepsilon_r + 1} E_0 r\cos\alpha, \quad r \leqslant a$$

电场强度

$$\begin{aligned}\boldsymbol{E}_i &= -\nabla u_i = -\frac{\partial u_i}{\partial r}\boldsymbol{e}_r - \frac{1}{r}\frac{\partial u_i}{\partial \alpha}\boldsymbol{e}_\alpha \\ &= \frac{2}{\varepsilon_r + 1} E_0 \cos\alpha \boldsymbol{e}_r - \frac{2}{\varepsilon_r + 1} E_0 \sin\alpha \boldsymbol{e}_\alpha = \frac{2}{\varepsilon_r + 1}\boldsymbol{E}_0\end{aligned}$$

$$\begin{aligned}\boldsymbol{E}_o &= -\nabla u_o = -\frac{\partial u_o}{\partial r}\boldsymbol{e}_r - \frac{1}{r}\frac{\partial u_o}{\partial \alpha}\boldsymbol{e}_\alpha \\ &= \left(E_0\cos\alpha + \frac{\varepsilon_r - 1}{\varepsilon_r + 1} a^2 E_0 \frac{1}{r^2}\cos\alpha\right)\boldsymbol{e}_r - \left(E_0 \sin\alpha - \frac{\varepsilon_r - 1}{\varepsilon_r + 1} a^2 E_0 \frac{1}{r^2}\sin\alpha\right)\boldsymbol{e}_\alpha \\ &= \boldsymbol{E}_0 + \frac{\varepsilon_r - 1}{\varepsilon_r + 1} a^2 E_0 \frac{1}{r^2}\cos\alpha \boldsymbol{e}_r + \frac{\varepsilon_r - 1}{\varepsilon_r + 1} a^2 E_0 \frac{1}{r^2}\sin\alpha \boldsymbol{e}_\alpha\end{aligned}$$

电介质圆柱外部的电场由两部分组成。第一部分(式中第一项)是原来的均匀场，第二部分(式中第二项和第三项)相当于在轴上放置一条无限长线偶极子产生的电场。线偶极子偶极矩的线密度为

$$p_1 = \frac{\varepsilon_r - 1}{\varepsilon_r + 1} 2\pi\varepsilon_0 a^2 E_0$$

电介质圆柱内部电场强度为常数，与原均匀场方向一致，数值为原来的$\frac{2}{\varepsilon_r + 1}$倍。当$\varepsilon_r \to \infty$时，内部电场强度为零，对外可等效为导体。这时

$$\boldsymbol{E}_{\text{o}}=\boldsymbol{E}_0+a^2E_0\frac{1}{r^2}\cos\alpha\boldsymbol{e}_r+a^2E_0\frac{1}{r^2}\sin\alpha\boldsymbol{e}_\alpha$$

对比导体圆柱情况,两种模型(导体模型和介电常数区域无穷大的电介质)所得结果相同。

从以上两例可以观察到,在均匀的平行平面场中放入无限长电介质圆柱或导体圆柱,其电场的改变相当于放入了一条无限长线偶极子。其影响电场的规律可参考电偶极子电场分布。

3. 球坐标情况

在球坐标系下,拉普拉斯方程表述为

$$\nabla^2u=\frac{1}{r^2}\frac{\partial}{\partial r}\left(r^2\frac{\partial u}{\partial r}\right)+\frac{1}{r^2\sin\theta}\frac{\partial}{\partial\theta}\left(\sin\theta\frac{\partial u}{\partial\theta}\right)+\frac{1}{r^2\sin^2\theta}\frac{\partial^2u}{\partial\alpha^2}=0 \tag{6-2-43}$$

根据分离变量原则,设方程的解为

$$u=R(r)\Phi(\alpha)\Theta(z) \tag{6-2-44}$$

代入方程

$$\Theta\Phi\frac{1}{r^2}\frac{\partial}{\partial r}\left(r^2\frac{\partial R}{\partial r}\right)+\Phi R\frac{1}{r^2\sin\theta}\frac{\partial}{\partial\theta}\left(\sin\theta\frac{\partial\Theta}{\partial\theta}\right)+R\Theta\frac{1}{r^2\sin^2\theta}\frac{\partial^2\Phi}{\partial\alpha^2}=0 \tag{6-2-45}$$

方程两侧同除以 $R\Phi\Theta$,得

$$\frac{1}{r^2R}\frac{\partial}{\partial r}\left(r^2\frac{\partial R}{\partial r}\right)+\frac{1}{r^2\sin\theta\Theta}\frac{\partial}{\partial\theta}\left(\sin\theta\frac{\partial\Theta}{\partial\theta}\right)+\frac{1}{r^2\sin^2\theta\Phi}\frac{\partial^2\Phi}{\partial\alpha^2}=0 \tag{6-2-46}$$

为了讨论简便,只考虑轴对称情况,即 u 不随 α 变化的情况。去掉方程(6-2-46)中的最后一项,得

$$\frac{1}{R}\frac{\partial}{\partial r}\left(r^2\frac{\partial R}{\partial r}\right)+\frac{1}{\sin\theta\Theta}\frac{\partial}{\partial\theta}\left(\sin\theta\frac{\partial\Theta}{\partial\theta}\right)=0 \tag{6-2-47}$$

式中,第一项只与 r 有关,设

$$\frac{1}{R}\frac{\partial}{\partial r}\left(r^2\frac{\partial R}{\partial r}\right)=k \tag{6-2-48}$$

则

$$\frac{1}{\sin\theta\Theta}\frac{\partial}{\partial\theta}\left(\sin\theta\frac{\partial\Theta}{\partial\theta}\right)=-k \tag{6-2-49}$$

进一步,将方程(6-2-48)改写为常微分方程,并展开得

$$\frac{\mathrm{d}}{\mathrm{d}r}\left(r^2\frac{\mathrm{d}R}{\mathrm{d}r}\right)-kR=0 \tag{6-2-50}$$

$$r^2\frac{\mathrm{d}^2R}{\mathrm{d}r^2}+2r\frac{\mathrm{d}R}{\mathrm{d}r}-kR=0 \tag{6-2-51}$$

方程(6-2-51)解的形式为

$$R=Ar^n+\frac{B}{r^{n+1}} \tag{6-2-52}$$

代入方程并比较系数,得

$$n(n+1)=k \tag{6-2-53}$$

将式(6-2-53)代入方程(6-2-49),得

$$\frac{\mathrm{d}}{\mathrm{d}\theta}\left(\sin\theta \frac{\mathrm{d}\Theta}{\mathrm{d}\theta}\right)+n(n+1)\sin\theta\Theta=0 \tag{6-2-54}$$

做一个变量替换,设 $\mu=\cos\theta$,得

$$\frac{\mathrm{d}}{\mathrm{d}\theta}=\frac{\mathrm{d}}{\mathrm{d}\mu}\frac{\mathrm{d}\mu}{\mathrm{d}\theta}=-\sin\theta\frac{\mathrm{d}}{\mathrm{d}\mu}=-\sqrt{1-\mu^2}\frac{\mathrm{d}}{\mathrm{d}\mu} \tag{6-2-55}$$

代入方程(6-2-54)得

$$-\sqrt{1-\mu^2}\frac{\mathrm{d}}{\mathrm{d}\mu}\left[\sqrt{1-\mu^2}\left(-\sqrt{1-\mu^2}\frac{\mathrm{d}\Theta}{\mathrm{d}\mu}\right)\right]+n(n+1)\sqrt{1-\mu^2}\Theta=0 \tag{6-2-56}$$

整理,得

$$\frac{\mathrm{d}}{\mathrm{d}\mu}\left[(1-\mu^2)\frac{\mathrm{d}\Theta}{\mathrm{d}\mu}\right]+n(n+1)\Theta=0 \tag{6-2-57}$$

方程(6-2-57)称为勒让德方程,其解为勒让德函数

$$\Theta=\mathrm{P}_n(\cos\theta) \tag{6-2-58}$$

对同一个 k,n 的另一种取法为 n'。若

$$n'=-(n+1) \tag{6-2-59}$$

则

$$n'(n'+1)=-(n+1)[-(n+1)+1]=n(n+1)=k \tag{6-2-60}$$

因此,勒让德函数有以下性质:

$$\mathrm{P}_{-(n+1)}(\cos\theta)=\mathrm{P}_n(\cos\theta) \tag{6-2-61}$$

代入方程的解,得

$$u_n=\left(Ar^n+\frac{B}{r^{n+1}}\right)\mathrm{P}_n(\cos\theta) \tag{6-2-62}$$

对应不同的 n,勒让德函数的计算公式如下:

$$\mathrm{P}_n(\cos\theta)=\frac{1}{2^n n!}\frac{\mathrm{d}^n}{\mathrm{d}(\cos\theta)^n}(\cos^2\theta-1)^n \tag{6-2-63}$$

勒让德函数前 6 项列出如下:

$$\mathrm{P}_0(\cos\theta)=1$$

$$\mathrm{P}_1(\cos\theta)=\cos\theta$$

$$\mathrm{P}_2(\cos\theta)=\frac{3}{2}\cos^2\theta-\frac{1}{2}$$

$$\mathrm{P}_3(\cos\theta)=\frac{5}{2}\cos^3\theta-\frac{3}{2}\cos^2\theta$$

$$\mathrm{P}_4(\cos\theta)=\frac{35}{8}\cos^4\theta-\frac{15}{4}\cos^2\theta+\frac{3}{8}$$

$$\mathrm{P}_5(\cos\theta)=\frac{63}{8}\cos^5\theta-\frac{35}{4}\cos^3\theta+\frac{15}{8}\cos\theta$$

考虑到方程的全部解,得

$$u=\sum_{n=0}^{\infty}\left(A_n r^n+\frac{B_n}{r^{n+1}}\right)\mathrm{P}_n(\cos\theta) \tag{6-2-64}$$

勒让德函数还具有正交特性,即

$$\int_{-1}^{1} \mathrm{P}_n(\cos\theta)\mathrm{P}_m(\cos\theta)\,\mathrm{d}\cos\theta = \begin{cases} \dfrac{2}{2n+1}, & n=m \\ 0, & n \neq m \end{cases} \tag{6-2-65}$$

拉普拉斯方程解中的系数,由具体问题的边界条件确定。

例 6-2-5 在均匀电场中放置一个半径为 a 的导体球,计算导体球附近的电场。

解 在导体球中心建立球坐标系极轴指向原来电场方向,原均匀场的电场强度为 E_0。边界条件为

$$u\,|_{r=a} = 0$$

$$u\,|_{r=\infty} = -E_0 z = -E_0 r\cos\theta$$

方程的解为

$$u = \sum_{n=0}^{\infty}\left(A_n r^n + \frac{B_n}{r^{n+1}}\right)\mathrm{P}_n(\cos\theta)$$

将边界条件 $u\,|_{r=\infty} = -E_0 z = -E_0 r\cos\theta$ 代入方程的解,当 $r\to\infty$ 时,有 $\dfrac{1}{r^{n+1}}\to 0$,得

$$-E_0 r\cos\theta = \sum_{n=0}^{\infty} A_n r^n \mathrm{P}_n(\cos\theta)$$

在(−1,1)之间将等式两侧乘以 $\mathrm{P}_m(\cos\theta)$,对 $\cos\theta$ 积分,确定系数

$$A_1 = -E_0$$

其他系数 A_0 和 $A_n(n>1)$ 为零。

将边界条件 $u\,|_{r=a} = 0$ 代入方程的解,得

$$0 = \sum_{n=0}^{\infty}\left(A_n a^n + \frac{B_n}{a^{n+1}}\right)\mathrm{P}_n(\cos\theta)$$

确定系数的方法是在(−1,1)之间将等式两侧乘以 $\mathrm{P}_m(\cos\theta)$,对 $\cos\theta$ 积分得

$$0 = \sum_{n=0}^{\infty}\int_{-1}^{1}\left(A_n a^n + \frac{B_n}{a^{n+1}}\right)\mathrm{P}_n(\cos\theta)\mathrm{P}_m(\cos\theta)\,\mathrm{d}\cos\theta$$

根据勒让德函数的正交性质,有

$$0 = \left(A_n a^n + \frac{B_n}{a^{n+1}}\right)\frac{2}{2n+1}$$

得

$$B_n = -A_n a^n a^{n+1} = -a^{2n+1} A_n$$

代入前面边界条件得出的结论 $A_1 = -E_0$,得

$$B_1 = -A_1 a^{2+1} = E_0 a^3$$

因此,方程的解

$$u = -E_0 r\left(1 - \frac{a^3}{r^3}\right)\cos\theta$$

等电位线分布如图 6-2-8 所示。

电场强度解为

$$E_r = -\frac{\partial u}{\partial r} = E_0\left(1 + \frac{2a^3}{r^3}\right)\cos\theta$$

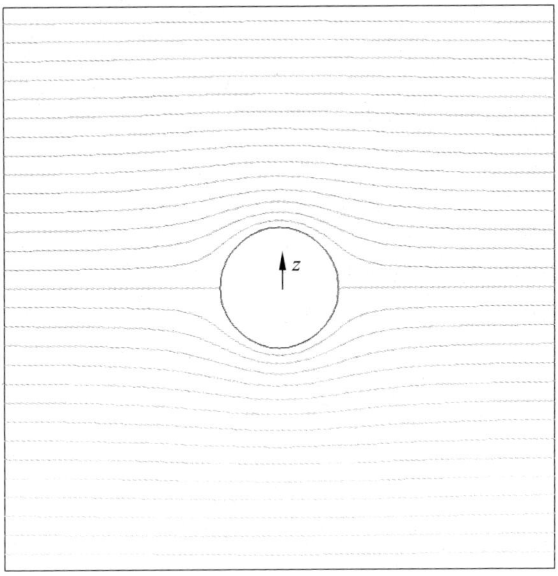

图 6-2-8　导体球附近电位

$$E_\theta = -\frac{1}{r}\frac{\partial u}{\partial \theta} = -E_0\left(1-\frac{a^3}{r^3}\right)\sin\theta$$

电场强度矢量分布如图 6-2-9 所示。

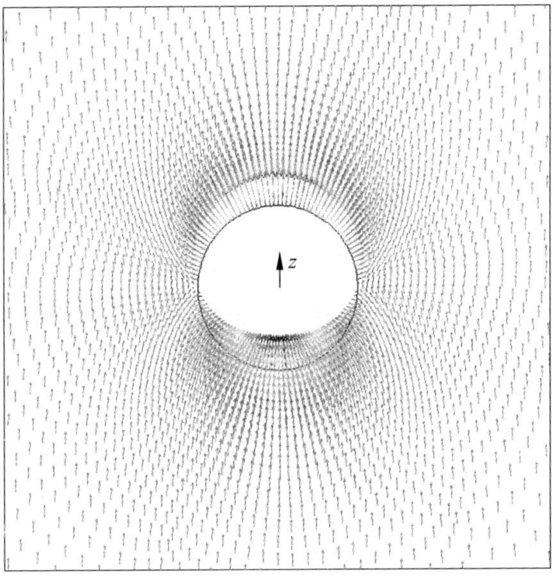

图 6-2-9　导体球附近电场

进一步可得导体表面电荷密度

$$\sigma = \varepsilon_0 E_r\big|_{r=a} = 3\varepsilon_0 E_0\cos\theta$$

解的物理解释如下：

$$u = -E_0 r\cos\theta + \frac{E_0 a^3 \cos\theta}{r^2}$$

$$E_r = E_0 \cos\theta + \frac{2E_0 a^3 \cos\theta}{r^3}$$

$$E_\theta = -E_0 \sin\theta + \frac{E_0 a^3 \sin\theta}{r^3}$$

各式前一项为原均匀场的值,后一项相当于一个位于球心、沿极轴方向的偶极子产生的电场的值。这部分电场的电场强度矢量分布如图 6-2-10 所示。

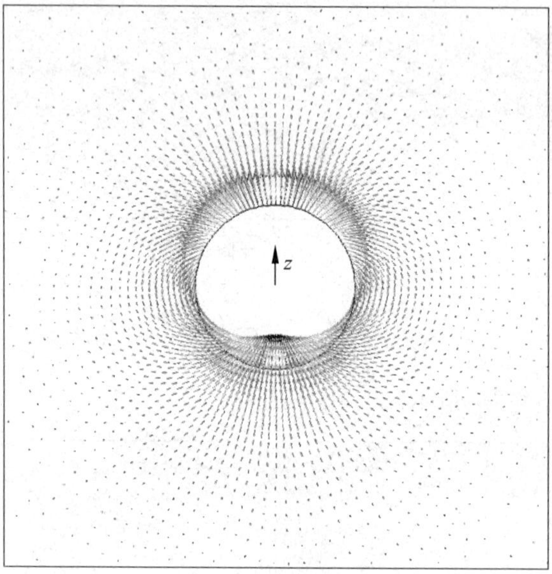

图 6-2-10　导体球上电荷产生电场

偶极矩为

$$p = 4\pi\varepsilon_0 E_0 a^3$$

例 6-2-6　在均匀电场中放置一个半径为 a 的电介质球,相对介电常数为 ε_r,计算导体球附近的电场。

解　在导体球中心建立球坐标系极轴指向原来电场方向,原均匀场的电场强度为 E_0。边界条件为

$$\left.\frac{\partial u_o}{\partial r}\right|_{r=a} = \varepsilon_r \left.\frac{\partial u_i}{\partial r}\right|_{r=a}$$

$$u_o\big|_{r=a} = u_i\big|_{r=a}$$

$$u_o\big|_{r=\infty} = -E_0 z = -E_0 r\cos\theta$$

分析:球内不能有含负幂的项,因此

$$u = \sum_{n=0}^{\infty} A_n r^n \mathrm{P}_n(\cos\theta)$$

球外不含 2 次以上正幂项,因此

$$u=-E_0 r\cos\theta+\sum_{n=0}^{\infty}\frac{B_n}{r^{n+1}}\mathrm{P}_n(\cos\theta)$$

列关系式：

在 $r=a$ 处电位连续，得

$$\sum_{n=0}^{\infty}A_n a^n\mathrm{P}_n(\cos\theta)=-E_0 a\cos\theta+\sum_{n=0}^{\infty}\frac{B_n}{a^{n+1}}\mathrm{P}_n(\cos\theta)$$

对比各项，可得

$$A_0=\frac{B_0}{a},\quad A_1 a=\frac{B_1}{a^2}-E_0 a,\quad A_2 a^2=\frac{B_2}{a^3},\quad A_3 a^3=\frac{B_3}{a^4},\quad \cdots$$

在 $r=a$ 处法向导数关系为

$$\sum_{n=0}^{\infty}A_n n a^{n-1}\mathrm{P}_n(\cos\theta)=-E_0\cos\theta-\sum_{n=0}^{\infty}(n+1)\frac{B_n}{a^{n+2}}\mathrm{P}_n(\cos\theta)$$

对比各项，可得

$$0=-\frac{B_0}{a^2},\quad \varepsilon_r A_1=-\frac{2B_1}{a^3}-E_0,\quad 2\varepsilon_r A_2 a=-\frac{3B_2}{a^4},\quad 3\varepsilon_r A_3 a^2=-\frac{4B_3}{a^5},\quad \cdots$$

解得

$$A_0=B_0=0$$

$$\left(A_1 a=\frac{B_1}{a^2}-E_0 a,\quad \varepsilon_r A_1=-\frac{2B_1}{a^3}-E_0\right)$$

$$\varepsilon_r A_1=\frac{\varepsilon_r B_1}{a^3}-\varepsilon_r E_0,\quad \left(\frac{\varepsilon_r}{a^3}+\frac{2}{a^3}\right)B_1=\varepsilon_r E_0-E_0$$

$$B_1=\frac{\varepsilon_r E_0-E_0}{\left(\dfrac{\varepsilon_r}{a^3}+\dfrac{2}{a^3}\right)}=\frac{\varepsilon_r-1}{\varepsilon_r+2}a^3 E_0$$

$$A_1=\frac{B_1}{a^3}-E_0=\frac{\varepsilon_r-1}{\varepsilon_r+2}E_0-E_0=-\frac{3}{\varepsilon_r+2}E_0$$

$$A_n=B_n=0,\quad n>1\text{(齐次方程)}$$

因此方程的解为

$$u_i=-\frac{3}{\varepsilon_r+2}E_0 r\cos\theta$$

$$u_o=-E_0 r\cos\theta+\frac{\varepsilon_r-1}{\varepsilon_r+2}\frac{1}{r^2}a^3 E_0\cos\theta$$

$$u_o=-\left(1-\frac{\varepsilon_r-1}{\varepsilon_r+2}\frac{a^3}{r^3}\right)E_0 r\cos\theta$$

电场强度为

$$\boldsymbol{E}_i=\frac{3}{\varepsilon_r+2}\boldsymbol{E}_0$$

$$\boldsymbol{E}_o=\boldsymbol{E}_0+2\frac{\varepsilon_r-1}{\varepsilon_r+2}\frac{a^3}{r^3}E_0\cos\theta\boldsymbol{e}_r+\frac{\varepsilon_r-1}{\varepsilon_r+2}\frac{a^3}{r^3}E_0\sin\theta\boldsymbol{e}_\theta$$

物理解释：对外部电场，相当于在球心沿极轴方向放置一个电偶极子，偶极矩

$$\boldsymbol{p}=4\pi\varepsilon_0 a^3\frac{\varepsilon_r-1}{\varepsilon_r+2}\boldsymbol{E}_0$$

特例：$\varepsilon_r\to\infty$

$$\boldsymbol{p}=4\pi\varepsilon_0 a^3\boldsymbol{E}_0$$

与导体球效果相同。

从以上两例可以观察到，在均匀场中放入电介质球或导体球，其电场的改变相当于放入了一个电偶极子。其影响电场的规律可参考电偶极子电场分布。

本节分离变量法是针对拉普拉斯方程的求解方法。虽然举例都是无源区域的静电场问题，但也可以比照求解恒定电流场和无源区域的恒定磁场问题。

6.3 静电场的镜像法

1. 镜像法原理

根据静电场边值问题解答的唯一性定理，只要求解区域内电介质和电荷分布不变，边界条件确定，求解区域中静电场的解答就是唯一的。因此，场域之外电荷分布，电介质情况都可以改变，只要保持边界条件不变，就不会影响场域内电场的分布。镜像法就是以唯一性定理为基础发展起来的一种等效源方法。

镜像法一般应用于两种均匀媒质的情况。两种媒质可以都是电介质，也可以一种是电介质，另一种是导体。两种媒质的区域相对于分界面一般应具有一定的对称性。其中一种媒质的区域作为求解区域，另一种媒质就作为边界外的区域。

首先假设边界外区域也充满与求解区域中相同的电介质，使整个空间只有一种均匀电介质。这样虽然问题得到简化，但原来的边界条件已经破坏了。为了保证原来的边界条件得到满足，在上述假设的前提下，需要在边界外区域中虚设一些电荷，使得虚设的电荷与求解区域内原分布的电荷共同产生的电场在边界上满足原来的边界条件。这样，整个空间充满一种均匀电介质，其中分布的电荷产生的电场能够满足原来求解区域的边界条件，求解区域内电荷的分布保持不变，这就满足了唯一性定理的条件。根据唯一性定理，由求解区域内电荷和求解区域外虚设电荷在求解区域共同产生的电场就是原来边界条件下求解区域的电场。由于求解区域边界具有一定的对称性，边界外区域虚设电荷的分布与求解区域中原来电荷的分布也具有一定的对称性，所以，这些虚设电荷又称为镜像电荷。求解时，首先根据边界条件求出镜像电荷，然后用场域内原有电荷和场域外镜像电荷一起计算场域内的电场。这就是镜像法的基本原理。

镜像法是一种间接方法，镜像电荷求出之后，不仅可以计算电场强度和电位，而且可以计算电场力和感应电荷的分布。

2. 无限大导体平面的镜像法

如图6-3-1(a)所示，无限大导体平面把空间分成上半空间和下半空间，在上半空间上距离平面 h 处放置一个点电荷 q。求上半空间任一点的电场强度和电位。显然，求解区域是

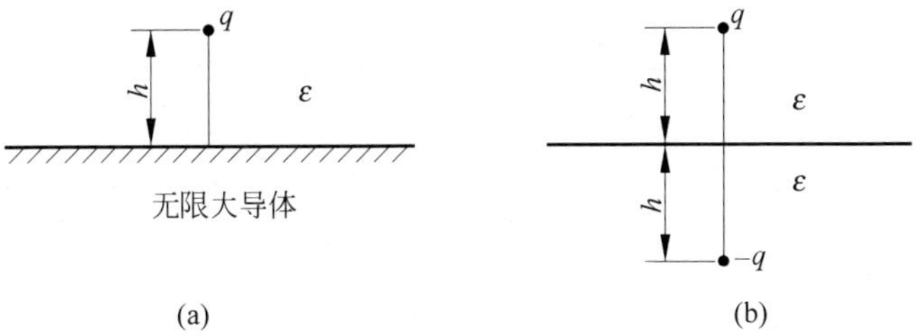

图 6-3-1 点电荷关于导体平面的镜像

上半空间。

这个问题的直接求解是困难的。因为我们只知道导体表面是一个等位面，不知道导体表面电荷的分布，无法用叠加的办法计算电场强度和电位。但用镜像法，这个问题就变得简单了。

将导体移去，下半空间也换成与上半空间相同的电介质。在下半空间与点电荷 q 对称的位置上放置一个镜像电荷 $-q$，如图 6-3-1(b)所示。这样既保证求解区域电荷的分布不变，又能满足导体表面的边界条件($\varphi=0$)。因此，上半空间的电场强度和电位可根据点电荷和镜像电荷的电荷量及其所在位置用叠加的办法计算。这里，在计算上半空间的电场时，用镜像电荷 $-q$ 代替了导体表面全部感应电荷的作用。

由于线电荷是无穷多个电荷元的叠加，而电荷元又可以看成点电荷，所以上述方法也适用于线电荷。线电荷的镜像电荷也是线电荷。在导体表面为无限大平面时，镜像线电荷与原线电荷也具有位置对称、等量异号的特点。

导体表面也可以由两个半无穷大平面组成。当两平面成直角时，镜像电荷分布情况如图 6-3-2 所示。图中右上角的电荷和它的 3 个镜像电荷一起共同产生的电场满足垂直平面电位为 0 的边界条件，镜像电荷在有效区域之外。

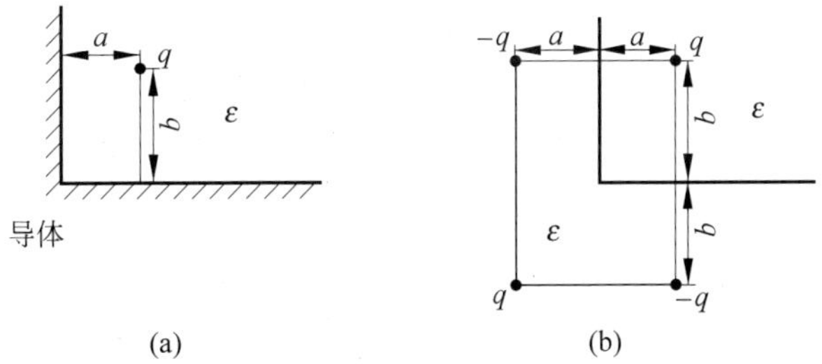

图 6-3-2 点电荷关于垂直导体平面的镜像

3. 导体球面的镜像法

导体表面是球面的情况也可以应用镜像法。设在导体球之外距球心 d 处放置一个点电荷 q，求导体球之外空间的电场强度和电位。这里镜像法的有效区域是球面之外的空间。

导体球接地的情况，如图 6-3-3 所示。导体表面电位为零是求解区域的边界条件。将导体球移去，让原来导体球所在的区域也充满与球外相同的电介质。在原来导体球内部球心与点电荷连线上距球心 b 处放置一个镜像电荷 q'。根据镜像法的要求，点电荷 q 与镜像电荷 q'共同产生的电场，在原导体球面所在处电位应为零。根据这一条件就可以确定镜像

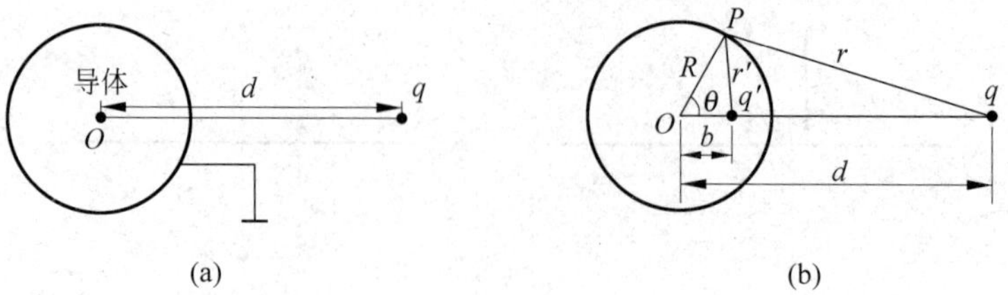

图 6-3-3 点电荷关于接地导体球面的镜像

电荷 q' 和距离 b。

设 P 点是球面上一点

$$\varphi_P=\frac{q}{4\pi\varepsilon r}+\frac{q'}{4\pi\varepsilon r'} \tag{6-3-1}$$

根据前面要求的条件，$\varphi_P=0$，有

$$\frac{q}{4\pi\varepsilon r}=\frac{-q'}{4\pi\varepsilon r'},\quad \frac{q}{-q'}=\frac{r}{r'},\quad \frac{q^2}{(-q')^2}=\frac{r^2}{r'^2} \tag{6-3-2}$$

将计算三角形对边边长的余弦定理代入，得

$$\frac{q^2}{(-q')^2}=\frac{R^2+d^2-2Rd\cos\theta}{R^2+b^2-2Rb\cos\theta} \tag{6-3-3}$$

整理后，得

$$[q^2(R^2+b^2)-(-q')^2(R^2+d^2)]-2R[q^2b-(-q')^2d]\cos\theta=0 \tag{6-3-4}$$

球面是等位面，式(6-3-4)是球面电位为零的具体体现。因此，不管 θ 是多少，式(6-3-4)都应成立。

所以有

$$q^2(R^2+b^2)-(-q')^2(R^2+d^2)=0 \tag{6-3-5}$$

和

$$2R[q^2b-(-q')^2d]=0 \tag{6-3-6}$$

由式(6-3-6)得

$$(-q')^2=\frac{q^2b}{d} \tag{6-3-7}$$

$$q'=-\sqrt{\frac{b}{d}}q \tag{6-3-8}$$

再由式(6-3-5)和式(6-3-7)得

$$\frac{R^2+b^2}{R^2+d^2}=\frac{(-q')^2}{q^2}=\frac{b}{d} \tag{6-3-9}$$

$$dR^2+db^2-bR^2-bd^2=(d-b)R^2-(d-b)bd=0 \tag{6-3-10}$$

得

$$R^2=bd \tag{6-3-11}$$

最后得

$$q' = -\frac{R}{d}q, \quad b = \frac{R^2}{d} \tag{6-3-12}$$

这就确定了镜像电荷的电荷量和位置。

在同一半径及其延长线上的两个点，如果它们到球心距离之积恰好等于球面半径的平方，这两个点称作关于球面的反演点。可见，镜像电荷所在点与原电荷所在点关于导体球面互为反演点。

不带电孤立导体球的情况如图 6-3-4 所示。在导体球不接地情况下，导体表面的电位仍为常数但不为零。孤立导体球原先不带电，约束条件是导体表面的总电荷量为零。为满足这一条件，在原导体球的球心再放置一个镜像电荷，其电荷量为 q''。这里，在计算导体球以外空间的电场时，用镜像电荷 q' 和 q'' 代替了导体球面上感应电荷的作用，有

$$q'' = -q' = \frac{R}{d}q \tag{6-3-13}$$

这样 $q' + q'' = 0$，导体球表面电位

$$\varphi = \frac{q''}{4\pi\varepsilon R} = \frac{q}{4\pi\varepsilon d} \tag{6-3-14}$$

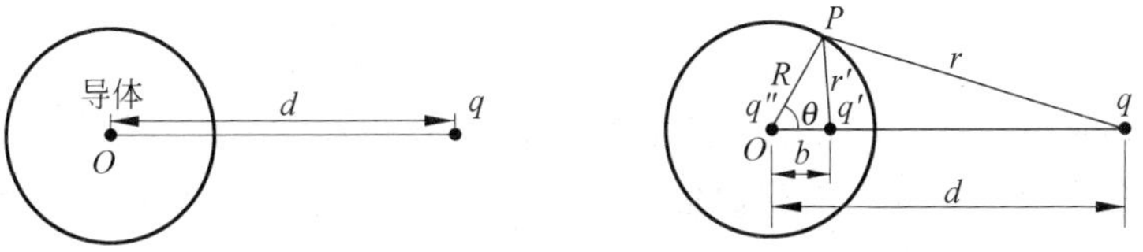

图 6-3-4　点电荷关于不接地(悬浮)导体球面的镜像

以上是导体球外一点电荷关于导体球面的镜像法，主要讨论了导体球接地和孤立不带电两种情况。针对导体球带任意电荷和加任意电位的情况，可以在球心放置相应镜像电荷以满足约束条件。互为反演点上的两个电荷所产生电场仅保持原来导体球面所在处的电位为零。

将导体球置换为一接地空心导体薄球壳，球壳内表面半径为 R，忽略球壳厚度，如图 6-3-5 所示。在球壳内放置电荷 q，对于球壳内表面，也可以使用镜像法。这时有效区域为球壳内的球体区域。镜像电荷 q' 放置在球壳之外，位于球壳内电荷 q 所在点对应到球壳外的反演点上，球壳内电荷 q 与球壳外镜像电荷 q' 共同产生的电场在原导体球壳内表面处电位为零。因此有

$$q' = -\frac{d}{R}q \tag{6-3-15}$$

$$d = \frac{R^2}{b} \tag{6-3-16}$$

特殊情况下，当电荷放置在球心，球壳之外反演点在无限远处时，无法使用式(6-3-15)和式(6-3-16)。实际上当电荷在球心时，本身产生的电位在球壳内表面就是等位面，其电位为

$$\varphi = \frac{q}{4\pi\varepsilon_0 R} \tag{6-3-17}$$

若要球壳内表面电位为零，只需将镜像电荷均匀放置在球壳之外有限半径的任意球面上。设放置镜像电荷 q' 的球面半径为 R'，为使原电荷和镜像电荷共同产生的电场在球壳内

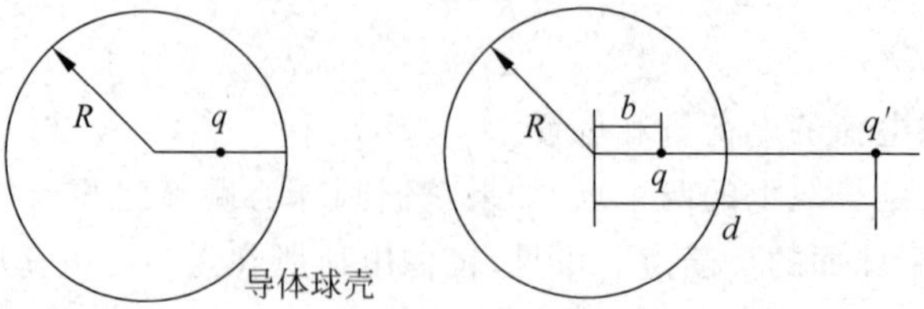

图 6-3-5 球内点电荷关于导体球壳内表面的镜像

表面电位为零,需要镜像电荷满足

$$\frac{q'}{4\pi\varepsilon_0 R'}=-\frac{q}{4\pi\varepsilon_0 R} \tag{6-3-18}$$

得

$$q'=-\frac{R'}{R}q \tag{6-3-19}$$

作为最简单的情况,将镜像电荷均匀放置在球壳内表面之外紧挨着内表面的球面上,$R'=R$,则

$$q'=-q \tag{6-3-20}$$

以上讨论了导体球壳内一点电荷关于导体球壳的镜像法。只讨论了球壳接地一种情况。针对导体球壳带任意电荷和加任意电位的情况,可以在球壳之外的任一球面(最简单就是球壳内表面之外紧挨着球壳内表面的球面)上均匀放置相应镜像电荷以满足约束条件。互为反演点上的两个电荷所产生电场仅保持原来导体球壳内表面所在处的电位为零。

针对导体球壳,还可以讨论内外都有电荷的情况。如果导体球壳接地或给定电压,则内部电场和外部电场互不影响,可以分别独立使用镜像法。若导体球壳为不带电或带电荷量已知的孤立球壳,则求解内部和外部电场(含电位)时应考虑球壳所带面电荷总量的约束,通过导体球壳电位讨论内部电荷对外部电场(含电位)的影响和外部电荷对内部电位的影响。

ppt:导体球面镜像法总论

4. 无限大电介质分界平面的镜像法

镜像法不仅适用于导体边界面的情况,而且适用于两种电介质分界面的情况。

两种电介质分界面为如图 6-3-6 所示的无穷大平面,在第一种电介质中放置点电荷 q,分别计算两种电介质中的电场强度和电位。

对于上述问题,用镜像法必须分为两个子问题,每一个子问题的场域中只包含一种电介质。这里已知的不是求解区域的边界条件,而是两个子问题中两求解区域边界场量的关系,即分界面条件。

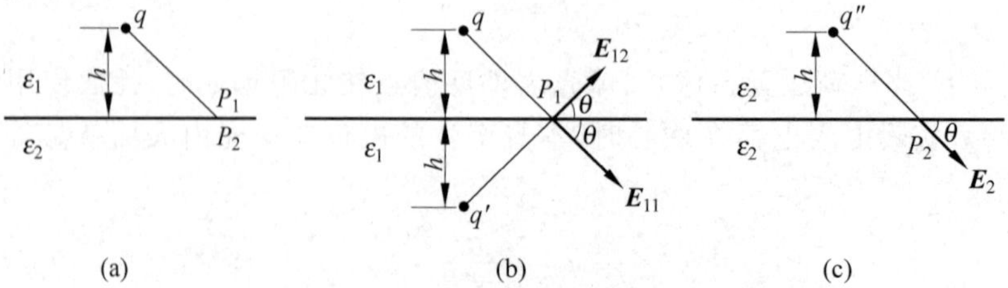

图 6-3-6 点电荷关于电介质分界平面的镜像

对于第一个子问题，即图 6-3-6(b)，求解区域是上半空间。将下半空间也充满第一种电介质并在与点电荷 q 对称位置上放一个镜像电荷 q'。这样在上半空间靠近边界的 P_1 点，有

$$E_{1t}=\frac{q}{4\pi\varepsilon_1 r^2}\cos\theta+\frac{q'}{4\pi\varepsilon_1 r^2}\cos\theta \tag{6-3-21}$$

$$D_{1n}=\frac{q}{4\pi r^2}\sin\theta-\frac{q'}{4\pi r^2}\sin\theta \tag{6-3-22}$$

对于第二个子问题，即图 6-3-6(c)，求解区域是下半空间。将上半空间也充满第二种电介质并在原点电荷 q 所在位置上放一个镜像电荷 q''。这样在下半空间靠近边界与 P_1 对应的 P_2 点，有

$$E_{2t}=\frac{q'}{4\pi\varepsilon_2 r^2}\cos\theta \tag{6-3-23}$$

$$D_{2n}=\frac{q'}{4\pi r^2}\sin\theta \tag{6-3-24}$$

代入分界面条件 $E_{1t}=E_{2t}$，$D_{1n}=D_{2n}$，得方程组

$$\frac{q+q'}{\varepsilon_1}=\frac{q''}{\varepsilon_2}\quad 或\quad \varepsilon_2 q'-\varepsilon_1 q''=-\varepsilon_2 q \tag{6-3-25}$$

$$q-q'=q''\quad 或\quad q'+q''=q \tag{6-3-26}$$

解上述方程组，得

$$q'=\frac{\varepsilon_1-\varepsilon_2}{\varepsilon_1+\varepsilon_2}q,\quad q''=\frac{2\varepsilon_2}{\varepsilon_1+\varepsilon_2}q \tag{6-3-27}$$

镜像电荷的位置和电荷量已确定。由 q 和 q' 可以计算上半空间的电场(用 q' 代替了分界面上束缚电荷的作用)；由 q'' 可计算下半空间的电场(用 q'' 代替了 q 和分界面上束缚电荷的作用)。

在镜像电荷计算公式中将点电荷的电荷量换成线电荷的线密度，就可以解决如图 6-3-7 所示线电荷分布情况下的镜像线电荷的计算问题。

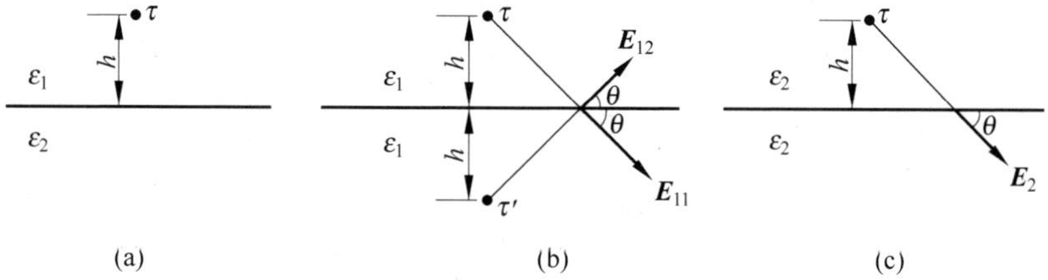

图 6-3-7　线电荷关于电介质分界平面的镜像

例 6-3-1　计算无限大导体平面上方点电荷 q 在导体平面上感应电荷的分布。

解　如图 6-3-8 所示，根据镜像法，导体表面电场强度由点电荷与镜像电荷共同产生。

$$\boldsymbol{E}=\boldsymbol{E}_1+\boldsymbol{E}_2$$

$$E_n=-2\frac{q}{4\pi\varepsilon R^2}\cos\alpha=-\frac{qh}{2\pi\varepsilon(h^2+r^2)^{\frac{3}{2}}}$$

导体表面电位移矢量法线分量

$$D_n = \varepsilon E_n = -\frac{qh}{2\pi(h^2 + r^2)^{\frac{3}{2}}}$$

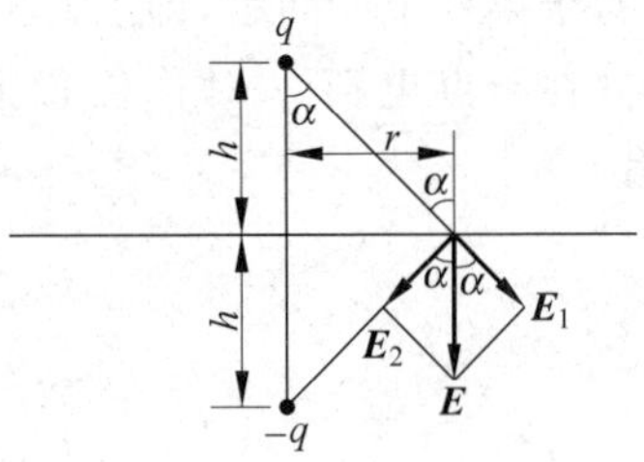

图 6-3-8 导体平面的电场强度计算

导体表面感应电荷面密度

$$\sigma = D_n = \varepsilon E_n = -\frac{qh}{2\pi(h^2 + r^2)^{\frac{3}{2}}}$$

整个无穷大导体表面感应电荷总量

$$\int_0^{\infty} 2\pi r \sigma \mathrm{d}r = -\int_0^{\infty} \frac{qh}{(h^2 + r^2)^{\frac{3}{2}}} r \mathrm{d}r = \left.\frac{qh}{\sqrt{h^2 + r^2}}\right|_0^{\infty} = -q$$

例 6-3-2 如图 6-3-9(a)所示,导体表面由半径为 R 的半球面与无限大平面组成,在半球面正上方真空中高 h 处放置一个点电荷 q。试确定镜像电荷。

解 如图 6-3-9(b)所示,根据镜像法原理,将导体移去,原导体区域换成电介质,镜像电荷应放置在求解区域之外,镜像电荷与求解区域内电荷共同产生的电场,其电位在原导体表面处为零。

q 和 $-q$ 使无限大平面的电位为零,q' 和 $-q'$ 也使无限大平面电位为零。因此,在四个电荷的共同作用下,无限大平面电位为零。

若 $b = \frac{R^2}{h}$,$q' = -\frac{R}{h}q$,则 q 和 q' 使半球面电位为零,$-q$ 和 $-q'$ 使半球面电位为零。因此,在四个电荷的共同作用下,半球面的电位为零。

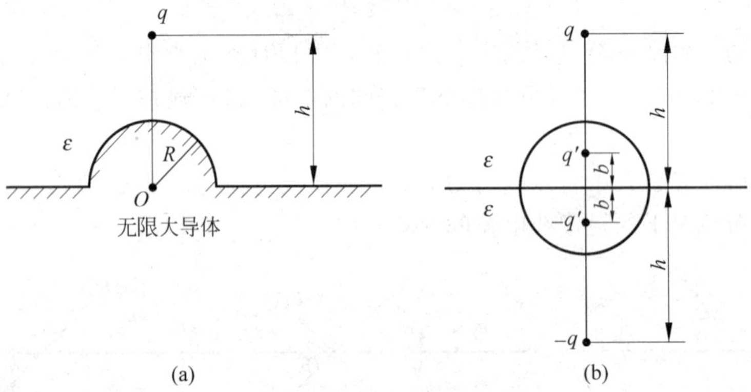

图 6-3-9 点电荷关于组合导体表面的镜像

所以,全部四个电荷共同产生的电场,其电位在无限大平面和半球面上为零,满足边界条件。镜像电荷得以确定。

6.4 静电场的电轴法

1. 两无限长平行直线电荷的电场

真空中两条无限长平行直线电荷,电荷线密度分别为 τ 和 $-\tau$。由于线电荷无限长,在与线电荷垂直的各个平面上电位的分布完全相同。这种静电场称为平行平面电场。对于这种平行平面电场，只需要研究一个平面上的电场。在 x、y、z 坐标系中，设线电荷沿 z 轴平行方向放置，研究 x、y 平面上静电场的分布情况。

线电荷 τ 位于 $(b,0)$，线电荷 $-\tau$ 位于 $(-b,0)$，场点 P 位于 (x,y)；用 r_1 表示从 τ 到 P 点的距离，r_2 表示从 $-\tau$ 到 P 点的距离，如图 6-4-1 所示。

真空中无限长直线电荷所产生电场的电场强度为 $\boldsymbol{E}=\dfrac{\tau}{2\pi\varepsilon_0 R}\boldsymbol{e}_R$。设 Q 点为参考点，电位表示式为

$$\varphi=\int_P^Q \boldsymbol{E}\cdot \mathrm{d}\boldsymbol{l}=\int_{r_P}^{r_Q}\frac{\tau}{2\pi\varepsilon_0 R}\mathrm{d}R$$

$$=\frac{\tau}{2\pi\varepsilon_0}\ln r_Q-\frac{\tau}{2\pi\varepsilon_0}\ln r_P \tag{6-4-1}$$

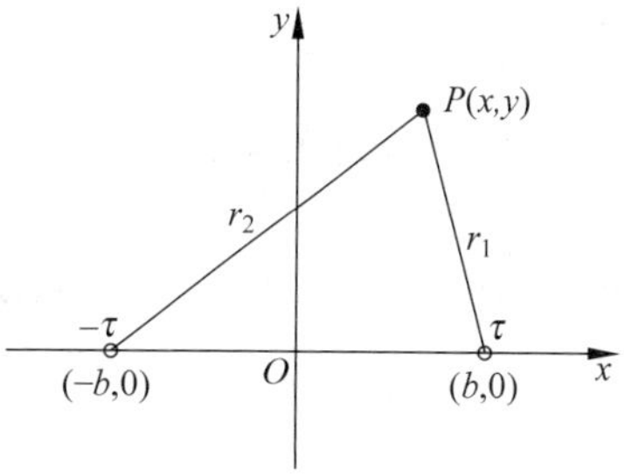

图 6-4-1　两无限长线电荷电位计算模型

根据式(6-4-1)，由两平行线电荷中正电荷 τ 和负电荷 $-\tau$ 产生电场的电位分别为

$$\varphi_1=\frac{\tau}{2\pi\varepsilon_0}\ln r_{Q1}-\frac{\tau}{2\pi\varepsilon_0}\ln r_1 \tag{6-4-2}$$

$$\varphi_2=\frac{-\tau}{2\pi\varepsilon_0}\ln r_{Q2}-\frac{-\tau}{2\pi\varepsilon_0}\ln r_2 \tag{6-4-3}$$

为了推导方便，设 $r_1=r_2$ 处为参考点，有 $r_{Q1}=r_{Q2}$。根据叠加原理，两平行线电荷共同产生电场的电位

$$\varphi=\varphi_1+\varphi_2=\frac{\tau}{2\pi\varepsilon_0}\ln\frac{r_2}{r_1}+\frac{\tau}{2\pi\varepsilon_0}\ln\frac{r_{Q1}}{r_{Q2}}=\frac{\tau}{2\pi\varepsilon_0}\ln\frac{r_2}{r_1}=\frac{\tau}{4\pi\varepsilon_0}\ln\frac{r_2^2}{r_1^2}$$

$$=\frac{\tau}{4\pi\varepsilon_0}\ln\frac{(x+b)^2+y^2}{(x-b)^2+y^2} \tag{6-4-4}$$

在等位线上 φ 是常数，因此可列出满足这一条件的等位线方程

$$\frac{(x+b)^2+y^2}{(x-b)^2+y^2}=K^2 \tag{6-4-5}$$

式中，K 是常数。

整理等位线方程

$$(x+b)^2+y^2=K^2(x-b)^2+K^2y^2 \tag{6-4-6}$$

$$K^2(x-b)^2+K^2y^2-(x+b)^2-y^2=0 \tag{6-4-7}$$

$$(K^2-1)x^2-(K^2+1)2bx+(K^2-1)b^2+(K^2-1)y^2=0 \tag{6-4-8}$$

$$x^2-\frac{K^2+1}{K^2-1}2bx+b^2+y^2=0 \tag{6-4-9}$$

$$x^2-\frac{K^2+1}{K^2-1}2bx+\frac{(K^2+1)^2}{(K^2-1)^2}b^2-\frac{(K^2+1)^2}{(K^2-1)^2}b^2+b^2+y^2=0 \tag{6-4-10}$$

$$\left(x-\frac{K^2+1}{K^2-1}b\right)^2+y^2=\left[\frac{(K^2+1)^2}{(K^2-1)^2}-1\right]b^2 \tag{6-4-11}$$

$$\left(x-\frac{K^2+1}{K^2-1}b\right)^2+y^2=\left(\frac{2Kb}{K^2-1}\right)^2 \tag{6-4-12}$$

令 $h'=\dfrac{K^2+1}{K^2-1}b$，$a'=\dfrac{2Kb}{K^2-1}$，$h=|h'|$，$a=|a'|$，等位线方程为

$$(x-h')^2+y^2=a'^2=a^2 \tag{6-4-13}$$

可以看出，这是以 h' 和 a 为参数的圆的方程，圆心在 x 轴上，坐标为 $(h',0)$，圆的半径为 a。h' 和 a 都与 K 有关。给定一个 K 值，就得到一个圆的方程，可以画出一条等位线。当 $K>1$ 时，$h'>0$，说明圆心在坐标原点右侧。反之，若 $0<K<1$，则 $h'<0$，说明圆心在坐标原点左侧。

h 和 a 不仅与 K 有关，还与 b 有关。可以导出

$$h^2-a^2=\frac{(K^2+1)^2}{(K^2-1)^2}b^2-\frac{4K^2}{(K^2-1)^2}b^2=b^2 \tag{6-4-14}$$

或

$$a^2=h^2-b^2 \tag{6-4-15}$$

$$a^2=(h+b)(h-b) \tag{6-4-16}$$

可见，对于每一个等位线圆，正负线电荷所在的两个点互为反演点。

由式(6-4-4)可得，两线电荷产生电场的电场强度

$$\boldsymbol{E}=-\nabla\varphi=-\frac{\partial\varphi}{\partial x}\boldsymbol{e}_x-\frac{\partial\varphi}{\partial y}\boldsymbol{e}_y=-\frac{\tau}{2\pi\varepsilon_0}\left\{\frac{2b(y^2+b^2-x^2)\boldsymbol{e}_x-4bxy\boldsymbol{e}_y}{[(x+b)^2+y^2]\cdot[(x-b)^2+y^2]}\right\} \tag{6-4-17}$$

下面求电场强度线的方程。

由(6-4-17)，$\dfrac{\mathrm{d}y}{\mathrm{d}x}=\dfrac{E_y}{E_x}=\dfrac{-2xy}{y^2+b^2-x^2}$，整理得

$$(x^2-y^2-b^2)\mathrm{d}y=2xy\mathrm{d}x$$

$$(x^2+y^2-b^2)\mathrm{d}y=2xy\mathrm{d}x+2y^2\mathrm{d}y=y(2x\mathrm{d}x+2y\mathrm{d}y)=y\mathrm{d}(x^2+y^2) \tag{6-4-18}$$

$$\frac{\mathrm{d}(x^2+y^2)}{x^2+y^2-b^2}=\frac{\mathrm{d}y}{y} \tag{6-4-19}$$

对式(6-4-19)两边积分得

$$\ln(x^2+y^2-b^2)=\ln|y|+C \tag{6-4-20}$$

C 为积分常数，令 $C=\ln|2c|$，则

$$x^2+y^2-b^2=2cy \tag{6-4-21}$$

$$x^2+(y-c)^2=b^2+c^2 \tag{6-4-22}$$

由此可见，电场强度线是一族以 c 为参数的圆。圆心在 y 轴上，坐标为 $(0,c)$，圆半径为 $\sqrt{b^2+c^2}$。若 $c>0$，圆心在坐标原点上方；若 $c<0$，圆心在坐标原点下方；若 $c=0$，圆心在坐标原点，这时圆的半径正好等于 b。图 6-4-2 画出了 $c=a$ 情况下半径为 $\sqrt{b^2+a^2}$ 的电场强度线和半

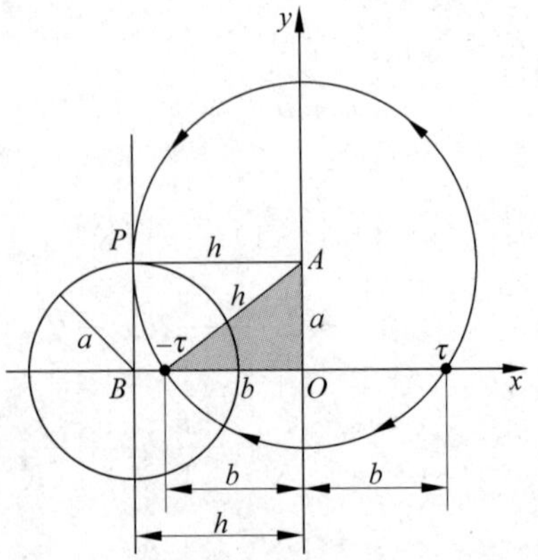

图 6-4-2　电场强度线与等电位线的关系

径为 a 的一条等位线，根据电场强度线与等位线正交的原理，这两个圆必然在等位线圆心 B 的正上方的 P 点相交，BP 平行于 y 轴，PA 平行于 x 轴。从涂成阴影的直角三角形可以清楚地看出 a、b、h 之间的关系。

电场强度线发自正电荷，终止于负电荷，因此图 6-4-2 中的电场强度线圆实际上是两条电场强度线。

图 6-4-3 给出了两电轴电场数值计算结果。同时画出了等电位线和电场强度。仔细观察图 6-4-3 可以加深对电轴法的理解。

彩图 6-4-3

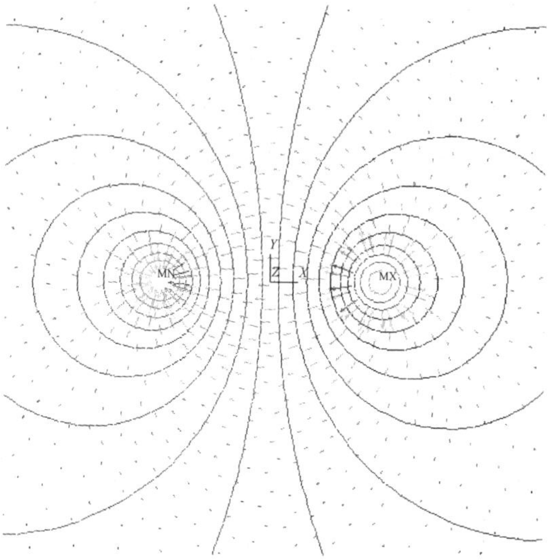

图 6-4-3　电场强度与等电位线分布

图片：电轴法电场线和等电位线

2. 电轴法

前面研究了真空中正负两条无限长平行直线电荷产生的电场。其等位线是坐标原点左右的两族圆。根据静电场解的唯一性定理，若将一条等位线圆换成导体表面，只要导体所带电荷的线密度与原线电荷的线密度相同，就不会破坏边界条件，导体以外空间的电场就不会改变。任意两条等位线圆换成导体表面，两导体表面之间的空间就是求解区域，可以认为求解区域之外充满导体，若各导体所带电荷的线密度等于该区域原有线电荷的线密度，边界条件就得到保证，求解区域的电场将保持不变。

反之，带等量异号电荷线密度的两个无穷长平行导体圆柱之间的电场，可以借助于两条线电荷来求解。将两导体移去，虚设两条带等量异号电荷线密度的线电荷，只要线电荷的线密度与相应导体电荷的线密度相同，两线电荷产生电场的等位线与原导体表面重合，两线电荷产生的电场在原导体表面以外与原来两带电导体圆柱产生的电场相同。

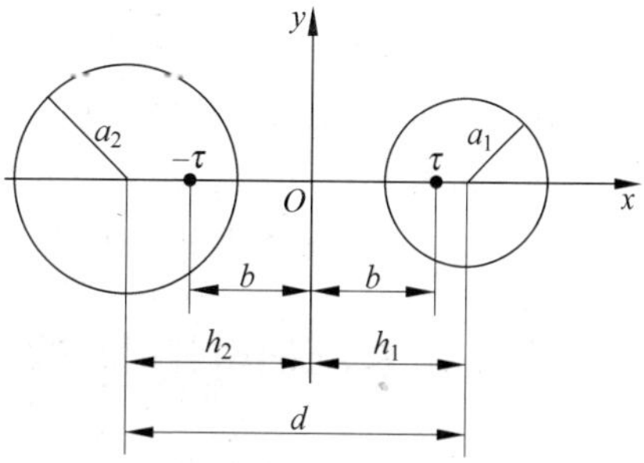

图 6-4-4　两无限长平行圆柱导体

如图 6-4-4 所示，线电荷所在的位置称为电轴。两导体圆柱的半径分别为 a_1 和 a_2，导体圆心之间

距离为 d,设电轴位于$(b,0)$和$(-b,0)$。根据前面对两线电荷产生电场的分析,得

$$\begin{cases} b^2 = h_1^2 - a_1^2 \\ b^2 = h_2^2 - a_2^2 \\ d = h_1 + h_2 \end{cases} \tag{6-4-23}$$

解上述方程组,得

$$\begin{cases} h_1 = \dfrac{d^2 + a_1^2 - a_2^2}{2d} \\ h_2 = \dfrac{d^2 + a_2^2 - a_1^2}{2d} \\ b = \sqrt{h_1^2 - a_1^2} = \sqrt{h_2^2 - a_2^2} \end{cases} \tag{6-4-24}$$

当两导体半径相同时,有

$$a = a_1 = a_2, \quad h = h_1 = h_2 = \frac{d}{2}, \quad b = \sqrt{h^2 - a^2} \tag{6-4-25}$$

确定了电轴的位置,就可以用两电轴上的线电荷来计算导体圆柱之间的电场

$$\varphi = \frac{\tau}{4\pi\varepsilon_0}\ln\frac{(x+b)^2 + y^2}{(x-b)^2 + y^2} \tag{6-4-26}$$

若已知导体电位 $\varphi = U$,将 $y=0, x=h-a$ 代入式(6-4-26),得

$$U = \frac{\tau}{4\pi\varepsilon_0}\ln\frac{(h-a+b)^2}{(h-a-b)^2} = \frac{\tau}{2\pi\varepsilon_0}\ln\frac{|h-a+b|}{|h-a-b|} \tag{6-4-27}$$

得线电荷密度

$$\tau = \frac{2\pi\varepsilon_0 U}{\ln\dfrac{|h-a+b|}{|h-a-b|}} \tag{6-4-28}$$

由此计算电场强度

$$\boldsymbol{E} = -\frac{\tau}{2\pi\varepsilon_0}\left\{\frac{2b(y^2 + b^2 - x^2)\boldsymbol{e}_x - 4bxy\boldsymbol{e}_y}{[(x+b)^2 + y^2]\cdot[(x-b)^2 + y^2]}\right\} \tag{6-4-29}$$

图 6-4-3 中任意两个等电位线圆都可以是导体表面。当两圆处在不同侧时,就是上述两圆柱导体外表面。当两圆处于同一侧时,就是内导体的外表面和外导体的内表面。已知导体之间的电压,就可以确定电轴的位置和电荷线密度,从而利用电轴计算出两导体之间的电场分布。

电轴法可以归入镜像法,这是关于圆柱导体表面的镜像法。两条线电荷互为镜像。线电荷所在点与其镜像线电荷所在点关于导体表面圆互为反演点。

当两无限长圆柱导体距离远大于导体半径($h \gg b$)时,可以近似认为电轴在导体的几何轴线上($b=h$),这样电场计算得到简化。电轴法在电力传输和电信传输工程中有广泛的应用。

6.5 恒定磁场的镜像法

1. 无限大磁媒质分界平面的镜像法

根据恒定磁场边值问题解答的唯一性定理,只要求解区域内电流分布不变,边界条件一

定，求解区域中恒定磁场的解答就是唯一的。因此，场域之外的电流分布和磁媒质情况都可以改变，只要保持边界条件不变，就不会影响场域内磁场的分布。恒定磁场的镜像法是以唯一性定理为基础发展起来的一种等效场源法。

镜像法一般应用于两种均匀媒质的情况。两种媒质的分界面一般应具有一定的对称性。其中一种媒质的区域作为求解区域，另一种媒质就作为边界外的区域。

首先假设边界外区域也充满与求解区域中相同的磁媒质，使整个空间只有一种均匀磁媒质。这样虽然问题得到简化，但原来的边界条件已经破坏。为了保证原来的边界条件得到满足，在上述假设的前提下，需要在边界外区域中虚设一些电流，使得虚设的电流与求解区域内原分布的电流共同产生的磁场在边界上满足原来的边界条件。这样，整个空间充满一种均匀磁媒质，其中分布的电流产生的磁场能够满足原来求解区域的边界条件，求解区域内电流的分布保持原样。这就满足了唯一性定理的条件，根据唯一性定理，由求解区域内电流和求解区域外虚设电流在求解区域共同产生的磁场就是原来边界条件下求解区域的磁场。由于求解区域边界具有一定的对称性，边界外区域虚设电流的分布与求解区域中原来电流的分布也具有一定的对称性，所以，这些虚设电流又称为镜像电流。这就是恒定磁场镜像法的原理。

设两种磁媒质分界面为如图 6-5-1 所示的无穷大平面，在第一种磁媒质中放置线电流 I，分别计算两种磁媒质中的磁感应强度。

对于上述问题，用镜像法必须分为两个子问题，每一个子问题的场域中只包含一种磁媒质。这里已知的不是整个求解区域的边界条件，而是两个子问题中两求解区域边界场量的关系，即分界面条件。

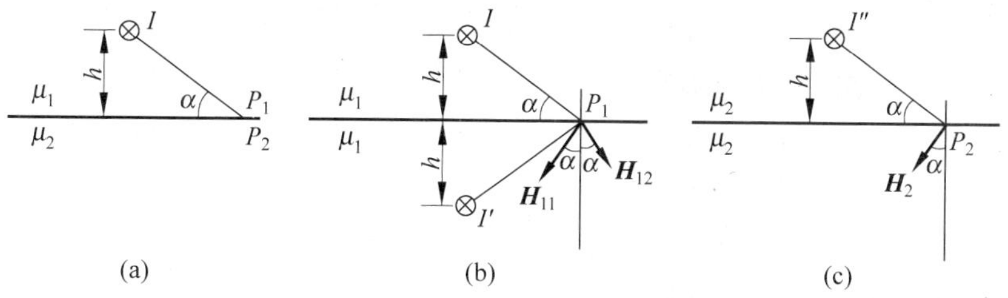

图 6-5-1　线电流关于磁媒质分界平面的镜像

对于第一个子问题，即图 6-5-1(b)，求解区域是上半空间。将下半空间也充满第一种磁媒质并在与线电流 I 对称位置上放一镜像电流 I'。这样在上半空间靠近边界的 P_1 点，有

$$H_{1t}=\frac{I}{2\pi r}\sin\alpha-\frac{I'}{2\pi r}\sin\alpha \tag{6-5-1}$$

$$B_{1n}=\frac{\mu_1 I}{2\pi r}\cos\alpha+\frac{\mu_1 I'}{2\pi r}\cos\alpha \tag{6-5-2}$$

对于第二个子问题，即图 6-5-1(c)，求解区域是下半空间。将上半空间也充满第二种磁媒质，线电流所在位置上放一镜像电流 I''。这样在下半空间靠近边界与 P_1 对应的 P_2 点，有

$$H_{2t}=\frac{I''}{2\pi r}\sin\alpha \tag{6-5-3}$$

$$B_{2n}=\frac{\mu_2 I''}{2\pi r}\cos\alpha \tag{6-5-4}$$

代入分界面条件 $H_{1t}=H_{2t}$，$B_{1n}=B_{2n}$，得方程组

$$\begin{cases}\mu_1(I+I')=\mu_2 I'' \\ I-I'=I''\end{cases} \tag{6-5-5}$$

解上述方程组，得

$$I'=\frac{\mu_2-\mu_1}{\mu_1+\mu_2}I,\quad I''=\frac{2\mu_1}{\mu_1+\mu_2}I \tag{6-5-6}$$

镜像电流位置和数值已确定。由 I 和 I' 可以计算上半空间的磁场；由 I'' 可计算下半空间的磁场。

2. 两种特殊情况

(1) 第一种特殊情况

第一种媒质是空气($\mu_1=\mu_0$)，第二种媒质是铁磁物质。因 $\mu_2\gg\mu_0$，可以认为 $\mu_2\to\infty$。电流放在空气中。这时

$$I'=\frac{\mu_2-\mu_1}{\mu_1+\mu_2}I\approx I,\quad I''=\frac{2\mu_1}{\mu_1+\mu_2}I\approx 0 \tag{6-5-7}$$

因 $I''\approx 0$，在铁磁物质中磁场强度 $\boldsymbol{H}_2\approx 0$。而由于 $\mu_2\to\infty$，磁感应强度 $\boldsymbol{B}_2$ 并不为零。设 R 表示从 I'' 所在位置到铁磁物质中场点的距离，则

$$B_2=\frac{\mu_2}{2\pi R}I''=\frac{\mu_2}{2\pi R}\frac{2\mu_1}{\mu_1+\mu_2}I\approx\frac{\mu_0}{\pi R}I \tag{6-5-8}$$

$\boldsymbol{B}_2$ 的方向为以 I'' 为轴的顺时针方向。

在电流 I 相同情况下，如果将下半空间也换成空气，则对应场点的磁感应强度

$$B'_2=\frac{\mu_0}{2\pi R}I \tag{6-5-9}$$

$\boldsymbol{B}'_2$ 的方向为以 I'' 为轴的顺时针方向。

可以看出，$\boldsymbol{B}_2=2\boldsymbol{B}'_2$。也可以说，没有电流的下半空间由空气换成铁磁物质，其中的磁感应强度将比原来增加一倍。

$\boldsymbol{H}_2=\boldsymbol{0}$，则 $H_{2t}=0$。根据分界条件，$H_{1t}=0$。由原来电流 I 和镜像电流 $I'=I$ 共同产生的磁场在对称的分界面处恰好满足切线分量为零。

图 6-5-2 是用数值方法计算得出的真空(或空气)中两条相反方向线电流在真空(或空气)与导磁媒质($\mu_r=10$)分界面附近产生磁场的磁感应强度线。图 6-5-3 是考虑镜像电流后真空(或空气)中四条线电流产生的磁场。可以看出分界面以上部分磁场与图 6-5-2 相同。图 6-5-4 是考虑镜像电流后，导磁媒质中两条线电流产生的磁场。而此图分界面以下部分与图 6-5-2 相同。

(2) 第二种特殊情况

第一种媒质是铁磁物质，第二种媒质是空气($\mu_2=\mu_0$)。因 $\mu_1\gg\mu_0$，可以认为 $\mu_1\to\infty$。电流放在铁磁物质中。这时

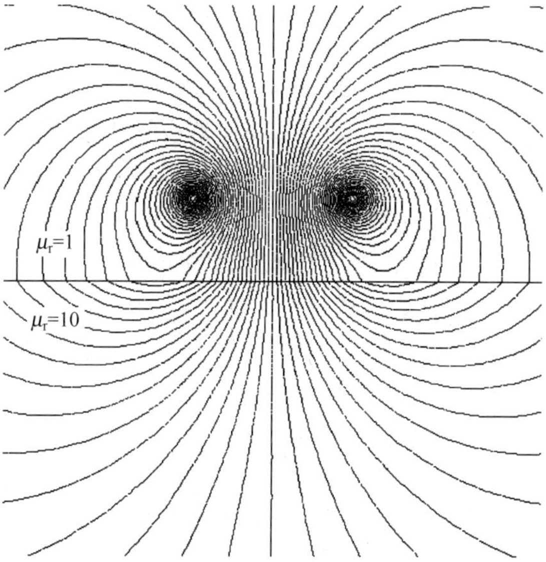

图 6-5-2　两种媒质中的磁场分布

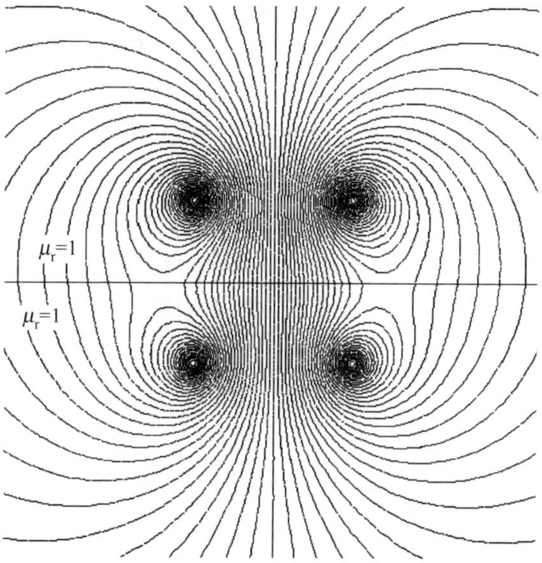

图 6-5-3　上半空间为有效区

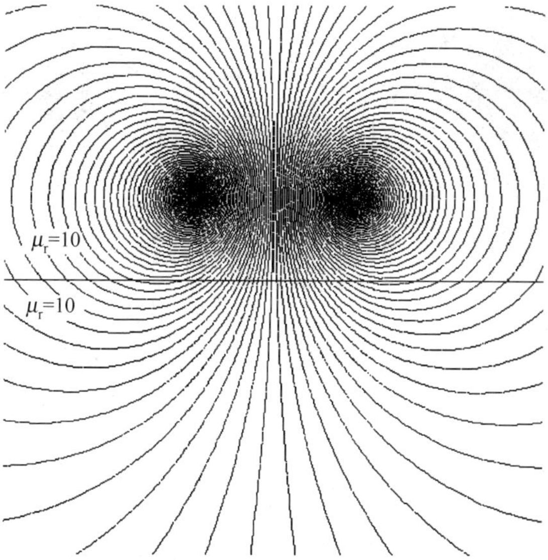

图 6-5-4　下半空间为有效区

$$I' = \frac{\mu_2 - \mu_1}{\mu_1 + \mu_2} I \approx -I, \quad I'' = \frac{2\mu_1}{\mu_1 + \mu_2} I \approx 2I \tag{6-5-10}$$

空气中的磁场强度和磁感应强度分别为

$$H_2 = \frac{I''}{2\pi R} = \frac{2I}{2\pi R}, \quad B_2 = \frac{\mu_0 I''}{2\pi R} = \frac{2\mu_0 I}{2\pi R} \tag{6-5-11}$$

$\boldsymbol{H}_2$ 和 $\boldsymbol{B}_2$ 的方向为以 I''为轴的顺时针方向。

因此,也可以说,有电流的上半空间由空气换成铁磁物质,空气中的磁感应强度将比原来增加一倍。

由式(6-5-11)可知 $H_{2t}\neq 0$。根据分界条件，$H_{1t}\neq 0$。由式(6-5-11)可知 B_{2n} 为有限值，根据分界条件，$B_{1n}=B_{2n}$ 也为有限值，即 $\mu_1 H_{1n}$ 为有限值，而 $\mu_1\rightarrow\infty$，因此必须有 $H_{1n}=0$。由原来电流 I 和镜像电流 $I'=-I$ 共同产生的磁场在对称的分界面处正好满足法线分量为零。

图 6-5-5 是用数值方法计算得出的导磁媒质($\mu_r=10$)中两条相反方向线电流在真空(或空气)与真空(或空气)分界面附近产生磁场的磁感应强度线。图 6-5-6 是考虑镜像电流后真空(或空气)中两条线电流产生的磁场。可以看出分界面以下部分磁场与图 6-5-5 相同。图 6-5-7 是考虑镜像电流后，导磁媒质中四条线电流产生的磁场。而此图分界面以上部分与图 6-5-5 相同。

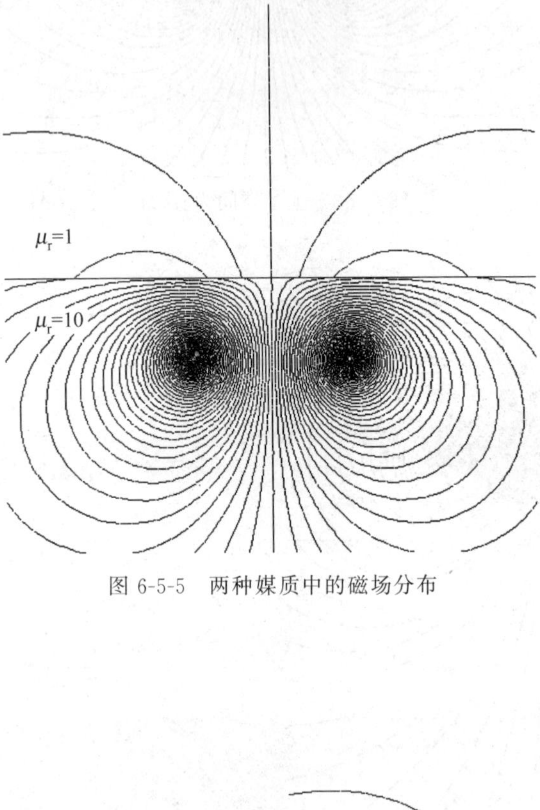

图 6-5-5 两种媒质中的磁场分布

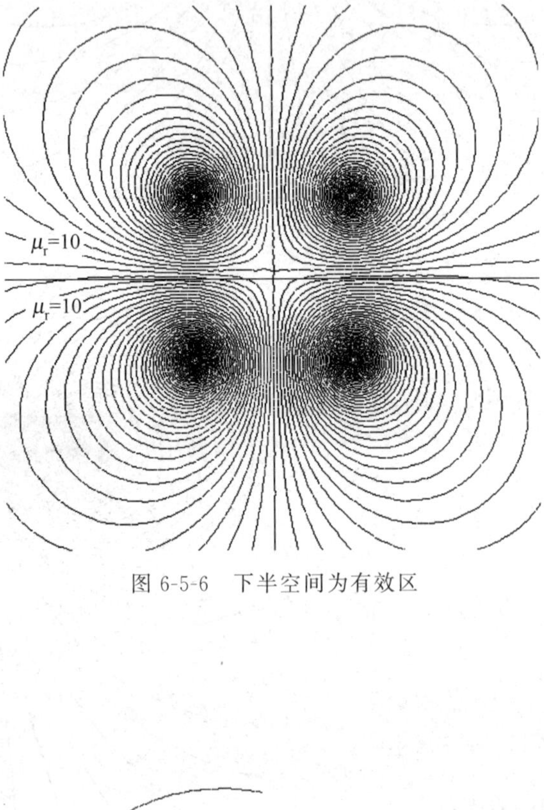

图 6-5-6 下半空间为有效区

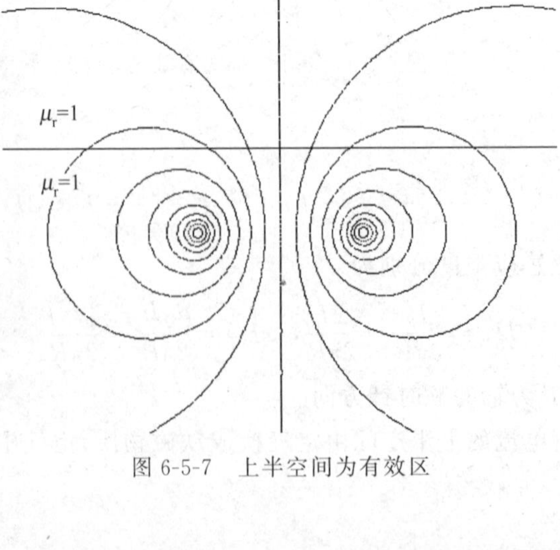

图 6-5-7 上半空间为有效区

例 6-5-1　如图 6-5-8 所示，若有效区为 $\mu=\mu_0$ 的区域，求镜像电流。

解　这里第一种媒质的磁导率为 μ_0，第二种媒质的磁导率为∞。根据镜像法中的第一种特殊情况，为使两个无穷大平面分界面都满足分界面条件（磁场强度切向分量为 0），必须置三个镜像电流，如图 6-5-9 所示。原电流 1 与镜像电流 2 一起满足水平分界面条件（磁场强度切向分量为 0）；原电流 1 与镜像电流 3 满足垂直分界面条件（磁场强度切向分量为 0）。镜像电流 2 与镜像电流 4 满足垂直分界面条件（磁场强度切向分量为 0）；镜像电流 3 与镜像电流 4 满足水平分界面条件（磁场强度切向分量为 0）。四个电流叠加形成的磁场满足水平和垂直两个分界面条件（磁场强度切向分量为 0）。

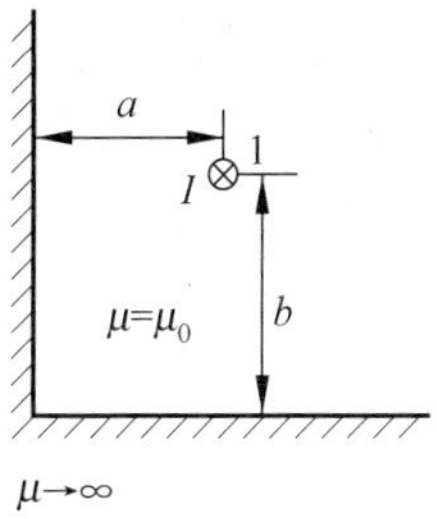

图 6-5-8　磁媒质垂直分界面

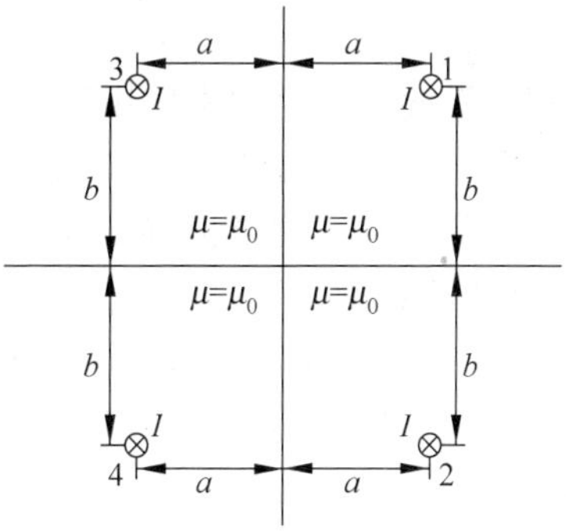

图 6-5-9　关于垂直平面的镜像电流

第7章 电磁场边值问题的数值方法

本章提示

有限元法和边界元法是工程中应用广泛的数值计算方法。它们主要用于求解偏微分方程和积分方程。多年来有限元法和边界元法已经成为电磁场数值计算的主要方法。

有限元法可以从变分原理导出,也可以从加权余量原理导出。前者需要泛函、变分法、欧拉方程、泛函极值等数学知识,推导过程比较复杂。后者相对比较直观,而且应用范围更广,推导过程简单。边界元法可以直接应用加权余量法从边界积分方程导出。因此,作为有限元法和边界元法的基础,本章首先介绍加权余量原理和通过插值法构造近似函数,以二维静电场为例介绍了三角形线性插值有限元法的基本原理和实施过程。以三维和二维静电场为例,讨论多导体系统电位的边界积分方程。应用加权余量原理中的伽辽金法对积分方程进行离散,得三维三角形线性插值边界元算法和二维线段线性插值边界元算法。本章要求理解加权余量概念、重点理解有限元法的基本原理和边界元法的基本原理;了解有限元法和边界元法的实施过程。

7.1 加权余量原理

1. 加权余量的概念

假定有一边值问题满足方程

$$\mathrm{L}u = f \tag{7-1-1}$$

式中,u 为未知函数;L 是算符(算子),表示对 u 的一种运算;f 为已知函数。

为了求出 u,设有一组线性无关的函数 $M_1, M_2, \cdots, M_k, \cdots$,取其前 n 项的线性组合作为 u 的近似解 $\bar{u}$,称为近似函数(又叫试探函数)。若当 $n \to \infty$ 时,有 $\bar{u} \to u$,则称 $M_1, M_2, \cdots, M_j, \cdots$ 为基函数序列,M_j 为基函数。$u_1, u_2, \cdots, u_n$ 为待定系数。u 的近似解表示为

$$\bar{u} = \sum_{j=1}^{n} M_j u_j \tag{7-1-2}$$

后面为了表述方便,直接将近似函数(试探函数)记为 u。将近似解代入方程,得余量

$$R = \mathrm{L}u - f = \sum_{j=1}^{n} u_j \mathrm{L}M_j - f \tag{7-1-3}$$

如果余量为零,说明已经满足方程,即 $\bar{u}$ 是方程的精确解。但一般情况下无法做到余量为零。加权余量法是一类近似方法,本质上讲,是对余量为零约束的适当放松,但强制余量的加权积分为零。即

$$\int_{\Omega} W_i R \, \mathrm{d}\Omega = 0, \quad i = 1,2,\cdots,m \tag{7-1-4}$$

式中,W_i 为权函数,$W_1, W_2, \cdots, W_i, \cdots$ 为权函数序列,权函数之间要求线性无关。权函数的不同选择导致不同的近似方法。

2. 几种加权余量法

(1) 配点法

在求解区域中选取 n 个点 $P_1, P_2, \cdots, P_m$,让方程的余量在这 m 个点上为零。即权函数为

$$W_i = \delta(P, P_i) \tag{7-1-5}$$

$$\int_{\Omega} \delta(P, P_i) R \, \mathrm{d}\Omega = 0 \tag{7-1-6}$$

$$R(P_i) = 0, \quad i = 1,2,\cdots,m \tag{7-1-7}$$

配点法又叫点匹配法。

(2) 子域法

将求解区域划分成 m 个子域,每次选取权函数在一个子域上为1,其他子域上为零,即

$$W_i = \begin{cases} 1, & P \text{ 在子域 } \Omega_i \\ 0, & P \text{ 不在子域 } \Omega_i \end{cases} \tag{7-1-8}$$

$$\int_{\Omega_i} R \, \mathrm{d}\Omega = 0, \quad i = 1,2,\cdots,m \tag{7-1-9}$$

(3) 最小二乘法

按使方程余量平方积分最小选取权函数。令

$$I(u_1, u, \cdots, u_n) = \int_{\Omega} R^2 \, \mathrm{d}\Omega \tag{7-1-10}$$

使 I 最小的条件为

$$\frac{\partial I}{\partial u_i} = 0, \quad i = 1,2,\cdots,m \tag{7-1-11}$$

得

$$\int_{\Omega} R \frac{\partial R}{\partial c_i} \mathrm{d}\Omega = 0 \tag{7-1-12}$$

即权函数为

$$W_i = \frac{\partial R}{\partial c_i}, \quad i = 1,2,\cdots,m \tag{7-1-13}$$

(4) 矩量法

在一维情况下,权函数按如下幂函数序列选取:

$$1, x, x^2, x^3, \cdots, x^k, \cdots \tag{7-1-14}$$

在二维情况下,权函数按如下幂函数序列选取:

$$\begin{array}{c} 1 \\ x, y \\ x^2, xy, y^2 \\ x^3, x^2y, xy^2, y^3 \\ \cdots \end{array} \tag{7-1-15}$$

三维情况,可依次类推。

这里所称的矩量法是一种狭义的矩量法,广义的矩量法基本等同于加权余量法。

(5) 伽辽金法

选取权函数序列与基函数序列相同,即

$$W_i = M_i \tag{7-1-16}$$

$$\int_{\Omega} M_i R \,\mathrm{d}\Omega = 0 \tag{7-1-17}$$

$$\int_{\Omega} M_i \mathrm{L} \sum_{j=1}^{n} M_j \,\mathrm{d}\Omega = \int_{\Omega} M_i f \,\mathrm{d}\Omega, \quad i = 1, 2, \cdots, m \tag{7-1-18}$$

在上述几种加权余量法中,伽辽金法应用最广泛。

7.2 插值法构造近似函数

1. 插值法构造近似函数的基本原理

以一维直线段上分段线性插值为例,讨论用插值法构造近似函数的方法。在区间 $[x_1, x_{n_n}]$ 上构造一个分段线性函数。将区间划分为 n_e 个子区间(线段),称为单元。单元和单元之间连接点以及区间的两个端点,称为节点。节点数为 n_n。假定已知某函数 $u(x)$ 在节点上的值,$u_1, u_2, u_3, \cdots, u_{n_n}$,则利用插值法可以构造一个分段线性函数。如图 7-2-1 所示,坐标轴之下的数字表示节点序号,$n_n = 5$;坐标轴之上带括号的数字表示单元序号,单元数 $n_e = 4$。分段线性插值函数无法直接写出整个区间的表达式,但可以分段写出表达式。

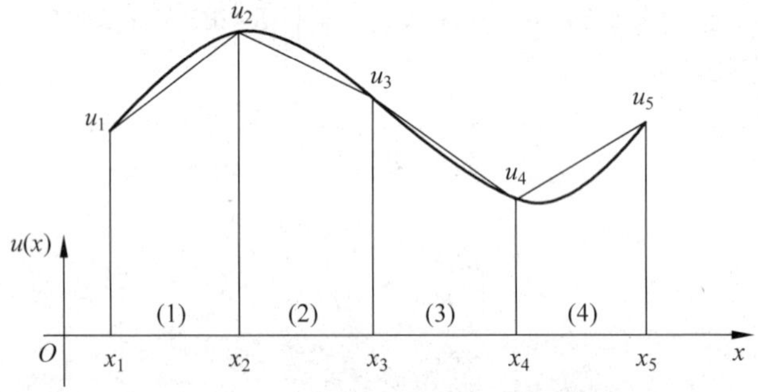

图 7-2-1 一维函数的分段线性插值

设 u 是区间上的函数,在已知一些离散点上函数值的情况下,可以通过插值求得其他点上的函数近似值。具体做法如下。

设 x 位于第 e 个单元的 x_{n_1} 和 x_{n_2} 之间,在 u_{n_1} 和 u_{n_2} 之间用直线代替原来的函数曲线,这就是分段线性插值。从直线上找到插入点 x 对应的函数近似值

$$u = u_{n_1} + \frac{u_{n_2} - u_{n_1}}{x_{n_2} - x_{n_1}}(x - x_{n_1}) \tag{7-2-1}$$

整理,得

$$u = \frac{x_{n_2} - x}{x_{n_2} - x_{n_1}} u_{n_1} + \frac{x - x_{n_1}}{x_{n_2} - x_{n_1}} u_{n_2} \tag{7-2-2}$$

表示成标准形式

$$u = N_1(x)u_{n_1} + N_2(x)u_{n_2} \tag{7-2-3}$$

其中

$$N_1(x) = \frac{x_{n_2} - x}{x_{n_2} - x_{n_1}}, \quad N_2(x) = \frac{x - x_{n_1}}{x_{n_2} - x_{n_1}} \tag{7-2-4}$$

经整理后，标准形式的插值公式具有以下特点。

插值函数由对应第 e 个单元的两个节点的两项组成。每项分别是该节点函数值乘以一个线性函数。节点对应的线性函数，在该节点上的函数值为 1，在另一节点上的函数值为 0。这两个线性函数 $N_1(x)$ 和 $N_2(x)$ 称为形状函数，其表达式与单元形状（长短）有关。

在整个区间上，针对第 n 个节点，定义基函数 $M_n(x)$：当 x 位于与节点 n 相连的单元上，且单元上节点局部编号 j 对应的节点整体编号为 n 时，$M_n(x) = N_j(x)$；当 x 位于与节点 n 不相连的单元上时，$M_n(x) = 0$。用一个表达式可表示为

$$M_n(x) = 0 + \sum_{e=1}^{n_e} \sum_{j=1}^{2} N_j(x) \Big|_{n_{e,j} = n} \tag{7-2-5}$$

式(7-2-5)也可以写成

$$M_n(x) \Big|_{n = n_{e,j}} = 0 + \sum_{e=1}^{n_e} \sum_{j=1}^{2} N_j(x) \tag{7-2-6}$$

式(7-2-5)中，$n_{e,j}$ 表示第 e 个单元的局部第 j 个节点的整体节点号。式(7-2-5)中右侧第一项为 0 表示先在全域内置零，然后叠加形成函数。$M_n(x)$ 与单元的 $N_j(x)$ 之间的关系见图 7-2-2。式(7-2-5)的意思是先给定节点号 n，其对应的基函数 $M_n(x)$ 由满足条件 $n_{e,j} = n$ 的单元及其节点对应的形状函数 $N_j(x)$ 叠加形成。而式(7-2-6)的意思是按单元从头到尾循环，每个单元所有节点循环，将单元节点对应的形状函数叠加到符合条件 $n = n_{e,j}$ 的节点对应的基函数 $M_n(x)$ 上。两个公式最后完成的结果相同，但过程不同。

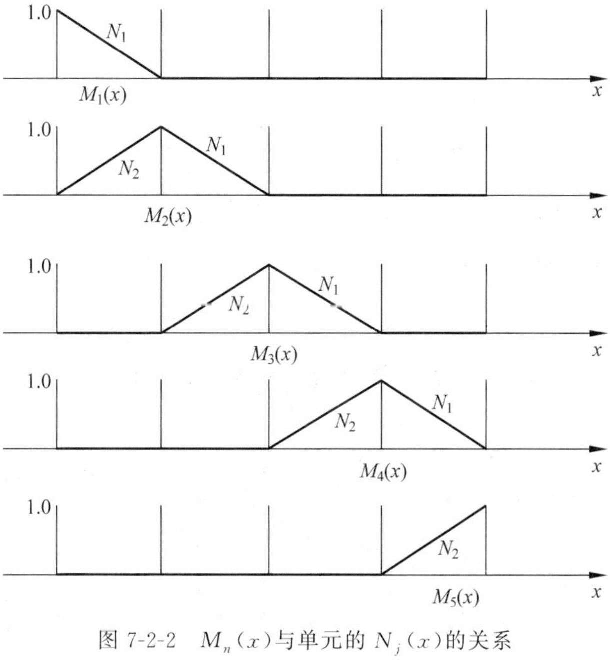

图 7-2-2　$M_n(x)$ 与单元的 $N_j(x)$ 的关系

将单元上的线性插值扩展到整个区域,利用 $M_n(x)$ 与单元的 $N_j(x)$ 的关系,可以得出

$$u = \sum_{n=1}^{n_n} M_n(x) u_n \tag{7-2-7}$$

函数关系见图 7-2-3。

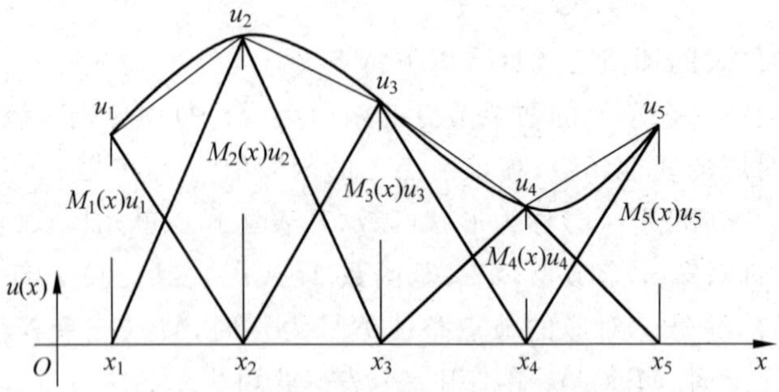

图 7-2-3 $M_n(x)$ 线性组合构造近似函数

现在假定 $u_1, u_2, u_3, \cdots, u_{n_n}$ 为未知量,则 $M_n(x)$ 正是我们要构造的基函数,而式(7-2-7)就是通过插值法构造的近似函数。此近似函数由一组未知量确定,有限元法和边界元法中都需要构造未知函数(近似函数),且形式如式(7-2-7)。

式(7-2-5)和式(7-2-6)完整表示了基函数与单元的形状函数之间的关系。这种关系可以用来将微分方程和积分方程的加权余量方程离散为有限元方程或边界元方程。

以上以一维分段线性插值为例,讨论了单元形状函数、近似函数的基函数以及二者之间的关系。通过插值法构造了近似函数。这种构造近似函数的方法可以直接推广到二维和三维情况。后面将讨论一维、二维和三维情况下的几种基本单元。在这些场域的近似函数构造中,基函数与单元形状函数之间的关系与式(7-2-5)和式(7-2-6)基本相同。考虑到不同维数场域的坐标不同,不同类型单元上节点数可能不同,设单元的节点数为 n_p,则基函数与单元的形状函数的关系统一表示为

$$M_n(x, \cdots) = 0 + \sum_{e=1}^{n_e} \sum_{j=1}^{n_p} N_j(x, \cdots) \Big|_{n_{e,j}=n} \tag{7-2-8}$$

$$M_n(x, \cdots) \big|_{n=n_{e,j}} = 0 + \sum_{e=1}^{n_e} \sum_{j=1}^{n_p} N_j(x, \cdots) \tag{7-2-9}$$

2. 一维线单元线性插值

(1) 单元简介

如图 7-2-4 所示,这种单元是在 x 轴上的线段区域分段得到。单元形状为沿 x 轴的直线段,每个单元有 2 个节点。1 个节点最多可以连接 2 个单元。

(2) 函数插值公式

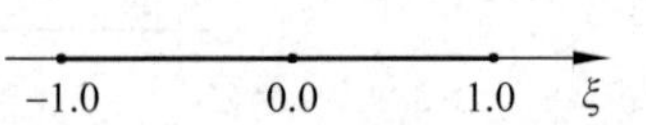

图 7-2-4 一维标准单元局部坐标系

为了将函数插值系统化,建立局部坐标系。以 ξ 表示局部坐标。在局部坐标系中,设置标准单元。在标准单元中,节点 1 的局部坐标 $\xi_1 = -1$,节点 2 的局部坐标 $\xi_2 = 1$。设函数 u 在两节点之间的局部坐标系中仍然是线性插值函数,则插值公式可表示为

$$u = \frac{1}{2}(1 - \xi)u_1 + \frac{1}{2}(1 + \xi)u_2 \tag{7-2-10}$$

写成通用公式

$$u = \frac{1}{2}(1 + \xi_1\xi)u_1 + \frac{1}{2}(1 + \xi_2\xi)u_2 \tag{7-2-11}$$

在局部坐标系中，形状函数表示为

$$N_i(\xi) = \frac{1}{2}(1 + \xi_i\xi), \quad i = 1,2 \tag{7-2-12}$$

整体坐标系中的不同单元转换到局部坐标系中的标准单元。在局部坐标系中，标准单元只有一个，两个节点对应的形状函数是确定的。不同单元与标准单元之间的关系是一种对应关系。一个整体坐标系中的单元与局部坐标系中标准单元之间由坐标变换相联系。

(3) 坐标变换

整体坐标系中的实际单元如图 7-2-5 所示，与局部坐标系中的标准单元需要建立坐标变换。一种简单的方法就是将整体坐标 x 看作局部坐标 ξ 的函数，将前述函数插值公式应用于 x，即 $f(\xi)=x$，可得到一种坐标变换公式。这种坐标变换公式用到与函数插值同样的形状函数，因此叫作等参变换。在线性插值等参变换中，实际单元按比例变换到标准单元。例如实际单元两端点分别变换到标准单元的两端点，实际单元的中点变换到标准单元的中点。

图 7-2-5　一维实际单元整体坐标系

坐标变换公式如下：

$$x = N_1(\xi)x_1 + N_2(\xi)x_2 \tag{7-2-13}$$

将形状函数代入，得

$$x = \frac{1}{2}(1 + \xi_1\xi)x_1 + \frac{1}{2}(1 + \xi_2\xi)x_2 \tag{7-2-14}$$

引入局部坐标系及其标准单元，主要是为复杂的插值计算提供一条通用的标准化途径。

(4) 插值函数的求导运算

坐标变换建立以后，形状函数与整体坐标也具有了对应关系。或者说，插值函数与整体坐标具有了函数关系。插值函数在整体坐标系和局部坐标系的导数也存在变换关系，根据求导规则有

$$\frac{dN_1(\xi)}{d\xi} = \frac{dN_1(\xi)}{dx}\frac{dx}{d\xi} \tag{7-2-15}$$

$$\frac{dN_2(\xi)}{d\xi} = \frac{dN_2(\xi)}{dx}\frac{dx}{d\xi} \tag{7-2-16}$$

整理，得

$$\frac{dN_1(\xi)}{dx} = \left(\frac{dx}{d\xi}\right)^{-1}\frac{dN_1(\xi)}{d\xi} \tag{7-2-17}$$

$$\frac{dN_2(\xi)}{dx} = \left(\frac{dx}{d\xi}\right)^{-1}\frac{dN_2(\xi)}{d\xi} \tag{7-2-18}$$

形状函数对整体坐标的导数在单元上也为常数，只与单元两个节点的整体坐标值有关。

(5) 单元积分的变换

$$\mathrm{d}x=\frac{\mathrm{d}x}{\mathrm{d}\xi}\mathrm{d}\xi \tag{7-2-19}$$

令 $D_e=\dfrac{\mathrm{d}x}{\mathrm{d}\xi}$,称为雅克比行列式,则

$$\mathrm{d}x=D_e\,\mathrm{d}\xi \tag{7-2-20}$$

$$D_e=\frac{\mathrm{d}x}{\mathrm{d}\xi}=\frac{\mathrm{d}N_1(\xi)}{\mathrm{d}\xi}x_1+\frac{\mathrm{d}N_2(\xi)}{\mathrm{d}\xi}x_2 \tag{7-2-21}$$

也可表示为

$$D_e=\begin{bmatrix}\dfrac{\mathrm{d}N_1(\xi)}{\mathrm{d}\xi} & \dfrac{\mathrm{d}N_2(\xi)}{\mathrm{d}\xi}\end{bmatrix}\begin{bmatrix}x_1\\x_2\end{bmatrix} \tag{7-2-22}$$

其中

$$\begin{bmatrix}\dfrac{\mathrm{d}N_1(\xi)}{\mathrm{d}\xi} & \dfrac{\mathrm{d}N_2(\xi)}{\mathrm{d}\xi}\end{bmatrix}=\begin{bmatrix}\dfrac{\xi_1}{2} & \dfrac{\xi_2}{2}\end{bmatrix}=\begin{bmatrix}-\dfrac{1}{2} & \dfrac{1}{2}\end{bmatrix} \tag{7-2-23}$$

因此

$$D_e=\frac{1}{2}(x_2-x_1) \tag{7-2-24}$$

$$\mathrm{d}x=\frac{1}{2}(x_2-x_1)\mathrm{d}\xi \tag{7-2-25}$$

3. 二维曲线分段线性插值

(1) 单元简介

如图 7-2-6 所示,将平面上的曲线分段(单元),用直线段代替,这种单元可以近似划分二维平面上的曲线。单元为一线段,具有 2 个节点。二维有限元法的边界条件和二维边界元法用到这种单元。

作为二维有限元法的边界条件所用单元,这种单元可以与场域内二维三角形线性插值单元配合使用。一个二维线单元实际上就是三角形面单元上的一条边。

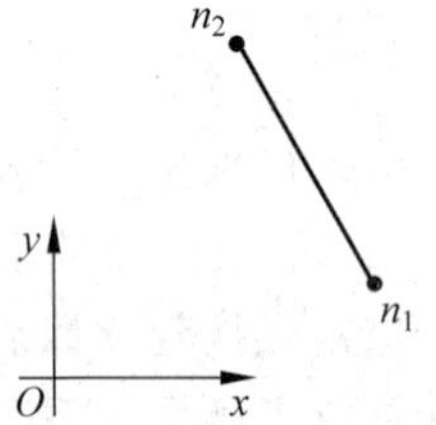

图 7-2-6　二维实际单元整体坐标系

(2) 插值公式

标准单元与一维线单元相同,在标准单元上由局部坐标构造插值函数

$$u=N_1(\xi)u_1+N_2(\xi)u_2 \tag{7-2-26}$$

将形状函数代入得

$$u=\frac{1}{2}(1+\xi_1\xi)u_1+\frac{1}{2}(1+\xi_2\xi)u_2 \tag{7-2-27}$$

(3) 坐标变换

将等参变换用于二维整体坐标,整体坐标与局部坐标的关系为

$$\begin{aligned}x&=N_1(\xi)x_1+N_2(\xi)x_2\\&=\frac{1}{2}(1+\xi_1\xi)x_1+\frac{1}{2}(1+\xi_2\xi)x_2\end{aligned}$$

$$=\frac{1}{2}(1-\xi)x_1+\frac{1}{2}(1+\xi)x_2 \tag{7-2-28}$$

$$y=N_1(\xi)y_1+N_2(\xi)y_2$$
$$=\frac{1}{2}(1+\xi_1\xi)y_1+\frac{1}{2}(1+\xi_2\xi)y_2$$
$$=\frac{1}{2}(1-\xi)y_1+\frac{1}{2}(1+\xi)y_2 \tag{7-2-29}$$

(4) 单元切向量

一个单元从节点 1 到节点 2,构成这个单元的切线:

$$\mathrm{d}\boldsymbol{l}=\mathrm{d}x\boldsymbol{e}_x+\mathrm{d}y\boldsymbol{e}_y \tag{7-2-30}$$

$$\mathrm{d}\boldsymbol{l}=\left(\frac{\mathrm{d}x}{\mathrm{d}\xi}\boldsymbol{e}_x+\frac{\mathrm{d}y}{\mathrm{d}\xi}\boldsymbol{e}_y\right)\mathrm{d}\xi \tag{7-2-31}$$

$$\boldsymbol{e}_{\mathrm{t}}=\frac{\mathrm{d}\boldsymbol{l}}{\mathrm{d}l} \tag{7-2-32}$$

(5) 单元法向量

二维曲线上线单元的法向量是平面内的法向量,考虑到法向量与 $\boldsymbol{e}_z$ 和 $\boldsymbol{e}_{\mathrm{t}}$ 垂直,假设人沿线行走,切线方向为正前方,则法向量指向右侧方向。用矢量关系表示为

$$\boldsymbol{e}_{\mathrm{n}}=\boldsymbol{e}_{\mathrm{t}}\times\boldsymbol{e}_z \tag{7-2-33}$$

$$\mathrm{d}l\boldsymbol{e}_{\mathrm{n}}=\left(\frac{\mathrm{d}y}{\mathrm{d}\xi}\boldsymbol{e}_x-\frac{\mathrm{d}x}{\mathrm{d}\xi}\boldsymbol{e}_y\right)\mathrm{d}\xi \tag{7-2-34}$$

(6) 单元积分的变换

在单元上做线积分,积分中线段微元的变换

$$\mathrm{d}\boldsymbol{l}=\mathrm{d}x\boldsymbol{e}_x+\mathrm{d}y\boldsymbol{e}_y \tag{7-2-35}$$

$$\mathrm{d}l_\xi\boldsymbol{e}_{l_\xi}=\frac{\mathrm{d}x}{\mathrm{d}\xi}\mathrm{d}\xi\boldsymbol{e}_x+\frac{\mathrm{d}y}{\mathrm{d}\xi}\mathrm{d}\xi\boldsymbol{e}_y \tag{7-2-36}$$

$\mathrm{d}l_\xi$ 为因 $\mathrm{d}\xi$ 引起的 $\mathrm{d}l$,$\boldsymbol{e}_{l_\xi}$ 为因 $\mathrm{d}\xi$ 引起的 $\boldsymbol{e}_l$。这里局部坐标只有 ξ,所以 $\mathrm{d}l_\xi=\mathrm{d}l$,$\boldsymbol{e}_{l_\xi}=\boldsymbol{e}_l$。有

$$\mathrm{d}l=\sqrt{(\mathrm{d}x)^2+(\mathrm{d}y)^2} \tag{7-2-37}$$

$$\mathrm{d}l=\sqrt{\left(\frac{\mathrm{d}x}{\mathrm{d}\xi}\right)^2+\left(\frac{\mathrm{d}y}{\mathrm{d}\xi}\right)^2}\mathrm{d}\xi \tag{7-2-38}$$

令 $D_e=\sqrt{\left(\frac{\mathrm{d}x}{\mathrm{d}\xi}\right)^2+\left(\frac{\mathrm{d}y}{\mathrm{d}\xi}\right)^2}$,称为雅克比行列式,则

$$\mathrm{d}l=D_e\mathrm{d}\xi \tag{7-2-39}$$

$$\mathrm{d}l=\frac{1}{2}\sqrt{(x_2-x_1)^2+(y_2-y_1)^2}\mathrm{d}\xi \tag{7-2-40}$$

4. 二维平面三角形分片线性插值

(1) 单元简介

用这种单元可以划分二维平面区域。标准单元形状为直角三角形,如图 7-2-7 所示。

整体坐标系下的实际三角形单元如图 7-2-8 所示，原则上形状任意，具有 3 个节点。但为保证插值法构造近似函数的精度，要求三角形的三条边长尽量接近，三个内角大小尽量接近。二维有限元法中用到这种单元。

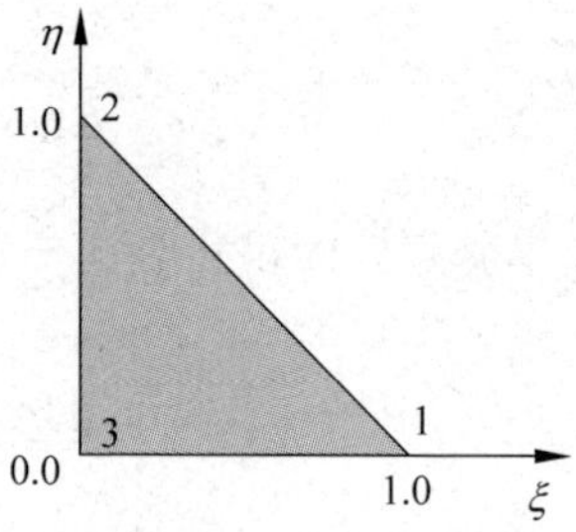

图 7-2-7　二维标准单元局部坐标系

(2) 插值公式

图片：形状函数 N_1

将平面上任意三角形转换到标准三角形，在标准三角形单元局部坐标系下构造线性插值函数

$$u=N_1(\xi,\eta)u_1+N_2(\xi,\eta)u_2+N_3(\xi,\eta)u_3 \tag{7-2-41}$$

图片：形状函数 N_2

其中，形状函数为

$$N_1(\xi,\eta)=\xi \tag{7-2-42}$$

$$N_2(\xi,\eta)=\eta \tag{7-2-43}$$

$$N_3(\xi,\eta)=1-\xi-\eta \tag{7-2-44}$$

ξ 和 η 为局部坐标。

(3) 坐标变换

图片：形状函数 N_3

如图 7-2-8 所示，已知 3 个节点的整体坐标，根据等参单元的坐标变换，单元内部的整体坐标与局部坐标的关系为

$$\begin{aligned}x&=N_1(\xi,\eta)x_1+N_2(\xi,\eta)x_2+N_3(\xi,\eta)x_3\\&=\xi x_1+\eta x_2+(1-\xi-\eta)x_3\end{aligned} \tag{7-2-45}$$

$$\begin{aligned}y&=N_1(\xi,\eta)y_1+N_2(\xi,\eta)y_2+N_3(\xi,\eta)y_3\\&=\xi y_1+\eta y_2+(1-\xi-\eta)y_3\end{aligned} \tag{7-2-46}$$

整体坐标对局部坐标的导数为

$$\begin{aligned}\begin{bmatrix}\dfrac{\partial x}{\partial \xi} & \dfrac{\partial y}{\partial \xi}\\ \dfrac{\partial x}{\partial \eta} & \dfrac{\partial y}{\partial \eta}\end{bmatrix}&=\begin{bmatrix}1 & 0 & -1\\ 0 & 1 & -1\end{bmatrix}\begin{bmatrix}x_1 & y_1\\ x_2 & y_2\\ x_3 & y_3\end{bmatrix}\\&=\begin{bmatrix}x_1-x_3 & y_1-y_3\\ x_2-x_3 & y_2-y_3\end{bmatrix}\end{aligned} \tag{7-2-47}$$

上述矩阵称为雅克比矩阵。

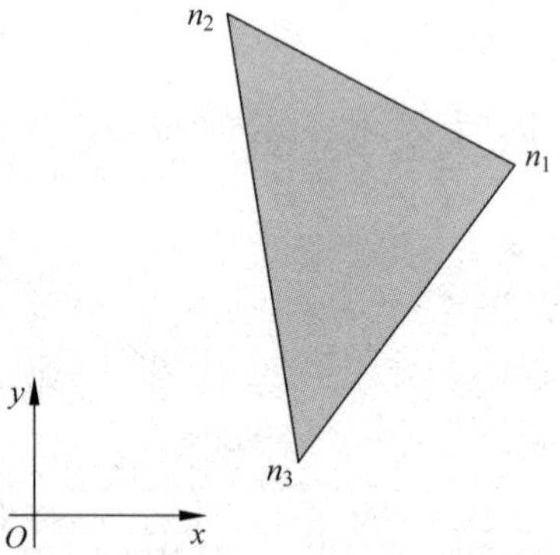

图 7-2-8　二维实际单元整体坐标系

(4) 求导变换

形状函数对整体坐标的导数与对局部坐标的导数之间的变换为

$$\begin{bmatrix}\dfrac{\partial N_i}{\partial \xi}\\ \dfrac{\partial N_i}{\partial \eta}\end{bmatrix}=\begin{bmatrix}\dfrac{\partial N_i}{\partial x}\dfrac{\partial x}{\partial \xi}+\dfrac{\partial N_i}{\partial y}\dfrac{\partial y}{\partial \xi}\\ \dfrac{\partial N_i}{\partial x}\dfrac{\partial x}{\partial \eta}+\dfrac{\partial N_i}{\partial y}\dfrac{\partial y}{\partial \eta}\end{bmatrix}=\begin{bmatrix}\dfrac{\partial x}{\partial \xi} & \dfrac{\partial y}{\partial \xi}\\ \dfrac{\partial x}{\partial \eta} & \dfrac{\partial y}{\partial \eta}\end{bmatrix}\begin{bmatrix}\dfrac{\partial N_i}{\partial x}\\ \dfrac{\partial N_i}{\partial y}\end{bmatrix} \tag{7-2-48}$$

$$\begin{bmatrix}\dfrac{\partial N_i}{\partial x}\\ \dfrac{\partial N_i}{\partial y}\end{bmatrix}=\begin{bmatrix}\dfrac{\partial x}{\partial \xi} & \dfrac{\partial y}{\partial \xi}\\ \dfrac{\partial x}{\partial \eta} & \dfrac{\partial y}{\partial \eta}\end{bmatrix}^{-1}\begin{bmatrix}\dfrac{\partial N_i}{\partial \xi}\\ \dfrac{\partial N_i}{\partial \eta}\end{bmatrix}=\frac{\begin{bmatrix}y_2-y_3 & y_3-y_1\\ x_3-x_2 & x_1-x_3\end{bmatrix}\begin{bmatrix}\dfrac{\partial N_i}{\partial \xi}\\ \dfrac{\partial N_i}{\partial \eta}\end{bmatrix}}{(x_1-x_3)(y_2-y_3)-(y_1-y_3)(x_2-x_3)} \tag{7-2-49}$$

式(7-2-49)是用代数余子式求矩阵的逆，$\boldsymbol{A}^{-1}=\dfrac{\boldsymbol{A}^*}{|A|}$，$A_{i,j}^*=A_{j,i}$。将形状函数对局部坐标的导数代入，得

$$\begin{bmatrix}\dfrac{\partial N_1}{\partial x}\\ \dfrac{\partial N_1}{\partial y}\end{bmatrix}=\frac{\begin{bmatrix}y_2-y_3 & y_3-y_1\\ x_3-x_2 & x_1-x_3\end{bmatrix}\begin{bmatrix}1\\ 0\end{bmatrix}}{(x_1-x_3)(y_2-y_3)-(y_1-y_3)(x_2-x_3)}=\begin{bmatrix}\dfrac{y_2-y_3}{2\Delta}\\ -\dfrac{x_2-x_3}{2\Delta}\end{bmatrix} \tag{7-2-50}$$

$$\begin{bmatrix}\dfrac{\partial N_2}{\partial x}\\ \dfrac{\partial N_2}{\partial y}\end{bmatrix}=\frac{\begin{bmatrix}y_2-y_3 & y_3-y_1\\ x_3-x_2 & x_1-x_3\end{bmatrix}\begin{bmatrix}0\\ 1\end{bmatrix}}{(x_1-x_3)(y_2-y_3)-(y_1-y_3)(x_2-x_3)}=\begin{bmatrix}\dfrac{y_3-y_1}{2\Delta}\\ -\dfrac{x_3-x_1}{2\Delta}\end{bmatrix} \tag{7-2-51}$$

$$\begin{bmatrix}\dfrac{\partial N_3}{\partial x}\\ \dfrac{\partial N_3}{\partial y}\end{bmatrix}=\frac{\begin{bmatrix}y_2-y_3 & y_3-y_1\\ x_3-x_2 & x_1-x_3\end{bmatrix}\begin{bmatrix}-1\\ -1\end{bmatrix}}{(x_1-x_3)(y_2-y_3)-(y_1-y_3)(x_2-x_3)}=\begin{bmatrix}\dfrac{y_1-y_2}{2\Delta}\\ -\dfrac{x_1-x_2}{2\Delta}\end{bmatrix} \tag{7-2-52}$$

雅克比行列式在单元上为常数，该常数只与单元三个节点的整体坐标值有关，其数值是三角形面积 Δ 的 2 倍。

形状函数对整体坐标的导数在单元上也是常数，只与单元三个节点的整体坐标值有关。

(5) 单元积分的变换

如图 7-2-9 所示，在整体坐标系中，计算单元上的面积元

$$\mathrm{d}\boldsymbol{S}=\mathrm{d}l_\xi\boldsymbol{e}_\xi\times\mathrm{d}l_\eta\boldsymbol{e}_\eta \tag{7-2-53}$$

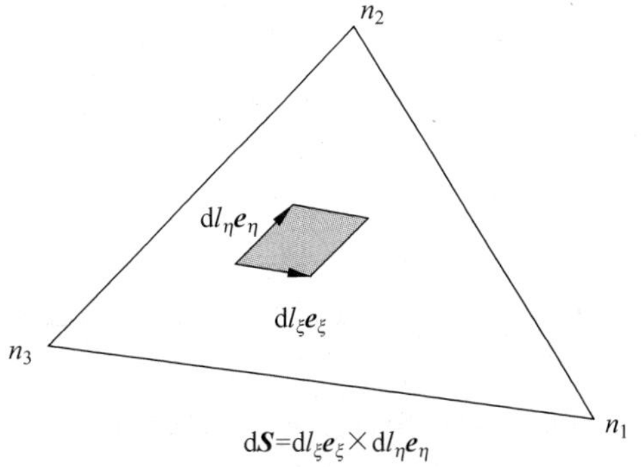

图 7-2-9　面积元转换

式中，$\mathrm{d}l_\xi\boldsymbol{e}_\xi$ 是由于 $\mathrm{d}\xi$ 引起的整体坐标系中的线段元矢量；$\mathrm{d}l_\eta\boldsymbol{e}_\eta$ 是由于 $\mathrm{d}\eta$ 引起的整体坐标系中的线段元矢量。两矢量叉乘为平行四边形的面积，该面积对应于局部坐标系的 $\mathrm{d}\xi\mathrm{d}\eta$。根据坐标变换，可得

$$\mathrm{d}l_\xi\boldsymbol{e}_\xi=\frac{\partial x}{\partial \xi}\mathrm{d}\xi\boldsymbol{e}_x+\frac{\partial y}{\partial \xi}\mathrm{d}\xi\boldsymbol{e}_y \tag{7-2-54}$$

$$\mathrm{d}l_\eta\boldsymbol{e}_\eta=\frac{\partial x}{\partial \eta}\mathrm{d}\eta\boldsymbol{e}_x+\frac{\partial y}{\partial \eta}\mathrm{d}\eta\boldsymbol{e}_y \tag{7-2-55}$$

$$\mathrm{d}\boldsymbol{S}=\left(\frac{\partial x}{\partial \xi}\boldsymbol{e}_x+\frac{\partial y}{\partial \xi}\boldsymbol{e}_y\right)\times\left(\frac{\partial x}{\partial \eta}\boldsymbol{e}_x+\frac{\partial y}{\partial \eta}\boldsymbol{e}_y\right)\mathrm{d}\xi\mathrm{d}\eta \tag{7-2-56}$$

$$\mathrm{d}\boldsymbol{S}=\left(\frac{\partial x}{\partial \xi}\frac{\partial y}{\partial \eta}-\frac{\partial y}{\partial \xi}\frac{\partial x}{\partial \eta}\right)\mathrm{d}\xi\mathrm{d}\eta\boldsymbol{e}_z \tag{7-2-57}$$

$$\mathrm{d}S=\left(\frac{\partial x}{\partial \xi}\frac{\partial y}{\partial \eta}-\frac{\partial y}{\partial \xi}\frac{\partial x}{\partial \eta}\right)\mathrm{d}\xi\mathrm{d}\eta \tag{7-2-58}$$

$$D_e=\frac{\partial x}{\partial \xi}\frac{\partial y}{\partial \eta}-\frac{\partial y}{\partial \xi}\frac{\partial x}{\partial \eta} \tag{7-2-59}$$

D_e 称为面单元的雅克比行列式，对应的雅克比矩阵为

$$\begin{bmatrix}\frac{\partial x}{\partial \xi} & \frac{\partial y}{\partial \xi}\\ \frac{\partial x}{\partial \eta} & \frac{\partial y}{\partial \eta}\end{bmatrix}=\begin{bmatrix}\frac{\partial N_1}{\partial \xi} & \frac{\partial N_2}{\partial \xi} & \frac{\partial N_3}{\partial \xi}\\ \frac{\partial N_1}{\partial \eta} & \frac{\partial N_2}{\partial \eta} & \frac{\partial N_3}{\partial \eta}\end{bmatrix}\begin{bmatrix}x_1 & y_1\\ x_2 & y_2\\ x_3 & y_3\end{bmatrix} \tag{7-2-60}$$

$$\begin{bmatrix}\frac{\partial N_1}{\partial \xi} & \frac{\partial N_2}{\partial \xi} & \frac{\partial N_3}{\partial \xi}\\ \frac{\partial N_1}{\partial \eta} & \frac{\partial N_2}{\partial \eta} & \frac{\partial N_3}{\partial \eta}\end{bmatrix}=\begin{bmatrix}1 & 0 & -1\\ 0 & 1 & -1\end{bmatrix} \tag{7-2-61}$$

计算行列式的值：

$$D_e=(x_1-x_3)(y_2-y_3)-(y_1-y_3)(x_2-x_3) \tag{7-2-62}$$

从几何意义上看，D_e 为三角形两相邻边矢量叉乘所得新矢量的模，其数值是三角形面积 Δ 的 2 倍。

(6) 面积坐标和解析积分公式

下面讨论局部坐标的几何意义。

如图 7-2-10 所示，在标准三角形单元取一点 P，在整体坐标系实际单元上的对应点为 P'，将 P' 与 n_1、n_2 和 n_3 直线相连，便会在原三角形单元内构成三个小三角形，以 Δ_1 表示 $\Delta P'n_2n_3$ 的面积，以 Δ_2 表示 $\Delta P'n_3n_1$ 的面积，以 Δ_3 表示 $\Delta P'n_1n_2$ 的面积，以 Δ 表示 $\Delta n_1n_2n_3$ 的面积。设

$$\xi=\frac{\Delta_1}{\Delta},\quad \eta=\frac{\Delta_2}{\Delta},\quad \zeta=\frac{\Delta_3}{\Delta} \tag{7-2-63}$$

ξ、η、ζ 称为面积坐标。联系局部坐标的特点，不难得出：

ξ、η 就是标准三角形的两个局部坐标。这三个面积坐标不是相互独立的，有

$$\zeta=1-\xi-\eta \tag{7-2-64}$$

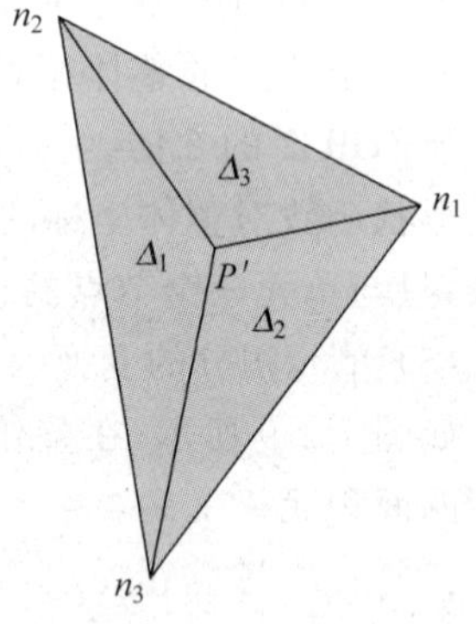

图 7-2-10　面积坐标

以面积坐标表示函数，如果可以表示为幂函数，则在三角形单元上有如下解析积分公式：

$$\iint_{\Omega_e}\xi^l\eta^m\zeta^n\,\mathrm{d}\xi\mathrm{d}\eta=\frac{l!\ m!\ n!}{(l+m+n+2)!} \tag{7-2-65}$$

5. 三维空间三角形分片线性插值法

(1) 单元简介

用这种单元可以近似划分三维曲面。标准单元与二维三角形标准单元相同,在局部坐标系中,形状为直角三角形。实际三角形单元是三维空间的任意三角形,具有 3 个节点。如图 7-2-11 所示,为保证插值函数的精度,划分实际三角形单元仍然要求尽量保持三条边长度接近,三个内角的大小接近。三维边界元法用到这种单元。

(2) 插值公式

在局部坐标系下,构造三角形标准单元线性插值公式

$$u = N_1(\xi,\eta)u_1 + N_2(\xi,\eta)u_2 + N_3(\xi,\eta)u_3 \tag{7-2-66}$$

其中,形状函数为

$$N_1(\xi,\eta) = \xi \tag{7-2-67}$$

$$N_2(\xi,\eta) = \eta \tag{7-2-68}$$

$$N_3(\xi,\eta) = 1 - \xi - \eta \tag{7-2-69}$$

(3) 坐标变换

等参单元的坐标变换如图 7-2-11 所示,已知 3 个节点的整体坐标值,单元内部的整体坐标与局部坐标的关系为

$$\begin{aligned} x &= N_1(\xi,\eta)x_1 + N_2(\xi,\eta)x_2 + N_3(\xi,\eta)x_3 \\ &= \xi x_1 + \eta x_2 + (1-\xi-\eta)x_3 \end{aligned} \tag{7-2-70}$$

$$\begin{aligned} y &= N_1(\xi,\eta)y_1 + N_2(\xi,\eta)y_2 + N_3(\xi,\eta)y_3 \\ &= \xi y_1 + \eta y_2 + (1-\xi-\eta)y_3 \end{aligned} \tag{7-2-71}$$

$$\begin{aligned} z &= N_1(\xi,\eta)z_1 + N_2(\xi,\eta)z_2 + N_3(\xi,\eta)z_3 \\ &= \xi z_1 + \eta z_2 + (1-\xi-\eta)z_3 \end{aligned} \tag{7-2-72}$$

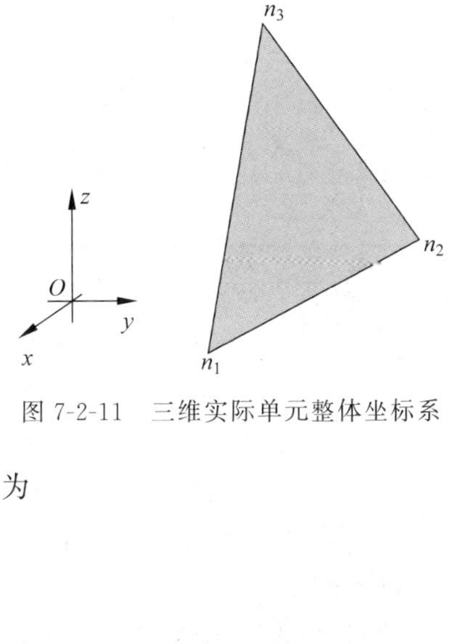

图 7-2-11　三维实际单元整体坐标系

整体坐标对局部坐标的导数为

$$\begin{bmatrix} \frac{\partial x}{\partial \xi} & \frac{\partial y}{\partial \xi} & \frac{\partial z}{\partial \xi} \\ \frac{\partial x}{\partial \eta} & \frac{\partial y}{\partial \eta} & \frac{\partial z}{\partial \eta} \end{bmatrix} = \begin{bmatrix} \frac{\partial N_1}{\partial \xi} & \frac{\partial N_2}{\partial \xi} & \frac{\partial N_3}{\partial \xi} \\ \frac{\partial N_1}{\partial \eta} & \frac{\partial N_2}{\partial \eta} & \frac{\partial N_3}{\partial \eta} \end{bmatrix} \begin{bmatrix} x_1 & y_1 & z_1 \\ x_2 & y_2 & z_2 \\ x_3 & y_3 & z_3 \end{bmatrix} \tag{7-2-73}$$

将形状函数代入,得

$$\begin{bmatrix} \frac{\partial N_1}{\partial \xi} & \frac{\partial N_2}{\partial \xi} & \frac{\partial N_3}{\partial \xi} \\ \frac{\partial N_1}{\partial \eta} & \frac{\partial N_2}{\partial \eta} & \frac{\partial N_3}{\partial \eta} \end{bmatrix} = \begin{bmatrix} 1 & 0 & -1 \\ 0 & 1 & -1 \end{bmatrix} \tag{7-2-74}$$

代回式(7-2-73),得

$$\begin{bmatrix} \frac{\partial x}{\partial \xi} & \frac{\partial y}{\partial \xi} & \frac{\partial z}{\partial \xi} \\ \frac{\partial x}{\partial \eta} & \frac{\partial y}{\partial \eta} & \frac{\partial z}{\partial \eta} \end{bmatrix} = \begin{bmatrix} 1 & 0 & -1 \\ 0 & 1 & -1 \end{bmatrix} \begin{bmatrix} x_1 & y_1 & z_1 \\ x_2 & y_2 & z_2 \\ x_3 & y_3 & z_3 \end{bmatrix} = \begin{bmatrix} x_1 - x_3 & y_1 - y_3 & z_1 - z_3 \\ x_2 - x_3 & y_2 - y_3 & z_2 - z_3 \end{bmatrix} \tag{7-2-75}$$

上式计算得出了6个偏导数。

(4) 单元法向量

与二维三角形单元类似,有

$$\mathrm{d}\boldsymbol{S} = \mathrm{d}l_{\xi}\boldsymbol{e}_{\xi} \times \mathrm{d}l_{\eta}\boldsymbol{e}_{\eta} \tag{7-2-76}$$

将坐标变换代入,得

$$\mathrm{d}\boldsymbol{S} = \left(\frac{\partial x}{\partial \xi}\boldsymbol{e}_x + \frac{\partial y}{\partial \xi}\boldsymbol{e}_y + \frac{\partial z}{\partial \xi}\boldsymbol{e}_z\right)\mathrm{d}\xi \times \left(\frac{\partial x}{\partial \eta}\boldsymbol{e}_x + \frac{\partial y}{\partial \eta}\boldsymbol{e}_y + \frac{\partial z}{\partial \eta}\boldsymbol{e}_z\right)\mathrm{d}\eta \tag{7-2-77}$$

$$\mathrm{d}\boldsymbol{S} = \left(\frac{\partial x}{\partial \xi}\boldsymbol{e}_x + \frac{\partial y}{\partial \xi}\boldsymbol{e}_y + \frac{\partial z}{\partial \xi}\boldsymbol{e}_z\right) \times \left(\frac{\partial x}{\partial \eta}\boldsymbol{e}_x + \frac{\partial y}{\partial \eta}\boldsymbol{e}_y + \frac{\partial z}{\partial \eta}\boldsymbol{e}_z\right)\mathrm{d}\xi\mathrm{d}\eta \tag{7-2-78}$$

$$\mathrm{d}\boldsymbol{S} = \left[\left(\frac{\partial y}{\partial \xi}\frac{\partial z}{\partial \eta} - \frac{\partial z}{\partial \xi}\frac{\partial y}{\partial \eta}\right)\boldsymbol{e}_x + \left(\frac{\partial z}{\partial \xi}\frac{\partial x}{\partial \eta} - \frac{\partial x}{\partial \xi}\frac{\partial z}{\partial \eta}\right)\boldsymbol{e}_y + \left(\frac{\partial x}{\partial \xi}\frac{\partial y}{\partial \eta} - \frac{\partial y}{\partial \xi}\frac{\partial x}{\partial \eta}\right)\boldsymbol{e}_z\right]\mathrm{d}\xi\mathrm{d}\eta \tag{7-2-79}$$

得单位法向量

$$\boldsymbol{e}_{\mathrm{n}} = \frac{\mathrm{d}\boldsymbol{S}}{\mathrm{d}S} \tag{7-2-80}$$

(5) 单元积分的变换

$$\mathrm{d}S = \sqrt{\left(\frac{\partial y}{\partial \xi}\frac{\partial z}{\partial \eta} - \frac{\partial z}{\partial \xi}\frac{\partial y}{\partial \eta}\right)^2 + \left(\frac{\partial z}{\partial \xi}\frac{\partial x}{\partial \eta} - \frac{\partial x}{\partial \xi}\frac{\partial z}{\partial \eta}\right)^2 + \left(\frac{\partial x}{\partial \xi}\frac{\partial y}{\partial \eta} - \frac{\partial y}{\partial \xi}\frac{\partial x}{\partial \eta}\right)^2}\,\mathrm{d}\xi\mathrm{d}\eta \tag{7-2-81}$$

$$D_e = \sqrt{\begin{array}{l} [(y_1 - y_3)(z_2 - z_3) - (z_1 - z_3)(y_2 - y_3)]^2 + \\ [(z_1 - z_3)(x_2 - x_3) - (x_1 - x_3)(z_2 - z_3)]^2 + \\ [(x_1 - x_3)(y_2 - y_3) - (y_1 - y_3)(x_2 - x_3)]^2 \end{array}} \tag{7-2-82}$$

在线性插值情况下,D_e 的值为空间三角形面积的2倍。

(6) 标准三角形面单元上的数值积分

如果三角形单元上的被积函数比较复杂,则解析积分公式将无能为力,需要用数值积

分。整体坐标系中实际三角形单元上的积分通过变换可以在局部坐标系下标准三角形单元上进行。在标准三角形上有高斯数值积分公式

$$\int_0^1\int_0^{1-\xi} f(\xi,\eta)\mathrm{d}\xi\mathrm{d}\eta=\frac{1}{2}\sum_k^{n_g} H_k f(\xi_k,\eta_k) \tag{7-2-83}$$

式中，(ξ_k,η_k)为高斯积分点的局部坐标值；H_k 为相应的高斯积分系数；n_g 为单元上高斯积分点数。表 7-2-1 给出了常用的 $n_g=4$ 的相关数据。

表 7-2-1　标准三角形高斯积分点和积分系数

积分点数 n_g	积分点序号	积分点坐标(ξ,η,ζ)	积分系数
4	1	$\frac{1}{3},\frac{1}{3},\frac{1}{3}$	$-\frac{27}{48}$
	2	$\frac{3}{5},\frac{1}{5},\frac{1}{5}$	$\frac{25}{48}$
	3	$\frac{1}{5},\frac{3}{5},\frac{1}{5}$	
	4	$\frac{1}{5},\frac{1}{5},\frac{3}{5}$	

（7）标准线单元上的数值积分

整体坐标系中实际线单元上的积分通过变换可以在局部坐标系下标准线单元上进行。标准线单元上高斯积分公式为

$$\int_{-1}^1 f(\xi)\mathrm{d}\xi=\sum_k^{n_g} H_k f(\xi_k) \tag{7-2-84}$$

式中，ξ_k 为高斯积分点的局部坐标值；H_k 为相应的高斯积分系数；n_g 为单元上高斯积分点数。表 7-2-2 给出了 $n_g=1$、2、3 的相关数据。

表 7-2-2　标准线段高斯积分点和积分系数

积分点数 n_g	积分点序号	积分点坐标(ξ)	积分系数
1	1	0.00000000	2.00000000
2	1	−0.577350269	1.0000000
	2	+0.577350269	1.0000000
3	1	−0.77459667	0.55555555
	2	0.00000000	0.88888888
	3	+0.77459667	0.55555555

7.3　二维泊松方程的有限元法

1. 二维泊松方程的伽辽金离散化

设位函数 u 满足泊松方程

$$-a\nabla^2 u=f \tag{7-3-1}$$

边界条件

$$\begin{cases} u\big|_{\Gamma_1}=f_1 \\ a\dfrac{\partial u}{\partial n}\bigg|_{\Gamma_2}=f_2 \end{cases} \tag{7-3-2}$$

式(7-3-1)和式(7-3-2)中,u 是未知的位函数(在静电场和恒定电流场中表示电位,在平行平面恒定磁场中表示矢量磁位在 z 方向的投影);f 是已知函数(表示场源分布:在静电场中表示电荷密度,在恒定电流场中为0,在平行平面恒定磁场中表示电流密度);a 是方程系数(表示媒质参数:在静电场中表示介电常数,在恒定电流场中表示电导率,在平行平面恒定磁场中表示磁阻率);f_1 是第一类边界上已知位函数,f_2 是第二类边界上已知位函数的法向导数。

设基函数序列为

$$M_1(x,y),M_2(x,y),\cdots,M_n(x,y),\cdots,M_{n_n}(x,y) \tag{7-3-3}$$

相应的待定常数为

$$u_1,u_2,\cdots,u_n\cdots,u_{n_n} \tag{7-3-4}$$

以 n 表示基函数序列通项的序号,n_n 表示总项数。u 的近似解(试探函数)表示为

$$u=\sum_{n=1}^{n_n}M_n(x,y)u_n \tag{7-3-5}$$

在伽辽金加权余量法中,令权函数序列与基函数序列相同,得权函数序列

$$M_1(x,y),M_2(x,y),\cdots,M_m(x,y),\cdots,M_{n_n}(x,y) \tag{7-3-6}$$

以 m 表示权函数序列通项的序号,n_n 表示总项数。代入伽辽金加权余量方程,得如下方程组:

$$-\int_\Omega M_m(x,y)(a\nabla^2 u)\mathrm{d}\Omega=\int_\Omega M_m(x,y)f\,\mathrm{d}\Omega,\quad m=1,2,\cdots,n_n \tag{7-3-7}$$

以下为了书写方便,将 $M_m(x,y)$ 写为 M_m。对上述方程组应用格林公式,得

$$\int_\Omega a\nabla M_m\cdot\nabla u\,\mathrm{d}\Omega-\oint_\Gamma M_m a\frac{\partial u}{\partial n}\mathrm{d}\Gamma=\int_\Omega M_m f\,\mathrm{d}\Omega,\quad m=1,2,\cdots,n_n \tag{7-3-8}$$

代入第二类边界条件,得

$$\int_\Omega a\nabla M_m\cdot\nabla u\,\mathrm{d}\Omega-\oint_\Gamma M_m f_2\,\mathrm{d}\Gamma=\int_\Omega M_m f\,\mathrm{d}\Omega,\quad m=1,2,\cdots,n_n \tag{7-3-9}$$

将近似函数(试探函数)代入,得

$$\int_\Omega a\nabla M_m\cdot\nabla\Big(\sum_{n=1}^{n_n}M_n u_n\Big)\mathrm{d}\Omega-\oint_\Gamma M_m f_2\,\mathrm{d}\Gamma=\int_\Omega M_m f\,\mathrm{d}\Omega,\quad m=1,2,\cdots,n_n \tag{7-3-10}$$

根据梯度运算规则,将梯度运算移到求和运算之内,得

$$\int_\Omega a\nabla M_m\cdot\Big(\sum_{n=1}^{n_n}\nabla M_n u_n\Big)\mathrm{d}\Omega-\oint_\Gamma M_m f_2\,\mathrm{d}\Gamma=\int_\Omega M_m f\,\mathrm{d}\Omega,\quad m=1,2,\cdots,n_n \tag{7-3-11}$$

求和运算的下标是 n,∇M_m 的下标 m 与求和无关,可以将∇M_m 拿到求和运算之内。整理后得

$$\int_{\Omega}\sum_{n=1}^{n_n}[(a\nabla M_m\cdot\nabla M_n)u_n]\mathrm{d}\Omega-\oint_{\Gamma}M_m f_2\mathrm{d}\Gamma=\int_{\Omega}M_m f\mathrm{d}\Omega,\quad m=1,2,\cdots,n_n \tag{7-3-12}$$

根据积分运算规则,将先求和再积分变为先积分再求和,进一步整理得方程组

$$\sum_{n=1}^{n_n}\left[\left(a\int_{\Omega}\nabla M_m\cdot\nabla M_n\mathrm{d}\Omega\right)u_n\right]=\int_{\Omega}M_m f\mathrm{d}\Omega+\oint_{\Gamma}M_m f_2\mathrm{d}\Gamma,\quad m=1,2,\cdots,n_n \tag{7-3-13}$$

观察式(7-3-13)等号左右各项,可知这是关于 $u_1,u_2,\cdots,u_n\cdots,u_{n_n}$ 的代数方程组。将 $u_1,u_2,\cdots,u_n\cdots,u_{n_n}$ 写成列向量,方程组写成矩阵的形式

$$\boldsymbol{Au}=\boldsymbol{R} \tag{7-3-14}$$

式(7-3-14)中,系数矩阵和右端列向量元素表达式为

$$A_{m,n}=a\int_{\Omega}\nabla M_m\cdot\nabla M_n\mathrm{d}\Omega \tag{7-3-15}$$

$$R_m=\int_{\Omega}M_m f\mathrm{d}\Omega+\oint_{\Gamma}M_m f_2\mathrm{d}\Gamma \tag{7-3-16}$$

2. 单元网格划分

在有限元法中,将求解区域划分成有限个子区域,每一个子区域称为单元,而单元的形状并不是任意的。在二维情况下,单元可以是三角形和四边形。这里只讨论三角形的情况。网格划分就是把求解区域划分成有限个三角形,获取单元列表和节点列表。单元列表每一行的内容是该单元的 3 个节点整体编号 n_1、n_2、n_3,节点列表的每一行的内容是该节点的实际坐标。划分单元具体要求是,三角形顶点连着顶点,三角形的三条边长尽量接近或三个内角大小尽量接近。例如,将一个较大的区域划分成有限个三角形单元,图 7-3-1 显示了网格的一部分。图 7-3-2 表示一个三角形的三个顶点,单元列表中 n_1、n_2、n_3 在三角形上按逆时针排列。

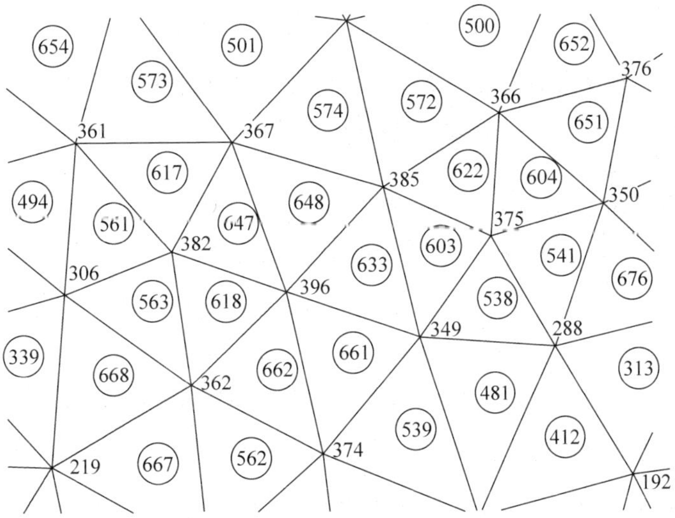

图 7-3-1　三角形网格划分

3. 单元系数矩阵和单元右端向量

对式(7-3-15)和式(7-3-16)进行离散化处理,将整个区域的积分化为单元上的积分之和,得

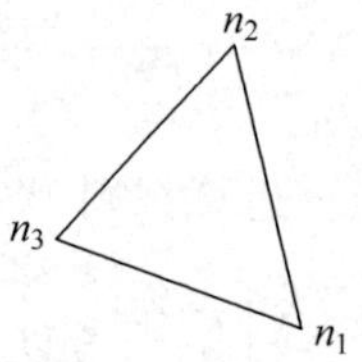

图 7-3-2 线性插值三角形单元

$$A_{m,n}=\sum_{e=1}^{n_e}\int_{\Omega_e}(a\nabla M_m\cdot\nabla M_n)\mathrm{d}\Omega_e \tag{7-3-17}$$

$$R_m=\sum_{e=1}^{n_e}\int_{\Omega_e}(M_m f)\mathrm{d}\Omega_e+\sum_{e=1}^{n_{eb}}\int_{\Gamma_e}(M_m f_2)\mathrm{d}\Gamma_e \tag{7-3-18}$$

式(7-3-17)和式(7-3-18)中,e 是单元编号; n_e 是场域内三角形单元的总数; n_{eb} 是第二类边界上线段单元的总数。

在单元上,为将基函数、权函数更换为单元形状函数,先将基函数和权函数表示为双层下标:

$$A_{m,n}=\sum_{e=1}^{n_e}\int_{\Omega_e}(a\nabla M_{m_{e,i}}\cdot\nabla M_{n_{e,j}})\mathrm{d}\Omega_e \tag{7-3-19}$$

$$R_m=\sum_{e=1}^{n_e}\int_{\Omega_e}(M_{m_{e,i}}f)\mathrm{d}\Omega_e+\sum_{e=1}^{n_{eb}}\int_{\Gamma_e}(M_{m_{e,i}}f_2)\mathrm{d}\Gamma_e \tag{7-3-20}$$

给定 m 和 n 的值,根据单元节点局部编号与整体编号的对应关系,寻找单元上与之对应的 i 和 j。如果单元上找到了对应的 i 和 j,就说这个单元对系数矩阵元素 $A_{m,n}$ 和右端向量元素 R_m 有贡献。当然,一个单元上找不到 m 和 n 对应的 i 和 j,就说明这个单元对系数矩阵元素 $A_{m,n}$ 和右端向量元素 R_m 没有贡献。根据式(7-2-8)所示的基函数和权函数与单元形状函数之间的关系,在有贡献的单元上,基函数和权函数可以用单元形状函数代替。表示为

$$A_{m,n}=\sum_{e=1}^{n_e}\int_{\Omega_e}(a\nabla N_i\cdot\nabla N_j)\mathrm{d}\Omega_e \tag{7-3-21}$$

$$R_m=\sum_{e=1}^{n_e}\int_{\Omega_e}(N_i f)\mathrm{d}\Omega_e+\sum_{e=1}^{n_{eb}}\int_{\Gamma_e}(N_i f_2)\mathrm{d}\Gamma_e \tag{7-3-22}$$

根据式(7-2-9),在实际计算中,每次单元积分可以计算出若干系数矩阵元素的单元贡献和若干右端向量元素的单元贡献。也将其写成矩阵形式,称为单元系数矩阵和单元右端向量,表示为 $\boldsymbol{A}_e$、$\boldsymbol{R}_e$、$\boldsymbol{R}_{eb}$。

单元系数矩阵和单元右端向量的元素为

$$A_{e,i,j}=\int_{\Omega_e}(a\nabla N_i\cdot\nabla N_j)\mathrm{d}\Omega_e \tag{7-3-23}$$

$$R_{e,i}=\int_{\Omega_e}(N_i f)\mathrm{d}\Omega_e \tag{7-3-24}$$

式中,$i=1,2,\cdots,n_p$; $j=1,2,\cdots,n_p$。其中 n_p 是一个场域单元的节点数。

$$R_{eb,i}=\int_{\Gamma_e}(N_i f_2)\mathrm{d}\Gamma_e \tag{7-3-25}$$

式中,$i=1,2,\cdots,n_{pb}$。其中 n_{pb} 是一个边界单元的节点数。

对比式(7-3-21)、式(7-3-22)和式(7-3-23)~式(7-3-25),结合对式(7-2-9)叠加关系的理

解，可以看出，单元系数矩阵的元素按照对应关系叠加到整体系数矩阵就形成了整体系数矩阵元素；单元右端向量的元素按照对应关系叠加到整体右端向量就形成了整体右端向量元素。这里所依据的对应关系就是单元节点的局部编号与整体编号之间的对应关系。

对应式(7-2-8)，给定 m、n，逐个单元寻找，若找到某单元的 i 和 j 局部节点编号对应的整体编号与 m、n 相等，则这一单元的贡献就叠加上去，否则不加。对整体系数矩阵每一个元素和右端向量的每一个元素，这种叠加方法都要找遍所有单元，计算过于繁琐，但对应关系清楚。

对应式(7-2-9)，第二种叠加方法就是，对每一个单元，算出单元系数矩阵和右端向量，针对单元局部节点编号 i 和 j 对应的整体节点编号 m、n 算出单元系数矩阵元素和右端向量元素对应的整体系数矩阵和右端向量位置，将单元贡献叠加上去。

这两种方法的结果相同，过程不同。对比结果，当然是第二种方法更方便，对所有单元只循环一遍，问题就解决了。

将式(7-2-50)～式(7-2-52)代入式(7-3-23)，进一步离散化。在单元上

$$\nabla N_i \cdot \nabla N_j = \begin{bmatrix} \dfrac{\partial N_i}{\partial x} & \dfrac{\partial N_i}{\partial y} \end{bmatrix} \begin{bmatrix} \dfrac{\partial N_j}{\partial x} \\ \dfrac{\partial N_j}{\partial y} \end{bmatrix} \tag{7-3-26}$$

三角形单元线性插值情况下

$$A_{e,i,j} = \int_{\Omega_e} (a \nabla N_i \cdot \nabla N_j) \mathrm{d}\Omega_e = \frac{a \left[(y_{i+1} - y_{i+2}) \quad (x_{i+1} - x_{i+2}) \right] \begin{bmatrix} y_{j+1} - y_{j+2} \\ x_{j+1} - x_{j+2} \end{bmatrix}}{\left[(x_1 - x_3)(y_2 - y_3) - (y_1 - y_3)(x_2 - x_3) \right]^2} \Delta,$$
$$i = 1,2,3; \ j = 1,2,3 \tag{7-3-27}$$

矩阵相乘并将三角形面积代入，得

$$\begin{aligned} A_{e,i,j} &= \int_{\Omega_e} (a \nabla N_i \cdot \nabla N_j) \mathrm{d}\Omega_e \\ &= \frac{a}{4} \frac{(y_{i+1} - y_{i+2})(y_{j+1} - y_{j+2}) + (x_{i+1} - x_{i+2})(x_{j+1} - x_{j+2})}{\Delta}, \\ & i = 1,2,3; \ j = 1,2,3 \end{aligned} \tag{7-3-28}$$

注意，这里坐标的下标要按循环计数理解。当计算出的下标大于 3 时，取计算值减 3 为实际下标。例如 $i=2$ 时，$i+2=4$，取 $i+2$ 对应下标为 $4-3=1$；$j=3$ 时，$j+2=5$，取 $j+2$ 对应下标为 $5-3=2$。这样做的好处是用一个公式表示单元系数矩阵因素。

单元右端向量元素

$$R_{e,i} = \int_{\Omega_e} (N_i f) \mathrm{d}\Omega_e, \quad i = 1,2,3 \tag{7-3-29}$$

将形状函数代入积分，若 f 在单元上为常数，得

$$R_{e,i} = \int_{\Omega_e} (N_i f) \mathrm{d}\Omega_e = \frac{\Delta}{3} f, \quad i = 1,2,3 \tag{7-3-30}$$

$$\boldsymbol{R}_e = \begin{bmatrix} \dfrac{\Delta}{3} f \\ \dfrac{\Delta}{3} f \\ \dfrac{\Delta}{3} f \end{bmatrix} \tag{7-3-31}$$

若 f 在单元上线性插值,则

$$\boldsymbol{R}_e = \frac{\Delta}{12} \begin{bmatrix} 2 & 1 & 1 \\ 1 & 2 & 1 \\ 1 & 1 & 2 \end{bmatrix} \begin{bmatrix} f_{n_{e,1}} \\ f_{n_{e,2}} \\ f_{n_{e,3}} \end{bmatrix} \tag{7-3-32}$$

边界单元右端向量

$$R_{eb,i} = \int_{\Gamma_e} (N_i f_2) \mathrm{d}\Gamma_e \tag{7-3-33}$$

根据7.2节二维线单元函数插值、坐标变化和积分的变换公式,若 b 在边界单元上为常数,则

$$\boldsymbol{R}_{eb} = \frac{l f_2}{2} \begin{bmatrix} 1 \\ 1 \end{bmatrix} \tag{7-3-34}$$

若在边界单元上,f_2 为线性插值函数,$f_{2,n_{eb,1}}$ 为局部边界单元局部第1个节点的 f_2 值,$f_{2,n_{eb,2}}$ 为局部边界单元局部第2个节点的 f_2 值,则

$$\boldsymbol{R}_{eb} = \frac{l}{6} \begin{bmatrix} 2 & 1 \\ 1 & 2 \end{bmatrix} \begin{bmatrix} f_{2,n_{eb,1}} \\ f_{2,n_{eb,2}} \end{bmatrix} \tag{7-3-35}$$

式(7-3-34)和式(7-3-35)中,l 是边界线段单元的长度。

4. 整体矩阵和右端向量的合成

整体矩阵和右端向量的合成,关键是确定单元的局部节点号与总体节点号之间的对应关系。下式将单元的三个节点的整体节点号表示为单元号和单元节点局部编号的函数。这样根据单元号和单元节点局部编号(在单元列表中)就可以得到单元三个节点的整体节点号。

$$n_1 = n_{e,1} \quad \text{(第 } e \text{ 个单元的第1个节点的整体节点号)} \tag{7-3-36}$$

$$n_2 = n_{e,2} \quad \text{(第 } e \text{ 个单元的第2个节点的整体节点号)} \tag{7-3-37}$$

$$n_2 = n_{e,3} \quad \text{(第 } e \text{ 个单元的第3个节点的整体节点号)} \tag{7-3-38}$$

在整体系数矩阵中,先将全部元素清零,然后按每个单元三个节点号(整体编号)对应的行号和列号找到元素的位置,将节点局部编号对应的单元系数矩阵中的元素值叠加上去,形成整体系数矩阵的各个元素。在整体右端向量中,先将全部元素清零,然后按每个单元三个节点号(整体编号)对应的行号找到元素的位置,将节点局部编号对应的单元右端向量中的元素值叠加上去,再以同样方式考虑边界单元右端向量元素的贡献,形成整体右端向量的各个元素。

将所有单元的系数矩阵和右端向量按上述方法对应叠加,形成整体系数矩阵 **A** 和整体

右端向量 $\boldsymbol{R}$,从而形成代数方程组。表示如下:

$$\boldsymbol{A}\boldsymbol{u}=\boldsymbol{R} \tag{7-3-39}$$

5. 第一类边界条件的处理

如上所述,第二类边界条件已经在加权余量公式中的边界积分项中加以考虑,而第一类边界条件尚未进行处理。第一类边界条件是强加边界条件,需要在形成整体矩阵和右端向量后进行处理。在第一类边界上,强加边界条件处理之前,相当于按第二类齐次边界条件处理(即未做任何处理),因此相应边界上节点对应的方程不完善,是无效的,需要由有效方程替换。

设第 k 个节点是第一类边界上的节点,其位函数值已知,$u_k=f_{1,k}$。在整体系数矩阵和右端向量中,进行如下处理:

(1) $R_m=R_m-A_{m,k}f_{1,k}(m=1,2,\cdots,n_n)$;

(2) $A_{k,n}=0(n=1,2,\cdots,n_n)$;

(3) $A_{m,k}=0(m=1,2,\cdots,n_n)$;

(4) $R_k=f_{1,k}$;

(5) $A_{k,k}=1$。

对第一类边界上的每一个节点,进行上述强加边界条件处理,相当于用 $u_k=f_{1,k}$ 替换掉原来第 k 个方程。经过强加边界条件处理后的代数方程组就可以进行求解了。

在有限元法中,分界面衔接条件一般自然满足,无需处理。

6. 解方程

在有限元法中,通过离散化,将偏微分方程求解问题化为代数方程组求解问题。代数方程组的求解有许多通用方法。

线性代数方程组的求解,可以用消元法,也可以用迭代法。消元法中最常用的有高斯消元法和 L-U 分解法。迭代法中最常用的有高斯-赛德尔迭代法和超松弛迭代法。共轭梯度法是介于消元法和迭代法之间的方法,近年来经过预处理的共轭梯度法得到广泛应用。

非线性代数方程组的求解,最常用的有牛顿-拉夫逊法和简单迭代法。

7. 举例

在三相交流电缆中,三相芯线施加三相正弦交流电压,外皮接地。电缆截面如图 7-3-3 所示。用有限元法计算绝缘体中的电场分布。

对于 50Hz 交流电压,某一时刻电场分布可以近似按照静电场计算。显然这是一个平行平面场问题。针对某一时刻,由于导体上的电位已知,导体截面部分等电位,其内部电场强度为零,可以不用计算。电缆截面的绝缘部分是静电场求解场域,不同导体的表面就是场域边界。场域中的静电场,电位满足拉普拉斯方程。导体的电位施加在导体表面的边界上,构成第一类边界条件。将场域用三角形单元进行剖分,获得单元和节点构成的网格,如图 7-3-4 所示。可以观察到,场域被单元覆盖,每个单元有 3 个节点,每个节点连接多个单元。

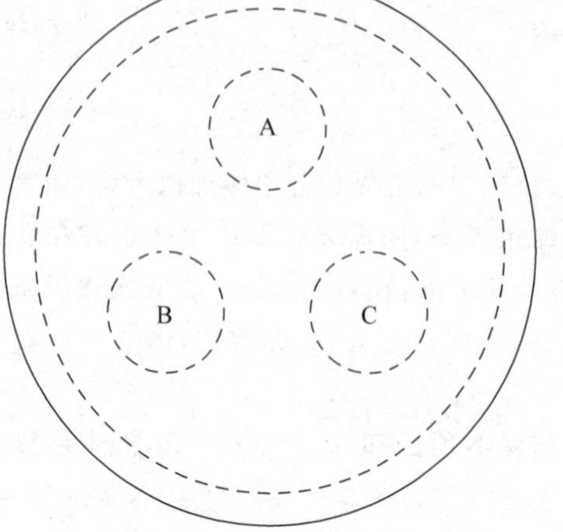

图 7-3-3 三相交流电缆截面

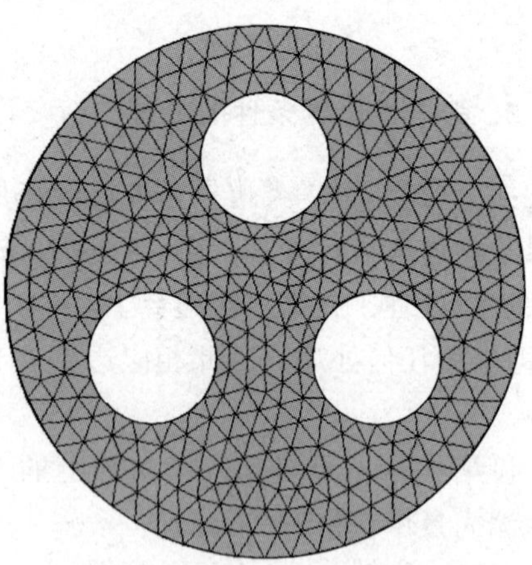

图 7-3-4 电缆界面有限元网格

下面针对两个时刻(A 相电位最大和 A 相电位为零)施加边界条件,计算电缆绝缘中的电场。经过二维有限元法各个步骤,最后解线性方程组,得各节点的电位。通过在单元上求电位的负梯度,得单元的电场强度。计算结果分别用图形方式表示出来。

时刻 1,A 相电位最大,为相电位的幅值,B 相和 C 相电位各为相电位幅值一半的负值。截面上等电位线如图 7-3-5 所示;电位云图如图 7-3-6 所示,电场强度矢量如图 7-3-7 所示。

彩图 7-3-6

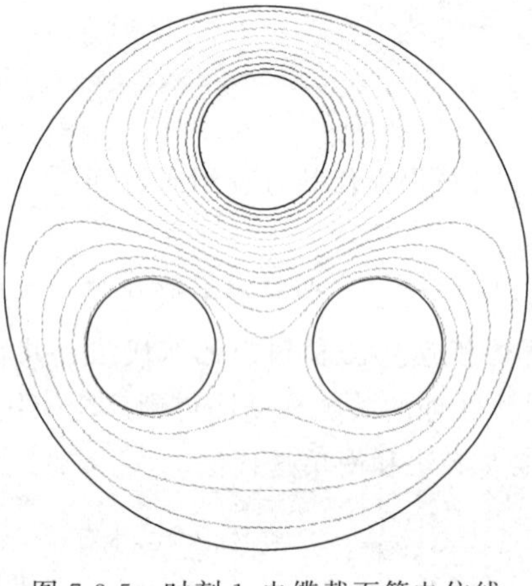

图 7-3-5 时刻 1,电缆截面等电位线

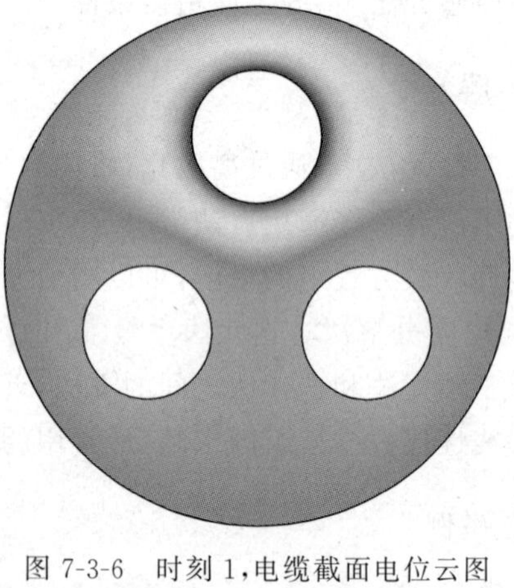

图 7-3-6 时刻 1,电缆截面电位云图

时刻 2,A 相电位为零,B 相和 C 相电位极性相反,C 相电位为正,B 相电位为负,数值各为相电位幅值的$\frac{\sqrt{3}}{2}$倍。截面上等电位线如图 7-3-8 所示;电位云图如图 7-3-9 所示,电场强度矢量如图 7-3-10 所示。

除二维静电场标量电位之外,二维恒定电流场的标量电位、二维恒定磁场的标量磁位以及二维恒定磁场的矢量磁位都满足二维泊松方程或拉普拉斯方程(泊松方程的特例)。这几类场的边值问题都可用上述三角形有限元法求解。实际上,第 2.8 节、3.4 节和 4.8 节的边值问题仿真结果,就是用二维有限元法求解得到的。

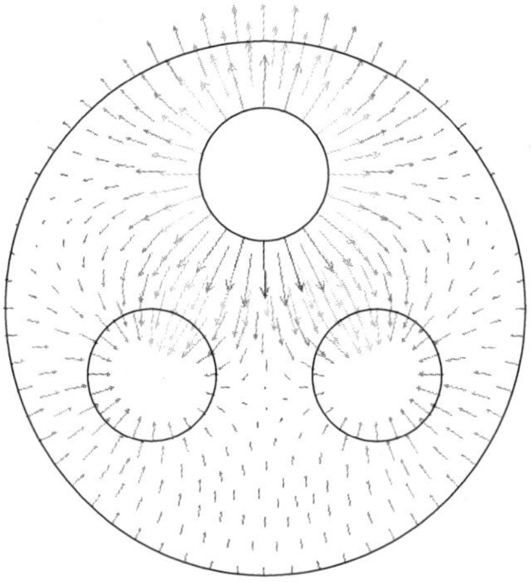

图 7-3-7　时刻 1,电缆截面电场强度矢量图

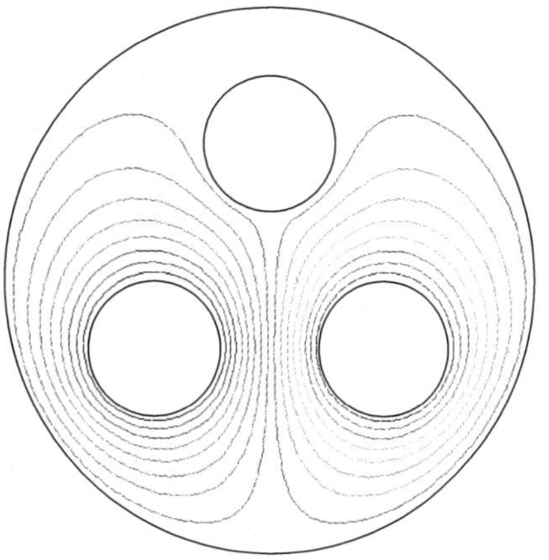

图 7-3-8　时刻 2,电缆截面等电位线图

彩图 7-3-9

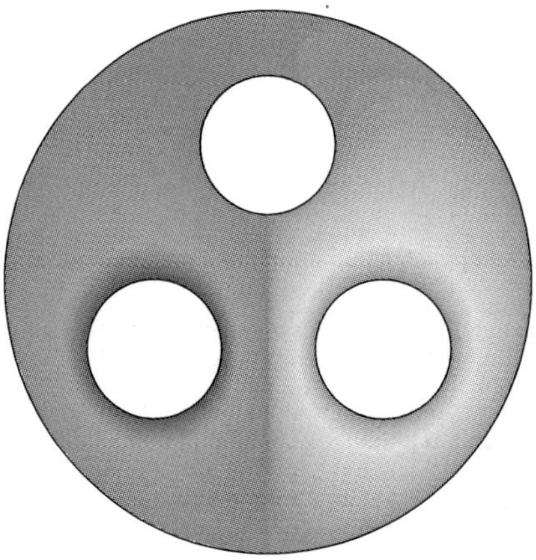

图 7-3-9　时刻 2,电缆截面电位云图

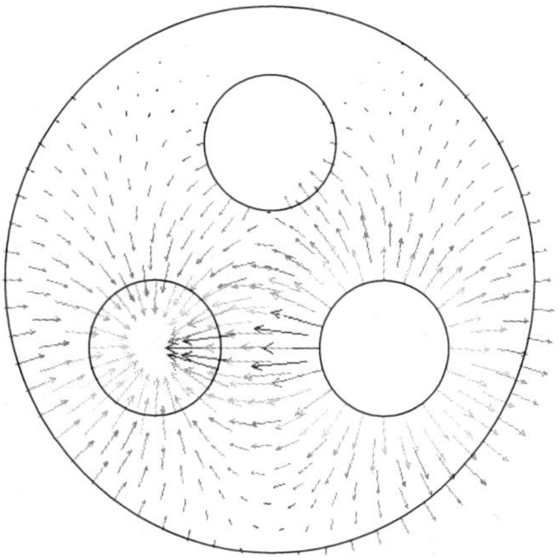

图 7-3-10　时刻 2,电缆截面电场强度矢量图

7.4　边界元法

1. 概述

边界元法是一类求解边界积分方程的方法。原则上通过格林定理和格林函数可以将泊松方程表述的电磁场边值问题转换为边界积分方程问题。本节仅限于讨论静电场中多导体系统的边界积分方程。简单起见,利用面电荷电位计算积分公式得出边界积分方程,进而论述边界元法的基本原理和实施方法。

2. 多导体系统的边界积分方程

在 2.2 节,讨论了已知电荷计算电位的积分公式。真空中,针对面电荷有

$$u=\iint_{S'}\frac{\sigma}{4\pi\varepsilon_0}\mathrm{d}S' \tag{7-4-1}$$

式中,u 为场点电位;S'为面电荷所在源区。

对静电场中多导体系统,导体内电场为零,将导体之外的空间视为场域,导体所占空间排除在场域之外,则导体表面即为场域边界。在已知导体电位情况下,在导体表面设置面电荷,根据上述积分公式可得三维电场边界积分方程

$$\oiint_{S'}\frac{\sigma}{4\pi\varepsilon_0 R}\mathrm{d}S'=u \tag{7-4-2}$$

式中,u 为导体表面场点电位;S'为导体表面边界面。

对于平行平面二维电场,边界积分方程为

$$\oint_{l'}\frac{1}{2\pi\varepsilon_0}\ln\frac{1}{R}\sigma\mathrm{d}l'=u \tag{7-4-3}$$

式中,u 为导体表面场点电位;l'为导体表面边界线。

3. 边界积分方程伽辽金离散化

三维边界元可以采用空间三角形网格,如图7-4-1所示,也可以采用空间四边形网格进行单元插值,以构造基函数和权函数。

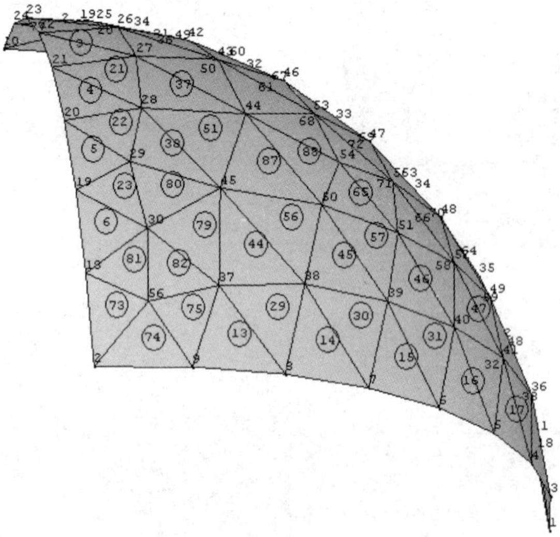

图7-4-1 三维边界元网格(部分)

边界积分方程的数值离散化格式有多种,本书只讨论用加权余量法对边界积分方程进行离散化的伽辽金格式。将边界面划分成若干三角形单元,在单元内采用插值方法对电位函数进行线性插值近似。电位的插值表达式为

$$u=\sum_{n=1}^{n_n}M_n u_n \tag{7-4-4}$$

电荷密度的插值表达式为

$$\sigma = \sum_{n=1}^{n_n} M_n \sigma_n \tag{7-4-5}$$

其中基函数序列为

$$M_1, M_2, \cdots, M_{n_n} \tag{7-4-6}$$

相应的插值系数为节点电位

$$u_1, u_2, \cdots, u_{n_n} \tag{7-4-7}$$

相应的插值系数为节点电荷密度

$$\sigma_1, \sigma_2, \cdots, \sigma_{n_n} \tag{7-4-8}$$

在一般情况下，应用伽辽金加权余量格式进行离散化

$$\iint_S M_m \left(\iint_{S'} \frac{1}{4\pi\varepsilon_0 R} \sigma \, \mathrm{d}S' \right) \mathrm{d}S = \iint_S M_m u \, \mathrm{d}S, \quad m = 1, 2, 3, \cdots, n_n \tag{7-4-9}$$

将基函数线性组合构成的近似函数代入加权余量方程

$$\iint_S M_m \left(\iint_{S'} \frac{1}{4\pi\varepsilon_0 R} \sum_{n=1}^{n_n} M_n \sigma_n \, \mathrm{d}S' \right) \mathrm{d}S = \iint_S M_m \sum_{n=1}^{n_n} M_n u_n \, \mathrm{d}S, \quad m = 1, 2, 3, \cdots, n_n \tag{7-4-10}$$

求和运算与积分运算相互独立，因此可以改变顺序。整理得

$$\sum_{n=1}^{n_n} \left[\iint_S M_m \left(\iint_{S'} \frac{1}{4\pi\varepsilon_0 R} M_n \, \mathrm{d}S' \right) \mathrm{d}S \right] \sigma_n = \sum_{n=1}^{n_n} \left(\iint_S M_m M_n \, \mathrm{d}S \right) u_n, \quad m = 1, 2, 3, \cdots, n_n \tag{7-4-11}$$

将节点离散变量写成矩阵(列向量)形式

$$\boldsymbol{u} = [u_1, u_2, u_3, \cdots, u_{n_n}]^{\mathrm{T}} \tag{7-4-12}$$

$$\boldsymbol{\sigma} = [\sigma_1, \sigma_2, \sigma_3, \cdots, \sigma_{n_n}]^{\mathrm{T}} \tag{7-4-13}$$

方程写成矩阵形式

$$\begin{aligned}&[A_{m,1}, A_{m,2}, A_{m,3}, \cdots, A_{m,n}, \cdots, A_{m,n_n}][\sigma_1, \sigma_2, \sigma_3, \cdots, \sigma_n, \cdots, \sigma_{n_n}]^{\mathrm{T}} \\ =&[B_{m,1}, B_{m,2}, B_{m,3}, \cdots, B_{m,n}, \cdots, B_{m,n_n}][u_1, u_2, u_3, \cdots, u_n, \cdots, u_{n_n}]^{\mathrm{T}}, \quad m = 1, 2, 3, \cdots, n_n\end{aligned} \tag{7-4-14}$$

进一步将方程组系数写成矩阵形式

$$\boldsymbol{A\sigma} = \boldsymbol{Bu} \tag{7-4-15}$$

对比方程(7-4-11)，可得

$$A_{m,n} = \iint_S M_m \iint_{S'} \frac{1}{4\pi\varepsilon_0 R} M_n \, \mathrm{d}S' \mathrm{d}S \tag{7-4-16}$$

$$B_{m,n} = \iint_S M_m M_n \, \mathrm{d}S \tag{7-4-17}$$

将整个边界的积分用单元积分之和表示：

$$A_{m,n} = \sum_{e=1}^{n_e} \iint_{S_e} M_m \left(\sum_{e'=1}^{n_e} \iint_{S_{e'}} \frac{1}{4\pi\varepsilon_0 R} M_n \, \mathrm{d}S_{e'} \right) \mathrm{d}S_e \tag{7-4-18}$$

$$B_{m,n} = \sum_{e=1}^{n_e} \iint_{S_e} M_m M_n \, \mathrm{d}S_e \tag{7-4-19}$$

考虑到基函数和权函数均可以表示为单元形状函数的叠加，理解式(7-2-8)，基函数和权函数在单元中都可由相应的形状函数替代。替代之前先将基函数和权函数在单元中表示为双重下标变量，有

$$A_{m,n}=\sum_{e=1}^{n_e}\iint\limits_{S_e}M_{m_{e,i}}\left(\sum_{e'=1}^{n_e}\iint\limits_{S_{e'}}\frac{1}{4\pi\varepsilon_0 R}M_{n_{e',j}}\,\mathrm{d}S_{e'}\right)\mathrm{d}S_e \tag{7-4-20}$$

$$B_{m,n}=\sum_{e=1}^{n_e}\iint\limits_{S_e}M_{m_{e,i}}M_{n_{e,j}}\,\mathrm{d}S_e \tag{7-4-21}$$

矩阵元素是单元积分叠加的结果，**A** 涉及边界场单元和边界源单元，**B** 只涉及场单元。若将单元形状函数到基函数和权函数的叠加关系理解为式(7-2-9)的方式，则不难得出系数矩阵是单元系数矩阵的对应叠加的结论。而单元系数矩阵元素计算中积分式中基函数和权函数可直接表示为相应的形状函数。

单元矩阵(针对边界场单元和边界源单元)

$$A_{e,i,e',j}=\iint\limits_{S_e}N_i\iint\limits_{S_{e'}}\frac{1}{4\pi\varepsilon_0 R}N_j\,\mathrm{d}S_{e'}\,\mathrm{d}S_e \tag{7-4-22}$$

$$B_{e,i,j}=\iint\limits_{S_e}N_iN_j\,\mathrm{d}S_e \tag{7-4-23}$$

式中，i 是场单元的节点局部编号；j 是源单元的节点局部编号。

对于一个边界单元，利用等参坐标变换，雅克比行列式(沿用场域单元等参变换的相应名称，实际不是行列式)为

$$D_e=\sqrt{\left(\frac{\partial y}{\partial\xi}\frac{\partial z}{\partial\eta}-\frac{\partial z}{\partial\xi}\frac{\partial y}{\partial\eta}\right)^2+\left(\frac{\partial z}{\partial\xi}\frac{\partial x}{\partial\eta}-\frac{\partial x}{\partial\xi}\frac{\partial z}{\partial\eta}\right)^2+\left(\frac{\partial x}{\partial\xi}\frac{\partial y}{\partial\eta}-\frac{\partial y}{\partial\xi}\frac{\partial x}{\partial\eta}\right)^2} \tag{7-4-24}$$

为了区分场单元和源单元，将场单元的雅克比行列式记为 D_e，源单元的雅克比行列式记为 $D_{e'}$。

源点到场点的距离

$$\boldsymbol{R}=(x-x')\boldsymbol{e}_x+(y-y')\boldsymbol{e}_y+(z-z')\boldsymbol{e}_z \tag{7-4-25}$$

$$R=\sqrt{(x-x')^2+(y-y')^2+(z-z')^2} \tag{7-4-26}$$

在局部坐标系下进行积分，得

$$A_{e,i,e',j}=\iint\limits_{S_e}N_i(\xi,\eta)\left[\iint\limits_{S_{e'}}\frac{1}{4\pi\varepsilon_0 R}N_j(\xi',\eta')D_{e'}\,\mathrm{d}\xi'\mathrm{d}\eta'\right]D_e\,\mathrm{d}\xi\mathrm{d}\eta \tag{7-4-27}$$

$$B_{e,i,j}=\iint\limits_{S_e}N_i(\xi,\eta)N_j(\xi,\eta)D_e\,\mathrm{d}\xi\mathrm{d}\eta \tag{7-4-28}$$

由于被积函数复杂，一般无法进行解析积分，只能采用数值积分。按照7.2节中的数值积分公式，在三角形单元上进行高斯积分：

$$A_{e,i,e',j}=\frac{1}{4}\sum_{g}^{n_g}H_gN_i(\xi_g,\eta_g)\left[\sum_{g'}^{n_g}H_{g'}\frac{1}{4\pi\varepsilon_0 R}N_j(\xi'_{g'},\eta'_{g'})D_{e'}\right]D_e,\quad i=1,2,3;\ j=1,2,3 \tag{7-4-29}$$

$$B_{e,i,j} = \sum_{g=1}^{n_g} \frac{1}{2} H_g N_i(\xi_g, \eta_g) N_j(\xi_g, \eta_g) D_e, \quad i = 1,2,3;\ j = 1,2,3 \tag{7-4-30}$$

式中，ξ_g，η_g 为场单元高斯积分第 g 个高斯积分点坐标；H_g 为第 g 个高斯积分系数；$\xi'_{g'}$、$\eta'_{g'}$ 为源单元高斯积分第 g' 个高斯积分点坐标；$H_{g'}$ 为第 g' 个高斯积分系数；n_g 为高斯积分点数，例如 $n_g=4$，可查表 7-2-1。

对于二维平行平面电场多导体，其边界元网格局部情况如图 7-4-2 所示，为线性插值线段单元。边界积分方程如式(7-4-3)，伽辽金离散化之后，单元系数矩阵表示为

$$A_{e,i,e',j} = \int_{l_e} N_i \int_{l'_e} \frac{1}{2\pi\varepsilon_0} \ln \frac{1}{R} N_j \, \mathrm{d}l'_e \, \mathrm{d}l_e \tag{7-4-31}$$

$$B_{e,i,j} = \int_{l_e} N_i N_j \, \mathrm{d}l_e \tag{7-4-32}$$

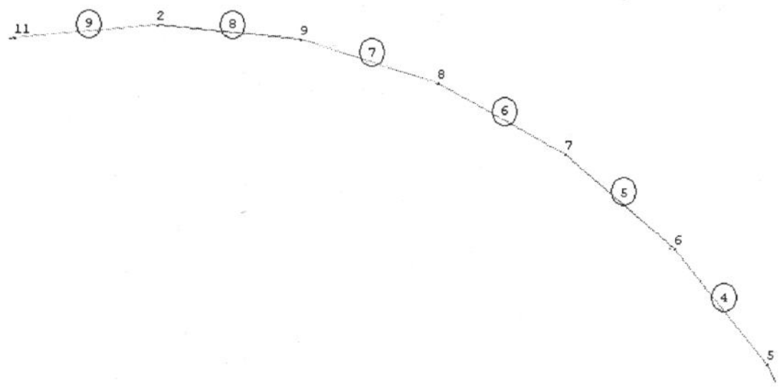

图 7-4-2　二维边界元网格(部分)

对于一个边界单元，利用等参坐标变换，雅克比行列式(沿用场域单元等参变换的相应名称，实际不是行列式)为

$$D_e = \sqrt{\left(\frac{\mathrm{d}x}{\mathrm{d}\xi}\right)^2 + \left(\frac{\mathrm{d}y}{\mathrm{d}\xi}\right)^2} \tag{7-4-33}$$

线性插值情况下

$$\mathrm{d}l = \frac{1}{2}\sqrt{(x_2 - x_1)^2 + (y_2 - y_1)^2}\, \mathrm{d}\xi \tag{7-4-34}$$

在标准线单元上进行高斯积分

$$A_{e,i,e',j} = \sum_{g}^{n_g} H_g N_i(\xi_g) \left[\sum_{g'}^{n_g} H_{g'} \frac{1}{2\pi\varepsilon_0} \ln \frac{1}{R} N_j(\xi'_{g'}) D_{e'}\right] D_e, \quad i=1,2;\ j=1,2 \tag{7-4-35}$$

$$B_{e,i,j} = \sum_{g=1}^{n_g} H_g N_i(\xi_g) N_j(\xi_g) D_e, \quad i=1,2;\ j=1,2 \tag{7-4-36}$$

式中，ξ_g 为场单元高斯积分第 g 个高斯积分点坐标；H_g 为第 g 个高斯积分系数；$\xi'_{g'}$ 为源单元高斯积分第 g' 个高斯积分点坐标；$H_{g'}$ 为第 g' 个高斯积分系数；n_g 为高斯积分点数，例如 $n_g \leqslant 3$，可查表 7-2-2。

开域的二维多导体系统边界元法涉及无限远处电位的处理。考虑到一般工程问题，简单的处理方法就是将实际大地作为电位参考点，或在离所有导体较远的地方人为设置一个无限大平面作为电位参考点，可利用镜像法简化计算。

当源单元与场单元重合或靠近时,会出现奇异积分或接近奇异积分。$A_{e,i,e',j}$ 是可收敛的奇异积分,只需将源单元划分成若干小单元,在小单元上进行数值积分,求和就可得到源单元积分的近似值。源单元与场单元不重合但相互靠近时,$A_{e,i,e',j}$ 接近奇异积分,也可采用将源单元划分成若干小单元,在小单元上进行数值积分求和的方法。为了提高积分精度,细分源单元时应将场单元的高斯点置于源单元细分小单元的顶点上。

与有限元法相似,单元系数矩阵计算出来后,叠加到对应的整体系数矩阵中。经过离散化过程,将边界积分方程转换为代数方程组,矩阵形式为

$$\boldsymbol{A\sigma} = \boldsymbol{Bu} \tag{7-4-37}$$

求解方程组,可得节点电荷密度。通过上述边界元算法,求解已知导体电位的积分方程问题,获得导体表面电荷分布。

4. 三维边界元数值例子

如图 7-4-3 所示,半径为 2m 相距为 10m 的两个导体球,上球电位 100V,下球电位 −100V。用边界元法计算球面电场强度。

这个问题是一个开域三维静电场问题。两球面上为第一类边界条件。边界上电位的法向导数即为球面上的电场强度。将球面划分成若干三角形如图 7-4-4 所示,应用三维边界元算法,通过计算机编程运算得到球面上各节点上的电场强度。计算结果如图 7-4-5 所示。

图 7-4-3 两带电导体球

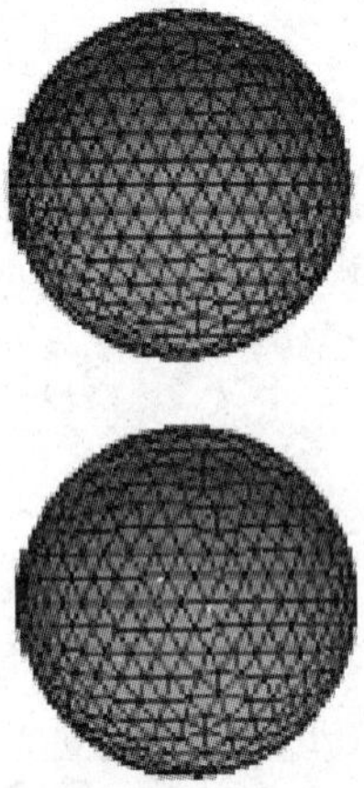

图 7-4-4 空间三角形边界元划分

根据两导体球的形状和相对位置,可知上下导体表面电场强度应具有反对称性。即上导体表面电场强度垂直于球面方向朝外,下导体表面电场强度垂直于球面朝里;上下球对称点上电场强度大小相等。两球结构和所加电位关于两球心连线呈轴对称性。即当两球绕球心连线旋转时,不会影响周围电场分布。为了验证边界元计算结果的正确性,根据轴对称性可以用二维轴对称电场计算导体球面的电场强度。图 7-4-6 是用二维轴对称有限元法(考虑无限元处电位为零,网格很密)计算所得的电场强度幅值分布图。对比两图可见三维边界元法与二维轴对称有限元法计算结果一致。从数值可以看出,边界元法计算的最大电场强度为 74.8V/m,有限元法计算的最大电场强度为 74.2V/m;边界元法计算的最小电场强度为 56.9V/m,有限元法计算的最小电场强度为 56.3V/m。

彩图 7-4-5

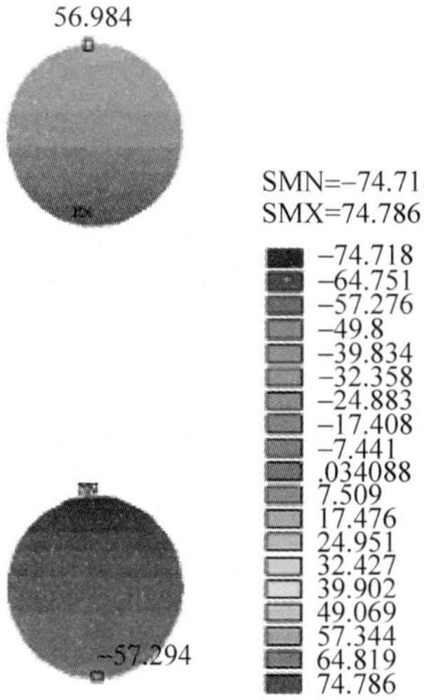

图 7-4-5　边界元法计算的球面电场强度

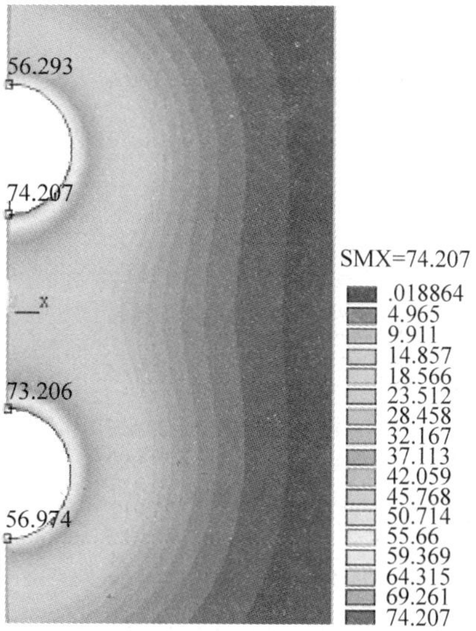

图 7-4-6　高精度有限元法计算的球面电场强度

彩图 7-4-6

5. 二维边界元数值例子

设有半径为 2m 相距为 10m 的两平行放置的无限长圆柱形导体，上圆柱电位 100V，下圆柱电位－100V。用边界元法计算圆柱面电场强度。

根据导体平行和无限长的特点，这个问题是一个平行平面静电场问题。两圆柱面上为第一类边界条件。边界上电位的法向导数即为圆柱面上的电场强度。在 x、y 平面上将圆柱面所在圆周划分成若干线段单元，应用二维边界元算法，通过计算机编程运算得到圆柱面上各节点的电场强度。计算结果如图 7-4-7 所示。

根据两导体圆柱的形状和相对位置，可知上下导体表面电场强度应具有反对称性。即上导体表面电场强度垂直于圆柱面方向朝外，下导体表面电场强度垂直于圆柱面朝里；上下球对称点上电场强度大小相等。

为了验证边界元计算结果的正确性，用二维有限元法计算了该平行平面静电场问题。所得的电场强度矢量分布如图 7-4-8 所示。对比图 7-4-7 和图 7-4-8 可见二维边界元法与二维有限元法计算结果一致。从图 7-4-9 和图 7-4-10 的数值可以看出，边界元法计算的最大电场强度为 48.7V/m，有限元法计算的最大电场强度为 48.8V/m，解析解为 48.84V/m；边界元法计算的最小电场强度为 20.8V/m，有限元法计算的最小电场强度为 20.9V/m，解析解为 20.93V/m。

对比同样半径尺寸的圆柱和球，在所加电压相同情况下，导体球表面电场强度最大值为 74.8V/m(柱面电场强度最大值为 48.8V/m)，最小值为 56.9V/m(柱面电场强度最小值为 20.9V/m)。同样半径的导体球比导体柱的表面电场强度大。这个结论提示我们，当把一个有限长的三维问题简化为无限长的平行平面场二维模型时，会造成一定的误差。

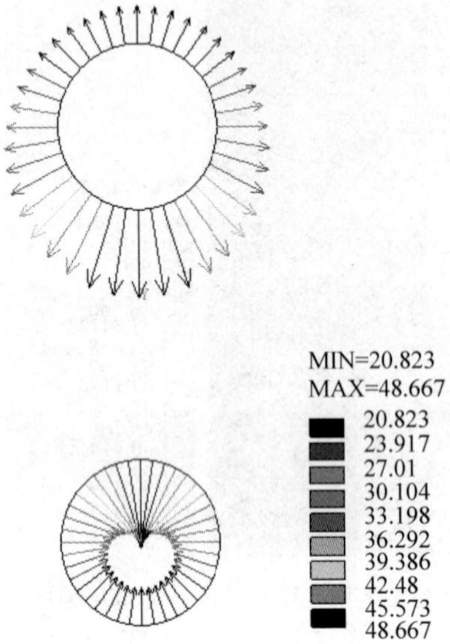

图 7-4-7　边界元法计算的圆柱面电场强度矢量

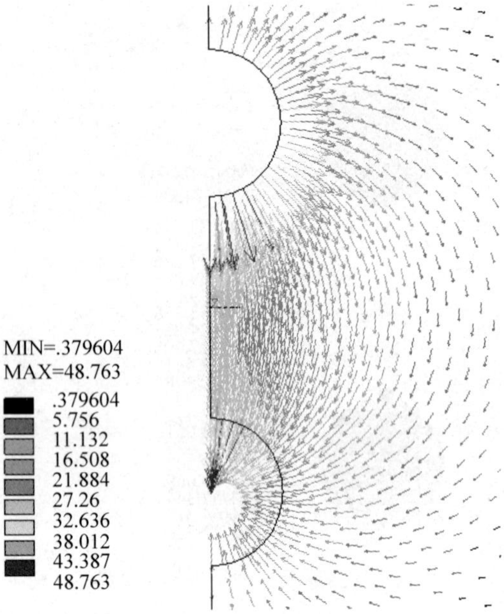

图 7-4-8　有限元法计算的圆柱面附近电场强度矢量

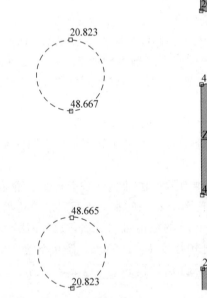

图 7-4-9　边界元法计算的圆柱面电场强度最大值和最小值

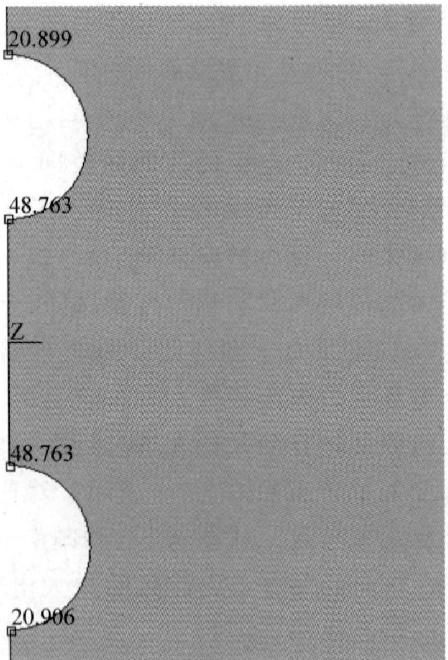

图 7-4-10　有限元法计算的圆柱面电场强度最大值和最小值

第 8 章 电磁场的能量和力

本章提示

本章讨论电磁场的能量和力。根据能量守恒原理，从外力(外源)做功出发导出静电场能量和恒定磁场能量与场源及位函数之间的关系。应用静电场和恒定磁场的基本方程，导出静电场和恒定磁场的能量密度。说明电场和磁场能量并非集中在场源区域，而是分布在整个场域中。在恒定电流场中，为维持恒定电流，作用在电荷上的电场力必须克服粒子碰撞的阻力而做功，由此导出了焦耳定律微分形式。将电磁场能量定义为电场能量与磁场能量之和，根据电磁场基本方程导出了反映电磁场能量守恒与转换关系的坡印亭定理。最后讨论了计算电场力和磁场力的虚位移法。本章重点掌握电场能量密度概念、磁场能量密度概念和电磁场能量的多种计算方法，理解电磁场能量转换与守恒规律。

8.1 静电场的能量

1. 静电场能量的来源

对引入场中的电荷有作用力是电场的基本特征。因此，在电场中移动电荷时，电场力做功，电场中储存的能量将发生变化。若电场力做功的数值为正，则会消耗电场能量，电场能量将减少。若电场力做功的数值为负，则会增加电场能量。电场能量等于电场建立过程中电场力做功的负值，也就是克服电场力的外力做功的数值。因此电场能量来源于电场建立过程中外力提供的能量。

在线性媒质中，静电场能量的数值只取决于电场的最后状态，与电场的建立过程无关。因此，为便于计算，选择一种相对简单的电场建立方式。设静电场中电荷分布的体密度为 ρ，面密度为 σ，所产生电场的电位为 φ。假定在电场的建立过程中各处的电荷密度从零开始以相同的比例同步增长，则有系数 $\alpha=0\sim1$，当电荷分布为 $\alpha\rho$ 和 $\alpha\sigma$ 时，所产生的电位分布应为 $\alpha\varphi$。当电荷分布由 $\alpha\rho$ 和 $\alpha\sigma$ 增加到 $(\alpha+\mathrm{d}\alpha)\rho$ 和 $(\alpha+\mathrm{d}\alpha)\sigma$ 时，反抗电场力的外力所做的功应为

$$\mathrm{d}A=\iiint_{V'}\alpha\varphi\rho\,\mathrm{d}\alpha\,\mathrm{d}V'+\iint_{S'}\alpha\varphi\sigma\,\mathrm{d}\alpha\,\mathrm{d}S' \tag{8-1-1}$$

电场建立的整个过程中反抗电场力的外力所做的功为

$$A=\iiint_{V'}\int_0^1\alpha\varphi\rho\,\mathrm{d}\alpha\,\mathrm{d}V'+\iint_{S'}\int_0^1\alpha\varphi\sigma\,\mathrm{d}\alpha\,\mathrm{d}S'$$

$$=\int_0^1 \alpha\,\mathrm{d}\alpha \iiint_{V'} \varphi\rho\,\mathrm{d}V' + \int_0^1 \alpha\,\mathrm{d}\alpha \iint_{S'} \varphi\sigma\,\mathrm{d}S' = \frac{1}{2}\iiint_{V'} \varphi\rho\,\mathrm{d}V' + \frac{1}{2}\iint_{S'} \varphi\sigma\,\mathrm{d}S' \tag{8-1-2}$$

式中,V'为体电荷分布的空间;S'是面电荷分布的曲面。整个过程中克服电场力的外力所做的功全部转化为电场的能量。因此,电场能量可表示为

$$W_{\mathrm{e}} = \frac{1}{2}\iiint_{V'} \varphi\rho\,\mathrm{d}V' + \frac{1}{2}\iint_{S'} \varphi\sigma\,\mathrm{d}S' \tag{8-1-3}$$

式(8-1-3)给出了由电场的源(体电荷和面电荷)和源处的电位计算电场能量的公式。

对于由 n 个导体组成的静电系统,假定空间无体电荷分布,面电荷分布于导体表面,每个导体表面都是等位面。因此,有

$$W_{\mathrm{e}} = \sum_{k=1}^{n} \frac{1}{2}\iint_{S'_k} \varphi_k\sigma_k\,\mathrm{d}S'_k = \sum_{k=1}^{n} \frac{1}{2}\varphi_k\iint_{S'_k} \sigma_k\,\mathrm{d}S'_k = \sum_{k=1}^{n} \frac{1}{2}\varphi_k q_k \tag{8-1-4}$$

这是多导体系统静电场能量计算公式。

2. 静电场能量的分布

连续分布电荷系统静电能量的表达式为

$$W_{\mathrm{e}} = \frac{1}{2}\iiint_{V'} \varphi\rho\,\mathrm{d}V' + \frac{1}{2}\iint_{S'} \varphi\sigma\,\mathrm{d}S' \tag{8-1-5}$$

式(8-1-5)的积分区域为电荷所在的体积 V'和面积 S'。这说明可以用电荷密度和电位来计算静电场能量,但这并不表明静电能量只存在于电荷的源区。在无源区域,只要有电场,就存在对电荷的作用力,说明凡是有电场的区域都存在静电场能量。

考虑导体表面和空间电荷分布的情况,在有体电荷分布的空间区域有 $\nabla\cdot\boldsymbol{D}=\rho$,在无体电荷的空间区域有 $\nabla\cdot\boldsymbol{D}=0$;在导体表面 $\sigma=\boldsymbol{D}\cdot\boldsymbol{e}_{\mathrm{n}}$。代入静电场能量计算式,将积分区域扩展到导体以外的整个空间,可得

$$W_{\mathrm{e}} = \frac{1}{2}\iiint_{V} \varphi\nabla\cdot\boldsymbol{D}\,\mathrm{d}V + \frac{1}{2}\iint_{S'} \varphi\boldsymbol{D}\cdot\boldsymbol{e}_{\mathrm{n}}\,\mathrm{d}S' \tag{8-1-6}$$

式中,V 是导体之外的整个空间;S'是所有导体的表面;$\boldsymbol{e}_{\mathrm{n}}$ 是导体表面外法线方向的单位矢量。

根据矢量恒等式 $\nabla\cdot(h\boldsymbol{a})=h\nabla\cdot\boldsymbol{a}+\boldsymbol{a}\cdot\nabla h$,将 $h=\varphi$、$\boldsymbol{a}=\boldsymbol{D}$ 代入,得

$$\varphi\nabla\cdot\boldsymbol{D} = \nabla\cdot(\varphi\boldsymbol{D}) - \boldsymbol{D}\cdot\nabla\varphi \tag{8-1-7}$$

将 $\boldsymbol{E}=-\nabla\varphi$ 代入式(8-1-7),再代入式(8-1-6)可得

$$W_{\mathrm{e}} = \frac{1}{2}\iiint_{V} \nabla\cdot(\varphi\boldsymbol{D})\,\mathrm{d}V + \frac{1}{2}\iiint_{V} \boldsymbol{D}\cdot\boldsymbol{E}\,\mathrm{d}V + \frac{1}{2}\iint_{S'} \varphi\boldsymbol{D}\cdot\boldsymbol{e}_{\mathrm{n}}\,\mathrm{d}S' \tag{8-1-8}$$

根据散度定理,可得

$$\frac{1}{2}\iiint_{V} \nabla\cdot(\varphi\boldsymbol{D})\,\mathrm{d}V = \frac{1}{2}\oiint_{S} \varphi\boldsymbol{D}\cdot\mathrm{d}\boldsymbol{S} \tag{8-1-9}$$

式中,S 导体以外空间的闭合边界面,在导体表面 $\mathrm{d}\boldsymbol{S}$ 与 $\boldsymbol{e}_{\mathrm{n}}$ 方向相反。考虑到空间的外边界即无穷远边界面 S_0,有

$$W_{\mathrm{e}} = \frac{1}{2}\oiint_{S} \varphi\boldsymbol{D}\cdot\mathrm{d}\boldsymbol{S} + \frac{1}{2}\iiint_{V} \boldsymbol{D}\cdot\boldsymbol{E}\,\mathrm{d}V + \frac{1}{2}\iint_{S'} \varphi\boldsymbol{D}\cdot\boldsymbol{e}_{\mathrm{n}}\,\mathrm{d}S$$

$$= -\frac{1}{2}\iint_{S'}\varphi \boldsymbol{D}\cdot \boldsymbol{e}_{\mathrm{n}}\mathrm{d}S' + \oint_{S_0}\varphi \boldsymbol{D}\cdot \mathrm{d}\boldsymbol{S} + \frac{1}{2}\iiint_V \boldsymbol{D}\cdot \boldsymbol{E}\,\mathrm{d}V + \frac{1}{2}\iint_{S'}\varphi \boldsymbol{D}\cdot \boldsymbol{e}_{\mathrm{n}}\mathrm{d}S$$

$$= \frac{1}{2}\iiint_V \boldsymbol{D}\cdot \boldsymbol{E}\,\mathrm{d}V + \oint_{S_0}\varphi \boldsymbol{D}\cdot \mathrm{d}\boldsymbol{S} \tag{8-1-10}$$

在无穷远边界的积分项中，$\varphi \propto \frac{1}{r}$，$D \propto \frac{1}{r^2}$，$S \propto r^2$，当 $r\to\infty$ 时，有 $\oint_{S_0}\varphi \boldsymbol{D}\cdot \mathrm{d}\boldsymbol{S} = 0$，所以

$$W_{\mathrm{e}} = \frac{1}{2}\iiint_V \boldsymbol{D}\cdot \boldsymbol{E}\,\mathrm{d}V \tag{8-1-11}$$

这是由电场中电场强度和电位移矢量计算电场能量的公式。

在线性媒质中，$\boldsymbol{D} = \varepsilon \boldsymbol{E}$，则式(8-1-11)可写成

$$W_{\mathrm{e}} = \frac{1}{2}\iiint_V \varepsilon E^2 \mathrm{d}V,\quad W_{\mathrm{e}} = \frac{1}{2}\iiint_V \frac{D^2}{\varepsilon}\mathrm{d}V \tag{8-1-12}$$

式(8-1-11)表明，电场能量分布于电场存在的整个空间，能量密度为

$$w_{\mathrm{e}} = \frac{1}{2}\boldsymbol{D}\cdot \boldsymbol{E} = \frac{1}{2}\varepsilon E^2 = \frac{1}{2}\frac{D^2}{\varepsilon} \tag{8-1-13}$$

例 8-1-1　如图 8-1-1 所示，求真空中半径为 a、带电荷量为 q 的导体球所产生的静电场的静电能量。

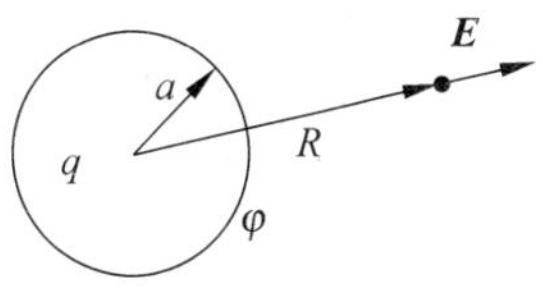

图 8-1-1　带电导体球的电场能量计算

解　根据电荷分布的球对称性，对于 $R \geqslant a$，应用高斯通量定理，得

$$\boldsymbol{E} = \frac{q}{4\pi\varepsilon_0 R^2}\boldsymbol{e}_R$$

(1) 由导体球的电位

$$\varphi = \frac{q}{4\pi\varepsilon_0 a}$$

可得

$$W_{\mathrm{e}} = \frac{1}{2}q\varphi = \frac{q^2}{8\pi\varepsilon_0 a}$$

(2) 由静电能量密度

$$w_{\mathrm{e}} = \frac{1}{2}\varepsilon_0 E^2 = \frac{1}{2}\frac{q^2}{(4\pi)^2\varepsilon_0 R^4}$$

积分得

$$W_{\mathrm{e}} = \iiint_V w_{\mathrm{e}}\mathrm{d}V = \int_a^\infty 4\pi R^2 \frac{q^2}{2(4\pi)^2\varepsilon_0 R^4}\mathrm{d}R = -\frac{q^2}{8\pi\varepsilon_0 R}\bigg|_a^\infty = \frac{q^2}{8\pi\varepsilon_0 a}$$

3. 点电荷系统的静电能量

点电荷相当于带电导体球半径趋近于零的情况。因此，单个点电荷产生电场的静电能量为无穷大。这部分能量就是将电荷量 q 压缩到体积为零的点上，克服电场力的外力所做的功，叫作点电荷的自有静电能量。由于同号电荷之间的距离越小，它们之间的排斥力越大，因此，要把电荷之间的距离压缩到零，外力所做功必为无穷大。

各个点电荷形成以后,将其放置在设定的位置,形成点电荷系统。在这个过程中克服电场力的外力还要做功,静电能量增加。这部分增加的静电能量称为互有静电能量。

设真空中有 n 个点电荷 $q_1,q_2,\cdots,q_n$ 构成的静电系统,系统的互有静电能量应等于将这 n 个点电荷从无穷远处移动到各自指定位置克服电场力的外力所做的功。当第一个点电荷 q_1 从无限远处移至 $\boldsymbol{r}_1$ 处时,由于空间尚不存在其他电荷,故移动 q_1 不须做功。然后将点电荷 q_2 移至 $\boldsymbol{r}_2$ 处,克服 q_1 和 q_2 之间电场力的外力做的功为

$$A_{12}=\frac{q_1q_2}{4\pi\varepsilon_0R_{12}} \tag{8-1-14}$$

式中 $R_{12}=|\boldsymbol{r}_2-\boldsymbol{r}_1|$。在此基础上,将点电荷 q_3 移至 $\boldsymbol{r}_3$ 处,q_3 到 q_1 和 q_2 的距离分别为 $R_{13}=|\boldsymbol{r}_3-\boldsymbol{r}_1|$ 和 $R_{23}=|\boldsymbol{r}_3-\boldsymbol{r}_2|$,克服 q_3 与 q_1 和 q_3 与 q_2 之间电场力的外力做功为

$$A_{13}+A_{23}=\frac{q_1q_3}{4\pi\varepsilon_0R_{13}}+\frac{q_2q_3}{4\pi\varepsilon_0R_{23}} \tag{8-1-15}$$

由这样三个点电荷构成的静电系统在其建立过程中克服电场力的外力所做的功转化为系统的互有静电能量,即

$$\begin{aligned}W_{\mathrm{e}}&=A_{12}+A_{13}+A_{23}=\frac{q_1q_2}{4\pi\varepsilon_0R_{12}}+\frac{q_1q_3}{4\pi\varepsilon_0R_{13}}+\frac{q_2q_3}{4\pi\varepsilon_0R_{23}}\\&=\frac{1}{2}\left[\left(\frac{q_1q_2}{4\pi\varepsilon_0R_{12}}+\frac{q_1q_3}{4\pi\varepsilon_0R_{13}}\right)+\left(\frac{q_2q_3}{4\pi\varepsilon_0R_{23}}+\frac{q_2q_1}{4\pi\varepsilon_0R_{21}}\right)+\left(\frac{q_3q_1}{4\pi\varepsilon_0R_{31}}+\frac{q_3q_2}{4\pi\varepsilon_0R_{32}}\right)\right]\\&=\frac{1}{2}(q_1\varphi_1+q_2\varphi_2+q_3\varphi_3)\\&=\frac{1}{2}\sum_{k=1}^{3}q_k\varphi_k\end{aligned} \tag{8-1-16}$$

式中,φ_k 为除第 k 个点电荷之外,另外两个点电荷在 $\boldsymbol{r}_k$ 处产生的电位。

对于 n 个点电荷的静电系统,互有静电能量为

$$W_{\mathrm{e}}=\frac{1}{2}\sum_{k=1}^{n}q_k\varphi_k \tag{8-1-17}$$

这是点电荷系统静电场能量计算公式,式中 φ_k 为除第 k 个点电荷之外,其他 $n-1$ 个点电荷在 $\boldsymbol{r}_k$ 处产生的电位。

式(8-1-17)也可以直接从各导体系统静电场能量计算公式(8-1-4)得到,条件是导体的各方向尺寸都趋近于零。这时 φ_k 中不能包括 q_k 产生的电位,因为这部分电位为无穷大。因此,点电荷系统只能计算互有静电能量。点电荷系统的静电场能量不能直接用式(8-1-11)计算,因为式(8-1-11)计算的是全部静电场能量(含自有静电能量),点电荷系统中此能量数值为无穷大。

8.2 恒定电流场的功率

1. 焦耳定律的微分形式

在恒定电流场中,导电媒质中电流会遇到阻力,如金属导体内自由电子在定向运动过程中不断与正离子点阵的振动离子碰撞,将动能转变为热能。这种能量转换表现为导电媒质

中传导电流引起的功率损耗。因此,要维持恒定电流,必须由外电源持续地提供能量。

在电源之外的导电媒质中,电场力克服阻力移动电荷所做的功转化为热能。如图 8-2-1 所示,在导电媒质内部取一个小体积 ΔV,体积 ΔV 中运动电荷体密度为 ρ、运动速度为 $\boldsymbol{v}$。为使 ΔV 中的运动电荷 $\Delta q=\rho\Delta V$ 在时间 Δt 内沿速度 $\boldsymbol{v}$ 的方向位移为 $\Delta\boldsymbol{l}$,则电场作用于电荷上的力(包括局外电场力和库仑电场力)需做功

$$\Delta A=\Delta q\boldsymbol{E}\cdot\Delta\boldsymbol{l}=\Delta q\boldsymbol{E}\cdot\boldsymbol{v}\Delta t=\boldsymbol{E}\cdot\boldsymbol{v}\rho\Delta V\Delta t \tag{8-2-1}$$

因此体积 ΔV 内的功率损耗为

$$\Delta P=\lim_{\Delta t\to 0}\frac{\Delta A}{\Delta t}=\lim_{\Delta t\to 0}(\boldsymbol{E}\cdot\boldsymbol{v}\rho\Delta V)=\boldsymbol{E}\cdot\boldsymbol{J}\Delta V \tag{8-2-2}$$

导电媒质中电流为传导电流,任一点功率损耗的体密度

$$p=\lim_{\Delta V\to 0}\frac{\Delta P}{\Delta V}=\boldsymbol{E}\cdot\boldsymbol{J}_{\mathrm{C}} \tag{8-2-3}$$

式(8-2-3)为焦耳定律的微分形式。

对于各向同性媒质,损耗密度为

$$p=\gamma E^2=\frac{J_{\mathrm{C}}^2}{\gamma} \tag{8-2-4}$$

整个导体区域消耗的电功率为

$$P=\iiint_V p\,\mathrm{d}V=\iiint_V \boldsymbol{E}\cdot\boldsymbol{J}_{\mathrm{C}}\mathrm{d}V \tag{8-2-5}$$

若在体积 V 内有电源,存在局外电场,则 $\boldsymbol{E}=\boldsymbol{E}_{\mathrm{T}}=\boldsymbol{E}_{\mathrm{C}}+\boldsymbol{E}_{\mathrm{e}}$,故

$$P=\iiint_V p\,\mathrm{d}V=\iiint_V \boldsymbol{E}_{\mathrm{T}}\cdot\boldsymbol{J}_{\mathrm{C}}\mathrm{d}V \tag{8-2-6}$$

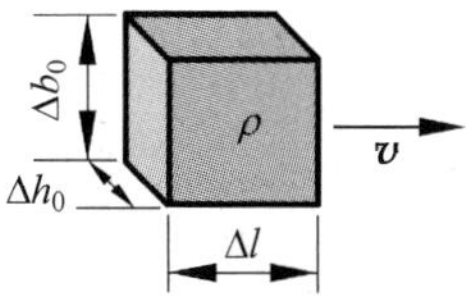

图 8-2-1　传导电流功率损耗计算模型

2. 焦耳定律的积分形式

若在体积 V 内不存在局外电场,将 $\boldsymbol{E}=-\nabla\varphi$ 代入式(8-2-6),并利用矢量恒等式 $\nabla\cdot(h\boldsymbol{a})=h\nabla\cdot\boldsymbol{a}+\boldsymbol{a}\cdot\nabla h$ 和电流连续性方程 $\nabla\cdot\boldsymbol{J}_{\mathrm{C}}=0$,得

$$\begin{aligned}P&=\iiint_V -\nabla\varphi\cdot\boldsymbol{J}_{\mathrm{C}}\mathrm{d}V=-\iiint_V \nabla\cdot(\varphi\boldsymbol{J}_{\mathrm{C}})\,\mathrm{d}V+\iiint_V \varphi\nabla\cdot\boldsymbol{J}_{\mathrm{C}}\mathrm{d}V\\&=-\iiint_V \nabla\cdot(\varphi\boldsymbol{J}_{\mathrm{C}})\,\mathrm{d}V\end{aligned} \tag{8-2-7}$$

根据散度定理,式(8-2-7)可写成

$$P=-\oint\!\!\!\oint_S \varphi\boldsymbol{J}_{\mathrm{C}}\cdot\mathrm{d}\boldsymbol{S} \tag{8-2-8}$$

用式(8-2-8)计算整个载流导体损失的电功率,只需对导体区域的边界面进行积分。

如图 8-2-2 所示,对于两电极之间加有恒定电压的一段导体,设电流 I 沿 $\Delta\boldsymbol{l}$ 流动,正负电极的电位分别为 φ_1 和 φ_2,正负电极极板面积分别为 S_1 和 S_2,导体侧面面积为 S',则导体内消耗的电功率为

$$P=-\oint\!\!\!\oint_S \varphi\boldsymbol{J}_{\mathrm{C}}\cdot\mathrm{d}\boldsymbol{S} \tag{8-2-9}$$

式中,S 包括 S_1、S_2 和 S',$\mathrm{d}\boldsymbol{S}$ 指向导体区域边界面的外法线方向。所以

$$P = -\iint_{S_1} \varphi_1 \boldsymbol{J}_C \cdot \mathrm{d}\boldsymbol{S} - \iint_{S_2} \varphi_2 \boldsymbol{J}_C \cdot \mathrm{d}\boldsymbol{S} - \iint_{S'} \varphi \boldsymbol{J}_C \cdot \mathrm{d}\boldsymbol{S} \quad (8\text{-}2\text{-}10)$$

在 S_1 上 $\mathrm{d}\boldsymbol{S}$ 与 $\boldsymbol{J}_C$ 方向相反,在 S_2 上 $\mathrm{d}\boldsymbol{S}$ 与 $\boldsymbol{J}_C$ 方向相同,导体侧面 S' 是与空气接触的表面,电流密度没有法向分量,因此

$$\begin{aligned} P &= -\varphi_1 \iint_{S_1} \boldsymbol{J}_C \cdot \mathrm{d}\boldsymbol{S} - \varphi_2 \iint_{S_2} \boldsymbol{J}_C \cdot \mathrm{d}\boldsymbol{S} = \varphi_1 I - \varphi_2 I \\ &= (\varphi_1 - \varphi_2) I = UI \end{aligned} \quad (8\text{-}2\text{-}11)$$

这就是焦耳定律的积分形式。

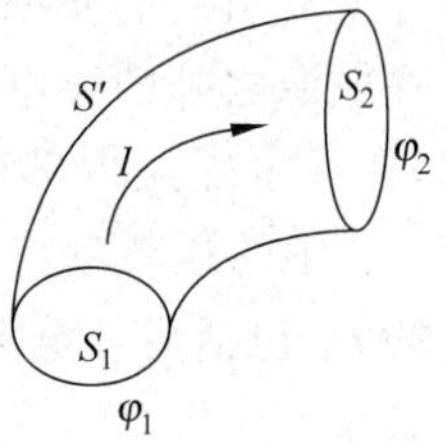

图 8-2-2 导体中传导电流的功率损耗计算

8.3 恒定磁场的能量

1. 恒定磁场能量的来源

载流回路系统的电流在建立过程中外源需要提供能量,一部分能量就转化为磁场能量。因此磁场能量在数值上就等于磁场建立过程中外源所提供并转化的这部分能量。

在线性媒质中,分析由 n 个载流回路 $l_1, l_2, \cdots, l_n$ 组成的磁场系统所具有的磁场能量。各回路中的电流分别为 $I_1, I_2, \cdots, I_n$,相应各回路环绕的磁链分别为 $\Psi_1, \Psi_2, \cdots, \Psi_n$。

假设系统中各回路的电阻为零,且电流变化的速度非常缓慢,以致可以忽略回路中的热损耗和辐射损耗。这样,电源提供给各回路的能量全部转化为系统储存的磁场能量。系统储存的能量只取决于系统的最终状态,而与系统建立的过程无关。

在恒定磁场系统建立之初,各回路的电流均为零。假定各回路电流以相同的比例同步增长,则有系数 $\beta = 0 \sim 1$,当电流为 $\beta I_1, \beta I_2, \cdots, \beta I_n$ 时,所产生的磁链应为 $\beta \Psi_1, \beta \Psi_2, \cdots, \beta \Psi_n$。根据法拉第电磁感应定律,当回路中的磁链发生变化时,回路中将产生感应电动势,闭合导电回路中将产生感应电流。感应电流产生的磁链将抵消原来磁链的变化。这样要使回路中的电流增加,所环绕的磁链增加,就必须外加电源,使外加电源的电压抵消回路中的感应电动势。第 k 个回路上需加电压

$$u_k = -\boldsymbol{e}_k = \frac{\mathrm{d}(\beta \Psi_k)}{\mathrm{d}t} \quad (8\text{-}3\text{-}1)$$

这里电压的参考方向与电流参考方向一致。因此在 $\mathrm{d}t$ 时间间隔内,第 k 个回路的电源提供的能量为

$$\mathrm{d}W_k = u_k \beta I_k \mathrm{d}t = \beta I_k \Psi_k \mathrm{d}\beta \quad (8\text{-}3\text{-}2)$$

在磁场建立的整个过程中,所有回路的电源提供的总能量为

$$W = \sum_{k=1}^{n} \int_0^1 \beta I_k \Psi_k \mathrm{d}\beta = \sum_{k=1}^{n} \int_0^1 \beta \mathrm{d}\beta I_k \Psi_k = \frac{1}{2} \sum_{k=1}^{n} I_k \Psi_k \quad (8\text{-}3\text{-}3)$$

因此,载流回路系统的磁场能量为

$$W_m = \frac{1}{2} \sum_{k=1}^{n} I_k \Psi_k \quad (8\text{-}3\text{-}4)$$

这是由载流线圈中线电流和电流所环绕的磁链计算磁场能量的公式。该公式蕴含着矛

盾，当我们严格使用线电流模型时，总的磁场能量为无穷大。这一矛盾的解决途径之一是将线圈的磁场能量分为自有磁场能量和互有磁场能量。自有磁场能量为无穷大，互有磁场能量可用式(8-3-4)计算，但此时 Ψ_k 应为除 I_k 外 $n-1$ 个电流产生的磁场由 I_k 环绕的互磁链。

载流回路可以看作由 n 个单匝线圈组成，对第 k 个单匝载流回路，设 S_k 是回路 l_k 限定的曲面，则

$$\Psi_k = \Phi_k = \iint_{S_k} \boldsymbol{B} \cdot \mathrm{d}\boldsymbol{S}_k \tag{8-3-5}$$

由 $\boldsymbol{B} = \nabla \times \boldsymbol{A}$，根据斯托克斯定理，可得

$$\Psi_k = \iint_{S_k} \nabla \times \boldsymbol{A} \cdot \mathrm{d}\boldsymbol{S}_k = \oint_{l_k} \boldsymbol{A} \cdot \mathrm{d}\boldsymbol{l}_k \tag{8-3-6}$$

这样，系统的磁场能量为

$$W_{\mathrm{m}} = \frac{1}{2}\sum_{k=1}^{n} I_k \iint_{S_k} \boldsymbol{B} \cdot \mathrm{d}\boldsymbol{S}_k = \frac{1}{2}\sum_{k=1}^{n} I_k \oint_{l_k} \boldsymbol{A} \cdot \mathrm{d}\boldsymbol{l}_k = \frac{1}{2}\sum_{k=1}^{n} \oint_{l_k} \boldsymbol{A} \cdot (I_k \mathrm{d}\boldsymbol{l}_k) \tag{8-3-7}$$

这是由载流线圈中磁场源(线电流)和源处矢量磁位计算磁场能量的公式。对于严格的线电流模型该公式仍蕴含着矛盾，源处的矢量磁位为无穷大。解决矛盾的另一途径是将线电流模型转换为体电流模型。

式(8-3-7)中，$(I_k \mathrm{d}\boldsymbol{l}_k)$ 相当于一个电流元。对于体电流分布的系统，将电流元换成 $\boldsymbol{J}\mathrm{d}V'$，相应的 n 个回路线积分之和应换成整个电流区域的体积分。这样，体电流系统的磁场能量为

$$W_{\mathrm{m}} = \frac{1}{2}\iiint_{V'} \boldsymbol{J} \cdot \boldsymbol{A}\,\mathrm{d}V' \tag{8-3-8}$$

这是由磁场源(体电流)和源处矢量磁位计算磁场能量的公式。

2. 磁场能量的分布

体电流分布磁场系统的磁场能量表达式为

$$W_{\mathrm{m}} = \frac{1}{2}\iiint_{V'} \boldsymbol{J} \cdot \boldsymbol{A}\,\mathrm{d}V' \tag{8-3-9}$$

式(8-3-9)的积分区域为电流所在的体积 V'。这说明可以用电流密度和矢量磁位来计算恒定磁场能量。但这并不表明磁场能量只存在于电流的源区。在无源区域，只要有磁场，就存在对电流的作用力。说明凡是有磁场的区域都存在磁场能量。

由安培环路定理得

$$\boldsymbol{J} = \nabla \times \boldsymbol{H} \tag{8-3-10}$$

在无源区域有 $\nabla \times \boldsymbol{H} = \boldsymbol{0}$，将其代入式(8-3-9)并将积分区域扩展到整个空间，有

$$W_{\mathrm{m}} = \frac{1}{2}\iiint_{V} (\nabla \times \boldsymbol{H}) \cdot \boldsymbol{A}\,\mathrm{d}V \tag{8-3-11}$$

根据矢量恒等式 $\nabla \cdot (\boldsymbol{a} \times \boldsymbol{b}) = \boldsymbol{b} \cdot (\nabla \times \boldsymbol{a}) - \boldsymbol{a} \cdot (\nabla \times \boldsymbol{b})$，将 $\boldsymbol{a} = \boldsymbol{H}$、$\boldsymbol{b} = \boldsymbol{A}$ 代入，得

$$(\nabla \times \boldsymbol{H}) \cdot \boldsymbol{A} = \nabla \cdot (\boldsymbol{H} \times \boldsymbol{A}) + (\nabla \times \boldsymbol{A}) \cdot \boldsymbol{H} \tag{8-3-12}$$

$$W_m = \frac{1}{2}\iiint_V \nabla \cdot (\boldsymbol{H} \times \boldsymbol{A})\,\mathrm{d}V + \frac{1}{2}\iiint_V (\nabla \times \boldsymbol{A}) \cdot \boldsymbol{H}\,\mathrm{d}V \tag{8-3-13}$$

将$\nabla \times \boldsymbol{A} = \boldsymbol{B}$ 代入式(8-3-13),应用散度定理,可得

$$\begin{aligned} W_m &= \frac{1}{2}\iiint_V \nabla \cdot (\boldsymbol{H} \times \boldsymbol{A})\,\mathrm{d}V + \frac{1}{2}\iiint_V \boldsymbol{B} \cdot \boldsymbol{H}\,\mathrm{d}V \\ &= \frac{1}{2}\oint_S (\boldsymbol{H} \times \boldsymbol{A}) \cdot \mathrm{d}\boldsymbol{S} + \frac{1}{2}\iiint_V \boldsymbol{B} \cdot \boldsymbol{H}\,\mathrm{d}V \end{aligned} \tag{8-3-14}$$

当电流分布在有限区域时,在无穷远边界面 $A \propto \frac{1}{r}$,$H \propto \frac{1}{r^2}$,$S \propto r^2$。因此,对 $r \to \infty$,式(8-3-14)中$\oint_S (\boldsymbol{H} \times \boldsymbol{A}) \cdot \mathrm{d}\boldsymbol{S} = 0$,可得恒定电流系统的磁场能量为

$$W_m = \frac{1}{2}\iiint_V \boldsymbol{B} \cdot \boldsymbol{H}\,\mathrm{d}V \tag{8-3-15}$$

这是由磁场中磁感应强度和磁场强度计算磁场能量的公式。式(8-3-15)表明,磁场能量分布于磁场所在的整个空间,磁场能量密度为

$$w_m = \frac{1}{2}\boldsymbol{B} \cdot \boldsymbol{H} = \frac{1}{2}\mu H^2 = \frac{1}{2}\frac{B^2}{\mu} \tag{8-3-16}$$

例 8-3-1 截面如图 8-3-1 所示无限长圆柱直导线,通以电流 I。求导线内部单位长度的磁场能量。

解 根据安培环路定理可得在导线内的磁场强度为

$$\boldsymbol{H}(r) = \frac{I}{2\pi r}\frac{r^2}{a^2}\boldsymbol{e}_\alpha = \frac{rI}{2\pi a^2}\boldsymbol{e}_\alpha$$

圆柱体内磁场能量密度为

$$w_m = \frac{1}{2}\mu H^2 = \frac{\mu r^2 I^2}{8\pi^2 a^4}$$

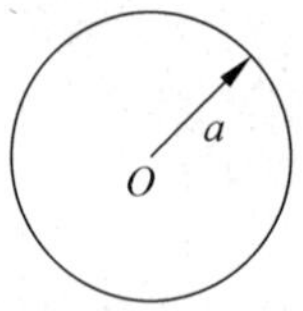

图 8-3-1 圆柱体电流的磁场能量计算

单位长度圆柱导线内的磁场能量为

$$W_{mi} = \int_0^a w_m 2\pi r\,\mathrm{d}r = \int_0^a \frac{\mu r^3 I^2}{4\pi a^4}\mathrm{d}r = \frac{\mu I^2}{16\pi}$$

8.4 时变电磁场的能量

1. 坡印亭定理

电磁场是一种特殊形式的物质。具有能量是物质的基本特征,因此电磁场具有能量。电磁场能量分布在场域中。电磁场能量密度等于电场能量密度和磁场能量密度之和。电磁场满足能量守恒与转换定律。

下面从麦克斯韦方程出发推导电磁场能量的转换规律。

以磁场强度 $\boldsymbol{H}$ 点乘电磁感应定律微分形式方程$\nabla \times \boldsymbol{E} = -\frac{\partial \boldsymbol{B}}{\partial t}$的两边,可得

$$\boldsymbol{H}\cdot(\nabla\times\boldsymbol{E})=-\boldsymbol{H}\cdot\frac{\partial\boldsymbol{B}}{\partial t}\tag{8-4-1}$$

以电场强度 $\boldsymbol{E}$ 点乘全电流定律微分形式方程$\nabla\times\boldsymbol{H}=\boldsymbol{J}+\frac{\partial\boldsymbol{D}}{\partial t}$的两边，可得

$$\boldsymbol{E}\cdot(\nabla\times\boldsymbol{H})=\boldsymbol{E}\cdot\boldsymbol{J}+\boldsymbol{E}\cdot\frac{\partial\boldsymbol{D}}{\partial t}\tag{8-4-2}$$

利用矢量恒等式$\nabla\cdot(\boldsymbol{a}\times\boldsymbol{b})=\boldsymbol{b}\cdot(\nabla\times\boldsymbol{a})-\boldsymbol{a}\cdot(\nabla\times\boldsymbol{b})$，将 $\boldsymbol{a}=\boldsymbol{E}$、$\boldsymbol{b}=\boldsymbol{H}$ 代入，得

$$\nabla\cdot(\boldsymbol{E}\times\boldsymbol{H})=\boldsymbol{H}\cdot(\nabla\times\boldsymbol{E})-\boldsymbol{E}\cdot(\nabla\times\boldsymbol{H})\tag{8-4-3}$$

将式(8-4-1)和式(8-4-2)代入式(8-4-3)，得

$$\nabla\cdot(\boldsymbol{E}\times\boldsymbol{H})=-\boldsymbol{E}\cdot\frac{\partial\boldsymbol{D}}{\partial t}-\boldsymbol{H}\cdot\frac{\partial\boldsymbol{B}}{\partial t}-\boldsymbol{E}\cdot\boldsymbol{J}\tag{8-4-4}$$

对于线性媒质，有

$$\boldsymbol{E}\cdot\frac{\partial\boldsymbol{D}}{\partial t}=\frac{1}{2}\boldsymbol{E}\cdot\frac{\partial\boldsymbol{D}}{\partial t}+\frac{1}{2}\boldsymbol{D}\cdot\frac{\partial\boldsymbol{E}}{\partial t}=\frac{\partial}{\partial t}\left(\frac{1}{2}\boldsymbol{D}\cdot\boldsymbol{E}\right)\tag{8-4-5}$$

以及

$$\boldsymbol{H}\cdot\frac{\partial\boldsymbol{B}}{\partial t}=\frac{1}{2}\boldsymbol{H}\cdot\frac{\partial\boldsymbol{B}}{\partial t}+\frac{1}{2}\boldsymbol{B}\cdot\frac{\partial\boldsymbol{H}}{\partial t}=\frac{\partial}{\partial t}\left(\frac{1}{2}\boldsymbol{B}\cdot\boldsymbol{H}\right)\tag{8-4-6}$$

因此，可得

$$\nabla\cdot(\boldsymbol{E}\times\boldsymbol{H})=-\frac{\partial}{\partial t}\left(\frac{1}{2}\boldsymbol{E}\cdot\boldsymbol{D}+\frac{1}{2}\boldsymbol{B}\cdot\boldsymbol{H}\right)-\boldsymbol{E}\cdot\boldsymbol{J}\tag{8-4-7}$$

令 $w=w_{\mathrm{e}}+w_{\mathrm{m}}=\frac{1}{2}\boldsymbol{E}\cdot\boldsymbol{D}+\frac{1}{2}\boldsymbol{B}\cdot\boldsymbol{H}$，表示电磁场能量密度，得

$$\nabla\cdot(\boldsymbol{E}\times\boldsymbol{H})=-\frac{\partial w}{\partial t}-\boldsymbol{E}\cdot\boldsymbol{J}\tag{8-4-8}$$

式(8-4-8)称为坡印亭定理的微分形式，矢量 $\boldsymbol{E}\times\boldsymbol{H}$ 称为坡印亭矢量。将式(8-4-8)两边对任意区域 V 进行体积分，得

$$\iiint_V\nabla\cdot(\boldsymbol{E}\times\boldsymbol{H})\,\mathrm{d}V=-\iiint_V\frac{\partial w}{\partial t}\mathrm{d}V-\iiint_V\boldsymbol{E}\cdot\boldsymbol{J}\,\mathrm{d}V\tag{8-4-9}$$

若区域 V 内存在传导电流和运流电流，存在局外电场，则式(8-4-9)中，$\boldsymbol{J}=\boldsymbol{J}_{\mathrm{C}}+\rho\boldsymbol{v}$，$\boldsymbol{E}=\boldsymbol{E}_{\mathrm{T}}-\boldsymbol{E}_{\mathrm{e}}$。$\boldsymbol{E}_{\mathrm{T}}$ 是包括局外电场强度在内的总的电场强度，$\boldsymbol{E}_{\mathrm{e}}$ 是局外电场强度，代入式(8-4-9)得

$$\iiint_V\nabla\cdot(\boldsymbol{E}\times\boldsymbol{H})\,\mathrm{d}V=-\iiint_V\frac{\partial w}{\partial t}\mathrm{d}V-\iiint_V\boldsymbol{E}_{\mathrm{T}}\cdot\boldsymbol{J}\,\mathrm{d}V+\iiint_V\boldsymbol{E}_{\mathrm{e}}\cdot\boldsymbol{J}\,\mathrm{d}V\tag{8-4-10}$$

整理得

$$\iiint_V\boldsymbol{E}_{\mathrm{e}}\cdot\boldsymbol{J}\,\mathrm{d}V=\iiint_V\frac{\partial w}{\partial t}\mathrm{d}V+\iiint_V\boldsymbol{E}_{\mathrm{T}}\cdot\boldsymbol{J}_{\mathrm{C}}\mathrm{d}V+\iiint_V\rho\boldsymbol{v}\cdot\boldsymbol{E}_{\mathrm{T}}\mathrm{d}V+\iiint_V\nabla\cdot(\boldsymbol{E}\times\boldsymbol{H})\,\mathrm{d}V\tag{8-4-11}$$

对最后一项体积分应用散度定理，得

$$\iiint_V\boldsymbol{E}_{\mathrm{e}}\cdot\boldsymbol{J}\,\mathrm{d}V=\iiint_V\frac{\partial w}{\partial t}\mathrm{d}V+\iiint_V\boldsymbol{E}_{\mathrm{T}}\cdot\boldsymbol{J}_{\mathrm{C}}\mathrm{d}V+\iiint_V\rho\boldsymbol{v}\cdot\boldsymbol{E}_{\mathrm{T}}\mathrm{d}V+\oint_S(\boldsymbol{E}\times\boldsymbol{H})\cdot\mathrm{d}\boldsymbol{S}\tag{8-4-12}$$

式(8-4-12)称为坡印亭定理的积分形式。

坡印亭定理反映了电磁场中能量守恒与转换的规律。

等式左侧$\iiint_V \boldsymbol{E}_e \cdot \boldsymbol{J} \mathrm{d}V$为$V$内电源局外力提供的功率,若无电源则此项为0;等式右侧第一个体积分$\iiint_V \frac{\partial w}{\partial t}\mathrm{d}V$表示单位时间$V$内电磁场能量的增量;等式右侧第二个体积分$\iiint_V \boldsymbol{E}_T \cdot \boldsymbol{J}_C \mathrm{d}V$表示$V$内传导电流引起的功率损耗,若无局外电场,则此项为$\iiint_V \boldsymbol{E} \cdot \boldsymbol{J}_C \mathrm{d}V$;等式右侧第三个体积分$\iiint_V \rho \boldsymbol{v} \cdot \boldsymbol{E}_T \mathrm{d}V$表示存在运流电流时,单位时间作用于电荷上的力做功维持电荷的动能,若无运流电流则此项为0;等式右侧最后一项的闭合面积分$\oint_S (\boldsymbol{E} \times \boldsymbol{H}) \cdot \mathrm{d}\boldsymbol{S}$表示从闭合面上单位时间内流出的电磁能量。

坡印亭定理表明,外源提供的能量,一部分用于增加电磁场能量,一部分由于发热损失掉,还有一部分用于维持电荷的动能,剩余的能量从区域表面传播出去。由此可见,电磁场的变化总是伴随着能量的传播,在传播过程中,满足能量守恒。

从式(8-4-12)可以看出,闭合面积分中的坡印亭矢量$\boldsymbol{E} \times \boldsymbol{H}$又称为电磁能流密度,即单位时间内垂直穿过单位面积的电磁能量。坡印亭矢量记为

$$\boldsymbol{S}_P = \boldsymbol{E} \times \boldsymbol{H} \tag{8-4-13}$$

$\boldsymbol{S}_P$的单位是$\mathrm{W/m^2}$(瓦/米^2)。

由于散度为零的矢量在闭合面上的通量恒为零,所以在坡印亭矢量上加上一个散度为零的矢量,仍然满足坡印亭定理。因此,一般情况下坡印亭矢量可以表示电磁能流密度;在某些特殊情况下,坡印亭矢量可能并无明显的物理意义。

若将电磁能量看作一种实体,比照电磁能量(密度)和电荷(密度)、电磁能流密度和电流密度,可以借助电荷守恒原理来理解电磁能量守恒原理(坡印亭定理)。

恒定场是时变场的特例,因此恒定场的能量也应满足坡印亭定理。对于恒定场,假定无运流电流,由于$\frac{\partial w}{\partial t}=0$,坡印亭定理可写成

$$-\oint_S (\boldsymbol{E} \times \boldsymbol{H}) \cdot \mathrm{d}\boldsymbol{S} = \iiint_V \boldsymbol{J}_C \cdot \boldsymbol{E} \mathrm{d}V \tag{8-4-14}$$

在电源以外的区域

$$-\oint_S (\boldsymbol{E} \times \boldsymbol{H}) \cdot \mathrm{d}\boldsymbol{S} = \iiint_V \frac{J_C^2}{\gamma} \mathrm{d}V \tag{8-4-15}$$

式(8-4-15)表明,在恒定场的无源区域内,通过S面流入V内的功率等于V内损耗的功率。

例 8-4-1 求图8-4-1所示载有直流电流I的长直圆导线表面的坡印亭矢量,并由坡印亭矢量计算电阻为R的一段导线消耗的功率。

解 设导线半径为a,导线内的电场强度与磁场强度分别为

$$\boldsymbol{E} = \frac{\boldsymbol{J}}{\gamma} = \frac{I}{\gamma \pi a^2}\boldsymbol{e}_z, \quad \boldsymbol{H} = \frac{rI}{2\pi a^2}\boldsymbol{e}_\alpha$$

在导线侧表面,电场强度和磁场强度分别为

$$\boldsymbol{E}=\frac{\boldsymbol{J}}{\gamma}=\frac{I}{\gamma\pi a^2}\boldsymbol{e}_z,\quad \boldsymbol{H}=\frac{I}{2\pi a}\boldsymbol{e}_\alpha$$

导线侧表面的坡印亭矢量为

$$\boldsymbol{S}_{\mathrm{P}}=\boldsymbol{E}\times\boldsymbol{H}=\frac{I^2}{2\gamma\pi^2a^3}(\boldsymbol{e}_z\times\boldsymbol{e}_\alpha)=-\frac{I^2}{2\gamma\pi^2a^3}\boldsymbol{e}_r$$

将 $\boldsymbol{S}_{\mathrm{P}}$ 在包围导线段的闭合面上积分,可得

$$-\oint\!\!\!\oint_S\boldsymbol{S}_{\mathrm{P}}\cdot\mathrm{d}\boldsymbol{S}=-\iint_{S_1}\boldsymbol{S}_{\mathrm{P}}\cdot\mathrm{d}\boldsymbol{S}-\iint_{S_2}\boldsymbol{S}_{\mathrm{P}}\cdot\mathrm{d}\boldsymbol{S}-\iint_{S'}\boldsymbol{S}_{\mathrm{P}}\cdot\mathrm{d}\boldsymbol{S}$$

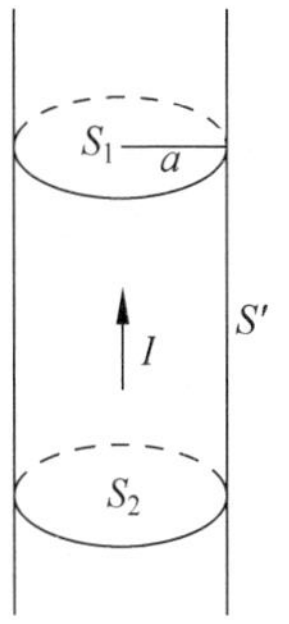

图 8-4-1　圆导线的功率损耗计算

在 S_1 和 S_2 上坡印亭矢量的方向与面的法线方向垂直,对应的上下两截面面积分为零。因此

$$-\oint\!\!\!\oint_S\boldsymbol{S}_{\mathrm{P}}\cdot\mathrm{d}\boldsymbol{S}=-\iint_{S'}\boldsymbol{S}_{\mathrm{P}}\cdot\mathrm{d}\boldsymbol{S}=\left(\frac{I^2}{2\gamma\pi^2a^3}\right)2\pi al=I^2\left(\frac{l}{\gamma\pi a^2}\right)=I^2R$$

上式表明,坡印亭矢量在导线侧表面的积分的负值等于导线内部的功率损耗。导线内消耗的功率是由导线侧表面传播进来的。

2. 辐射功率的计算

在自由空间,单元辐射子产生的电磁场以电磁波的形式向远处传播。电磁波的传播必然伴随着能量的传播。自由空间中没有损耗,所以从辐射子辐射出的功率应等于包围辐射子的闭合面上坡印亭矢量的积分。在辐射区,取以辐射子为球心、半径为 r 的球面作为积分曲面。在此球面上有

$$H_\alpha(r,t)\approx-\frac{I_{\mathrm{m}}\Delta l\sin\theta}{4\pi r}\beta\sin(\omega t-\beta r)=-\frac{I_{\mathrm{m}}\Delta l}{4\pi r}\beta\sin\theta\sin\omega\left(t-\frac{r}{v}\right)\tag{8-4-16}$$

$$E_\theta(r,t)\approx-\frac{I_{\mathrm{m}}\Delta l\sin\theta}{4\pi\varepsilon_0\omega r}\beta^2\sin(\omega t-\beta r)=-\frac{I_{\mathrm{m}}\Delta l}{4\pi\varepsilon_0\omega r}\beta^2\sin\theta\sin\omega\left(t-\frac{r}{v}\right)\tag{8-4-17}$$

$$\boldsymbol{S}_{\mathrm{P}}(r,t)=\boldsymbol{E}\times\boldsymbol{H}=E_\theta H_\alpha\boldsymbol{e}_r=\sqrt{\frac{\varepsilon_0}{\mu_0}}E_\theta^2\boldsymbol{e}_r=\sqrt{\frac{1}{\mu_0\varepsilon_0}}\varepsilon_0E_\theta^2\boldsymbol{e}_r=wv\boldsymbol{e}_r\tag{8-4-18}$$

式中,w 是电磁场能量密度;v 是电磁波传播的速度,即光速。式(8-4-18)说明电磁场能量以速度 v 沿 $\boldsymbol{e}_r$ 方向传播。将 E_θ 的表达式代入式(8-4-18),得

$$\begin{aligned}\boldsymbol{S}_{\mathrm{P}}(r,t)&=\sqrt{\frac{\varepsilon_0}{\mu_0}}\left(\frac{I_{\mathrm{m}}\Delta l}{4\pi\varepsilon_0\omega r}\right)^2\beta^4\sin^2\theta\sin^2\omega\left(t-\frac{r}{v}\right)\boldsymbol{e}_r\\&=\sqrt{\frac{\varepsilon_0}{\mu_0}}\left(\frac{I_{\mathrm{m}}\Delta l}{4\pi\varepsilon_0\omega r}\right)^2\beta^4\sin^2\theta\,\frac{1}{2}\left[1-\cos2\omega\left(t-\frac{r}{v}\right)\right]\boldsymbol{e}_r\end{aligned}\tag{8-4-19}$$

坡印亭矢量是随时间变化的量。其不为负值,说明没有反方向传播的能量。在一个时间周期内坡印亭矢量的平均值为

$$\boldsymbol{S}_{\mathrm{Pav}}(r)=\frac{1}{2}\sqrt{\frac{\varepsilon_0}{\mu_0}}\left(\frac{I_{\mathrm{m}}\Delta l}{4\pi\varepsilon_0\omega r}\right)^2\beta^4\sin^2\theta\boldsymbol{e}_r\tag{8-4-20}$$

因 $\beta=\dfrac{\omega}{v}$,$v=\dfrac{1}{\sqrt{\varepsilon_0\mu_0}}$,$\lambda=\dfrac{2\pi v}{\omega}$,所以

$$\boldsymbol{S}_{\text{Pav}}(r)=\frac{1}{8}\sqrt{\frac{\mu_0}{\varepsilon_0}}\left(\frac{I_{\text{m}}\Delta l}{r\lambda}\right)^2\sin^2\theta\boldsymbol{e}_r \tag{8-4-21}$$

考虑到 $I_{\text{m}}=\sqrt{2}I$，$Z_{\text{C0}}=\sqrt{\dfrac{\mu_0}{\varepsilon_0}}\approx377\Omega$，应用坡印亭定理，辐射子向外发出的辐射功率为

$$\begin{aligned}P&=\oint\!\!\!\oint_S\boldsymbol{S}_{\text{Pav}}\cdot\mathrm{d}\boldsymbol{S}=\int_0^{\pi}\int_0^{2\pi}\frac{1}{8}Z_{\text{C0}}\left(\frac{I_{\text{m}}\Delta l}{r\lambda}\right)^2\sin^2\theta r\sin\theta\mathrm{d}\alpha r\mathrm{d}\theta\\&=\frac{\pi}{4}Z_{\text{C0}}\left(\frac{I_{\text{m}}\Delta l}{\lambda}\right)^2\int_0^{\pi}\sin^3\theta\mathrm{d}\theta=\frac{\pi}{4}Z_{\text{C0}}\left(\frac{I_{\text{m}}\Delta l}{\lambda}\right)^2\left(-\cos\theta+\frac{1}{3}\cos^3\theta\right)\Bigg|_0^{\pi}\\&=\frac{\pi}{3}Z_{\text{C0}}\left(\frac{I_{\text{m}}\Delta l}{\lambda}\right)^2=\frac{2\pi}{3}377\left(\frac{\Delta l}{\lambda}\right)^2I^2=80\pi^2\left(\frac{\Delta l}{\lambda}\right)^2I^2\end{aligned} \tag{8-4-22}$$

将辐射系统等效的辐射电阻定义为

$$R_{\text{e}}=\frac{P}{I^2} \tag{8-4-23}$$

辐射子的辐射电阻为

$$R_{\text{e}}=80\pi^2\left(\frac{\Delta l}{\lambda}\right)^2 \tag{8-4-24}$$

辐射电阻的大小代表一个系统辐射能力的强弱。从式(8-4-24)可知，辐射电阻与 Δl 的平方成正比，与 λ 的平方成反比。因此，在电源频率较高、波长较短时，可以使用较短的天线；而在电源频率较低、波长较长时，必须使用较长的天线才能发送一定的辐射功率。

8.5 电磁力与虚位移法

1. 电场力和磁场力的直接计算

(1) 电荷与电流受力

在电磁场中，静止电荷只受到电场力的作用。若电场强度为 $\boldsymbol{E}$，点电荷 q 受到的电场力为

$$\boldsymbol{F}=q\boldsymbol{E} \tag{8-5-1}$$

这里的电场强度应理解为在 q 所在位置除点电荷 q 以外其他电荷产生的电场强度。电荷元 $\mathrm{d}q$ 受到的作用力为

$$\mathrm{d}\boldsymbol{F}=\mathrm{d}q\boldsymbol{E} \tag{8-5-2}$$

因此，分布电荷受到的作用力可表示为

$$\boldsymbol{F}=\int\boldsymbol{E}\mathrm{d}q \tag{8-5-3}$$

将体电荷、面电荷和线电荷电荷元的表达式代入式(8-5-3)，即可计算这些分布电荷受到的整体作用力。

需要注意，这里积分中的电场强度也应理解为除受力电荷元以外其他电荷产生的电场强度。

运动电荷除受电场力的作用外，还受到洛伦兹力的作用，表示为

$$\boldsymbol{F}=q\boldsymbol{v}\times\boldsymbol{B} \tag{8-5-4}$$

在磁场中电流受到磁场力的作用。设磁感应强度为 $\boldsymbol{B}$，电流 I 受到的作用力为

$$\boldsymbol{F}=\oint_l I\,\mathrm{d}\boldsymbol{l}\times\boldsymbol{B} \tag{8-5-5}$$

将电流元 $I\mathrm{d}\boldsymbol{l}$ 换成 $\boldsymbol{K}\mathrm{d}S$ 和 $\boldsymbol{J}\mathrm{d}V$ 进行相应的面积分和体积分，可以计算面电流和体电流受到的总体作用力。

这里积分中的磁感应强度是除受力电流元以外其他电流产生的磁感应强度。

上述直接由场矢量和源计算电磁力的公式，在体电荷和体电流情况下不会出现问题。但是，在场源为面、线和点模型情况下，场矢量在源区会出现不连续甚至奇异，这时有一个简单的解决办法。

先将源的面、线和点模型近似用相应的体模型代替，如面模型给定一个均匀厚度 Δd、线模型给定一个均匀截面面积 ΔS、点模型给定一个球体体积 ΔV。同时将原模型面、线和点参数转换为近似模型的体参数，如点电荷的电荷量转换为体电荷密度为 $\rho=\dfrac{q}{\Delta V}$、线电荷的线电荷密度转换为体电荷密度为 $\rho=\dfrac{\Delta q}{\Delta S\Delta l}=\dfrac{\tau}{\Delta S}$、面电荷的电荷密度转换为体电荷密度为 $\rho=\dfrac{\Delta q}{\Delta d\,\Delta S}=\dfrac{\sigma}{\Delta d}$；线电流转换为体电流密度为 $\boldsymbol{J}=\dfrac{I}{\Delta S}\boldsymbol{e}_l$、面电流转换为体电流密度为 $\boldsymbol{J}=\dfrac{\boldsymbol{K}}{\Delta d}$。计算出近似体模型的电磁力，然后令厚度 Δd、截面面积 ΔS 和体积 ΔV 趋近于零，得到原模型的电磁力。

(2) 电偶极子与磁偶极子受力

下面讨论电偶极子整体受电场力和磁偶极子整体受磁场力的计算。电偶极子在电场中整体受力就是正负两个电荷受电场力之和。根据点电荷受力公式，有

$$\boldsymbol{F}_{\mathrm{p}}=q(\boldsymbol{E}_{+}-\boldsymbol{E}_{-})=qd\;\frac{(\boldsymbol{E}_{+}-\boldsymbol{E}_{-})}{d}=qd\;\frac{\partial\boldsymbol{E}}{\partial d} \tag{8-5-6}$$

将电场强度以直角坐标系分量代入，得

$$\boldsymbol{F}=qd\left(\frac{\partial E_x}{\partial d}\boldsymbol{e}_x+\frac{\partial E_y}{\partial d}\boldsymbol{e}_y+\frac{\partial E_z}{\partial d}\boldsymbol{e}_z\right) \tag{8-5-7}$$

根据方向导数与梯度的关系，有

$$\begin{aligned}\boldsymbol{F}_{\mathrm{p}}&=q(\boldsymbol{d}\cdot\nabla E_x\boldsymbol{e}_x+\boldsymbol{d}\cdot\nabla E_y\boldsymbol{e}_y+\boldsymbol{d}\cdot\nabla E_z\boldsymbol{e}_z)\\&=\boldsymbol{p}\cdot\nabla E_x\boldsymbol{e}_x+\boldsymbol{p}\cdot\nabla E_y\boldsymbol{e}_y+\boldsymbol{p}\cdot\nabla E_z\boldsymbol{e}_z\\&=(\boldsymbol{p}\cdot\nabla)\boldsymbol{E}\end{aligned} \tag{8-5-8}$$

根据两矢量点乘求梯度的矢量恒等式，有

$$\nabla(\boldsymbol{p}\cdot\boldsymbol{E})=\boldsymbol{p}\times\nabla\times\boldsymbol{E}+\boldsymbol{E}\times\nabla\times\boldsymbol{p}+(\boldsymbol{p}\cdot\nabla)\boldsymbol{E}+(\boldsymbol{E}\cdot\nabla)\boldsymbol{p}=(\boldsymbol{p}\cdot\nabla)\boldsymbol{E} \tag{8-5-9}$$

式中，$\nabla\times\boldsymbol{E}=\boldsymbol{0}$ 是静电场的基本方程，$\nabla\times\boldsymbol{p}=\boldsymbol{0}$ 和 $(\boldsymbol{E}\cdot\nabla)\boldsymbol{p}=\boldsymbol{0}$ 是因为 $\boldsymbol{p}$ 是常矢量。因此，电偶极子在电场中受力可用两种矢量运算形式表示，即

$$\boldsymbol{F}_{\mathrm{p}}=(\boldsymbol{p}\cdot\nabla)\boldsymbol{E}=\nabla(\boldsymbol{p}\cdot\boldsymbol{E}) \tag{8-5-10}$$

视频：带电梳不均匀电场使自来水极化吸引偏离

磁偶极子在磁场中整体受力即小环形电流所受磁场力。根据电流受磁场力公式，有

$$\boldsymbol{F}_{\mathrm{m}}=\oint_{l} I\,\mathrm{d}\boldsymbol{l}\times\boldsymbol{B}=-\oint_{l} I\boldsymbol{B}\times\mathrm{d}\boldsymbol{l} \tag{8-5-11}$$

将磁感应强度直角坐标系分量代入,得

$$\begin{aligned}\boldsymbol{F}_{\mathrm{m}}&=-\oint_{l} I(B_x\boldsymbol{e}_x+B_y\boldsymbol{e}_y+B_z\boldsymbol{e}_z)\times\mathrm{d}\boldsymbol{l}\\&=-I\oint_{l} B_x\boldsymbol{e}_x\times\mathrm{d}\boldsymbol{l}+\oint_{l} B_y\boldsymbol{e}_y\times\mathrm{d}\boldsymbol{l}+\oint_{l} B_z\boldsymbol{e}_z\times\mathrm{d}\boldsymbol{l}\\&=-I\left(\boldsymbol{e}_x\times\oint_{l} B_x\times\mathrm{d}\boldsymbol{l}+\boldsymbol{e}_y\times\oint_{l} B_y\times\mathrm{d}\boldsymbol{l}+\boldsymbol{e}_z\times\oint_{l} B_z\times\mathrm{d}\boldsymbol{l}\right)\end{aligned} \tag{8-5-12}$$

利用矢量恒等式,将线积分转换为面积分

$$\begin{aligned}\boldsymbol{F}_{\mathrm{m}}&=I\left(\boldsymbol{e}_x\times\iint_S \nabla B_x\times\mathrm{d}\boldsymbol{S}+\boldsymbol{e}_y\times\iint_S \nabla B_y\times\mathrm{d}\boldsymbol{S}+\boldsymbol{e}_z\times\iint_S \nabla B_z\times\mathrm{d}\boldsymbol{S}\right)\\&=\boldsymbol{e}_x\times(\nabla B_x\times I\boldsymbol{S})+\boldsymbol{e}_y\times(\nabla B_y\times I\boldsymbol{S})+\boldsymbol{e}_z\times(\nabla B_z\times I\boldsymbol{S})\\&=\boldsymbol{e}_x\times(\nabla B_x\times\boldsymbol{m})+\boldsymbol{e}_y\times(\nabla B_y\times\boldsymbol{m})+\boldsymbol{e}_z\times(\nabla B_z\times\boldsymbol{m})\end{aligned} \tag{8-5-13}$$

再利用双叉乘矢量代数公式,得

$$\begin{aligned}\boldsymbol{F}_{\mathrm{m}}&=(\boldsymbol{e}_x\cdot\boldsymbol{m})\nabla B_x-(\boldsymbol{e}_x\cdot\nabla B_x)\boldsymbol{m}+(\boldsymbol{e}_y\cdot\boldsymbol{m})\nabla B_y-(\boldsymbol{e}_y\cdot\nabla B_y)\boldsymbol{m}+\\&\quad(\boldsymbol{e}_z\cdot\boldsymbol{m})\nabla B_z-(\boldsymbol{e}_z\cdot\nabla B_z)\boldsymbol{m}\\&=(\boldsymbol{e}_x\cdot\boldsymbol{m})\nabla B_x+(\boldsymbol{e}_y\cdot\boldsymbol{m})\nabla B_y+(\boldsymbol{e}_z\cdot\boldsymbol{m})\nabla B_z-(\nabla\cdot\boldsymbol{B})\boldsymbol{m}\\&=(\boldsymbol{e}_x\cdot\boldsymbol{m})\nabla B_x+(\boldsymbol{e}_y\cdot\boldsymbol{m})\nabla B_y+(\boldsymbol{e}_z\cdot\boldsymbol{m})\nabla B_z\\&=m_x\nabla B_x+m_y\nabla B_y+m_z\nabla B_z\end{aligned} \tag{8-5-14}$$

上式中,$\nabla\cdot\boldsymbol{B}=0$ 是恒定磁场的基本方程。将磁偶极矩直角坐标分量移到梯度内,得

$$\boldsymbol{F}_{\mathrm{m}}=\nabla(m_xB_x)+\nabla(m_yB_y)+\nabla(m_zB_z)=\nabla(\boldsymbol{m}\cdot\boldsymbol{B}) \tag{8-5-15}$$

根据两矢量点乘求梯度的矢量恒等式,有

$$\nabla(\boldsymbol{m}\cdot\boldsymbol{B})=\boldsymbol{m}\times\nabla\times\boldsymbol{B}+\boldsymbol{B}\times\nabla\times\boldsymbol{m}+(\boldsymbol{m}\cdot\nabla)\boldsymbol{B}+(\boldsymbol{B}\cdot\nabla)\boldsymbol{m}=(\boldsymbol{m}\cdot\nabla)\boldsymbol{B} \tag{8-5-16}$$

上式中,$\nabla\times\boldsymbol{B}=\boldsymbol{0}$ 是真空中无源区域恒定磁场的基本方程,$\nabla\times\boldsymbol{m}=\boldsymbol{0}$ 和 $(\boldsymbol{B}\cdot\nabla)\boldsymbol{m}=\boldsymbol{0}$ 是因为 $\boldsymbol{m}$ 是常矢量。因此,磁偶极子在磁场中受力可用两种矢量运算形式表示

$$\boldsymbol{F}_{\mathrm{m}}=\nabla(\boldsymbol{m}\cdot\boldsymbol{B})=(\boldsymbol{m}\cdot\nabla)\boldsymbol{B} \tag{8-5-17}$$

电偶极子受电场力计算式和磁偶极子受磁场力计算式可以用来研究并解释极化的电介质在电场中受力和磁化的磁媒质在磁场中受力。

例 8-5-1 设某平行平板电容器的极间距离为 d,极板面积为 S,极板间的介质为空气。忽略边缘效应,求极板上分别带有电荷量 $\pm q$ 时,极板间的相互作用力。

解 忽略边缘效应,正负极板上均匀带面电荷,$x=0$ 为正极板,面电荷密度为 σ; $x=d$ 为负极板,面电荷密度为 $-\sigma$,$\sigma=\dfrac{q}{S}$。极板间的电场强度为

$$\boldsymbol{E}=\frac{\sigma}{\varepsilon_0}\boldsymbol{e}_x=\frac{q}{\varepsilon_0 S}\boldsymbol{e}_x$$

极板之外电场强度为零。

以上为面电荷模型,在面电荷分布的极板表面,由于电场强度突变(不连续),因此无法直接使用求电场力的公式(8-5-3)。假设将面电荷模型转换为体电荷模型,即设电荷所在的

面的厚度为 Δd，带电体积的中心面为极板表面，则体电荷密度为 $\rho=\dfrac{\sigma}{\Delta d}=\dfrac{q}{\Delta d S}$。这时，电场强度变为连续函数，在极板之间无电荷区域仍为原值 $\boldsymbol{E}=\dfrac{\sigma}{\varepsilon_0}\boldsymbol{e}_x=\dfrac{q}{\varepsilon_0 S}\boldsymbol{e}_x$，在极板表面的 Δd 厚度内从上述数值线性变为零。表示为

$$\boldsymbol{E}=\begin{cases}\dfrac{q}{\varepsilon_0 S}\left(\dfrac{1}{2}+\dfrac{x}{\Delta d}\right)\boldsymbol{e}_x, & -\dfrac{\Delta d}{2}\leqslant x\leqslant\dfrac{\Delta d}{2}\\ \dfrac{q}{\varepsilon_0 S}\boldsymbol{e}_x, & \dfrac{\Delta d}{2}\leqslant x\leqslant d-\dfrac{\Delta d}{2}\\ \dfrac{q}{\varepsilon_0 S}\left(\dfrac{1}{2}-\dfrac{x-d}{\Delta d}\right)\boldsymbol{e}_x, & d-\dfrac{\Delta d}{2}\leqslant x\leqslant d+\dfrac{\Delta d}{2}\end{cases}$$

现在直接用公式(8-5-3)计算电场力，正极板上的电场力

$$\boldsymbol{F}=\iiint_V \rho\boldsymbol{E}\,\mathrm{d}V=\int_{-\frac{\Delta d}{2}}^{\frac{\Delta d}{2}}\rho\boldsymbol{E}S\,\mathrm{d}x$$

由于电场强度线性变化，$\boldsymbol{E}$ 的积分可用平均值乘以厚度，即

$$\boldsymbol{F}=\int_{-\frac{\Delta d}{2}}^{\frac{\Delta d}{2}}\rho\boldsymbol{E}S\,\mathrm{d}x=\boldsymbol{E}_{\mathrm{av}}\rho S\Delta d=\boldsymbol{E}_{\mathrm{av}}q$$

$$\boldsymbol{E}_{\mathrm{av}}=\frac{1}{2}\frac{\sigma}{\varepsilon_0}\boldsymbol{e}_x=\frac{q}{2\varepsilon_0 S}\boldsymbol{e}_x$$

所以

$$\boldsymbol{F}=\boldsymbol{E}_{\mathrm{av}}q=\frac{q^2}{2\varepsilon_0 S}\boldsymbol{e}_x$$

负极板受力大小相等，方向相反。

2. 电场力的虚位移法

电场力原则上可以通过式(8-5-3)进行计算。但实际计算中往往遇到复杂的积分运算。因此，通常采用从电场能量出发，计算场中的带电体所受电场力的方法。这种方法称为虚位移法。利用虚位移法不仅可以计算一般的作用力，而且可以计算广义力。所谓广义力，是力概念的扩展。广义力总是企图改变对应的广义坐标。广义坐标是确定系统中各导体形状、尺寸和位置等的一组几何量。

例如广义坐标距离对应的广义力就是一般的力；广义坐标角度对应的广义力是力矩；广义坐标面积对应的广义力是表面张力；广义坐标体积对应的广义力为压强。

广义力与广义坐标的乘积具有能量的量纲，单位为 N·m。

对于由 $n+1$ 个导体组成的系统，当求第 j 个导体所受广义电场力时，可假定第 j 个导体在电场力的作用下沿广义坐标 g 的方向发生广义位移 $\mathrm{d}\boldsymbol{g}$，而其余导体不动，根据能量守恒，可得

$$\mathrm{d}W=\mathrm{d}_g W_{\mathrm{e}}+\boldsymbol{f}\cdot\mathrm{d}\boldsymbol{g} \tag{8-5-18}$$

式中，$\mathrm{d}W$ 为与各导体相联接的外电源提供的能量；$\mathrm{d}_g W_{\mathrm{e}}$ 为由于广义坐标的改变导致的电场能量的增量；$\boldsymbol{f}\cdot\mathrm{d}\boldsymbol{g}=f_g\mathrm{d}g$ 为广义电场力所做的功，f_g 为广义电场力 f 在 $\mathrm{d}\boldsymbol{g}$ 方向的分量。

如果假设第 j 个导体发生位移时,各带电体的电位保持不变,即所有导体均与外电源相联接,这时 $\mathrm{d}W=\sum_{k=1}^{n}\varphi_k \mathrm{d}q_k$,有

$$\mathrm{d}_g W_e=\mathrm{d}\left(\frac{1}{2}\sum_{k=1}^{n}\varphi_k q_k\right)=\frac{1}{2}\sum_{k=1}^{n}\varphi_k \mathrm{d}q_k=\frac{1}{2}\mathrm{d}W \tag{8-5-19}$$

$$\mathrm{d}W=2\mathrm{d}_g W_e \tag{8-5-20}$$

$$2\mathrm{d}_g W_e=\mathrm{d}_g W_e+f_g \mathrm{d}g \tag{8-5-21}$$

因此,可得

$$f_g=\left.\frac{\partial W_e}{\partial g}\right|_{\varphi_k=C} \tag{8-5-22}$$

此时电源提供的能量一半用于电场力做功消耗掉,另一半储存在电场中,电场能量增加。

若假设第 j 个导体发生位移时,各带电体的电荷保持不变,即所有导体均不与外源相联接,则对 $k=0,1,2,\cdots,n$,$\mathrm{d}q_k=0$,故 $\mathrm{d}W=0$,上式可写成

$$0=\mathrm{d}_g W_e+f_g \mathrm{d}g \tag{8-5-23}$$

或

$$f_g \mathrm{d}g=-\mathrm{d}_g W_e \tag{8-5-24}$$

得

$$f_g=-\left.\frac{\partial W_e}{\partial g}\right|_{q_k=C} \tag{8-5-25}$$

此时,外电源不与导体相联,电场力做功消耗电场能量,电场能量减少。

用虚位移法计算的电场力是平衡状态下的电场力。位移只是一种假设,用来探索能量的变化趋势,实际上并未发生位移(计算中位移趋近于零)。所以根据上述两种假设给出的电场力计算结果应该完全相同。

静电场虚位移法中电源(电压源)的作用是通过固定各导体电位但允许电荷改变实现的。如果不固定电位,而是保持各导体电荷不变,就不会有电流,从而电源不起作用,相当于系统不与电源连接。

例 8-5-2 设某平行平板电容器的极间距离为 d,极板面积为 S,极板间的介质为空气。忽略边缘效应,用虚位移法,求极板上分别带有电荷量 $\pm q$ 时,极板间的相互作用力。

解 极板间的电场强度为

$$E=\frac{\sigma}{\varepsilon_0}=\frac{q}{\varepsilon_0 S}$$

极板间储存的电场能量为

$$W_e=\frac{1}{2}\varepsilon_0 E^2 Sd=\frac{q^2 d}{2\varepsilon_0 S}=\frac{\varepsilon_0 u^2 S}{2d}$$

如果极板在正、负电荷之间的吸引力的作用下发生位移,则极板间的距离 d 将发生变化,根据虚位移法,可得极板间的作用力为

$$f=-\left.\frac{\partial W_e}{\partial d}\right|_{q=C}=-\frac{q^2}{2\varepsilon_0 S}$$

或

$$f=\frac{\partial W_e}{\partial d}\bigg|_{u=C}=-\frac{\varepsilon_0 u^2 S}{2d^2}$$

上述两式中的负号表明，作用力有使 d 变小的趋势，即作用力为吸引力。

考虑极板间电压 u 与极板上的电量 q 之间的关系

$$u=Ed=\frac{qd}{\varepsilon_0 S}$$

可见，两种方法求得的电场力相等。本例题间接验证了例 8-5-1 的正确性。

例 8-5-3　求如图 8-5-1 所示均匀外电场中电偶极子受到的作用力矩。

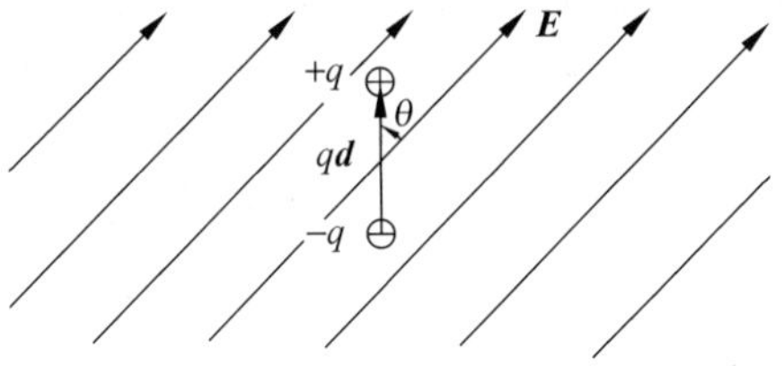

图 8-5-1　电场对电偶极子的力矩

解　将电偶极子看作一个整体，外电场(不变)与电偶极子之间的互有电场能量为

$$W_e=q\varphi_+-q\varphi_-=q(\varphi_+-\varphi_-)=q\Delta\varphi=-qEd\cos\theta$$

$(\varphi_+-\varphi_-)$为正负电荷所在处外电场产生的电位差。根据虚位移法，假设条件：电偶极矩大小 qd 保持不变，外电场也不变，改变 θ，电位差$(\varphi_+-\varphi_-)$发生变化。电场对电偶极子的作用力矩为

$$T=-\frac{\partial W_e}{\partial \theta}=qEd\frac{\partial \cos\theta}{\partial \theta}=-qdE\sin\theta$$

式中负号表示力矩旋转方向趋向于使 θ 减小。用矢量表示力矩，则 $\boldsymbol{T}=-\boldsymbol{E}\times\boldsymbol{p}=\boldsymbol{p}\times\boldsymbol{E}$。可见，在电场力的作用下，电偶极子的电偶极矩总是趋向于和电场一致的方向。力矩矢量的方向定义为与力矩旋转方向呈右手螺旋关系。

3. 磁场力的虚位移法

同样可以用虚位移法计算磁场力。对于各向同性媒质中 n 个载流回路构成的系统，设各回路中的电流分别为 $I_1,I_2,\cdots,I_n$，各回路环绕的磁链分别为 $\Psi_1,\Psi_2,\cdots,\Psi_n$。计算第 j 个回路沿广义坐标 g 的方向所受磁场力时，假设第 j 个回路在磁场力沿坐标 g 方向的分量 f_g 的作用下发生位移 $\mathrm{d}g$，则磁场力做功为 $f_g\mathrm{d}g$。在此过程中，第 j 个回路坐标 g 的变化将引起磁场分布的改变，因而使磁场的储能也随之变化。若回路与电源相联，则系统与电源之间有能量交换。根据能量守恒，可得

$$\mathrm{d}W=\mathrm{d}_g W_m+f_g\mathrm{d}g \tag{8-5-26}$$

式中，$\mathrm{d}W$ 为发生位移过程中电源向回路系统提供的能量；$\mathrm{d}_g W_m$ 为系统磁场能量的增量；$f_g\mathrm{d}g$ 为磁场力做功。因此，电源提供的能量一部分增加了磁场储能，另一部分供给磁场力做功。

如果假定在发生位移的过程中，各回路的电流保持不变，即相当于各回路与恒定电流源

相联接,则此时各回路磁链将发生变化,电源抵消感应电动势而提供的能量为

$$\mathrm{d}W=\sum_{k=1}^{n}\left(I_k\frac{\mathrm{d}\Psi_k}{\mathrm{d}t}\right)\mathrm{d}t=\sum_{k=1}^{n}I_k\mathrm{d}\Psi_k \tag{8-5-27}$$

磁场储能的增量

$$\mathrm{d}_gW_\mathrm{m}=\mathrm{d}\left(\frac{1}{2}\sum_{k=1}^{n}I_k\Psi_k\right)=\frac{1}{2}\sum_{k=1}^{n}I_k\mathrm{d}\Psi_k \tag{8-5-28}$$

对比上述两式,可得

$$\mathrm{d}W=2\mathrm{d}_gW_\mathrm{m} \tag{8-5-29}$$

则

$$f_g\mathrm{d}g=\mathrm{d}_gW_\mathrm{m} \tag{8-5-30}$$

因此,磁场力为

$$f_g=\left.\frac{\partial W_\mathrm{m}}{\partial g}\right|_{I_k=C} \tag{8-5-31}$$

此时,电源提供的能量一半用于磁场力做功消耗掉,另一半储存在磁场中,磁场能量增加。

如果在发生位移的过程中,各回路的磁链保持不变,则各回路中没有感应电动势,电源不需要提供能量,即 $\mathrm{d}W=0$, 可得

$$f_g\mathrm{d}g=-\mathrm{d}_gW_\mathrm{m} \tag{8-5-32}$$

则

$$f_g=-\left.\frac{\partial W_\mathrm{m}}{\partial g}\right|_{\Psi_k=C} \tag{8-5-33}$$

这时,磁场力做功完全消耗磁场中储存的能量。

以上两种计算磁场力的公式虽然不同,但计算结果应该完全相同。位移是虚拟的,实际上并未发生(计算中位移趋近于零)。

恒定磁场虚位移法中电源(电流源)的作用是通过保持各回路电流不变但允许磁链变化实现的。如果电流可变而磁链不变就不会有电动势和电压,从而电源不起作用,相当于系统不接入电源。

例 8-5-4 如图 8-5-2 所示,求电磁铁对衔铁的吸力。设铁心截面面积为 S,气隙长度为 l,磁场沿铁心、气隙和衔铁分布,磁通为 Φ,气隙中磁场均匀。

解 沿铁心、气隙和衔铁各个截面的磁通相同。由于铁心和衔铁的相对磁导率很大,这两部分中磁场能量很小(参考磁场能量密度公式),可以忽略不计。因此,可认为磁场能量储存在两段气隙中。

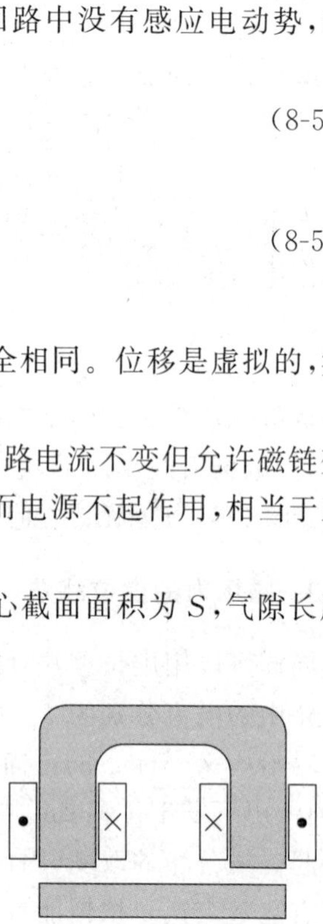

图 8-5-2 电磁铁

磁场能量

$$W_\mathrm{m}=2Sl\frac{B^2}{2\mu_0}=\frac{Sl}{\mu_0}\left(\frac{\Phi}{S}\right)^2=\frac{\Phi^2l}{\mu_0S}$$

根据虚位移法,在磁通不变的条件下,电磁铁对衔铁向下的作用力为

$$f=-\left.\frac{\partial W_\mathrm{m}}{\partial l}\right|_{\Phi=C}=-\frac{\Phi^2}{\mu_0S}$$

因此，电磁铁对衔铁向上的吸力为$\dfrac{\Phi^2}{\mu_0 S}$。

例 8-5-5　求如图 8-5-3 所示均匀外磁场中磁偶极子受到的作用力矩。

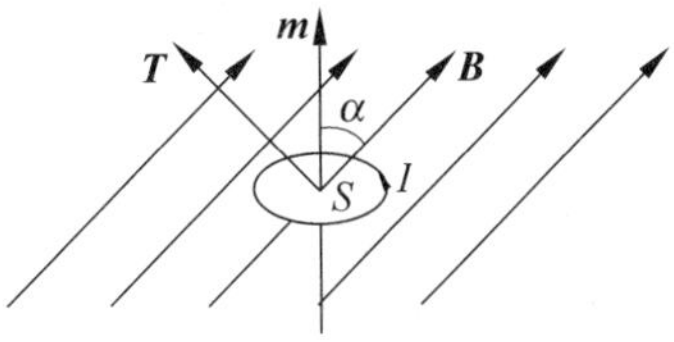

图 8-5-3　磁场对磁偶极子的力矩

解　将磁偶极子回路看作一个整体，外磁场(不变)与磁偶极子的互有磁场能量为

$$W_{\mathrm{m}} = I\Psi = ISB\cos\alpha$$

Ψ 为外磁场在磁偶极子环形回路中产生的磁链。根据虚位移法，假设条件：磁偶极矩大小 IS 不变，外磁场不变，改变角度 α，磁链 Ψ 发生变化。磁场对磁偶极子的作用力矩为

$$T = \left.\frac{\partial W_{\mathrm{m}}}{\partial \alpha}\right|_{I=C} = -ISB\sin\alpha = -mB\sin\alpha$$

上式中，负号表示力矩的作用使 α 减小。

可见，在磁场力的作用下，磁偶极子的磁偶极矩总是趋向于和磁场一致的方向。因此，用矢量表示为 $\boldsymbol{T} = -\boldsymbol{B}\times\boldsymbol{m} = \boldsymbol{m}\times\boldsymbol{B}$。力矩矢量的方向定义为与力矩旋转方向呈右手螺旋关系。

ppt：互有场能公式中为何没有$\frac{1}{2}$

第9章 平面电磁波

本章提示

本章讨论均匀平面电磁波。从麦克斯韦方程组出发，推导出理想介质中均匀平面波的方程，得出均匀平面电磁波的传播规律。根据均匀平面波中合成电场强度方向的变化情况，讨论了波的极化方式。考虑到导电媒质中自由电荷的弛豫时间极短，在自由电荷密度为零的条件下，推导出导电媒质中均匀平面电磁波的方程和传播规律。在此基础上，讨论了垂直入射均匀平面波的反射和透射、时变电磁场导体中的涡流问题以及透入深度、集肤效应、邻近效应、电磁屏蔽等概念。本章重点掌握均匀平面电磁波在理想介质和导电媒质特别是良导体中的传播规律，理解电磁波参数与辐射源的变化频率和媒质原始参数之间的关系。

9.1 理想介质中的均匀平面波

1. 理想介质中的电磁场方程

电磁场的场源发生变化，将引起周围电场和磁场的变化。变化的电场产生磁场，变化的磁场又产生电场，电磁波不断向远处传播。

这里讨论理想介质中的均匀平面电磁波。等相位面为平面的电磁波称为平面电磁波。等相位面上各点的场强相等的平面电磁波称为均匀平面电磁波。在远离场源的小区域内的电磁波可看作均匀平面波。另一方面，复杂的电磁波可看作一系列均匀平面电磁波的叠加。因此，研究均匀平面电磁波具有重要意义。

理想介质是指电导率为零、不产生功率损耗的介质。因此，在理想介质中，平面电磁波在传播过程中不衰减。对于无限大均匀介质，无须考虑反射波。

在理想介质中，不存在传导电流和自由电荷，因此

$$\boldsymbol{J}_C=\mathbf{0},\quad \rho=0 \tag{9-1-1}$$

电磁场的基本方程组简化为

$$\nabla\times\boldsymbol{E}=-\frac{\partial\boldsymbol{B}}{\partial t} \tag{9-1-2}$$

$$\nabla\times\boldsymbol{H}=\frac{\partial\boldsymbol{D}}{\partial t} \tag{9-1-3}$$

$$\nabla\cdot\boldsymbol{B}=0 \tag{9-1-4}$$

$$\nabla\cdot\boldsymbol{D}=0 \tag{9-1-5}$$

将 $\boldsymbol{D}=\varepsilon\boldsymbol{E}$ 和 $\boldsymbol{B}=\mu\boldsymbol{H}$ 的关系代入上述基本方程，消去 $\boldsymbol{D}$ 和 $\boldsymbol{B}$，得

$$\nabla\times\boldsymbol{E}=-\mu\frac{\partial\boldsymbol{H}}{\partial t} \tag{9-1-6}$$

$$\nabla \times \boldsymbol{H} = \varepsilon \frac{\partial \boldsymbol{E}}{\partial t} \tag{9-1-7}$$

$$\nabla \cdot \boldsymbol{H} = 0 \tag{9-1-8}$$

$$\nabla \cdot \boldsymbol{E} = 0 \tag{9-1-9}$$

前两个方程中，每个方程都含有 $\boldsymbol{E}$ 和 $\boldsymbol{H}$，不便于求解。可将上述方程综合成每个方程只含有一个变量的方程式。

对式(9-1-6)取旋度得

$$\nabla \times (\nabla \times \boldsymbol{E}) = \nabla \times \left(-\mu \frac{\partial \boldsymbol{H}}{\partial t}\right) = -\mu \frac{\partial}{\partial t}(\nabla \times \boldsymbol{H}) \tag{9-1-10}$$

将式(9-1-6)代入式(9-1-10)得

$$\nabla \times (\nabla \times \boldsymbol{E}) = -\mu\varepsilon \frac{\partial^2 \boldsymbol{E}}{\partial t^2} \tag{9-1-11}$$

对式(9-1-11)应用矢量恒等式 $\nabla \times (\nabla \times \boldsymbol{a}) = \nabla(\nabla \cdot \boldsymbol{a}) - \nabla^2 \boldsymbol{a}$，并将式(9-1-9)代入，得到

$$\nabla^2 \boldsymbol{E} = \mu\varepsilon \frac{\partial^2 \boldsymbol{E}}{\partial t^2} \tag{9-1-12}$$

用同样的方法，可得

$$\nabla^2 \boldsymbol{H} = \mu\varepsilon \frac{\partial^2 \boldsymbol{H}}{\partial t^2} \tag{9-1-13}$$

将 $v = \dfrac{1}{\sqrt{\mu\varepsilon}}$ 代入式(9-1-12)和式(9-1-13)得

$$\nabla^2 \boldsymbol{E} = \frac{1}{v^2} \frac{\partial^2 \boldsymbol{E}}{\partial t^2} \tag{9-1-14}$$

$$\nabla^2 \boldsymbol{H} = \frac{1}{v^2} \frac{\partial^2 \boldsymbol{H}}{\partial t^2} \tag{9-1-15}$$

这就是理想介质中时变场 $\boldsymbol{E}$ 和 $\boldsymbol{H}$ 应满足的波动方程，v 是波速。式(9-1-14)和式(9-1-15)是场矢量的波动方程，不难想象场矢量的分量也满足波动方程。

2. 理想介质中均匀平面波的方程

在平面电磁波中，电磁波沿着与等相位平面垂直的方向传播。设电磁波沿 x 轴方向传播，则各场量只是空间坐标 x 和时间坐标 t 的函数，所以式(9-1-14)和式(9-1-15)可简化为

$$\frac{\partial^2 \boldsymbol{E}}{\partial x^2} = \frac{1}{v^2} \frac{\partial^2 \boldsymbol{E}}{\partial t^2} \tag{9-1-16}$$

$$\frac{\partial^2 \boldsymbol{H}}{\partial x^2} = \frac{1}{v^2} \frac{\partial^2 \boldsymbol{H}}{\partial t^2} \tag{9-1-17}$$

上式是理想介质中均匀平面波的方程。实际上，理想介质中均匀平面波并不是电场和磁场所有分量都存在。下面根据麦克斯韦方程推导电场和磁场各分量之间的关系，并获得分量满足的方程。将基本方程式(9-1-6)在直角坐标系中展开，得

$$\begin{aligned}&\left(\frac{\partial E_z}{\partial y} - \frac{\partial E_y}{\partial z}\right)\boldsymbol{e}_x + \left(\frac{\partial E_x}{\partial z} - \frac{\partial E_z}{\partial x}\right)\boldsymbol{e}_y + \left(\frac{\partial E_y}{\partial x} - \frac{\partial E_x}{\partial y}\right)\boldsymbol{e}_z \\ &= -\mu \frac{\partial H_x}{\partial t}\boldsymbol{e}_x - \mu \frac{\partial H_y}{\partial t}\boldsymbol{e}_y - \mu \frac{\partial H_z}{\partial t}\boldsymbol{e}_z\end{aligned} \tag{9-1-18}$$

由于 $\boldsymbol{E}$ 和 $\boldsymbol{H}$ 沿 y 轴和 z 轴方向没有变化，将式(9-1-18)分解后得到

$$0=-\mu\frac{\partial H_x}{\partial t}\tag{9-1-19}$$

$$-\frac{\partial E_z}{\partial x}=-\mu\frac{\partial H_y}{\partial t}\tag{9-1-20}$$

$$\frac{\partial E_y}{\partial x}=-\mu\frac{\partial H_z}{\partial t}\tag{9-1-21}$$

用同样方法展开基本方程式(9-1-7)，得

$$0=\varepsilon\frac{\partial E_x}{\partial t}\tag{9-1-22}$$

$$-\frac{\partial H_z}{\partial x}=\varepsilon\frac{\partial E_y}{\partial t}\tag{9-1-23}$$

$$\frac{\partial H_y}{\partial x}=\varepsilon\frac{\partial E_z}{\partial t}\tag{9-1-24}$$

由式(9-1-19)和式(9-1-22)可知，E_x 和 H_x 是与时间无关的常量，在波动问题中可以不考虑，故可令 $E_x=H_x=0$。因此，对于均匀平面波，$\boldsymbol{E}$ 和 $\boldsymbol{H}$ 都只有与波的传播方向垂直的分量。这种电磁波称为横电磁波，简称 TEM 波。

将式(9-1-21)两边对 x 求偏导并将式(9-1-23)代入，将式(9-1-23)两边对 x 取偏导并将式(9-1-21)代入得

$$\frac{\partial^2 E_y}{\partial x^2}=\frac{1}{v^2}\frac{\partial^2 E_y}{\partial t^2}\tag{9-1-25}$$

$$\frac{\partial^2 H_z}{\partial x^2}=\frac{1}{v^2}\frac{\partial^2 H_z}{\partial t^2}\tag{9-1-26}$$

同样由式(9-1-20)和式(9-1-24)得出另一组分量的关系式为

$$\frac{\partial^2 E_z}{\partial x^2}=\frac{1}{v^2}\frac{\partial^2 E_z}{\partial t^2}\tag{9-1-27}$$

$$\frac{\partial^2 H_y}{\partial x^2}=\frac{1}{v^2}\frac{\partial^2 H_y}{\partial t^2}\tag{9-1-28}$$

以上是两组理想介质中的均匀平面波方程。前一组方程表示 E_y 和 H_z 满足的方程，后一组方程表示 E_z 和 H_y 满足的方程。$E_y\boldsymbol{e}_y$ 和 $E_z\boldsymbol{e}_z$ 是 $\boldsymbol{E}$ 的两个分量，$H_y\boldsymbol{e}_y$ 和 $H_z\boldsymbol{e}_z$ 是 $\boldsymbol{H}$ 的两个分量。

3. 理想介质中均匀平面波的传播规律

式(9-1-25)、式(9-1-26)和式(9-1-27)、式(9-1-28)均为一维波动方程，以 E_y 与 H_z 为例，其通解为

$$E_y(x,t)=f_1(t-x/v)+f_2(t+x/v)=E_y^+(x,t)+E_y^-(x,t)\tag{9-1-29}$$

$$H_z(x,t)=f_3(t-x/v)+f_4(t+x/v)=H_z^+(x,t)+H_z^-(x,t)\tag{9-1-30}$$

上式中，$E_y^+(x,t)$、$E_y^-(x,t)$、$H_z^+(x,t)$、$H_z^-(x,t)$ 都是以 x、t 为变量的函数。其中，$E_y^+(x,t)$ 和 $H_z^+(x,t)$ 是以 $\left(t-\dfrac{x}{v}\right)$ 为整体变量的函数，表示以速度 v 沿 $+x$ 方向传播的行

波，即入射波；$E_y^-(x,t)$和$H_z^-(x,t)$是以$\left(t+\dfrac{x}{v}\right)$为整体变量的函数，表示以速度 v 沿 $-x$ 方向传播的行波，即反射波。

由式(9-1-21)可知

$$\frac{\partial H_z^+}{\partial t}=-\frac{1}{\mu}\frac{\partial E_y^+}{\partial x}=-\frac{1}{\mu}\frac{\partial}{\partial x}f_1\left(t-\frac{x}{v}\right)=\frac{1}{\mu v}f_1'\left(t-\frac{x}{v}\right)=\sqrt{\frac{\varepsilon}{\mu}}f_1'\left(t-\frac{x}{v}\right) \quad (9\text{-}1\text{-}31)$$

经对 t 积分并舍去不随时间变化的积分常数得到

$$H_z^+(x,t)=\sqrt{\frac{\varepsilon}{\mu}}f_1\left(t-\frac{x}{v}\right)=\sqrt{\frac{\varepsilon}{\mu}}E_y^+(x,t) \quad (9\text{-}1\text{-}32)$$

令 $Z_C=\sqrt{\dfrac{\mu}{\varepsilon}}$，可得

$$H_z^+(x,t)=\frac{E_y^+(x,t)}{Z_C} \quad (9\text{-}1\text{-}33)$$

对于反射波，可得

$$H_z^-(x,t)=-\frac{E_y^-(x,t)}{Z_C} \quad (9\text{-}1\text{-}34)$$

Z_C 是电场强度与磁场强度的比值，是理想介质中均匀平面波的波阻抗。波阻抗也是电磁波的参数之一。在理想介质中，波阻抗为实常数，与频率无关。说明电场强度与磁场强度不仅在数值上保持一定的比例关系，而且随时间的变化规律相同。因此，已知电场强度表达式，可以写出磁场强度表达式；已知磁场强度表达式可以写出电场强度表达式。真空中的波阻抗 $Z_{C0}=\sqrt{\dfrac{\mu_0}{\varepsilon_0}}=377\Omega$。

4. 理想介质中均匀平面波的能量传播

由电磁场能量密度的表达式和式(9-1-32)不难得出理想介质中均匀平面波的入射波的电场能量密度、磁场能量密度、电磁场能量密度和坡印亭矢量：

$$w_e=\frac{1}{2}\varepsilon\left[E_y^+(x,t)\right]^2=\frac{1}{2}\mu\left[H_z^+(x,t)\right]^2=w_m \quad (9\text{-}1\text{-}35)$$

$$w=w_e+w_m=\varepsilon\left[E_y^+(x,t)\right]^2=\mu\left[H_z^+(x,t)\right]^2 \quad (9\text{-}1\text{-}36)$$

$$\boldsymbol{S}_P^+(x,t)=E_y^+(x,t)H_z^+(x,t)\boldsymbol{e}_y\times\boldsymbol{e}_z=\frac{\left[E_y^+(x,t)\right]^2}{Z_C}\boldsymbol{e}_x=wv\boldsymbol{e}_x \quad (9\text{-}1\text{-}37)$$

式(9-1-37)说明，平面电磁波携带的电磁能量以速度$\boldsymbol{v}$ 向前传播。

5. 理想介质中正弦变化均匀平面波的传播规律

下面讨论随时间作正弦变化的均匀平面波的表达式。这时，相量形式的方程组为

$$\nabla\times\dot{\boldsymbol{E}}=-\mathrm{j}\omega\mu\dot{\boldsymbol{H}} \quad (9\text{-}1\text{-}38)$$

$$\nabla\times\dot{\boldsymbol{H}}=\mathrm{j}\omega\varepsilon\dot{\boldsymbol{E}} \quad (9\text{-}1\text{-}39)$$

$$\nabla\cdot\dot{\boldsymbol{E}}=0 \quad (9\text{-}1\text{-}40)$$

$$\nabla\cdot\dot{\boldsymbol{H}}=0 \quad (9\text{-}1\text{-}41)$$

设电磁波沿 x 方向传播，可得式(9-1-14)和式(9-1-15)的相量形式为

$$\nabla^2 \dot{\boldsymbol{E}} = \frac{\partial^2 \dot{\boldsymbol{E}}}{\partial x^2} = -\frac{\omega^2}{v^2}\dot{\boldsymbol{E}} \tag{9-1-42}$$

$$\nabla^2 \dot{\boldsymbol{H}} = \frac{\partial^2 \dot{\boldsymbol{H}}}{\partial x^2} = -\frac{\omega^2}{v^2}\dot{\boldsymbol{H}} \tag{9-1-43}$$

令 $\Gamma = \mathrm{j}\omega\sqrt{\mu\varepsilon} = \mathrm{j}\beta = \mathrm{j}\omega/v$。这里,$\beta = \omega/v = 2\pi/\lambda$,是空间单位长度上相位变化的角度,称为相位常数。$\Gamma$ 是复数(这里只有虚部),称为传播常数。将传播常数代入式(9-1-42)和式(9-1-43),可得式(9-1-16)和式(9-1-17)的相量形式

$$\frac{\partial^2 \dot{\boldsymbol{E}}}{\partial x^2} = \Gamma^2 \dot{\boldsymbol{E}} \tag{9-1-44}$$

$$\frac{\partial^2 \dot{\boldsymbol{H}}}{\partial x^2} = \Gamma^2 \dot{\boldsymbol{H}} \tag{9-1-45}$$

实际上,均匀平面波并不是电场和磁场所有分量都存在。沿 x 方向传播的电磁波,可能存在电场强度 y 方向的分量和磁场强度 z 方向的分量,也可能存在电场强度 $-z$ 方向的分量和磁场强度 y 方向的分量。只讨论其中一对,针对电场强度 y 方向的分量和磁场强度 z 方向的分量,有

$$\frac{\mathrm{d}^2 \dot{E}_y(x)}{\mathrm{d}x^2} = \Gamma^2 \dot{E}_y(x) \tag{9-1-46}$$

$$\frac{\mathrm{d}^2 \dot{H}_z(x)}{\mathrm{d}x^2} = \Gamma^2 \dot{H}_z(x) \tag{9-1-47}$$

方程(9-1-46)和方程(9-1-47)的解为

$$\dot{E}_y(x) = \dot{E}_y^+(0)\mathrm{e}^{-\Gamma x} + \dot{E}_y^-(0)\mathrm{e}^{\Gamma x} = \dot{E}_y^+(0)\mathrm{e}^{-\mathrm{j}\beta x} + \dot{E}_y^-(0)\mathrm{e}^{\mathrm{j}\beta x} \tag{9-1-48}$$

$$\dot{H}_z(x) = \frac{1}{Z_{\mathrm{C}}}\left(\dot{E}_y^+(0)\mathrm{e}^{-\mathrm{j}\beta x} - \dot{E}_y^-(0)\mathrm{e}^{\mathrm{j}\beta x}\right) \tag{9-1-49}$$

在无限大均匀介质中,不存在反射波,解为

$$\dot{E}_y(x) = \dot{E}_y^+(0)\mathrm{e}^{-\mathrm{j}\beta x} \tag{9-1-50}$$

$$\dot{H}_z(x) = \frac{1}{Z_{\mathrm{C}}}\dot{E}_y^+(0)\mathrm{e}^{-\mathrm{j}\beta x} \tag{9-1-51}$$

因为波阻抗 Z_{C} 为实数,所以电场强度和磁场强度的相位相同。如取初相位角为 $\psi_{\mathrm{e}} = \psi_{\mathrm{m}} = \psi$,与式(9-1-50)和式(9-1-51)对应的瞬时值表达式为

$$\begin{aligned} E_y(x,t) = E_y^+(x,t) &= \sqrt{2}E_y^+(0)\cos(\omega t - \beta x + \psi) \\ &= \sqrt{2}E_y^+(0)\cos\omega\left(t - \frac{\beta}{\omega}x + \frac{\psi}{\omega}\right) \end{aligned} \tag{9-1-52}$$

$$H_z(x,t) = H_z^+(x,t) = \frac{\sqrt{2}E_y^+(0)}{Z_{\mathrm{C}}}\cos\omega\left(t - \frac{\beta}{\omega}x + \frac{\psi}{\omega}\right) \tag{9-1-53}$$

式中,$\dot{E}_y^+(x)$表示入射波电场强度的有效值相量;$E_y^+(x,t)$表示入射波电场强度的瞬时值;$\dot{E}_y^+(0)$表示 $x=0$ 处入射波电场强度的有效值相量;$E_y^+(0)$表示 $x=0$ 处入射波电场强度的有效值。对磁场强度的符号也作类似的规定。

按照式(9-1-52)和式(9-1-53)可绘出均匀平面波空间分布图。图 9-1-1 是初相位 $\psi=0$

时均匀平面波的入射波在空间的分布，其中图(a)和图(c)分别表示 $t=0$ 时 E_y 和 H_z 沿 x 轴的分布，图(b)和图(d)分别表示 $t=\Delta t$ 时 E_y、H_z 沿 x 轴的分布。时间经过 Δt 以后，均匀平面波沿 x 轴向前行进了 Δx。由于

$$\omega t-\beta x=\omega(t+\Delta t)-\beta(x+\Delta x) \tag{9-1-54}$$

均匀平面波行进速度，即相速为

$$v=\frac{\Delta x}{\Delta t}=\frac{\omega}{\beta} \tag{9-1-55}$$

针对电场强度 z 方向的分量与磁场强度 $-y$ 方向的分量，可以列出同样的关系，得出同样的结论。

彩图 9-1-1

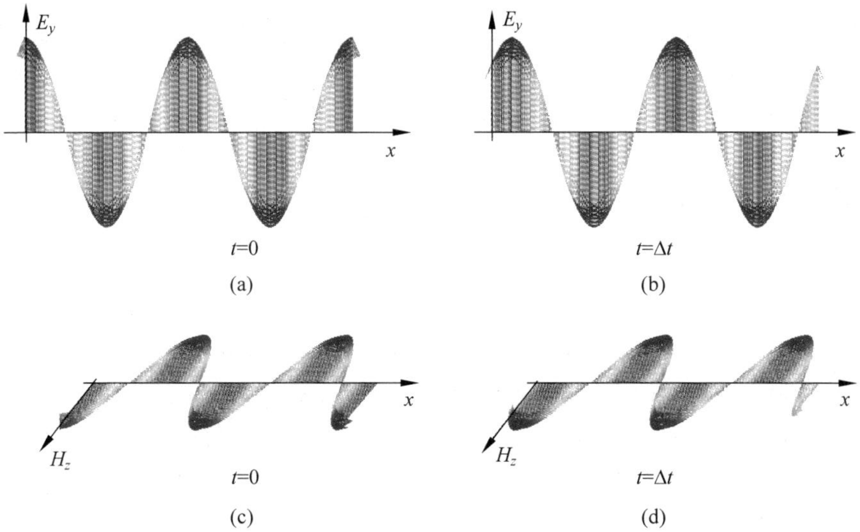

图 9-1-1　理想介质中的平面电磁波

ppt：理理介质中均匀平面波演示

例 9-1-1　已知某种液体的相对介电常数 $\varepsilon_r=2$，相对磁导率 $\mu_r=1$，试计算频率 $f=30\text{MHz}$ 正弦变化的均匀平面电磁波在其中传播时的波阻抗、相位常数、相速和波长。

解　所求波阻抗、相位常数、相速、波长分别为

$$Z_C=\sqrt{\frac{\mu}{\varepsilon}}=\sqrt{\frac{4\pi\times10^{-7}}{2\times8.85\times10^{-12}}}\,\Omega=266.5\Omega$$

$$\beta=\omega\sqrt{\mu\varepsilon}=2\pi\times30\times10^6\sqrt{4\pi\times10^{-7}\times2\times8.85\times10^{-12}}\,\text{rad/m}=0.889\text{rad/m}$$

$$v=\frac{1}{\sqrt{\mu\varepsilon}}=\frac{1}{\sqrt{4\pi\times10^{-7}\times2\times8.85\times10^{-12}}}\,\text{m/s}=2.12\times10^8\,\text{m/s}$$

$$\lambda=\frac{v}{f}=\frac{2.12\times10^8}{30\times10^6}\,\text{m}=7.07\text{m}$$

例 9-1-2　设在例 9-1-1 所述媒质中，若有电场强度幅值为 0.1V/m 的均匀平面波沿 x 轴方向传播，试写出入射波电场强度、磁场强度的瞬时值表达式和相量表达式及一个周期内坡印亭矢量的平均值。

解　设 $\boldsymbol{E}=E_y(x,t)\boldsymbol{e}_y$、$\boldsymbol{H}=H_z(x,t)\boldsymbol{e}_z$，所求表达式分别为

$$\boldsymbol{E}=E_y(x,t)\boldsymbol{e}_y=\sqrt{2}E_y\cos(\omega t-\beta x+\psi)\boldsymbol{e}_y$$

$$=0.1\cos(6\pi\times10^7 t-0.889x+\psi)\boldsymbol{e}_y \quad \text{V/m}$$

$$\dot{\boldsymbol{E}}=E_y\mathrm{e}^{-\mathrm{j}\beta x+\mathrm{j}\psi}\boldsymbol{e}_y=\frac{0.1}{\sqrt{2}}\mathrm{e}^{-\mathrm{j}0.889x+\mathrm{j}\psi}\boldsymbol{e}_y \quad \text{V/m}$$

$$\boldsymbol{H}=\frac{E_y(x,t)}{Z_C}\boldsymbol{e}_z=\frac{E_y(x,t)}{266.5}\boldsymbol{e}_z$$

$$=3.75\times10^{-4}\cos(6\pi\times10^7 t-0.889x+\psi)\boldsymbol{e}_z \quad \text{A/m}$$

$$\dot{\boldsymbol{H}}=\frac{3.75}{\sqrt{2}}\times10^{-4}\mathrm{e}^{-\mathrm{j}0.889x+\mathrm{j}\psi}\boldsymbol{e}_z \quad \text{A/m}$$

$$\boldsymbol{S}_{\mathrm{Pav}}=\frac{1}{T}\int_0^T\boldsymbol{E}\times\boldsymbol{H}\mathrm{d}t=EH=\frac{3.75}{2}\times10^{-5}\boldsymbol{e}_x \quad \text{W/m}^2$$

式中 E、H 为电场强度和磁场强度的有效值。因两相量同相位，所以平均功率(有功功率)为有效值的乘积。

9.2 电磁波的极化

1. 直线极化波

在电场强度和磁场强度不与坐标轴平行的情况下，可以把电场强度和磁场强度矢量分别分解为 y 轴和 z 轴方向的分量，计算以后再分别予以叠加，求得空间合成的电场强度和磁场强度。电磁波的极化是指合成的电场强度的方向随时间变化的方式。在空间两个互相垂直的电场强度的分量合成的电场强度矢量与其分量的模值和初相角有关。通常用合成电场强度矢量端点的轨迹表示波的极化。

当两个在空间互相垂直的电场强度分量的初相角相同时

$$E_y(x,t)=E_{ym}\cos(\omega t-\beta x+\psi) \tag{9-2-1}$$

$$E_z(x,t)=E_{zm}\cos(\omega t-\beta x+\psi) \tag{9-2-2}$$

为了方便，设 $\psi=0$，并取 $x=0$ 的平面来讨论。于是，以上两式简化为

$$E_y(0,t)=E_{ym}\cos\omega t \tag{9-2-3}$$

$$E_z(0,t)=E_{zm}\cos\omega t \tag{9-2-4}$$

合成电场强度为

$$\boldsymbol{E}=E_{ym}\cos\omega t\boldsymbol{e}_y+E_{zm}\cos\omega t\boldsymbol{e}_z=(E_{ym}\boldsymbol{e}_y+E_{zm}\boldsymbol{e}_z)\cos\omega t$$

$$=\sqrt{E_{ym}^2+E_{zm}^2}\cos\omega t\boldsymbol{e}_m \tag{9-2-5}$$

式中，$\boldsymbol{e}_m$ 是合成电场强度方向的单位矢量。如图 9-2-1 所示，设 ϕ 为 $\boldsymbol{e}_m$ 与 $\boldsymbol{e}_y$ 之间的夹角，则

$$\phi=\arctan\frac{E_z}{E_y}=\arctan\frac{E_{zm}}{E_{ym}} \tag{9-2-6}$$

由于 ϕ 与时间无关，随着时间的变化，$\boldsymbol{E}$ 矢量的端点的轨迹为一直线。这种合成波称为直线极化波。$\boldsymbol{e}_m$ 的方向，即 $\boldsymbol{E}$ 的方向就是极化方向。若电场强度只有 y 轴方向的分量，通常称为沿 y 轴取向的直线极化波。

2. 圆极化波

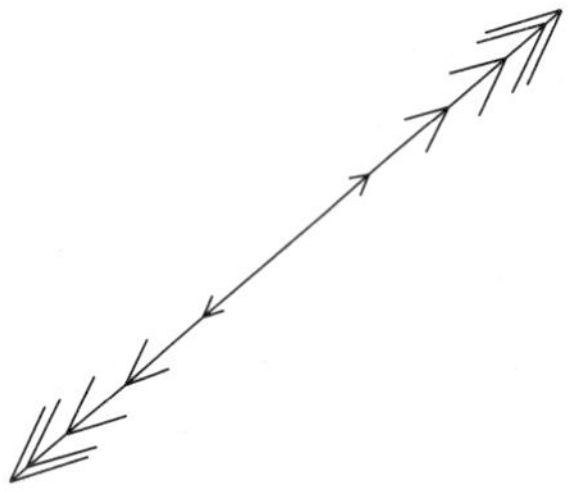

图 9-2-1　电磁波的直线极化

当两个在空间互相垂直的电场强度分量的幅值相等，即 $E_{ym}=E_{zm}=E_m$，而相位相差 $\frac{\pi}{2}$ 时，设 E_z 滞后于 E_y，则两个电场强度分量分别为

$$E_y(0,t)=E_m\cos\omega t \tag{9-2-7}$$

$$E_z(0,t)=E_m\cos\left(\omega t-\frac{\pi}{2}\right)=E_m\sin\omega t \tag{9-2-8}$$

合成电场强度的数值为

$$E=\sqrt{E_y(0,t)^2+E_z(0,t)^2}=\sqrt{E_m^2(\cos^2\omega t+\sin^2\omega t)}=E_m \tag{9-2-9}$$

极化角为

$$\phi=\arctan\frac{E_z}{E_y}=\arctan\frac{E_m\sin\omega t}{E_m\cos\omega}$$
$$=\arctan[\tan(\omega t)]=\omega t \tag{9-2-10}$$

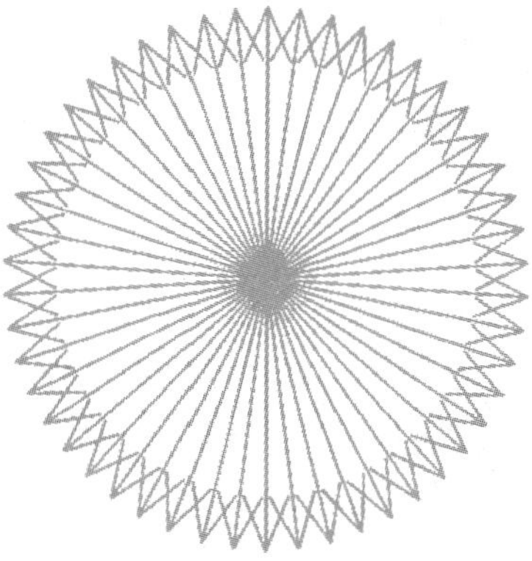

图 9-2-2　电磁波的圆极化

由以上两式可知，合成电场强度矢量的数值保持恒定，但其极化角以 ω 的角速度匀速改变。E 矢量端点的轨迹为一个圆。这种合成波称为圆极化波。当 $t=0$ 时，合成矢量的方向与领前场量的方向相同；当 $t=\frac{T}{4}$ 时，合成矢量的方向与滞后场量的方向相同。显然，合成矢量沿着从超前场量向滞后场量的方向旋转。圆极化波轨迹见图 9-2-2、图 9-2-3 和图 9-2-4。旋转方向与波的传播方向符合左手螺旋关系的称为左旋极化波，旋转方向与波的传播方向符合右手螺旋关系的称为右旋极化波。

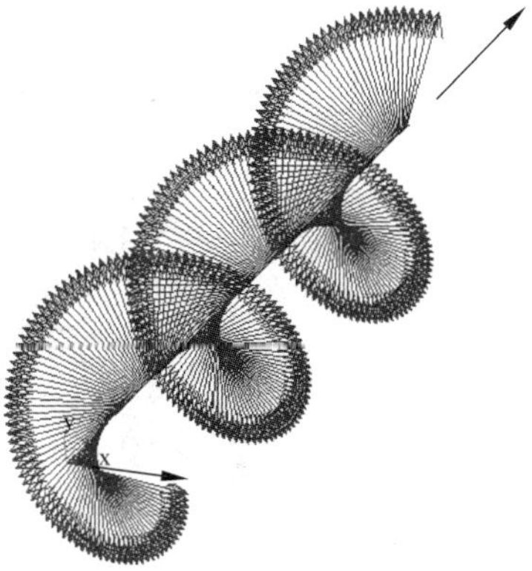

图 9-2-3　左旋圆极化

彩图 9-2-3

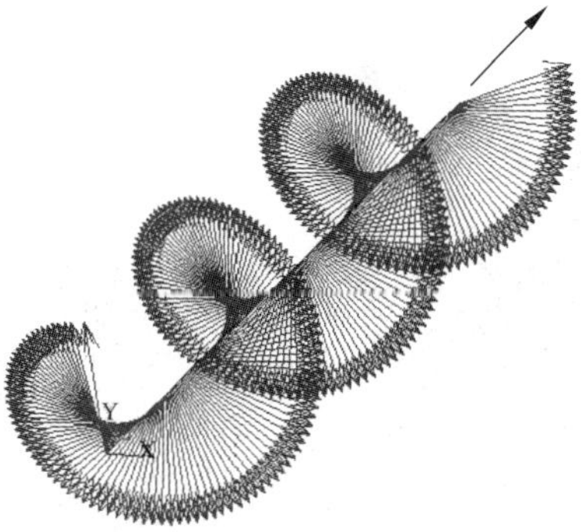

图 9-2-4　右旋圆极化

彩图 9-2-4

3. 椭圆极化波

当两个在空间互相垂直的电场强度分量的幅值不相等,而相位相差$\frac{\pi}{2}$时,设$\boldsymbol{E}_y$滞后于E_z,则两个方向的电场强度分别为

$$E_y(0,t)=E_{ym}\cos\omega t \tag{9-2-11}$$

$$E_z(0,t)=E_{zm}\sin\omega t \tag{9-2-12}$$

这时,可以先消去ωt,得

$$\frac{E_y^2}{E_{ym}^2}+\frac{E_z^2}{E_{zm}^2}=1 \tag{9-2-13}$$

当$E_{ym}\neq E_{zm}$时,这是一个椭圆方程。合成电场强度矢量端点的轨迹为一椭圆。这种合成波称为椭圆极化波。椭圆在y轴上的截距为E_{ym},在z轴上的截距为E_{zm}。见图9-2-5。

当两个在空间互相垂直的电场强度分量的幅值不等,且相位相差$\theta\neq\frac{\pi}{2}$时,则两个电场强度分别为

$$E_y(0,t)=E_{ym}\cos\omega t \tag{9-2-14}$$

$$E_z(0,t)=E_{zm}\sin(\omega t+\theta) \tag{9-2-15}$$

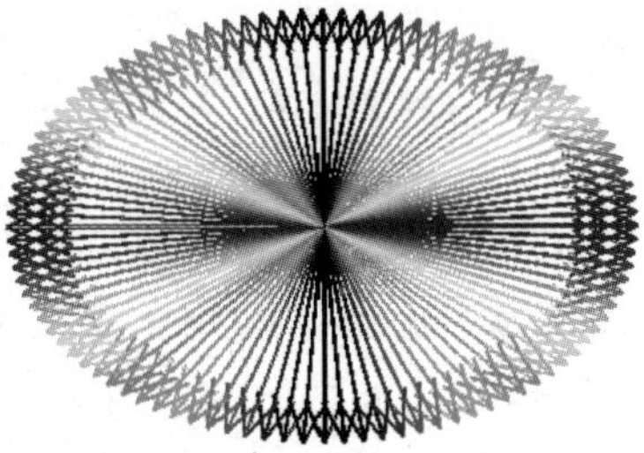

图9-2-5 电磁波的椭圆极化

这时,合成电场强度矢量端点的轨迹仍然为一椭圆,合成波仍然为椭圆极化波。不过这时椭圆的长短轴与坐标轴不平行。椭圆的长轴与坐标轴的夹角取决于E_{ym}、E_{zm}和θ,如图9-2-6所示。椭圆极化波也有左旋极化波、右旋极化波之分,见图9-2-7和图9-2-8。

椭圆极化波是均匀平面波中的一般情况。直线极化波和圆极化波都只是椭圆极化波的特例。任一椭圆极化波都能分解为两个在空间互相垂直的直线极化波。波的极化的分析方法对于研究复杂的辐射源和存在介质分界面的情况有重要的意义。

彩图9-2-6

彩图9-2-7

彩图9-2-8

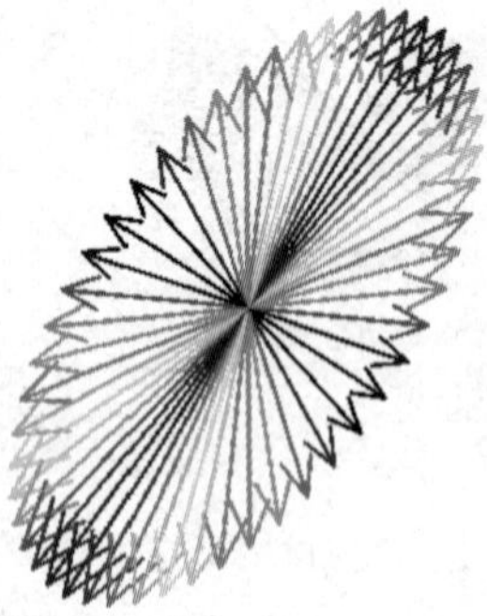

图9-2-6 任意椭圆极化

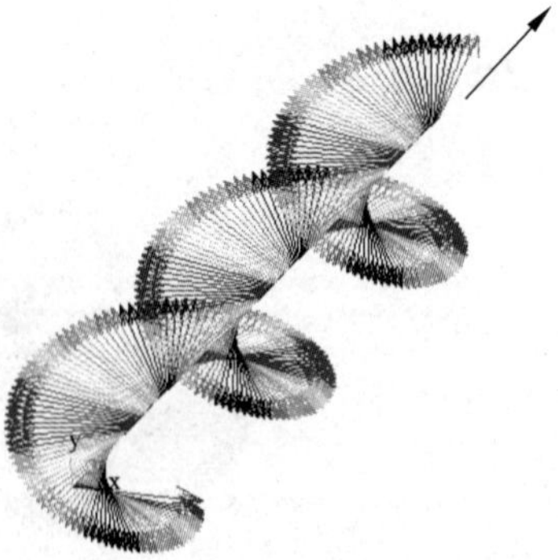

图9-2-7 左旋椭圆极化

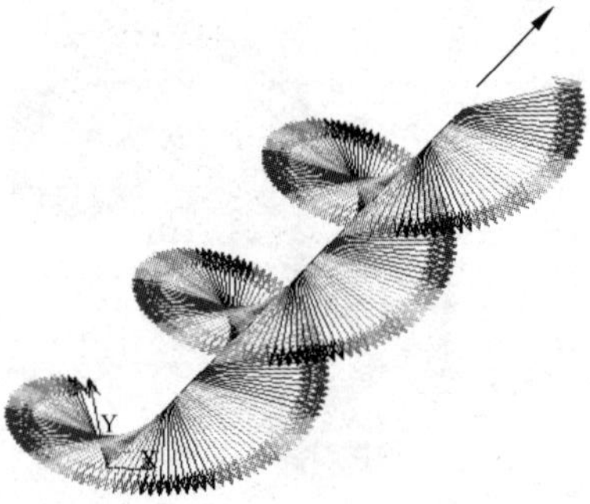

图9-2-8 右旋椭圆极化

9.3 导电媒质中的均匀平面波

1. 导电媒质中的自由电荷

在导电媒质中，由于有功率损耗，电磁场在传播过程中将不断衰减。在导电媒质中，传导电流密度 $\boldsymbol{J}_{\mathrm{C}} \neq 0$。对全电流定律微分形式方程两边取散度得

$$\nabla \cdot (\nabla \times \boldsymbol{H}) = \nabla \cdot \boldsymbol{J}_{\mathrm{C}} + \nabla \cdot \frac{\partial \boldsymbol{D}}{\partial t} \tag{9-3-1}$$

考虑到恒等式 $\nabla \cdot (\nabla \times \boldsymbol{H}) = 0$ 和 $\boldsymbol{J}_{\mathrm{C}} = \gamma \boldsymbol{E}$、$\boldsymbol{D} = \varepsilon \boldsymbol{E}$，可得

$$\gamma \nabla \cdot \boldsymbol{E} + \varepsilon \frac{\partial}{\partial t} \nabla \cdot \boldsymbol{E} = 0 \tag{9-3-2}$$

设导电媒质中自由电荷密度为 ρ，有 $\nabla \cdot \boldsymbol{E} = \dfrac{\rho}{\varepsilon}$。将其代入式(9-3-2)得到

$$\frac{\partial \rho}{\partial t} + \frac{\gamma}{\varepsilon} \rho = 0 \tag{9-3-3}$$

上述一阶微分方程的解为

$$\rho = \rho_0 \mathrm{e}^{-\frac{t}{\tau}} \tag{9-3-4}$$

式中，τ 为时间常数，$\tau = \dfrac{\varepsilon}{\gamma}$。由式(9-3-4)可知，自由电荷密度按指数形式衰减。这一衰减过程称为导电媒质中自由电荷的弛豫过程。由于导电媒质的介电常数 ε 很小(大多数金属的介电常数与真空的介电常数基本相同)，而电导率 γ 较大，自由电荷衰减很快。

表 9-3-1 给出了部分材料中自由电荷弛豫过程的时间常数。可见，导电媒质中自由电荷弛豫过程很短。因此，研究电磁波的传播规律时，可以认为导电媒质中自由电荷密度为零。

表 9-3-1　部分材料中自由电荷弛豫过程的时间常数

材料名称	时间常数 τ	材料名称	时间常数 τ
铜	1.5×10^{-19} s	蒸馏水	10^{-6} s
银	1.3×10^{-19} s	熔融石英	10 天
海水	2×10^{-10} s		

2. 导电媒质中正弦变化平面电磁波的方程

下面从电磁场的基本方程组出发，讨论导电媒质中的均匀平面波。

前面已经说明，研究导电媒质中电磁波的传播，可以认为自由电荷密度为零。这样，导电媒质中电磁场的基本方程组简化为

$$\nabla \times \boldsymbol{E} = -\mu \frac{\partial \boldsymbol{H}}{\partial t} \tag{9-3-5}$$

$$\nabla \times \boldsymbol{H} = \gamma \boldsymbol{E} + \varepsilon \frac{\partial \boldsymbol{E}}{\partial t} \tag{9-3-6}$$

$$\nabla \cdot \boldsymbol{E} = 0 \tag{9-3-7}$$

$$\nabla \cdot \boldsymbol{H} = 0 \tag{9-3-8}$$

基本方程组的相量形式为

$$\nabla \times \dot{\boldsymbol{E}} = -\mathrm{j}\omega\mu\dot{\boldsymbol{H}} \tag{9-3-9}$$

$$\nabla \times \dot{\boldsymbol{H}} = \gamma\dot{\boldsymbol{E}} + \mathrm{j}\omega\varepsilon\dot{\boldsymbol{E}} = \mathrm{j}\omega\varepsilon'\dot{\boldsymbol{E}} \tag{9-3-10}$$

$$\nabla \cdot \dot{\boldsymbol{E}} = 0 \tag{9-3-11}$$

$$\nabla \cdot \dot{\boldsymbol{H}} = 0 \tag{9-3-12}$$

式中

$$\varepsilon' = \frac{\gamma + \mathrm{j}\omega\varepsilon}{\mathrm{j}\omega} = \varepsilon - \mathrm{j}\frac{\gamma}{\omega} = \varepsilon\left(1 - \mathrm{j}\frac{\gamma}{\omega\varepsilon}\right) \tag{9-3-13}$$

ε'是复数,可看作导电媒质中的等效介电常数(复数)。由式(9-3-10)可知,$\frac{\gamma}{\omega\varepsilon}$为传导电流密度与位移电流密度的比值。$\varepsilon'$虚部不为零,说明有传导电流,即导电媒质中有功率损耗。

应用与9.1节相似的方法,对基本方程式(9-3-5)~式(9-3-8)进行运算可得到

$$\nabla^2 \boldsymbol{E} - \mu\varepsilon\frac{\partial^2 \boldsymbol{E}}{\partial t^2} - \mu\gamma\frac{\partial \boldsymbol{E}}{\partial t} = \boldsymbol{0} \tag{9-3-14}$$

$$\nabla^2 \boldsymbol{H} - \mu\varepsilon\frac{\partial^2 \boldsymbol{H}}{\partial t^2} - \mu\gamma\frac{\partial \boldsymbol{H}}{\partial t} = \boldsymbol{0} \tag{9-3-15}$$

这就是导电媒质中电磁场的波动方程。其相量形式的方程组为

$$\nabla^2 \dot{\boldsymbol{E}} = (\mathrm{j}\omega)^2\mu\varepsilon\dot{\boldsymbol{E}} + \mathrm{j}\omega\mu\gamma\dot{\boldsymbol{E}} = \left(\mathrm{j}\omega\sqrt{\mu\varepsilon'}\right)^2\dot{\boldsymbol{E}} \tag{9-3-16}$$

$$\nabla^2 \dot{\boldsymbol{H}} = \left(\mathrm{j}\omega\sqrt{\mu\varepsilon'}\right)^2\dot{\boldsymbol{H}} \tag{9-3-17}$$

令 $\Gamma = \mathrm{j}\omega\sqrt{\mu\varepsilon'} = \alpha + \mathrm{j}\beta$,

$$\Gamma = \mathrm{j}\omega\sqrt{\mu\varepsilon\left(1 - \mathrm{j}\frac{\gamma}{\omega\varepsilon}\right)} = \omega\sqrt{-\mu\varepsilon\left(1 - \mathrm{j}\frac{\gamma}{\omega\varepsilon}\right)} = \omega\sqrt{\mu\varepsilon}\sqrt{\left(-1 + \mathrm{j}\frac{\gamma}{\omega\varepsilon}\right)} \tag{9-3-18}$$

令

$$\cos\theta = \frac{-1}{\sqrt{1 + \frac{\gamma^2}{\omega^2\varepsilon^2}}}, \quad \sin\theta = \frac{\frac{\gamma}{\omega\varepsilon}}{\sqrt{1 + \frac{\gamma^2}{\omega^2\varepsilon^2}}}$$

可见$\frac{\pi}{2} < \theta < \pi$,$\frac{\pi}{4} < \frac{\theta}{2} < \frac{\pi}{2}$,

$$\begin{aligned}
\sqrt{-1 + \mathrm{j}\frac{\gamma}{\omega\varepsilon}} &= \sqrt[4]{1 + \frac{\gamma^2}{\omega^2\varepsilon^2}}\sqrt{\cos\theta + \mathrm{j}\sin\theta} = \sqrt[4]{1 + \frac{\gamma^2}{\omega^2\varepsilon^2}}\left(\cos\frac{\theta}{2} + \mathrm{j}\sin\frac{\theta}{2}\right) \\
&= \sqrt[4]{1 + \frac{\gamma^2}{\omega^2\varepsilon^2}}\left(\sqrt{\frac{1 + \cos\theta}{2}} + \mathrm{j}\sqrt{\frac{1 - \cos\theta}{2}}\right) \\
&= \sqrt[4]{1 + \frac{\gamma^2}{\omega^2\varepsilon^2}}\left[\sqrt{\frac{1}{2}\left(1 - \frac{1}{\sqrt{1 + \frac{\gamma^2}{\omega^2\varepsilon^2}}}\right)} + \mathrm{j}\sqrt{\frac{1}{2}\left(1 + \frac{1}{\sqrt{1 + \frac{\gamma^2}{\omega^2\varepsilon^2}}}\right)}\right]
\end{aligned}$$

$$=\sqrt{\frac{1}{2}\left(\sqrt{1+\frac{\gamma^2}{\omega^2\varepsilon^2}}-1\right)}+\mathrm{j}\sqrt{\frac{1}{2}\left(\sqrt{1+\frac{\gamma^2}{\omega^2\varepsilon^2}}+1\right)} \tag{9-3-19}$$

将式(9-3-19)代入式(9-3-18)，对比等式两边的实部和虚部，可得

$$\alpha=\omega\sqrt{\frac{\mu\varepsilon}{2}\left(\sqrt{1+\frac{\gamma^2}{\omega^2\varepsilon^2}}-1\right)} \tag{9-3-20}$$

$$\beta=\omega\sqrt{\frac{\mu\varepsilon}{2}\left(\sqrt{1+\frac{\gamma^2}{\omega^2\varepsilon^2}}+1\right)} \tag{9-3-21}$$

因为 μ、ε、γ 都不等于零，所以 α 和 β 也都不为零。

Γ 称为传播常数，与理想介质中的情况不同，在这里 Γ 是复数，具有实部和虚部。引入 Γ 后，方程式(9-3-16)和式(9-3-17)可简化为

$$\nabla^2\dot{\boldsymbol{E}}=(\Gamma)^2\dot{\boldsymbol{E}} \tag{9-3-22}$$

$$\nabla^2\dot{\boldsymbol{H}}=(\Gamma)^2\dot{\boldsymbol{H}} \tag{9-3-23}$$

对于均匀平面波，场量只有与波的传播方向垂直的分量。设平面波沿 x 轴方向传播，针对电场强度分量 $\dot{E}_y\boldsymbol{e}_y$ 和磁场强度的分量 $\dot{H}_z\boldsymbol{e}_z$，式(9-3-22)和式(9-3-23)简化为如下的一维波动方程：

$$\frac{\mathrm{d}^2\dot{E}_y(x)}{\mathrm{d}x^2}=(\Gamma)^2\dot{E}_y(x) \tag{9-3-24}$$

$$\frac{\mathrm{d}^2\dot{H}_z(x)}{\mathrm{d}x^2}=(\Gamma)^2\dot{H}_z(x) \tag{9-3-25}$$

式(9-3-24)、式(9-3-25)具有与式(9-1-46)、式(9-1-47)相同的形式，所不同的是传播常数是有实部和虚部的复数。

3. 正弦变化电磁波的表达式

针对电场强度分量 $\dot{E}_y\boldsymbol{e}_y$ 和磁场强度分量 $\dot{H}_z\boldsymbol{e}_z$，波动方程组入射波的解为

$$\dot{E}_y(x)=\dot{E}_y^+(0)\mathrm{e}^{-\Gamma' x}=\dot{E}_y^+(0)\mathrm{e}^{-(\alpha+\mathrm{j}\beta)x} \tag{9-3-26}$$

$$\dot{H}_z(x)=\dot{H}_z^+(0)\mathrm{e}^{-\Gamma' x}=\dot{H}_z^+(0)\mathrm{e}^{-(\alpha+\mathrm{j}\beta)x} \tag{9-3-27}$$

电场强度和磁场强度的初相角分别为 ψ_{e} 和 ψ_{m}。不妨设 $\psi_{\mathrm{e}}=0$，则与式(9-3-26)和式(9-3-27)对应的瞬时值表达式为

$$E_y(x,t)=\sqrt{2}E_y^+(0)\mathrm{e}^{-\alpha x}\cos(\omega t-\beta x)=\sqrt{2}E_y^+(0)\mathrm{e}^{-\alpha x}\cos\omega\left(t-\frac{\beta}{\omega}x\right) \tag{9-3-28}$$

$$H_z(x,t)=\sqrt{2}H_z^+(0)\mathrm{e}^{-\alpha x}\cos(\omega t-\beta x+\psi_{\mathrm{m}})=\sqrt{2}H_z^+(0)\mathrm{e}^{-\alpha x}\cos\omega\left(t-\frac{\beta}{\omega}x+\frac{\psi_{\mathrm{m}}}{\omega}\right) \tag{9-3-29}$$

从式(9-3-28)和式(9-3-29)可以看出，在导电媒质中，由于存在功率损耗，电场强度和磁场强度的幅值是按指数形式衰减的。

ppt：导电媒质中均匀平面波演示

电磁波每前进单位长度，场量的幅值衰减为原有值的 $e^{-\alpha}$ 倍，故称 α 为衰减常数。β 与理想介质中的情况相同，表示单位长度上相位的变化，称为相位常数。α 和 β 共同决定电磁波的传播特性。

导电媒质中均匀平面波在空间的分布如图 9-3-1 所示。

彩图 9-3-1

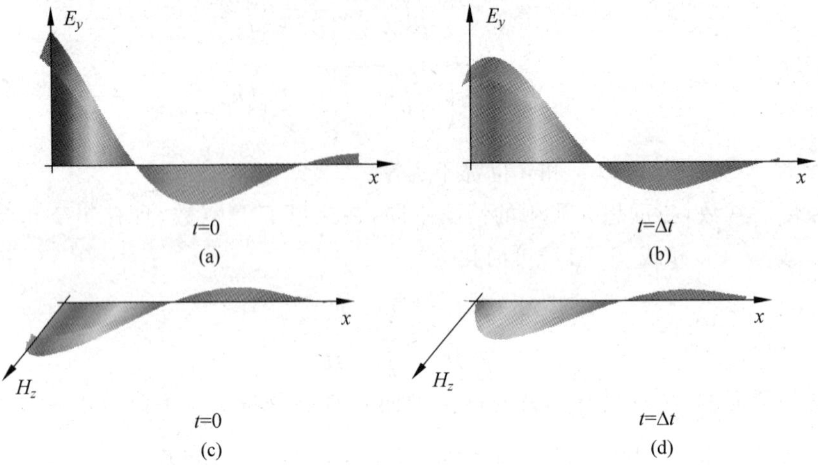

图 9-3-1　导电媒质中的平面电磁波

类似地，可写出电场强度反射波的相量和瞬时值表达式分别为

$$\dot{E}_y(x)=\dot{E}_y^{+}(0)e^{(\alpha+j\beta)x} \tag{9-3-30}$$

$$E_y(x,t)=\sqrt{2}E_y^{+}(0)e^{\alpha x}\cos(\omega t+\beta x)=\sqrt{2}E_y^{+}(0)e^{\alpha x}\cos\omega\left(t+\frac{\beta}{\omega}x\right) \tag{9-3-31}$$

因为反射波沿 $-x$ 方向传播，所以，式(9-3-30)和式(9-3-31)中的 $e^{\alpha x}$ 仍然表示衰减、βx 仍然表示推迟。也就是说，反射波与入射波的性质相同，只是传播方向相反。

对照理想介质中相量形式的基本方程组与导电媒质中相量形式的基本方程组，其差别仅在于前者第一个方程中的 ε 在后者第一个方程中变成 ε'。因此不难得出导电媒质中波阻抗为

$$Z_C=\frac{E_y^{+}(x,t)}{H_z^{+}(x,t)}=\frac{\dot{E}_y^{+}(x)}{\dot{H}_z^{+}(x)}=\sqrt{\frac{\mu}{\varepsilon'}}=\sqrt{\frac{\mu}{\varepsilon\left[1-j\gamma/(\omega\varepsilon)\right]}} \tag{9-3-32}$$

由式(9-3-32)可知，在导电媒质中，波阻抗为复数。这说明尽管在导电媒质中电场强度与磁场强度在空间方向上始终互相垂直，但在时间上二者的相位不同。如此，在写出导电媒质中场量的瞬时值表达式时，若取 $\psi_e=0$，则只能取 $\psi_m\neq0$。

针对电场强度分量 $\dot{E}_z\boldsymbol{e}_z$ 和磁场强度分量 $-\dot{H}_y\boldsymbol{e}_y$，可以列出同样的关系，得出同样的结论。

4. 导电媒质中电磁波的参数

如前所述，根据均匀平面电磁波变化角频率 ω 和导电媒质的原始参数 ε、μ、γ 可求出电磁波参数 Γ(含 α、β)和波阻抗 Z_C。在此基础上可求出导电媒质中均匀平面波的波速和波长分别为

$$v=\frac{\omega}{\beta}=\frac{1}{\sqrt{\frac{\mu\varepsilon}{2}\left(\sqrt{1+\frac{\gamma^2}{\omega^2\varepsilon^2}}+1\right)}} \tag{9-3-33}$$

$$\lambda=\frac{2\pi}{\beta}=\frac{2\pi}{\omega\sqrt{\mu\varepsilon}}\frac{1}{\sqrt{\frac{1}{2}\left(\sqrt{1+\frac{\gamma^2}{\omega^2\varepsilon^2}}+1\right)}} \tag{9-3-34}$$

在良导体中，传导电流比位移电流大得多，$\frac{\gamma}{\omega\varepsilon}\gg 1$，忽略位移电流，电磁波的有关参数可简化为

$$\alpha\approx\beta\approx\sqrt{\frac{\omega\mu\gamma}{2}},\quad \Gamma\approx(1+\mathrm{j})\sqrt{\frac{\omega\mu\gamma}{2}}\approx\sqrt{\mathrm{j}\omega\mu\gamma}$$

$$Z_{\mathrm{C}}\approx\sqrt{\frac{\mathrm{j}\omega\mu}{\gamma}}=(1+\mathrm{j})\sqrt{\frac{\omega\mu}{2\gamma}},\quad v=\frac{\omega}{\beta}\approx\sqrt{\frac{2\omega}{\mu\gamma}},\quad \lambda=\frac{2\pi}{\beta}\approx 2\pi\sqrt{\frac{2}{\omega\mu\gamma}} \tag{9-3-35}$$

显然，良导体中波速和波长都比较小。这里可以看出，频率是由电磁波源的变化规律决定的，在导电媒质中，电磁波参数除传播常数(含衰减系数和相位常数)和波长与频率有关外，波速和波阻抗也与频率有关。

衰减系数 α 表示电磁波在导电媒质中衰减的快慢。除衰减系数 α 外，还用透入深度 d 表示电磁波在导电媒质中衰减的快慢。透入深度是电磁波从导电媒质表面向其内部传播，衰减为表面值的 $\frac{1}{\mathrm{e}}$(≈0.368)时所经过的距离。由平面电磁波的表达式中的衰减项 $\mathrm{e}^{-\alpha x}$ 可知，透入深度表示为

$$d=\frac{1}{\alpha}=\frac{1}{\omega\sqrt{\frac{\mu\varepsilon}{2}\left(\sqrt{1+\frac{\gamma^2}{\omega^2\varepsilon^2}}-1\right)}} \tag{9-3-36}$$

当 $\frac{\gamma}{\omega\varepsilon}\gg 1$ 时，透入深度

$$d=\frac{1}{\alpha}\approx\sqrt{\frac{2}{\omega\mu\gamma}} \tag{9-3-37}$$

显然，这种情况下波长是透入深度的 2π 倍。

透入深度 d 表示导体中场量衰减为表面值的 $\frac{1}{\mathrm{e}}$ 所经过的距离。可见在大于 d 的区域仍然有场量存在。在深度大于 d 的区域场量继续衰减。d 越小，场量衰减越快。由于 ω 和 μ 越大，产生的感应电动势越大，而 γ 越大时产生的感应电流越大，导致功率损耗越大，电磁波越不容易向导体内部传播，因此透入深度与 ω、μ、γ 的平方根成反比。

良导体情况下波阻抗 $Z_{\mathrm{C}}\approx(1+\mathrm{j})\sqrt{\frac{\omega\mu}{2\gamma}}=\sqrt{\frac{\omega\mu}{\gamma}}\angle\frac{\pi}{4}$，阻抗角为 $\frac{\pi}{4}$。从 $\dot{E}_y^+(x)=Z_{\mathrm{C}}\dot{H}_z^+(x)$ 可知，电场强度有效值是磁场强度有效值的 $\sqrt{\frac{\omega\mu}{\gamma}}$ 倍，磁场强度有效值是电场强

度有效值的$\sqrt{\dfrac{\gamma}{\omega\mu}}$倍；电场强度相量超前磁场强度相量$\dfrac{\pi}{4}$，磁场强度相量滞后电场强度相量$\dfrac{\pi}{4}$。设$\psi_e=0$，则$\psi_m=-\dfrac{\pi}{4}$。因此，已知电场强度表达式(9-3-28)，可以写出磁场强度表达式(9-3-29)；反之，已知磁场强度表达式可以写出电场强度表达式。

在良导体中，由于忽略位移电流，电磁波参数与介电常数无关。

例 9-3-1 已知某液体媒质的$\mu_r=1$，$\varepsilon_r=10$，$\gamma=8\text{S/m}$。现有一频率30MHz、初始电场强度有效值$E_0=1\text{mV/m}$的电磁波垂直进入液体表面。试求：(1)液体中电磁波的α、β、Γ、Z_C、v和λ；(2)液体表面的磁场强度有效值；(3)离液体表面0.1m处的电场强度有效值和磁场强度有效值；(4)场量有效值衰减为液体表面有效值的0.1%时的深度。

解 按题意依次求解如下：

(1) 液体中电磁波的α、β、Γ、Z_0、v和λ计算。根据给定条件，先计算

$$\frac{\gamma}{\omega\varepsilon}=\frac{8}{2\pi\times 30\times 10^{6}\times 10\times 8.85\times 10^{-12}}=479.56\gg 1$$

所以

$$\alpha\approx\beta\approx\sqrt{\frac{\omega\mu\gamma}{2}}=\sqrt{\frac{2\pi\times 30\times 10^{6}\times 4\pi\times 10^{-7}\times 8}{2}}\text{rad/m}=30.78\text{rad/m}$$

$$\Gamma\approx\alpha+\text{j}\beta=(30.78+\text{j}30.78)\text{rad/m}=43.53\angle 45^\circ\text{rad/m}$$

$$Z_C\approx\sqrt{\frac{\text{j}\omega\mu}{\gamma}}=\sqrt{\frac{\text{j}2\pi\times 30\times 10^{6}\times 4\pi\times 10^{-7}}{8}}\Omega=5.44\sqrt{\text{j}}\,\Omega=5.44\angle 45^\circ\Omega$$

$$v=\frac{\omega}{\beta}=\frac{2\pi\times 30\times 10^{6}}{30.78}\text{m/s}=6.12\times 10^{6}\text{m/s}$$

$$\lambda=\frac{2\pi}{\beta}=\frac{2\pi}{30.78}\text{m}=0.204\text{m}$$

(2) 液体表面磁场强度有效值计算。因液体表面的电场强度为$E_0=0.001\text{V/m}$，则磁场强度有效值为

$$H_0=\frac{E_0}{|Z_C|}=\frac{0.001}{5.44}\text{A/m}=1.84\times 10^{-4}\text{A/m}$$

(3) 离液体表面0.1m处的电场强度有效值和磁场强度有效值计算。设电磁波沿x方向传播，则

$$E=E_0\text{e}^{-\alpha x}=0.001\text{e}^{-30.78\times 0.1}\text{V/m}=4.61\times 10^{-5}\text{V/m}$$

$$H=\frac{E}{|Z_C|}=\frac{4.61\times 10^{-5}}{5.44}\text{A/m}=8.47\times 10^{-6}\text{A/m}$$

(4) 场量衰减为液体表面值的0.1%时的深度计算。因给定$\dfrac{E}{E_0}=0.001$，即$\text{e}^{-\alpha x}=0.001$，所以$\alpha x=6.9$，由此得

$$x=\frac{6.9}{30.8}\text{m}=0.224\text{m}$$

例 9-3-2 在例9-3-1中，如频率为30kHz，其他条件不变，再求液体中电磁波的α、β、Γ、

Z_C、v 和 λ，并与上题结果相比较。

解　仍根据给定条件，先计算

$$\frac{\gamma^2}{\omega^2\varepsilon^2}=\left(\frac{8}{2\pi\times 30\times 10^3\times 10\times 8.85\times 10^{-12}}\right)^2\approx 2.3\times 10^2\gg 1$$

判断媒质为良导体，则

$$\alpha\approx\beta\approx\sqrt{\frac{\omega\mu\gamma}{2}}=\sqrt{\frac{2\pi\times 30\times 10^3\times 4\pi\times 10^{-7}\times 8}{2}}\text{rad/m}=0.97\text{rad/m}$$

$$\Gamma\approx\alpha+\mathrm{j}\beta=(0.97+\mathrm{j}0.97)\text{rad/m}=1.4\angle 45^\circ\text{rad/m}$$

$$Z_C\approx\sqrt{\frac{\mathrm{j}\omega\mu}{\gamma}}=\sqrt{\frac{\mathrm{j}2\pi\times 30\times 10^3\times 4\pi\times 10^{-7}\times 8}{8}}\Omega=0.17\sqrt{\mathrm{j}}\,\Omega=0.17\angle 45^\circ\Omega$$

$$v=\frac{\omega}{\beta}=\frac{2\pi\times 30\times 10^3}{30.8}\text{m/s}=1.9\times 10^5\text{m/s}$$

$$\lambda=\frac{2\pi}{\beta}=\frac{2\pi}{0.97}\text{m}=6.5\text{m}$$

计算结果表明，频率越高者波速越高、波长越短、衰减越快。

例 9-3-3　在例 9-3-1 中，如 $\gamma=0$，其他条件不变，再求液体中电磁波的 α、β、Γ、Z_C、v 和 λ，并与例 9-3-1 的结果相比较。

解　$\gamma=0$ 相当于理想介质中的情况，不能用简化公式计算电磁波的参数。根据已知条件得

$$\alpha=0$$

$$\beta=\omega\sqrt{\mu\varepsilon}=2\pi\times 30\times 10^6\sqrt{4\pi\times 10^{-7}\times 10\times 8.85\times 10^{-12}}\text{rad/m}=1.988\text{rad/m}$$

$$\Gamma=\mathrm{j}\beta=\mathrm{j}1.988\text{rad/m}=1.988\angle 90^\circ\text{rad/m}$$

$$Z_C=\sqrt{\frac{\mu}{\varepsilon}}=\sqrt{\frac{4\pi\times 10^{-7}}{10\times 8.85\times 10^{-12}}}\Omega=119.16\Omega$$

$$v=\frac{\omega}{\beta}=\frac{2\pi\times 30\times 10^6}{1.998}\text{m/s}=9.48\times 10^7\text{m/s}$$

$$\lambda=\frac{2\pi}{\beta}=\frac{2\pi}{1.988}\text{m}=3.16\text{m}$$

计算结果表明，导电媒质中电磁波的波速和波长都比理想介质中的小得多。应当注意，这个结论是在满足 $\frac{\gamma}{\omega\varepsilon}\gg 1$ 的条件下得出来的。如不满足这一条件，两种情况的差别将会缩小。

9.4　垂直入射平面电磁波的反射与透射

1. 垂直入射平面电磁波反射和透射的一般规律

前面介绍了均匀平面电磁波在单一媒质中传播的一般规律。在多种媒质中，电磁波传播的情况更加复杂。在两种媒质分界面处，存在反射和透射现象。这里只介绍均匀平面电磁波垂直入射媒质分界面的情况。设电磁波沿 x 方向（从左到右）传播，$x=0$ 是两种媒质

的分界面,左侧为第一种媒质,右侧为第二种媒质。均匀平面电磁波在第一种媒质中沿 x 方向传播,到达分界面后,形成透射波和反射波。入射波透过分界面形成透射波,透射波在第二种媒质中继续沿 x 方向传播;入射波遇到分界面反射回来形成反射波,反射波在第一种媒质中沿 $-x$ 方向传播。假设入射波电场强度只有 y 分量,表示为

$$\dot{\boldsymbol{E}}_1^+(x)=\dot{E}^+\mathrm{e}^{-\Gamma_1 x}\boldsymbol{e}_y \tag{9-4-1}$$

则根据均匀平面电磁波中电场强度和磁场强度的关系,可写出入射波磁场强度

$$\dot{\boldsymbol{H}}_1^+(x)=\dot{H}^+\mathrm{e}^{-\Gamma_1 x}\boldsymbol{e}_z=\frac{\dot{E}^+}{Z_{\mathrm{C1}}}\mathrm{e}^{-\Gamma_1 x}\boldsymbol{e}_z \tag{9-4-2}$$

将进入第二种媒质的透射波表示为

$$\dot{\boldsymbol{E}}_2^{\mathrm{t}}(x)=\dot{E}^{\mathrm{t}}\mathrm{e}^{-\Gamma_2 x}\boldsymbol{e}_y \tag{9-4-3}$$

$$\boldsymbol{H}_2^{\mathrm{t}}(x)=\frac{\dot{E}^{\mathrm{t}}}{Z_{\mathrm{C2}}}\mathrm{e}^{-\Gamma_2 x}\boldsymbol{e}_z \tag{9-4-4}$$

将返回到第一种媒质的反射波表示为

$$\dot{\boldsymbol{E}}_1^-(x)=\dot{E}^-\mathrm{e}^{\Gamma_1 x}\boldsymbol{e}_y \tag{9-4-5}$$

$$\boldsymbol{H}_1^-(x)=-\frac{\dot{E}^-}{Z_{\mathrm{C1}}}\mathrm{e}^{\Gamma_1 x}\boldsymbol{e}_z \tag{9-4-6}$$

在第一种媒质中,电场和磁场是入射波和反射波的叠加

$$\dot{\boldsymbol{E}}_1(x)=\dot{\boldsymbol{E}}_1^+(x)+\dot{\boldsymbol{E}}_1^-(x)=\dot{E}^+\mathrm{e}^{-\Gamma_1 x}\boldsymbol{e}_y+\dot{E}^-\mathrm{e}^{\Gamma_1 x}\boldsymbol{e}_y \tag{9-4-7}$$

$$\boldsymbol{H}_1(x)=\dot{\boldsymbol{H}}_1^+(x)+\boldsymbol{H}_1^-(x)=\frac{\dot{E}^+}{Z_{\mathrm{C1}}}\mathrm{e}^{-\Gamma_1 x}\boldsymbol{e}_z-\frac{\dot{E}^-}{Z_{\mathrm{C1}}}\mathrm{e}^{\Gamma_1 x}\boldsymbol{e}_z \tag{9-4-8}$$

在第二种媒质中,电场和磁场只有透射波

$$\dot{\boldsymbol{E}}_2(x)=\dot{\boldsymbol{E}}_2^{\mathrm{t}}(x)=\dot{E}^{\mathrm{t}}\mathrm{e}^{-\Gamma_2 x}\boldsymbol{e}_y \tag{9-4-9}$$

$$\boldsymbol{H}_2(x)=\boldsymbol{H}_2^{\mathrm{t}}(x)=\frac{\dot{E}^{\mathrm{t}}}{Z_{\mathrm{C2}}}\mathrm{e}^{-\Gamma_2 x}\boldsymbol{e}_z \tag{9-4-10}$$

在均匀平面电磁波垂直入射的情况下,分界面电场和磁场都只有切向分量。根据媒质分界面衔接条件,当 $x=0$ 时,有

$$\boldsymbol{E}_1(0)=\boldsymbol{E}_2(0) \tag{9-4-11}$$

$$\boldsymbol{H}_1(0)=\boldsymbol{H}_2(0) \tag{9-4-12}$$

将电场和磁场表达式代入媒质分界面衔接条件,列出两个方程

$$\begin{cases}\dot{E}^{\mathrm{t}}=\dot{E}^++\dot{E}^-\\ \dfrac{\dot{E}^{\mathrm{t}}}{Z_{\mathrm{C2}}}=\dfrac{\dot{E}^+}{Z_{\mathrm{C1}}}-\dfrac{\dot{E}^-}{Z_{\mathrm{C1}}}\end{cases}\quad\text{或}\quad\begin{cases}\dot{E}^{\mathrm{t}}-\dot{E}^-=\dot{E}^+\\ \dfrac{\dot{E}^{\mathrm{t}}}{Z_{\mathrm{C2}}}+\dfrac{\dot{E}^-}{Z_{\mathrm{C1}}}=\dfrac{\dot{E}^+}{Z_{\mathrm{C1}}}\end{cases}\quad\text{或}\quad\begin{cases}\dot{E}^{\mathrm{t}}-\dot{E}^-=\dot{E}^+\\ Z_{\mathrm{C1}}\dot{E}^{\mathrm{t}}+Z_{\mathrm{C2}}\dot{E}^-=Z_{\mathrm{C2}}\dot{E}^+\end{cases} \tag{9-4-13}$$

解此方程组,得反射波与入射波的关系

$$\begin{cases}\dot{E}^{-}=\dfrac{Z_{C2}-Z_{C1}}{Z_{C2}+Z_{C1}}\dot{E}^{+}\\ \dot{H}^{-}=-\dfrac{Z_{C2}-Z_{C1}}{Z_{C1}(Z_{C2}+Z_{C1})}\dot{E}^{+}\end{cases} \tag{9-4-14}$$

透射波与入射波的关系

$$\begin{cases}\dot{E}^{t}=\dfrac{2Z_{C2}}{Z_{C1}+Z_{C2}}\dot{E}^{+}\\ \dot{H}^{t}=\dfrac{2}{Z_{C1}+Z_{C2}}\dot{E}^{+}\end{cases} \tag{9-4-15}$$

引入反射系数

$$R_{W}=\frac{Z_{C2}-Z_{C1}}{Z_{C2}+Z_{C1}} \tag{9-4-16}$$

透射系数

$$T_{W}=\frac{2Z_{C2}}{Z_{C1}+Z_{C2}} \tag{9-4-17}$$

则反射波和透射波分别表示为

$$\begin{cases}\dot{\boldsymbol{E}}^{-}=R_{W}\dot{E}^{+}\\ \dot{H}^{-}=-\dfrac{R_{W}}{Z_{C1}}\dot{E}^{+}\end{cases} \tag{9-4-18}$$

$$\begin{cases}\dot{\boldsymbol{E}}^{t}=T_{W}\dot{E}^{+}\\ \dot{H}^{t}=\dfrac{T_{W}}{Z_{C2}}\dot{E}^{+}\end{cases} \tag{9-4-19}$$

反射系数 R_{W} 和透射系数 T_{W} 的关系为

$$T_{W}-R_{W}=1 \tag{9-4-20}$$

导电媒质中电磁波的主要传播参数如下：

$$Z_{C}=\sqrt{\frac{\mu}{\varepsilon'}}=\sqrt{\frac{\mu}{\varepsilon\left[1-\mathrm{j}\gamma/(\omega\varepsilon)\right]}} \tag{9-4-21}$$

$$\Gamma=\mathrm{j}\omega\sqrt{\mu\varepsilon\left(1-\mathrm{j}\frac{\gamma}{\omega\varepsilon}\right)}=\omega\sqrt{-\mu\varepsilon\left(1-\mathrm{j}\frac{\gamma}{\omega\varepsilon}\right)}=\omega\sqrt{\mu\varepsilon}\sqrt{\left(-1+\mathrm{j}\frac{\gamma}{\omega\varepsilon}\right)} \tag{9-4-22}$$

$$\alpha=\omega\sqrt{\frac{\mu\varepsilon}{2}\left(\sqrt{1+\frac{\gamma^{2}}{\omega^{2}\varepsilon^{2}}}-1\right)} \tag{9-4-23}$$

$$\beta=\omega\sqrt{\frac{\mu\varepsilon}{2}\left(\sqrt{1+\frac{\gamma^{2}}{\omega^{2}\varepsilon^{2}}}+1\right)} \tag{9-4-24}$$

$$\Gamma=\alpha+\mathrm{j}\beta \tag{9-4-25}$$

2. 理想导体表面的反射

理想导体就是电导率为无穷大的导体。电磁波传播到理想导体表面，假设入射波在理想介质中，反射波也在理想介质中，透射波应该在理想导体中。但是由于理想导体电导率无穷大的特点,在理想导体中电场强度为零。

由于第一种媒质为理想电介质,电磁波参数为 $\gamma=0, Z_C=\sqrt{\frac{\mu}{\varepsilon}}, \Gamma=\mathrm{j}\omega\sqrt{\mu\varepsilon}, \alpha=0, \beta=\omega\sqrt{\mu\varepsilon}, \Gamma=\mathrm{j}\beta, \lambda=vT$。因 $v=\frac{1}{\sqrt{\mu\varepsilon}}$,所以 $\beta=\frac{\omega}{v}=\frac{2\pi f}{v}=\frac{2\pi}{vT}=\frac{2\pi}{\lambda}$。

设理想电介质与理想导体的分界面在 $x=0$,根据媒质分界面衔接条件,得 $\dot{E}^-=-\dot{E}^+$,此时 $R_W=-1, T_W=0$。

理想电介质中,电场强度相量为

$$\dot{\boldsymbol{E}}_1(x)=\dot{E}^+(\mathrm{e}^{-\mathrm{j}\beta x}-\mathrm{e}^{\mathrm{j}\beta x})\boldsymbol{e}_y \tag{9-4-26}$$

利用欧拉公式,$\sin\beta x=\frac{\mathrm{e}^{\mathrm{j}\beta x}-\mathrm{e}^{-\mathrm{j}\beta x}}{\mathrm{j}2}, \cos\beta x=\frac{\mathrm{e}^{\mathrm{j}\beta x}+\mathrm{e}^{-\mathrm{j}\beta x}}{2}$,得

$$\dot{\boldsymbol{E}}_1(x)=-\mathrm{j}2\dot{E}^+\sin\beta x\boldsymbol{e}_y \tag{9-4-27}$$

磁场强度相量

$$\dot{\boldsymbol{H}}_1(x)=\frac{\dot{E}^+}{Z_{C1}}(\mathrm{e}^{-\mathrm{j}\beta x}+\mathrm{e}^{\mathrm{j}\beta x})\boldsymbol{e}_z \tag{9-4-28}$$

利用欧拉公式,得

$$\dot{\boldsymbol{H}}_1(x)=\frac{2\dot{E}^+}{Z_{C1}}\cos\beta x\boldsymbol{e}_z \tag{9-4-29}$$

根据电场强度和磁场强度相量,写出电场强度和磁场强度的瞬时值:

$$\boldsymbol{E}_1(x,t)=2\sqrt{2}E^+\sin\beta x\sin\omega t\boldsymbol{e}_y \tag{9-4-30}$$

$$\boldsymbol{H}_1(x,t)=\frac{2\sqrt{2}E^+}{Z_{C1}}\cos\beta x\cos\omega t\boldsymbol{e}_z \tag{9-4-31}$$

可以看出在达到稳态情况下,电场强度和磁场强度分别形成驻波,即在空间只有幅值变化没有相位变化。将 $\beta=\frac{2\pi}{\lambda}$ 代入,电场强度为

$$\boldsymbol{E}_1(x,t)=2\sqrt{2}E^+\sin\frac{2\pi x}{\lambda}\sin\omega t\boldsymbol{e}_y \tag{9-4-32}$$

分析式(9-4-32),得驻波的波峰(幅值最大)在 $x=-\frac{\lambda}{4}-\frac{n-1}{2}\lambda$,波谷(幅值最小)在 $x=-\frac{n-1}{2}\lambda, n=1,2,3,\cdots$。

磁场强度为

$$\boldsymbol{H}_1(x,t)=\frac{2\sqrt{2}E^+}{Z_{C1}}\cos\frac{2\pi}{\lambda}x\cos\omega t\boldsymbol{e}_z \tag{9-4-33}$$

分析式(9-4-33),得驻波的波峰在 $x=-\frac{n-1}{2}\lambda$,波谷在 $x=-\frac{\lambda}{4}-\frac{n-1}{2}\lambda, n=1,2,3,\cdots$。图9-4-1(a)~(d)是时间上一个周期前半部分四个典型时刻电场强度空间分布图。其中图(a)是 $t=0$ 时刻的电场,这时电场强度幅值为零;图(b)是 $t=\frac{T}{8}$ 时刻的电场,此时电场强度

幅值上升但未达到最大；图(c)是 $t=\dfrac{T}{4}$时刻的电场，此时电场强度幅值最大；图(d)是 $t=\dfrac{3T}{8}$时刻的电场，此时电场强度幅值已经下降但未降到零。可以看出，电场强度的空间波形只有幅值改变，没有发生移动，这是典型的驻波。图 9-4-1(e)～(h)是时间上一个周期前半部分四个典型时刻磁场强度空间分布图。磁场强度与电场强度驻波规律相同，所不同的是磁场强度空间上与电场强度垂直，导体表面处电场强度为零，磁场强度是最大值。这是由导体表面的衔接条件决定的。

彩图 9-4-1

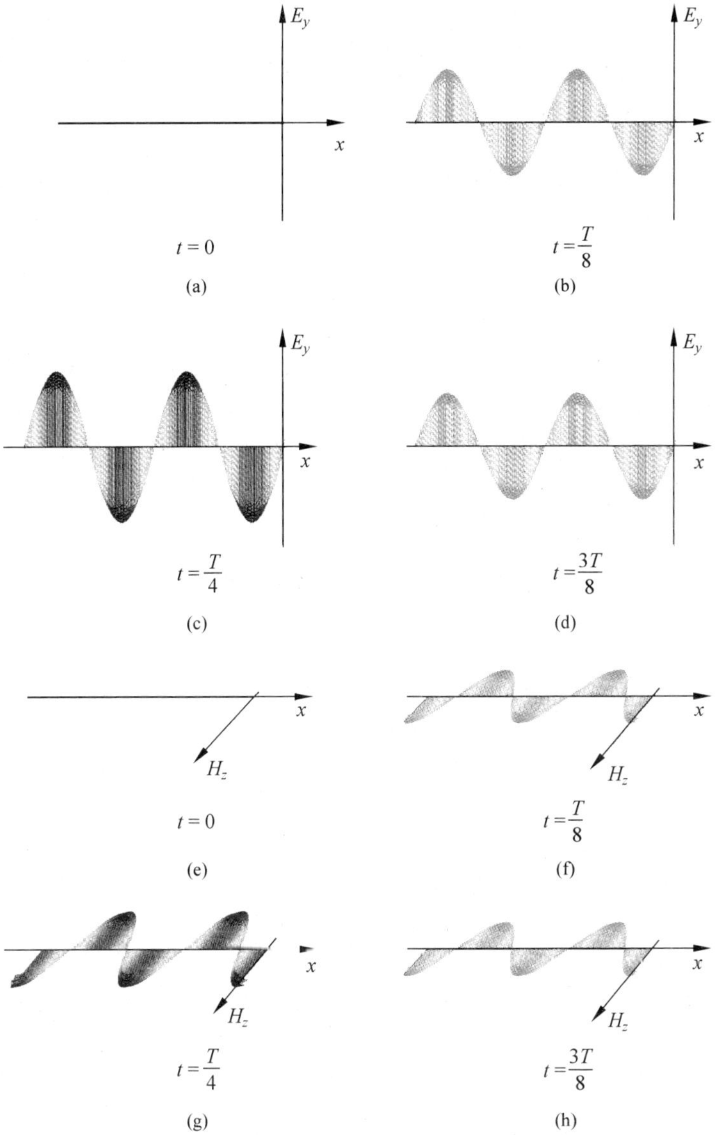

图 9-4-1　理想导体表面的反射

ppt：理想导体均匀平面波全反射演示

在理想导体表面,电场强度切向分量连续,磁场强度切向不连续。造成磁场强度切向不连续的原因是,导体表面存在一层自由面电流。设理想导体表面外法线方向为 $\boldsymbol{e}_{\mathrm{n}}$,根据分界面条件,自由面电流密度为

$$\dot{\boldsymbol{K}}=\boldsymbol{e}_{\mathrm{n}}\times\dot{\boldsymbol{H}}_1=-\dot{H}_1\boldsymbol{e}_x\times\boldsymbol{e}_z=\dot{H}_1\boldsymbol{e}_y \tag{9-4-34}$$

因此在理想导体内部电场强度和磁场强度均为零。理想导体表面的自由面电流实际上是导电媒质由于电导率趋近无穷大而导致电磁波透入深度趋近于零的极限情况。

3. 两种理想电介质分界面的反射和透射

理想电介质就是电导率为零的媒质。由于电导率为零,参数得到简化。设两种理想电介质分界面在 $x=0$ 处,根据分界面衔接条件建立方程可以求出反射波和透射波。理想电介质的电磁波参数具有以下特点:

$Z_{\mathrm{C}}=\sqrt{\dfrac{\mu}{\varepsilon}}$ 为实数,$\Gamma=\mathrm{j}\omega\sqrt{\mu\varepsilon}$ 为纯虚数,

$$\beta=\omega\sqrt{\mu\varepsilon}$$

因此,$R_{\mathrm{W}}=\dfrac{(Z_{\mathrm{C2}}-Z_{\mathrm{C1}})}{(Z_{\mathrm{C2}}+Z_{\mathrm{C1}})}$ 为实数,$T_{\mathrm{W}}=\dfrac{2Z_{\mathrm{C2}}}{(Z_{\mathrm{C1}}+Z_{\mathrm{C2}})}$ 也为实数。若 $Z_{\mathrm{C2}}>Z_{\mathrm{C1}}$,则 $R_{\mathrm{W}}>0$,$T_{\mathrm{W}}>1$;若 $Z_{\mathrm{C2}}<Z_{\mathrm{C1}}$,则 $R_{\mathrm{W}}<0$,$T_{\mathrm{W}}<1$;特别地,若 $Z_{\mathrm{C2}}=Z_{\mathrm{C1}}$,则 $R_{\mathrm{W}}=0$,$T_{\mathrm{W}}=1$,为无反射即全透射或匹配情况。

下面讨论理想电介质分界面电磁波反射和透射的规律。对于反射波

$$\dot{\boldsymbol{E}}_1^-(x)=R_{\mathrm{W}}\dot{E}^+\mathrm{e}^{\mathrm{j}\beta_1 x}\boldsymbol{e}_y \tag{9-4-35}$$

$$\boldsymbol{H}_1^-(x)=-\frac{R_{\mathrm{W}}\dot{E}^+}{Z_{\mathrm{C1}}}\mathrm{e}^{\mathrm{j}\beta_1 x}\boldsymbol{e}_z \tag{9-4-36}$$

合成第一种媒质中电场强度和磁场强度

$$\dot{\boldsymbol{E}}_1(x)=\dot{E}^+\mathrm{e}^{-\mathrm{j}\beta_1 x}\boldsymbol{e}_y+R_{\mathrm{W}}\dot{E}^+\mathrm{e}^{-\mathrm{j}\beta_1 x}\boldsymbol{e}_y=\dot{E}^+(\mathrm{e}^{-\mathrm{j}\beta_1 x}+R_{\mathrm{W}}\mathrm{e}^{\mathrm{j}\beta_1 x})\boldsymbol{e}_y \tag{9-4-37}$$

$$\boldsymbol{H}_1(x)=\frac{\dot{E}^+}{Z_{\mathrm{C1}}}\mathrm{e}^{-\mathrm{j}\beta_1 x}\boldsymbol{e}_z-\frac{R_{\mathrm{W}}\dot{E}^+}{Z_{\mathrm{C1}}}\mathrm{e}^{\mathrm{j}\beta_1 x}\boldsymbol{e}_z=\frac{\dot{E}^+}{Z_{\mathrm{C1}}}(\mathrm{e}^{-\mathrm{j}\beta_1 x}-R_{\mathrm{W}}\mathrm{e}^{\mathrm{j}\beta_1 x})\boldsymbol{e}_z \tag{9-4-38}$$

利用欧拉公式,得

$$\begin{aligned}\dot{\boldsymbol{E}}_1(x)&=\dot{E}^+[(1+R_{\mathrm{W}})\mathrm{e}^{-\mathrm{j}\beta_1 x}+R_{\mathrm{W}}(-\mathrm{e}^{-\mathrm{j}\beta_1 x}+\mathrm{e}^{\mathrm{j}\beta_1 x})]\boldsymbol{e}_y\\&=\dot{E}^+[(1+R_{\mathrm{W}})\mathrm{e}^{-\mathrm{j}\beta_1 x}+\mathrm{j}2R_{\mathrm{W}}\sin\beta_1 x]\boldsymbol{e}_y\end{aligned} \tag{9-4-39}$$

$$\begin{aligned}\dot{\boldsymbol{H}}_1(x)&=\frac{\dot{E}^+}{Z_{\mathrm{C1}}}[(1+R_{\mathrm{W}})\mathrm{e}^{-\mathrm{j}\beta_1 x}+R_{\mathrm{W}}(-\mathrm{e}^{-\mathrm{j}\beta_1 x}-\mathrm{e}^{\mathrm{j}\beta_1 x})]\boldsymbol{e}_z\\&=\frac{\dot{E}^+}{Z_{\mathrm{C1}}}[(1+R_{\mathrm{W}})\mathrm{e}^{-\mathrm{j}\beta_1 x}-2R_{\mathrm{W}}\cos\beta_1 x]\boldsymbol{e}_z\end{aligned} \tag{9-4-40}$$

可以看出,在第一种媒质中同时存在行波和驻波。引入驻波比,定义为

$$S=\frac{|E_1|_{\max}}{|E_1|_{\min}}=\frac{1+|R_{\mathrm{W}}|}{1-|R_{\mathrm{W}}|} \tag{9-4-41}$$

驻波比反映了分界面的反射和透射情况。当全反射时,驻波比 $S=+\infty$;无反射(匹配)时,

$S=1$。

在第二种媒质中，只有透射波，为行波。电场强度和磁场强度为

$$\dot{\boldsymbol{E}}_2(x)=\dot{\boldsymbol{E}}^{\mathrm{t}}(x)=T_{\mathrm{W}}\dot{E}^{+}\,\mathrm{e}^{-\mathrm{j}\beta_2 x}\boldsymbol{e}_y \tag{9-4-42}$$

$$\dot{\boldsymbol{H}}_2(x)=\dot{\boldsymbol{H}}^{\mathrm{t}}(x)=\frac{T_{\mathrm{W}}\dot{E}^{+}}{Z_{\mathrm{C2}}}\mathrm{e}^{-\mathrm{j}\beta_2 x}\boldsymbol{e}_z \tag{9-4-43}$$

设 $x=0$ 处为两种理想介质分界面，分界面左侧介质的相对介电常数为 1，右侧介质相对介电常数为 4，电磁波的频率为 0.5×10^7。经过计算，图 9-4-2(a)～(d)给出了时间上一个周期前半部分四个典型时刻电场强度空间分布图。其中图 9-4-2(a)为 $t=0$ 时刻的电场；图 9-4-2(b)为 $t=\frac{T}{8}$ 时刻的电场；图 9-4-2(c)为 $t=\frac{T}{4}$ 时刻的电场；图 9-4-2(d)为 $t=\frac{3T}{8}$ 时刻的电场。图 9-4-2(e)～(h)给出了时间上一个周期前半部分上述四个典型时刻磁场强度空间分布图。观察分析可知，当平面电磁波从左向右传播，遇到左右两种理想介质分界面，会发生透射和反射，透射到右侧介质中的电磁波继续传播，为行波；反射回左侧介质的电磁波传播方向从右向左，与从左向右传播的入射波叠加形成行驻波(行波和驻波叠加)。

彩图 9-4-2

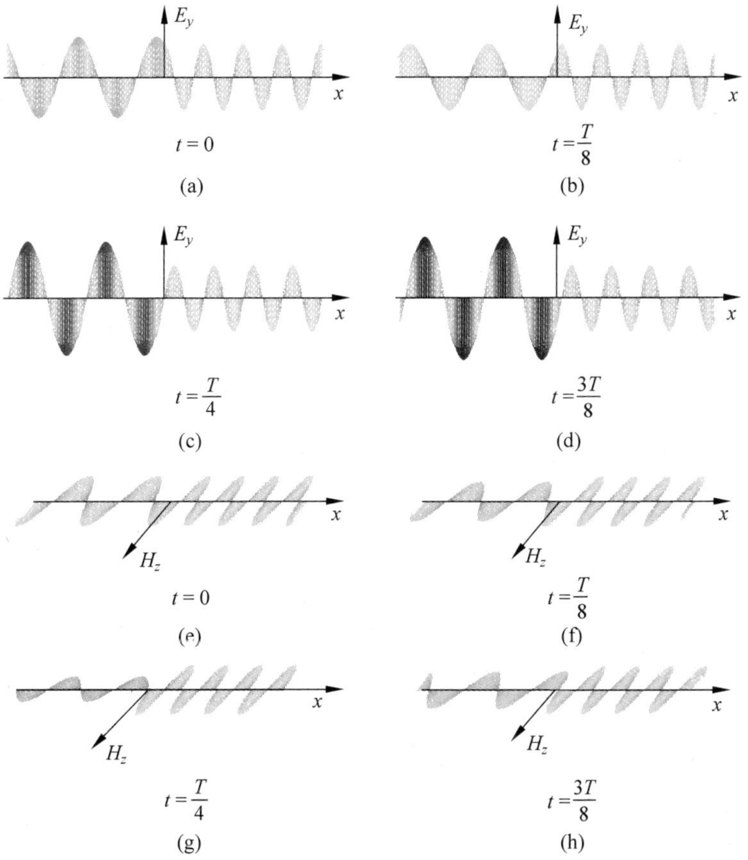

图 9-4-2　理想介质分界面的反射和透射

ppt：均匀平面电磁波的透射与反射演示

9.5 导体中的涡流与集肤效应及电磁屏蔽

1. 导体薄平板中的涡流

前面讨论了导电媒质中电磁场分布和电磁波传播的一般规律。在磁场变化的情况下，导体中产生感应电动势和感应电流。在变化的磁场中，电场强度的旋度不为零。因此，导体中电流密度的旋度也不为零。感应电流在导体中形成闭合回路，这种感应电流称为涡流。下面讨论导体薄平板中的涡流。

设有截面如图9-5-1所示的导体薄平板。假定导体平板沿 y 方向的几何尺寸和沿 z 方向的几何尺寸都比沿 x 方向的厚度大得多，则可以认为导体中电磁场沿 y 和 z 方向没有变化，因此导体中电磁场量只是 x 的函数。假定导体平板处在随时间正弦变化的均匀外磁场中，外磁场沿 z 方向，根据9.3节的分析，相量形式的电场强度和磁场强度的方程为

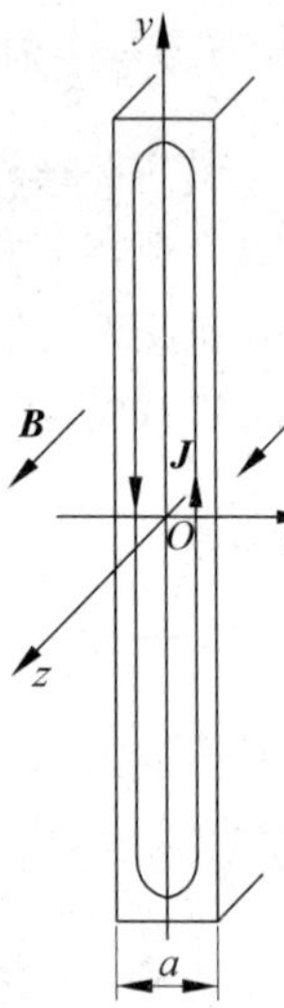

图9-5-1 导体薄板的涡流

$$\frac{\mathrm{d}\dot{E}_y}{\mathrm{d}x}=-\mathrm{j}\omega\mu\dot{H}_z \tag{9-5-1}$$

$$\frac{\mathrm{d}\dot{H}_z}{\mathrm{d}x}=-\gamma\dot{E}_y \tag{9-5-2}$$

由式(9-5-1)和式(9-5-2)可得

$$\frac{\mathrm{d}^2\dot{H}_z}{\mathrm{d}x^2}=-\gamma\frac{\mathrm{d}\dot{E}_y}{\mathrm{d}x}=\mathrm{j}\omega\mu\gamma\dot{H}_z=\Gamma^2\dot{H}_z \tag{9-5-3}$$

式中，$\Gamma^2=\mathrm{j}\omega\mu\gamma$，设 $K=\sqrt{\omega\mu\gamma/2}$，

$$\Gamma=\sqrt{\mathrm{j}\omega\mu\gamma}=(\mathrm{j}+1)\sqrt{\omega\mu\gamma/2}=(\mathrm{j}+1)K \tag{9-5-4}$$

式(9-5-3)为二阶常微分方程，其通解为

$$\dot{H}_z=C_1\mathrm{e}^{-\Gamma x}+C_2\mathrm{e}^{\Gamma x} \tag{9-5-5}$$

由于磁场是对称的，可得

$$\dot{H}_z\left(-\frac{a}{2}\right)=\dot{H}_z\left(\frac{a}{2}\right) \tag{9-5-6}$$

即

$$C_1\mathrm{e}^{\Gamma a/2}+C_2\mathrm{e}^{-\Gamma a/2}=C_1\mathrm{e}^{-\Gamma a/2}+C_2\mathrm{e}^{\Gamma a/2} \tag{9-5-7}$$

可得 $C_1=C_2$，令 $C=C_1=C_2$，有

$$\dot{H}_z=C(\mathrm{e}^{-\Gamma x}+\mathrm{e}^{\Gamma x})=2C\mathrm{ch}(\Gamma x) \tag{9-5-8}$$

设导体表面，即 $x=\pm\frac{a}{2}$ 处，$\dot{H}_z=\dot{H}_{z0}$，则

$$C=\frac{\dot{H}_{z0}}{\mathrm{e}^{-\Gamma a/2}+\mathrm{e}^{\Gamma a/2}}=\frac{\dot{H}_{z0}}{2\mathrm{ch}(\Gamma a/2)} \tag{9-5-9}$$

因此

$$\dot{H}_z=\frac{\dot{H}_{z0}}{e^{-\Gamma a/2}+e^{\Gamma a/2}}(e^{-\Gamma x}+e^{\Gamma x})=\frac{\dot{H}_{z0}}{\mathrm{ch}(\Gamma a/2)}\mathrm{ch}(\Gamma x) \tag{9-5-10}$$

$$\dot{B}_z=\frac{\mu\dot{H}_{z0}}{e^{-\Gamma a/2}+e^{\Gamma a/2}}(e^{-\Gamma x}+e^{\Gamma x})=\frac{\mu\dot{H}_{z0}}{\mathrm{ch}(\Gamma a/2)}\mathrm{ch}(\Gamma x) \tag{9-5-11}$$

由式(9-5-1)得电场强度

$$\begin{aligned}\dot{E}_y&=-\frac{1}{\gamma}\frac{\mathrm{d}\dot{H}_z}{\mathrm{d}x}=-\frac{\dot{H}_{z0}}{\gamma\,\mathrm{ch}(\Gamma a/2)}\Gamma\mathrm{sh}(\Gamma x)\\&=-\frac{\Gamma\dot{H}_{z0}}{\gamma(e^{\Gamma a/2}+e^{-\Gamma a/2})}(e^{\Gamma x}-e^{-\Gamma x})\end{aligned} \tag{9-5-12}$$

导体中的电流密度为

$$\begin{aligned}\dot{J}_{\mathrm{C}y}=\gamma\dot{E}_y&=-\frac{\dot{H}_{z0}}{\mathrm{ch}(\Gamma a/2)}\Gamma\mathrm{sh}(\Gamma x)\\&=-\frac{\Gamma\dot{H}_{z0}}{e^{\Gamma a/2}+e^{-\Gamma a/2}}(e^{\Gamma x}-e^{-\Gamma x})\end{aligned} \tag{9-5-13}$$

以上是导体中磁场强度、电场强度和电流密度相量随坐标变化的表达式。为了说明电磁场量分布的规律，需要讨论电磁场量的有效值的分布规律。

首先讨论共同的因子 $\mathrm{sh}(\Gamma x)$或 $\mathrm{ch}(\Gamma x)$：

$$\begin{aligned}|\mathrm{sh}(\Gamma x)|&=|\mathrm{sh}[(1+\mathrm{j})Kx]|=|\mathrm{sh}(Kx)\cos(Kx)+\mathrm{j}\,\mathrm{ch}(Kx)\sin(Kx)|\\&=\sqrt{\mathrm{sh}^2(Kx)\cos^2(Kx)+\mathrm{ch}^2(Kx)\sin^2(Kx)}\\&=\sqrt{\left(\frac{e^{Kx}-e^{-Kx}}{2}\right)^2\cos^2(Kx)+\left(\frac{e^{Kx}+e^{-Kx}}{2}\right)^2\sin^2(Kx)}\\&=\sqrt{\frac{e^{2Kx}-2+e^{-2Kx}}{4}\cos^2(Kx)+\frac{e^{2Kx}+2+e^{-2Kx}}{4}\sin^2(Kx)}\\&=\sqrt{\frac{e^{2Kx}+e^{-2Kx}}{4}[\sin^2(Kx)+\cos^2(Kx)]+\frac{2}{4}[\sin^2(Kx)-\cos^2(Kx)]}\\&=\sqrt{\frac{e^{2Kx}+e^{-2Kx}}{4}+\frac{2}{4}[\sin^2(Kx)-\cos^2(Kx)]}\\&=\sqrt{\frac{1}{2}\mathrm{ch}(2Kx)-\frac{1}{2}\cos(2Kx)}\end{aligned} \tag{9-5-14}$$

同理，可以导出

$$|\mathrm{ch}(\Gamma x)|=\sqrt{\frac{1}{2}\mathrm{ch}(2Kx)+\frac{1}{2}\cos(2Kx)} \tag{9-5-15}$$

因此，可得磁感应强度有效值为

$$B_z(x)=\frac{\mu|\dot{H}_{z0}|}{\sqrt{\frac{1}{2}\mathrm{ch}(Ka)+\frac{1}{2}\cos(Ka)}}\sqrt{\frac{1}{2}\mathrm{ch}(2Kx)+\frac{1}{2}\cos(2Kx)}$$

$$=B_z(0)\sqrt{\frac{1}{2}\mathrm{ch}(2Kx)+\frac{1}{2}\cos(2Kx)} \tag{9-5-16}$$

电流密度有效值为

$$J_{Cy}(x)=-\frac{|\dot{H}_{z0}|\sqrt{2}K}{\sqrt{\frac{1}{2}\mathrm{ch}(Ka)+\frac{1}{2}\cos(Ka)}}\sqrt{\frac{1}{2}\mathrm{ch}(2Kx)-\frac{1}{2}\cos(2Kx)}$$

$$=\frac{\sqrt{2}KB_z(0)}{\mu}\sqrt{\frac{1}{2}\mathrm{ch}(2Kx)-\frac{1}{2}\cos(2Kx)} \tag{9-5-17}$$

由式(9-5-16)和式(9-5-17)可以画出导体中磁感应强度有效值和电流密度有效值随 x 变化的情况,如图 9-5-2 所示。考虑到磁场在导体板两侧方向相同、电流在导体板两侧方向相反,得如图 9-5-3 所示的曲线。可以看出,导体中的磁场不均匀,越深入导体内部,磁场越小。这就是导体中涡流的去磁效应。为了减少这种去磁效应,变压器等电气设备的导磁回路不采用整块的铁磁材料,而是用相互绝缘的薄硅钢片叠压而成。

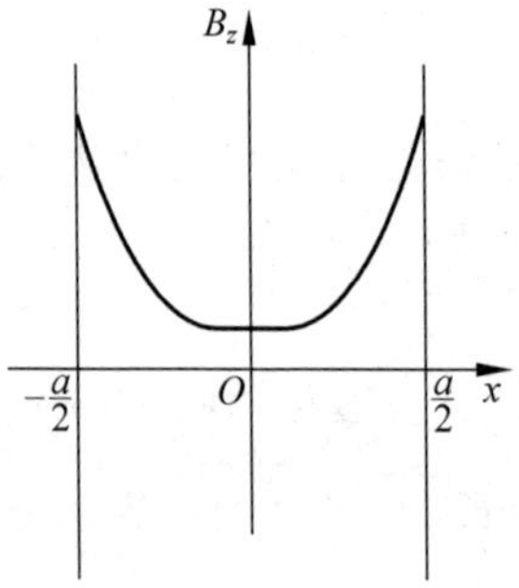

图 9-5-2 薄板中的磁场

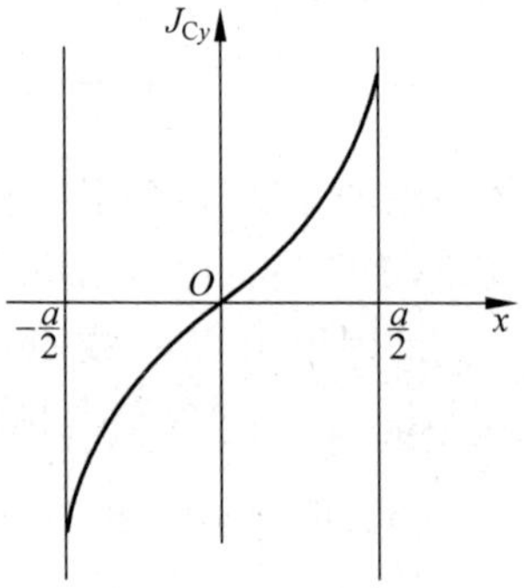

图 9-5-3 薄板中的电流

2. 集肤效应

在导体表面时变电磁场的场量最大,越深入导体内部,场量就越小。当场量随时间变化的频率较高时,场量几乎仅存在于导体表面附近,如图 9-5-4 所示。这种现象称为导体中时变电磁场的集肤效应。场量减小的程度与透入深度 $d=\sqrt{\frac{2}{\omega\mu\gamma}}$ 的大小有关。因此,频率越高、磁导率越大、电导率越大,则透入深度越小,集肤效应越明显。

由于集肤效应,交变电流流过导体截面的有效面积减小。因此一段导线的交流电阻将比直流电阻大,从而使导体的功率损耗增大。在设计高频电气设备时必须考虑这种影响。为了减少集肤效应的不利影响,在工程上通常采用多股绝缘编织线替代单根粗导线、或在导体表面镀银等方法。采用相互绝缘的硅钢片叠压成导磁回路,有助于减少集肤效应造成的损耗。利用集肤效应导致高频电流集中于导体表面附近的特点,可以进行金属表面淬火,以增加金属表面的硬度。

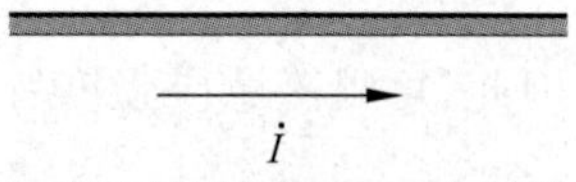

图 9-5-4 集肤效应示意图

3. 邻近效应

如果有若干个载有交变电流的导体彼此相距较近，则每一导体不仅处在本身电流产生的电磁场中，同时还处在其他载流导体产生的电磁场中，因此，每一个导体的电流分布与只有单一导体时不同。这种效应称为邻近效应。设有一单根导线，其中通以正弦交变电流，由于集肤效应，电流主要集中在导体表面附近。如果在其相邻处有另一根载有相同方向的正弦交变电流，则将使两导线之间的内侧的电磁场减弱，而使外侧的电磁场加强。因此，两导体外侧处的电磁场量和电流密度比内侧的大，从而使电流的分布更趋于不均匀，使导体的有效电阻增大，如图 9-5-5 所示。如果两根相邻导体载有相反方向的正弦交变电流，则将使两导线之间内侧的电磁场增强，而使外侧的电磁场减弱。这样，电磁场量和电流密度将集中在两导体相对应的内侧，如图 9-5-6 所示。

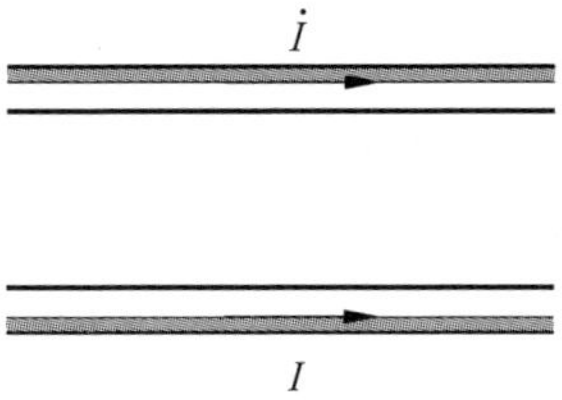

图 9-5-5 同向电流邻近效应示意图

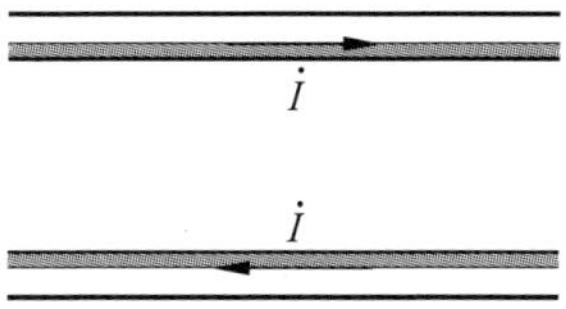

图 9-5-6 反向电流邻近效应示意图

4. 电磁屏蔽

为了使某一区域不受外来杂散电磁场的影响，或使某一区域内的电磁场不对外界构成影响，可以采用电磁屏蔽的方法。利用高频电磁波在良导体内很快衰减的特点制成的电磁屏蔽装置能够将电磁能量限制在所规定的空间。

电磁屏蔽装置由铜、铝或钢材制成。当电磁波进入电磁屏蔽装置时，场量将迅速衰减，当电磁屏蔽装置的壁厚为材料中电磁波透入深度的数倍(大约一个波长)时，电磁场量实际上不能穿过电磁屏蔽装置，从而有效地隔离了电磁场，如图 9-5-7 所示。常用屏蔽材料的透入深度见表 9-5-1。由表 9-5-1 可知，如果场源频率较高，则一层薄铜片(或铝片)即可起到屏蔽作用。在无线电、电子设备中的高频元件或部件通常都是放在铜或铝制成的屏蔽罩内。而在屏蔽电源变压器产生的 50Hz 低频电磁场时，如果用铜材作为屏蔽材料，由于透入深度 $d=9.35\mathrm{mm}$，则要求材料的厚度较大。这时采用铁作屏蔽材料更合理。

图 9-5-7 电磁屏蔽效应示意图

表 9-5-1 部分导体在几种频率下的透入深度 mm

频率/Hz	铜 $\gamma=5.8\times10^7$ S/m, $\mu=\mu_0$	铝 $\gamma=3.7\times10^7$ S/m, $\mu=\mu_0$	铁 $\gamma=1\times10^7$ S/m, $\mu=1000\mu_0$
50	9.35	11.71	0.71
10^5	0.21	0.26	0.016
10^6	0.066	0.083	0.005
10^7	0.021	0.026	0.0016

第10章 电路参数的计算原理

本章提示

本章讨论电路参数与电磁场的关系。根据导体之间电压与导体表面所带电荷之间的关系定义电容参数；根据电极之间电压与导电媒质中流过的电流之间的关系定义电阻和电导；根据线圈中通过的电流与线圈环绕的磁链之间的关系定义电感。通过定义可知电容、电阻和电感不过是电荷量与电压、电压与电流以及磁链与电流之间的比例系数。另一方面，这些比例系数一般来说(线性媒质情况)只与电磁系统(电路元件)本身的形状、尺寸、相对位置和媒介质等有关,是不依赖于电荷量、电压、电流和磁链而独立存在的。这样就可以假设一组物理量,通过求解该条件下的电磁场求出另一组物理量,从而得出电路参数。将电路参数与系统的电磁能量(或功率)相联系,可以通过能量(或功率)计算电容、电导和电感等电路参数。本章最后讨论并给出了正弦交流电磁系统阻抗参数的一般计算方法。这种方法基于电磁功率守恒与转换规律,通过计算系统电磁复功率得到电路交流参数。本章重点掌握电容、电阻和电感的基本概念和计算方法。

10.1 部分电容的计算原理

1. 导体系统的电位系数

如果一个静电系统中的电场分布只与系统内各带电体的形状、尺寸、相对位置以及电介质分布等有关,与系统外带电体无关,并且系统中的电位移矢量线全部从系统内带电体发出,也全部终止于系统内带电体,则称这个系统为静电独立系统。

现在考虑由 $n+1$ 个导体组成的静电独立系统。设导体的序号为 $0,1,2,\cdots,n$,它们所带电荷量为 $q_0,q_1,q_2,\cdots,q_n$。根据静电独立系统的定义有

$$q_0+q_1+q_2+\cdots+q_n=0 \tag{10-1-1}$$

考虑电介质线性的情况,这时系统称作线性系统。对于线性静电独立系统,设0号导体为参考导体,其电位为零。可以证明导体电位与电荷之间满足下列方程

$$\begin{cases}\varphi_1=\alpha_{11}q_1+\alpha_{12}q_2+\cdots+\alpha_{1j}q_j+\cdots+\alpha_{1n}q_n\\ \varphi_2=\alpha_{21}q_1+\alpha_{22}q_2+\cdots+\alpha_{2j}q_j+\cdots+\alpha_{2n}q_n\\ \qquad\vdots\\ \varphi_i=\alpha_{i1}q_1+\alpha_{i2}q_2+\cdots+\alpha_{ij}q_j+\cdots+\alpha_{in}q_n\\ \qquad\vdots\\ \varphi_n=\alpha_{n1}q_1+\alpha_{n2}q_2+\cdots+\alpha_{nj}q_j+\cdots+\alpha_{nn}q_n\end{cases} \tag{10-1-2}$$

式中,$\alpha_{11},\alpha_{12},\cdots,\alpha_{ij},\cdots,\alpha_{nn}$ 称为电位系数。两个下标相同的称为自有电位系数,两个下标不同的称为互有电位系数。式(10-1-2)可以写成矩阵形式,即 $\boldsymbol{\varphi}=\boldsymbol{Aq}$,电位系数就是矩阵 $\boldsymbol{A}$ 的元素。

根据上述方程组,假定一定的条件,就可以计算电位系数。以 α_{ij} 为例:

$$\alpha_{ij}=\left.\frac{\varphi_i}{q_j}\right|_{q_1=q_2=\cdots=q_{j-1}=q_{j+1}=\cdots=q_n=0} \tag{10-1-3}$$

式中,φ_i 是第 i 号导体的电位;条件"$q_1=q_2=\cdots=q_{j-1}=q_{j+1}=\cdots=q_n=0$"是指,除第 j 号导体带电荷外,其他导体均不带电荷(整个导体上感应出的正负电荷数量相等),第 j 号导体带电量为 q_j;参考导体带电量为 $-q_j$,电位为0。

电位系数有以下性质:

(1) 所有电位系数都为正值;

(2) 自有电位系数大于与之有关的互有电位系数;

(3) $\alpha_{ij}=\alpha_{ji}$;

(4) 电位系数只与系统内导体的形状、尺寸、相对位置以及电介质的分布有关,与导体所带电荷量无关。

注意,式(10-1-2)的线性叠加关系不能简单直观地理解为将每个导体上的电荷等效为点电荷,再利用点电荷电位计算公式叠加得出各导体电位。

2. 导体系统的感应系数

求解方程组(10-1-2),得

$$\begin{cases}q_1=\beta_{11}\varphi_1+\beta_{12}\varphi_2+\cdots+\beta_{1j}\varphi_j+\cdots+\beta_{1n}\varphi_n\\ q_2=\beta_{21}\varphi_1+\beta_{22}\varphi_2+\cdots+\beta_{2j}\varphi_j+\cdots+\beta_{2n}\varphi_n\\ \quad\vdots\\ q_i=\beta_{i1}\varphi_1+\beta_{i2}\varphi_2+\cdots+\beta_{ij}\varphi_j+\cdots+\beta_{in}\varphi_n\\ \quad\vdots\\ q_n=\beta_{n1}\varphi_1+\beta_{n2}\varphi_2+\cdots+\beta_{nj}\varphi_j+\cdots+\beta_{nn}\varphi_n\end{cases} \tag{10-1-4}$$

式中,$\beta_{11},\beta_{12},\cdots,\beta_{ij},\cdots\beta_{nn}$ 称为感应系数。两下标相同者,称为自有感应系数,两下标不同者,称为互有感应系数。式(10-1-4)可以写成矩阵形式,即 $\boldsymbol{q}=\boldsymbol{B\varphi}$,感应系数就是矩阵 $\boldsymbol{B}$ 的元素。显然,矩阵 $\boldsymbol{B}$ 和 $\boldsymbol{A}$ 互为逆矩阵。

根据上述方程组,假定一定的条件,就可以计算感应系数。以 β_{ij} 为例:

$$\beta_{ij}=\left.\frac{q_i}{\varphi_j}\right|_{\varphi_1=\varphi_2=\cdots=\varphi_{j-1}=\varphi_{j+1}=\cdots=\varphi_n=0} \tag{10-1-5}$$

式中,q_i 是第 i 号导体的所带电荷量,条件"$\varphi_1=\varphi_2=\cdots=\varphi_{j-1}=\varphi_{j+1}=\cdots=\varphi_n=0$"是指,除第 j 号导体外,其他导体均与参考导体短接(接地);第 j 号导体电位为 φ_j。

感应系数有以下性质:

(1) 自有感应系数都为正值;

(2) 互有感应系数都为负值;

(3) 自有感应系数大于与之有关的互有系数的绝对值;

(4) $\beta_{ij}=\beta_{ji}$;

(5) 感应系数只与系统内导体的形状、尺寸、相对位置以及电介质的分布有关，与导体所带电荷量无关。

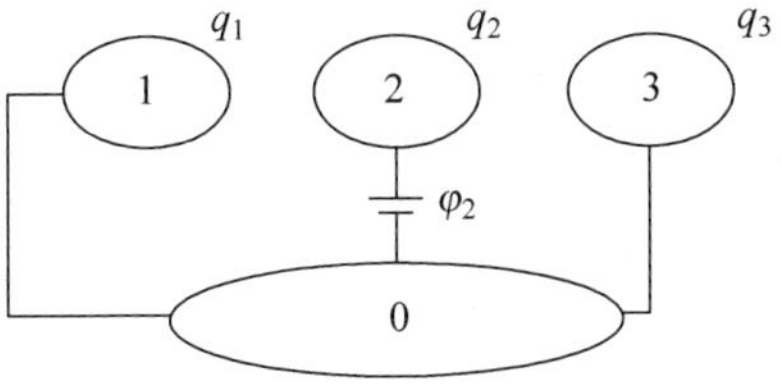

图 10-1-1　计算感应系数的电位-电荷关系图

下面以 $n=3$ 的情况为例，通过图 10-1-1 讨论感应系数计算过程。将 1 号、3 号导体与 0 号导体相连(短路)，在 2 号导体上加电位 φ_2，1 号、2 号、3 号导体上分别感应出电荷 q_1、q_2、q_3。$\dfrac{q_2}{\varphi_2}$即自有感应系数 β_{22}，$\dfrac{q_1}{\varphi_2}$即互有感应系数 β_{12}，$\dfrac{q_3}{\varphi_2}$即互有感应系数 β_{32}。设 $\varphi_2>0$，则 q_2 为正，得 $\beta_{22}>0$；q_1 为负，得 $\beta_{12}<0$；q_3 为负，得 $\beta_{32}<0$。以此类推，自有感应系数均为正值，互有感应系数均为负值。

感应系数可以通过电场能量求得。8.1 节中有多导体系统电场能量计算公式：

$$W_e=\sum_{i=1}^{n}\frac{1}{2}\varphi_i q_i \tag{10-1-6}$$

将式(10-1-4)代入式(10-1-6)得

$$W_e=\sum_{i=1}^{n}\frac{1}{2}\varphi_i\sum_{j=1}^{n}\beta_{ij}\varphi_j=\frac{1}{2}\beta_{11}\varphi_1^2+\frac{1}{2}\beta_{22}\varphi_2^2+\cdots+\beta_{21}\varphi_2\varphi_1+\beta_{31}\varphi_3\varphi_1+\beta_{32}\varphi_3\varphi_2+\cdots \tag{10-1-7}$$

依据式(10-1-7)可以通过电场能量计算感应系数。针对 $n=3$ 的情况，通过求解电场的方法可以确定 6 个电场能量。分别只有一个导体加电压(其他导体接地)的情况下电场能量为 W_{11}、W_{22}、W_{33}，而这时

$$W_{11}=\frac{1}{2}\beta_{11}\varphi_1^2,\quad W_{22}=\frac{1}{2}\beta_{22}\varphi_2^2,\quad W_{33}=\frac{1}{2}\beta_{33}\varphi_3^2 \tag{10-1-8}$$

因此得

$$\beta_{11}=\frac{2W_{11}}{\varphi_1^2},\quad \beta_{22}=\frac{2W_{22}}{\varphi_2^2},\quad \beta_{33}=\frac{2W_{33}}{\varphi_3^2} \tag{10-1-9}$$

两个导体分别同时加电压(其他导体接地)的情况下能量为 W_{21}、W_{31}、W_{32}，而这时

$$W_{21}=\frac{1}{2}\beta_{11}\varphi_1^2+\frac{1}{2}\beta_{22}\varphi_2^2+\beta_{21}\varphi_2\varphi_1=W_{11}+W_{22}+\beta_{21}\varphi_2\varphi_1 \tag{10-1-10}$$

$$W_{31}=\frac{1}{2}\beta_{11}\varphi_1^2+\frac{1}{2}\beta_{33}\varphi_3^2+\beta_{31}\varphi_3\varphi_1=W_{11}+W_{33}+\beta_{31}\varphi_3\varphi_1 \tag{10-1-11}$$

$$W_{32}=\frac{1}{2}\beta_{22}\varphi_2^2+\frac{1}{2}\beta_{33}\varphi_3^2+\beta_{32}\varphi_3\varphi_2=W_{22}+W_{33}+\beta_{32}\varphi_3\varphi_2 \tag{10-1-12}$$

因此得

$$\beta_{21}=\frac{W_{21}-W_{11}-W_{22}}{\varphi_2\varphi_1},\quad \beta_{31}=\frac{W_{31}-W_{11}-W_{33}}{\varphi_3\varphi_1},\quad \beta_{32}=\frac{W_{32}-W_{22}-W_{33}}{\varphi_3\varphi_2} \tag{10-1-13}$$

以此类推,可以通过电场能量计算多导体系统的感应系数。

3. 部分电容

由两个导体组成的静电独立系统,导体所带电荷为 q 和 $-q$,两导体之间电位差为 U,则有 $q=CU$。这里的比例系数 C 称为电容。

再回到 $n+1$ 个导体组成的静电独立系统,将方程组(10-1-4)中的电位转换为电位差,以第 i 个方程为例,

$$\begin{aligned}
q_i &= \beta_{i1}\varphi_1 + \beta_{i2}\varphi_2 + \cdots + \beta_{ij}\varphi_j + \cdots + \beta_{in}\varphi_n \\
&= (\beta_{i1} + \beta_{i2} + \cdots + \beta_{in})(\varphi_i - \varphi_0) - \beta_{i1}(\varphi_i - \varphi_1) - \beta_{i2}(\varphi_i - \varphi_2) - \cdots - \beta_{in}(\varphi_i - \varphi_n) \\
&= -\beta_{i1}(\varphi_i - \varphi_1) - \beta_{i2}(\varphi_i - \varphi_2) - \cdots + (\beta_{i1} + \beta_{i2} + \cdots + \beta_{in})(\varphi_i - \varphi_0) - \cdots - \\
&\quad \beta_{in}(\varphi_i - \varphi_n) \\
&= C_{i1}U_{i1} + C_{i2}U_{i2} + \cdots + C_{i0}U_{i0} + \cdots + C_{in}U_{in}
\end{aligned} \tag{10-1-14}$$

以此类推,整个组方程可以改写成

$$\begin{cases}
q_1 = C_{10}U_{10} + C_{12}U_{12} + \cdots + C_{1j}U_{1j} + \cdots + C_{1n}U_{1n} \\
q_2 = C_{21}U_{21} + C_{20}U_{20} + \cdots + C_{2j}U_{2j} + \cdots + C_{2n}U_{2n} \\
\vdots \\
q_i = C_{i1}U_{i1} + C_{i2}U_{i2} + \cdots + C_{ij}U_{ij} + \cdots + C_{in}U_{in} \\
\vdots \\
q_n = C_{n1}U_{n1} + C_{n2}U_{n2} + \cdots + C_{nj}U_{nj} + \cdots + C_{n0}U_{n0}
\end{cases} \tag{10-1-15}$$

式中,$C_{10}, C_{12}, \cdots, C_{ij}, \cdots, C_{n0}$ 是部分电容。虽然式(10-1-15)中的部分电容可以写成矩阵 $\boldsymbol{C}$,但方程不能简单写成 $\boldsymbol{q}=\boldsymbol{CU}$。

$C_{10}, C_{20}, \cdots, C_{i0}, \cdots, C_{n0}$ 称为自有部分电容,即各导体与参考导体之间的部分电容。不难看出,对于 $i=1,2,\cdots,n$,有

$$C_{i0} = \beta_{i1} + \beta_{i2} + \cdots + \beta_{in} \tag{10-1-16}$$

对于 $i=1,2,\cdots,n$,$j=1,2,\cdots,i-1,i+1,\cdots,n$,$C_{ij}$ 称为互有部分电容,即第 i 号导体与第 j 号导体之间的部分电容。显然

$$C_{ij} = -\beta_{ij} \tag{10-1-17}$$

根据式(10-1-15),假定一定的条件,就可以直接计算部分电容。以 $C_{ij}(i\neq j)$ 为例:

$$C_{ij} = \left.\frac{q_i}{U_{ij}}\right|_{U_{i0}=U_{i1}=U_{i2}=\cdots=U_{i(j-1)}=U_{i(j+1)}=\cdots=U_{in}=0} \tag{10-1-18}$$

式中,q_i 是第 i 号导体上的电荷量,条件“$U_{i0}=U_{i1}=U_{i2}=\cdots=U_{i(j-1)}=U_{i(j+1)}=\cdots=U_{in}=0$”是指,第 i 号导体与参考导体短接(接地),除第 j 号导体外,其他导体均与第 i 号导体相短接(间接接地),第 i 号导体与第 j 号导体之间加电压 U_{ij}。求 C_{i0},可以列出

$$C_{i0} = \left.\frac{q_i}{U_{i0}}\right|_{U_{i1}=U_{i2}=\cdots=U_{i(i-1)}=U_{i(i+1)}=\cdots=U_{in}=0} \tag{10-1-19}$$

式中,q_i 是第 i 号导体上的电荷量,条件“$U_{i1}=U_{i2}=\cdots=U_{i(i-1)}=U_{i(i+1)}=\cdots=U_{in}=0$”表示,第 i 号导体与参考导体(0号)之外所有导体短接,第 i 号导体与参考导体之间加电压 U_{i0}。

部分电容具有以下性质:

(1) 所有部分电容都为正值;

(2) $C_{ij}=C_{ji}$；

(3) 部分电容只与系统内导体的形状、尺寸、相对位置以及电介质的分布有关，与导体所带电荷量无关。

下面以 $n=3$ 的情况为例，讨论部分电容。

通过图 10-1-2 讨论自有部分电容的计算过程。将 1 号、3 号导体与 2 号导体相连（短路），在 2 号导体与 0 号导体之间加电压 U_{20}，1 号、2 号、3 号导体上分别感应出电荷 q_1、q_2、q_3。$\frac{q_2}{U_{20}}$即自有部分电容 C_{20}，$\frac{q_1}{U_{20}}$（U_{10} 与 U_{20} 相同）即自有部分电容 C_{10}，$\frac{q_3}{U_{20}}$（U_{30} 与 U_{20} 相同）即自有部分电容 C_{30}。设 $U_{20}>0$，则 q_2 为正，q_1 为正，q_3 为正，自有部分电容均大于零。图 10-1-3 给出了自有部分电容连接关系，可以看出自有部分电容 C_{10}、C_{20}、C_{30} 分别是 1 号、2 号、3 号导体连接起来的整体对参考导体的总电容 $C_{10}+C_{20}+C_{30}$ 的一部分。

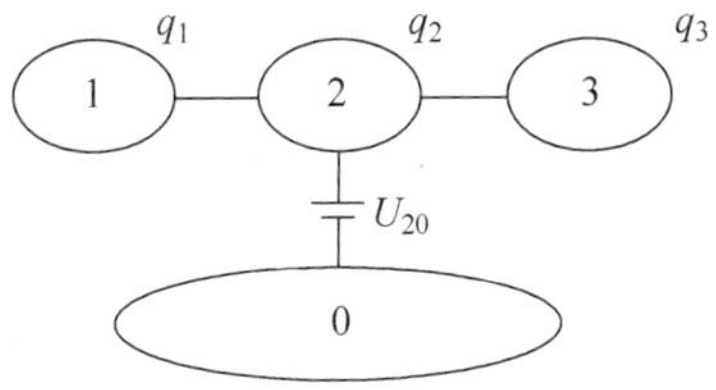

图 10-1-2　自有部分电容电压-电荷关系图

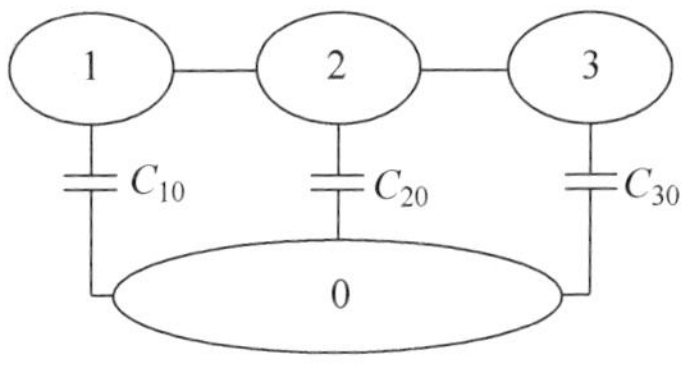

图 10-1-3　自有部分电容连接图

通过图 10-1-4 讨论互有部分电容的计算过程。将 1 号、3 号导体与 0 号导体相连（短路），在 3 号导体与 2 号导体之间加电压 U_{32}，1 号、2 号、3 号导体上分别感应出电荷 q_1、q_2、q_3。$\frac{q_3}{U_{32}}$即互有部分电容 C_{32}，$\frac{q_1}{U_{32}}$（U_{12} 与 U_{32} 相等）即互有部分电容 C_{12}。设 $U_{32}>0$（也是 $U_{12}>0$），则 q_1 为正，q_3 为正，q_2 为负，互有部分电容均大于零。图 10-1-5 给出了部分电容连接关系，可以看出互有部分电容 C_{12}、C_{32}，以及自有部分电容 C_{20} 都是 1 号、3 号和 0 号导体连接起来的整体对 2 号导体总电容 $C_{12}+C_{20}+C_{32}$ 的一部分。对比图 10-1-1，可以看出图 10-1-4 中$\frac{q_2}{-U_{32}}$（U_{20} 与$-U_{32}$ 相同）即自有电位系数 β_{22}，β_{22} 即 $C_{12}+C_{20}+C_{32}$；进一步观察电源方向可以看出 C_{12} 即$-\beta_{12}$，C_{32} 即$-\beta_{32}$。因此可得关系 $\beta_{22}=C_{12}+C_{20}+C_{32}=-\beta_{12}+C_{20}-\beta_{32}$，$C_{20}=\beta_{12}+\beta_{20}+\beta_{32}$。

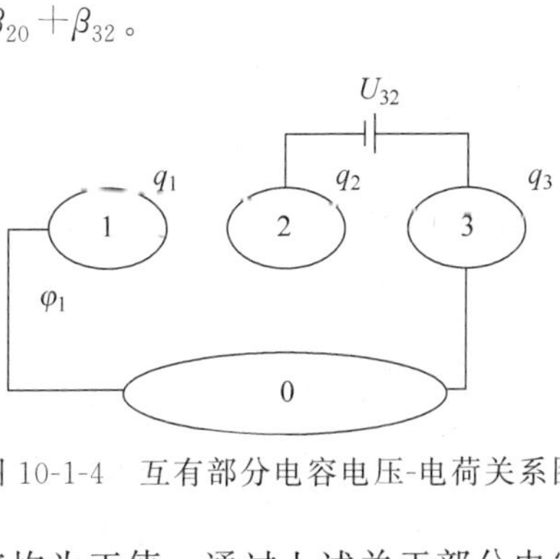

图 10-1-4　互有部分电容电压-电荷关系图

以此类推，所有部分电容均为正值。通过上述关于部分电容的讨论，加深对部分电容概念的理解。所谓部分电容可解释为两组导体之间总电容的一部分。

例 10-1-1　求平行平板电容器的感应系数、电位系数和电容。

解 设电容器极板面积为 S,正负极板距离为 d,电介质的介电常数为 ε。电容器正负极之间加电压 U,即正极导体电位为 φ_1,负极导体(参考导体)电位为 0。

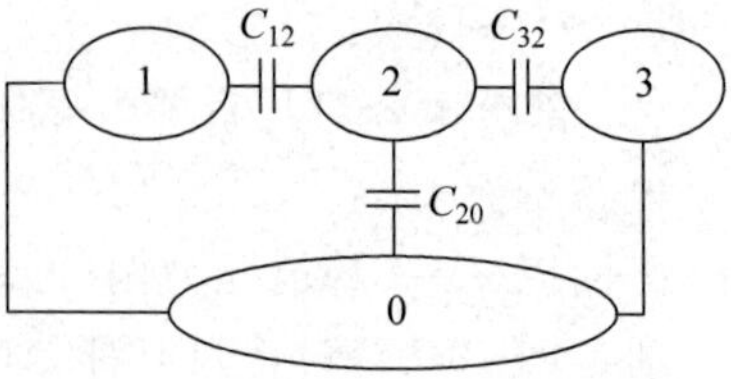

图 10-1-5 部分电容连接关系图

电容器中电场强度为 $E=\dfrac{U}{d}$,电位移矢量为 $D=\varepsilon E=\dfrac{\varepsilon U}{d}$。因此,正极板上电荷的面密度为

$$\sigma = D_n = D = \frac{\varepsilon U}{d}$$

正极板上的电荷量为

$$q = \frac{\varepsilon U}{d} S$$

因此,得感应系数、电位系数和电容

$$\beta_{11} = \frac{q_1}{\varphi_1} = \frac{q}{U} = \frac{\varepsilon S}{d}$$

$$\alpha_{11} = \frac{\varphi_1}{q_1} = \frac{1}{\beta_{11}} = \frac{d}{\varepsilon S}$$

$$C = \frac{q}{U} = \beta_{11} = \frac{\varepsilon S}{d}$$

注意,此处电位无法依靠施加一个点电荷获得。

对于由二导体组成的电容器,电容参数也可以通过电场能量求出。在此情况下直接计算电场能量的结果为

$$W_e = \frac{1}{2}\varepsilon_0 E^2 Sd = \frac{1}{2}\varepsilon_0 \left(\frac{U}{d}\right)^2 Sd = \frac{1}{2}\varepsilon_0 \frac{S}{d} U^2$$

根据

$$W_e = \sum_{k=1}^{n} \frac{1}{2}\varphi_k q_k = \frac{1}{2}\beta_{11}\varphi_1^2 = \frac{1}{2}\beta_{11} U^2$$

得

$$C = \beta_{11} = \frac{2W_e}{U^2} = \varepsilon_0 \frac{S}{d}$$

上式是根据电场能量求出的电容。

例 10-1-2 在考虑大地影响和不考虑大地影响两种情况下,计算二线传输线系统单位长度的各个部分电容及工作电容。有关尺寸见图 10-1-6(a)。

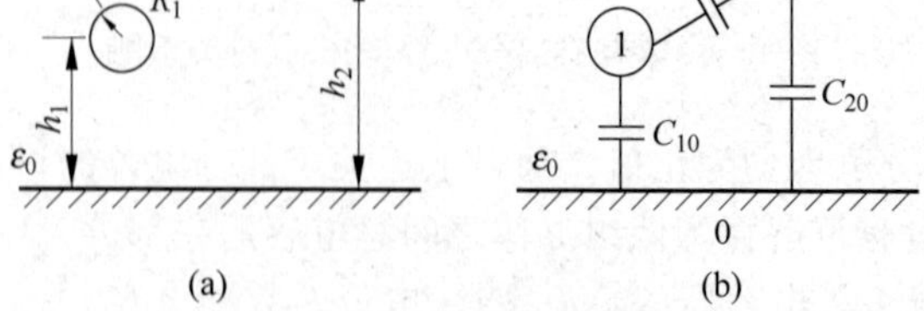

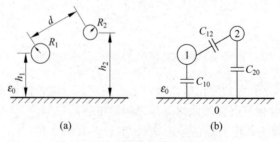

图 10-1-6 二线传输线的部分电容

解　(1) 考虑大地影响。这是三导体系统，如图 10-1-6(b)所示，部分电容是 C_{10}、C_{20} 和 C_{12}。设两导线带电荷的线密度分别为 τ_1 和 τ_2。与线间距离相比，导线的半径很小，因此可以近似认为电荷作用中心在导线的中心。

设大地为参考导体，参考图 10-1-7，根据镜像法，两导线的电位分别为

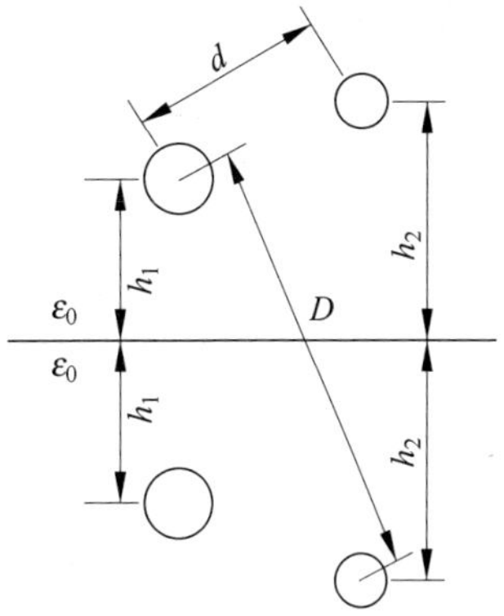

图 10-1-7　传输线电场计算模型

$$\varphi_1=\frac{\tau_1}{2\pi\varepsilon_0}\ln\frac{2h_1}{R_1}+\frac{\tau_2}{2\pi\varepsilon_0}\ln\frac{D}{d}=\alpha_{11}\tau_1+\alpha_{12}\tau_2$$

$$\varphi_2=\frac{\tau_1}{2\pi\varepsilon_0}\ln\frac{D}{d}+\frac{\tau_2}{2\pi\varepsilon_0}\ln\frac{2h_2}{R_2}=\alpha_{21}\tau_1+\alpha_{22}\tau_2$$

$$C_{12}=C_{21}=-\beta_{21}=\frac{\alpha_{21}}{\Delta}=\frac{1}{2\pi\varepsilon_0\Delta}\ln\frac{D}{d}$$

$$C_{10}=\beta_{11}+\beta_{12}=\frac{\alpha_{22}-\alpha_{12}}{\Delta}=\frac{1}{2\pi\varepsilon_0\Delta}\left(\ln\frac{2h_2}{R_2}-\ln\frac{D}{d}\right)$$

$$=\frac{1}{2\pi\varepsilon_0\Delta}\ln\frac{2h_2d}{R_2D}$$

$$C_{20}=\beta_{22}+\beta_{21}=\frac{\alpha_{11}-\alpha_{21}}{\Delta}=\frac{1}{2\pi\varepsilon_0\Delta}\left(\ln\frac{2h_1}{R_1}-\ln\frac{D}{d}\right)$$

$$=\frac{1}{2\pi\varepsilon_0\Delta}\ln\frac{2h_1d}{R_1D}$$

$$\Delta=\begin{vmatrix}\alpha_{11}&\alpha_{12}\\\alpha_{21}&\alpha_{22}\end{vmatrix}=\alpha_{11}\alpha_{22}-\alpha_{12}\alpha_{21}$$

一般情况下有 $R_1=R_2=R$，$h_1=h_2=h$，故

$$D=\sqrt{4h^2+d^2},\quad \ln\frac{D}{d}=\ln\frac{\sqrt{4h^2+d^2}}{d}=\frac{1}{2}\ln\left[\left(\frac{2h}{d}\right)^2+1\right]$$

$$\Delta=\left(\frac{1}{2\pi\varepsilon_0}\ln\frac{2h}{R}\right)^2-\left(\frac{1}{2\pi\varepsilon_0}\ln\frac{D}{d}\right)^2$$

$$=\left(\frac{1}{2\pi\varepsilon_0}\ln\frac{2h}{R}+\frac{1}{2\pi\varepsilon_0}\ln\frac{D}{d}\right)\left(\frac{1}{2\pi\varepsilon_0}\ln\frac{2h}{R}-\frac{1}{2\pi\varepsilon_0}\ln\frac{D}{d}\right)$$

$$=\frac{1}{2\pi c_0}\frac{1}{2\pi\varepsilon_0}\ln\frac{2hd}{RD}\ln\frac{2hD}{Rd}$$

$$C_{10}=C_{20}=\frac{1}{2\pi\varepsilon_0\Delta}\ln\frac{2hd}{RD}=\frac{2\pi\varepsilon_0}{\ln\dfrac{2hD}{Rd}}=\frac{2\pi\varepsilon_0}{\ln\left[\dfrac{2h}{R}\sqrt{\left(\dfrac{2h}{d}\right)^2+1}\right]}$$

$$C_{12}=C_{21}=\frac{1}{2\pi\varepsilon_0\Delta}\ln\frac{D}{d}=\frac{2\pi\varepsilon_0\ln\sqrt{(2h/d)^2+1}}{\ln\dfrac{2h}{R}\sqrt{(2h/d)^2+1}\cdot\ln\dfrac{2h}{R\sqrt{(2h/d)^2+1}}}$$

工作时，两传输线分别接电源的正极和负极，工作电容就是电源正负极之间二线传输线系统的等效电容。各部分电容的联接方式如图 10-1-6(b)所示。可见工作电容即 C_{10} 与

C_{20} 串联后再并联 C_{12} 得到的等效电容,即

$$C=C_{12}+\frac{C_{10}C_{20}}{C_{10}+C_{20}}$$

(2) 不考虑大地影响(远离地面)。如图 10-1-8 所示,给定导线单位长度电荷为 $\tau_1=\tau$ 和 $\tau_2=-\tau$,由 τ_1 产生的两导线之间电压 $U_{12}=\frac{\tau}{2\pi\varepsilon_0}\ln\frac{d}{R_1}$,由 τ_2 产生的两导线之间电压 $U_{21}=\frac{-\tau}{2\pi\varepsilon_0}\ln\frac{d}{R_2}$。两电压叠加得两导线之间电压

$$U=U_{12}-U_{21}=\frac{\tau}{2\pi\varepsilon_0}\ln\frac{d}{R_1}+\frac{\tau}{2\pi\varepsilon_0}\ln\frac{d}{R_2}$$

$$=\frac{\tau}{2\pi\varepsilon_0}\ln\frac{d^2}{R_1R_2}$$

$$C=\frac{\tau}{U}=\frac{2\pi\varepsilon_0}{\ln(d^2)-\ln(R_1R_2)}$$

若两导线截面尺寸相同,即 $R_1=R_2=R$,则电容

$$C=\frac{\tau}{U}=\frac{\pi\varepsilon_0}{\ln\frac{d}{R}}$$

比较可知,在多导体系统中两导体之间的部分电容与只存在这两个导体时的电容值不同。说明其他导体对这两个导体的部分电容有影响,必须在所有导体存在情况下计算部分电容。

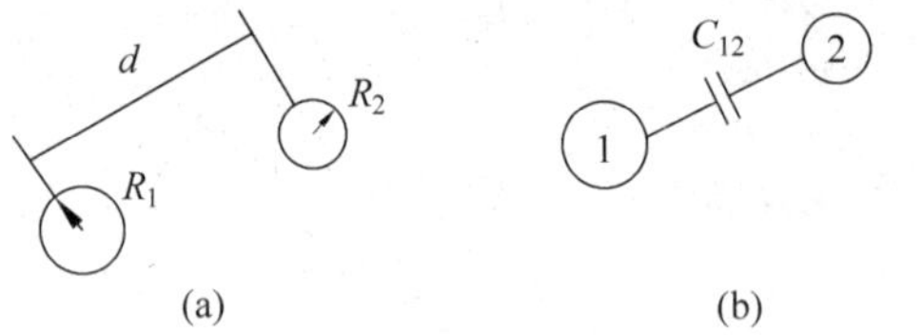

图 10-1-8 两导线电容计算模型

10.2 电导与电阻的计算原理

1. 电导与电阻

在工程实际中往往需要考虑两电极之间电压 U 与导电媒质中总电流 I 的关系。在恒定电流场中 U 与 I 的关系可表示为

$$I=GU \quad 或 \quad U=RI \tag{10-2-1}$$

系数 G 和 R 分别称为电导和电阻,电导的单位是 S(西[门子]),电阻的单位是 Ω(欧[姆])。在线性导电媒质情况下,G 和 R 都是常数。这两个常数只与电极之间导电媒质的形状、尺寸和电导率有关,与所加电压或电流无关。显然 G 与 R 互为倒数。

式(10-2-1)是欧姆定律的积分形式。由欧姆定律可得

$$G=\frac{1}{R}=\frac{I}{U} \quad 或 \quad R=\frac{1}{G}=\frac{U}{I} \tag{10-2-2}$$

式(10-2-2)可作为电导和电阻的定义式。给定电压 U(或给定电流 I),若能求出电流 I(或电压 U),则由定义式可直接计算电导和电阻。

一般情况下,导电媒质形状不规则,须通过求解导电媒质中恒定电场来计算电导和电阻。步骤和计算公式如下:

$$U \to \boldsymbol{E} \to \boldsymbol{J} \to I \quad 或 \quad I \to \boldsymbol{J} \to \boldsymbol{E} \to U$$

$$G=\frac{1}{R}=\frac{I}{U}=\frac{\iint_S \boldsymbol{J}\cdot \mathrm{d}\boldsymbol{S}}{U} \quad 或 \quad R=\frac{1}{G}=\frac{U}{I}=\frac{\int_l \boldsymbol{E}\cdot \mathrm{d}\boldsymbol{l}}{I} \tag{10-2-3}$$

式中,S 为电极的表面或导电媒质的某个截面;l 是导电媒质中从正极到负极的一条曲线。

电阻也可以通过功率求出。根据焦耳定律的积分形式 $P=UI=RI^2$ 或 $P=UI=GU^2$,得

$$R=\frac{P}{I^2} \quad 或 \quad G=\frac{P}{U^2} \tag{10-2-4}$$

例 10-2-1 计算长度为 l、绝缘材料的电导率为 γ、截面如图 10-2-1 所示的同轴电缆的绝缘电阻和绝缘电导。

解 设从内导体流出经过绝缘材料流入外导体的漏电流为 $\boldsymbol{I}$,半径为 r 处的电流密度 $J=\frac{I}{2\pi r l}$,电场强度 $E=\frac{I}{2\pi r l\gamma}$,其方向都与半径方向一致。

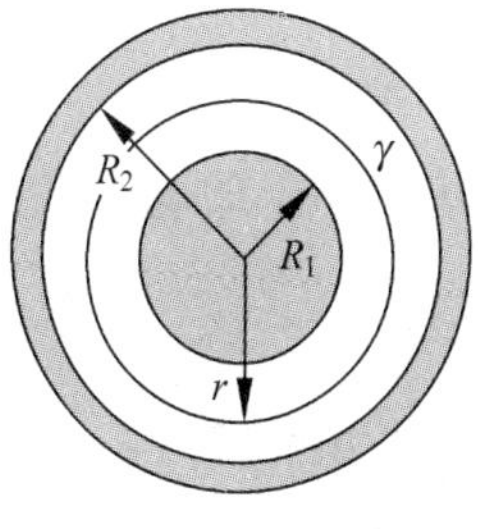

图 10-2-1 同轴电缆

内外导体之间的电压

$$U=\int_{R_1}^{R_2} E\,\mathrm{d}r=\frac{I}{2\pi\gamma l}\ln\frac{R_2}{R_1}$$

绝缘电阻和绝缘电导为

$$R=\frac{1}{2\pi\gamma l}\ln\frac{R_2}{R_1}, \quad G=\frac{1}{R}=\frac{2\pi\gamma l}{\ln(R_2/R_1)}$$

例 10-2-2 如图 10-2-2 所示,厚度为 h 的薄圆弧形导电片,由两种导电媒质组成。求导电片的电导 G。

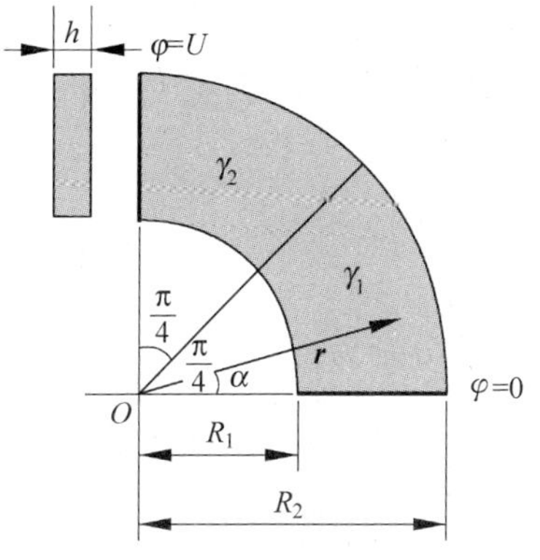

图 10-2-2 扇形导电片

解 建立如图 10-2-2 所示的圆柱坐标系。由于圆弧厚度小,恒定电场沿 z 方向的变化可以不计。根据导体与理想电介质分界面条件,半径为 R_1 和 R_2 的圆弧线是电流线,即没有沿半径方向的电流,因此电位沿半径方向不变。

这样导电片中电位只与 α 有关。电位满足拉普拉斯方程

$$\nabla^2\varphi=\frac{1}{r^2}\frac{\partial^2\varphi}{\partial\alpha^2}=0$$

解之得

$$\varphi=A\alpha+B$$

A 和 B 是待定系数。在第一种媒质中,设 $\varphi_1=A_1\alpha+B_1$,在第二种媒质中,设 $\varphi_2=A_2\alpha+$

B_2,边界条件 $\varphi_1(0)=0$,$\varphi_2\left(\frac{\pi}{2}\right)=U$。

分界面条件

$$\varphi_2\left(\frac{\pi}{4}\right)=\varphi_1\left(\frac{\pi}{4}\right),\quad \gamma_2\frac{\partial\varphi_2}{\partial\alpha}\bigg|_{\alpha=\frac{\pi}{4}}=\gamma_1\frac{\partial\varphi_1}{\partial\alpha}\bigg|_{\alpha=\frac{\pi}{4}}$$

列出四个方程

$$B_1=0$$

$$\frac{\pi}{2}A_2+B_2=U$$

$$\frac{\pi}{4}A_2+B_2=\frac{\pi}{4}A_1$$

$$\gamma_2A_2=\gamma_1A_1$$

解得四个系数为

$$A_1=\frac{4}{\pi}\left(\frac{\gamma_2}{\gamma_1+\gamma_2}\right)U,\quad B_1=0$$

$$A_2=\frac{4}{\pi}\left(\frac{\gamma_1}{\gamma_1+\gamma_2}\right)U,\quad B_2=\left(\frac{\gamma_2-\gamma_1}{\gamma_1+\gamma_2}\right)U$$

代入 φ_1 和 φ_2 的表示式

$$\varphi_1=\frac{4U}{\pi}\left(\frac{\gamma_2}{\gamma_1+\gamma_2}\right)\alpha,\quad \varphi_2=\frac{4U}{\pi}\left(\frac{\gamma_1}{\gamma_1+\gamma_2}\right)\alpha+\left(\frac{\gamma_2-\gamma_1}{\gamma_1+\gamma_2}\right)U$$

相应的电场强度

$$\boldsymbol{E}_1=-\frac{1}{r}\cdot\frac{4U}{\pi}\left(\frac{\gamma_2}{\gamma_1+\gamma_2}\right)\boldsymbol{e}_\alpha,\quad \boldsymbol{E}_2=-\frac{1}{r}\cdot\frac{4U}{\pi}\left(\frac{\gamma_1}{\gamma_1+\gamma_2}\right)\boldsymbol{e}_\alpha$$

相应的电流密度

$$\boldsymbol{J}_1=-\frac{1}{r}\cdot\frac{4U}{\pi}\left(\frac{\gamma_1\gamma_2}{\gamma_1+\gamma_2}\right)\boldsymbol{e}_\alpha,\quad \boldsymbol{J}_2=-\frac{1}{r}\cdot\frac{4U}{\pi}\left(\frac{\gamma_2\gamma_1}{\gamma_1+\gamma_2}\right)\boldsymbol{e}_\alpha$$

可见,$\boldsymbol{J}_1=\boldsymbol{J}_2$,即电流密度表示式完全相同。总电流

$$I=\int_S\boldsymbol{J}\cdot\mathrm{d}\boldsymbol{S}=\int_S J\,\mathrm{d}S=h\int_{R_1}^{R_2}\frac{1}{r}\cdot\frac{4U}{\pi}\left(\frac{\gamma_1\gamma_2}{\gamma_1+\gamma_2}\right)\mathrm{d}r=\frac{4hU}{\pi}\left(\frac{\gamma_1\gamma_2}{\gamma_1+\gamma_2}\right)\ln\frac{R_2}{R_1}$$

得导电片的电导

$$G=\frac{4h}{\pi}\left(\frac{\gamma_1\gamma_2}{\gamma_1+\gamma_2}\right)\ln\frac{R_2}{R_1}$$

若两部分导电片为同种材料,$\gamma_2=\gamma_1=\gamma$,则电导和电阻分别为

$$G=\frac{4h}{\pi}\left(\frac{\gamma}{2}\right)\ln\frac{R_2}{R_1}=\frac{2\gamma h}{\pi}\ln\frac{R_2}{R_1}$$

$$R=\frac{\pi}{2\gamma h(\ln R_2-\ln R_1)}$$

本例题已知电压求电流密度的计算也可以采用其他方法,这里主要展示边值问题解析积分法的应用,其中包括分界面衔接条件在边值问题中确定待定常数的作用。

2. 接地电阻

使用电工设备需要用接地装置将设备的某些部分接地以保证设备本身和操作人员的安全。接地装置包括接地线和接地体。接地体是埋入地下的金属导体，接地线是连接设备和接地体的导线。工作电流、短路电流或雷电电流通过接地线到达接地体然后分散流入大地。接地电阻包括接地线的电阻、接地体的电阻、接地体与土壤的接触电阻和土壤的电阻。其中土壤的电阻是接地电阻的主要部分，其他部分一般可忽略不计。

土壤是一种不良导体。接地体是良导体，可看作一个电极，另一个电极一般可设在无穷远处。

根据上述假设，若接地体流入大地的电流为 I，接地体的电位为 U，则接地电阻为

$$R=\frac{U}{I} \tag{10-2-5}$$

深埋于地下的接地体，计算接地电阻时可不考虑地面的作用。如图 10-2-3 所示，深埋于地下半径为 a 的球形接地体，由于接地体为球对称形状，流入大地的电流也按球对称分布。设体电流密度为 $\boldsymbol{J}$，则 $\boldsymbol{J}=J\boldsymbol{e}_r$，有

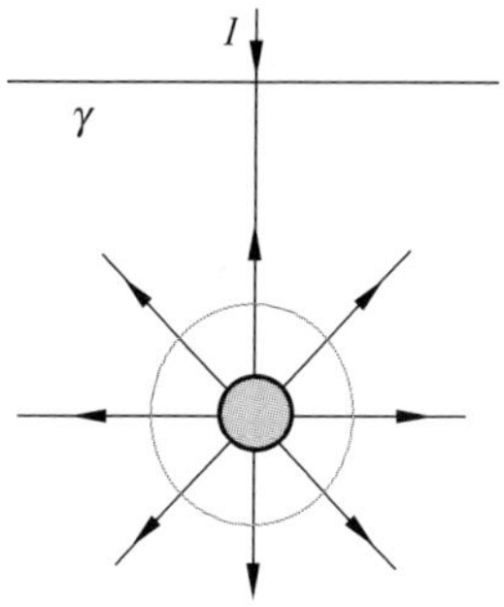

图 10-2-3　深埋球形接地体

$$\boldsymbol{J}=J\boldsymbol{e}_r=\frac{I}{4\pi r^2}\boldsymbol{e}_r \tag{10-2-6}$$

土壤的电导率为 γ，从而

$$\boldsymbol{E}=\frac{\boldsymbol{J}}{\gamma}=\frac{I}{4\pi\gamma r^2}\boldsymbol{e}_r \tag{10-2-7}$$

接地体表面的电位

$$U=\int_a^{\infty}\boldsymbol{E}\cdot\mathrm{d}\boldsymbol{l}=\int_a^{\infty}\frac{I}{4\pi\gamma r^2}\mathrm{d}r=\frac{I}{4\pi\gamma a} \tag{10-2-8}$$

由此可得接地电阻

$$R=\frac{U}{I}=\frac{1}{4\pi\gamma a} \tag{10-2-9}$$

当接地体不是深埋于地下，例如是浅埋于地表面的半球形接地体，电流从地下的半球面均匀流入大地，如图 10-2-4 所示。

$$\boldsymbol{E}=\frac{I}{2\pi\gamma r^2}\boldsymbol{e}_r \tag{10-2-10}$$

积分算得电极表面的电位

$$U=\frac{I}{2\pi\gamma a} \tag{10-2-11}$$

得半球接地体的接地电阻

$$R=\frac{1}{2\pi\gamma a} \tag{10-2-12}$$

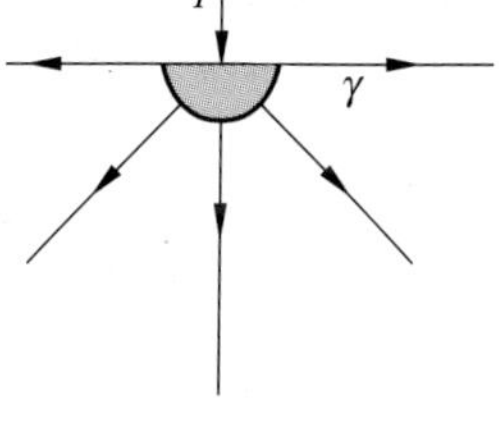

图 10-2-4　浅埋半球接地体

例 10-2-3 如图 10-2-5 所示,浅埋于地下半径为 a 的球形导体电极,求接地电阻。

解 利用镜像法,假设整个无穷大空间充满土壤,在原地下球形导体电极上方以原地表面为对称面的对称位置放置同样的球形导体电极,通以相同的电流,如图 10-2-6 所示。这样,图 10-2-6 与图 10-2-5 满足同样的分界面条件(原地表面处电流线平行于地表面)。当 $h \gg a$,但又不能当作无穷大时,根据图 10-2-6 的镜像电流,可以近似计算出电极表面的电位

$$U \approx \frac{I}{4\pi\gamma a} + \frac{I}{4\pi\gamma 2h} = \frac{I}{4\pi\gamma}\left(\frac{a+2h}{2ah}\right)$$

接地电阻

$$R \approx \frac{a+2h}{8\pi\gamma ah}$$

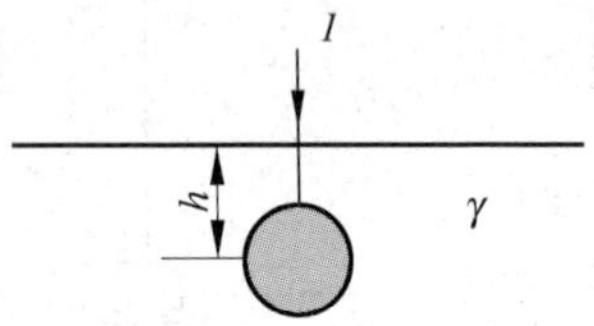

图 10-2-5 浅埋球形接地体

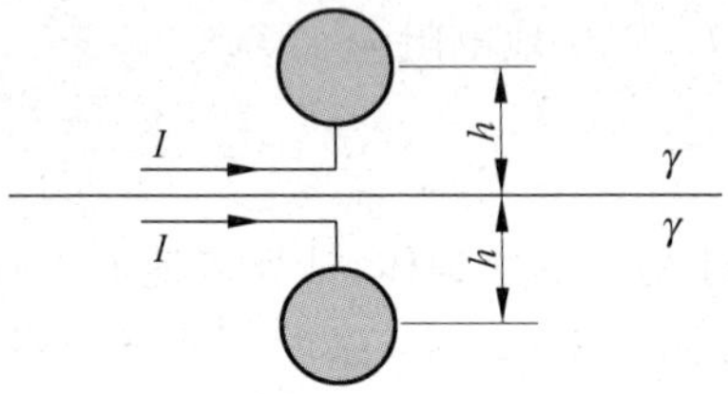

图 10-2-6 球形电极的镜像

10.3 电感的计算原理

1. 磁链

由 4.2 节可知,穿过给定面积 S 的磁通为

$$\Phi = \iint_S \boldsymbol{B} \cdot \mathrm{d}\boldsymbol{S} = \oint_l \boldsymbol{A} \cdot \mathrm{d}\boldsymbol{l} \tag{10-3-1}$$

如图 10-3-1 所示,l 是面积 S 的边缘线。如果这边缘线正好是一个导体线圈的回路,则穿过面积 S 的磁通就是线圈所环绕的磁通。由于这些磁通与回路相交链,所以又叫作磁链。

一般情况下,一个线圈并不总是只有一匝,每一匝所环绕的磁通也不尽相同。这种情况下,我们把线圈的磁链定义为线圈各匝所环绕磁通的总和,记作 Ψ:

$$\Psi = \sum_{k=1}^{N} \Phi_k \tag{10-3-2}$$

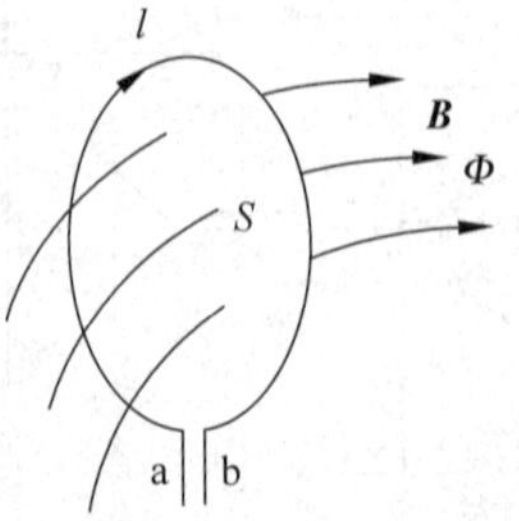

图 10-3-1 单匝线圈的磁链

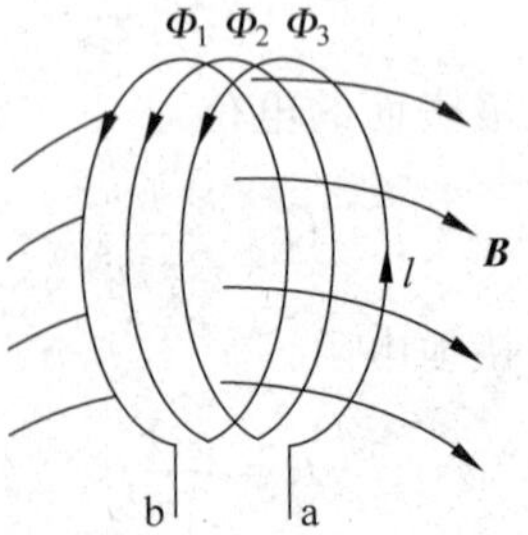

图 10-3-2 多匝线圈的磁链

例如，图 10-3-2 所示，磁场中的线圈由三匝组成。三匝线圈所环绕的磁通分别为 Φ_1、Φ_2、Φ_3，则整个线圈的磁链

$$\Psi = \Phi_1 + \Phi_2 + \Phi_3 \tag{10-3-3}$$

对于密绕线圈，因每匝所环绕的磁通相同，若线圈匝数为 N，穿过一匝线圈的磁通为 Φ，则整个线圈的磁链

$$\Psi = N\Phi \tag{10-3-4}$$

如果考虑到线圈导体截面本身的尺寸，如图 10-3-3 所示，某一部分磁通所环绕的线圈的匝数就不总是整数，或者说这部分磁通所绞链的电流不是一匝线圈中的全部电流。因此，匝数的概念应加以扩充。假设整个导体截面通过的电流为 I，面积元 $\mathrm{d}S$ 上穿过的磁通为 $\mathrm{d}\Phi$，而环绕 $\mathrm{d}\Phi$ 的电流为 I'，则环绕 $\mathrm{d}\Phi$ 的线圈匝数为 $\dfrac{I'}{I}$。整个线圈的磁链应由如下积分式求得：

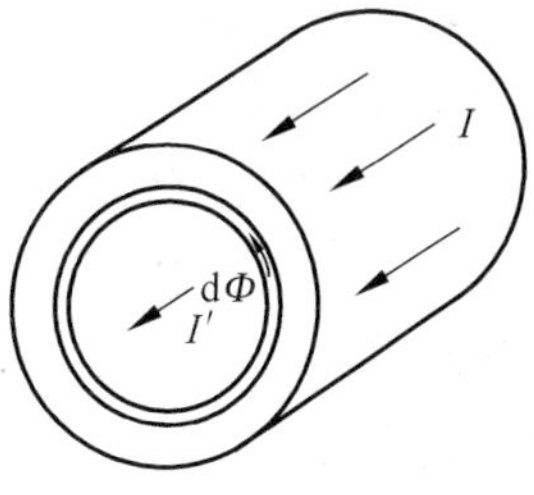

图 10-3-3　导体的内磁链

$$\Psi = \iint_S \frac{I'}{I}\mathrm{d}\Phi = \iint_S \frac{I'}{I}\boldsymbol{B}\cdot \mathrm{d}\boldsymbol{S} \tag{10-3-5}$$

2. 电感

考虑 n 个载流线圈的回路系统，空间的磁场是由 n 个线圈中电流产生的。在线性磁媒质情况下，空间的磁感应强度与各线圈中的电流呈线性关系。任一个线圈的磁链与空间磁场成正比，因此任一个线圈中的磁链与各线圈中电流呈线性关系。因此有

$$\begin{cases} \Psi_1 = L_1 I_1 + M_{12} I_2 + \cdots + M_{1k} I_k + \cdots + M_{1n} I_n \\ \Psi_2 = M_{21} I_1 + L_2 I_2 + \cdots + M_{2k} I_k + \cdots + M_{2n} I_n \\ \quad\vdots \\ \Psi_k = M_{k1} I_1 + M_{k2} I_2 + \cdots + L_k I_k + \cdots + M_{kn} I_n \\ \quad\vdots \\ \Psi_n = M_{n1} I_1 + M_{n2} I_2 + \cdots + M_{nk} I_k + \cdots + L_n I_n \end{cases} \tag{10-3-6}$$

式中，L、M 统称为电感系数；L 为自感系数，简称自感；M 为互感系数，简称互感；Ψ_k 是第 k 个线圈的磁链，I_k 是第 k 个线圈的电流；L_k 是第 k 个线圈的自感，M_{ij} 是第 i 个线圈与第 j 个线圈之间的互感。式(10-3-6)可以写成矩阵形式，即 $\boldsymbol{\Psi} = \boldsymbol{LI}$。电感系数为矩阵的 $\boldsymbol{L}$ 元素。

根据上述方程组，假定一定的条件，就可以计算电感：

$$L_k = \left.\frac{\Psi_k}{I_k}\right|_{I_1 = I_2 = \cdots = I_{k-1} = I_{k+1} = \cdots = I_n = 0} \tag{10-3-7}$$

$$M_{ij} = \left.\frac{\Psi_i}{I_j}\right|_{I_1 = I_2 = \cdots = I_{j-1} = I_{j+1} = \cdots = I_n = 0} \tag{10-3-8}$$

式(10-3-6)是在电流和磁链一定参考方向假设下获得的。各线圈电流参考方向可独立设置，线圈磁链参考方向与其电流参考方向呈右手关系。一般情况下，自感系数全部为正值。A 线圈与 B 线圈之间互感系数的正负取决于按参考方向通入 A 线圈的电流在 B 线圈

产生的磁链是否与B线圈磁链参考方向一致,若一致则互感系数为正,若相反则互感系数为负。可以证明(见本节第4部分)互感系数具有对称性,即 $M_{ij}=M_{ji}$。

注意,在电路原理中互感的两线圈电流和磁链之间的关系是由同名端确定的,一旦确定了同名端,所有互感系数均为正值。

3. 内自感

为了计算方便,将磁链分为内磁链 Ψ_i 和外磁链 Ψ_e。内磁链是指分布在导体截面内的磁链,外磁链是指被整匝电流环绕的磁链。相应的自感系数也可分为内自感 L_i 和外自感 L_e。内磁链对应内自感,外磁链对应外自感。如前所述,当考虑导体截面尺寸时,计算内磁链必须扩充匝数概念。

考虑如图10-3-3所示的圆形截面无限长导线,设整个导体截面通过电流为 I,显然单位长度内磁链

$$\Psi_i=\int_0^R \frac{I'}{I}B\,dr=\int_0^R \frac{I'}{I}\cdot\frac{\mu I'}{2\pi r}dr=\int_0^R \frac{\pi r^2 I}{\pi R^2}\cdot\frac{1}{I}\cdot\frac{\mu}{2\pi r}\cdot\frac{\pi r^2 I}{\pi R^2}dr=\frac{\mu I}{2\pi R^4}\int_0^R r^3\,dr=\frac{\mu I}{8\pi} \tag{10-3-9}$$

因此,单位长度内自感

$$L_i=\frac{\Psi_i}{I}=\frac{\mu}{8\pi} \tag{10-3-10}$$

一般形状的圆截面导线回路,回路弯曲的曲率半径远大于导线截面半径。这种回路的内自感可由式(10-3-10)近似计算。

顺便指出,无限长导线单位长度外自感为无穷大。

4. 由矢量磁位计算电感的一般公式

由矢量磁位计算电感的一般公式,称作诺以曼公式。设媒质的磁导率为 μ_0,考虑细导线回路。

首先讨论自感的计算公式。

任意形状的细导线回路如图10-3-4所示。此回路的自感

$$L=L_i+L_e \tag{10-3-11}$$

内自感 $L_i\approx\frac{\mu_0}{8\pi}l$,外自感 $L_e=\frac{\Psi_e}{I}$。因导线较细,计算外磁链时可以认为电流集中在导线中心,故

$$\Psi_e=\oint_l \mathbf{A}\cdot d\boldsymbol{l},\quad \mathbf{A}=\oint_{l'}\frac{\mu_0 I}{4\pi r}d\boldsymbol{l}' \tag{10-3-12}$$

$$L_e=\frac{\mu_0}{4\pi}\oint_l\oint_{l'}\frac{1}{r}d\boldsymbol{l}'\cdot d\boldsymbol{l} \tag{10-3-13}$$

式中,l' 是线圈的中心线;l 是线圈的内侧边缘线。

现在讨论如图10-3-5所示两任意细导线回路的互感。

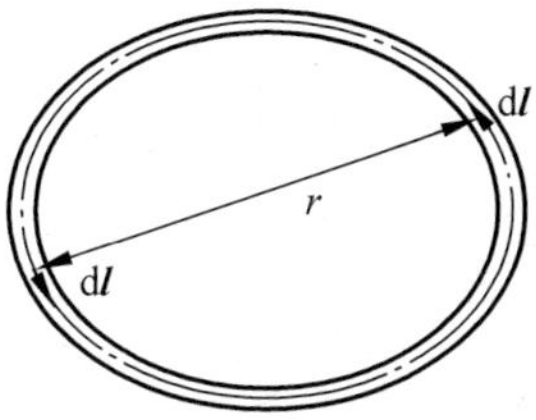

图 10-3-4　自感计算积分路径

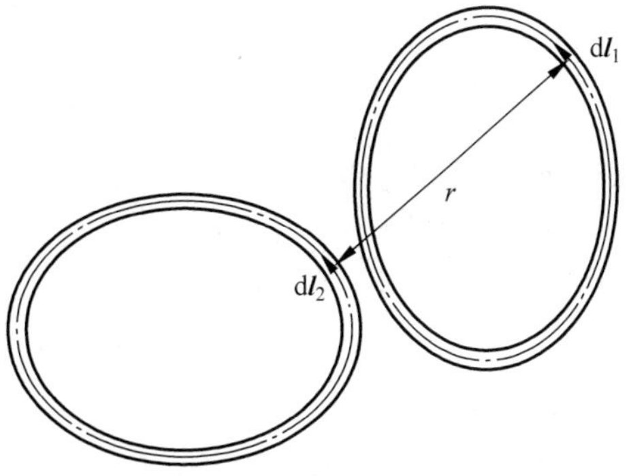

图 10-3-5　互感计算积分路径

在回路 1 中通以电流 I_1，则回路 2 所环绕的磁链(又称互感磁链)为

$$\Psi_{21}=\oint_{l_2}\boldsymbol{A}\cdot \mathrm{d}\boldsymbol{l}_2 \tag{10-3-14}$$

$$\boldsymbol{A}=\frac{\mu_0 I_1}{4\pi}\oint_{l_1}\frac{1}{r}\mathrm{d}\boldsymbol{l}_1 \tag{10-3-15}$$

$$M_{21}=\frac{\Psi_{21}}{I_1}=\frac{\mu_0}{4\pi}\oint_{l_2}\oint_{l_1}\frac{1}{r}\mathrm{d}\boldsymbol{l}_1\cdot \mathrm{d}\boldsymbol{l}_2 \tag{10-3-16}$$

同理可得

$$M_{12}=\frac{\mu_0}{4\pi}\oint_{l_1}\oint_{l_2}\frac{1}{r}\mathrm{d}\boldsymbol{l}_2\cdot \mathrm{d}\boldsymbol{l}_1 \tag{10-3-17}$$

式(10-3-16)和式(10-3-17)两式中的两个环路积分顺序可以交换，因此 $M_{21}=M_{12}$。

5. 由磁场能量计算电感的公式

将磁链用电感系数和电流表示，磁场能量可写成

$$W_{\mathrm{m}}=\frac{1}{2}\sum_{k=1}^{n}I_k\left(L_k I_k+\sum_{j=1,j\neq k}^{n}M_{kj}I_j\right)=\frac{1}{2}\sum_{k=1}^{n}L_k I_k^2+\sum_{k=1}^{n}\sum_{j=1}^{k-1}M_{kj}I_k I_j \tag{10-3-18}$$

式中，$\frac{1}{2}\sum_{k-1}^{n}L_k I_k^2$ 为电源用于克服各回路自感电动势而付出的能量，是各回路的自有磁场能量之和；$\sum_{k=1}^{n}\sum_{j=1}^{k-1}M_{kj}I_k I_j$ 为电源用于克服各回路间的互感电动势而提供的能量，是各回路间的互有磁场能量之和。

当只有 3 个线圈时，磁场能量计算式为

$$W_{\mathrm{e}}=\frac{1}{2}L_1 I_1^2+\frac{1}{2}L_2 I_2^2+\frac{1}{2}L_3 I_3^2+M_{21}I_2 I_1+M_{31}I_3 I_1+M_{32}I_3 I_2 \tag{10-3-19}$$

通过求解磁场的方法可以确定 6 个能量。分别只有一个线圈通电流的情况下能量为 W_{11}、W_{22}、W_{33}，而这时

$$W_{11}=\frac{1}{2}L_1 I_1^2,\quad W_{22}=\frac{1}{2}L_2 I_2^2,\quad W_{33}=\frac{1}{2}L_3 I_3^2 \tag{10-3-20}$$

因此得

$$L_1=\frac{2W_{11}}{I_1^2},\quad L_2=\frac{2W_{22}}{I_2^2},\quad L_3=\frac{2W_{33}}{I_3^2} \tag{10-3-21}$$

分别同时给两个线圈通电流的情况下能量为W_{21}、W_{31}、W_{32},而这时

$$W_{21}=\frac{1}{2}L_1I_1^2+\frac{1}{2}L_2I_2^2+M_{21}I_2I_1=W_{11}+W_{22}+M_{21}I_2I_1 \tag{10-3-22}$$

$$W_{31}=\frac{1}{2}L_1I_1^2+\frac{1}{2}L_3I_3^2+M_{31}I_3I_1=W_{11}+W_{33}+M_{31}I_3I_1 \tag{10-3-23}$$

$$W_{32}=\frac{1}{2}L_2I_2^2+\frac{1}{2}L_3I_3^2+M_{32}I_3I_2=W_{22}+W_{33}+M_{32}I_3I_2 \tag{10-3-24}$$

因此得

$$M_{21}=\frac{W_{21}-W_{11}-W_{22}}{I_2I_1},\quad M_{31}=\frac{W_{31}-W_{11}-W_{33}}{I_3I_1},\quad M_{32}=\frac{W_{32}-W_{22}-W_{33}}{I_3I_2} \tag{10-3-25}$$

以此类推,可以通过磁场能量计算多线圈系统的电感系数。

例 10-3-1 图 10-3-6 所示为同轴电缆的截面,轴向长度为 l,材料的磁导率为 μ_0,计算此同轴电缆的自感。

解 建立圆柱坐标系,半径为 r 处,宽度为 $\mathrm{d}r$、长度为 l 的小矩形面积元上的磁通为 $\mathrm{d}\Phi$。当 $r<R_1$ 时,$\mathrm{d}\Phi$ 环绕的电流为

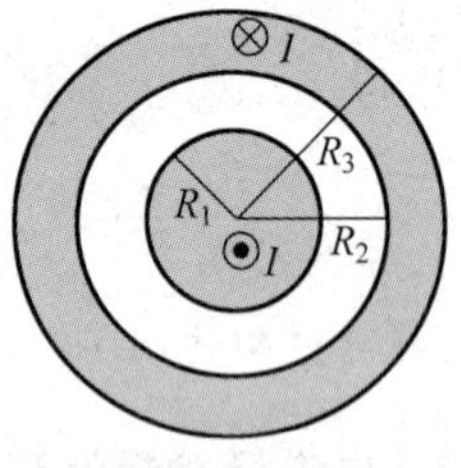

图 10-3-6 同轴电缆电感计算

$$I'=\frac{\pi r^2}{\pi R_1^2}I$$

$$B=\frac{\mu_0 I'}{2\pi r}=\frac{\mu_0 r}{2\pi R_1^2}I,\quad \mathrm{d}\Phi=Bl\,\mathrm{d}r=\frac{\mu_0 rl}{2\pi R_1^2}I\,\mathrm{d}r$$

$$\mathrm{d}\Psi=\frac{I'}{I}\mathrm{d}\Phi=\frac{r^2}{R_1^2}\frac{\mu_0 rl}{2\pi R_1^2}I\,\mathrm{d}r=\frac{\mu_0 r^3 l}{2\pi R_1^4}I\,\mathrm{d}r$$

$$\Psi_1=\int_0^{R_1}\frac{\mu_0 r^3 l}{2\pi R_1^4}I\,\mathrm{d}r=\frac{\mu_0 lI}{8\pi}$$

当 $R_1<r<R_2$ 时,$\mathrm{d}\Phi$ 环绕的电流为 I,故

$$B=\frac{\mu_0 I}{2\pi r},\quad \mathrm{d}\Phi=Bl\,\mathrm{d}r=\frac{\mu_0 l}{2\pi r}I\,\mathrm{d}r,\quad \mathrm{d}\Psi=\mathrm{d}\Phi=\frac{\mu_0 l}{2\pi r}I\,\mathrm{d}r$$

$$\Psi_2=\int_{R_1}^{R_2}\frac{\mu_0 l}{2\pi r}I\,\mathrm{d}r=\frac{\mu_0 lI}{2\pi}\ln\frac{R_2}{R_1}$$

当 $R_2<r<R_3$ 时,$\mathrm{d}\Phi$ 环绕的电流为

$$I'=I-\frac{\pi(r^2-R_2^2)}{\pi(R_3^2-R_2^2)}I=\frac{R_3^2-r^2}{R_3^2-R_2^2}I$$

$$B=\frac{\mu_0 I'}{2\pi r}=\frac{\mu_0(R_3^2-r^2)}{2\pi r(R_3^2-R_2^2)}I,\quad \mathrm{d}\Phi=Bl\,\mathrm{d}r=\frac{\mu_0 l(R_3^2-r^2)}{2\pi r(R_3^2-R_2^2)}I\,\mathrm{d}r$$

$$\mathrm{d}\Psi=\frac{I'}{I}\mathrm{d}\Phi=\frac{\mu_0 l(R_3^2-r^2)^2}{2\pi r(R_3^2-R_2^2)^2}I\mathrm{d}r$$

$$\Psi_3=\int_{R_2}^{R_3}\frac{\mu_0 l(R_3^2-r^2)^2}{2\pi r(R_3^2-R_2^2)^2}I\mathrm{d}r=\frac{\mu_0 lI}{2\pi}\left[\frac{R_3^4}{(R_3^2-R_2^2)^2}\ln\frac{R_3}{R_2}-\frac{R_3^2}{R_3^2-R_2^2}+\frac{R_3^2+R_2^2}{4(R_3^2-R_2^2)}\right]$$

当 $r>R_3$ 时，$\mathrm{d}\Phi$ 环绕的电流为 0，$B=0$，$\Psi_4=0$。

考虑全部磁链，得电感

$$L=\frac{\Psi}{I}=\frac{\Psi_1+\Psi_2+\Psi_3}{I}$$

$$=\frac{\mu_0 l}{8\pi}+\frac{\mu_0 l}{2\pi}\ln\frac{R_2}{R_1}+\frac{\mu_0 l}{2\pi}\left[\frac{R_3^4}{(R_3^2-R_2^2)^2}\ln\frac{R_3}{R_2}-\frac{R_3^2}{R_3^2-R_2^2}+\frac{R_3^2+R_2^2}{4(R_3^2-R_2^2)}\right]$$

例 10-3-2　如图 10-3-7 所示，计算二平行传输线单位长度的电感。

解　根据两电流的对称性，线圈两边电流各自在线圈环绕空间产生磁场的外磁链相同。因此总的外磁链

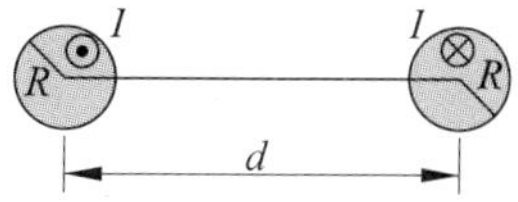

图 10-3-7　二线传输线

$$\Psi_e=2\int_R^d\frac{\mu_0 I}{2\pi r}\mathrm{d}r=\frac{\mu_0 I}{\pi}\ln\frac{d}{R}$$

外电感为

$$L_e=\frac{\mu_0}{\pi}\ln\frac{d}{R}$$

考虑两边导线的内电感，总电感为

$$L=L_i+L_e=\frac{\mu_0}{4\pi}+\frac{\mu_0}{\pi}\ln\frac{d}{R}$$

例 10-3-3　如图 10-3-8 所示，计算 AB 和 CD 两对平行传输线单位长度的互感。

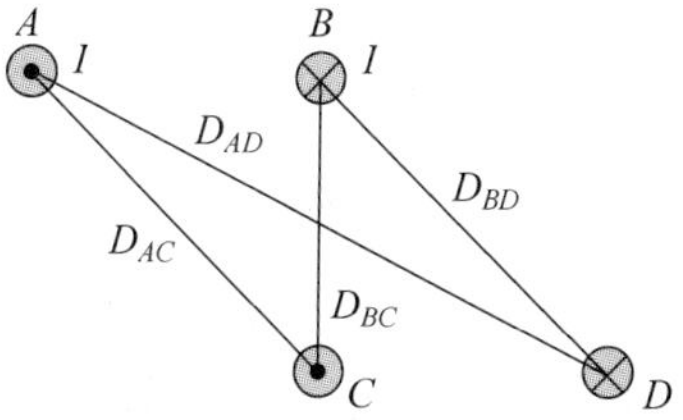

图 10-3-8　两对传输线

解　由 A 导线的电流在 CD 线圈中产生的磁链为

$$\Psi_A=\int_{D_{AC}}^{D_{AD}}\frac{\mu_0 I}{2\pi r}\mathrm{d}r=\frac{\mu_0 I}{2\pi}\ln\frac{D_{AD}}{D_{AC}}$$

由 B 导线的电流在 CD 线圈中产生的磁链为

$$\Psi_B=-\int_{D_{BC}}^{D_{BD}}\frac{\mu_0 I}{2\pi r}\mathrm{d}r=-\frac{\mu_0 I}{2\pi}\ln\frac{D_{BD}}{D_{BC}}$$

由 AB 线圈电流在 CD 线圈中产生的磁链为

$$\Psi=\Psi_A+\Psi_B=\frac{\mu_0 I}{2\pi}\ln\frac{D_{AD}D_{BC}}{D_{AC}D_{BD}}$$

由此得互感

$$M=\frac{\Psi}{I}=\frac{\mu_0}{2\pi}\ln\frac{D_{AD}D_{BC}}{D_{AC}D_{BD}}$$

例 10-3-4　通过计算磁场能量的方法，求截面如图 10-3-9 所示无穷长直导线单位长度的内自感。

解　设导线中的电流为 I，则根据安培环路定理可得在导线内的磁场强度为

$$\boldsymbol{H}(r)=\frac{I}{2\pi r}\frac{r^2}{a^2}\boldsymbol{e}_\alpha=\frac{rI}{2\pi a^2}\boldsymbol{e}_\alpha$$

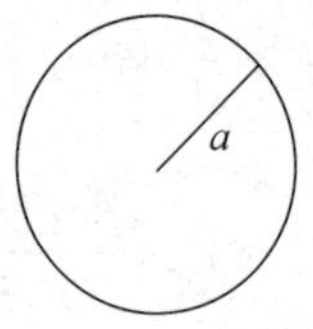

图 10-3-9 圆柱体电流的磁场能量计算

磁场能量密度为

$$w_m=\frac{1}{2}\mu H^2=\frac{\mu r^2 I^2}{8\pi^2 a^4}$$

单位长度导线内的磁场能量为

$$W_{mi}=\int_0^a w_m 2\pi r\,dr=\int_0^a \frac{\mu r^3 I^2}{4\pi a^4}dr=\frac{\mu I^2}{16\pi}$$

由于是单一载流导体,有

$$W_{mi}=\frac{1}{2}L_i I^2$$

因此,单位长度导线的内自感为

$$L_i=\frac{2W_{mi}}{I^2}=\frac{\mu}{8\pi}$$

10.4 交流阻抗参数的计算原理

1. 复功率

在正弦稳态电路中,对一个无源二端网络,如图 10-4-1 所示,u 表示端口电压,i 表示端口电流,流入端口的功率为

$$p=ui \tag{10-4-1}$$

设 $\dot{U}$ 为端口电压相量,$\dot{I}$ 为端口电流相量,可以定义二端网络的复功率为

$$\widetilde{S}=\dot{U}\dot{I}^*=(R+jX)\dot{I}\dot{I}^*=(RI^2+jXI^2)=P+jQ \tag{10-4-2}$$

式中,$\dot{I}^*$ 表示电流相量 $\dot{I}$ 的共轭;P 表示网络消耗的平均功率,又称为有功功率;Q 反映网络通过端口与外界交换功率的能力,称为无功功率。

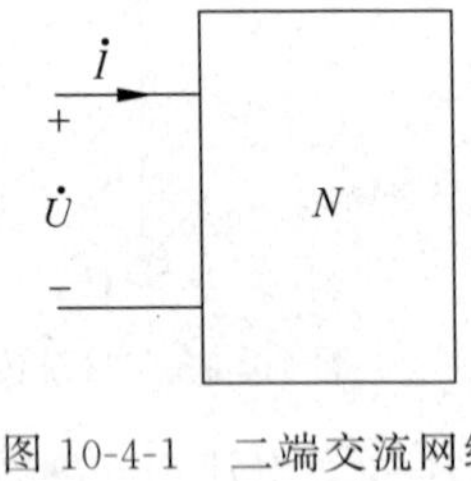

图 10-4-1 二端交流网络

式(10-4-2)应与无局外场情况下的坡印亭定理相对应。正弦稳态情况下,电磁场的场矢量可以用相量来表示,坡印亭定理的复数形式应当反映电磁场中类似式(10-4-2)的功率转换关系。

2. 坡印亭定理的复数形式

将全电流定律的相量形式两边取共轭,有

$$\nabla\times\dot{\boldsymbol{H}}^*=\dot{\boldsymbol{J}}^*-j\omega\dot{\boldsymbol{D}}^* \tag{10-4-3}$$

以 $\dot{\boldsymbol{E}}$ 点乘式(10-4-3)两边得

$$\dot{\boldsymbol{E}}\cdot\nabla\times\dot{\boldsymbol{H}}^*=\dot{\boldsymbol{E}}\cdot\dot{\boldsymbol{J}}^*-j\omega\dot{\boldsymbol{E}}\cdot\dot{\boldsymbol{D}}^* \tag{10-4-4}$$

以 $\dot{\boldsymbol{H}}^*$ 点乘麦克斯韦第二方程的相量形式,得

$$\dot{\boldsymbol{H}}^{*}\cdot\nabla\times\dot{\boldsymbol{E}}=-\mathrm{j}\omega\dot{\boldsymbol{H}}^{*}\cdot\dot{\boldsymbol{B}} \tag{10-4-5}$$

式(10-4-5)与式(10-4-4)相减，得

$$\dot{\boldsymbol{H}}^{*}\cdot\nabla\times\dot{\boldsymbol{E}}-\dot{\boldsymbol{E}}\cdot\nabla\times\dot{\boldsymbol{H}}^{*}=-\dot{\boldsymbol{E}}\cdot\dot{\boldsymbol{J}}^{*}+\mathrm{j}\omega\dot{\boldsymbol{E}}\cdot\dot{\boldsymbol{D}}^{*}-\mathrm{j}\omega\dot{\boldsymbol{H}}^{*}\cdot\dot{\boldsymbol{B}} \tag{10-4-6}$$

根据矢量恒等式$\nabla\cdot(\boldsymbol{a}\times\boldsymbol{b})=\boldsymbol{b}\cdot\nabla\times\boldsymbol{a}-\boldsymbol{a}\cdot\nabla\times\boldsymbol{b}$，得

$$\nabla\cdot(\dot{\boldsymbol{E}}\times\dot{\boldsymbol{H}}^{*})=-\dot{\boldsymbol{E}}\cdot\dot{\boldsymbol{J}}^{*}+\mathrm{j}\omega\dot{\boldsymbol{E}}\cdot\dot{\boldsymbol{D}}^{*}-\mathrm{j}\omega\dot{\boldsymbol{H}}^{*}\cdot\dot{\boldsymbol{B}} \tag{10-4-7}$$

式(10-4-7)为坡印亭定理微分形式的复数形式。将式(10-4-7)两边进行体积分，得

$$-\iiint_V\nabla\cdot(\dot{\boldsymbol{E}}\times\dot{\boldsymbol{H}}^{*})\mathrm{d}V=\iiint_V\dot{\boldsymbol{E}}\cdot\dot{\boldsymbol{J}}^{*}\mathrm{d}V+\mathrm{j}\omega\iiint_V(\dot{\boldsymbol{H}}^{*}\cdot\dot{\boldsymbol{B}}-\dot{\boldsymbol{E}}\cdot\dot{\boldsymbol{D}}^{*})\mathrm{d}V \tag{10-4-8}$$

应用散度定理，得

$$-\oint_S(\dot{\boldsymbol{E}}\times\dot{\boldsymbol{H}}^{*})\cdot\mathrm{d}\boldsymbol{S}=\iiint_V\dot{\boldsymbol{E}}\cdot\dot{\boldsymbol{J}}^{*}\mathrm{d}V+\mathrm{j}\omega\iiint_V(\dot{\boldsymbol{H}}^{*}\cdot\dot{\boldsymbol{B}}-\dot{\boldsymbol{E}}\cdot\dot{\boldsymbol{D}}^{*})\mathrm{d}V \tag{10-4-9}$$

将 $\dot{\boldsymbol{E}}=\dfrac{\dot{\boldsymbol{J}}}{\gamma}$，$\dot{\boldsymbol{D}}=\varepsilon\dot{\boldsymbol{E}}$ 和 $\dot{\boldsymbol{B}}=\mu\dot{\boldsymbol{H}}$ 代入

$$-\oint_S(\dot{\boldsymbol{E}}\times\dot{\boldsymbol{H}}^{*})\cdot\mathrm{d}\boldsymbol{S}=\iiint_V\frac{1}{\gamma}\dot{\boldsymbol{J}}\cdot\dot{\boldsymbol{J}}^{*}\mathrm{d}V+\mathrm{j}\omega\iiint_V(\mu\dot{\boldsymbol{H}}^{*}\cdot\dot{\boldsymbol{H}}-\varepsilon\dot{\boldsymbol{E}}\cdot\dot{\boldsymbol{E}}^{*})\mathrm{d}V \tag{10-4-10}$$

整理得

$$-\oint_S(\dot{\boldsymbol{E}}\times\dot{\boldsymbol{H}}^{*})\cdot\mathrm{d}\boldsymbol{S}=\iiint_V\frac{1}{\gamma}J^2\mathrm{d}V+\mathrm{j}\iiint_V\omega(\mu H^2-\varepsilon E^2)\mathrm{d}V \tag{10-4-11}$$

式(10-4-11)称为坡印亭定理积分形式的复数形式。等式左边为流入闭合面内的电磁复功率，等式右边第一项体积分为闭合面内消耗的有功功率(即坡印亭矢量面积分在一个周期的平均值)，第二项体积分表示闭合面内吸收的无功功率。

3. 交流电路参数

式(10-4-11)又可写成

$$-\oint_S(\dot{\boldsymbol{E}}\times\dot{\boldsymbol{H}}^{*})\cdot\mathrm{d}\boldsymbol{S}=P+\mathrm{j}Q \tag{10-4-12}$$

$\dot{\boldsymbol{E}}\times\dot{\boldsymbol{H}}^{*}$ 称为坡印亭矢量的复数形式，相当于垂直于复功率流动方向单位面积上穿过的复功率，即复功率流密度。记为

$$\widetilde{\boldsymbol{S}}_P=\dot{\boldsymbol{E}}\times\dot{\boldsymbol{H}}^{*} \tag{10-4-13}$$

若能将闭合面内的电磁场用等效二端网络来表示，则等效电路参数可以从复功率求得，即

$$RI^2=P=\mathrm{Re}\left[-\oint_S(\dot{\boldsymbol{E}}\times\dot{\boldsymbol{H}}^{*})\cdot\mathrm{d}\boldsymbol{S}\right]=\iiint_V\frac{1}{\gamma}J^2\mathrm{d}V \tag{10-4-14}$$

$$XI^2=Q=\mathrm{Im}\left[-\oint_S(\dot{\boldsymbol{E}}\times\dot{\boldsymbol{H}}^{*})\cdot\mathrm{d}\boldsymbol{S}\right]=\omega\iiint_V(\mu H^2-\varepsilon E^2)\mathrm{d}V \tag{10-4-15}$$

得串联等效参数

$$R=\frac{1}{I^2}P=\frac{1}{I^2}\mathrm{Re}\left[-\oint_S(\dot{\boldsymbol{E}}\times\dot{\boldsymbol{H}}^{*})\cdot\mathrm{d}\boldsymbol{S}\right]=\frac{1}{I^2}\iiint_V\frac{1}{\gamma}J^2\mathrm{d}V \tag{10-4-16}$$

$$X=\frac{1}{I^2}Q=\frac{1}{I^2}\mathrm{Im}\left[-\oint_S(\dot{\boldsymbol{E}}\times\dot{\boldsymbol{H}}^*)\cdot \mathrm{d}\boldsymbol{S}\right]=\frac{1}{I^2}\omega\iiint_V(\mu H^2-\varepsilon E^2)\mathrm{d}V \quad (10\text{-}4\text{-}17)$$

4. 导电媒质的交流电路参数

时变场的场量在导电媒质中发生衰减,导体中电流不均匀,因此导电媒质的交流参数与直流参数是不同的。根据坡印亭定理,可由下式计算时变电磁场中某一体积内媒质的等效电路参数:

$$Z_i=R+\mathrm{j}X_i=-\frac{1}{I^2}\oint_S(\dot{\boldsymbol{E}}\times\dot{\boldsymbol{H}}^*)\cdot \mathrm{d}\boldsymbol{S} \quad (10\text{-}4\text{-}18)$$

式中,X_i 为内电抗。下面用这一公式近似计算图 10-4-2 所示的一段圆形截面导体的交流电阻和内电抗。

为了简便,设透入深度 $d\ll a$,$\frac{\gamma}{\omega\varepsilon}\gg 1$,于是,在圆柱坐标系中导体表面

$$\dot{H}_\alpha^*=\frac{\dot{I}^*}{2\pi a} \quad (10\text{-}4\text{-}19)$$

$$\dot{E}_z=Z_C\dot{H}_\alpha=\sqrt{\frac{\mathrm{j}\omega\mu}{\gamma}}\dot{H}_\alpha \quad (10\text{-}4\text{-}20)$$

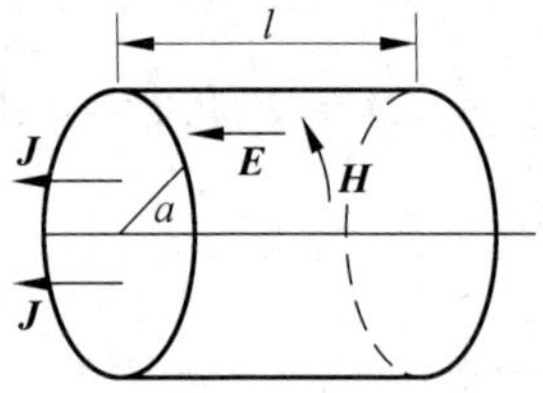

图 10-4-2 圆柱导体的交流参数

将式(10-4-19)和式(10-4-20)代入式(10-4-18)得

$$Z_i=\frac{1}{I^2}\oint_S\sqrt{\frac{\mathrm{j}\omega\mu}{\gamma}}\frac{(\dot{I}\dot{I}^*)}{(2\pi a)^2}\mathrm{d}S=\sqrt{\frac{\mathrm{j}\omega\mu}{\gamma}}\frac{1}{(2\pi a)^2}2\pi a l=\frac{l}{2\pi a}\sqrt{\frac{\mathrm{j}\omega\mu}{\gamma}}$$

$$=\frac{l}{2\pi a}\sqrt{\frac{\omega\mu}{\gamma}}\left(\frac{1}{\sqrt{2}}+\mathrm{j}\frac{1}{\sqrt{2}}\right) \quad (10\text{-}4\text{-}21)$$

由此得到这段导体的交流电阻和内电抗均为

$$R=X_i=\frac{l}{2\sqrt{2}\pi a}\sqrt{\frac{\omega\mu}{\gamma}} \quad (10\text{-}4\text{-}22)$$

内电感为

$$L_i=\frac{X_i}{\omega}=\frac{l}{2\sqrt{2}\pi a}\sqrt{\frac{\mu}{\omega\gamma}} \quad (10\text{-}4\text{-}23)$$

由此可知,随着 μ 的增大,R、X_i、L_i 都将增大;而随着 ω 的增大,R 和 X_i 增大,L_i 却减小。R 增大意味着相同电流情况下导体内损耗增大。

第11章 电气工程中的电磁场问题

本章提示

本章针对电气工程中一些主要设备的电磁场问题进行讨论。在变压器磁场中，主要讨论主磁场、漏磁场概念以及磁路方法适用的条件。在电机磁场中，除讨论主磁场、漏磁场外，还讨论了气隙磁场波形和转子电枢反应等概念。在绝缘子电场中，主要讨论绝缘子高压电极附近电场分布以及均压环的作用。在输电线下电磁环境中，主要讨论输电线下地面附近的电场、磁场分布规律。最后讨论输电线电路参数的计算方法，为电力系统分析计算奠定参数基础。电气工程中电磁场问题广泛存在，这里不可能一一列举，有兴趣的读者可以从相关期刊中了解更多信息。本章主要了解电磁场的基本概念、基本原理在电气工程中的几个典型应用。

11.1 变压器的磁场

顾名思义，变压器是一种变换电压的设备。传统上将变压器归为电机的一种，但变压器与电机是有区别的。变压器没有旋转或直线运动部分；变压器没有机械能参与能量转换；变压器内只有电磁能量的转换。

变压器的磁场由原边线圈和副边线圈的电流共同产生。若原、副边线圈电流已知，在任意时刻其磁场的基本方程为

$$\nabla \times \frac{1}{\mu} \nabla \times \boldsymbol{A} = \boldsymbol{J} \tag{11-1-1}$$

式中，$\boldsymbol{A}$ 为矢量磁位；$\boldsymbol{J}$ 为电流密度。

边界条件：在离铁心、线圈足够远的位置划出一闭合面，并设定闭合面上矢量磁位

$$\boldsymbol{A} = 0 \tag{11-1-2}$$

通过对变压器磁场进行数值计算，得出不同运行情况下变压器磁感应强度线分布图。

图 11-1-1 为变压器空载运行情况下的磁场分布。在这种情况下，副边线圈没有电流，磁场由原边线圈电流产生。可以看出，磁感应强度线都通过铁心闭合。线圈附近绝缘材料和空气中的磁场(漏磁场)非常小，画不出磁感应强度线。

图 11-1-2 为变压器负载运行情况下的磁场分布。在这种情况下，原、副线圈均有电流，而且两组线圈的电流产生的磁场一部分相互抵消。由磁感应强度线分布可知，在线圈附近绝缘材料和空气中有少量漏场。

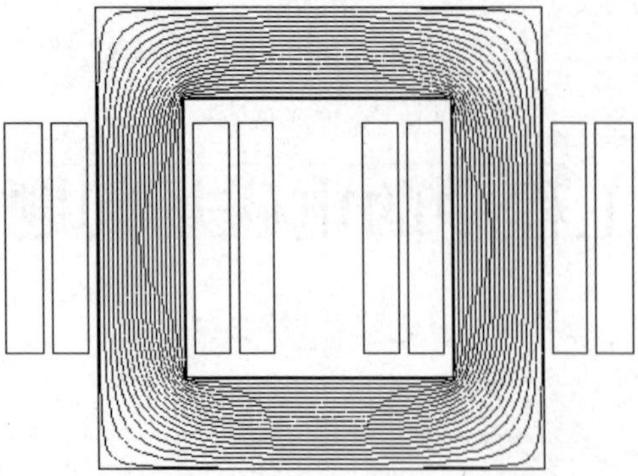

图 11-1-1 变压器空载运行磁场

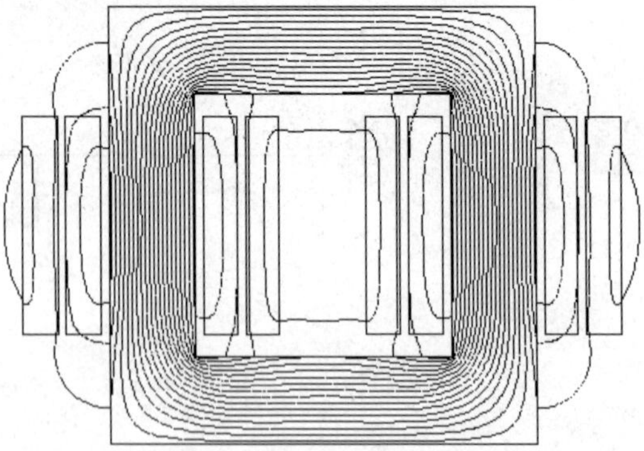

图 11-1-2 变压器负载运行磁场

在以上两种情况下,可以用磁路分析方法近似分析变压器特性。

图 11-1-3 为变压器短路情况下的磁场分布。在这种情况下,原、副线圈均有电流,而且两组线圈的电流产生的磁场绝大部分相互抵消。从磁感应强度线分布可以看出,空间分布的主要是漏磁场。这时磁路分析方法不适用。

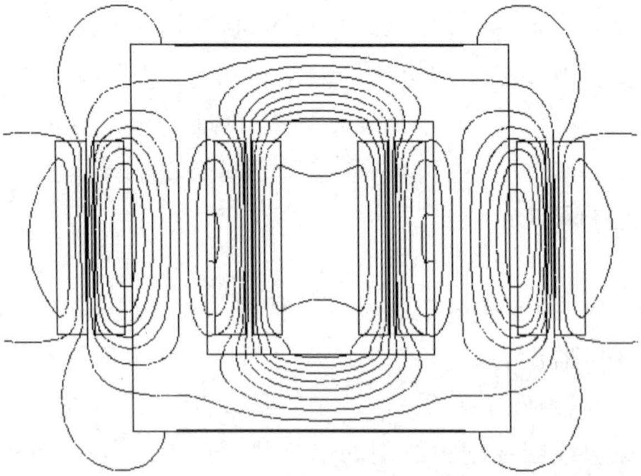

图 11-1-3 变压器短路磁场

11.2 电机的磁场

1. 概述

电机是利用电磁场进行机电能量转换的设备。电机的定子是固定不动的部分,转子是旋转部分。定、转子之间有气隙。定子主要由铁心和绕组(线圈)组成。定子铁心在靠近气隙一侧的圆周上开槽。定子槽中放置的线圈称为定子绕组。转子主要也是由铁心和绕组组成。转子铁心也在靠近气隙一侧的圆周上开槽。转子槽中放置的线圈称为转子绕组。鼠笼式电机转子槽中放置的是整根导体(铜或铝)。这些导体在端部通过端环短路。电机运行时,定、转子绕组中存在电流,这些电流在电机中产生磁场。

为了简化，电机的磁场按二维（平行平面）磁场计算。求解区域为定、转子和气隙，定子外圆和转子内圆为第一类边界条件（$A_z=0$），即忽略定子外圆之外和转子内圆之内的磁场。考虑转子为鼠笼绕组的情况，求解区域内磁场为正弦变化的涡流场，其基本方程为

$$\nabla\times\frac{1}{\mu}\nabla\times\dot{A}_z=\dot{J}_s+j\omega\gamma\dot{A}_z \tag{11-2-1}$$

应用库仑规范得

$$-\frac{1}{\mu}\nabla^2\dot{A}_z-j\omega\gamma\dot{A}_z=\dot{J}_s \tag{11-2-2}$$

式中，$\dot{A}_z$ 为矢量磁位的 z 轴分量；$\dot{J}_s$ 为定子绕组的电流密度；ω 是磁场变化的角频率；μ 是磁导率；γ 是电导率。

2. 气隙磁场

气隙磁场是联系定、转子的桥梁。因此要分析电机的运行特性，就必须先分析气隙磁场。下面通过数值计算结果分析气隙磁场的变化情况。

彩图 11-2-2

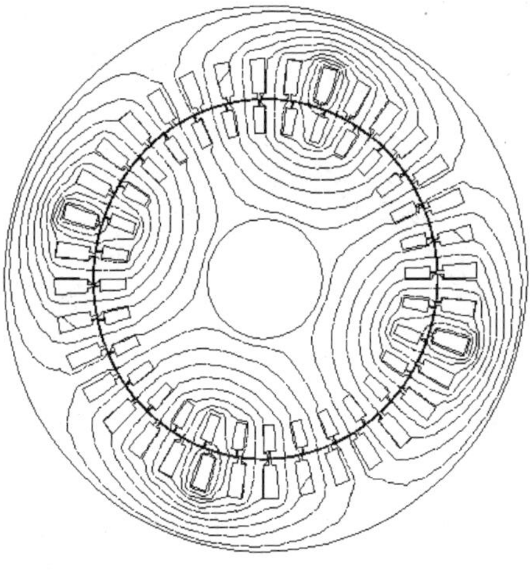

图 11-2-1　定子单相集中绕组电流产生的磁场分布

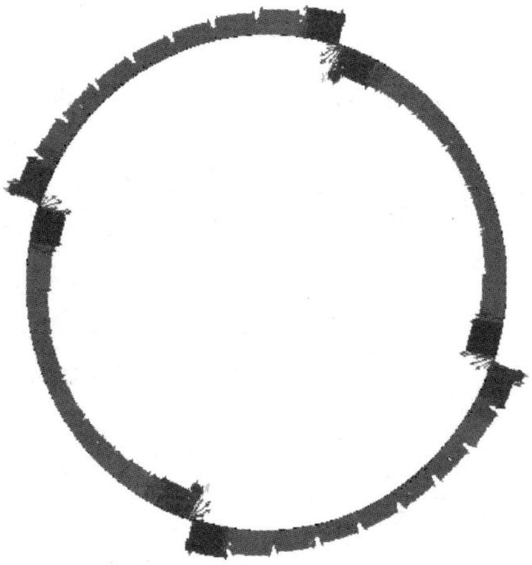

图 11-2-2　定子单相集中绕组电流产生的气隙磁场分布

为了看清气隙磁场波形改善的过程，下面按一定步骤给定定子绕组电流。图 11-2-1 所示为在定子 A 相绕组加集中电流，定、转子磁场的分布情况；图 11-2-2 所示为对应的气隙径向磁场沿圆周方向变化的情况。可见，单相集中绕组绕中电流产生的气隙磁场整体近似为矩形分布。开槽使气隙磁场产生锯齿状的变化，对应于电机的齿谐波磁场。整体波形的凹陷跟磁感应强度线经过铁心路径的长度有关。

图 11-2-3 是三相集中绕组电流产生的定、转子磁场分布图。图 11-2-4 是对应的气隙径向磁场沿圆周方向变化的情况。可见，三相集中绕组绕中电流产生的气隙磁场整体近似呈台阶状分布。第一个台阶是 A 相绕组引起的，第二个台阶是 C 相绕组引起的，第三个台阶是 B 相绕组引起的。

彩图 11-2-4

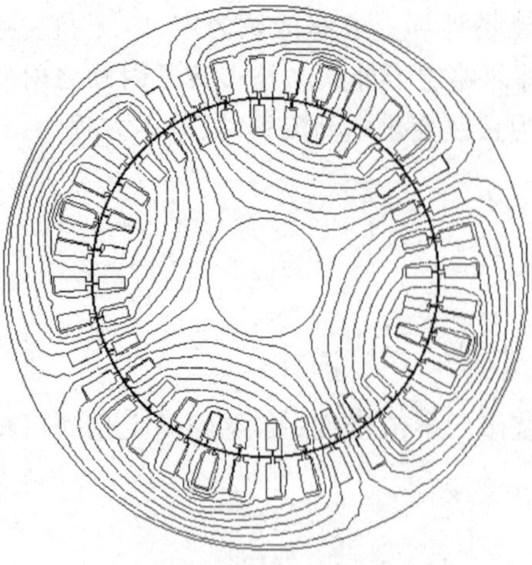

图 11-2-3　定子三相集中绕组电流产生的磁场

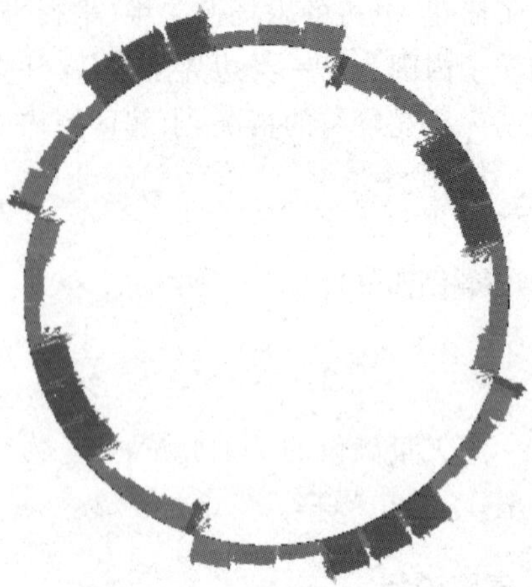

图 11-2-4　定子三相集中绕组电流产生的气隙磁场

图 11-2-5 是三相分布绕组电流产生的定、转子磁场分布图。图 11-2-6 是对应的气隙径向磁场沿圆周方向变化的情况。可见,三相分布绕组中电流产生的气隙磁场整体近似呈正弦分布。这是电机设计时气隙磁场的设计目标。

彩图 11-2-6

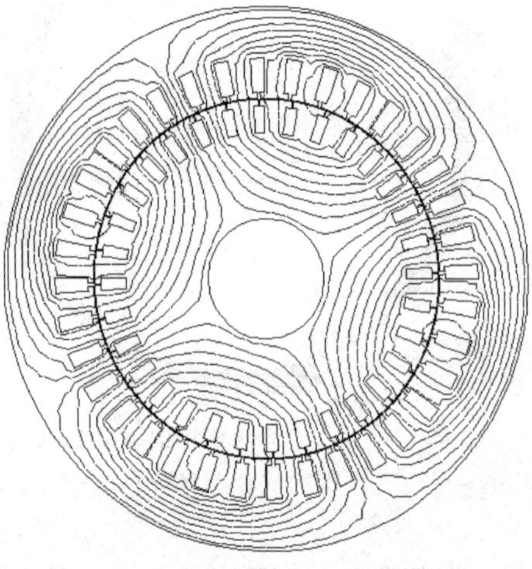

图 11-2-5　定子三相分布绕组电流产生的磁场分布

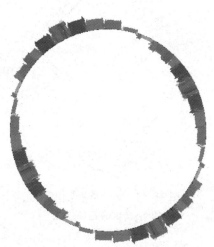

图 11-2-6　定子三相分布绕组电流产生的气隙磁场分布

3. 电枢反应

以上计算均未考虑转子电流对磁场的影响。下面以涡流形式计算转子电流及其对磁场的影响,即转子电枢反应。假定按鼠笼绕组考虑,转子端部短路。经数值计算得正弦稳态(相量)磁场。图 11-2-7 是相量磁场实部的磁感应强度线。与图 11-2-5 比较可以看出,考虑电枢反应后,磁场最大值出现的位置略有滞后,气隙磁场不仅有垂直(半径方向)分量而且有平行(圆周方向)分量,只有圆周方向的磁场才能产生定、转子之间切向的力从而产生转矩。图 11-2-8 是相量磁场虚部的磁感应强度线。与图 11-2-7 相比,磁场最大值出现的位置超前了一个磁极,这是因为与实部相比,虚部表示时间上经过1/4周期后的磁场。两图相比显示出电机磁场的旋转特性。

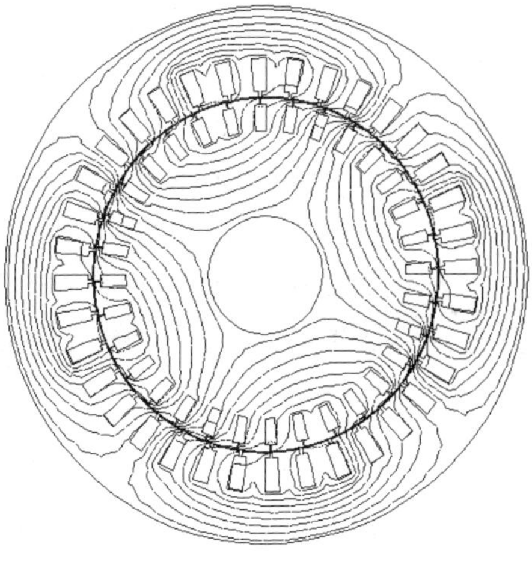

图11-2-7 三相定子分布绕组电流及其转子电枢反应的磁场(实部)

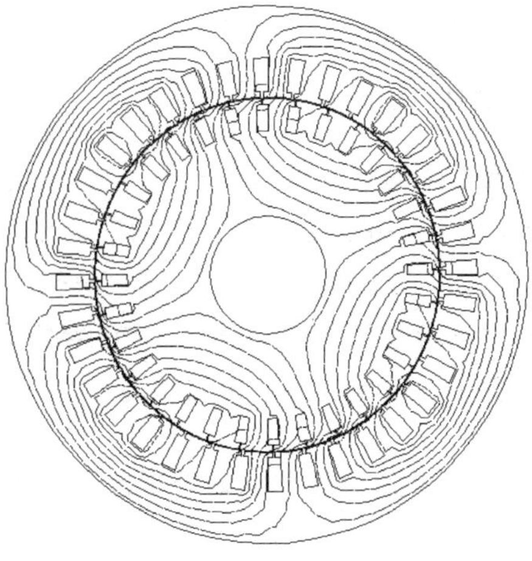

图11-2-8 三相定子分布绕组电流及其转子电枢反应的磁场(虚部)

4. 漏磁场

前面显示的磁场计算结果基本上都是从整体上体现电机的主磁场。磁感应强度线通过气隙将定子和转子联系起来。如果将所画的磁感应强度线加密,当磁感应强度线达到一定数量时,就会出现只链着定子或只链着转子的磁感应强度线。这些磁感应强度线表示的就是漏磁场。图11-2-9表示出上述分析所得漏磁场与主磁场的关系。可以看出在定转子槽中分布着一些圆周方向的磁感应强度线。

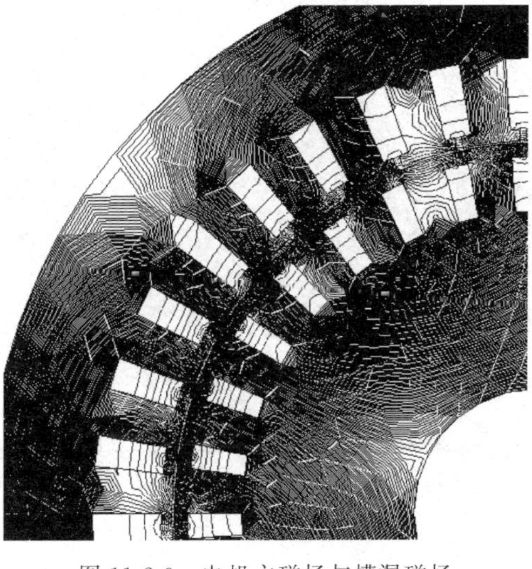

图11-2-9 电机主磁场与槽漏磁场

11.3 绝缘子的电场

1. 概述

绝缘子是输电线路的重要设备之一,起着支撑、悬挂和拉伸输电线的作用。在高压输电线路中,绝缘子串承受着数百千伏的高电压。在绝缘子金具表面、绝缘材料和周围的空气中,有很高的电场强度。当电场强度达到一定数值后,可能引起绝缘材料的老化、击穿,金具表面发生电晕甚至电弧。因此,研究绝缘子电场分布有重要意义。下面是两种1000kV特高压绝缘子串电场数值分析的情况。

2. 悬垂单串绝缘子电场分布计算结果

(1) 无均压环情况下绝缘子串电位分布计算情况

绝缘子串压(电位差)分布可以从电位分布得出。每片绝缘子上承受的电压越不均匀则最大电压就会越大。单片绝缘子承受电压大,会造成电场强度大,不利于绝缘。在没有均压措施的情况下,绝缘子高压端附近会出现单片绝缘子承受电压过大的现象。图11-3-1为某1000kV悬垂单串绝缘子串及其周围的电位分布。取出绝缘子上的电压,可得如图11-3-2所示典型的电压分布曲线。越靠近高压端,单片绝缘子承受电压值越大。图11-3-3是承受电压的百分比。可见,60片绝缘子,最高单片承受电压超过11.3%。图11-3-4是电场强度分布云图,可见靠近高压端绝缘子上电场强度数值较大。

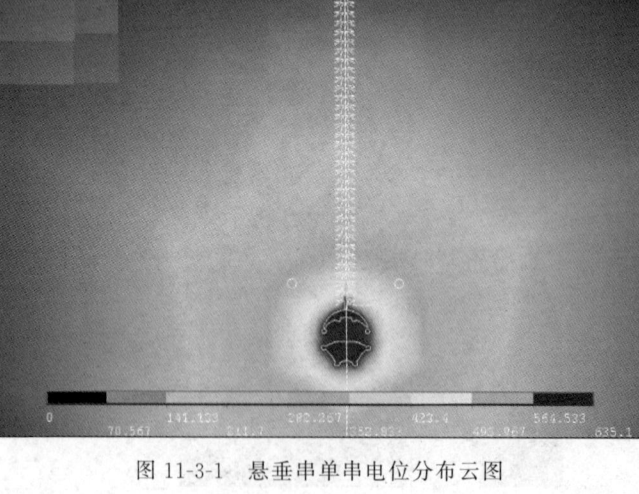

图 11-3-1 悬垂串单串电位分布云图

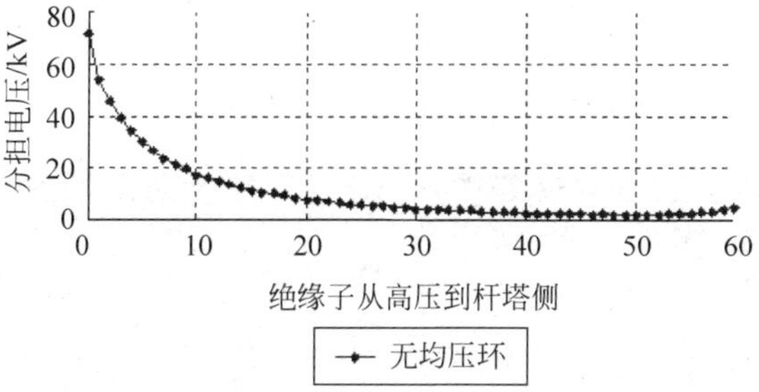

图 11-3-2　悬垂串单串各个绝缘子分担电压

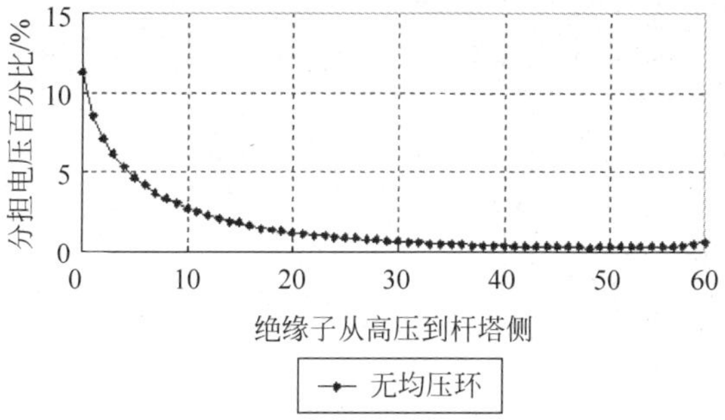

图 11-3-3　悬垂串单串各个绝缘子分担电压百分比

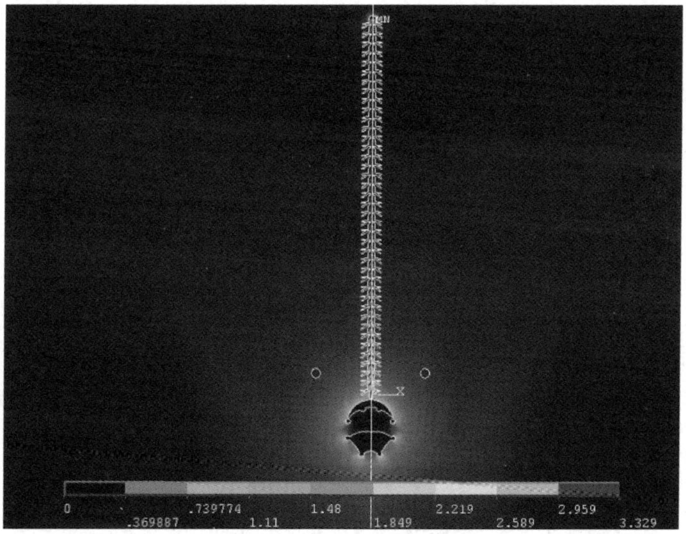

图 11-3-4　悬垂串单串电场强度分布图

(2) 有均压环情况下绝缘子串电场计算情况

由于绝缘子串电位分布极其不均匀，局部场强较大，必然导致电晕和无线电干扰超出要求，因此必须增加设置均匀环。经过优化，选用均压环尺寸为：大环直径 750mm，环体内直径 160mm。安装位置位于导线上方第四个和第五个绝缘子之间。均压环与高压端电位相同。图 11-3-5 是有均压环情况下绝缘子及其周围的电位分布。图 11-3-6 是绝缘子片承受电压曲线。图 11-3-7 是承受电压百分比曲线。可以看出,加上均压环后单片最大承受电压降到 5.1%以下。图 11-3-8 是电场强度分布云图,可见最大电场强度数值有较大比例的下降。均压环达到了均压和降低电场强度的目的。

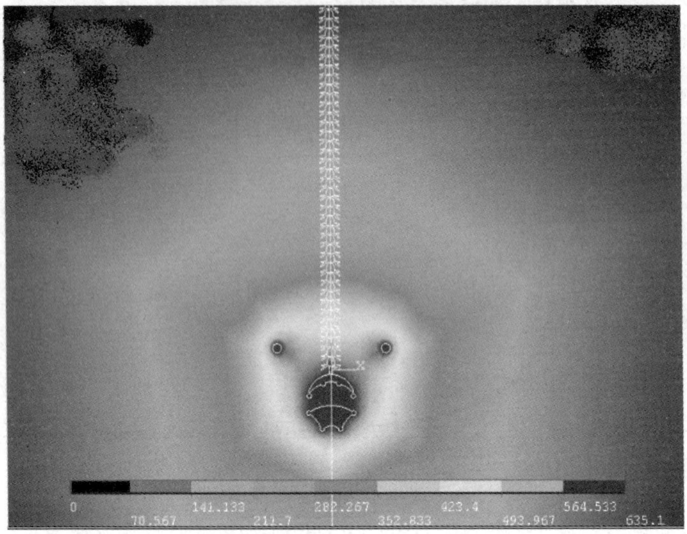

图 11-3-5 有均压环悬垂串单串电位分布云图

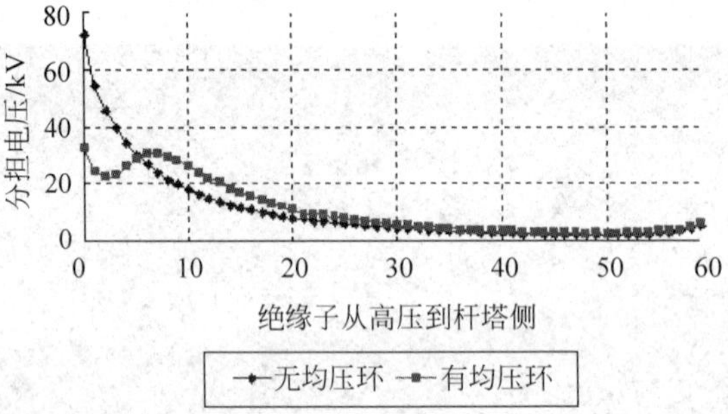

图 11-3-6 增加均压环前后悬垂串单串各个绝缘子分担电压

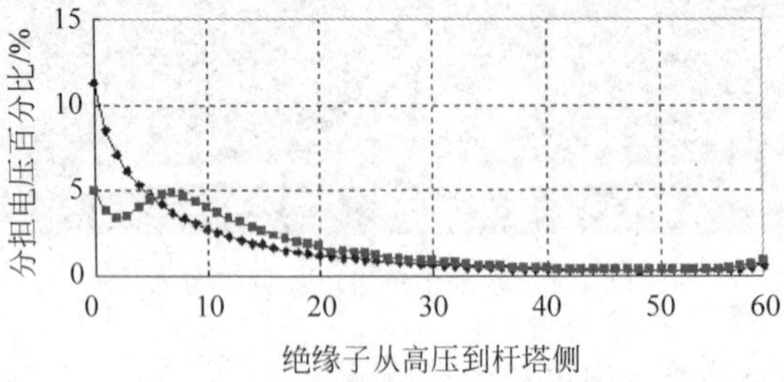

图 11-3-7 增加均压环前后悬垂串单串各个绝缘子分担电压百分比

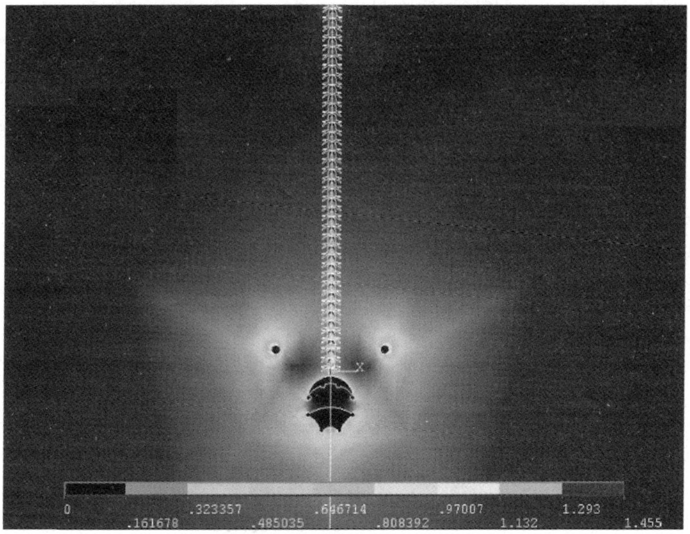

图 11-3-8　有均压环悬垂串单串电场强度分布图

3. 正方形布置耐张串电位分布计算结果

(1) 无均压环正方形布置耐张串电压分布计算结果

图 11-3-9 为某 1000kV 正方形布置(四串)耐张绝缘子串电压分布曲线。越靠近高压端,单片绝缘子承受电压值越大。图 11-3-10 是承受电压的百分比。可见,60 片绝缘子,最高单片承受电压超过 15.8%。

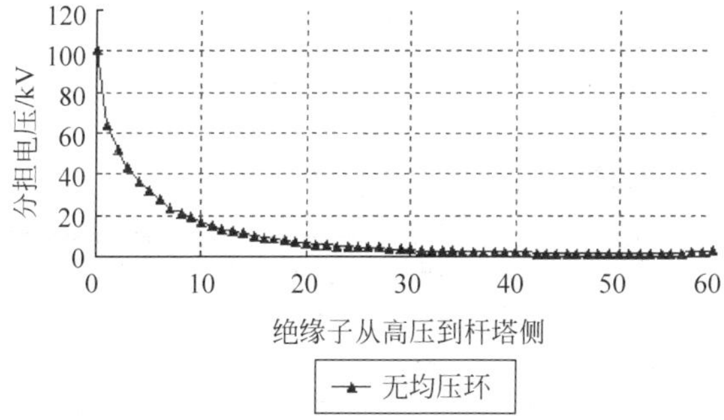

图 11-3-9　无均压环正方形布置耐张串各绝缘子分担电压

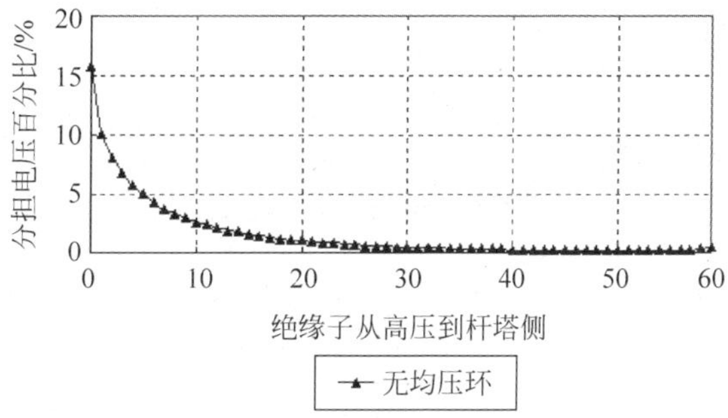

图 11-3-10　无均压环正方形布置耐张串各绝缘子分担电压百分比

（2）有均压环正方形布置耐张串电场计算结果

如图 11-3-11 所示，为了改善绝缘子串电位分布，减小局部最大场强，增加了均压屏蔽环（简称均压环），兼均压和屏蔽两项作用，环体内直径 90mm，长 1420mm，宽 900mm，与绝缘子串垂直距离为 350mm。一组耐张串四周各安装一个，均压环上端与导线侧第四个绝缘子相平。图 11-3-12 是安装了均压环之后，绝缘子串电压分布曲线。图 11-3-13 是电压分布百分比曲线。可以看出，加上均压环后单片最大承受电压降到 5.3%以下。图 11-3-14 是电场强度分布云图，电场强度数值比安装均压环之前有较大比例的下降。均压环达到了均压和降低电场强度的目的。

彩图 11-3-11

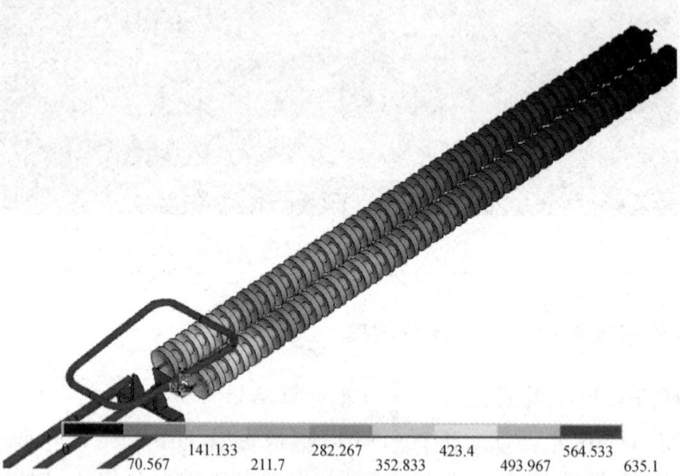

图 11-3-11　有均压环正方形布置耐张串电位分布立体图

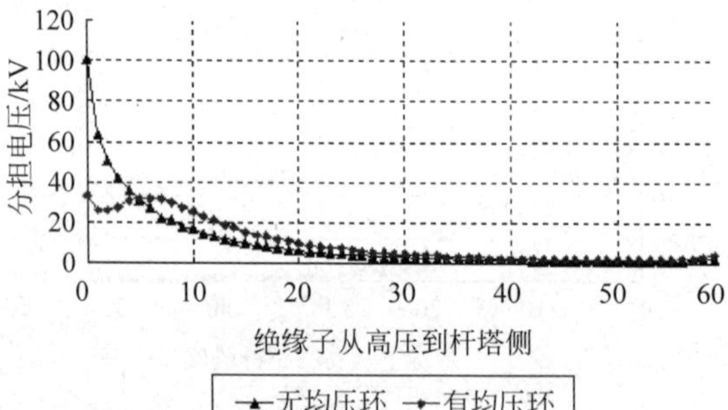

图 11-3-12　有均压环正方形布置耐张串各绝缘子分担电压

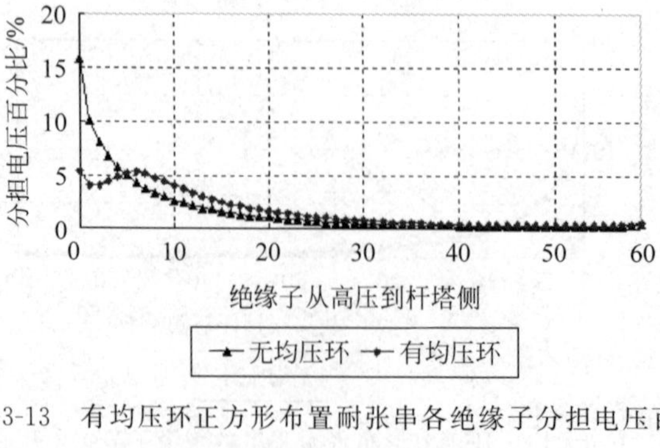

图 11-3-13　有均压环正方形布置耐张串各绝缘子分担电压百分比

彩图 11-3-14

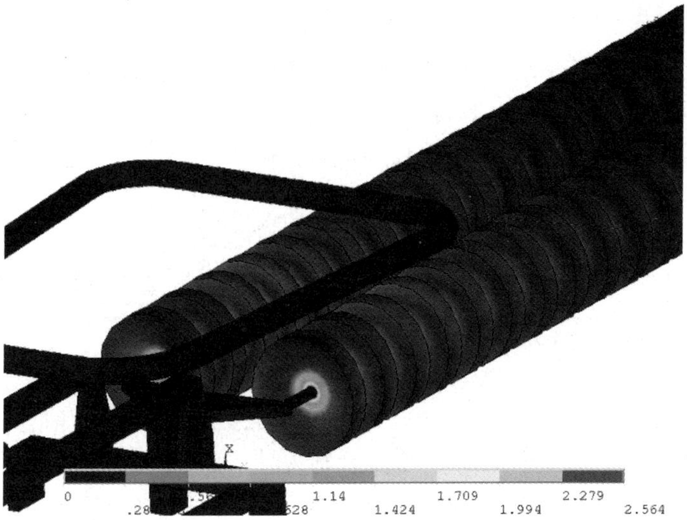

图 11-3-14　有均压环正方形布置耐张串局部最大场强图

11.4　三相架空输电线路工频电磁环境

1. 概述

高压输电线路下的电磁环境，不仅对其中的电器和电子设备运行造成影响，而且对其中的动植物和人类的健康产生影响。高压输电线的电磁环境包括工频电磁环境和高频电磁环境。这里只讨论工频电磁环境——高压输电线路的工频电场和磁场的计算。工频信号的波长为 6000km，一般输电线路的长度比工频波长小得多。在电磁环境计算中要讨论的空间范围比输电线长度小得多，因此电场和磁场按二维平行平面场计算。忽略位移电流和感应电场强度，某时刻的二维电场按静电场计算，二维磁场按恒定磁场计算。

2. 高压输电线工频电场的计算

设输电线路为平行于地面的无限长直导线，对电场而言，地面可视为良导体。根据输电线路的对地电位可以计算单位长度导线上的等效电荷，即高压输电线的线电荷密度。由于高压输电线导线半径 r 远远小于架设高度 h 和相间距离 D，所以等效电荷的位置可以认为是在输电线导线的几何轴线。在已知导体表面电位的情况下，考虑镜像，根据无限长直导线产生的电位公式和叠加定理，可以列出各导线电位的矩阵表达式

$$\begin{bmatrix} \varphi_1 \\ \varphi_2 \\ \vdots \\ \varphi_n \end{bmatrix} = \begin{bmatrix} \alpha_{11} & \alpha_{12} & \cdots & \alpha_{1n} \\ \alpha_{21} & \alpha_{22} & \cdots & \alpha_{2n} \\ \vdots & \vdots & & \vdots \\ \alpha_{n1} & \alpha_{n2} & \cdots & \alpha_{nn} \end{bmatrix} \begin{bmatrix} \tau_1 \\ \tau_2 \\ \vdots \\ \tau_n \end{bmatrix} = \boldsymbol{A\tau} \tag{11-4-1}$$

式中，$\boldsymbol{\varphi}$ 为各相导线对地的电位的瞬时值形成的列向量；$\boldsymbol{\tau}$ 为各相导线线电荷密度瞬时值形成的列向量；$\boldsymbol{A}$ 为多导线系统的电位系数组成的 n 阶方阵（n 为导线的数目）。

解方程组可得多导体线路中导线上线电荷密度$\boldsymbol{\tau}$

$$\boldsymbol{\tau}=\boldsymbol{A}^{-1}\boldsymbol{\varphi} \tag{11-4-2}$$

当各导线上线电荷密度计算出之后,地面上任意一点的电场强度可根据叠加定理计算得出。如图11-4-1所示,在(x,y)点的电场强度水平和垂直分量E_x和E_y可表示为

$$E_x=\frac{1}{2\pi\varepsilon_0}\sum_{i=1}^{n}\tau_i\left(\frac{x-x_i}{r_i^2}-\frac{x-x_i'}{r_i'^2}\right) \tag{11-4-3}$$

$$E_y=\frac{1}{2\pi\varepsilon_0}\sum_{i=1}^{n}\tau_i\left(\frac{y-y_i}{r_i^2}-\frac{y-y_i'}{r_i'^2}\right) \tag{11-4-4}$$

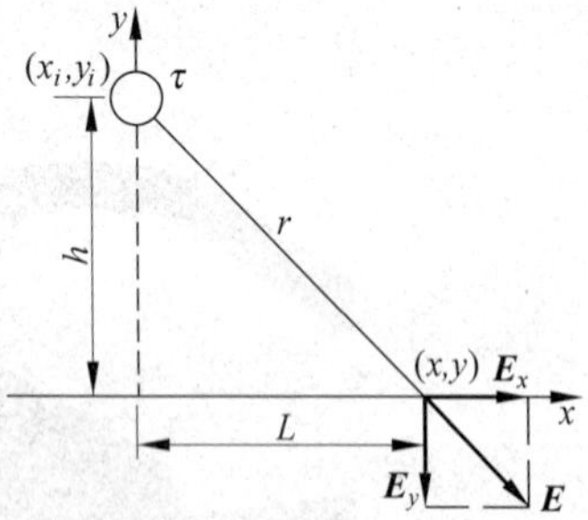

图11-4-1 无限长直导线产生的电场强度及其分量计算示意图

式中,x_i、y_i为导线i的坐标$(i=1,2,\cdots,n)$;x_i'、y_i'为导线i镜像的坐标$(i=1,2,\cdots,n)$;r_i和r_i'分别为导体及其镜像到场点的距离。对于三相交流输电线路,可根据导线电位相量计算电荷相量,再算出任意一点相量形式的电场强度:

$$\dot{E}_x=\frac{1}{2\pi\varepsilon_0}\sum_{i=1}^{n}\dot{\tau}_i\left(\frac{x-x_i}{r_i^2}-\frac{x-x_i'}{r_i'^2}\right) \tag{11-4-5}$$

$$\dot{E}_y=\frac{1}{2\pi\varepsilon_0}\sum_{i=1}^{n}\dot{\tau}_i\left(\frac{y-y_i}{r_i^2}-\frac{y-y_i'}{r_i'^2}\right) \tag{11-4-6}$$

将相量分为实部和虚部,式(11-4-4)和式(11-4-5)写成

$$\dot{E}_x=\sum_{i=1}^{n}E_{x\mathrm{R}}+\mathrm{j}\sum_{i=1}^{n}E_{x\mathrm{I}} \tag{11-4-7}$$

$$\dot{E}_y=\sum_{i=1}^{n}E_{y\mathrm{R}}+\mathrm{j}\sum_{i=1}^{n}E_{y\mathrm{I}} \tag{11-4-8}$$

式中,$E_{x\mathrm{R}}$是由各导线电荷实部产生场强的水平分量;$E_{x\mathrm{I}}$是由各导线电荷虚部产生场强的水平分量;$E_{y\mathrm{R}}$是由各导线电荷实部产生场强的垂直分量;$E_{y\mathrm{I}}$是由各导线电荷虚部产生场强的垂直分量;该点合成电场强度为

$$\dot{\boldsymbol{E}}=(E_{x\mathrm{R}}+\mathrm{j}E_{x\mathrm{I}})\boldsymbol{e}_x+(E_{y\mathrm{R}}+\mathrm{j}E_{y\mathrm{I}})\boldsymbol{e}_y \tag{11-4-9}$$

空间一点上电场强度水平分量可以用相量表示,垂直分量可以用相量表示。总的电场强度虽然也写作相量形式,但其瞬时值不一定按正弦规律变化。考虑到各种可能情况,在一个工频周期内,电场强度瞬时值的最大值表达式为

$$E_{\mathrm{m}}=\sqrt{\left(\frac{E_{x\mathrm{R}}+E_{y\mathrm{I}}}{2}\right)^2+\left(\frac{E_{x\mathrm{I}}-E_{y\mathrm{R}}}{2}\right)^2}+\sqrt{\left(\frac{E_{x\mathrm{R}}-E_{y\mathrm{I}}}{2}\right)^2+\left(\frac{E_{x\mathrm{I}}+E_{y\mathrm{R}}}{2}\right)^2} \tag{11-4-10}$$

在地面处$(y=0)$电场强度水平方向分量为零。

例11-4-1 现有一220kV三相输电线路,输电线水平排列,导线半径为0.0136m,距地面高度为6.5m,线间距离为4m。分析计算地面上的工频电场的分布。

解 根据镜像法,镜像导体与原导体之间的距离关系如图11-4-2所示。用相量法计算电场强度沿输电线路横向的分布。设各相导线对地电压相量为

$$\dot{\varphi}_A=(-63.5-j110.0)\,kV$$
$$\dot{\varphi}_B=(127.0+j0.0)\,kV$$
$$\dot{\varphi}_C=(-63.5+j110.0)\,kV$$

这个假设相当于选择计算的时间起始点 $t=0$ 时，B 相电压瞬时值最大；$t=\frac{T}{4}$时，B 相电压为零。

由一根长导线和它的镜像在空间任一点 P 的电位公式 $\varphi_P=\frac{\tau}{2\pi\varepsilon_0}\ln\frac{r'}{r}$，应用叠加定理，A、B、C 三相导线的电位可用公式表示为

$$\begin{bmatrix}\dot{\varphi}_A\\ \dot{\varphi}_B\\ \dot{\varphi}_C\end{bmatrix}=\begin{bmatrix}\alpha_{11} & \alpha_{12} & \alpha_{13}\\ \alpha_{21} & \alpha_{22} & \alpha_{23}\\ \alpha_{31} & \alpha_{32} & \alpha_{33}\end{bmatrix}\begin{bmatrix}\dot{\tau}_A\\ \dot{\tau}_B\\ \dot{\tau}_C\end{bmatrix}$$

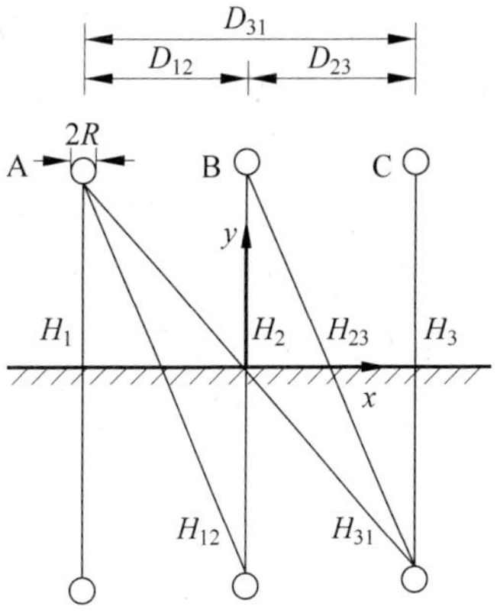

图 11-4-2　三相输电线及其镜像之间的距离关系

根据图 11-4-2，电位系数矩阵为

$$\boldsymbol{A}=\frac{1}{2\pi\varepsilon_0}\begin{bmatrix}\ln\frac{H_1}{R} & \ln\frac{H_{12}}{D_{12}} & \ln\frac{H_{31}}{D_{31}}\\ \ln\frac{H_{12}}{D_{12}} & \ln\frac{H_2}{R} & \ln\frac{H_{23}}{D_{23}}\\ \ln\frac{H_{31}}{D_{31}} & \ln\frac{H_{23}}{D_{23}} & \ln\frac{H_3}{R}\end{bmatrix}$$

矩阵中的元素是三相导线之间及导线与镜像之间的距离的函数。根据已知条件可得

$$H_1=H_2=H_3=2\times6.5\text{m}=13\text{m}$$
$$D_{31}=2D_{12}=2D_{23}=2\times4\text{m}=8\text{m}$$
$$H_{12}=H_{23}=\sqrt{13^2+4^2}\text{ m}=13.6\text{m}$$
$$H_{31}=\sqrt{13^2+8^2}\text{ m}=15.26\text{m}$$

计算得出 **A** 矩阵

$$\boldsymbol{A}=\frac{1}{2\pi\varepsilon_0}\begin{bmatrix}6.86 & 1.22 & 0.646\\ 1.22 & 6.86 & 1.22\\ 0.646 & 1.22 & 6.86\end{bmatrix}$$

对 **A** 求逆得

$$\boldsymbol{A}^{-1}=2\pi\varepsilon_0\begin{bmatrix}6.86 & 1.22 & 0.646\\ 1.22 & 6.86 & 1.22\\ 0.646 & 1.22 & 6.86\end{bmatrix}^{-1}=\begin{bmatrix}0.8406\text{E}-11 & -0.1398\text{E}-11 & -0.5429\text{E}-12\\ -0.1398\text{E}-11 & 0.8603\text{E}-11 & -0.1398\text{E}-11\\ -0.5429\text{E}-12 & -0.1398\text{E}-11 & 0.8406\text{E}-11\end{bmatrix}$$

计算得线电荷密度为

$$\begin{bmatrix}\dot{\tau}_A\\ \dot{\tau}_B\\ \dot{\tau}_C\end{bmatrix}=\begin{bmatrix}0.8406\text{E}-11 & -0.1398\text{E}-11 & -0.5429\text{E}-12\\ -0.1398\text{E}-11 & 0.8603\text{E}-11 & -0.1398\text{E}-11\\ -0.5429\text{E}-12 & -0.1398\text{E}-11 & 0.8406\text{E}-11\end{bmatrix}\begin{bmatrix}\dot{\varphi}_A\\ \dot{\varphi}_B\\ \dot{\varphi}_C\end{bmatrix}$$

代入电位相量,得

$$\dot{\tau}_A = -0.6769\times10^{-6} - j0.9843\times10^{-6}\,\mathrm{C/m}$$

$$\dot{\tau}_B = 1.27\times10^{-6} + j0.0\,\mathrm{C/m}$$

$$\dot{\tau}_C = -0.6769\times10^{-6} + j0.9843\times10^{-6}\,\mathrm{C/m}$$

计算出三相导线的线电荷密度后,应用式(11-4-5)和式(11-4-6)计算电场强度的水平分量和垂直分量的实部和虚部。以B相导线向地面所作的垂线与地面相交点为坐标原点,y坐标为垂直于地面向上,x坐标为沿地面垂直于导线走向向右方向,z坐标为与导线走向已知向外的方向,见图11-4-2。以0.2m为步长计算以原点为对称点从左到右72m范围内的地面电场分布。图11-4-3为地面电场强度矢量实部(相当于B相电压值最大时刻)的分布图。图11-4-4为地面电场强度矢量虚部(相当于B相电压值为零时刻)的分布图。图11-4-5为地面电场强度矢量最大值的分布图,最大值分布只表示幅值,不表示方向。在$x=-6$m和$x=6$m处电场强度最大值达到最大,最大值中的最大值$E_{\max}=3503$V/m。

从实部和虚部代表的两个时刻电场强度矢量分布图可以看出,在地面上电场强度的水平方向分量为零。

彩图 11-4-3

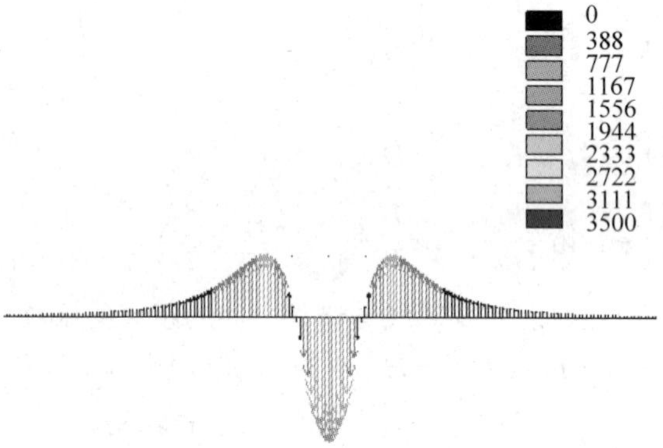

图11-4-3 地面上电场强度矢量实部

彩图 11-4-4

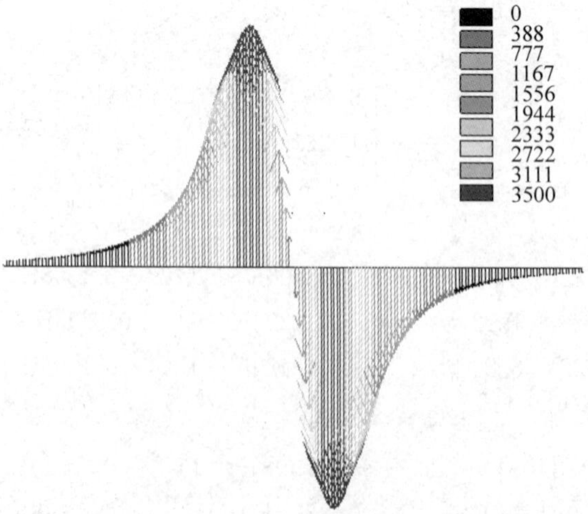

图11-4-4 地面上电场强度矢量虚部

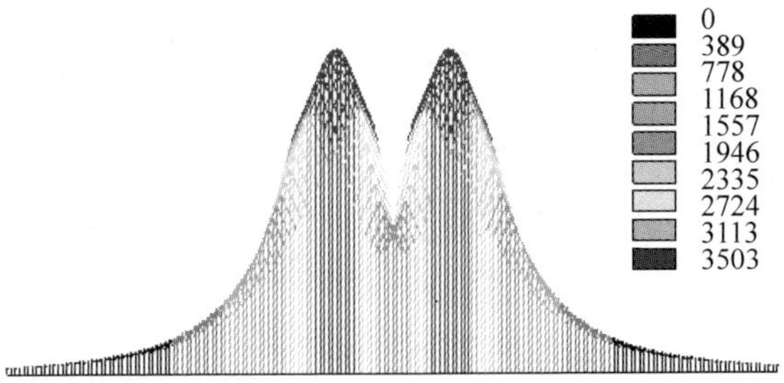

彩图 11-4-5

图 11-4-5　地面上电场强度最大值

3. 高压输电线工频磁场的计算

由于工频情况下电磁性能有准静态特性，线路的磁场仅由导线中的电流产生，应用毕奥-萨伐尔定律和叠加定理，可算出地面附近的磁感应强度。与电场计算不同的是对磁场来说不存在以大地为媒质分界面（土壤磁导率与空气磁导率基本相同）的镜像电流。但是在三相输电线路中存在零序电流时，大地将作为电流返回的路径。考虑到交流电流在土壤中通过时的集肤效应，返回电流的位置可由卡尔松（Carson）公式求得：

$$d = 660\sqrt{\frac{\rho}{f}} \tag{11-4-11}$$

式中，d 为返回电流到地面的距离；ρ 为大地土壤的电阻率；f 为返回电流的频率。

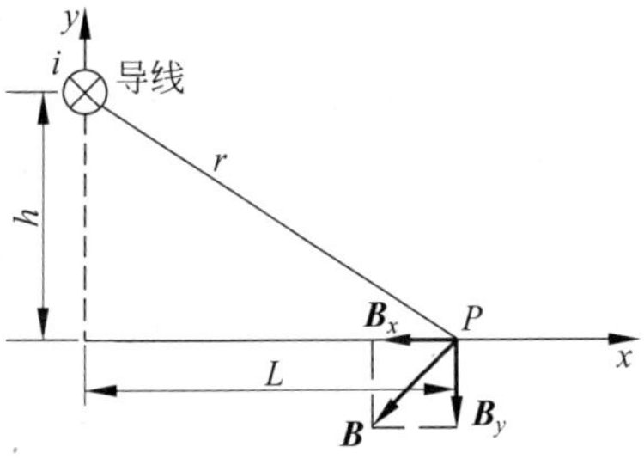

图 11-4-6　磁场强度及其分量计算示意图

在三相电流为对称情况下（正序或负序），可以不考虑返回电流。如图 11-4-6 所示，假设电流参考方向为 z 方向，一条通以电流 I_k 的导线产生的磁感应强度可由以下各式计算：

$$B_k = \frac{\mu_0 I_k}{2\pi r_k} \tag{11-4-12}$$

$$B_{kx} = -\frac{\mu_0 I_k}{2\pi r_k}\frac{y - y_k}{r_k} = -\frac{\mu_0 I_k (y - y_k)}{2\pi r_k^2} \tag{11-4-13}$$

$$B_{ky} = \frac{\mu_0 I_k}{2\pi r_k}\frac{x - x_k}{r_k} = \frac{\mu_0 I_k (x - x_k)}{2\pi r_k^2} \tag{11-4-14}$$

式中，x、y 为场点坐标；x_k、y_k 为电流所在点的坐标；r_k 是电流到场点的距离。以相量表示电流则可得相量形式的磁感应强度

$$\dot{B}_x = -\frac{\mu_0}{2\pi}\sum_{k=1}^{n}\dot{I}_k\left(\frac{y-y_k}{r_k^2}\right) \tag{11-4-15}$$

$$\dot{B}_y = \frac{\mu_0}{2\pi}\sum_{k=1}^{n}\dot{I}_k\left(\frac{x-x_k}{r_k^2}\right) \tag{11-4-16}$$

将相量分为实部和虚部,式(11-4-15)和式(11-4-16)写成

$$\dot{B}_x = \sum_{k=1}^{n} B_{kx\mathrm{R}} + \mathrm{j}\sum_{k=1}^{n} B_{kx\mathrm{I}} \tag{11-4-17}$$

$$\dot{B}_y = \sum_{k=1}^{n} B_{ky\mathrm{R}} + \mathrm{j}\sum_{k=1}^{n} B_{ky\mathrm{I}} \tag{11-4-18}$$

式中,$B_{x\mathrm{R}}$ 是由各导线电流实部产生磁感应强度的水平分量;$B_{x\mathrm{I}}$ 是由各导线电流虚部产生磁感应强度的水平分量;$B_{y\mathrm{R}}$ 是由各导线电流实部产生磁感应强度的垂直分量;$B_{y\mathrm{I}}$ 是由各导线电流虚部产生磁感应强度的垂直分量。该点合成磁感应强度为

$$\dot{\boldsymbol{B}} = (B_{x\mathrm{R}} + \mathrm{j}B_{x\mathrm{I}})\boldsymbol{e}_x + (B_{y\mathrm{R}} + \mathrm{j}B_{y\mathrm{I}})\boldsymbol{e}_y \tag{11-4-19}$$

空间一点上磁感应强度水平分量可以用相量表示,垂直分量可以用相量表示。总的磁感应强度虽然也写作相量形式,但其瞬时值不一定按正弦规律变化。考虑到各种可能情况,在一个工频周期内,磁感应强度瞬时值的最大值表达式为

$$B_{\mathrm{m}} = \sqrt{\left(\frac{B_{x\mathrm{R}} + B_{y\mathrm{I}}}{2}\right)^2 + \left(\frac{B_{x\mathrm{I}} - B_{y\mathrm{R}}}{2}\right)^2} + \sqrt{\left(\frac{B_{x\mathrm{R}} - B_{y\mathrm{I}}}{2}\right)^2 + \left(\frac{B_{x\mathrm{I}} + B_{y\mathrm{R}}}{2}\right)^2} \tag{11-4-20}$$

例 11-4-2 三相输电线路几何尺寸与例 11-4-1 相同,假设三相导线中通以有效值为 270A 的三相对称交流电流。按图 11-4-2 中的坐标,应用相量法计算地面上的磁场。

解 将电流写成相量形式

$$\dot{I}_{\mathrm{A}} = -135 - \mathrm{j}234\mathrm{A}$$

$$\dot{I}_{\mathrm{B}} = 270 + \mathrm{j}0\mathrm{A}$$

$$\dot{I}_{\mathrm{C}} = -135 + \mathrm{j}234\mathrm{A}$$

根据三相导线的电流,应用式(11-4-15)和式(11-4-16)计算磁感应强度的水平分量和垂直分量的实部和虚部。以 B 相导线向地面所作的垂线与地面相交点为坐标原点,y 坐标为垂直于地面向上,x 坐标为沿地面垂直于导线走向向右方向,z 坐标为与导线走向已知向外的方向,见图 11-4-2。以 0.2m 为步长计算以原点为对称点从左到右 72m 范围内的地面磁场分布。图 11-4-7 为地面磁感应强度矢量实部(相当于 B 相电流值最大时刻)的分布图。图 11-4-8 为地面磁感应强度矢量虚部(相当于 B 相电流值为零时刻)的分布图。图 11-4-9 为地面磁感应强度矢量最大值的分布图,最大值分布只表示幅值,不表示方向。在 $x=0$ 处磁感应强度最大值达到最大,最大值中的最大值 $B_{\max}=6.5\mu\mathrm{T}$。

从实部和虚部代表的两个时刻磁感应强度矢量分布图可以看出,在地面上磁感应强度的水平方向分量和垂直分量都不为零。

值得一提的是,在输电线路电磁环境问题中,可能还需要关心地面之上 1.5m 处的电场和磁场分布。由于计算方法类似,数值相近,读者可以当作习题去计算,这里不再重复。

彩图 11-4-7

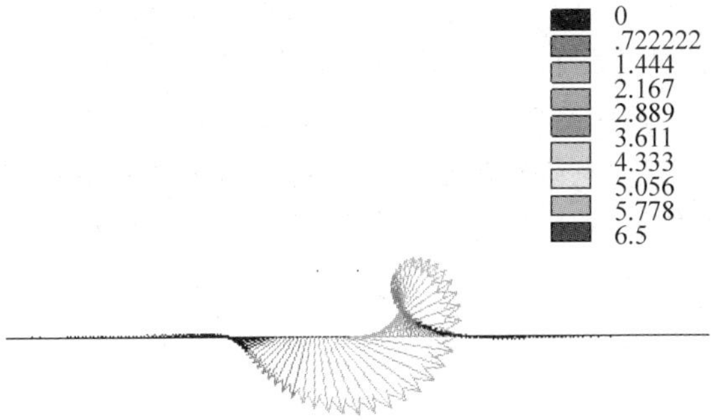

图 11-4-7　地面上磁感应强度矢量实部

彩图 11-4-8

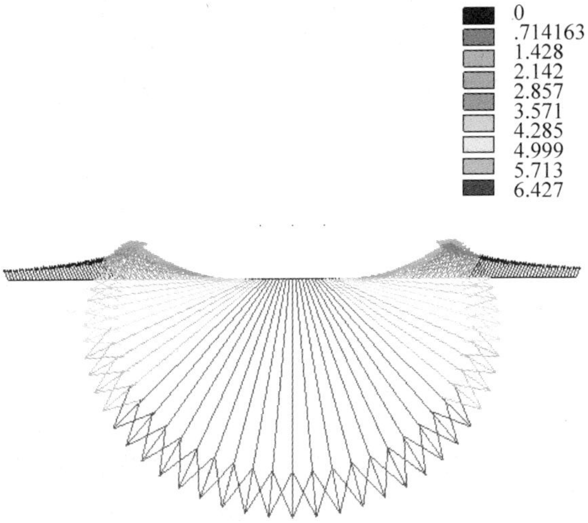

图 11-4-8　地面上磁感应强度矢量虚部

彩图 11-4-9

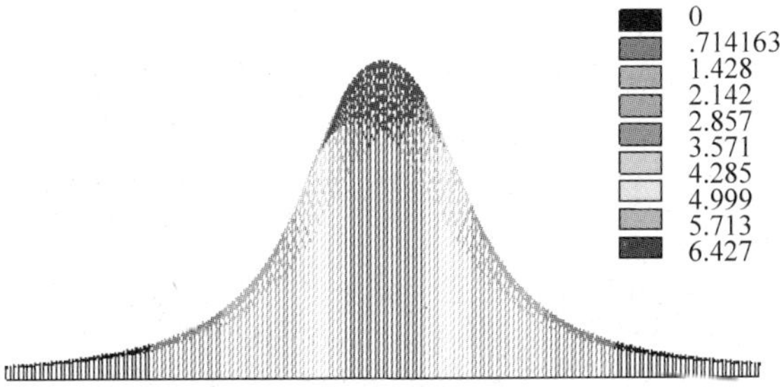

图 11-4-9　地面上磁感应强度最大值

11.5　三相架空输电线电容参数计算

1. 三相架空输电线路的电容

架空输电线路是电力系统的重要组成部分。一般说来架空线路的建设费用比电缆线路低得多。电压等级越高，二者的差距就越显著。此外，架空线路也易于架设、检修和维护。

因此电力网中大多数线路都采用架空线路，只有一些不宜于用架空线路的地方(如大城市的人口稠密区、过江、跨海、严重污秽区等)才采用电缆线路。

三相架空输电线路架设在离地面有一定高度的地方，大地的存在将使输电线路周围的电场发生变化，从而影响到输电线路的电容值。在静电场计算中，大地对与地面平行的带电导体的影响可以用导体的镜像来等效。这样，三导体-大地系统便可用一个六导体系统来等效。

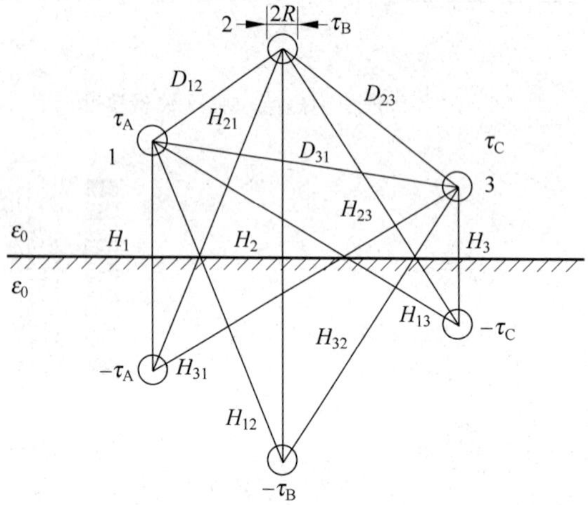

图 11-5-1　三相传输线电荷及其镜像

在图 11-5-1 中，$H_1=2h_1$，$H_2=2h_2$，$H_3=2h_3$；h_1、h_2、h_3 分别为 A、B、C 相导线到地面的垂直距离；τ_A、τ_B、τ_C 分别为 A、B、C 三相导线单位长度的电荷量。由一根长导线和它的镜像在空间任一点 P 的电位公式 $\varphi=\dfrac{\tau}{2\pi\varepsilon_0}\ln\dfrac{r_2}{r_1}$ 和叠加定理，可以得到 A、B、C 三相导线的电位为

$$\varphi_A=\frac{1}{2\pi\varepsilon_0}\left(\tau_A\ln\frac{H_1}{R}+\tau_B\ln\frac{H_{12}}{D_{12}}+\tau_C\ln\frac{H_{31}}{D_{31}}\right) \tag{11-5-1}$$

$$\varphi_B=\frac{1}{2\pi\varepsilon_0}\left(\tau_B\ln\frac{H_2}{R}+\tau_A\ln\frac{H_{12}}{D_{12}}+\tau_C\ln\frac{H_{23}}{D_{23}}\right) \tag{11-5-2}$$

$$\varphi_C=\frac{1}{2\pi\varepsilon_0}\left(\tau_C\ln\frac{H_3}{R}+\tau_A\ln\frac{H_{31}}{D_{31}}+\tau_B\ln\frac{H_{23}}{D_{23}}\right) \tag{11-5-3}$$

由以上三式可以看出，各相的自有电位系数和互有电位系数并不相等，从而造成三相电压的不平衡。为了克服这个缺点，三相输电线路应进行换位。所谓换位就是轮流改换三相导线在杆塔上的位置，如图 11-5-2 所示。当线路进行完全换位时，在一次整换位循环内，各相导线轮流占据 1(A)、2(B)、3(C)相的几何位置，因而在这个长度范围内各相的电容值就变得一样了。目前对电压在 110kV 以上、线路长度在 100km 以上的输电线路一般需要进行完全换位，只有当线路不长、电压不高时才可以不进行换位。

对整循环换位三相输电线路(以 A 相为例)有

第一换位段

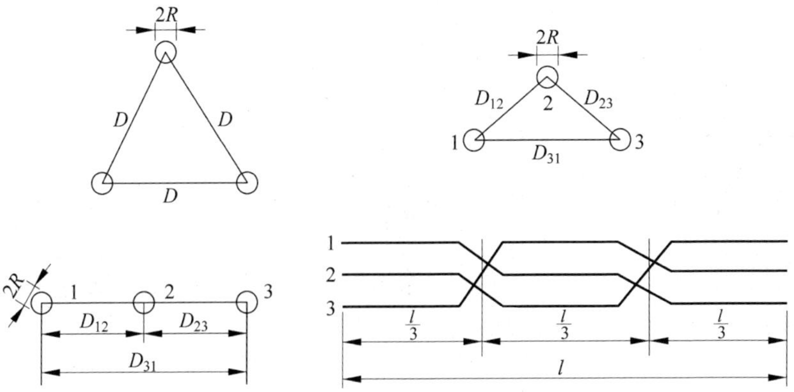

图 11-5-2　三相架空输电线路的空间分布及换位

$$\varphi_A^{(1)}=\frac{1}{2\pi\varepsilon_0}\left(\tau_A\ln\frac{H_1}{R}+\tau_B\ln\frac{H_{12}}{D_{12}}+\tau_C\ln\frac{H_{13}}{D_{13}}\right) \tag{11-5-4}$$

第二换位段

$$\varphi_A^{(2)}=\frac{1}{2\pi\varepsilon_0}\left(\tau_A\ln\frac{H_2}{R}+\tau_B\ln\frac{H_{23}}{D_{23}}+\tau_C\ln\frac{H_{21}}{D_{12}}\right) \tag{11-5-5}$$

第三换位段

$$\varphi_A^{(3)}=\frac{1}{2\pi\varepsilon_0}\left(\tau_A\ln\frac{H_3}{R}+\tau_B\ln\frac{H_{31}}{D_{31}}+\tau_C\ln\frac{H_{32}}{D_{32}}\right) \tag{11-5-6}$$

A 相的平均电位为

$$\varphi_A=\frac{\varphi_A^{(1)}+\varphi_A^{(2)}+\varphi_A^{(3)}}{3}=\frac{1}{2\pi\varepsilon_0}\left[\tau_A\ln\frac{\sqrt[3]{H_1H_2H_3}}{R}+\ln\frac{\sqrt[3]{H_{12}H_{23}H_{31}}}{\sqrt[3]{D_{12}D_{23}D_{31}}}(\tau_B+\tau_C)\right] \tag{11-5-7}$$

同理可得

$$\varphi_B=\frac{1}{2\pi\varepsilon_0}\left[\tau_B\ln\frac{\sqrt[3]{H_1H_2H_3}}{R}+\ln\frac{\sqrt[3]{H_{12}H_{23}H_{31}}}{\sqrt[3]{D_{12}D_{23}D_{31}}}(\tau_A+\tau_C)\right] \tag{11-5-8}$$

$$\varphi_C=\frac{1}{2\pi\varepsilon_0}\left[\tau_C\ln\frac{\sqrt[3]{H_1H_2H_3}}{R}+\ln\frac{\sqrt[3]{H_{12}H_{23}H_{31}}}{\sqrt[3]{D_{12}D_{23}D_{31}}}(\tau_A+\tau_B)\right] \tag{11-5-9}$$

系统正常运行时，一般有 $\tau_A+\tau_B+\tau_C=0$。把 $\tau_A=-(\tau_B+\tau_C)$、$\tau_B=-(\tau_C+\tau_A)$、$\tau_C=-(\tau_A+\tau_B)$分别代入上式，可以得到每相导线单位长度的等效电容为

$$C=\frac{\tau_A}{\varphi_A}=\frac{\tau_B}{\varphi_B}=\frac{\tau_C}{\varphi_C}=\frac{2\pi\varepsilon_0}{\ln\dfrac{\sqrt[3]{D_{12}D_{23}D_{31}}}{R}-\ln\dfrac{\sqrt[3]{H_{12}H_{23}H_{31}}}{\sqrt[3]{H_1H_2H_3}}} \tag{11-5-10}$$

这个电容实际为正(或负)序电容，又叫作工作电容。令 $D_m=\sqrt[3]{D_{12}D_{23}D_{31}}$ 为三相导线间距离的几何平均值(简称几何均距)；令 $H=\sqrt[3]{H_1H_2H_3}=2\sqrt[3]{h_1h_2h_3}$ 为每一导线与其镜像间距离的几何平均值；令 $H_m=\sqrt[3]{H_{12}H_{23}H_{31}}$ 为一导线与另一导线镜像间距离的几何平均值，则式(11-5-10)可改写为

$$C=\frac{2\pi\varepsilon_0}{\ln\frac{D_{\mathrm{m}}}{R}-\ln\frac{H_{\mathrm{m}}}{H}} \tag{11-5-11}$$

2. 分裂导线的电容

对于超高压输电线路,为了降低导线表面的电场强度以达到减少电晕损耗和抑制电晕干扰的目的,目前广泛采用了分裂导线。分裂导线的采用改变了导体周围的电场分布,增大了导线的等效半径,从而增大了导线的等效电容。所谓分裂导线,就是将每相导线分裂成多根,一般把它们均匀布置在相同半径的圆周上。

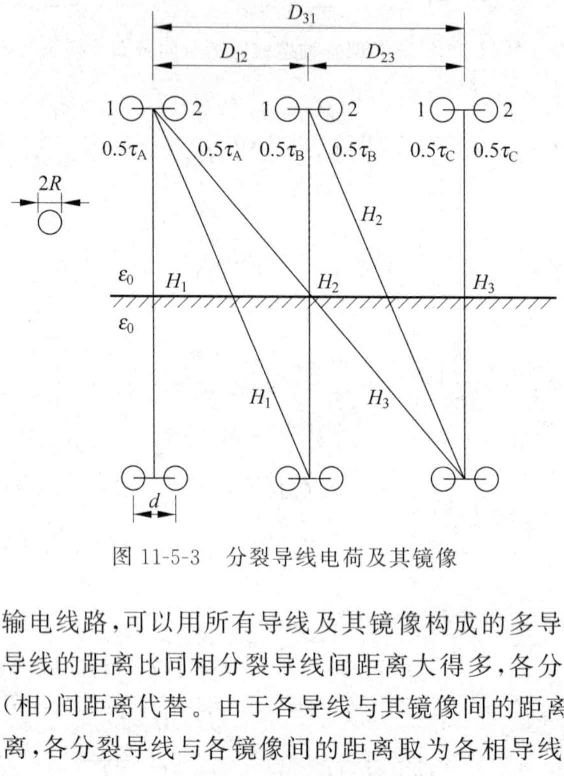

图 11-5-3 分裂导线电荷及其镜像

具有分裂导线的输电线路,可以用所有导线及其镜像构成的多导体系统来进行电容计算。由于任意两相间导线的距离比同相分裂导线间距离大得多,各分裂导线的相间距离可以用各分裂导线重心(相)间距离代替。由于各导线与其镜像间的距离(2倍架设高度)远大于同相分裂导线间距离,各分裂导线与各镜像间的距离取为各相导线重心与其镜像重心间的距离,如图 11-5-3 所示。

对图 11-5-3 所示的二分裂导线,由一根导线和它的镜像在空间任一点 P 的电位公式 $\varphi_P=\frac{\tau}{2\pi\varepsilon_0}\ln\frac{r_2}{r_1}$ 和叠加定理,可以得到 A、B、C 相导线的电位为

$$\varphi_{\mathrm{A}}=\frac{1}{2\pi\varepsilon_0}\left(\tau_{\mathrm{A}}\ln\frac{H_1}{\sqrt{Rd}}+\tau_{\mathrm{B}}\ln\frac{H_{12}}{D_{12}}+\tau_{\mathrm{C}}\ln\frac{H_{31}}{D_{31}}\right) \tag{11-5-12}$$

$$\varphi_{\mathrm{B}}=\frac{1}{2\pi\varepsilon_0}\left(\tau_{\mathrm{B}}\ln\frac{H_2}{\sqrt{Rd}}+\tau_{\mathrm{A}}\ln\frac{H_{12}}{D_{12}}+\tau_{\mathrm{C}}\ln\frac{H_{23}}{D_{23}}\right) \tag{11-5-13}$$

$$\varphi_{\mathrm{C}}=\frac{1}{2\pi\varepsilon_0}\left(\tau_{\mathrm{C}}\ln\frac{H_3}{\sqrt{Rd}}+\tau_{\mathrm{A}}\ln\frac{H_{31}}{D_{31}}+\tau_{\mathrm{B}}\ln\frac{H_{23}}{D_{23}}\right) \tag{11-5-14}$$

若图 11-5-3 所示的输电线路是整循环换位的,且满足 $\tau_{\mathrm{A}}+\tau_{\mathrm{B}}+\tau_{\mathrm{C}}=0$,则每相导线单

位长度的(对地)等效电容(正、负序工作电容)为

$$C=\frac{\tau_A}{\varphi_A}=\frac{\tau_B}{\varphi_B}=\frac{\tau_C}{\varphi_C}=\frac{2\pi\varepsilon_0}{\ln\frac{\sqrt[3]{D_{12}D_{23}D_{31}}}{\sqrt{Rd}}-\ln\frac{\sqrt[3]{H_{12}H_{23}H_{31}}}{\sqrt[3]{H_1H_2H_3}}} \tag{11-5-15}$$

令 $R_{eq}=\sqrt{Rd}$ 为一相二分裂导线组的等效半径(对于三分裂导线,$R_{eq}=\sqrt[3\times3]{(Rd^2)^3}=\sqrt[3]{Rd^2}$,对于四分裂导线,$R_{eq}=\sqrt[4\times4]{(R\sqrt{2}d^3)^4}=1.09\sqrt[4]{Rd^3}$,对于 n 分裂导线,R_{eq} 参见式(11-6-40))。再令 $D_m=\sqrt[3]{D_{12}D_{23}D_{31}}$ 为分裂导线重心间的几何平均距离,令 $H=\sqrt[3]{H_1H_2H_3}=2\sqrt[3]{h_1h_2h_3}$ 为分裂导线重心与其镜像重心间距离的几何平均值,令 $H_m=\sqrt[3]{H_{12}H_{23}H_{31}}$ 为一组分裂导线重心与另一组分裂导线镜像重心间距离的几何平均值,则式(11-5-15)可改写为

$$C=\frac{2\pi\varepsilon_0}{\ln\frac{D_m}{R_{eq}}-\ln\frac{H_m}{H}} \tag{11-5-16}$$

式(11-5-16)和式(11-5-11)分母中的第二项,反映了大地对电场的影响。当线路离地面的高度比各相间的距离要大得多,一相导线与其镜像间的距离近似等于这相导线与其他相导线镜像间的距离时,式(11-5-16)和式(11-5-11)分母中的第二项可以忽略不计。因此输电线路每相等效工作电容可按下式近似计算:

$$C=\frac{2\pi\varepsilon_0}{\ln\frac{D_m}{R_{eq}}} \tag{11-5-17}$$

3. 三相架空输电线路的零序电容

所谓三相架空输电线路的零序电容,就是三相输电线的电荷满足 $\tau_{A0}=\tau_{B0}=\tau_{C0}=\tau_0$ 时每相的对地等效电容。一般三相架空输电线路是完全换位的,当线路上流过零序电流时,在一个换位段内每根导线上单位长度所带的电荷量相同。三相架空输电线路的零序电容的计算与正、负序电容的计算类似,必须用镜像来考虑大地的影响,如图 11-5-4 所示。

对图 11-5-4 所示的三相架空输电线路,由一根导线和它的镜像在空间任一点 P 的电位公式 $\varphi_P=\frac{\tau}{2\pi\varepsilon_0}\ln\frac{r_2}{r_1}$ 和叠加定理,同样可以得到 A、B、C 相导线的电位为

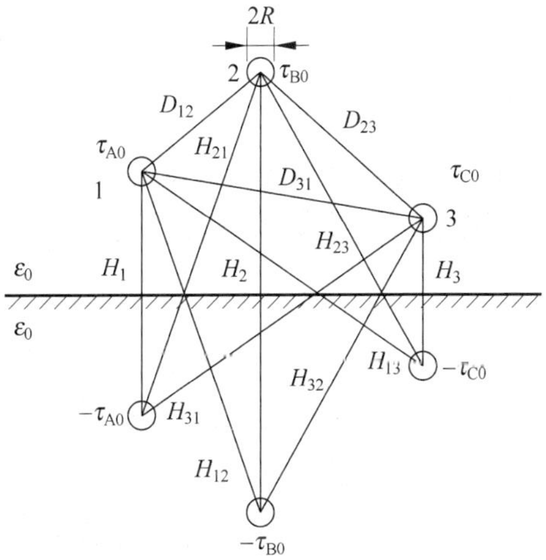

图 11-5-4　零序电荷及其镜像

$$\varphi_{A0}=\frac{1}{2\pi\varepsilon_0}\left(\tau_{A0}\ln\frac{H_1}{R}+\tau_{B0}\ln\frac{H_{12}}{D_{12}}+\tau_{C0}\ln\frac{H_{31}}{D_{31}}\right) \tag{11-5-18}$$

$$\varphi_{B0}=\frac{1}{2\pi\varepsilon_0}\left(\tau_{B0}\ln\frac{H_2}{R}+\tau_{A0}\ln\frac{H_{12}}{D_{12}}+\tau_{C0}\ln\frac{H_{23}}{D_{23}}\right) \tag{11-5-19}$$

$$\varphi_{C0}=\frac{1}{2\pi\varepsilon_0}\left(\tau_{C0}\ln\frac{H_3}{R}+\tau_{A0}\ln\frac{H_{31}}{D_{31}}+\tau_{B0}\ln\frac{H_{23}}{D_{23}}\right) \tag{11-5-20}$$

由以上三式可以看出,在不换位的情况下,即使 $\tau_{A0}=\tau_{B0}=\tau_{C0}=\tau_0$,三个电压(位)也不相等,因此三相(零序)电容也不相等。对完全换位线路(参考图 11-5-2)有

$$\varphi_{A0}=\frac{1}{2\pi\varepsilon_0}\left[\tau_{A0}\ln\frac{\sqrt[3]{H_1H_2H_3}}{R}+\ln\frac{\sqrt[3]{H_{12}H_{23}H_{31}}}{\sqrt[3]{D_{12}D_{23}D_{31}}}(\tau_{B0}+\tau_{C0})\right] \tag{11-5-21}$$

$$\varphi_{B0}=\frac{1}{2\pi\varepsilon_0}\left[\tau_{B0}\ln\frac{\sqrt[3]{H_1H_2H_3}}{R}+\ln\frac{\sqrt[3]{H_{12}H_{23}H_{31}}}{\sqrt[3]{D_{12}D_{23}D_{31}}}(\tau_{A0}+\tau_{C0})\right] \tag{11-5-22}$$

$$\varphi_{C0}=\frac{1}{2\pi\varepsilon_0}\left[\tau_{C0}\ln\frac{\sqrt[3]{H_1H_2H_3}}{R}+\ln\frac{\sqrt[3]{H_{12}H_{23}H_{31}}}{\sqrt[3]{D_{12}D_{23}D_{31}}}(\tau_{A0}+\tau_{B0})\right] \tag{11-5-23}$$

$$C_0=\frac{\tau_{A0}}{\varphi_{A0}}=\frac{\tau_{B0}}{\varphi_{B0}}=\frac{\tau_{C0}}{\varphi_{C0}}=\frac{2\pi\varepsilon_0}{\ln\dfrac{\sqrt[3]{H_1H_2H_3}}{R}+2\ln\dfrac{\sqrt[3]{H_{12}H_{23}H_{31}}}{\sqrt[3]{D_{12}D_{23}D_{31}}}} \tag{11-5-24}$$

对分裂导线完全换位线路(参考图 11-5-3)有

$$C_0=\frac{\tau_{A0}}{\varphi_{A0}}=\frac{\tau_{B0}}{\varphi_{B0}}=\frac{\tau_{C0}}{\varphi_{C0}}=\frac{2\pi\varepsilon_0}{\ln\dfrac{\sqrt[3]{H_1H_2H_3}}{R_{eq}}+2\ln\dfrac{\sqrt[3]{H_{12}H_{23}H_{31}}}{\sqrt[3]{D_{12}D_{23}D_{31}}}} \tag{11-5-25}$$

式中,R_{eq} 与式(11-5-16)相同。若把式(11-5-25)改写为

$$C_0\approx\frac{2\pi\varepsilon_0}{3\ln\dfrac{\sqrt[9]{H_1H_2H_3(H_{12}H_{23}H_{31})^2}}{\sqrt[9]{(R_{eq})^3(D_{12}D_{23}D_{31})^2}}} \tag{11-5-26}$$

令 $H'\approx\sqrt[9]{H_1H_2H_3(H_{12}H_{23}H_{31})^2}$ 为三相导线系统与其镜像间距离的几何平均值,可看作三相导线系统几何平均高度的两倍;$R'_{eq}\approx\sqrt[9]{(R_{eq})^3(D_{12}D_{23}D_{31})^2}$ 为三相导线系统的几何平均半径;则对完全换位线路有

$$\varphi_{A0}=\varphi_{B0}=\varphi_{C0}=\frac{3\tau_0}{2\pi\varepsilon_0}\left(\ln\frac{H'}{R'_{eq}}\right) \tag{11-5-27}$$

由式(11-5-27)可以画出计算换位三相线路零序电容的等效图,如图 11-5-5 所示。图中,三相导线系统用一条半径为 $R'_{eq}\approx\sqrt[9]{(R_{eq})^3(D_{12}D_{23}D_{31})^2}$ 的等效导线来代替,等效导线与其镜像间的距离为 $H'\approx\sqrt[9]{H_1H_2H_3(H_{12}H_{23}H_{31})^2}$,等效导线单位长度所带电荷量是 $3\tau_0$。由式(11-5-27)可得

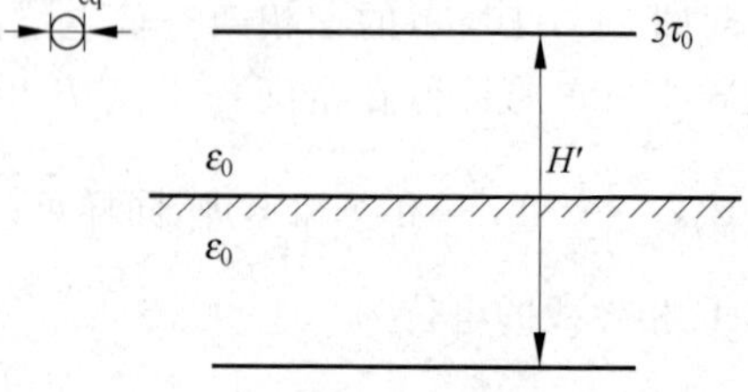

图 11-5-5　等效导线零序电荷及其镜像

每相单位长度零序电容

$$C_0=\frac{\tau_0}{\varphi_{A0}}=\frac{\tau_0}{\varphi_{B0}}=\frac{\tau_0}{\varphi_{C0}}=\frac{1}{3}\left(\frac{3\tau_0}{\varphi_{C0}}\right)=\frac{2\pi\varepsilon_0}{3\ln\dfrac{H'}{R'_{eq}}} \tag{11-5-28}$$

11.6　三相架空输电线电感参数计算

1. 多导体系统电感计算的一般公式

一般输电线路的长度远大于线间的距离 D，而线间的距离又远大于输电线的截面半径 R，故输电线可以看成无限长输电线，输电线单位长度的电感可作近似计算。如图 11-6-1 所示，在空间(空气)中有半径分别为 $R_1,R_2,\cdots,R_n$ 的 n 条平行导体(与大地平行)，流过的电流分别为 $i_1,i_2,\cdots,i_n$。现假设各电流之和为零，即

$$i_1+i_2+\cdots+i_n=0 \tag{11-6-1}$$

假设在远离各导线处有一 P 点，各导线与 P 点的距离分别为 $D_{1P},D_{2P},\cdots,D_{nP}$，并假设通过 P 点有一条与上述各导线平行的假想导线，而且电流 $i_1,i_2,\cdots,i_n$ 都通过这个假想返回导线形成闭合环流。由于各电流之和为零，这条返回导线上的电流总和为零，不会产生磁场，因而，假设有这条返回导线的存在，并不会对磁场分布造成任何影响。与每一导体相交链的总磁链，可以看成图 11-6-1 所示的处在无限远处的假想返回导体 P 与导体 $1,2,\cdots,n$ 之间所包围的平面内单位长度上所穿过的磁链。

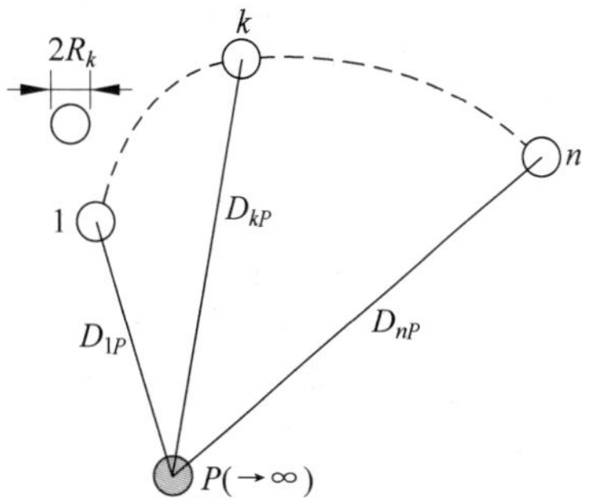

图 11-6-1　平行多导体系统

下面来分析这种多导体系统的磁场和电感。首先看一下导体 k 和假想返回线之间的磁链。显然，这个磁链可以看作由电流 i_k 在导体 k 和假想返回导线之间建立的自感磁链(内磁链和外磁链)与其他 $n-1$ 个电流在该回路建立的互感磁链的叠加。

电流 i_k 在导体 k 和假想返回导线之间每单位长度建立的外磁链为

$$\Psi_{ke}=\int_{R_k}^{D_{kP}}\frac{\mu_0 i_k}{2\pi r}\mathrm{d}r=\frac{\mu_0 i_k}{2\pi}\ln\frac{D_{kP}}{R_k} \tag{11-6-2}$$

式中，$k=1,2,\cdots,n$。

再加上内磁连，即可得到导线 k 单位长度上电流 i_k 所产生的总(自感)磁链为

$$\Psi_{kPk}=\frac{\mu_0\mu_r i_k}{8\pi}+\frac{\mu_0 i_k}{2\pi}\ln\frac{D_{kP}}{R_k}=\frac{\mu_0}{2\pi}\left[\frac{\mu_r}{4}i_k+\left(\ln\frac{D_{kP}}{R_k}\right)i_k\right] \tag{11-6-3}$$

式中，$k=1,2,\cdots,n$；μ_r 为导线的相对导磁率。

下面再看一下流过导体 $j(j\neq k)$ 的电流 i_j 所产生的磁通中，在导体 k 和假想导体之间，单位长度所交链的磁链，该(互感)磁链

$$\Psi_{kPj}=\int_{D_{kj}}^{D_{jP}}\frac{\mu_0 i_j}{2\pi r}\mathrm{d}r=\frac{\mu_0 i_j}{2\pi}\ln\frac{D_{jP}}{D_{jk}} \tag{11-6-4}$$

式中，$j=1,2,\cdots,n,j\neq k$。

则由电流 $i_1,i_2,\cdots,i_n$ 产生的与电流 i_k 相交链的单位长度上(位于导体 k 与返回导线之间)的总磁链为

$$\Psi_{kP}=\Psi_{kPk}+\Psi_{kP1}+\Psi_{kP2}+\cdots+\Psi_{kP(k-1)}+\Psi_{kP(k+1)}+\cdots+\Psi_{kPn} \tag{11-6-5}$$

$$\Psi_{kP}=\frac{\mu_0}{2\pi}\left[\frac{\mu_r}{4}i_k+\left(\ln\frac{D_{kP}}{R_k}\right)i_k+\sum_{j=1,j\neq k}^{n}\left(\ln\frac{D_{jP}}{D_{jk}}\right)i_j\right] \tag{11-6-6}$$

式中,$k=1,2,\cdots,n$。展开式(11-6-6)得

$$\Psi_{kP}=\frac{\mu_0}{2\pi}\left[\frac{\mu_r}{4}i_k+\left(\ln\frac{1}{R_k}\right)i_k+\left(\ln\frac{1}{D_{1k}}\right)i_1+\cdots+\left(\ln\frac{1}{D_{(k-1)k}}\right)i_{k-1}+\right.$$
$$\left(\ln\frac{1}{D_{(k+1)k}}\right)i_{k+1}+\cdots+\left(\ln\frac{1}{D_{nk}}\right)i_n+(\ln D_{1P})i_1+$$
$$\left.(\ln D_{2P})i_2+\cdots+(\ln D_{nP})i_n\right] \tag{11-6-7}$$

由式(11-6-7)得

$$i_k=-(i_1+i_2+\cdots+i_{k-1}+i_{k+1}+\cdots+i_n) \tag{11-6-8}$$

把式(11-6-8)代入式(11-6-7),得

$$\Psi_{kP}=\frac{\mu_0}{2\pi}\left[\frac{\mu_r}{4}i_k+\left(\ln\frac{1}{R_k}\right)i_k+\left(\ln\frac{1}{D_{1k}}\right)i_1+\cdots+\left(\ln\frac{1}{D_{(k-1)k}}\right)i_{k-1}+\right.$$
$$\left(\ln\frac{1}{D_{(k+1)k}}\right)i_{k+1}+\cdots+\left(\ln\frac{1}{D_{nk}}\right)i_n+\left(\ln\frac{D_{1P}}{D_{kP}}\right)i_1+\left(\ln\frac{D_{2P}}{D_{kP}}\right)i_2+\cdots+$$
$$\left.\left(\ln\frac{D_{(k-1)P}}{D_{kP}}\right)i_{k-1}+\left(\ln\frac{D_{(k+1)P}}{D_{kP}}\right)i_{k+1}+\cdots+\left(\ln\frac{D_{nP}}{D_{kP}}\right)i_n\right] \tag{11-6-9}$$

在式(11-6-9)中,P 点应为无穷远点,则 $\ln\frac{D_{jP}}{D_{kP}}(j=1,2,\cdots,n;\ j\neq k)$项应为零,这样可以把 Ψ_{kP} 改写为 Ψ_k,得

$$\Psi_k=\frac{\mu_0}{2\pi}\left[\frac{\mu_r}{4}i_k+\left(\ln\frac{1}{R_k}\right)i_k+\left(\ln\frac{1}{D_{1k}}\right)i_1+\cdots+\left(\ln\frac{1}{D_{(k-1)k}}\right)i_{k-1}+\right.$$
$$\left.\left(\ln\frac{1}{D_{(k+1)k}}\right)i_{k+1}+\cdots+\left(\ln\frac{1}{D_{nk}}\right)i_n\right] \tag{11-6-10}$$

式中,$k=1,2,\cdots,n$。

式(11-6-10)即为多导体系统磁链计算的一般公式,可以用于各种架空输电线路电感的计算(包括各种带架空地线的分裂导线输电线路)。

对例10-3-2中图10-3-7所示的二线输电线路,由式(11-6-10)得

$$\Psi_1=\frac{\mu_0}{2\pi}\left[\frac{\mu_r}{4}i_1+\left(\ln\frac{1}{R_1}\right)i_1+\left(\ln\frac{1}{d}\right)i_2\right] \tag{11-6-11}$$

$$\Psi_2=\frac{\mu_0}{2\pi}\left[\frac{\mu_r}{4}i_2+\left(\ln\frac{1}{R_2}\right)i_2+\left(\ln\frac{1}{d}\right)i_1\right] \tag{11-6-12}$$

把 $R_1=R_2=R,\ i_1=-i_2$ 分别代入上式,得二线输电线每线单位长度的等效电感为

$$L_\varphi=L_{1\varphi}=L_{2\varphi}=\frac{\Psi_1}{i_1}=\frac{\Psi_2}{i_2}=\frac{\mu_0}{2\pi}\left[\frac{\mu_r}{4}+\left(\ln\frac{d}{R}\right)\right] \tag{11-6-13}$$

则二线输电线回路单位长度的等效电感为

$$L=2L_{\varphi}=\frac{\mu_0}{\pi}\left[\frac{\mu_r}{4}+\left(\ln\frac{d}{R}\right)\right] \tag{11-6-14}$$

此结果与例 10-3-2 所得结果相同。

2. 三相输电线路的电感

三相输电线路如图 11-6-2 所示，图中 1、2、3 线路分别对应 A、B、C 三相。对图 11-6-2(a) 这种三相结构对称情况，由式(11-6-10)得

$$\Psi_1=\frac{\mu_0}{2\pi}\left[\frac{\mu_r}{4}i_1+\left(\ln\frac{1}{R}\right)i_1+\left(\ln\frac{1}{D}\right)i_2+\left(\ln\frac{1}{D}\right)i_3\right] \tag{11-6-15}$$

$$\Psi_2=\frac{\mu_0}{2\pi}\left[\frac{\mu_r}{4}i_2+\left(\ln\frac{1}{R}\right)i_2+\left(\ln\frac{1}{D}\right)i_1+\left(\ln\frac{1}{D}\right)i_3\right] \tag{11-6-16}$$

$$\Psi_3=\frac{\mu_0}{2\pi}\left[\frac{\mu_r}{4}i_3+\left(\ln\frac{1}{R}\right)i_3+\left(\ln\frac{1}{D}\right)i_1+\left(\ln\frac{1}{D}\right)i_2\right] \tag{11-6-17}$$

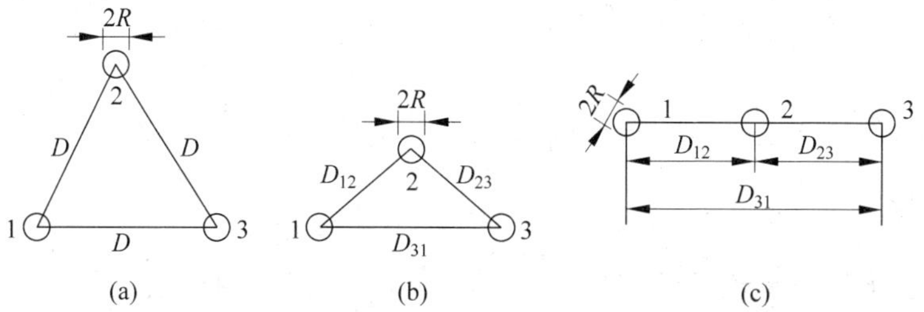

图 11-6-2　三相架空输电线路的空间布置

分别把 $i_1=-(i_2+i_3)$，$i_2=-(i_3+i_1)$，$i_3=-(i_1+i_2)$代入式(11-6-15)～式(11-6-17)得

$$\Psi_1=\frac{\mu_0}{2\pi}\left[\frac{\mu_r}{4}+\left(\ln\frac{D}{R}\right)\right]i_1,\quad \Psi_2=\frac{\mu_0}{2\pi}\left[\frac{\mu_r}{4}+\left(\ln\frac{D}{R}\right)\right]i_2,\quad \Psi_3=\frac{\mu_0}{2\pi}\left[\frac{\mu_r}{4}+\left(\ln\frac{D}{R}\right)\right]i_3 \tag{11-6-18}$$

则每相等效电感为

$$L_1=L_2=L_3=\frac{\Psi_1}{i_1}=\frac{\Psi_2}{i_2}=\frac{\Psi_3}{i_3}=\frac{\mu_0}{2\pi}\left[\frac{\mu_r}{4}+\left(\ln\frac{D}{R}\right)\right] \tag{11-6-19}$$

当三相导线位置布置不对称时(例如不等边三角形布置、水平布置等)，则各相的电感就不会相等，从而造成三相电压的不平衡。为了克服这个缺点，三相输电线路一般进行换位，如图 11-6-3 所示。当线路进行完全换位时，在一次整换位循环内，各相导线轮流占据 1(A)、2(B)、3(C)相的几何位置，因而在这个长度范围内各相的电感值就变得一样了。

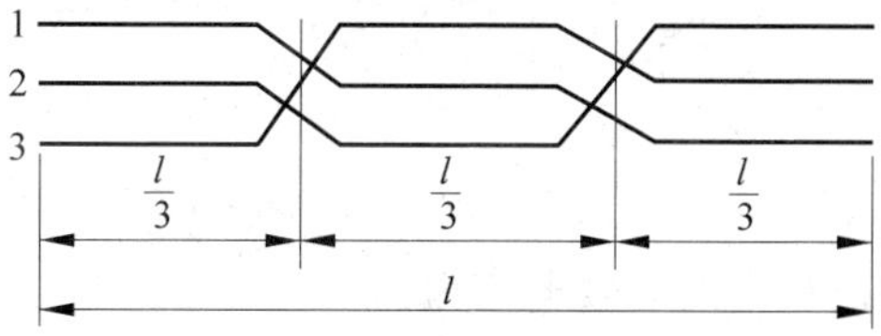

图 11-6-3　三相整循环换位架空线

对图 11-6-3 所示的一次整换位三相输电线路,各线的截面半径均为 R,1、2、3 分别对应 A、B、C 相,由式(11-6-10)可得各段单位长度的磁链如下。

第一换位段

$$\Psi_1^{(1)}=\frac{\mu_0}{2\pi}\left[\frac{\mu_r}{4}i_1+\left(\ln\frac{1}{R}\right)i_1+\left(\ln\frac{1}{D_{12}}\right)i_2+\left(\ln\frac{1}{D_{13}}\right)i_3\right] \tag{11-6-20}$$

$$\Psi_2^{(1)}=\frac{\mu_0}{2\pi}\left[\frac{\mu_r}{4}i_2+\left(\ln\frac{1}{R}\right)i_2+\left(\ln\frac{1}{D_{21}}\right)i_1+\left(\ln\frac{1}{D_{23}}\right)i_3\right] \tag{11-6-21}$$

$$\Psi_3^{(1)}=\frac{\mu_0}{2\pi}\left[\frac{\mu_r}{4}i_3+\left(\ln\frac{1}{R}\right)i_3+\left(\ln\frac{1}{D_{31}}\right)i_1+\left(\ln\frac{1}{D_{32}}\right)i_2\right] \tag{11-6-22}$$

第二换位段

$$\Psi_1^{(2)}=\frac{\mu_0}{2\pi}\left[\frac{\mu_r}{4}i_1+\left(\ln\frac{1}{R}\right)i_1+\left(\ln\frac{1}{D_{21}}\right)i_3+\left(\ln\frac{1}{D_{23}}\right)i_2\right] \tag{11-6-23}$$

$$\Psi_2^{(2)}=\frac{\mu_0}{2\pi}\left[\frac{\mu_r}{4}i_2+\left(\ln\frac{1}{R}\right)i_2+\left(\ln\frac{1}{D_{31}}\right)i_3+\left(\ln\frac{1}{D_{32}}\right)i_1\right] \tag{11-6-24}$$

$$\Psi_3^{(2)}=\frac{\mu_0}{2\pi}\left[\frac{\mu_r}{4}i_3+\left(\ln\frac{1}{R}\right)i_3+\left(\ln\frac{1}{D_{12}}\right)i_1+\left(\ln\frac{1}{D_{13}}\right)i_2\right] \tag{11-6-25}$$

第三换位段

$$\Psi_1^{(3)}=\frac{\mu_0}{2\pi}\left[\frac{\mu_r}{4}i_1+\left(\ln\frac{1}{R}\right)i_1+\left(\ln\frac{1}{D_{31}}\right)i_2+\left(\ln\frac{1}{D_{32}}\right)i_3\right] \tag{11-6-26}$$

$$\Psi_2^{(3)}=\frac{\mu_0}{2\pi}\left[\frac{\mu_r}{4}i_2+\left(\ln\frac{1}{R}\right)i_2+\left(\ln\frac{1}{D_{12}}\right)i_3+\left(\ln\frac{1}{D_{13}}\right)i_1\right] \tag{11-6-27}$$

$$\Psi_3^{(3)}=\frac{\mu_0}{2\pi}\left[\frac{\mu_r}{4}i_3+\left(\ln\frac{1}{R}\right)i_3+\left(\ln\frac{1}{D_{21}}\right)i_2+\left(\ln\frac{1}{D_{23}}\right)i_1\right] \tag{11-6-28}$$

取各换位段磁链的平均值为各相单位长度的磁链,则

$$\Psi_1=\frac{\Psi_1^{(1)}+\Psi_1^{(2)}+\Psi_1^{(3)}}{3}=\frac{\mu_0}{2\pi}\left[\frac{\mu_r}{4}i_1+\left(\ln\frac{1}{R}\right)i_1+\left(\ln\frac{1}{\sqrt[3]{D_{12}D_{23}D_{31}}}\right)(i_2+i_3)\right] \tag{11-6-29}$$

$$\Psi_2=\frac{\Psi_2^{(1)}+\Psi_2^{(2)}+\Psi_2^{(3)}}{3}=\frac{\mu_0}{2\pi}\left[\frac{\mu_r}{4}i_2+\left(\ln\frac{1}{R}\right)i_2+\left(\ln\frac{1}{\sqrt[3]{D_{12}D_{23}D_{31}}}\right)(i_1+i_3)\right] \tag{11-6-30}$$

$$\Psi_3=\frac{\Psi_3^{(1)}+\Psi_3^{(2)}+\Psi_3^{(3)}}{3}=\frac{\mu_0}{2\pi}\left[\frac{\mu_r}{4}i_3+\left(\ln\frac{1}{R}\right)i_3+\left(\ln\frac{1}{\sqrt[3]{D_{12}D_{23}D_{31}}}\right)(i_1+i_2)\right] \tag{11-6-31}$$

把 $i_1=-(i_2+i_3)$,$i_2=-(i_3+i_1)$,$i_3=-(i_1+i_2)$ 分别代入式(11-6-29)~式(11-6-31),可以得到换位线路各相单位长度的等效电感为

$$L_1=L_2=L_3=\frac{\Psi_1}{i_1}=\frac{\Psi_2}{i_2}=\frac{\Psi_3}{i_3}=\frac{\mu_0}{2\pi}\left[\frac{\mu_r}{4}+\left(\ln\frac{\sqrt[3]{D_{12}D_{23}D_{31}}}{R}\right)\right] \tag{11-6-32}$$

该电感实际为正、负序等效电感，又称为工作电感。

令 $D_m=\sqrt[3]{D_{12}D_{23}D_{31}}$，$D_m$ 称为三相导线间的几何平均距离，简称几何均距，则式(11-6-32)可改写为

$$L_1=L_2=L_3=\frac{\mu_0}{2\pi}\left[\frac{\mu_r}{4}+\left(\ln\frac{D_m}{R}\right)\right] \tag{11-6-33}$$

对图 11-6-2(c)所示的水平架设完全换位线路，即 $D_{12}=D_{23}=D$，$D_{31}=2D$，代入式(11-6-33)得

$$L_1=L_2=L_3=\frac{\mu_0}{2\pi}\left[\frac{\mu_r}{4}+\left(\ln\frac{\sqrt[3]{2}D}{R}\right)\right] \tag{11-6-34}$$

3. 分裂导线三相架空输电线路的电感

分裂导线的采用改变了导体周围的磁场分布，减小了导线的等效电感。四分裂导线三相架空输电线路如图 11-6-4 所示。

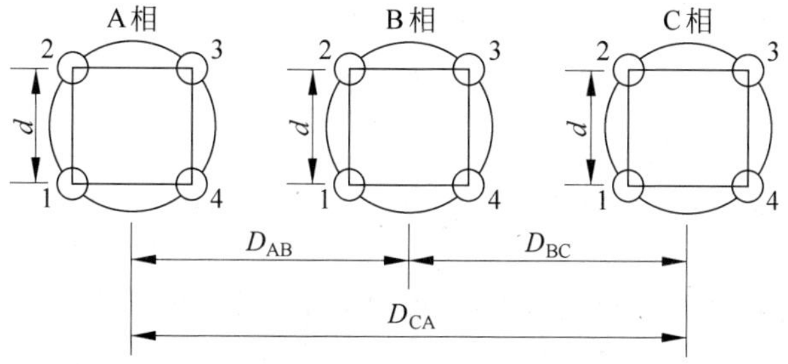

图 11-6-4　水平布置四分裂三相输电线路

图 11-6-4 中各分裂导线的半径均为 R，取各相分裂导线的电流为相应相电流的 $\frac{1}{n}$(n 为每相分裂导线数)，即 $i_{A1}=i_{A2}=i_{A3}=i_{A4}=\frac{i_A}{4}$，$i_{B1}=i_{B2}=i_{B3}=i_{B4}=\frac{i_B}{4}$，$i_{C1}=i_{C2}=i_{C3}=i_{C4}=\frac{i_C}{4}$，由式(11-6-10)得

$$\Psi_{A1}=\frac{\mu_0}{2\pi}\left[\frac{\mu_r}{4}\frac{i_A}{4}+\left(\ln\frac{1}{\sqrt[4]{RD_{A12}D_{A13}D_{A14}}}\right)i_A+\left(\ln\frac{1}{\sqrt[4]{D_{A1B1}D_{A1B2}D_{A1B3}D_{A1B4}}}\right)i_B+\left(\ln\frac{1}{\sqrt[4]{D_{A1C1}D_{A1C2}D_{A1C3}D_{A1C4}}}\right)i_C\right] \tag{11-6-35}$$

$$\Psi_{A2}=\frac{\mu_0}{2\pi}\left[\frac{\mu_r}{4}\frac{i_A}{4}+\left(\ln\frac{1}{\sqrt[4]{RDA_{A21}D_{A23}D_{A24}}}\right)i_A+\left(\ln\frac{1}{\sqrt[4]{D_{A2B1}D_{A2B2}D_{A2B3}D_{A2B4}}}\right)i_B+\left(\ln\frac{1}{\sqrt[4]{D_{A2C1}D_{A2C2}D_{A2C3}D_{A2C4}}}\right)i_C\right] \tag{11-6-36}$$

$$\Psi_{A3}=\frac{\mu_0}{2\pi}\left[\frac{\mu_r}{4}\frac{i_A}{4}+\left(\ln\frac{1}{\sqrt[4]{RD_{A31}D_{A32}D_{A34}}}\right)i_A+\left(\ln\frac{1}{\sqrt[4]{D_{A3B1}D_{A3B2}D_{A3B3}D_{A3B4}}}\right)i_B+\right.$$

$$\left(\ln\frac{1}{\sqrt[4]{D_{A3C1}D_{A3C2}D_{A3C3}D_{A3C4}}}\right)i_C\Big] \tag{11-6-37}$$

$$\Psi_{A4}=\frac{\mu_0}{2\pi}\left[\frac{\mu_r}{4}\frac{i_A}{4}+\left(\ln\frac{1}{\sqrt[4]{RD_{A41}D_{A42}D_{A43}}}\right)i_A+\left(\ln\frac{1}{\sqrt[4]{D_{A4B1}D_{A4B2}D_{A4B3}D_{A4B4}}}\right)i_B+\right.$$

$$\left.\left(\ln\frac{1}{\sqrt[4]{D_{A4C1}D_{A4C2}D_{A4C3}D_{A4C4}}}\right)i_C\right] \tag{11-6-38}$$

同理可得B相及C相各分裂导线的磁链。A相每单位长度磁链的平均值为

$$\Psi_A=\frac{\Psi_{A1}+\Psi_{A2}+\Psi_{A3}+\Psi_{A4}}{4} \tag{11-6-39}$$

通常分裂导线总是布置在正多边形的顶点上,则有

$$R_{eq}=\sqrt[4]{RD_{A12}D_{A13}D_{A14}}=\sqrt[4]{RD_{A21}D_{A23}D_{A24}}=\cdots=\sqrt[4]{RD_{C41}D_{C42}D_{C43}}$$

称为分裂导线每相的几何均距(每相导体的等效半径)。D_{A12},D_{A13},D_{A14};D_{A21},D_{A23},D_{A24};…;D_{C41},D_{C42},D_{C43} 为分裂导线每相每条导线与其余 $n-1$ 条导线间的距离。一般公式为

$$R_{eq}=\sqrt[n]{R\prod_{j\in[1,n],j\neq k}D_{Akj}}=\sqrt[n]{R\prod_{j\in[1,n],j\neq k}D_{Bkj}}=\sqrt[n]{R\prod_{j\in[1,n],j\neq k}D_{Ckj}},\quad k=1,2,\cdots,n \tag{11-6-40}$$

通常输电线路各相间大距离比分裂间距大得多,可以取

$$\sqrt[4\times4]{(D_{A1B1}D_{A1B2}D_{A1B3}D_{A1B4})(D_{A2B1}D_{A2B2}D_{A2B3}D_{A2B4})(D_{A3B1}D_{A3B2}D_{A3B3}D_{A3B4})(D_{A4B1}D_{A4B2}D_{A4B3}D_{A4B4})}\approx D_{AB}$$

$$\sqrt[4\times4]{(D_{A1C1}D_{A1C2}D_{A1C3}D_{A1C4})(D_{A2C1}D_{A2C2}D_{A2C3}D_{A2C4})(D_{A3C1}D_{A3C2}D_{A3C3}D_{A3C4})(D_{A4C1}D_{A4C2}D_{A4C3}D_{A4C4})}\approx D_{AC}$$

$$\sqrt[4\times4]{(D_{B1C1}D_{B1C2}D_{B1C3}D_{B1C4})(D_{B2C1}D_{B2C2}D_{B2C3}D_{B2C4})(D_{B3C1}D_{B3C2}D_{B3C3}D_{B3C4})(D_{B4C1}D_{B4C2}D_{B4C3}D_{B4C4})}\approx D_{BC}$$

分别称为分裂导线三相架空输电线A与B、A与C,以及C与A的相间互几何均距。

每相单位长度的平均磁链为

$$\Psi_A=\frac{\mu_0}{2\pi}\left[\frac{\mu_r}{16}i_A+\left(\ln\frac{1}{R_{eq}}\right)i_A+\left(\ln\frac{1}{D_{AB}}\right)i_B+\left(\ln\frac{1}{D_{AC}}\right)i_C\right] \tag{11-6-41}$$

$$\Psi_B=\frac{\mu_0}{2\pi}\left[\frac{\mu_r}{16}i_B+\left(\ln\frac{1}{R_{eq}}\right)i_B+\left(\ln\frac{1}{D_{BA}}\right)i_A+\left(\ln\frac{1}{D_{BC}}\right)i_C\right] \tag{11-6-42}$$

$$\Psi_C=\frac{\mu_0}{2\pi}\left[\frac{\mu_r}{16}i_C+\left(\ln\frac{1}{R_{eq}}\right)i_C+\left(\ln\frac{1}{D_{CA}}\right)i_A+\left(\ln\frac{1}{D_{CB}}\right)i_B\right] \tag{11-6-43}$$

若该分裂导线三相架空输电线路是完全换位的,且满足 $i_A+i_B+i_C=0$,则其单位长度的等效电感为

$$L_A=L_B=L_C=\frac{\mu_0}{2\pi}\left[\frac{1}{4}\times\frac{\mu_r}{4}+\left(\ln\frac{\sqrt[3]{D_{AB}D_{BC}D_{CA}}}{R_{eq}}\right)\right] \tag{11-6-44}$$

4. 三相架空输电线路的零序电感

所谓三相输电线路的零序电感,就是当线路上流过大小相等、方向相同的三相电流时的电感。由于三相输电线路流过的电流方向相同(在任何时刻),因此,只能以大地为返回线,

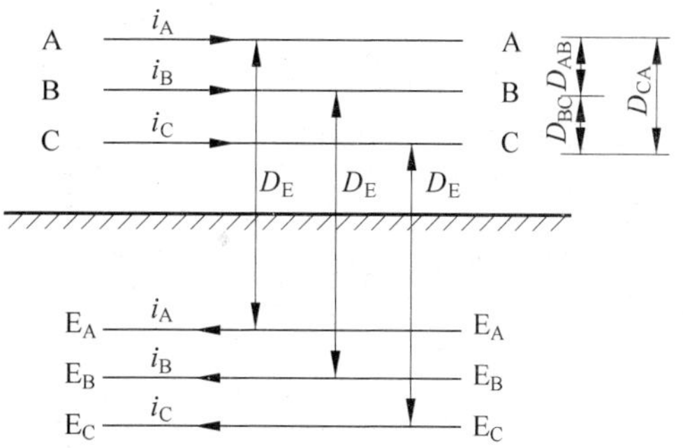

图 11-6-5　三相输电线的零序电流回路

如图 11-6-5 所示。大地中的返回电流为 $-(i_A+i_B+i_C)$。大地中的返回导线可以用三条虚拟导线(半径设为 R)E_AE_A、E_BE_B、E_CE_C 来等效。等效返回线与三相线路平行，到三相输电线的距离(按卡尔松(Carson)公式)为

$$D_{AE_A}\approx D_{BE_B}\approx D_{CE_C}=D_E=660\sqrt{\frac{\rho_R}{f}}$$

式中，ρ_R 为大地的电阻率；f 为电流的频率。

由回路电流产生磁场的磁链计算公式得 AAE_AE_A 回路单位长度的总磁链为

$$\Psi_A=\frac{\mu_0}{2\pi}\left[\left(\frac{\mu_r}{4}+\frac{1}{4}\right)i_A+2\left(\ln\frac{D_E}{R}\right)i_A+2\left(\ln\frac{D_E}{D_{AB}}\right)i_B+2\left(\ln\frac{D_E}{D_{AC}}\right)i_C\right]\tag{11-6-45}$$

同理可得

$$\Psi_B=\frac{\mu_0}{2\pi}\left[\left(\frac{\mu_r}{4}+\frac{1}{4}\right)i_B+2\left(\ln\frac{D_E}{R}\right)i_B+2\left(\ln\frac{D_E}{D_{AB}}\right)i_A+2\left(\ln\frac{D_E}{D_{BC}}\right)i_C\right]\tag{11-6-46}$$

$$\Psi_C=\frac{\mu_0}{2\pi}\left[\left(\frac{\mu_r}{4}+\frac{1}{4}\right)i_C+2\left(\ln\frac{D_E}{R}\right)i_C+2\left(\ln\frac{D_E}{D_{AC}}\right)i_A+2\left(\ln\frac{D_E}{D_{BC}}\right)i_B\right]\tag{11-6-47}$$

从以上三式可知，A、B、C 三相间的互感并不相等。若图 11-6-5 所示三相架空线路是完全(整循环)换位的，则有

$$\Psi_A=\frac{\mu_0}{2\pi}\left[\left(\frac{\mu_r}{4}+\frac{1}{4}\right)i_A+2\left(\ln\frac{D_E}{R}\right)i_A+2\left(\ln\frac{D_E}{\sqrt[3]{D_{AB}D_{BC}D_{CA}}}\right)i_B+2\left(\ln\frac{D_E}{\sqrt[3]{D_{AB}D_{BC}D_{CA}}}\right)i_C\right]\tag{11-6-48}$$

$$\Psi_B=\frac{\mu_0}{2\pi}\left[\left(\frac{\mu_r}{4}+\frac{1}{4}\right)i_B+2\left(\ln\frac{D_E}{R}\right)i_A+2\left(\ln\frac{D_E}{\sqrt[3]{D_{AB}D_{BC}D_{CA}}}\right)i_A+2\left(\ln\frac{D_E}{\sqrt[3]{D_{AB}D_{BC}D_{CA}}}\right)i_C\right]\tag{11-6-49}$$

$$\Psi_C=\frac{\mu_0}{2\pi}\left[\left(\frac{\mu_r}{4}+\frac{1}{4}\right)i_C+2\left(\ln\frac{D_E}{R}\right)i_C+2\left(\ln\frac{D_E}{\sqrt[3]{D_{AB}D_{BC}D_{CA}}}\right)i_A+2\left(\ln\frac{D_E}{\sqrt[3]{D_{AB}D_{BC}D_{CA}}}\right)i_C\right]\tag{11-6-50}$$

从以上三式可知，完全换位三相架空线路 A、B、C 三相间的互感均相等。若 $i_A=i_B=i_C=i_0$，则可得完全换位三相架空线路的零序电感为

$$L_{A0}=L_{B0}=L_{C0}=\frac{\Psi_{A0}}{i_0}=\frac{\Psi_{B0}}{i_0}=\frac{\Psi_{C0}}{i_0}=\frac{\mu_0}{2\pi}\left(\frac{\mu_r}{4}+\frac{1}{4}+2\ln\frac{D_E}{R}+2\times2\ln\frac{D_E}{\sqrt[3]{D_{AB}D_{BC}D_{CA}}}\right)\tag{11-6-51}$$

分裂导线完全换位三相架空线路的零序电感为

$$L_{A0}=L_{B0}=L_{C0}=\frac{\mu_0}{2\pi}\left[\left(\frac{\mu_r}{4}+\frac{1}{4}\right)\Big/n+2\ln\frac{D_E}{R_{eq}}+2\times2\ln\frac{D_E}{\sqrt[3]{D_{AB}D_{BC}D_{CA}}}\right]\tag{11-6-52}$$

其中 R_{eq} 按式(11-6-40)计算。

习　题

习　题　1

1-1　求下列温度场的等温线方程：

(1) $T=xy$；(2) $T=\frac{1}{x^2+y^2}$。

1-2　求下列标量场的等值面方程：

(1) $u=\frac{1}{ax+by+cz}$；(2) $u=z-\sqrt{x^2+y^2}$；(3) $u=\ln(x^2+y^2+z^2)$。

1-3　求矢量场 $\mathbf{A}=x\boldsymbol{e}_x+y\boldsymbol{e}_y+2z\boldsymbol{e}_z$ 经过点 $M(1.0,2.0,3.0)$ 的矢量线方程。

1-4　求矢量场 $\mathbf{A}=y^2x\boldsymbol{e}_x+x^2y\boldsymbol{e}_y+y^2z\boldsymbol{e}_z$ 的矢量线方程。

1-5　设 $u(M)=3x^2+z^2-2yz+2xz$，求：$u(M)$ 在点 $M_0(1.0,2.0,3.0)$ 处沿矢量 $\boldsymbol{l}=yx\boldsymbol{e}_x+zx\boldsymbol{e}_y+xy\boldsymbol{e}_z$ 方向的方向导数。

1-6　求标量场 $u=xy+yz+zx$ 在点 $M_0(1.0,2.0,3.0)$ 处沿其矢径方向的方向导数。

1-7　设有标量场 $u=2xy-z^2$，求 u 在点 $(2.0,-1.0,1.0)$ 处沿该点至 $(3.0,1.0,-1.0)$ 方向的方向导数。在点 $(2.0,-1.0,1.0)$ 沿什么方向的方向导数达到最大值？其值是多少？

1-8　求下列标量场的 ∇u：

(1) $u=2xy$；(2) $u=x^2+y^2$；(3) $u=\mathrm{e}^x\sin y$；(4) $u=x^2y^3z^4$；(5) $u=3x^2-2y^2+3z^2$。

1-9　求标量场 $u=xyz^2-2x+x^2y$ 在点 $(-1.0,3.0,-2.0)$ 处的梯度。

1-10　求标量场 $u(x,y)=3x^2+y^2$ 具有最大方向导数的点及方向，所求的点满足 $x^2+y^2=1$。

提示：最大的方向导数就是在点 (x,y) 处的梯度，模最大，且满足 $x^2+y^2=1$，即求条件极值。

1-11　设 $\boldsymbol{r}=x\boldsymbol{e}_x+y\boldsymbol{e}_y+z\boldsymbol{e}_z$，$r=|\boldsymbol{r}|$，$\boldsymbol{n}$ 为正整数。

(1) 求 ∇r^2，∇r^n，$\nabla f(r)$；

(2) 证明 $\nabla(\boldsymbol{a}\cdot\boldsymbol{r})=\boldsymbol{a}$（$\boldsymbol{a}$ 是常矢量）。

1-12　设 S 为上半球面 $x^2+y^2+z^2=a^2(z\geqslant 0)$，其法向单位矢量 $\boldsymbol{e}_n$ 与 z 轴的夹角为锐角，求矢量场 $\boldsymbol{r}=x\boldsymbol{e}_x+y\boldsymbol{e}_y+z\boldsymbol{e}_z$ 沿 $\boldsymbol{e}_\mathrm{n}$ 所指的方向穿过 S 的通量。

提示：注意 $\boldsymbol{r}$ 与 $\boldsymbol{e}_\mathrm{n}$ 同向。

1-13　求均匀矢量场 $\boldsymbol{A}$ 通过半径为 R 的半球面的通量。(如题 1-13 图所示)

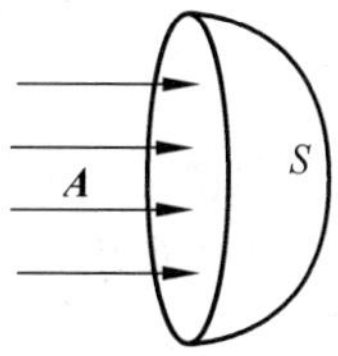

题 1-13 图

1-14　计算曲面积分 $\Phi=\iint_S (x^2-2xy)\mathrm{d}y\mathrm{d}z+(y^2-2yz)\mathrm{d}z\mathrm{d}x+z(z-2x+1)\mathrm{d}x\mathrm{d}y$，其中 S 是球心在原点、半径为 a 的球面外侧。

1-15　求矢量场 $\boldsymbol{A}$ 从内穿出所给闭曲面 S 的通量：

(1) $\boldsymbol{A}=x^3\boldsymbol{e}_x+y^3\boldsymbol{e}_y+z^3\boldsymbol{e}_z$，$S$ 为球面 $x^2+y^2+z^2=a^2$；

(2) $\boldsymbol{A}=(x-y+z)\boldsymbol{e}_x+(y-z+x)\boldsymbol{e}_y+(z-x+y)\boldsymbol{e}_z$，$S$ 为椭球面 $\dfrac{x^2}{a^2}+\dfrac{y^2}{b^2}+\dfrac{z^2}{c^2}=1$。

1-16　求下列空间矢量场的散度：

(1) $\boldsymbol{A}=(2z-3y)\boldsymbol{e}_x+(3x-z)\boldsymbol{e}_y+(y-2x)\boldsymbol{e}_z$；

(2) $\boldsymbol{A}=(3x^2-2yz)\boldsymbol{e}_x+(y^3+yz^2)\boldsymbol{e}_y+(xyz-3xz^2)\boldsymbol{e}_z$。

1-17　求 div $\boldsymbol{A}$ 在以下给定点处的值：

(1) $\boldsymbol{A}=x^3\boldsymbol{e}_x+y^3\boldsymbol{e}_y+z^3\boldsymbol{e}_z$ 在 $M(1.0,0.0,-1.0)$ 处；

(2) $\boldsymbol{A}=4x\boldsymbol{e}_x-2xy\boldsymbol{e}_y+z^2\boldsymbol{e}_z$ 在 $M(1.0,1.0,3.0)$ 处；

(3) $\boldsymbol{A}=xyz\boldsymbol{r}(\boldsymbol{r}=x\boldsymbol{e}_x+y\boldsymbol{e}_y+z\boldsymbol{e}_z)$ 在 $M(1.0,3.0,2.0)$ 处。

1-18　求标量场 $u=x^3y^4z^2$ 的梯度场的散度。

1-19　已知液体的流速场 $\boldsymbol{V}=3x^2\boldsymbol{e}_x+5xy\boldsymbol{e}_y+xyz^3\boldsymbol{e}_z$，问点 $M(1.0,2.0,3.0)$ 是否为源点？

1-20　点电荷产生电场强度的公式为 $\boldsymbol{E}=\dfrac{q}{4\pi\varepsilon_0 R^2}\boldsymbol{e}_R$。已知点电荷 q_1、q_2 分别位于 M_1、M_2 两点处，求从闭曲面 S 内穿出的电场强度通量 Ψ_E，其中 S 为

(1) 不包含 M_1、M_2 两点的任一闭曲面；

(2) 仅包含 M_1 点的任一闭曲面；

(3) 同时包含 M_1、M_2 两点的任一闭曲面。

1-21　求矢量场 $\boldsymbol{A}=-y\boldsymbol{e}_x+x\boldsymbol{e}_y+c\boldsymbol{e}_z$($c$ 为常数)沿下列曲线的环量：

(1) 圆周 $x^2+y^2=R^2$，$z=0$(旋转方向与 z 轴成右手关系)；

(2) 圆周 $(x-2)^2+y^2=R^2$，$z=0$(旋转方向与 z 轴成右手关系)。

1-22　求矢量场 $\boldsymbol{A}=xyz(\boldsymbol{e}_x+\boldsymbol{e}_y+\boldsymbol{e}_z)$ 在点 $M(1.0,3.0,2.0)$ 处的旋度以及在这点沿方向 $\boldsymbol{e}_n=\dfrac{1}{3}(\boldsymbol{e}_x+2\boldsymbol{e}_y+2\boldsymbol{e}_z)$ 的环量面密度。

1-23　设矢量场 $\boldsymbol{A}=(x+y)\boldsymbol{e}_x+(y-x)\boldsymbol{e}_y$，求该矢量场沿椭圆周 C：$\dfrac{x^2}{a^2}+\dfrac{y^2}{b^2}=1$ 与 z 轴成右手关系方向的环量。

1-24　求习题 1-16 中各矢量场的旋度。

1-25　试证明矢量恒等式 $\nabla\times(\nabla u)=\boldsymbol{0}$ 和 $\nabla\cdot(\nabla\times\boldsymbol{A})=0$。

1-26　写出平行平面场的特点，在平行平面场情况下为什么可以用二维场代替三维场？

1-27　写出轴对称场的特点，在轴对称场情况下为什么可以用二维场代替三维场？

习 题 2

(注意：以下各题中凡是未标明电介质和导体的空间，按真空考虑。)

2-1 在边长为 a 的正方形四角顶点上放置电荷量为 q 的点电荷，在正方形几何中心处放置电荷量为 Q 的点电荷。问 Q 为何值时四个顶点上的电荷受力均为零。

2-2 有一长为 $2l$、电荷线密度为 τ 的直线电荷。

(1) 求直线延长线上到线电荷中心距离为 $2l$ 处的电场强度和电位；

(2) 求线电荷中垂线上到线电荷中心距离为 $2l$ 处的电场强度和电位。

2-3 半径为 a 的圆盘，均匀带电，电荷面密度为 σ。求圆盘轴线上到圆心距离为 b 的场点的电位和电场强度。

2-4 在空间中，下列矢量函数中哪些可能是静电场的电场强度，哪些不是？回答并说明理由。

(1) $3\boldsymbol{e}_x+4\boldsymbol{e}_y-\boldsymbol{e}_z$；(2) $x\boldsymbol{e}_x+4y\boldsymbol{e}_y-z\boldsymbol{e}_z$；(3) $y\boldsymbol{e}_x+4z\boldsymbol{e}_y-x\boldsymbol{e}_z$；(4) $r\boldsymbol{e}_r$(球坐标系)；(5) $r^2\boldsymbol{e}_\alpha$(圆柱坐标系)。

2-5 有两个相距为 d 的平行无限大平面电荷，电荷面密度分别为 σ 和 $-\sigma$。求由这两个无限大平面分割出的三个空间区域的电场强度。

2-6 求厚度为 d、体电荷密度为 ρ 的均匀带电无限大平板在空间三个区域(电荷区和两侧的无电荷区)产生的电场强度。

2-7 有一半径为 a 的均匀带电无限长圆柱体，其单位长度上带电荷量为 τ。求空间的电场强度。

2-8 如题2-8图所示，一半径为 a 的均匀带电无限长圆柱体电荷，电荷体密度为 ρ，在其中挖出半径为 b 的无穷长平行圆柱孔洞，两圆柱轴线距离为 d。求孔洞内各处的电场强度。

2-9 求题2-9图所示电偶极子 $\boldsymbol{p}$ 对实验电荷 q_t 的作用力。

2-10 如题2-10图所示，平行平板电容器中，一半是介电常数为 ε 的电介质，另一半是真空。电容器正负极之间距离为 d，加电压 U。求电介质中的电场强度、电位移矢量、极化强度、极化电荷体密度以及电介质与真空分界面上的极化面电荷密度。

2-11 有一带电导体球，带电荷量为 q，周围空间为空气。空气的介电常数为 ε_0，空气的击穿场强为 E_0。问导体球的半径大到什么程度就不会出现空气击穿？

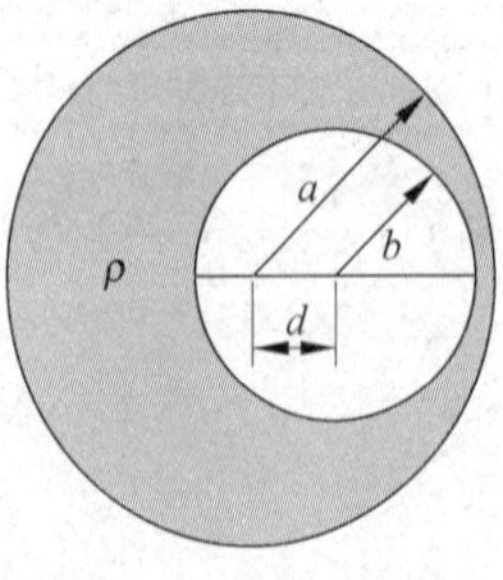

题2-8图

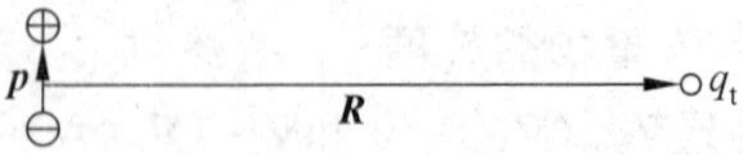

题2-9图

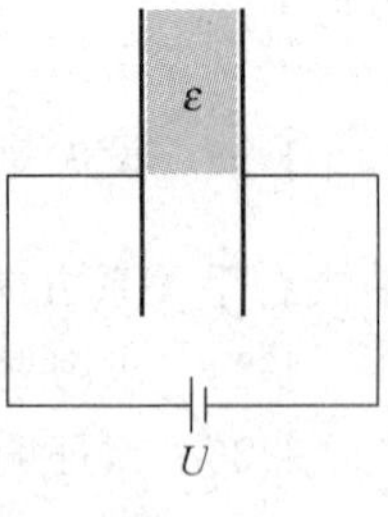

题2-10图

2-12　试证明在线性、各向同性、均匀电介质中若没有自由体电荷就不会有束缚体电荷。

2-13　已知某种球对称分布的电荷产生的电位在球坐标系中的表示式为 $\varphi(r)=\dfrac{a}{r}\mathrm{e}^{br}$，$a$ 和 b 均为常数。求体电荷密度。

ppt：习题 2-14 解答

2-14　如题 2-14 图所示，有一平行平板电容器，两极板距离 $AB=d$，板间平行地放置两块薄金属片 C 和 D，忽略薄金属片的厚度，有 $AC=CD=DB=\dfrac{d}{3}$。若将 AB 两极板充电到电压 U_0 后，拆去电源，问：

(1) AC、CD、DB 之间的电压为多少？C 和 D 两金属片上电荷分布如何？AC、CD、DB 之间的电场强度为多少？

(2) 在(1)的基础上，若将 C 和 D 两金属片用导线联接后再断开，重新回答(1)中的三个问题。

(3) 若充电前先用导线联接 C 和 D 两金属片，充电完成后先断开电源，再断开 C 和 D 之间连线，重新回答(1)中的三个问题。

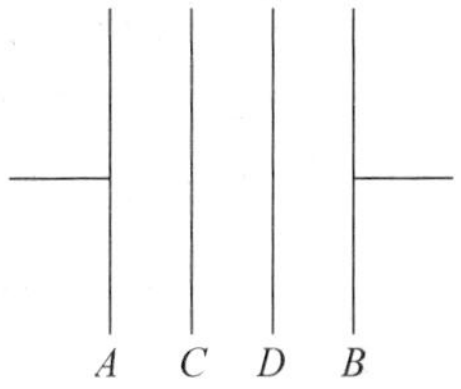

题 2-14 图

(4) 在(2)的基础上，若将 A 和 B 用导线联接再断开，重新回答(1)中的三个问题。

(5) 在(3)的基础上，若将 A 和 B 用导线联接再断开，重新回答(1)中的三个问题。

2-15　有一分区均匀电介质电场，区域 1($z<0$)中的相对介电常数为 ε_{r1}，区域 2($z>0$)中的相对介电常数为 ε_{r2}。已知 $\boldsymbol{E}_1=20\boldsymbol{e}_x-10\boldsymbol{e}_y+50\boldsymbol{e}_z$，求 $\boldsymbol{D}_1$、$\boldsymbol{E}_2$ 和 $\boldsymbol{D}_2$。

2-16　如题 2-16 图所示，一半径为 a 的金属球位于两种不同电介质的无穷大分界平面处，导体球的电位为 φ_0。求两种电介质中各点的电场强度和电位移矢量。

2-17　在直角坐标系中，给定一电荷分布为

$$\rho=\begin{cases}\rho_0\cos\left(\dfrac{\pi}{a}x\right), & -a\leqslant x\leqslant a\\ 0, & |x|>a\end{cases}$$

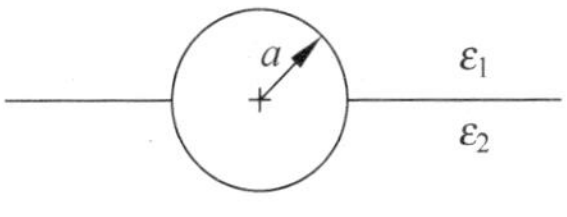

题 2-16 图

求空间各区域的电位分布。

2-18　在平行平面静电场中，若边界线的某一部分与一条电场强度线重合。问：这部分边界线的边界条件如何表示？

2-19　静电场边值问题中，第一类齐次边界条件处电场强度的方向与边界呈什么关系？

2-20　静电场边值问题中，第二类齐次边界条件处电场强度的方向与边界呈什么关系？

2-21　用导电材料制成的接地厢体可以屏蔽静电场，试说明其原理。

2-22　有两条无限长的线电荷，所带电荷线密度相同，均为 $\tau=1.0\times10^{-9}$。第一条线电荷位于 $y=0$，$z=10$ 处，与 x 轴平行，第二条线电荷位于 $x=0$，$z=15$ 处，与 y 轴平行。求 x、y 平面内 $x=y$ 直线上电位分布。可以取离散点 $x=y=0,\pm5,\pm10,\pm15,\pm20$，计算出电位值，并画出曲线。

2-23　条件与习题 2-22 相同。求 x、y 平面内 $x=y$ 直线上的电场强度。可以取离散点 $x=y=0,\pm5,\pm10,\pm15,\pm20$，计算出电场强度的三个分量，并画出曲线。

2-24　从点对称(圆球面情况)、线对称(圆柱面情况)和面对称(平面情况)三种情况,总结使用高斯通量定理解静电场问题的均匀对称条件。各举一例说明。

2-25　以习题 2-24 为基础,放置媒质材料使媒质分界面平行于场矢量或垂直于场矢量,利用高斯通量定理,求解多种媒质情况下的静电场。各举一例说明。

2-26　在一个均匀电场中放置一块相对介电常数大于 1 的电介质,利用极化电荷研究电介质对原来电场的影响。

提示:可以假设电介质为一球体,研究区域包括电介质内部、与电场一致方向电介质外部和与电场垂直方向的电介质侧面外部。

2-27　真空中有半径为 a 的球形体电荷,$\rho(r)=\rho_0 r(r\leqslant a)$,利用高斯通量定理求空间的电场强度和电位。

2-28　真空中有半径为 a 无限长圆柱体电荷,$\rho(r)=\rho_0 r(r\leqslant a)$,利用高斯通量定理求空间的电场强度和电位。

2-29　真空中有厚度为 $2d$ 的无限大体电荷,$\rho(x)=\rho_0|x|$,利用高斯通量定理求空间的电场强度和电位(设电位参考点在 $x=0$ 处)。

2-30　真空中有厚度为 $2d$ 的无限大体电荷,$\rho(x)=\rho_0 x$,利用高斯通量定理求空间的电场强度和电位(设电位参考点在 $x=0$ 处)。

习　题　3

3-1　一平行平板电容器如题 3-1 图所示。两极板相距 d,极板之间有两层电介质。第一种电介质厚度为 a,介电常数为 ε_1,电导率为 γ_1。第二种电介质厚度为 $d-a$,介电常数为 ε_2,电导率为 γ_2。若两极之间加电压 U,求电介质中的电场强度、漏电流密度、电介质分界面上自由电荷的面密度。

3-2　在导电媒质中,电荷的体密度为 $\rho=\boldsymbol{\nabla}\left(\frac{\varepsilon}{\gamma}\right)\cdot\boldsymbol{J}$。当导电媒质为均匀媒质时,$\varepsilon$ 和 γ 都不随空间位置变化,因此电荷密度为零。另一方面,由定义可知,体电流密度为电荷体密度乘以电荷运动的速度。试解释均匀导电媒质中体电流密度不为零而体电荷密度为零这一"矛盾"。

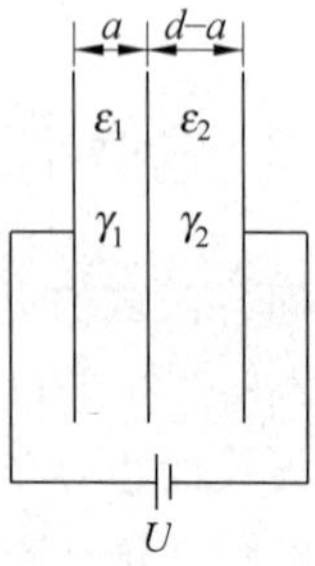

题 3-1 图

3-3　线电流、面电流密度、体电流密度的量纲分别是什么?

3-4　导体与理想电介质的分界面上,导体一边没有法线方向的电流密度,因此也没有法线方向的电场强度和电位移矢量。但在电介质一侧却可能有法线方向的电场强度和电位移矢量,为什么?

3-5　沿着电流密度线人为划一条边界,试问在恒定电流场边值问题中这条边界满足第几类边界条件?

3-6　在不良导体的恒定电流场中放入一小块良导体,从不良导体一侧看,电流密度是趋向垂直于分界面还是平行于分界面?

3-7　在良导体的恒定电流场中放入一小块不良导体,从良导体一侧看,电流密度是趋向垂直于分界面还是平行于分界面?

3-8　在恒定电场的电源中，总的电场强度闭合线积分为零吗？局外电场强度的闭合线积分为零吗？库仑电场强度的闭合线积分为零吗？在电源之外，上述三个闭合线积分是否为零？

3-9　假设大地为均匀导电媒质，浅埋于地下的不规则形状接地体电流流入大地。在远离接地体的大地内，电流如何分布？

3-10　从点对称（圆球面情况）、线对称（圆柱面情况）和面对称（平面情况）三种情况，总结使用电流连续性定理解恒定电场问题的均匀对称条件。各举一例说明。

3-11　以习题 3-10 为基础，放置媒质材料使媒质分界面平行于场矢量或垂直于场矢量，利用电流连续性定理，求解多种媒质情况下的恒定电场。各举一例说明。

3-12　在一个均匀恒定电流场中放置一块电导率相对（周围）较大的导电媒质，可以假设导电媒质为一球体，研究导电媒质对原电流场的影响。研究区域包括球体内部、与电场一致方向上球体外部和与电场垂直方向的球体侧面外部。

3-13　半径为 a 的浅埋半球形接地体附近（半径 $r\leqslant R$）土壤电导率为 γ_1，之外（半径 $r\geqslant R$）的大地电导率为 γ_2，入地电流为 I。求各处的电场强度、电流密度和电位。

习　题　4

（注意：以下各题中凡是未标明磁媒质的空间，按真空考虑）。

4-1　如题 4-1 图所示，两条通以电流 I 的半无限长直导线垂直交于 O 点。在两导线所在平面，以 O 点为圆心作半径为 R 的圆。求圆周上 A、B、C、D、E、F 各点的磁感应强度。

4-2　xy 平面上有一正 n 边形导线回路。回路的中心在原点，n 边形顶点到原点的距离为 R。导线中电流为 I。

（1）求此载流回路在原点产生的磁感应强度；

（2）证明当 n 趋近于无穷大时，所得磁感应强度与半径为 R 的圆形载流导线回路产生的磁感应强度相同；

（3）计算 n 等于 3 时原点的磁感应强度。

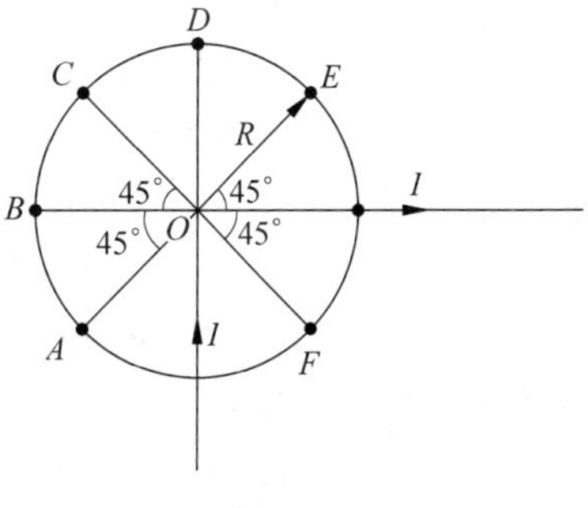

题 4-1 图

4-3　设矢量磁位的参考点为无限远处，计算半径为 R 的圆形导线回路通以电流 I 时，在其轴线上产生的矢量磁位。

4-4　设矢量磁位的参考点在无限远处，计算一段长为 2m 的直线电流 I 在其中垂线上距线电流 1m 处的矢量磁位。

4-5　在空间中，下列矢量函数哪些可能是磁感应强度？哪些不是？回答并说明理由。

（1）$Ar\boldsymbol{e}_r$（球坐标系）；（2）$A(x\boldsymbol{e}_y+y\boldsymbol{e}_x)$；

（3）$A(x\boldsymbol{e}_x-y\boldsymbol{e}_y)$；（4）$Ar\boldsymbol{e}_\alpha$（球坐标系）；（5）$Ar\boldsymbol{e}_\alpha$（圆柱坐标系）。

4-6　相距为 d 的平行无限大平面电流，两平面分别在 $z=-d/2$ 和 $z=d/2$ 平行于 xy 平面。相应的面电流密度分别为 $K\boldsymbol{e}_x$ 和 $K\boldsymbol{e}_y$，求由两无限大平面分割出的三个空间区域的磁感应强度。

4-7　求厚度为 d、中心在原点、沿 yz 平面平行放置、体电流密度为 $J_0\boldsymbol{e}_z$ 的无限大导电板产生的磁感应强度。

4-8　如题4-8图所示，同轴电缆通以电流 I。求各处的磁感应强度。

4-9　如题4-9图所示，两无穷长平行圆柱面之间均匀分布着密度为 $\boldsymbol{J}=J\boldsymbol{e}_z$ 的体电流。求小圆柱面内空洞中的磁感应强度。

4-10　在无限大磁媒质分界面上，有一无穷长直线电流 I，如题4-10图所示。求两种媒质中的磁感应强度和磁场强度。

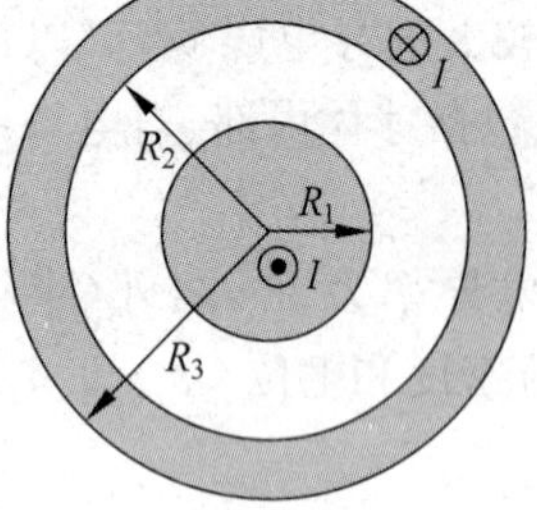

题4-8图

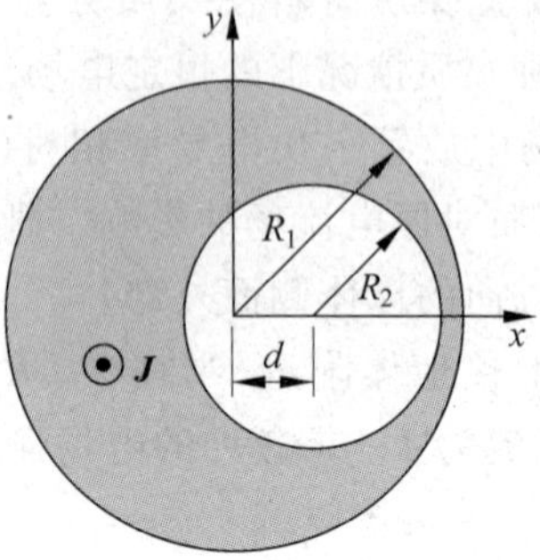

题4-9图

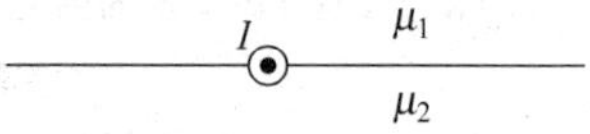

题4-10图

4-11　试证明真空中以速度 $\boldsymbol{v}$ 运动的点电荷所产生的磁场强度和电位移矢量之间的关系为 $\boldsymbol{H}=\boldsymbol{v}\times\boldsymbol{D}$。

4-12　试证明真空中以角速度 ω 作半径为 R 的圆周运动的点电荷 q 在圆心处产生的磁场强度为 $\boldsymbol{H}=\dfrac{q\omega}{4\pi R}\boldsymbol{e}_n$，$\boldsymbol{e}_n$ 是与圆周运动方向成右手螺旋关系方向的单位矢量。

4-13　如题4-13图所示，半径为 a、长度为 $2l$ 的永磁材料圆柱，被永久磁化到磁化强度为 $M_0\boldsymbol{e}_z$。求轴线上任一点的磁感应强度 $\boldsymbol{B}$ 和磁场强度 $\boldsymbol{H}$。

4-14　半径为 a 的无限长圆柱，表面载有密度为 $K_0\boldsymbol{e}_\alpha$ 的面电流。求空间的磁感应强度和矢量磁位。

4-15　在沿 z 轴放置的长直导线电流产生的磁场中，求点(0,1,0)与点(0,−1,0)之间的矢量磁位差和标量磁位差(积分路径不得环绕电流)。

4-16　在平行平面场中，沿磁感应强度线人为做一条边界，试问此边界满足矢量磁位表示恒定磁场边值问题的第几类边界条件？

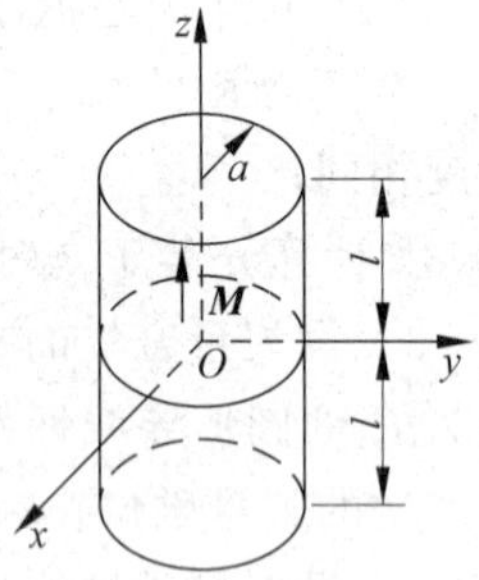

题4-13图

4-17　在平行平面场中，沿磁感应强度线人为做一条边界。试问此边界满足标量磁位表示恒定磁场边值问题的第几类边界条件？

4-18　在真空均匀磁场中放入一小块铁磁媒质(相对磁导率远大于1)，试问与周围场域相比，媒质中磁感应强度和磁场强度总体有何变化(大或小)？

4-19　用铁磁材料制成的厢体可以屏蔽恒定磁场，试说明其原理。

4-20　从线对称(圆柱面情况)和面对称(平面情况)两种情况，总结使用安培环路定理解恒定磁场问题的均匀对称条件。各举一例说明。

4-21　以习题 4-20 为基础，放置媒质材料使媒质分界面平行于场矢量或垂直于场矢量，利用安培环路定理，求解多种媒质情况下的恒定磁场。各举一例说明。

4-22　在一个均匀恒定磁场中放置一块磁导率相对(周围)较大的导磁媒质，可以假设导电媒质为一球体，研究导磁媒质对原磁场的影响。研究区域包括球体内部、与磁场一致方向上球体外部和与磁场垂直方向的球体侧面外部。

4-23　真空中有半径为 a 的圆柱体电流，$\boldsymbol{J}(r)=J_0 r\boldsymbol{e}_z$，利用安培环路定理求空间的磁感应强度和矢量磁位(设矢量磁位参考点在 $r=0$ 处)。

4-24　真空中有厚度为 $2d$ 的无限大体电流，$\boldsymbol{J}(x)=J_0|x|\boldsymbol{e}_z$，利用安培环路定理求空间的磁感应强度和矢量磁位(设矢量磁位参考点在 $x=0$ 处)。

4-25　真空中有厚度为 $2d$ 的无限大体电流，$\boldsymbol{J}(x)=J_0 x\boldsymbol{e}_z$，利用安培环路定理求空间的磁感应强度和矢量磁位(设矢量磁位参考点在 $x=0$ 处)。

习　题　5

5-1　如题 5-1 图所示，一个宽为 a、长为 b 的矩形导体框，放置在磁场中，磁感应强度为 $\boldsymbol{B}=B_0\sin\omega t\boldsymbol{e}_y$。导体框静止时其法线方向 $\boldsymbol{e}_n$ 与 $\boldsymbol{e}_y$ 呈 α 角。求导体框静止时或以角速度 ω 绕 x 轴旋转(假定 $t=0$ 时刻，$\alpha=0$)时的感应电动势。

5-2　设题 5-2 图中不随时间变化的磁场只有 z 轴方向的分量，沿 y 轴按 $B=B_z(y)=B_m\cos(ky)$ 的规律分布。现有一匝数为 N 的线圈平行于 xOy 平面，以速度 v 沿 y 轴方向移动(假定 $t=0$ 时刻，线圈几何中心处 $y=0$)。求线圈中的感应电动势。

5-3　一半径为 a 的金属圆盘，在垂直方向的均匀磁场 B 中以等角速度 ω 旋转，其轴线与磁场平行。在轴与圆盘边缘上分别接有一对电刷，如题 5-3 图所示。这一装置称为法拉第发电机。试证明两电刷之间的电压为 $\dfrac{\omega a^2 B}{2}$。

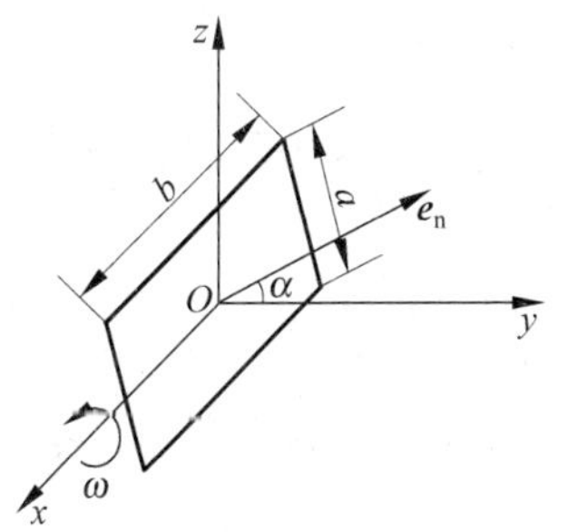

题 5-1 图

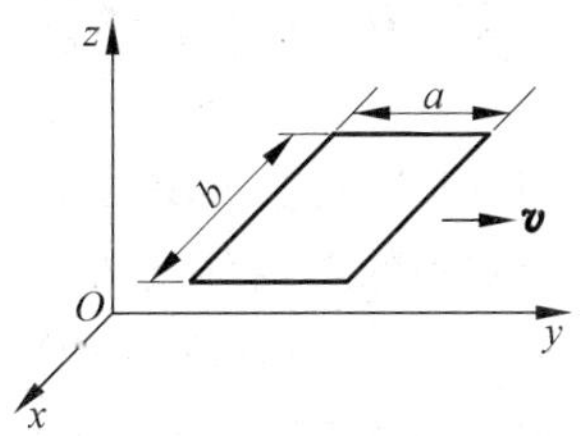

题 5-2 图

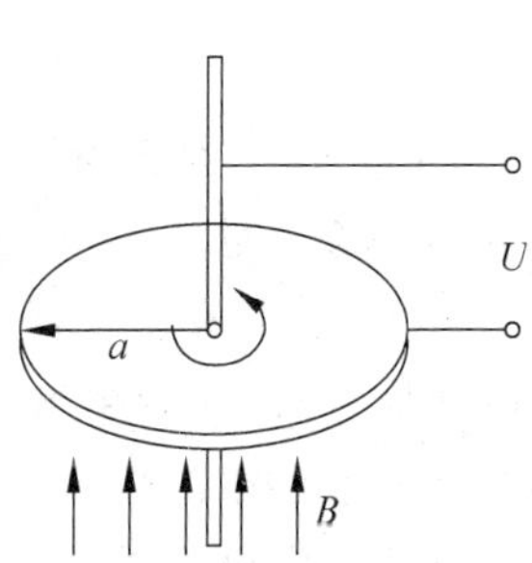

题 5-3 图

5-4　设平板电容器极板间的距离为 d，介质的介电常数为 ε_0，极板间接交流电源，电压为 $u=U_m\sin\omega t$。求极板间任意点的位移电流密度。

5-5　一同轴圆柱形电容器，其内、外半径分别为 $r_1=1\text{cm}$、$r_2=4\text{cm}$，长度 $l=0.5\text{m}$，极板间介质的介电常数为 $4\varepsilon_0$，极板间接交流电源，电压为 $u=6000\sqrt{2}\sin 100\pi t\,\text{V}$。求 $t=1.0\text{s}$ 时极板间任意点的位移电流密度。

5-6　当一个点电荷以角速度 ω 作半径为 R 的圆周运动时，求圆心处位移电流密度的表达式。

5-7　一个球形电容器的内、外半径分别为 a 和 b，内、外导体间材料的介电常数为 ε、电导率为 γ，在内、外导体间加低频电压 $u=U_m\cos\omega t$。求内、外导体间的全电流。

5-8　在一个圆形平行平板电容器的极板间加上低频电压 $u=U_m\sin\omega t$，设极板间距离为 d，极板间绝缘材料的介电常数为 ε，试求极板间的磁场强度。

5-9　在交变电磁场中，某材料的相对介电常数为 $\varepsilon_r=81$，电导率为 $\gamma=4.2\text{S/m}$。分别求频率 $f_1=1\text{kHz}$、$f_2=1\text{MHz}$，以及 $f_3=1\text{GHz}$ 时位移电流密度和传导电流密度的比值。

5-10　一矩形线圈在均匀磁场中转动，转轴与磁场方向垂直，转速 $n=3000\text{r/min}$。线圈的匝数 $N=100$，线圈的边长 $a=2\text{cm}$、$b=2.5\text{cm}$。磁感应强度 $B=0.1\text{T}$。计算线圈中的感应电动势。

5-11　题5-11图所示的一对平行长线中有电流 $i(t)=I_m\sin\omega t$。求矩形线框中的感应电动势。

5-12　一根导线密绕成一个圆环，共100匝，圆环的半径为5cm，如题5-12图所示。当圆环绕其垂直于地面的直径以500r/min的转速旋转时，测得导线的端电压为1.5mV(有效值)，求地磁场磁感应强度的水平分量。

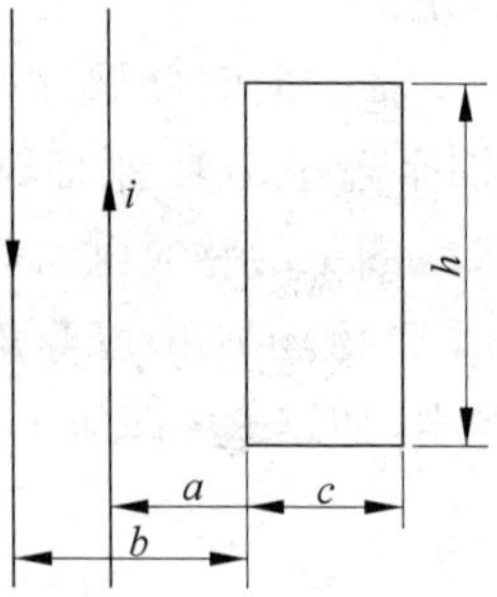

题5-11图

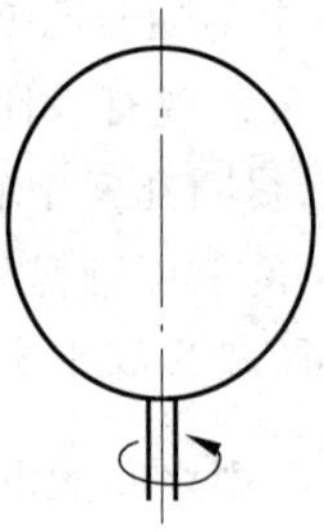
题5-12图

5-13　真空中磁场强度的表达式为 $\boldsymbol{H}=\boldsymbol{e}_zH_z=\boldsymbol{e}_zH_0\sin(\omega t-\beta x)$，求空间的位移电流密度和电场强度。

5-14　已知在某一理想介质中的位移电流密度为 $\boldsymbol{J}_D=2\sin(\omega t-5z)\boldsymbol{e}_x\,\mu\text{A/m}^2$，介质的介电常数为 ε_0，磁导率为 μ_0。求介质中的电场强度 $\boldsymbol{E}$ 和磁场强度 $\boldsymbol{H}$。

5-15　由两个大平行平板组成电极，极间介质为空气，两极之间电压恒定。当两极板以恒定速度 v 沿极板所在平面的法线方向相互靠近时，求极板间的位移电流密度。

5-16　教材中用短线电流为辐射源推导了单元辐射子产生矢量动态位，由矢量动态位得出磁场强度，由磁场强度得出电场强度。试用电偶极子为辐射源推导单元辐射子产生的标量动态位，用标量动态位和矢量动态位一起计算电场强度。将所得电场强度表达式与教材中结果对比。

5-17　习题5-16中只用电偶极子产生的标量动态位能否计算电场强度?

5-18　写出真空中单元辐射子在辐射区的电磁波波阻抗、波速、波长和相位常数与介电常数、磁导率和频率的关系。

习　题　6

6-1　无限大导体平面上方左右对称放置两种电介质，介电常数分别为 ε_1 和 ε_2。在第一种电介质中距导体平面 a，距电介质分界面 b 处，放置一点电荷 q。若求解区域为第一种媒质的空间，求镜像电荷。

6-2　导体表面为一有球形凹坑的无限大平面，凹坑的半径为 a，今在凹坑正上方距无限大平面 h 处放置一点电荷 q。$h>a$。问能否用镜像法计算导体以外的电场。若能请给出镜像电荷的位置；若不能请说明理由。

6-3　导体表面如题 6-3 图所示的两无限大平面，在两导体平面形成的空间区域放置一点电荷 q。问：两平面之间夹角 θ 为下列数值中哪一个时可以用镜像法？镜像电荷如何分布？

(1) $\theta=40°$；(2) $\theta=60°$；(3) $\theta=80°$。

ppt：导体平面夹角多重镜像安排

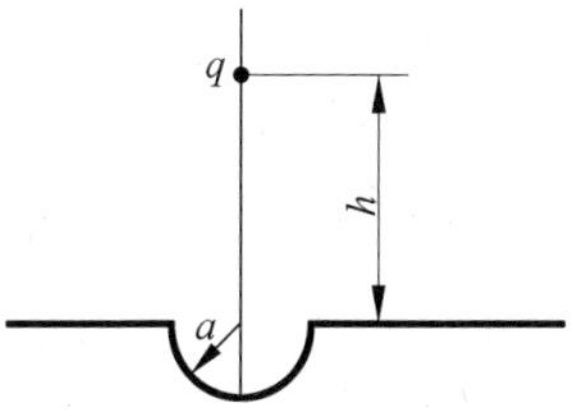

题 6-2 图

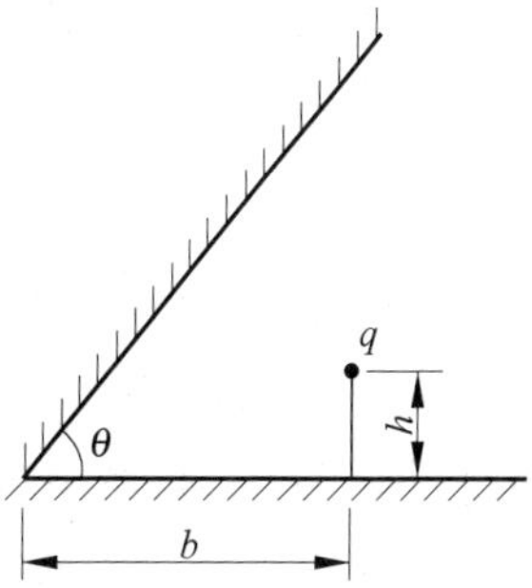

题 6-3 图

6-4　如题 6-4 图所示，一半径为 R 的接地导体球，过球面上一点 P 作球面的切线 PQ，在 Q 点放置点电荷 q，求 P 点的电荷面密度。

6-5　内半径为 R 的金属球壳内，距球心 b 处放置一点电荷 q，金属球壳的电位为 φ_0。当需要求球壳内空间的电场强度和电位时，镜像电荷如何分布？

6-6　题 6-6 图所示带等量异号电荷(τ 和 $-\tau$)的无限长偏心圆柱导体之间存在电场。已知导体之间介电常数为 ε，给定尺寸 a_1、a_2 和 d。求电轴的位置和导体之间的电位差(电压)。

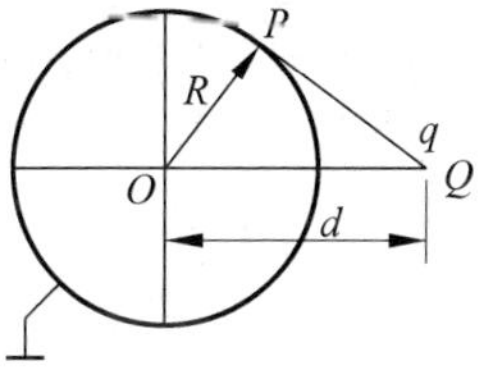

题 6-4 图

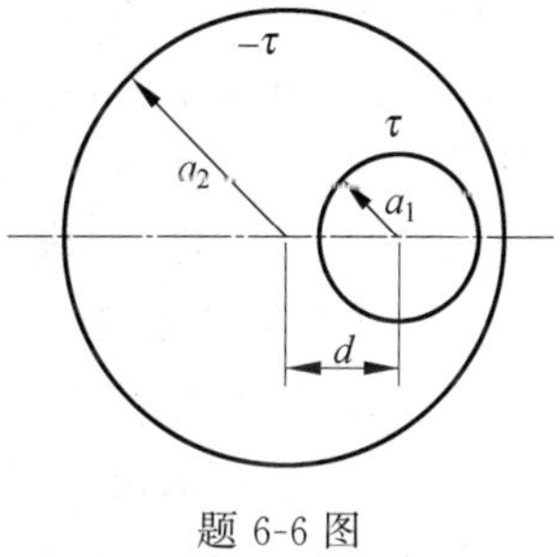

题 6-6 图

6-7　画出题 6-7 图所示各种情况下的镜像电流，标出镜像电流的大小、流向和有效区。

6-8　用分离变量法求解如下静电场问题中的电位分布：如题 6-8 图所示，矩形导体槽壁电位为零，导体槽盖电位为 U_0，槽盖与槽壁绝缘。

ppt：分离变量法，习题6-8电位云图

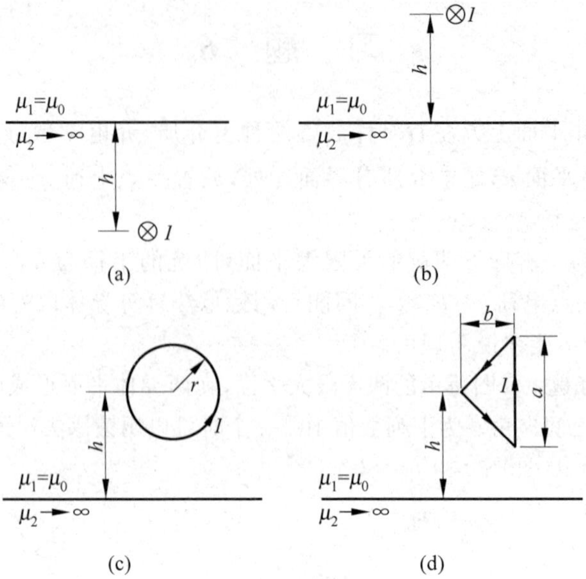

题 6-7 图

提示：将矩形电位波形分解为傅里叶级数，利用直角坐标系的分离变量公式将级数形式的边界条件代入，比较系数可得槽内电位分布的级数表达式。

6-9　已知在区间(0,1)上，函数 $u(x)$ 满足方程 $-\frac{\mathrm{d}^2u(x)}{\mathrm{d}x^2}=1+4x^2$，边界条件 $u(0)=0, u(1)=0$，用解析积分方法写出区间(0,1)电位分布的表达式。

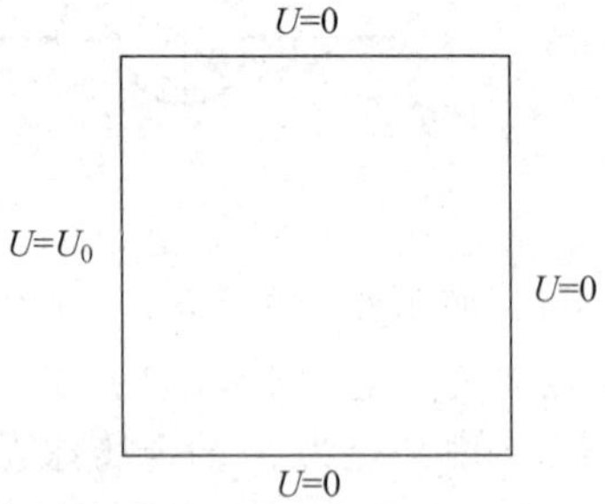

题 6-8 图

6-10　真空中有半径为 a 的球形体电荷，$\rho(r)=\rho_0 r$，列出边值问题基本方程和边界条件，利用一维直接积分法求电位和电场强度。

6-11　真空中有半径为 a 的无限长圆柱体电荷，$\rho(r)=\rho_0 r$，列出边值问题基本方程和边界条件，利用一维直接积分法求电位和电场强度。提示：电位参考点设在 $r=0$ 处。

6-12　真空中有厚度为 $2d$ 的无限大体电荷，$\rho(x)=\rho_0|x|$，列出边值问题基本方程和边界条件，利用一维直接积分法求电位(设电位参考点在 $x=0$ 处)和电场强度。

6-13　真空中有厚度为 $2d$ 的无限大体电荷，$\rho(x)=\rho_0 x$，列出边值问题基本方程和边界条件，利用一维直接积分法求电位(设电位参考点在 $x=0$ 处)和电场强度。

6-14　半径为 a 的浅埋半球形接地体附近(半径 $r\leqslant R$)土壤电导率为 γ_1，之外(半径 $r\geqslant R$)的大地电导率为 γ_2，入地电流为 I。列出边值问题基本方程和分界面衔接条件、边界条件，求地面各处的电场强度和电位。

6-15　真空中有半径为 a 的圆柱体电流，$\boldsymbol{J}(r)=J_0 r\boldsymbol{e}_z$，列出边值问题基本方程和边界条件，利用一维直接积分法求矢量磁位和磁感应强度。

6-16　真空中有宽度为 $2d$ 的无限大体电流，$\boldsymbol{J}(x)=J_0 x\boldsymbol{e}_z$，列出边值问题基本方程和边界条件，利用一维直接积分法求矢量磁位和磁感应强度。

6-17　同轴电缆内导体为半径 R_1 的圆柱壳，外导体为半径 R_2 的圆柱壳，内外导体通以大小相等、方向相反的轴向电流。现要求内外导体之间的磁通量为 Φ_0，建立矢量磁位边值问题模型，求磁感应强度、电流。

6-18　同轴电缆内导体为半径 R_1 的圆柱壳，外导体为半径 R_2 的圆柱壳，内外导体之间加电压 U_0。建立电位边值问题模型，求电位和电场强度。

习　题　7

7-1　三角形有限元三个节点 i、j 和 k 的坐标分别为(0,0)、(1,0)和(0,1)，求 $N_i(x,y)$、$N_j(x,y)$和 $N_k(x,y)$。

7-2　证明 N_i 在 i 点上的值为 1，在 j 和 k 点上的值为 0；证明 N_j 在 j 点上的值为 1，在 i 和 k 点上的值为 0；证明 N_k 在 k 点上的值为 1，在 i 和 j 点上的值为 0。

7-3　三角形有限元三个节点编号为 i、j 和 k。证明若 i、j、k 按逆时针编号则 $\Delta=\frac{1}{2}\begin{vmatrix}1 & x_i & y_i\\ 1 & x_j & y_j\\ 1 & x_k & y_k\end{vmatrix}$ 为三角形的面积；证明若 i、j、k 按顺时针编号则 $\Delta=\frac{1}{2}\begin{vmatrix}1 & x_i & y_i\\ 1 & x_j & y_j\\ 1 & x_k & y_k\end{vmatrix}$ 为三角形的面积的负值。

7-4　写出五种加权余量法的权函数。

7-5　试比较有限元法和边界元法的优缺点。

7-6　写出你所理解的整体基函数与单元形状函数之间的关系。

7-7　在边界元法中当源点与场点所在单元靠近时需要细分网格计算积分，而在有限元法中积分不用细分网格，为什么？

7-8　已知在区间(0,1)上，函数 $u(x)$满足方程 $-\frac{\mathrm{d}^2u(x)}{\mathrm{d}x^2}=1+4x^2$，边界条件 $u(0)=0$，$u(1)=0$，用划分为三个单元的线性插值有限元法计算 $x=\frac{1}{3}$，$x=\frac{2}{3}$ 两点的电位。写出计算步骤。

习　题　8

8-1　一个空气介质的电容器，若保持极板间电压不变，向电容器的极板间汼满介电常数为 $\varepsilon=4\varepsilon_0$ 的油，问注油前后电容器中的电场能量密度将如何改变？若保持电荷不变，注油前后电容器中的电场能量密度又将如何改变？

8-2　内、外两个半径分别为 a、b 的同心球面极板组成的电容器，极板间介质的介电常数为 ε_0，当内、外电极上的电荷分别为 $\pm q$ 时，求内电极球面单位面积受到的膨胀力和外电极球面单位面积受到的收缩力。

8-3　两个同轴薄金属圆柱，半径分别为 $R_1=5\text{cm}$、$R_2=6\text{cm}$，小圆柱有 $l=1\text{m}$ 放在大圆柱内，极板间介质的介电常数为 ε_0，如果在两圆柱间加上 $U=1000\text{V}$ 的电压，求小圆柱所受到的轴向吸引力。

8-4 一个静电电位计的转动部分是 n 片半圆形平行金属片连接在一起,固定部分是 $n+1$ 片半圆形平行金属片。设金属圆片的半径均为 $r=3\text{cm}$,固定片与可动片之间的间隔 $\delta=0.5\text{mm}$。若 $n=3$,当动、静片之间的电压为 $U=500\text{V}$ 时,求转矩的大小。

8-5 平板电容器中充满两种介质,介质在极板间的分布如题 8-5 图所示。用虚位移法分别求两种情况下介质分界面上单位面积所受作用力。

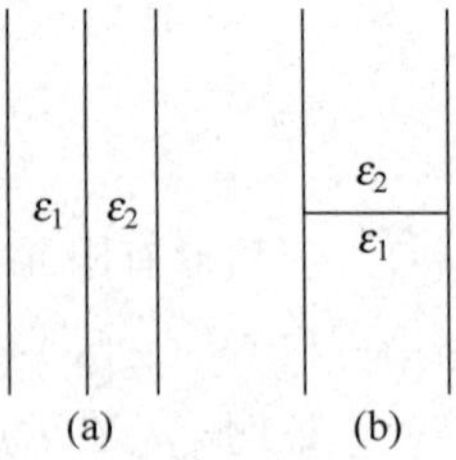

题 8-5 图

8-6 一个长度为 l 的圆柱形电容器,两个同轴圆柱薄壳的半径分别为 a 和 b,其间充满介电常数为 ε 的固体介质。现将介质从电容器中沿轴向拉出一部分,且保持不动,求此时需对介质施加的外力。

8-7 内导体半径为 a、外半径为 b 的同轴电缆中通有电流 I。假定外导体的厚度可以忽略,求单位长度的磁场能量。

8-8 已知二长直输电线的间距为 D,通以电流 I,求单位长度导线所受到的磁场力。

8-9 空气中有一个边长为 b 的等边三角形回路和一长直导线,三角形回路的一边与长直导线平行,间距为 a,三角形回路的另一顶点离直导线较远,如题 8-9 图所示。当直导线和三角形回路分别有电流 I_1 和 I_2 时,求三角形回路与直导线之间的互有磁场能量和直导线对三角形回路的整体作用力。

8-10 题 8-10 图为磁电系仪表的电磁驱动部分基本原理图。其中绕在圆柱形骨架上的线圈尺寸为 $1.6\text{cm}\times2.0\text{cm}$,匝数为 50,线圈的电流为 1mA,磁路的气隙中磁感应强度为 0.2T,求线圈的电磁力矩。

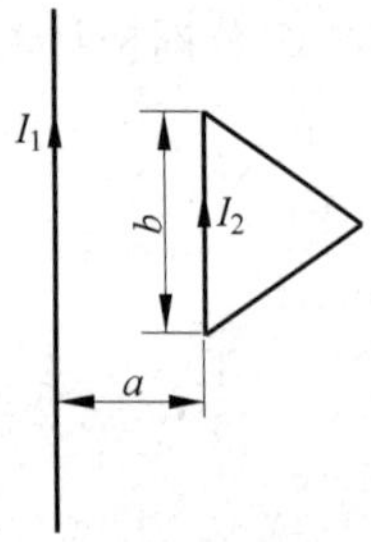

题 8-9 图

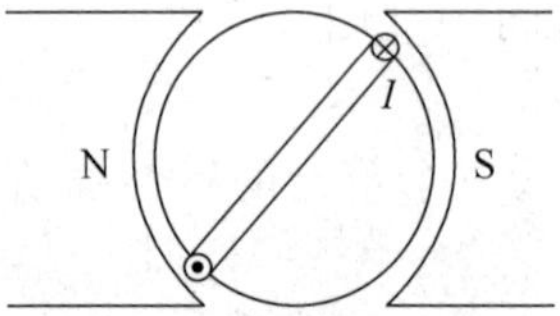

题 8-10 图

8-11 一个平板电容器的极板为圆形,极板面积为 S,极间距离为 d。介质的介电常数为 ε,电导率为 γ。当极板间电压为直流电压 U 时,求电容器中任一点的坡印亭矢量。

8-12 在习题 8-11 中,如果电容器极间的电压为工频交流电压 $u=\sqrt{2}U\cos314t$。求任一点的坡印亭矢量及电容器的有功功率和无功功率。

习 题 9

9-1 设空气中有一平面电磁波在坐标原点的电场强度为 $E=E_x(0,t)=E_m\cos\omega t$,电磁波以速度 v 沿 z 轴方向传播。求电场强度和磁场强度的表达式。

9-2　设空间某处的磁场强度为 $\boldsymbol{H}=0.1\cos(2\pi\times10^7 t-0.21x)\boldsymbol{e}_z$ A/m。求电磁波的传播方向、频率、传播常数、传播速度和波阻抗，并求电场强度的表达式。

9-3　一在真空中传播的电磁波电场强度为 $\boldsymbol{E}=E_0[\cos(\omega t-ky)\boldsymbol{e}_x-\sin(\omega t-ky)\boldsymbol{e}_z]$V/m，求磁场强度。

9-4　某良导体中一均匀平面波的频率为 f_0，波长为 λ_0。求该电磁波的传播常数、衰减系数、相位常数、传播速度和透入深度。

9-5　已知真空中有一均匀平面波的电场强度 $\boldsymbol{E}=E_x\boldsymbol{e}_x+E_y\boldsymbol{e}_y$。其中，

$$E_x=100\cos(2\pi\times10^8 t-0.21z)\text{V/m}$$

$$E_y=100\cos(2\pi\times10^{-8} t-0.21z+90°)\text{V/m}$$

求磁场强度的瞬时值及相量表达式。

9-6　在自由空间中某一均匀平面波的波长为 12cm。当它在某一无损媒质中传播时，其波长为 8cm，且已知在该媒质中 $\boldsymbol{E}$ 和 $\boldsymbol{H}$ 的幅值分别为 50V/m 和 0.1A/m。求该平面波的频率以及该无损媒质的 μ_r 和 ε_r。

9-7　设一均匀平面波在一良导体中传播，其传播速度为真空中光速的 0.1%，波长为 0.3mm。设媒质的磁导率为 μ_0，试决定该平面波的频率和良导体的电导率。

9-8　某导电媒质的磁导率为 μ_0，电导率为 4.2S/m。求透入深度为 1m 的电磁波的频率。

9-9　频率为 10^{10} Hz 的平面电磁波沿 x 轴垂直透入一平面银层，银层的电导率为 3×10^7S/m，求透入深度。

9-10　介质 1 参数：$\varepsilon_r=3,\mu_r=1$；介质 2 参数：$\varepsilon_r=6,\mu_r=1$。求两种介质分界面处的反射系数和透射系数。

9-11　真空中传播的电磁波，电场强度的幅值为 E_m，垂直入射到无限大理想导体平面。计算导体表面的自由面电流密度的幅值。

9-12　写出理想介质中均匀平面电磁波电场强度和磁场强度表达式的瞬时值和相量形式。

9-13　写出良导体中均匀平面电磁波电场强度和磁场强度表达式的瞬时值和相量形式。

9-14　已知媒质原始参数和电磁波角频率，分别列出理想介质和良导体中全部电磁波参数。

习　题　10

10-1　求截面如题 10-1 图(a)和(b)所示长度为 l 的两种圆柱形电容器的电容。

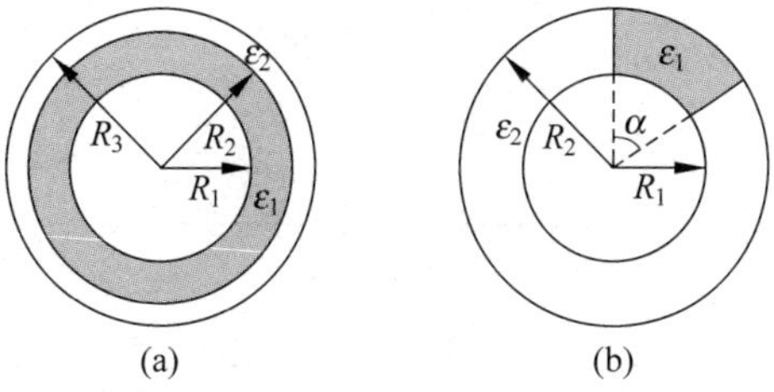

题 10-1 图

10-2　导电回路的电阻为 R。要使回路中维持恒定电流 I，则回路中电源的电动势 e 应为多少?

10-3　如题 10-3 图所示，由导电媒质构成的半圆环，电导率为 γ，求 A、B 之间的电阻。

10-4　如题 10-4 图所示，由导电媒质构成的扇形，厚度为 h，电导率为 γ。求 A、B 之间的电阻。

10-5　如题 10-5 图所示，半球形电极埋于陡壁附近。已知电极半径为 a，距离为 h，土壤的电导率为 γ。$a \ll h$，考虑陡壁的影响，求接地电阻。

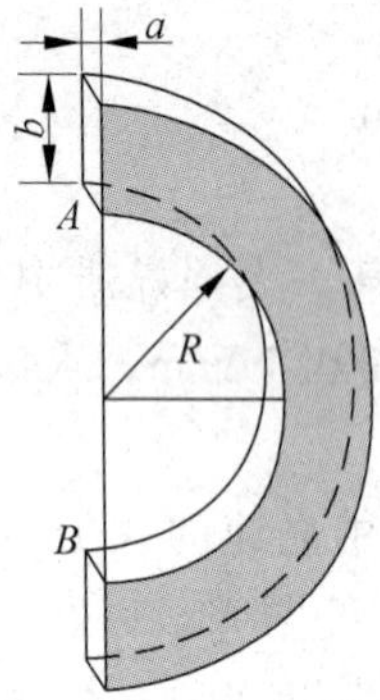

题 10-3 图

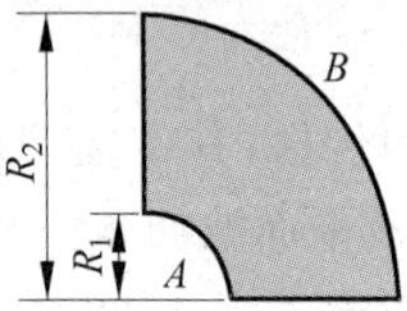

题 10-4 图

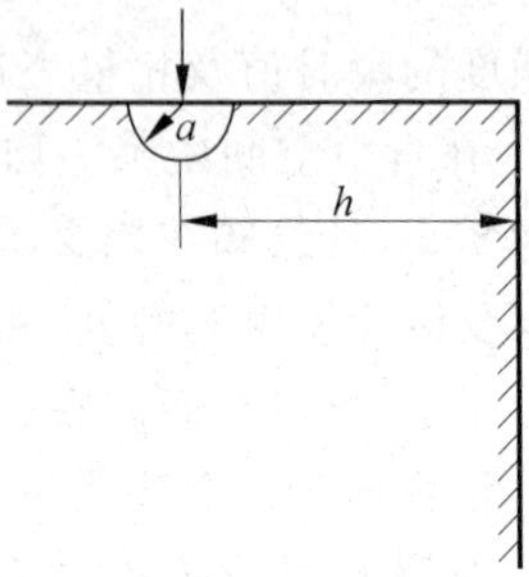

题 10-5 图

10-6　内半径为 R_1，外半径为 R_2，厚度为 h，磁导率为 $\mu(\mu \gg \mu_0)$ 的圆环形铁心，其上均匀紧密绕有 N 匝线圈，如题 10-6 图所示。线圈中电流为 I。求铁心中的磁感应强度和磁通以及线圈的磁链。

10-7　如题 10-7 图所示，无穷大铁磁媒质表面上方有一对平行直导线，导线截面半径为 R。求这对导线单位长度的电感。

10-8　如题 10-6 图所示，若在圆环轴线上放置一无穷长单匝导线，求导线与圆环线圈之间的互感。若导线不是无穷长，而是沿轴线穿过圆环后，绕到圆环外闭合，互感有何变化?若导线不沿轴线而是从任意点处穿过圆环后绕到圆环外闭合，互感有何变化?

10-9　如题 10-9 图所示，内半径为 R_1、外半径为 R_2、厚度为 h、磁导率为 $\mu(\mu \gg \mu_0)$ 的圆环形铁心，其上均匀紧密绕有 N 匝线圈。求此线圈的自感。若将铁心切割掉一小段，形成空气隙，空气隙对应的圆心角为 $\Delta\alpha$，求线圈的自感。

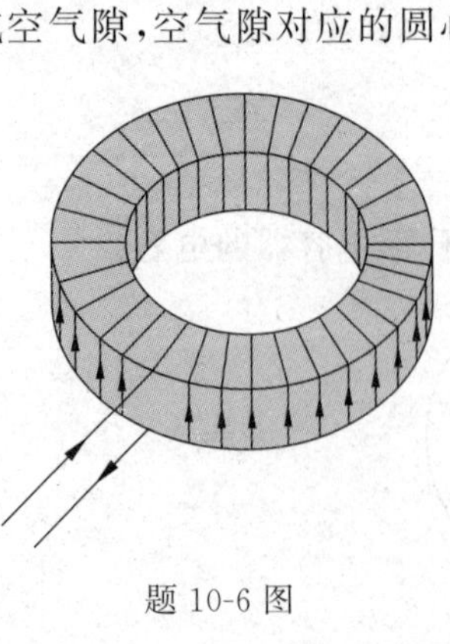

题 10-6 图

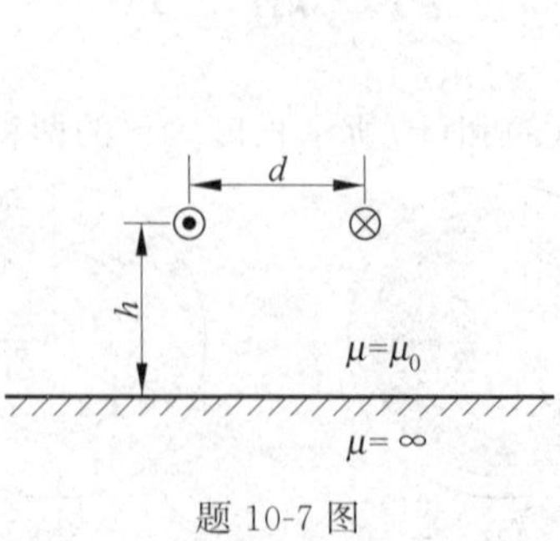

题 10-7 图

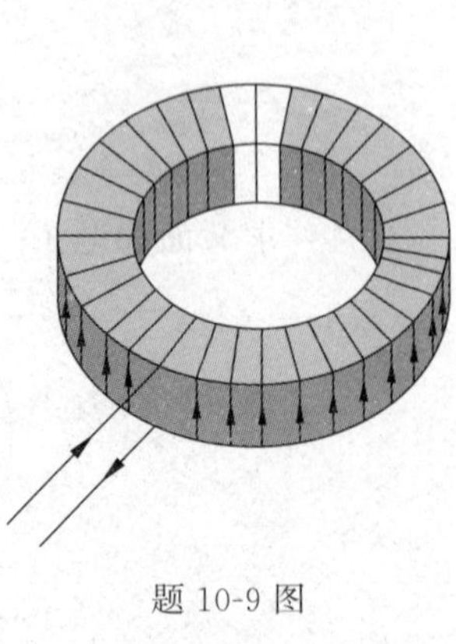

题 10-9 图

10-10　分别求如题 10-10 图所示两种情况中两回路之间的互感。

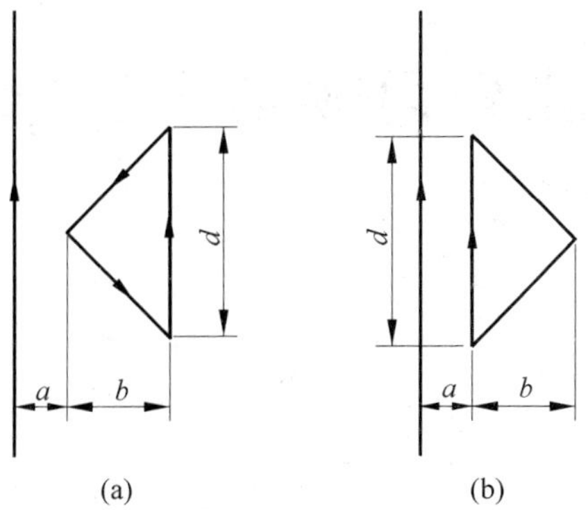

题 10-10 图

10-11　有两个相邻的线圈，设各线圈的磁链的参考方向与线圈自身电流的参考方向成右手螺旋关系，问：如何选取两线圈电流参考方向，才能使互感系数为正值？如何选取两线圈电流参考方向，才能使互感系数为负值？

10-12　已知一浅埋于地下、半径为 1m 的半球接地体（即教材中的半球模型），接地电阻为 10Ω，为降低接地电阻，将接地体附近半径为 10m 的半球区域的土壤更换为电导率高 1 倍的土壤，试计算更换土壤后的接地电阻。

10-13　编号为 0、1、2 的三导体静电独立系统，用电容表如何测量部分电容？

10-14　一无限长空心圆铜导线，假设通直流电流，内半径为 R_1，外半径为 R_2，求导线单位长度的内电感。

10-15　平行平板传输线，上、下两极板间距离为 d，极板宽度为 b，$b \gg d$，忽略边缘效应。假设极板间介质为空气，分别用电位和矢量磁位边值问题解析积分法求传输线单位长度的电容和电感。

10-16　同轴电缆内导体为半径 R_1 的圆柱壳，外导体为半径 R_2 的圆柱壳。假设内外导体之间介质为空气，分别用电位和矢量磁位边值问题解析积分法求传输线单位长度的电容和电感。

10-17　球形电容器内导体半径为 R_1，外导体半径为 R_2。假设内外导体之间介质为空气，用电位边值问题解析积分法求电容器的电容。

部分习题参考答案

习 题 1

1-1 (1) $y=C/x$,双曲线族;(2) $x^2+y^2=1/C$,圆心在原点的圆族。

1-2 (1) $ax+by+cz-1/C=0$,平行平面族;(2) $x^2+y^2=(z-C)^2$,顶点在$(0,0,C)$的圆锥面族;(3) $x^2+y^2+z^2=e^C$,球心在原点的球面族。

1-3 $y=2x, z=3x^2$ 联立。

1-4 $x^2-y^2=C_1, z=C_2x$ 联立。

1-5 $14/\sqrt{17}$。

1-6 $22/\sqrt{14}$。

1-7 $10/3$;$\boldsymbol{l}=-2\boldsymbol{e}_x+4\boldsymbol{e}_y-2\boldsymbol{e}_z$;$2\sqrt{6}$。

1-8 (1) $2y\boldsymbol{e}_x+2x\boldsymbol{e}_y$;(2) $2x\boldsymbol{e}_x+2y\boldsymbol{e}_y$;(3) $e^x\sin y\boldsymbol{e}_x+e^x\cos y\boldsymbol{e}_y$;
(4) $2xy^3z^4\boldsymbol{e}_x+3x^2y^2z^4\boldsymbol{e}_y+4x^2y^3z^3\boldsymbol{e}_z$;(5) $6x\boldsymbol{e}_x-4y\boldsymbol{e}_y+6z\boldsymbol{e}_z$。

1-9 $4\boldsymbol{e}_x-3\boldsymbol{e}_y+12\boldsymbol{e}_z$。

1-10 在点$(1.0,0.0)$,沿方向 $\boldsymbol{e}_x$;在点$(-1.0,0.0)$,沿方向$-\boldsymbol{e}_x$。

1-11 (1) $2\boldsymbol{r}$;$nr^{n-2}\boldsymbol{r}$;$f'(r)\boldsymbol{r}/r$。

1-12 $2\pi a^3$。

1-13 πR^2A。

1-14 $4\pi a^3/3$。

1-15 (1) $12\pi a^5/5$;(2) $4\pi abc$。

1-16 (1) 0;(2) $6x+3y^2+z^2+xy-6xz$。

1-17 (1) 6;(2) 8;(3) 36。

1-18 $2xy^2(3y^2z^2+6x^2z^2+x^2y^2)$。

1-19 是。

1-20 (1) 0;(2) q_1/ε_0;(3) $(q_1+q_2)/\varepsilon_0$。

1-21 (1) $2\pi R^2$;(2) $2\pi R^2$。

1-22 $-\boldsymbol{e}_x-3\boldsymbol{e}_y+4\boldsymbol{e}_z$;1/3。

1-23 $-2\pi ab$。

1-24 (1) $2\boldsymbol{e}_x+4\boldsymbol{e}_y+6\boldsymbol{e}_z$;(2) $(xz-2yz)\boldsymbol{e}_x+(-2y-yz+3z^2)\boldsymbol{e}_y+2z\boldsymbol{e}_z$。

习 题 2

2-1 $-(1+2\sqrt{2})q/4$。

2-2 (1) $\tau/(6\pi\varepsilon_0 l)$；$(\tau\ln3)/(4\pi\varepsilon_0)$；(2) $\tau/(4\sqrt{5}\pi\varepsilon_0 l)$；$\tau[\ln(1+\sqrt{5})-\ln2]/(2\pi\varepsilon_0)$。

2-3 $\sigma(\sqrt{a^2+b^2}-b)/(2\varepsilon_0)$；$\sigma(1-b/\sqrt{a^2+b^2})/(2\varepsilon_0)$。

2-4 (1) 可能是；(2) 可能是；(3) 不是；(4) 可能是；(5) 不是。

2-5 0；σ/ε_0；0。

2-6 $\rho d/(2\varepsilon_0)$；$\rho x/\varepsilon_0$；$\rho d/(2\varepsilon_0)$。

2-7 $r\tau/(2\pi\varepsilon_0 a^2)$；$\tau/(2\pi\varepsilon_0 r)$。

2-8 $\rho d\boldsymbol{e}_x/(2\varepsilon_0)$。

2-9 $q_t p/(4\pi\varepsilon_0 R^3)\boldsymbol{e}_\theta$。

2-10 U/d；$\varepsilon U/d$；$(\varepsilon-\varepsilon_0)U/d$；0；0。

2-11 $\sqrt{q/(4\pi\varepsilon_0 E_0)}$。

2-13 $-\varepsilon_0 ab^2 e^{br}/r$。

2-14 (1) $U_{AC}=U_{CD}=U_{DB}=U_0/3, \sigma=\varepsilon_0 U_0/d, \sigma_{CL}=-\sigma, \sigma_{CR}=\sigma, \sigma_{DL}=-\sigma, \sigma_{DR}=\sigma, E_{AC}=E_{CD}=E_{DB}=U_0/d$。

(2) $U_{AC}=U_{DB}=U_0/3, U_{CD}=0, \sigma=\varepsilon_0 U_0/d, \sigma_{CL}=-\sigma, \sigma_{CR}=0, \sigma_{DL}=0, \sigma_{DR}=\sigma, E_{AC}=E_{DB}=U_0/d, E_{CD}=0$。

(3) $U_{AC}=U_{DB}=U_0/2, U_{CD}=0, \sigma=1.5\varepsilon_0 U_0/d, \sigma_{CL}=-\sigma, \sigma_{CR}=0, \sigma_{DL}=0, \sigma_{DR}=\sigma, E_{AC}=E_{DB}=1.5U_0/d, E_{CD}=0$。

(4) $U_{AC}=U_{DB}=U_0/9, U_{CD}=-2U_0/9, \sigma=\varepsilon_0 U_0/d, \sigma'=-\sigma/3, \sigma_{CL}=-\sigma', \sigma_{CR}=\sigma'+\sigma, \sigma_{DL}=-\sigma'-\sigma, \sigma_{DR}=\sigma', E_{AC}=E_{DB}=0.333U_0/d, E_{CD}=-0.667U_0/d$。

(面电荷密度下标 R 代表面的右侧,L 代表面的左侧)。

2-15 $20\varepsilon_{r1}\varepsilon_0\boldsymbol{e}_x-10\varepsilon_{r1}\varepsilon_0\boldsymbol{e}_y+50\varepsilon_{r1}\varepsilon_0\boldsymbol{e}_z$；$20\boldsymbol{e}_x-10\boldsymbol{e}_y+50(\varepsilon_{r1}/\varepsilon_{r2})\boldsymbol{e}_z$；$20\varepsilon_{r2}\varepsilon_0\boldsymbol{e}_x-10\varepsilon_{r2}\varepsilon_0\boldsymbol{e}_y+50\varepsilon_{r1}\varepsilon_0\boldsymbol{e}_z$。

2-16 $E_1=E_2=a\varphi_0/r^2$；$D_1=\varepsilon_1 a\varphi_0/r^2$；$D_2=\varepsilon_2 a\varphi_0/r^2$。

2-17 $\boldsymbol{E}=[a\rho_0/(\varepsilon_0\pi)]\sin(\pi x/a)\boldsymbol{e}_x$；$(a^2\rho_0)/(\pi^2\varepsilon_0)[\cos(\pi x/a)-1]$($x=0$ 为参考点)。

2-18 $\varepsilon\partial\varphi/\partial n=0$(第二类齐次边界条件)。

2-19 电场强度与边界法线方向一致。

2-20 电场强度与边界切线方向一致。

2-27 $E=\dfrac{1}{4\varepsilon_0}\rho_0 r^2, \varphi=-\dfrac{\rho_0 r^3}{12\varepsilon_0}+\dfrac{\rho_0 a^3}{3\varepsilon_0}(r\leqslant a)$；$E=\dfrac{1}{4\varepsilon_0 r^2}\rho_0 a^4, \varphi=\dfrac{\rho_0 a^4}{4\varepsilon_0 r}(r>a)$。

2-28 $E=\dfrac{1}{3\varepsilon_0}\rho_0 r^2, \varphi(r)=-\dfrac{1}{9\varepsilon_0}\rho_0 r^3(r\leqslant a)$；

$$E=\frac{1}{3\varepsilon_0 r}\rho_0 a^3, \varphi=-\frac{1}{3\varepsilon_0}\rho_0 a^3\ln\frac{r}{a}-\frac{1}{9\varepsilon_0}\rho_0 a^3(r>a)。$$

2-29 $E=\dfrac{\rho_0 x^2}{2\varepsilon_0}, \varphi(x)=-\dfrac{\rho_0 x^3}{6\varepsilon_0}(x\leqslant a)$；

$E=\dfrac{\rho_0 d^2}{2\varepsilon_0}, \varphi(x)=-\dfrac{\rho_0 d^2}{2\varepsilon_0}x+\dfrac{\rho_0 d^3}{3\varepsilon_0}(x>a)$；左右电场强度反对称,电位对称。

2-30 $E=-\frac{\rho_0}{2\varepsilon_0}(d^2-x^2)$,$\varphi(x)=\frac{\rho_0}{2\varepsilon_0}\left(d^2x-\frac{x^3}{3}\right)(x\leqslant a)$;

$E=0$, $\varphi(x)=\frac{\rho_0 d^3}{3\varepsilon_0}(x>a)$;左右电场强度对称,电位反对称。

习 题 3

3-1 $E_1=(\gamma_2 U)/[a(\gamma_2-\gamma_1)+d\gamma_1]$,$E_1=(\gamma_1 U)/[a(\gamma_2-\gamma_1)+d\gamma_1]$,$J=(\gamma_1\gamma_2 U)/[a(\gamma_2-\gamma_1)+d\gamma_1]$,$\sigma=(\gamma_1\varepsilon_2-\gamma_2\varepsilon_1)U/[a(\gamma_2-\gamma_1)+d\gamma_1]$。

3-2 电流密度定义中的电荷密度指运动电荷的密度,不是全部电荷的密度。

3-3 A、A/m、A/m^2。

3-4 因导电媒质表面积累自由面电荷。

3-5 第二类齐次边界条件。

3-6 电流密度趋向垂直。

3-7 电流密度趋向平行。

3-8 电源中:总电场强度闭合线积分不为0,库仑电场强度闭合线积分为0,局外电场强度闭合线积分不为0;电源以外总电场强度闭合线积分为0,库仑电场强度闭合线积分为0,局外电场强度为0。

3-13 $\boldsymbol{E}_1=\frac{I}{2\pi\gamma_1 r^2}\boldsymbol{e}_r$,$\boldsymbol{E}_2=\frac{I}{2\pi\gamma_2 r^2}\boldsymbol{e}_r$,$\boldsymbol{J}=\frac{I}{2\pi r^2}\boldsymbol{e}_r$;

$\varphi_1=\frac{I}{2\pi\gamma_1 r}-\frac{I}{2\pi\gamma_1 R}+\frac{I}{2\pi\gamma_2 R}$,$\varphi_2=\frac{I}{2\pi\gamma_2 r}$。

习 题 4

4-1 $B_A=\frac{\mu_0 I}{2\pi R}$(向外),$B_B=\frac{\mu_0 I}{4\pi R}$(向外),$B_C=\frac{\sqrt{2}-1}{2\pi R}\mu_0 I$(向外),

$B_D=\frac{\mu_0 I}{4\pi R}$(向外),$B_E=\frac{\mu_0 I}{2\pi R}$(向外),$B_F=\frac{\sqrt{2}+1}{2\pi R}\mu_0 I$(向里)。

4-2 (1) $\frac{n\mu_0 I}{2\pi R}\tan\left(\frac{\pi}{n}\right)$;(2) $\frac{\mu_0 I}{2R}$;(3) $\frac{3\sqrt{3}\mu_0 I}{2\pi R}$。

4-3 0。

4-4 $\frac{\mu_0 I}{4\pi}\ln\frac{\sqrt{2}+1}{\sqrt{2}-1}$。

4-5 (1) 不是;(2) 可能;(3) 可能;(4) 可能;(5) 可能。

4-6 $\frac{\mu_0 K}{2}(\boldsymbol{e}_y-\boldsymbol{e}_x)\left(z<-\frac{d}{2}\right)$;$\frac{\mu_0 K}{2}(-\boldsymbol{e}_y-\boldsymbol{e}_x)\left(-\frac{d}{2}<z<\frac{d}{2}\right)$;$\frac{\mu_0 K}{2}(-\boldsymbol{e}_y+\boldsymbol{e}_x)\left(z>\frac{d}{2}\right)$。

4-7 $-\frac{\mu_0 dJ_0}{2}\boldsymbol{e}_y(x<-d)$；$\mu_0 xJ_0\boldsymbol{e}_y(-d\leqslant x\leqslant d)$；$\frac{\mu_0 dJ_0}{2}\boldsymbol{e}_y(x>d)$。

4-8 $\frac{\mu_0 rI}{2\pi R_1^2}(r\leqslant R_1)$；$\frac{\mu_0 I}{2\pi r}(R_1<r\leqslant R_2)$；

$\frac{\mu_0 I}{2\pi r}\frac{R_3^2-r^2}{R_3^2-R_2^2}(R_2<r\leqslant R_3)$；$0(r>R_3)$。

4-9 $\frac{\mu_0 Jd}{2}\boldsymbol{e}_y$。

4-10 $\boldsymbol{B}_1=\boldsymbol{B}_2=\frac{\mu_1\mu_2 I}{\pi(\mu_1+\mu_2)r}\boldsymbol{e}_\alpha$，$\boldsymbol{H}_1=\frac{\mu_2 I}{\pi(\mu_1+\mu_2)r}\boldsymbol{e}_\alpha$，$\boldsymbol{H}_2=\frac{\mu_1 I}{\pi(\mu_1+\mu_2)r}\boldsymbol{e}_\alpha$。

4-13 $\boldsymbol{B}=\frac{\mu_0 M_0}{2}\left[\frac{l-z}{\sqrt{a^2+(l-z)^2}}+\frac{l+z}{\sqrt{a^2+(l+z)^2}}\right]\boldsymbol{e}_z$，$\boldsymbol{H}$ 略。

4-14 $\boldsymbol{B}=\begin{cases}\mu_0 K_0\boldsymbol{e}_z, & r\leqslant a\\ 0, & r>a\end{cases}$；$\boldsymbol{A}=\begin{cases}0.5r\mu_0 K_0\boldsymbol{e}_\alpha, & r\leqslant a\\ 0.5(a^2/r)\mu_0 K_0\boldsymbol{e}_\alpha, & r>a\end{cases}$。

4-15 0；$\pm I/2$。

4-16 第一类。

4-17 第二类齐次。

4-18 B 大、H 小。

4-23 参考习题 2-28。

4-24 参考习题 2-29。

4-25 参考习题 2-30。

习 题 5

5-1 $e=-abB_0\omega\cos\alpha\cos\omega t$；$e=-abB_0\omega\cos 2\omega t$。

5-2 $-2NbvB_{\mathrm{m}}\sin\frac{ak}{2}\sin(kvt)$。

5-4 $\omega\frac{\varepsilon_0 U_{\mathrm{m}}}{d}\cos\omega t$。

5-5 $\frac{6.81\times10^{-5}}{r}\mathrm{A/m^2}$。

5-6 设电荷逆时针旋转；直角坐标系原点在旋转的圆心；$t=0$ 时刻，电荷在$(R,0)$，则所求为$\frac{\omega q}{4\pi R^2}(\sin\omega t\boldsymbol{e}_x-\cos\omega t\boldsymbol{e}_y)$。

5-7 $\frac{4\pi abU_{\mathrm{m}}(\gamma\cos\omega t-\varepsilon\omega\sin\omega t)}{b-a}$。

5-8 $H=\frac{\varepsilon\omega rU_{\mathrm{m}}\cos\omega t}{2d}$。

5-9 1.07×10^{-6}；1.07×10^{-3}；1.07。

5-10　1.11V(有效值)。

5-11　$\dfrac{\mu_0 \omega h I_m \cos\omega t}{2\pi}\ln\dfrac{b(a+c)}{a(b+c)}$。

5-12　5.16×10^{-5}T。

5-13　$\boldsymbol{J}_D=\beta H_0\cos(\omega t-\beta x)\boldsymbol{e}_y$；$\boldsymbol{E}=\dfrac{\beta H_0}{\omega\varepsilon_0}\sin(\omega t-\beta x)\boldsymbol{e}_y$。

5-14　$\boldsymbol{E}=-\dfrac{2}{\varepsilon_0\omega}\cos(\omega t-5z)\boldsymbol{e}_x\mu\mathrm{V/m}$；$\boldsymbol{H}=-0.4\cos(\omega t-5z)\boldsymbol{e}_y\mu\mathrm{A/m}$。

5-15　$J_D=\dfrac{\varepsilon_0 U}{d^2}v$(方向：沿电压下降方向)。

习　题　6

6-1　右侧对称位置 $q'=q(\varepsilon_1-\varepsilon_2)/(\varepsilon_1+\varepsilon_2)$；下边对称位置 $q''=-q$；右下部对称位置 $q'''=-q'$。

6-2　不能。

6-3　$\theta=60°$可以用镜像法。详见题旁二维码。

6-4　$-\dfrac{q}{4\pi R\sqrt{d^2-R^2}}$。

6-5　镜像电荷位置 $d=R^2/b$,电荷量 $-qR/b$；另有镜像电荷 $4\pi\varepsilon_0 R\varphi_0$ 均匀分布在球壳表面。

6-6　$h_1=\dfrac{a_2^2-a_1^2-d^2}{2d}$；$h_2=\dfrac{a_2^2-a_1^2+d^2}{2d}$。

6-8　详见题旁二维码。

6-9　$u(x)=\dfrac{5}{6}x-\dfrac{1}{2}x^2-\dfrac{1}{3}x^4$。

6-10　$\varphi_1=-\dfrac{\rho_0 r^3}{12\varepsilon_0}+\dfrac{\rho_0 a^3}{3\varepsilon_0}(r\leqslant a)$；$\varphi_2=\dfrac{\rho_0 a^4}{4\varepsilon_0 r}(r>a)$；电场强度(略)。

6-11　$\varphi_1=-\dfrac{\rho_0 r^3}{9\varepsilon_0}(r\leqslant a)$；$\varphi_2=-\dfrac{\rho_0 a^3}{3\varepsilon_0}\ln r+\dfrac{\rho_0 a^3}{3\varepsilon_0}\ln a-\dfrac{\rho_0 a^3}{9\varepsilon_0}(r>a)$；电场强度(略)。

6-12　$\varphi_1=-\dfrac{\rho_0 x^3}{6\varepsilon_0}(r\leqslant a)$；$\varphi_2=-\dfrac{\rho_0 d^2}{2\varepsilon_0}x+\dfrac{\rho_0 d^3}{3\varepsilon_0}(r>a)$；电场强度(略)。

6-13　$\varphi_1=-\dfrac{\rho_0 x^3}{6\varepsilon_0}+\dfrac{\rho_0 d^2}{2\varepsilon_0}x(x\leqslant a)$；$\varphi_2=\dfrac{\rho_0 d^3}{3\varepsilon_0}(x>a)$；电位左右反对称；电场强度(略)。

6-14　参考习题 6-11。

6-15　参考习题 6-13。

6-16　参考例 6-1-2。

6-17 $A_z=\frac{\Phi_0}{\ln R_1-\ln R_2}\ln r-\frac{\Phi_0\ln R_2}{\ln R_1-\ln R_2}$；$\boldsymbol{B}=\frac{\Phi_0}{\ln R_2-\ln R_1}\frac{1}{r}\boldsymbol{e}_\alpha$。

6-18 $\varphi=\frac{U_0}{\ln R_1-\ln R_2}\ln r-\frac{U_0\ln R_2}{\ln R_1-\ln R_2}$；$\boldsymbol{E}=\frac{U_0}{\ln R_2-\ln R_1}\frac{1}{r}\boldsymbol{e}_r$。

习　题　7

7-1 $N_i(x,y)=1-x-y, N_j(x,y)=x, N_k(x,y)=y$。

习　题　8

8-1 注油后电场能量密度变为注油前的 4 倍；注油后电场能量密度变为注油前的 0.25 倍。

8-2 $\frac{q^2}{2\varepsilon_0(4\pi a)^2}, \frac{q^2}{2\varepsilon_0(4\pi b)^2}$。

8-3 $1.52\times10^{-4}\,\text{N}$。

8-4 $5.97\times10^{-6}\,\text{N}\cdot\text{m}$。

8-5 (1) $\frac{1}{2}(\varepsilon_2E_2^2-\varepsilon_1E_1^2)$(方向由第一种媒质指向第二种媒质)；(2) $\frac{1}{2}E^2(\varepsilon_1-\varepsilon_2)$(方向由第一种媒质指向第二种媒质)。

8-6 $(\varepsilon-\varepsilon_0)\pi U^2/\ln\frac{b}{a}$(向外的拉力)。

8-7 $W_\text{m}=\frac{\mu_0I^2}{4\pi}\left(\frac{1}{4}+\ln\frac{b}{a}\right), L=\frac{\mu_0}{2\pi}\left(\frac{1}{4}+\ln\frac{b}{a}\right)$。

8-8 $\frac{\mu_0I^2}{2\pi D}$(吸力)。

8-9 $W_\text{m}=\frac{\mu_0I_1I_2}{2\pi}\left[\left(b+\frac{2a}{\sqrt{3}}\right)\ln\left(1+\frac{\sqrt{3}b}{2a}\right)-b\right], F=\frac{\mu_0I_1I_2}{2\pi}\left[\frac{2}{\sqrt{3}}\ln\left(1+\frac{\sqrt{3}b}{2a}\right)-\frac{b}{a}\right]$(吸力)。

8-10 $3.2\times10^{-6}\,\text{N}\cdot\text{m}$(顺时针)。

8-11 $\boldsymbol{S}_\text{P}=-\frac{\gamma U^2}{2d^2}r\boldsymbol{e}_r$。

8-12 $\dot{\boldsymbol{S}}_\text{P}=-\frac{r(\gamma-\text{j}\omega\varepsilon)U^2}{2d^2}\boldsymbol{e}_r, P=\frac{r\gamma U^2}{2d^2}, Q=-\frac{r\omega\varepsilon U^2}{2d^2}$。

习　题　9

9-1 $E=E_x=E_\text{m}\cos\omega(t-z/v), H=H_y=(E_\text{m}/\sqrt{\mu_0/\varepsilon_0})\cos\omega(t-z/v)$。

9-2 沿 $\boldsymbol{e}_x$ 方向传播，$f=10^7\,\text{Hz}, \beta=0.21\,\text{rad/m}, v=3.0\times10^8\,\text{m/s}, Z_\text{C}=377\Omega, E=37.7\sin(2\pi\times10^7t-0.21x)\boldsymbol{e}_y\,\text{V/m}$。

9-3 $\boldsymbol{H}=\dfrac{E_0}{377}[-\cos(\omega t-ky)\boldsymbol{e}_z-\sin(\omega t-ky)\boldsymbol{e}_x]\mathrm{A/m}$。

9-4 $\dfrac{2\pi}{\lambda_0}(1+\mathrm{j}),\dfrac{2\pi}{\lambda_0},\dfrac{2\pi}{\lambda_0},f_0\lambda_0,\dfrac{\lambda_0}{2\pi}$。

9-5 $\boldsymbol{H}=0.265\cos(2\pi\times10^{-8}t-0.21z)\boldsymbol{e}_y-0.265\cos(2\pi\times10^{-8}t-0.21z+90°)\boldsymbol{e}_x\,\mathrm{A/m}$，$\dot{\boldsymbol{H}}=0.187\mathrm{e}^{-\mathrm{j}0.21z}(\boldsymbol{e}_y-\mathrm{j}\boldsymbol{e}_x)\mathrm{A/m}$。

9-6 2.5GHz，$\varepsilon_r=1.131$，$\mu_r=1.989$。

9-7 $f=1\mathrm{GHz}$，$\gamma=1.11\times10^5\mathrm{S/m}$。

9-8 $f=6.03\times10^4\mathrm{Hz}$。

9-9 $d=9.19\times10^{-5}\mathrm{m}$。

9-10 $R_W=\dfrac{\sqrt{3}-\sqrt{6}}{\sqrt{3}+\sqrt{6}}$，$T_W=\dfrac{2\sqrt{3}}{\sqrt{3}+\sqrt{6}}$。

9-11 $K_m=\dfrac{2E_m}{377}$。

习 题 10

10-1 (a) $\dfrac{2\pi\varepsilon_1\varepsilon_2 l}{\varepsilon_2\ln(R_2/R_1)+\varepsilon_1\ln(R_3/R_2)}$；(b) $\dfrac{l}{\ln(R_2/R_1)}[\alpha\varepsilon_1+(2\pi-\alpha)\varepsilon_2]$。

10-2 $e=RI$。

10-3 $\dfrac{\pi}{a\gamma\ln[(b+R)/R]}$。

10-4 $\dfrac{2}{\pi\gamma h}\ln\dfrac{R_2}{R_1}$。

10-5 $(R+2h)/(4\pi\gamma Rh)$。

10-6 $B=\dfrac{\mu NI}{2\pi r}$，$\Phi=\dfrac{\mu hNI}{2\pi}\ln\dfrac{R_2}{R_1}$，$\Psi=\dfrac{\mu hN^2I}{2\pi}\ln\dfrac{R_2}{R_1}$。

10-7 $L=\dfrac{\mu_0}{4\pi}+\dfrac{\mu_0}{\pi}\ln\dfrac{\sqrt{(2h)^2+d^2}}{2h}+\dfrac{\mu_0}{\pi}\ln\dfrac{d}{R}$。

10-8 $M=\dfrac{\mu hN}{2\pi}\ln\dfrac{R_2}{R_1}$；不变，不变。

10-9 $L=\dfrac{\mu_0\mu hN^2}{2\pi\mu_0+(\mu-\mu_0)\Delta\alpha}\ln\dfrac{R_2}{R_1}\approx\dfrac{\mu_0 hN^2}{\Delta\alpha}\ln\dfrac{R_2}{R_1}$。

10-10 (a) $\dfrac{\mu_0 d}{2\pi b}\left(b-a\ln\dfrac{a+b}{a}\right)$；(b) $\dfrac{\mu_0 d}{2\pi b}\left[(a+b)\ln\dfrac{a+b}{a}-b\right]$。

10-11 选择 I_1 和 I_2 的参考方向，使 I_1 产生的磁通与 I_2 成右手关系、I_2 产生的磁通与 I_1 成右手关系，则互感系数为正值。选择 I_1 和 I_2 的参考方向，使 I_1 产生的磁通与 I_2 成左手关系、I_2 产生的磁通与 I_1 成左手关系，则互感系数为负值。

10-12　5.5Ω。

10-14　$L_i=\frac{\mu_0}{2\pi(R_2^2-R_1^2)^2}\left[\frac{R_2^4-R_1^4}{4}+R_1^4\ln\frac{R_2}{R_1}-R_1^2(R_2^2-R_1^2)\right]$。

10-15　$C=\varepsilon_0\frac{b}{d}, L=\frac{\mu_0 d}{b}$。

10-16　$C=\frac{\tau}{U}=\frac{2\pi\varepsilon_0}{\ln R_2-\ln R_1}, L=\frac{\Phi}{I}=\mu_0\frac{\ln R_2-\ln R_1}{2\pi}$。

10-17　$C=\frac{q}{U}=\frac{4\pi\varepsilon_0 R_1 R_2}{R_2-R_1}$。

参考文献

[1] 冯慈璋.电磁场[M].2版.北京：高等教育出版社,1983.

[2] 冯慈璋,马西奎.工程电磁场导论[M].北京：高等教育出版社,2000.

[3] 马信山,张济世,王平.电磁场基础[M].北京：清华大学出版社,1995.

[4] 倪光正.工程电磁场原理[M].3版.北京：高等教育出版社,2016.

[5] 谢处方,饶克谨.电磁场与电磁波[M].4版.北京：高等教育出版社,2006.

[6] 雷银照.电磁场[M].2版.北京：高等教育出版社,2010.

[7] 刘鹏程.工程电磁场简明手册[M].北京：高等教育出版社,1991.

[8] 劳兰 P,考森 D R.电磁场与电磁波[M].陈成钧译.北京：人民教育出版社,1980.

[9] 玛奇德 L M. 电磁场电磁能和电磁波[M].何国瑜译.北京：人民教育出版社,1982 .

[10] 谢树艺.矢量分析与场论[M].2版.北京：高等教育出版社,1985.

[11] 孙敏,孙亲锡,叶齐政.工程电磁场基础[M].北京：科学出版社,2001.

[12] 林德云,李定国.电磁场理论基础[M].北京：清华大学出版社,1990.

[13] 徐绳均.电磁场与电磁波[M].北京：水利电力出版社,1990 .

[14] 卢荣章.电磁场与电磁波基础[M].北京：高等教育出版社,1985.

[15] 黄礼镇.电磁场原理[M].上海：上海人民教育出版社,1980.

[16] 赵凯华,陈熙谋.电磁学[M].北京：高等教育出版社,2003.

[17] 虞福春,郑春开.电动力学[M].北京：北京大学出版社,2003.

[18] 陈熙谋,陈秉乾.电磁学定律和电磁场理论的建立与发展[M].北京：高等教育出版社,1992.

[19] 王先冲.电工科技简史[M].北京：高等教育出版社,1995.

[20] 王先冲.电磁场理论及应用[M].北京：科学出版社,1986.

[21] 麦克斯韦.电磁通论(上、下)[M].戈革译.武汉：武汉出版社,1992.

[22] WILLIAM H H,JOHN A B. Engineering Electromagnetics[M].北京：机械工业出版社,2002.

[23] JOHN D K,DANIEL A F. Electromagnetics with Applications[M].北京：清华大学出版社,2001.

[24] 尹克宁.电力工程[M].北京：水利电力出版社,1987.

[25] 施围.电力系统过电压计算[M].西安：西安交通大学出版社,1988.

[26] 曾余庚,刘京生,张雪阳.有限元法与边界元法[M].西安：西安电子科技大学出版社,1991.

[27] 倪光正,钱秀英.电磁场数值计算[M].北京：高等教育出版社,1996.

[28] 华北电力学院.电力系统故障分析[M].北京：电力工业出版社,1980.

[29] 王泽忠.电磁场[M].北京：中国电力出版社,1999.

[30] 严济慈.电磁学[M].合肥：中国科学技术大学出版社,2013.

[31] DANIEL F.麦克斯韦方程直观[M].唐璐,刘波峰译.北京：机械工业出版社,2014.

[32] SCHEY H M.散度、旋度、梯度释义(图解版)[M].李维伟,夏爱生,段志坚,等译.北京：机械工业出版社,2015.

[33] 叶齐政,陈德智.电磁场[M].北京：机械工业出版社,2019.

彩　图

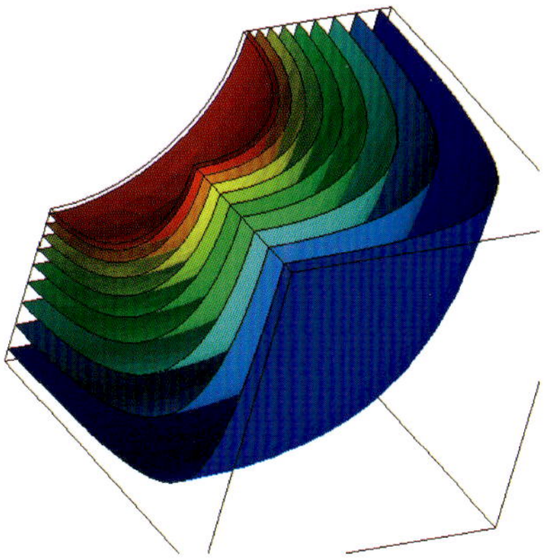

图 1-2-3　标量场的等值面族

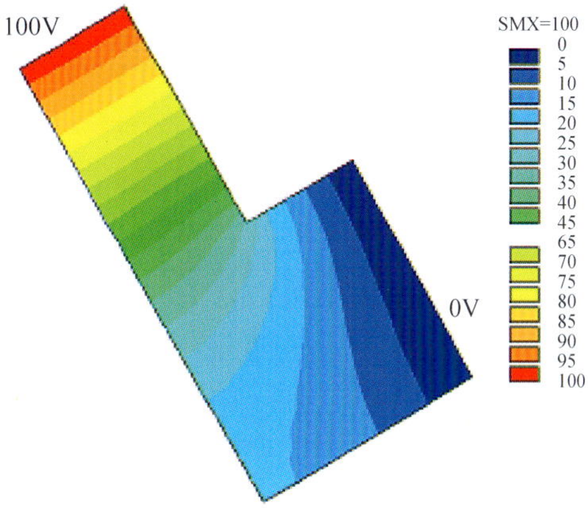

图 1-2-8　彩色云图

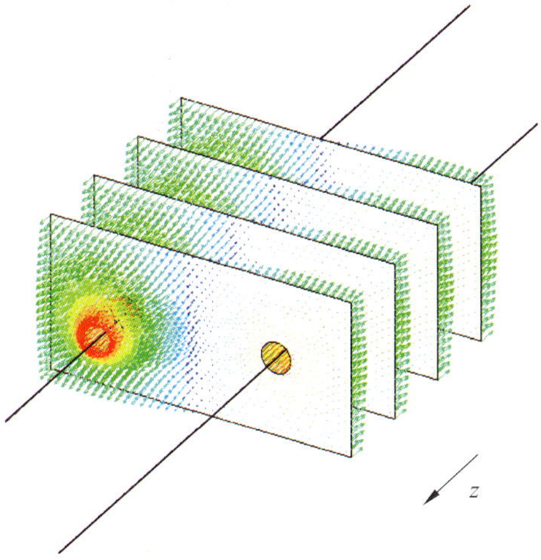

图 1-7-5　平行平面矢量场

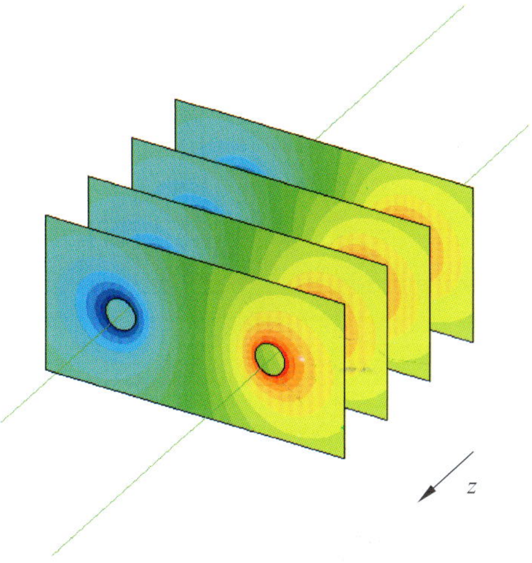

图 1-7-6　平行平面标量场

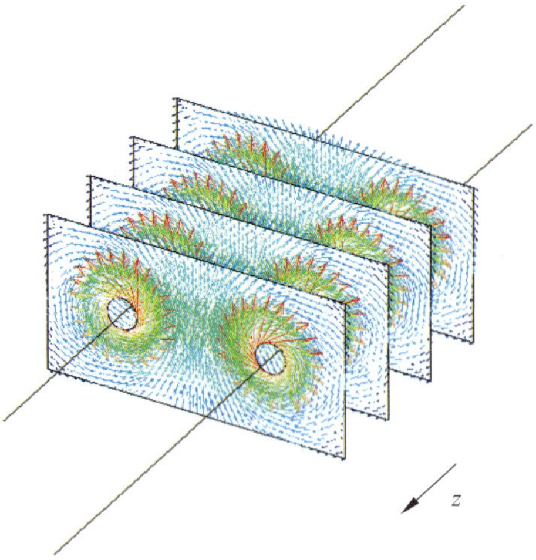

图 1-7-7　平行平面导出矢量场(旋度)

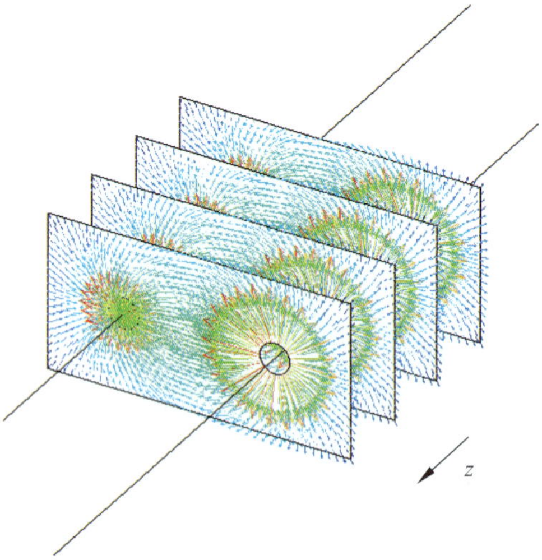

图 1-7-8　平行平面导出矢量场(梯度)

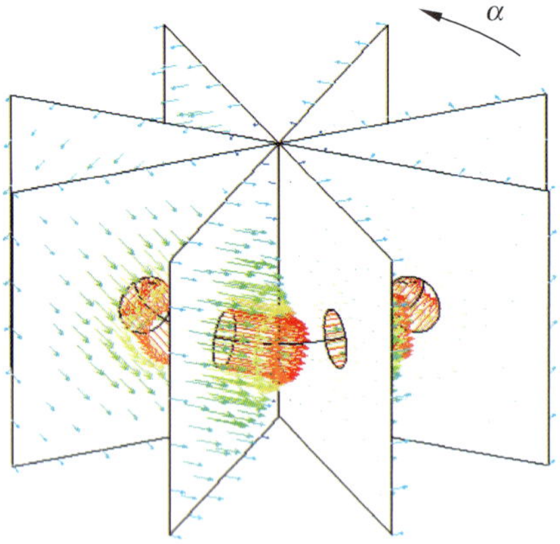

图 1-7-9　轴对称矢量场

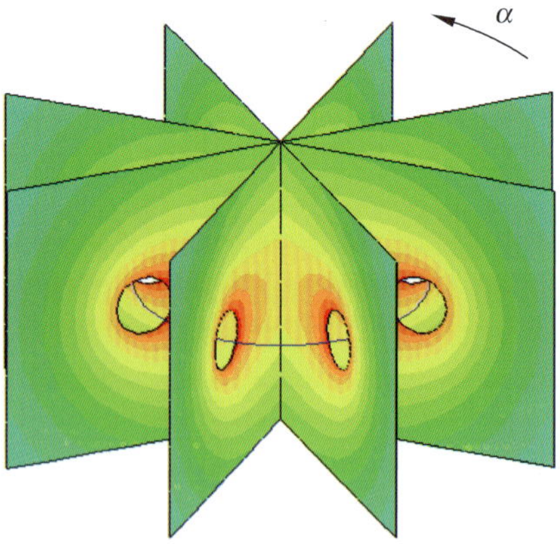

图 1-7-10　轴对称标量场

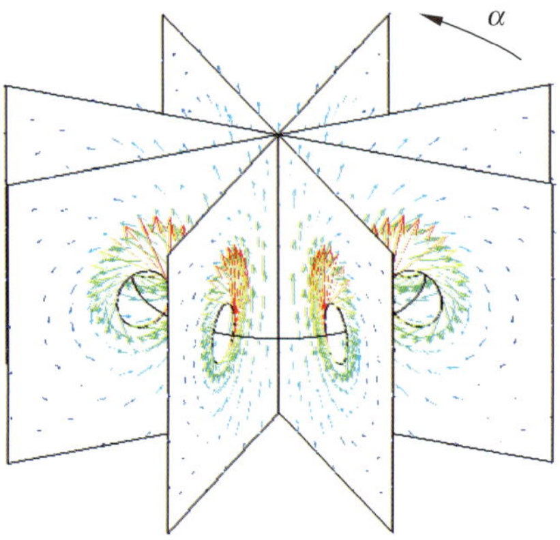

图 1-7-11　轴对称导出矢量场(旋度)

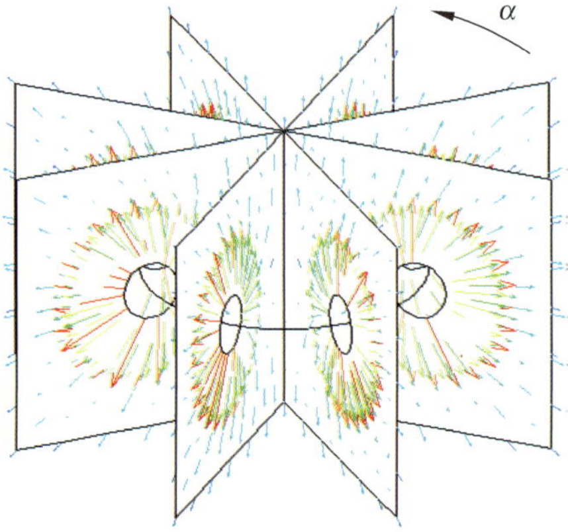

图 1-7-12　轴对称导出矢量场(梯度)

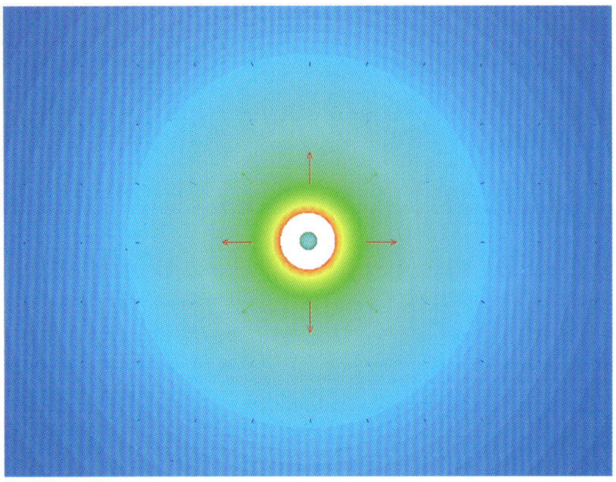

图 2-2-3　点电荷的电场和电位云图

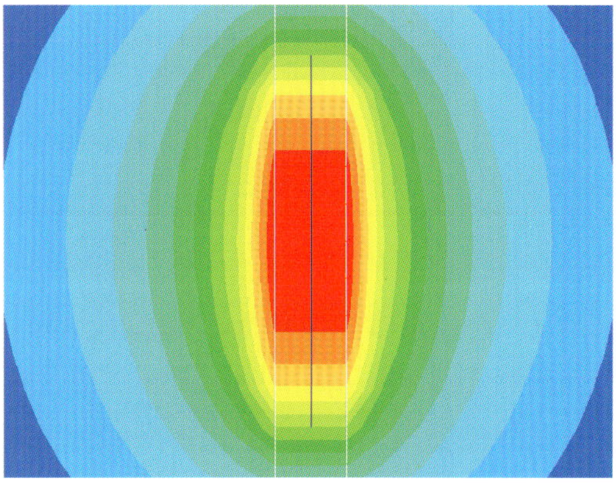

图 2-2-6　短线电荷电位云图

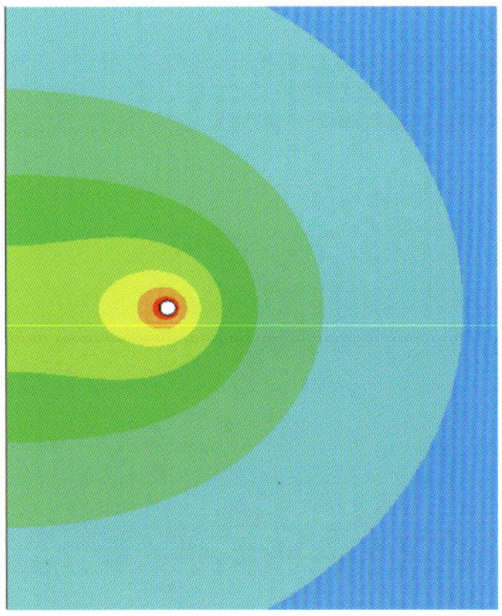

图 2-2-10　圆形线电荷二维电位云图

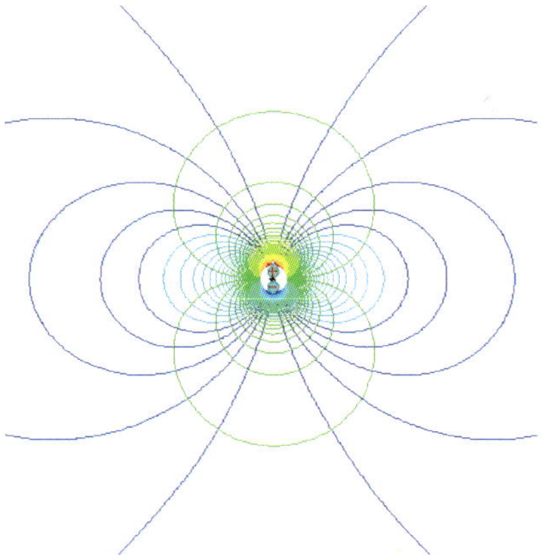

图 2-3-2　电偶极子的电场图

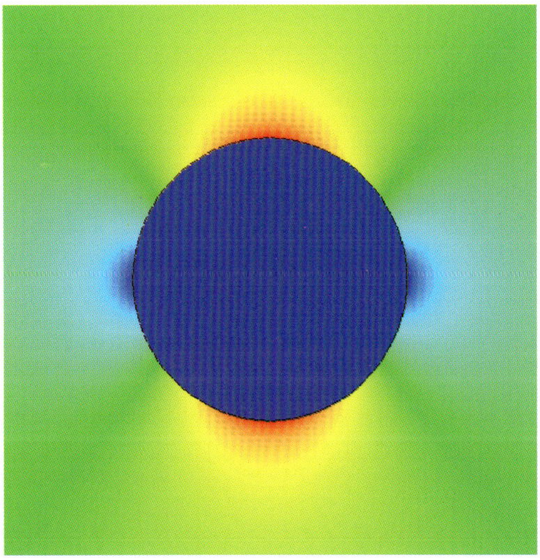

图 2-5-6　电介质及其附近电场强度模的云图

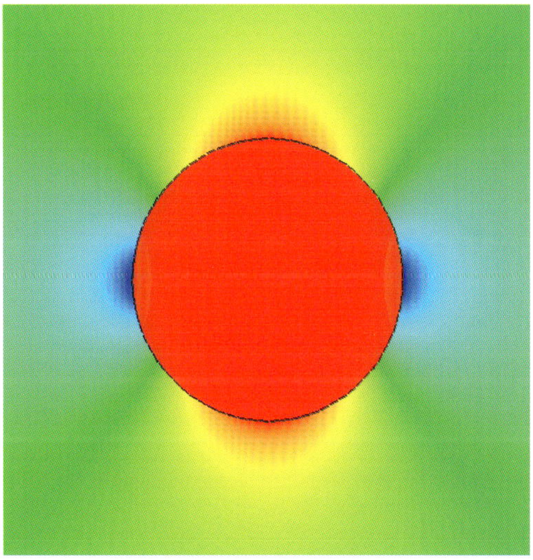

图 2-5-7　电介质及其附近电位移矢量模的云图

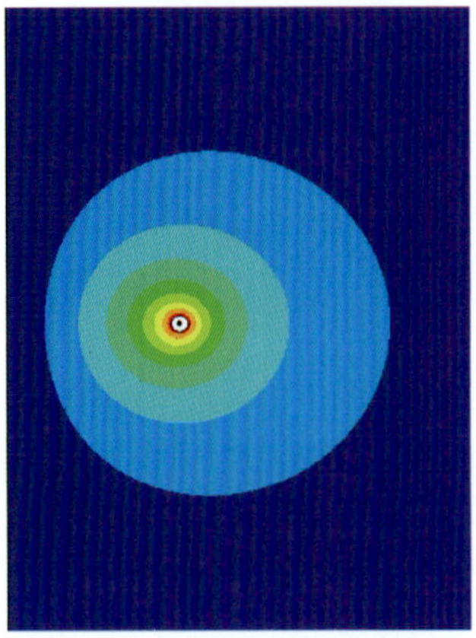

图 4-2-12　圆形线电流矢量磁位模值轴对称二维云图

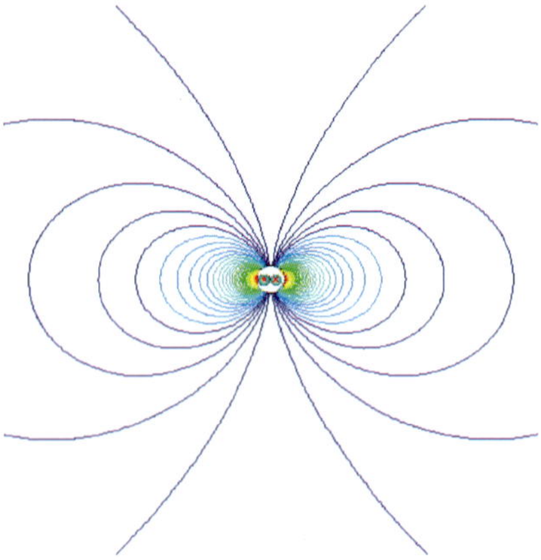

图 4-3-2　磁偶极子的磁场图

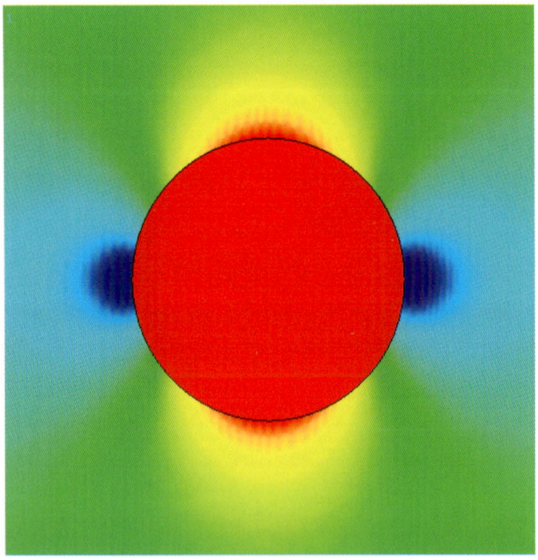

图 4-5-5　磁媒质及其附近的磁感应强度模的云图

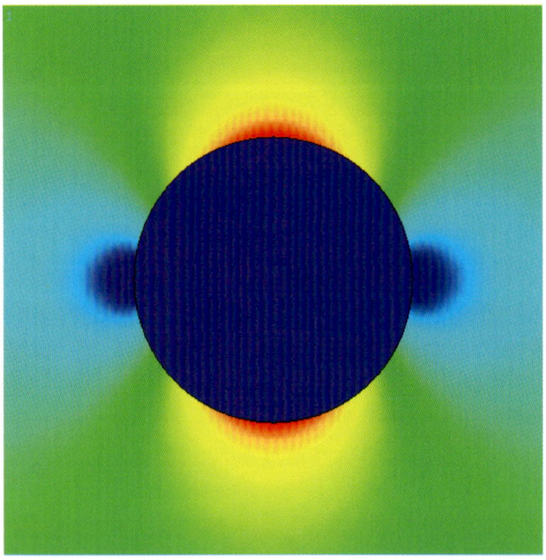

图 4-5-6　磁媒质及其附近的磁场强度模的云图

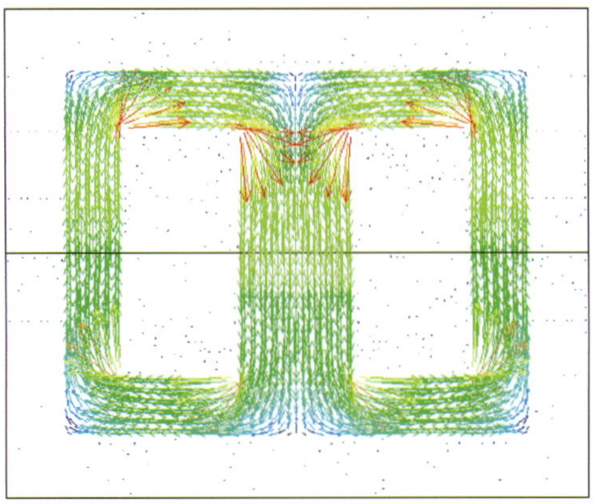

图 4-6-12　完整模型的磁感应强度矢量图

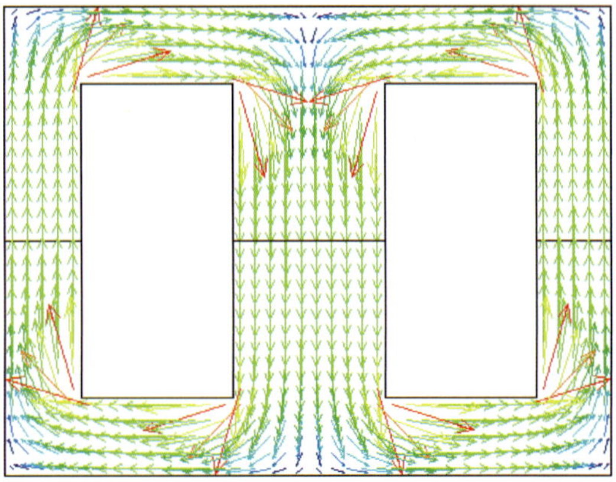

图 4-6-13　简化模型的磁感应强度矢量图

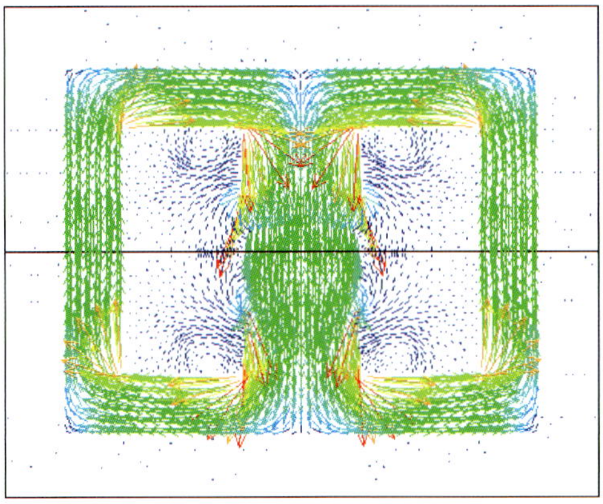

图 4-6-17　完整磁场的磁感应强度矢量图

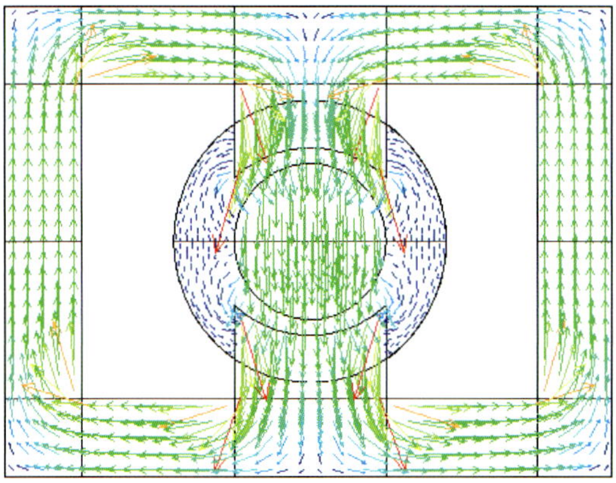

图 4-6-18　简化磁场的磁感应强度矢量图

(a)

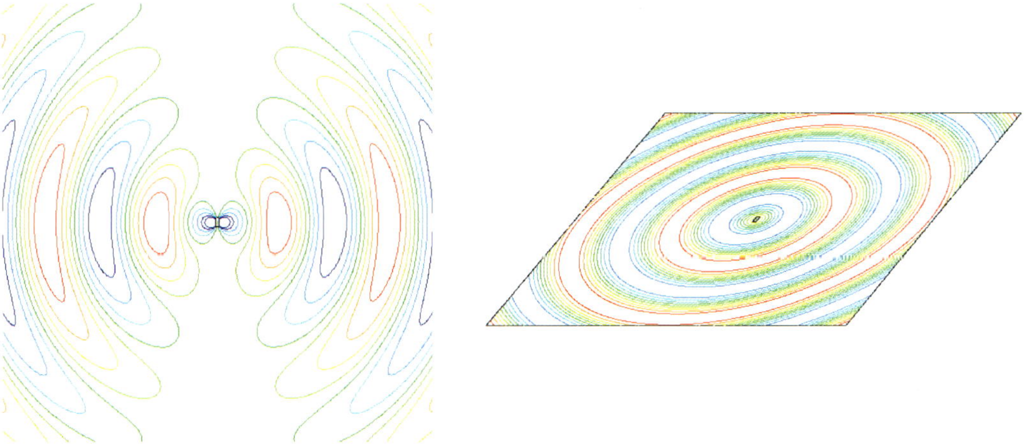

(b)

图 5-6-3　单元辐射子电场磁场变化图

(c)

(d)

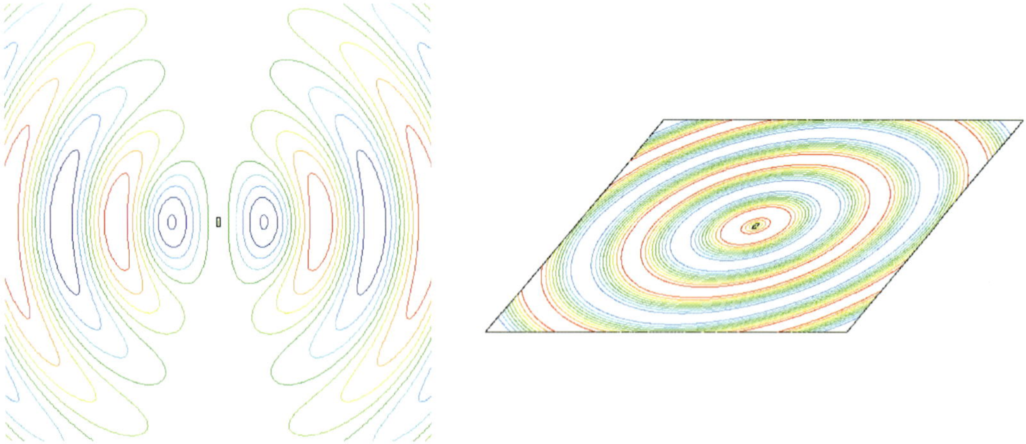

(e)

图 5-6-3(续)

(f)

(g)

(h)

图 5-6-3(续)

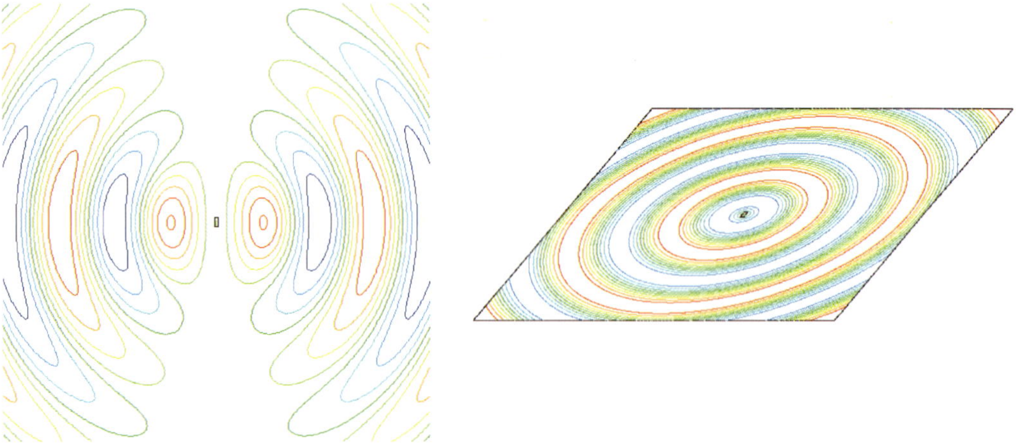

(i)

图 5-6-3(续)

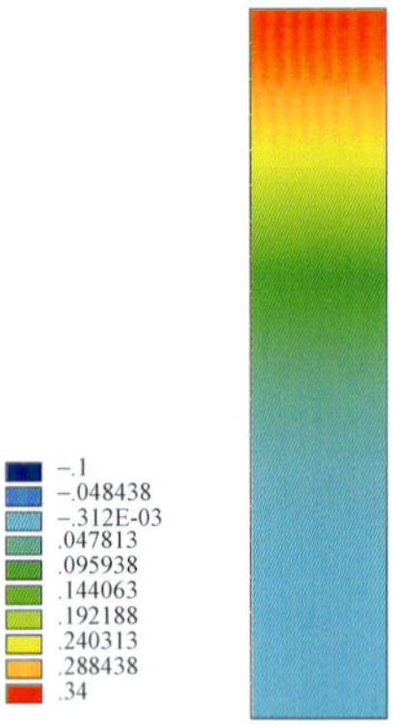

图 5-7-5　槽内导体截面磁感应强度实部云图

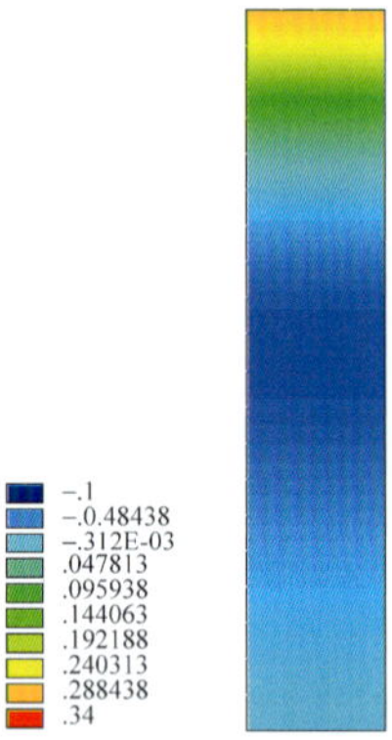

图 5-7-6　槽内导体截面磁感应强度虚部云图

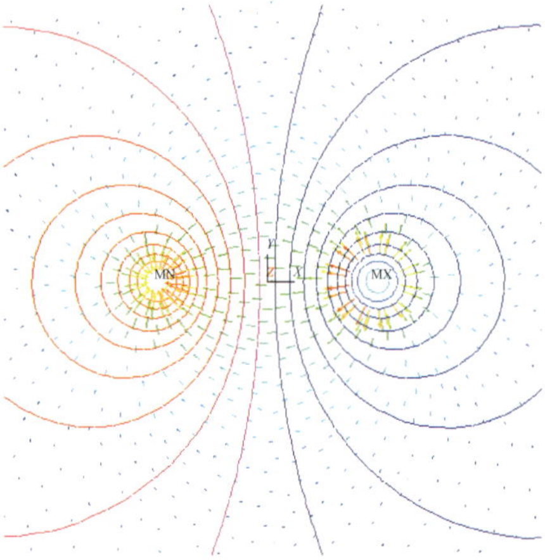

图 6-4-3　电场强度与等电位线分布

图 7-3-6　时刻 1,电缆截面电位云图

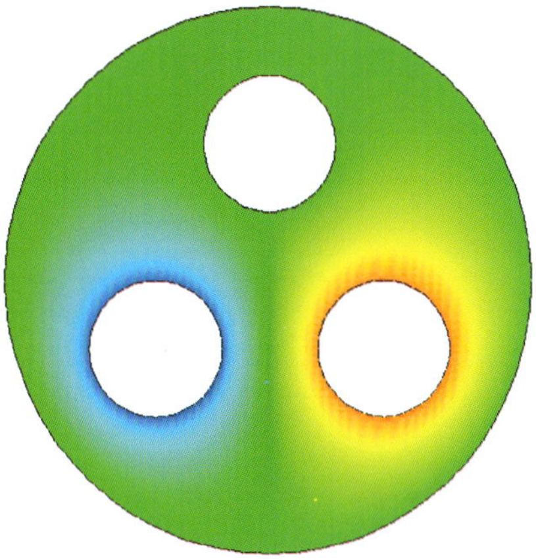

图 7-3-9　时刻 2,电缆截面电位云图

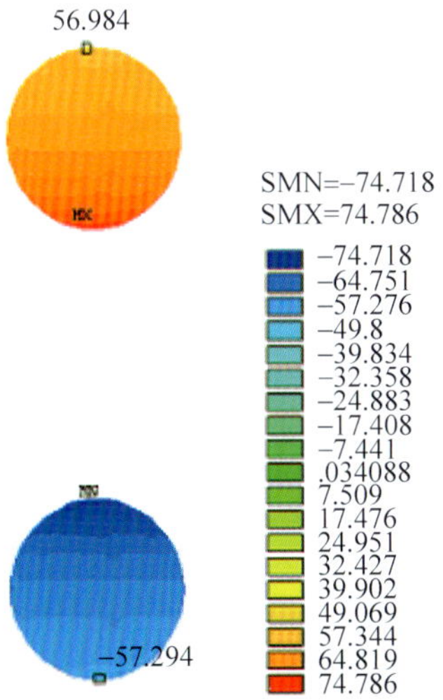

图 7-4-5　边界元计算的球面电场强度

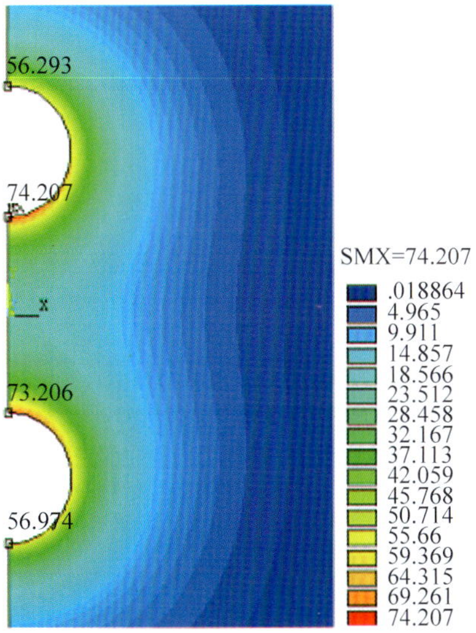

图 7-4-6　高精度有限元计算的球面电场强度

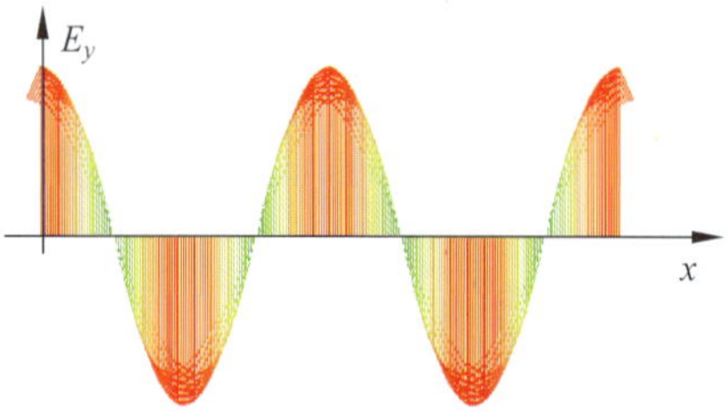

t=0

(a)

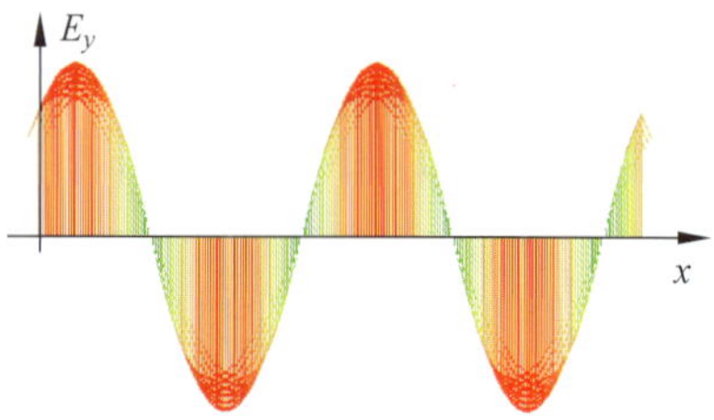

t=Δt

(b)

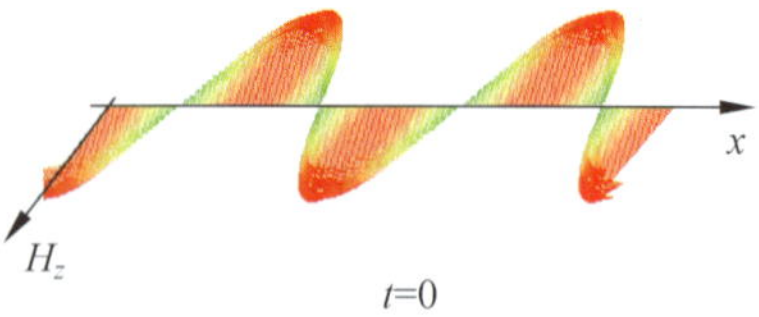

t=0

(c)

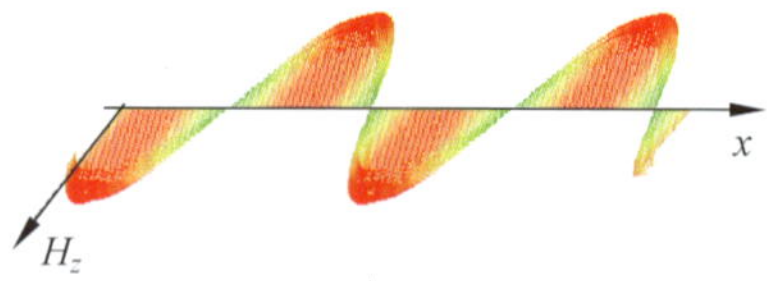

t=Δt

(d)

图 9-1-1　理想介质中的平面电磁波

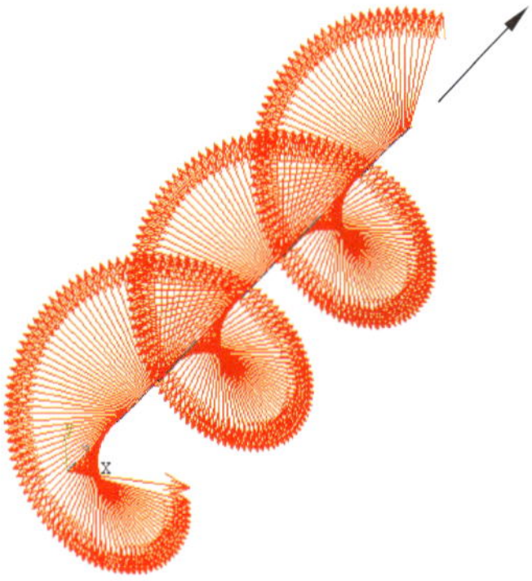

图 9-2-3　左旋圆极化

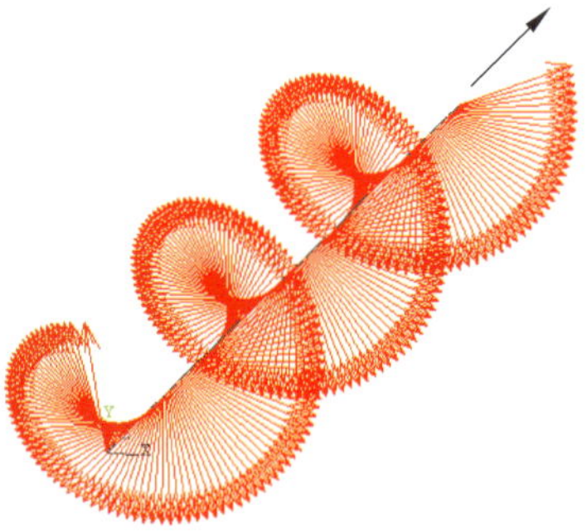

图 9-2-4　右旋圆极化

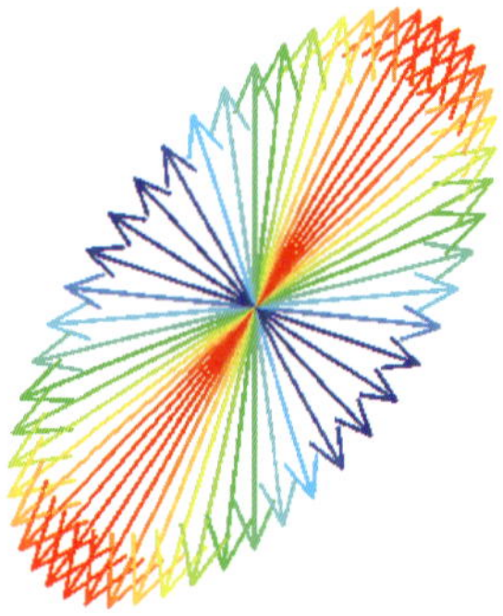

图 9-2-6　任意椭圆极化

图 9-2-7　左旋椭圆极化

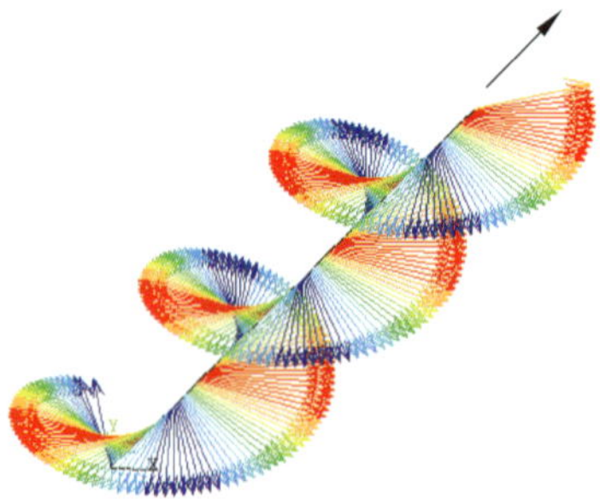

图 9-2-8　右旋椭圆极化

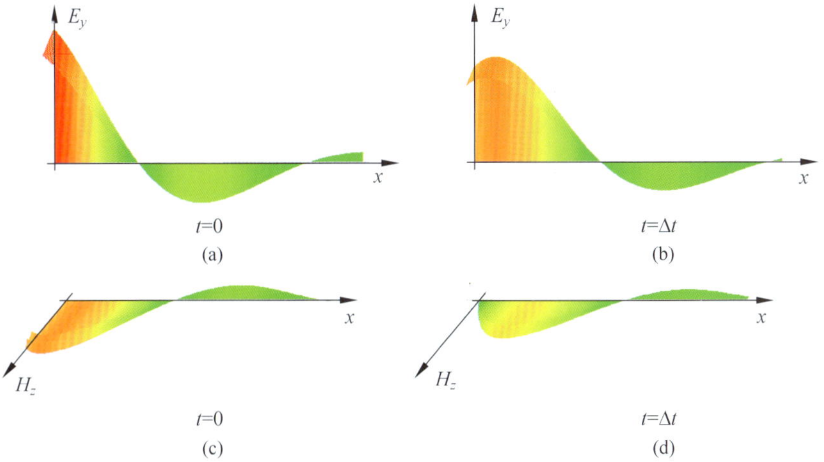

图 9-3-1　导电媒质中的平面电磁波

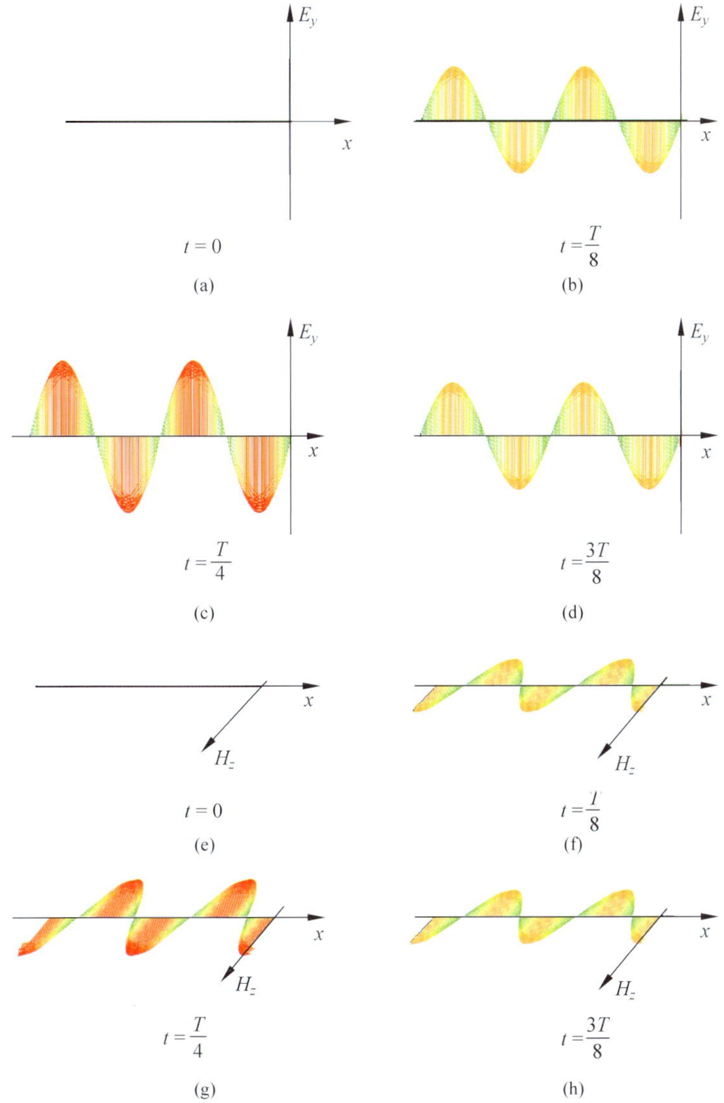

图 9-4-1　理想导体表面的反射

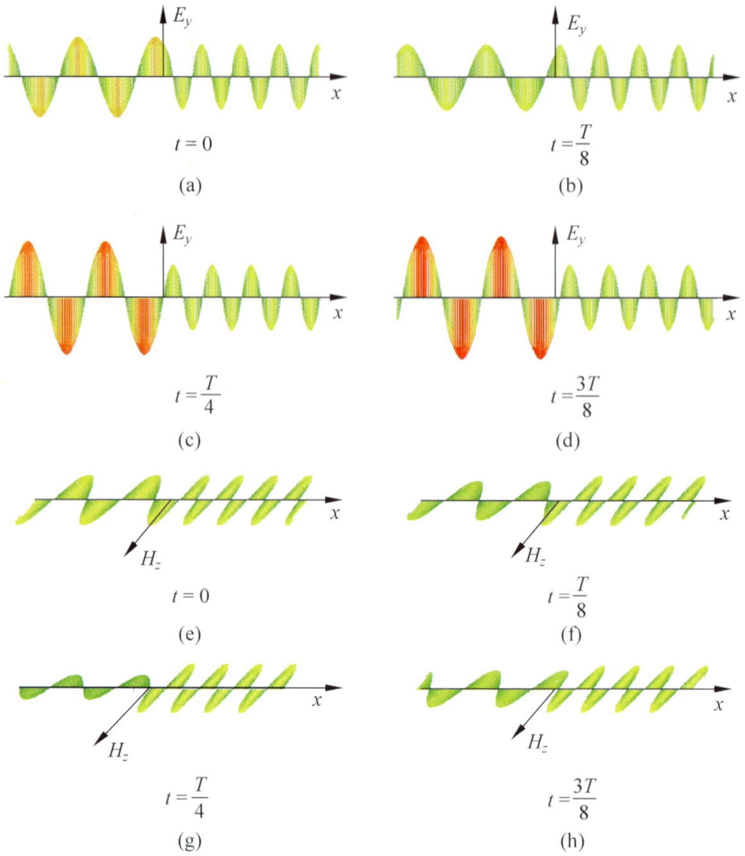

图 9-4-2　理想介质分界面的反射和透射

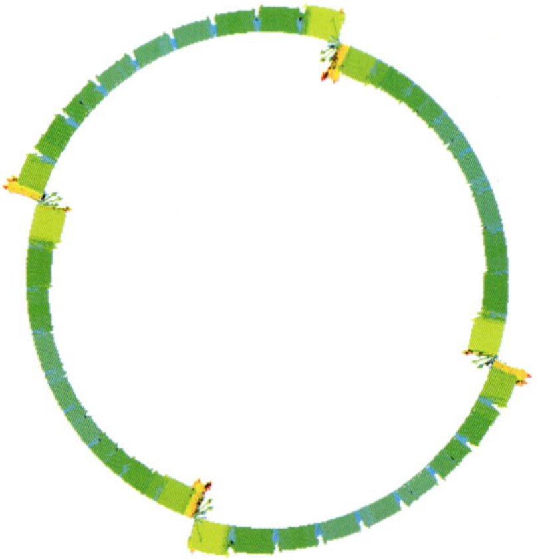

图 11-2-2　定子单相集中绕组电流产生的气隙磁场分布

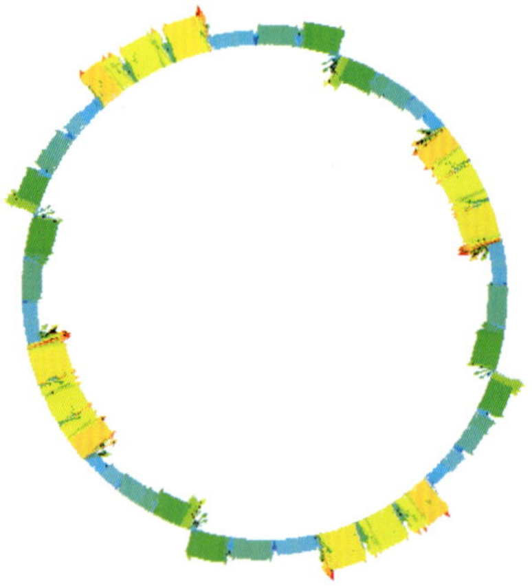

图 11-2-4　定子三相集中绕组电流产生的气隙磁场

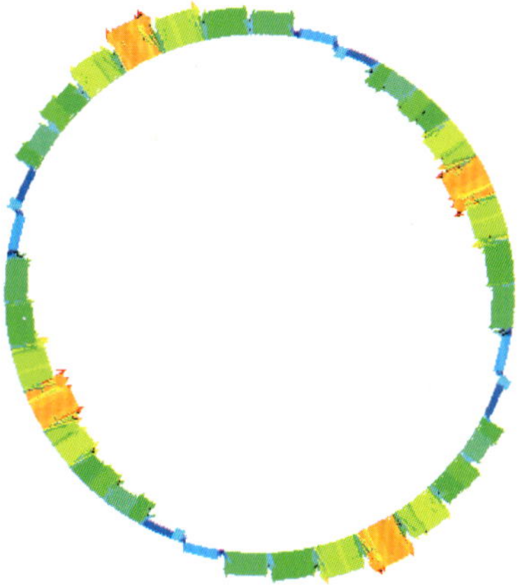

图 11-2-6　定子三相分布绕组电流产生的气隙磁场分布

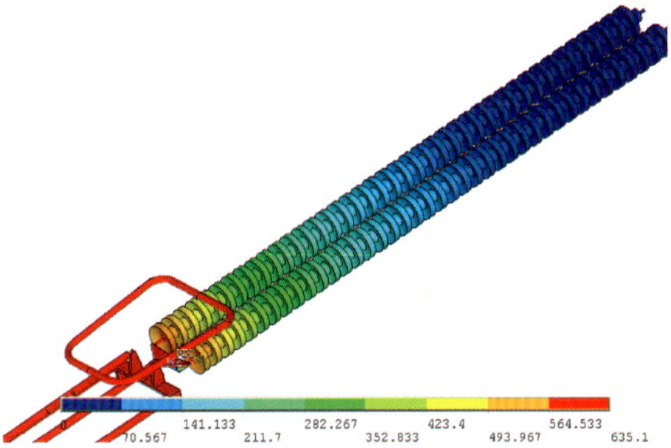

图 11-3-11　有均压环正方形布置耐张串电位分布立体图

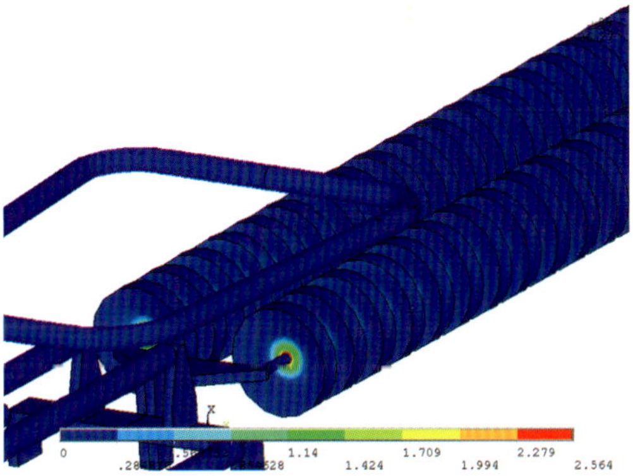

图 11-3-14　有均压环正方形布置耐张串局部最大场强图

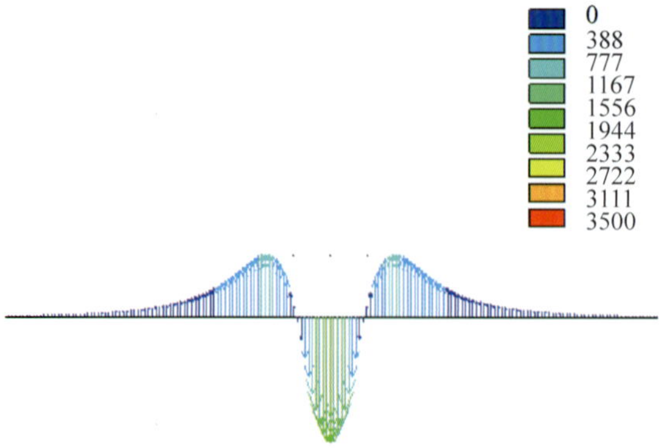

图 11-4-3　地面上电场强度矢量实部

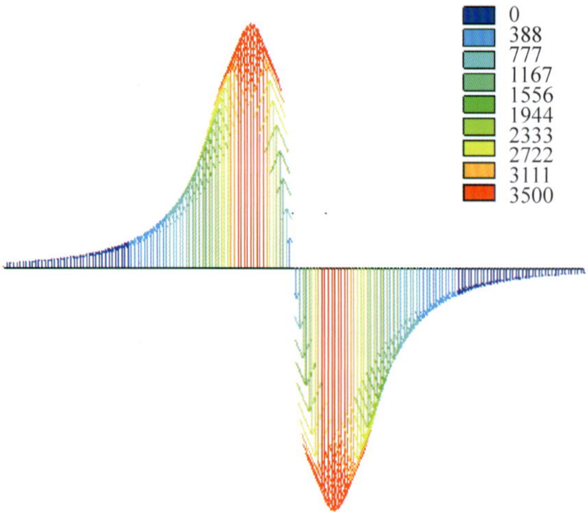

图 11-4-4　地面上电场强度矢量虚部

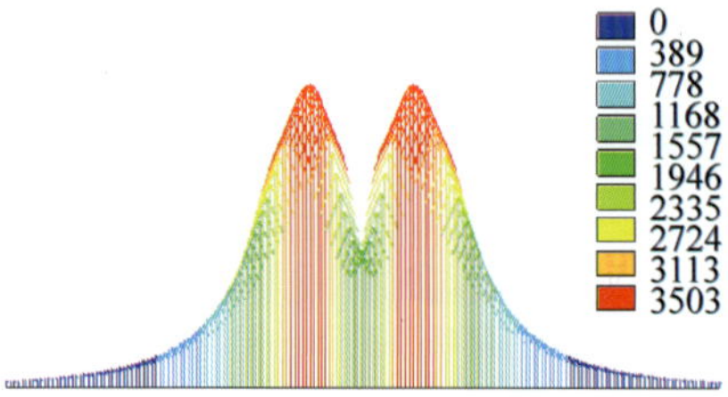

图 11-4-5　地面上电场强度最大值

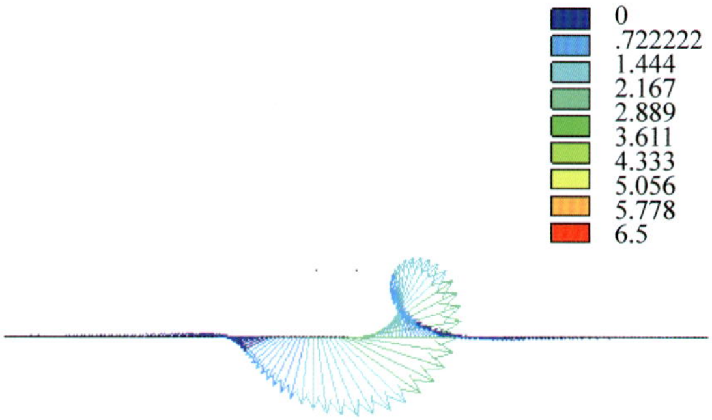

图 11-4-7　地面上磁感应强度矢量实部

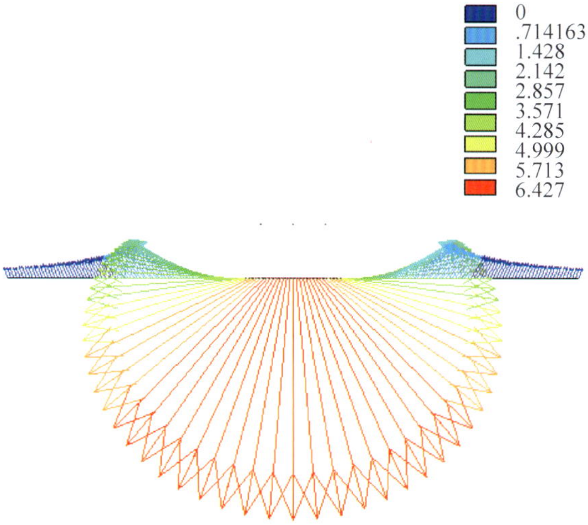

图 11-4-8　地面上磁感应强度矢量虚部

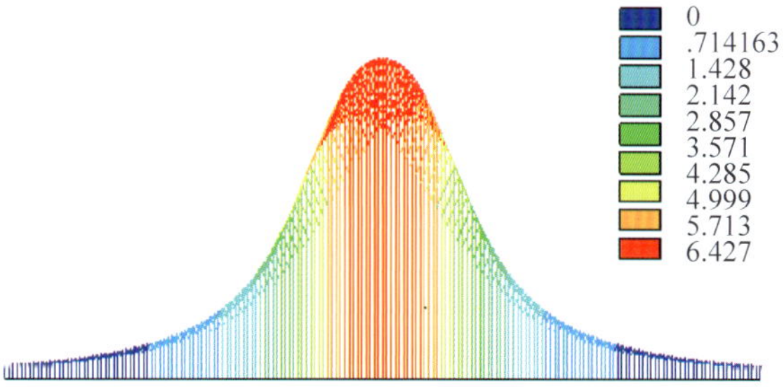

图 11-4-9　地面上磁感应强度最大值